원인과 사례 및 대책 중심으로 살펴본
연안재해

원인과 사례 및 대책 중심으로 살펴본

연안재해

윤덕영, 김성국 저

씨아이알

추천의 글

"외길만을 고집하며 걸어온 한 공직자가 동료·후배들에게 이 책에서 던지는 메시지는 우리들 모두에게 귀감이 될 것임을 확신합니다."

평소 남다른 열정을 가져, 사랑하고 존경해 마지않는 윤덕영 공직 후배가 《연안재해》라는 전문도서의 출간 소식을 알려왔다. 추천의 글을 부탁하기에 처음에는 망설였지만, 곧 해박한 지식과 전문가의 응집력이 담보된 이 책이 현직공직자는 물론 건설기술 용역회사에 근무하는 임직원과 후학들에게 큰 도움이 되겠다는 판단이 들어 추천의 글을 쓴다.

알려진 것과 같이 우리나라의 해안선 길이는 14,962km이고 연안은 91,000km²로 전국 전체 226 기초지방자치단체 중 1/3에 해당하는 74 기초지방자치단체가 연안에 입지해 있다. 또한 대규모 산업기반시설(공장, 항만, 원자력·화력 발전소 등) 및 생활기반시설(학교, 병원, 공원, 어항 등)이 밀집해 있어 우리나라의 국민소득 향상과 경제·산업발전에 중추적인 역할을 담당해오고 있다.

그러나 20세기 말에 접어들면서 지구온난화에 따른 기후변화는 피할 수 없는 재난유발 요인을 가중시키고 있으며, 특히 한반도 주변해역의 해수면 상승으로 인한 해일·고파랑 내습 및 해안·항만 구조물 설치 등에 따른 연안침식이 심화되어 국민의 안전과 삶의 터전을 위협하고 연안재해로 인한 피해도 날로 증가하고 있는 실정이다. 이에 남해안에는 슈퍼 태풍 등으로 인한 폭풍해일 피해, 서해안에는 큰 조석차로 인한 조석재해가 예상되며, 1983년과 1993년 이미 지진해일 피해를 경험했던 동해안 지역은 2016년 경주지진과 2017년 포항지진이 발생해 더 이상 우리나라도 지진 및 지진해일의 안전지대가 아님을 보여주고 있다.

이와 같이 우리나라의 연안지역은 현재는 물론, 장래 연안재해 위험성의 증가가 예상되지만 연안방재대책을 위한 체계적이며 실무에 응용할 참고도서가 없는 것이 현실이다.

이에 연안재해(폭풍해일, 지진해일, 고파랑, 조석 등)에 대한 원인, 사례 및 대책을 망라한 본 서가 연안재해 담당자(국가·지방자치단체와 유관기관 등) 및 해안공학 등을 전공하는 모든 이들에게 도움이 되고 특히 지방자치단체가 연안재해 EAP(비상대처계획)를 수립하는 데 많은 참고가 될 것이라 믿어 의심치 않는다. 이 책을 접한 모든 분들이 자기 자신의 꿈을 실현하는 데 이 책이 귀한 선물이 되었으면 한다.

한국방재협회장
정흥수

머리말

최근 우리나라는 지구온난화에 따른 해수면 상승 등 이상기후 발생으로 해일(폭풍해일, 지진해일) 및 고파랑 내습 등과 같은 연안재해의 발생빈도가 높아져 연안지역에서의 반복적인 인적·물적 피해가 급증하는 추세이다. 최근 2016년 태풍 '차바'를 비롯하여, 2002년 태풍 '루사' 및 2003년 태풍 '매미' 등으로 많은 인명 및 재산피해를 입었고 또한 1983년 및 1993년 동해안 항만 및 어항에서 지진해일로 인한 피해를 입었다. 또한 2016년 경주지진, 2017년에는 포항지진이 발생하여 우리나라도 더 이상 지진해일에서 안전한 지역이 아니다.

이와 같이 최근까지 연안재해에 따른 많은 인적·물적 피해가 있었고 앞으로 슈퍼태풍·지진해일 등과 같이 그 빈도와 강도가 더 세질 것으로 예상되지만 아직까지 이에 대한 체계적인 실무서적(實務書籍)은 없는 실정이다(연구 성과는 많음). 이에 30여 년간의 해안·항만 및 방재에 대한 실무경험을 살려 연안방재 담당자(국가·지방자치단체와 관계기관 등), 토목공학 및 해안·방재공학 등을 전공하는 대학원생·대학생에게 조금이라도 도움이 되고자 하는 바람으로 이 책을 집필하게 되었다.

이 책은 전체 8장으로 구성되어 있다. 제1장은 지구온난화 등에 따른 해수면 상승과 연안재해, 현재 우리나라의 연안방재대책 수립 관련 사항 및 항만의 연안재해대책인 '아라미르 프로젝트'에 대해서 알아본다. 제2장은 최근 점점 빈번해지고 있는 폭풍해일에 대해서 언급하였는데, 폭풍해일의 발생·전파, 경험적 예측식과 수치계산 및 국내외 실태, 폭풍해일피해 방재대책 수립 등에 관해서 기술하였다. 다음 장인 제3장은 파랑재해로 파랑의 특성, 그로 인한 재해 및 해안침식과 그 대책에 대해서 언급하였다. 제4장은 장래 우리나라 동해안 등에 발생할 수 있는 지진해일에 관한 사항으로 발생원인, 수심변화에 따른 지진해일 변화, 세계각지의 지진해일 사례 및 그 대책에 관하여 서술하였다. 또한 제5장은 조석재해이고 제6장은 지진에 따른 액상화에 대한 사항으로 그 피해 사례 및 액상화 대책에 대하여 적었다. 제7장은 연안재해 EAP(비상대처계획)로 EAP 개념, 해외 EAP 사례, 시설물(항만) EAP의 작성 방법·사례 및 연안재해지도 작성 매뉴얼 등에 관해서 기술하였다. 마지막 장인 제8장은 현재의 연안방재대책을 위한 법률검토 및 사업 사례에 대해서 기술하였고 총정리의 의미에서 1~7장까지 기술한 연안재해의 방재대책을 위한 제언(提言)을 하였다.

2018년 12월

윤덕영 · 김성국

이 책의 차례

CHAPTER 01

기후변화로 인한 연안재해 증가

기후변화로 인한 연안재해 증가

1.1 기후변화

1.1.1 개요

1) 기후변화의 정의

최근 우리나라는 지구온난화에 따른 해수면 상승 등 이상기후 발생으로 해일(폭풍해일, 지진해일) 및 고파랑 내습 등과 같은 연안재해의 발생빈도가 높아져 연안지역에서의 반복적인 인적·물적 피해가 급증하는 추세이다. 최근 2016년 태풍 '차바'를 비롯하여, 2002년 태풍 '루사', 2003년 태풍 '매미' 등으로 많은 인명 및 재산피해를 입었다. 또한 1983년 및 1993년 동해안 항만 및 어항에서 지진해일로 인한 피해를 입었고, 2016년 경주지진 및 2017년 포항지진이 발생하여 우리나라도 이제 지진에 대해서 안전한 지역이 아니다. 이와 같은 경향은 국민안전처 재해연보(2016)에서도 볼 수 있는데, 최근 10년간(2007~2016년) 원인별 피해현황 중 호우와 태풍으로 인한 피해액은 약 6조 3,000억 원에 달하며 160여 명의 인명피해가 발생하였다(그림 1.1 참조).

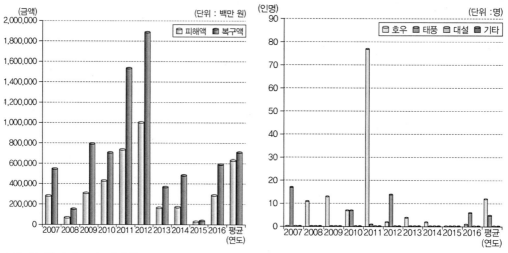

출처 : 국민안전처(2016), 재해연보.

그림 1.1 최근 10년간(2007~2016년) 재해원인별 피해액 현황(좌), 최근 10년간(2007~2016년) 재해
원인별 인명피해(사망·실종) 현황(우)

기후변화의 정의는 일반적으로 수십 년~수백만 년의 기간 동안 세계적 규모 또는
지역적 규모의 평균적인 대기의 상태 변화를 의미하는 것으로 정부간 기후변화협의체
(IPCC : Intergovernmental Panel on Climate Change)의 정의와 유엔기후변화협약
(UNFCCC : United Nations Framework Convention on Climate Change) 정의로 나눈다.

① IPCC : 기후특성의 평균이나 변동성의 변화를 통해 확인 가능하고, 수십 년 혹은 그
이상 오래 지속되는 기후상태 변화를 말한다.
② UNFCCC : 지구대기의 조성을 변화시키는 인간 활동에 직·간접 원인이 있고 그에
더해 상당한 기간 동안 자연적 기후변동이 관측된 것을 뜻한다.

UNFCCC의 궁극적인 목적은 인간 활동으로 인한 기후변화가 식량생산과 지속가능한 발
전을 위협하지 않도록 온실가스 농도를 안정화시키는 것이라고 정하고 있다. 그러나 IPCC
는 자연적 및 인위적 영향으로 기후가 변화하는 현상을 기후변화라고 정의하고 온난화와
냉각화를 포함하고 있다.

2) 기후변화의 원인

기후변화의 원인은 크게 자연적인 원인과 인위적인 원인으로 나눌 수 있으며, 주요 원인들 중 가장 큰 원인으로는 화석연료가 연소되어 발생한 이산화탄소 등의 온실가스 증가로 인해 대기 구성성분이 변화하는 것이다(표 1.1 참조).

표 1.1 기후변화 원인

기후변화 요인		피해특성
자연적인 요인	내적 요인	대기가 기후시스템(5가지 요소 : 대기권, 수권, 빙권, 육지표면, 생물권)과의 상호 작용
	외적 요인	태양활동의 변화, 화산분화에 의한 성층권의 에어로졸[1] 증가, 태양과 지구의 천문학적상 위치관계 등
인위적인 요인	강화된 온실 효과	대기조성의 변화 : 화석연료 과다 사용에 따른 이산화탄소 증가
	에어로졸의 효과	인간 활동에 따른 산업화로 인한 대기 중 에어로졸의 양(量) 변화
	토지피복의 변화	과잉 토지이용(도시화) 증가 및 삼림파괴

출처 : 부산광역시(2017), 부산연안방재대책수립용역 종합보고서, p.5.

IPCC 제5차 평가보고서(2014년)에 의하면 경제 및 인구성장이 주원인이 되어 나타난 산업화 시대 이전부터 인위적 온실가스 배출량은 계속 증가해왔고, 2014년 가장 높은 수준을 보이고 있다. 현재 이산화탄소, 메탄, 이산화질소의 대기 중 농도는 인위적 배출로 인해 지난 80만 년 중 최고수준이다. 인위적 원인과 함께 전례 없던 수준의 온실가스 배출이 전체 기후시스템에 영향을 주는 것이 계속해서 관측되어왔고 이는 20세기 중반 이후 관측된 온난화의 주원인일 가능성이 대단히 높다.

1.1.2 기후변화에 따른 해수면 수위 변화

1) 과거 및 장래의 해수면 수위 변화[1]

IPCC 제5차 평가보고서(2014년)에 따르면 과거와 미래의 해수면 수위 변화에 대해서 다음

---

1   에어로졸(Aerosol) : 대기 중에 떠다니는 고체 또는 액체상의 작은 입자로 $0.001{\sim}100\mu m$ 사이의 크기 범위를 가진다.

과 같이 예측하였다. 1901~2010년의 기간에 세계 평균해수면(平均海水面, Mean Sea Level)은 0.19m(0.17~0.21m) 상승했다. 해수면 수위의 대체(代替) 데이터와 기계로 관측한 데이터를 분석한 결과 과거 2천 년 동안 비교적 작은 평균 상승률이었으나 19세기 말~20세기 초에는 보다 높은 상승률을 나타내고 있다. 세계 평균해수면 상승률은 20세기 초 이후 계속 증가하였다. 세계 평균해수면의 평균 상승률은 1901~2010년 동안 1.7(1.5~1.9)mm/yr, 1971~2010년 동안 2.0(1.7~2.3)mm/yr, 1993~2010년 동안 3.2(2.8~3.6)mm/yr이었다. 21세기 동안 세계 평균해수면은 계속 증가할 것이다. 세계 평균해수면은 21세기 말(2081~2100년)에는 1986~2005년의 평균해수면에 비해 RCP2.6시나리오의 경우 0.26~0.55m, RCP8.5시나리오의 경우 0.45~0.82m 상승할 것으로 예측된다.

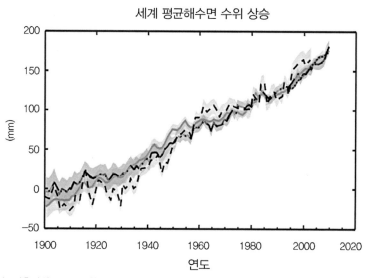

출처 : IPCC(2014), 기후변화 2014 종합보고서, p.3.

그림 1.2 세계 평균해수면 수위 변화

그림 1.2를 보면 가장 관측기간이 긴 데이터 세트에서 1986~2005년 평균 대비 연간 전 지구(全地球) 평균해수면 변화를 나타내었다. 선(線)들은 각기 다른 데이터 세트를 나타낸다. 즉, 장기간의 연속 데이터 세트(이점 파선)는 1986~2005년 평균을 기준으로 한 세계 평균해수면의 장기 변화(모든 데이터는 위성 고도 측정 데이터의 첫 번째 해(점선)인 1993년에서 같은 값을 갖도록 정렬됨)이다. 모든 시계열은 연평균값으로 나타내며, 불확

실성은 색이 있는 음영으로 나타내고 있다. 선은 각각 다른 데이터 세트를 보여 이점 파선·파선·실선은 조위계(潮位計), 점선은 인공위성에 탑재된 고도계(高度計)의 관측에 근거하고 있다.

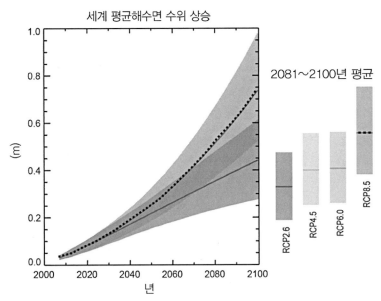

출처 : IPCC(2014), 기후변화 2014 종합보고서, p.11.

그림 1.3 장래 세계 평균해수면 수위 변화의 예측

그림 1.3은 2006~2100년 기간의 다중모델로 모의한 결과로 제시한 모든 변화는 1986~2005년 평균을 기준으로 비교한 것이다. 전망 시계열 및 불확실성 측정(음영색상으로 채워진 부분)은 RCP2.6(실선) 및 RCP8.5(점선) 시나리오에 대해 나타낸 것이다. 2081~2100년 평균과 관련된 불확실성은 모든 RCP[2] 시나리오 각각에 대해서 각 패널(Panel)의 오른쪽 끝에 음영처리를 한 수직막대로 나타내었다.

2　대표적 농도 경로(RCP : Representative Concentration Pathways) : 기후변화를 예측하려면 복사 강제력(지구 온난화를 일으키는 효과)을 초래할 대기 중의 온실 효과 가스 농도나 에어로졸의 양이 어떻게 변화할지 가정(시나리오)해야 한다. RCP시나리오란 정책적인 온실 효과 가스의 완화책을 전제로 포함시키고 장래의 온실 효과 가스 안정화 수준과 거기에 이르기까지의 경로 중 대표적인 것을 선택한 시나리오이다. IPCC는 제5차 평가보고서에서 이 RCP시나리오를 바탕으로 기후 예측이나 영향 평가 등을 실시하였다. RCP시나리오에서는 시나리오 상호 복사 강제력이 분명히 떨어진 것 등을 고려하여 2100년 이후에도 복사 강제력 상승이 이어진다고 하는 '고위 참조 시나리오(RCP8.5)', 2100년까지 절정에 달하였으나 그 후 줄어들어 '저위 안정화 시나리오(RCP2.6)', 이들 사이에 위치하고 2100년 이후 안정화될 '고위 안정화 시나리오(RCP6.0)'와 '중위 안정화 시나리오(RCP4.5)'의 4가지 시나리오를 선택하였다. 'RCP'에 붙은 수치가 클수록 2100년의 복사 강제력이 큰 시나리오이다.

2) 해수면 수위의 변동요인

IPCC 제5차 평가보고서(2014년)에서는 해수면 수위 상승에 큰 영향을 미치는 요인으로 1) 해양의 열팽창, 2) 빙하(氷河)의 변화, 3) 그린란드(Greenland) 빙상[3]의 변화, 4) 남극 빙상의 변화, 5) 육지 영역의 저수량의 변화를 들 수 있다. 각각의 요인, 관측된 해수면 상승에 대한 기여는 표 1.2와 같이 계산하였다.

표 1.2 세계 평균해수면 수위의 상승률

요인	상승률(mm/yr)		
	1901~1990년	1971~2010년	1993~2010년
해양의 열팽창	−	0.8(0.5~1.1)	1.1(0.8~1.4)
빙하의 변화 (그린란드와 남극의 빙하를 제외)	0.54(0.47~0.61)	0.62(0.25~0.99)	0.76(0.39~1.13)
그린란드 빙하의 변화[1]	0.15(0.10~0.19)	0.06(0.03~0.09)	0.10(0.07~0.13)
그린란드 빙상의 변화	−	−	0.33(0.25~0.41)
남극 빙상의 변화	−	−	0.27(0.16~0.38)
육지의 저수량 변화	−0.11(−0.16~−0.06)	0.012(0.03~−0.22)	0.38(0.26~0.49)
합계	−	−	2.8(2.3~3.4)
관측	1.5(1.3~1.7)	2.0(1.7~−2.3)	3.2(2.8~3.6)

주 1. 그린란드 빙하의 변화에 대한 기여는 그린란드 빙상의 변화에 관한 기여의 견적에 포함된 만큼 합계에 들어 있지 않음.
출처 : Church et al.(2013) Sea Level Change. In: Climate Change 2013: The Physical Science Basis. Contribution of Working Group I to the Fifth Assessment Report of the Intergovernmental Panel on Climate Change.

1970년대 초 이후 온난화로 인한 빙하의 질량손실과 해양의 열팽창을 합치면 관측된 세계 평균해수면 상승의 약 75%를 설명할 수 있다. 1993~2010년 기간의 세계 평균해수면 상승은 관측에 근거한 기여(寄與)의 합계와 거의 들어맞다.

3) 우리나라 해수면 수위 변화[2]

국립해양조사원은 2009년부터 18개 조위관측소에서 장기 관측한 자료를 바탕으로 매년 해수면 상승률을 산정해 발표하고 있다. 특히 1989년부터 2016년까지 동일기간 18개 조위

3　빙상(氷床, Ice Sheet) : 크기에 따라 내륙수, 대륙빙하라고 부르며 기반에 기복(起伏)이 있어도 넓은 지역에 걸쳐 육지 전체를 덮고 있는 빙하로 표면은 돔(Dome) 모양을 하고 있다.

관측소에서 각각 관측한 해수면 자료를 통합 분석해 상승률 및 해역별 해수면 상승 속도의 증감률을 함께 파악한 결과, 우리나라의 28년간 해수면 높이의 평균 상승률은 2.96mm/yr으로, 전체적으로 0.1mm/yr^{2}의 가속도가 붙은 것으로 나타났다. 해당 기간 동안 해수면 평균 상승률은 제주 부근이 가장 높았으며 동해안, 남해안, 서해안 순으로 나타났다. 가속화 정도 역시 동해안, 남해안, 서해안 순이었으며 제주 부근에서는 상승 속도가 점차 느려지는 것으로 분석됐다. 세부 지역별 해수면 상승률을 살펴보면 제주도가 6.16mm/yr로 가장 빨랐으며, 그다음 울릉도(5.79mm/yr), 포항(4.47mm/yr), 거문도(4.43mm/yr), 가덕도(4.40mm/yr) 순으로 나타났다. 가속화 정도는 울릉도가 0.33mm/yr^{2}로 가장 빨랐고, 서귀포가 −0.12mm/yr^{2}로 느려지고 있는 것으로 나타났다. 우리나라의 28년간 해수면 높이의 평균 상승률은 IPCC에서 발표한 제5차 평가보고서(2014년)의 전 세계 평균값(2.0mm/yr)보다 다소 높은 수준인 것으로 나타났다.

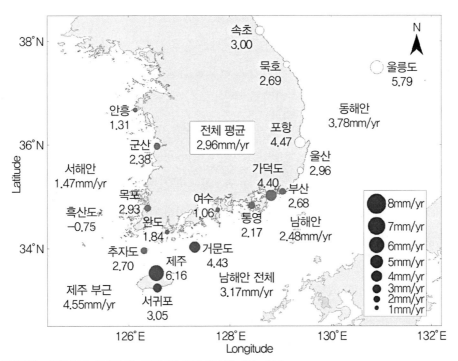

출처: 국립해양조사원 보도자료(2017), 우리나라 연안 해수면 상승 속도.

그림 1.4 지역별 해수면 상승 현황(1989~2016년, 최근 28년간)

1.1.3 기후변화와 연안재해

1) 태풍

과학적 증거들은 다음 두 가지 이유로 인해 기후변화는 태풍으로 인한 폭풍해일을 더욱 강력하게 만들 것이라는 점을 지적하고 있다. 첫째, 폭풍해일은 해수 열팽창과 빙하의 용융(熔融)에 따른 해수면 상승에 의해 더욱 강력해질 것이고, 둘째, 온도가 상승된 해양은 태풍의 활동을 강화시키고 폭풍해일을 더 크게 야기할 것이다. 최근의 과학적 연구에 따르면 지난 35년간(1980~2015년) 관측된 열대성 태풍의 빈도와 강도의 증가는 부분적으로 전 지구적 기후변화에 영향을 받은 것으로 나타났다. 비록 과학적으로 증명하여 결론에 도달하지는 않았지만, 세계기상기구(WMO : World Meteorological Organization)는 기후변화가 폭풍해일에 의한 피해를 증가시킬 것이라고 주장했다. 만일 전 지구적 온난화로 인해 해수면이 상승된다면 열대성 태풍에 의한 폭풍해일로 홍수의 취약성은 더욱 증가될 것이다. 만일 기후가 지속적으로 온난화된다면, 열대성 태풍의 최고 풍속과 강수량은 증가할 것이며, 모형에 따르면 열대지역의 해수면 온도가 1℃ 증가할 때 풍속은 3~5% 증가할 것이다. IPCC(2007년)는 1970년대 중반부터 폭풍해일의 지속기간이 길어지고 강도가 더욱 강력해지는 추세를 제시하면서 열대지역의 해수온도와 폭풍해일의 이러한 추세 사이에는 높은 상관관계가 존재한다고 언급하였다. 또한 지속적인 해수면 온도 상승은 더욱 강력하고, 순간 최대풍속이 더욱 증가하며, 더욱 많은 강수량을 동반하는 열대성 사이클론(Cyclone, 인도양의 열대성 저기압)의 발생 확률을 66% 증가시킬 것이다. 2018년 연구결과에 따르면 우리나라는 전 세계에서 가장 빠르게 태풍 피해 취약지역으로 변모하고 있는 것으로 밝혀졌다. 미국 국립해양대기국(NOAA : National Oceanic and Atmospheric Administration)에서 1949~2016년 사이에 전 세계에서 발생한 총 7,585건의 '열대성 저기압'인 태풍과 사이클론, 허리케인에 대한 인공위성 관측 자료를 수집한 뒤 분석한 결과에 따르면 전 세계 열대성 저기압의 이동 속도는 지난 68년(1949~2016년) 사이에 10% 느려진 것으로 나타났다. 그런데 한국 등 동아시아의 태풍 속도는 30%로 평균보다 훨씬 더 급격히 느려져 북아메리카 서부의 허리케인(20%)이나 호주의 사이클론(19%)보다도 변화폭이 크다. 즉, 태평양 북쪽 지역인 동아시아는 태풍의 이동 속도가 가장 느려진 지역으로 이로 인해 강우지속시간이 늘어 강우량이 많아지고 파도, 바람에 의한 피해도 증가할 수 있다. 그리고 태풍의 이동 경로도 한반도에 불리해졌다. 1980~2013년 사이 전 세계에서 발생한 열대성 저기압의 이동 경로와 강도를 분석한 결과 열대성 저기압이 가장 강해지는 지역이 매년 5.3~6.2km씩 북쪽(북반구) 또는 남쪽(남반구)으로 이동하고 있음을 발견했다. 그 변화를 직접적으로 겪는 곳이 한반도 부근이다. 태풍이 가장 강할 때의 위치가 1996년까지는 필리핀과 남중국해에 집중된 반면 1997년 이후로는 일본 남부와 중국 동부 그리고 한반도에 집중됐다. 즉, 우리나라는 태풍 이동 속도와 경로라는 두 변화의 영향을 많이 받고 있다.[3]

2) 폭풍해일

폭풍해일이란 그림 1.5와 같이 강한 저기압과 바람의 영향으로 해수면이 순간적으로 상승하면서 해안 저지대가 광범위한 침수 피해를 입는 경우를 의미하며, 규모는 태풍의 경로와 강도 그리고 해안의 형상에 의해 결정된다.

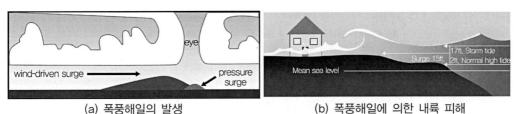

<table>
<tr><td>(a) 폭풍해일의 발생</td><td>(b) 폭풍해일에 의한 내륙 피해</td></tr>
</table>

출처 : 위키피디아(2018), http://ja.wikipedia.org/wiki/%E9%AB%98%E6%BD%AE#/media/File:Surge-en.svg.

그림 1.5 폭풍해일 발생 및 피해 모식도

폭풍해일로 인한 침수 면적과 범람고(汎濫高)는 폭풍해일의 높이와 지속시간, 방어물, 지표면의 높이 등에 의해 결정된다. 미국 동부와 같이 해안 방어물이 없는 환경인 경우 6m인 폭풍해일고가 내습할 시 내륙 안쪽 11~16km까지 영향을 미친다. 폭풍해일의 빈도, 규모, 영향은 해수면 상승, 간척(干拓) 등과 같은 해안 지형의 변형, 사회 경제적 변화 등에 의해 좌우되었다. 그중 해수면 상승은 전 세계에서 공통적으로 직면하고 있는 뚜렷한 환경변화로 폭풍해일의 위험성을 가중시키고 있다. 폭풍해일로 인한 높은 사망률은 간척 및 해안의 변형과 직접적인 관련이 있으며, 우리나라의 경우 3면이 바다로 둘러싸여 있긴 하지만 대체적으로 연안 저지대(低地帶)의 비율이 높지 않아 폭풍해일의 위험성이 일본이나 중국에

비하면 낮은 편에 속하나, 대규모 폭풍해일 발생 시 큰 피해가 우려된다. 국내 연안 저지대
는 앞으로 증가할 폭풍해일에 의한 피해를 예방하기 위해 제반 조치가 필요하다.

3) 연안침식

최근 기후변화의 영향으로 해수면 상승, 이상너울과 이상폭풍에 의한 연안침식과 해안
노로 유실이 심각한 실정이고, 이러한 현상은 점차 증가될 것으로 예상된다. 우리나라 해
안선 길이(2013년까지 해안선 1차 전수조사 결과 14,962.81km로 발표. 국립해양조사원,
2014)는 12,682km로, 해안선의 20% 이상이 인공해안, 6.3%가 모래해안 등으로 구성되어
있어 본질적으로 연안재해에 취약한 실정이다. 제2차 연안정비계획(2010~2019년)의 수요
지구(총 263개소)에 대한 현장조사 결과 백사장침식 95개소, 사구포락 13개소, 토사포락
89개소, 호안붕괴 66개소로 나타났다(표 1.3 참조).[4]

표 1.3 연안정비 주요 지역별 침식유형 분석결과

구분	소계		동해안		남해안		서해안	
	개소	비율(%)	개소	비율(%)	개소	비율(%)	개소	비율(%)
합계	263	100.0	55	20.9	118	44.9	90	34.2
백사장침식	95	100.0	48	50.5	25	26.3	22	23.2
사구포락	13	100.0	0	0.0	6	46.2	7	53.8
토사포락	89	100.0	1	1.1	44	49.4	44	49.4
호안붕괴	66	100.0	6	9.1	43	65.2	17	25.8

출처 : 국토해양부(2009.6.), 제2차 연안정비 10개년 계획 수립 연구.

연안침식의 발생원인은 파랑 및 해수면 상승 등에 의한 자연적 요인과 인공구조물 설치
에 따른 인위적 요인이 있으며, 자연적 요인으로는 파랑, 조류, 바람, 해수면 상승 등이 있
고, 위적 요인은 연안·하천구조물 설치, 바다모래 채취, 항로준설 등이 있다.

1.1.4 연안재해 대응의 필요성

기상청에서 발행한 태풍백서(국가태풍센터, 표 1.4 참조)에 의하면 우리나라에서 기상관
측이 시작된 1904년부터 2009년까지 상위 10위권 내의 태풍에 의한 피해는 사망 또는 실

종이 6,005명, 재산피해액 14조 232억 원으로 1987년의 THELMA를 빼고는 모두 1990년대 이후에 발생하였으며, 2000년대 이후에 발생한 태풍이 5개(RUSA, MAEMI, EWINIAR, PRAPIROON, NARI)로 조사되어 최근의 급격한 도시팽창 및 각종 산업화와 더불어 기후변화의 영향이 지배적이라 할 수 있다.

표 1.4 인명피해 및 재산피해 순위(1904~2009년)

인명				재산			
순위	발생일	태풍명	사망·실종(명)	순위	발생일	태풍명	피해액(억 원)
1	'36.8.20.~8.28.	3693호	1,232	1	'02.8.30.~9.1.	RUSA	51,479
2	'23.8.11.~8.14.	2353호	1,157	2	'03.9.12.~9.13	MAEMI	42,225
3	'59.9.15.~9.18.	SARAH	849	3	'06.7.9.~7.29.	EWINIAR	18,344
4	'72.8.19.~8.20.	BETTY	550	4	'99.7.23.~8.4.	OLGA	10,490
5	'25.7.15.~7.18.	2560호	516	5	'95.8.19.~8.30.	JANIS	4,562
6	'14.9.7.~9.13.	1428호	432	6	'87.7.15.~7.16.	THELMA	3,913
7	'33.8.3.~8.5.	3383호	415	7	'98.9.29.~10.1.	TANNI	2,749
8	'87.7.15.~7.16.	THELMA	343	8	'00.8.23.~9.1.	PRAPIROON	2,521
9	'34.7.20.~7.24.	3486호	265	9	'91.8.22.~8.26.	GLADYS	2,357
10	'02.8.30.~9.1.	RUSA	246	10	'07.9.13.~9.18.	NARI	1,592
계			6,005	계			140,232

출처 : 기상청(2011), 국가태풍센터, 태풍백서.

태풍현상의 강도와 빈도의 변화는 해수면 상승과 함께 자연환경에 대부분 부정적인 영향을 줄 것으로 예상된다. 태풍 강도의 증가는 해일강도 증가를 나타내며, 폭풍해일이 더욱 강력하게 만들어질 것이라고 예상되므로 이에 따른 대응책 마련이 시급하며, 21세기 기후변화는 다양한 영향들의 중첩된 상호작용으로 복잡성과 더불어 그 영향도 누적되어 증가할 것으로 예측된다. 따라서 태풍의 강도 증가에 따른 고파랑, 폭풍해일, 집중호우는 우리나라 연안지역에 직접적인 영향을 미칠 것으로 예상되므로 기후변화에 대응을 위한 대책수립이 필요하다.

1.2 우리나라 항만의 연안재해 대책 계획(아라미르 프로젝트)

1.2.1 계획 개요

앞 장에서 서술한 지구온난화의 영향으로 우리나라도 해수면이 높아지고 강한 태풍의 발생으로 폭풍해일고가 증가하고 있으며, 2000년 이후 태풍 '루사', '매미', '메기' 등 강한 태풍으로 많은 피해가 발생하였다. 따라서 해양수산부에서는 2012년에 아라미르(아라 : '바다'의 순우리말+미르 : '용(龍)'의 순 우리말) 프로젝트를 착수하였다. 이 프로젝트는 기후변화로 인해 바다로부터 발생될 수 있는 폭풍해일 또는 지진해일과 같은 자연재해를 선제적으로 대응하기 위한 사업들을 총칭하는 프로젝트로서 바다의 자연재해로부터 국민의 소중한 생명과 재산보호를 목적으로 하는 기후변화대응 프로젝트이며, 향후 기후변화에 따른 외적조건의 증가에 대한 선제적 대응차원에서 향후 예측되는 해일고(지진해일고 또는 폭풍해일고)를 적용하여 재해취약지구를 선정하고 그에 대한 저감대책을 수립하여 각종 재해로부터 안전한 항만을 위한 정비계획을 수립하는 데 그 목적이 있다.

1.2.2 항만 내 연안재해취약지역(아라미르 프로젝트) 선정 기준

1) 설계고조위 산정방법

재해취약지역 선정에 있어 설계조위는 해일고 산정의 기준이 되므로 매우 중요한 요소이다. 설계조위는 천문조와 폭풍해일, 지진해일 등에 의한 이상조위의 실측치 또는 추산치를 고려하여 결정하며 설계조위 산정은 항만 및 어항 설계기준서에 의거 표 1.5와 같은 방법으로 산정하였다.[5]

표 1.5 폭풍해일 대책에 대한 설계조위 산정방법

구분	산정방법	비고
제1방법	기왕의 고극조위	해수면 상승량 추가
제2방법	확률분석에 의한 고극조위	
제3방법	약최고고조위+조위편차(폭풍해일고 또는 지진해일고)	

출처 : 해양수산부(2014), 항만 및 어항설계기준·해설(상권), p.187.

일반적으로 설계조위 결정 시 앞의 3가지 산정방법 중 가장 큰 조위를 설계조위로 선택한다. 본 계획에서는 더욱 불리한 설계조위 산정을 위하여 100년 빈도의 폭풍해일고와 지진해일고를 고려한 설계조위를 적용하였다. 지구온난화에 따른 해수면 상승량 적용을 위해 그림 1.6과 같이 국립해양조사원에서 수행한 '해수면 변동 정밀분석 및 예측(2차) 용역(2010.11.)' 보고서에 제시된 우리나라 주변해역의 조위 자료를 이용한 해수면 상승량 분석 결과를 적용하였다.

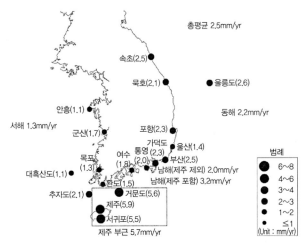

구분		1년	50년(적용)
동해		2.2mm	110mm
남해		2.0mm	100mm
	부산	2.5mm	
	가덕도	2.3mm	
	통영	2.0mm	
	여수	1.8mm	
	완도	1.5mm	
서해		1.3mm	65mm
추자도		2.1mm	105mm
거문도		5.6mm	280mm
제주도		5.7mm	285mm

출처 : 국립해양조사원(2010), 해수면 변동 정밀분석 및 예측(2차).

그림 1.6 조위자료를 이용한 해수면 상승량

2) 폭풍해일고의 적용

폭풍해일고는 '해일피해예측 정밀격자 수치모델 구축 및 설계해면 추산연구(한국해양연구원, 2010.8.)'에서 추산된 결과를 적용하였다. 이 연구 용역의 폭풍해일 설계해면 추산방법은 장기 시뮬레이션에 의한 극치해면을 산출하기 위하여 과거 56년간 우리나라에 영향을 끼친 태풍에 대하여 폭풍해일을 산출하였는데, 1951~2007년의 56년간 201개 태풍을 선정하여 태풍통과 시의 기압장과 바람장을 산출하였다(그림 1.7 참조). 산출된 기압장과 바람장을 입력자료로 하여 폭풍해일모델(KORDI-S)을 3단계 내삽격자(內揷格子)시스템을 이용하여 폭풍해일고를 산출하였다.

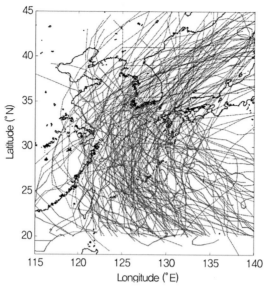

출처 : 한국해양연구원(2010), 해일피해예측 정밀격자 수치모델 구축 및 설계해면 추산연구.

그림 1.7 태풍 경로도(1951~2007년)

설계적용은 최대 규모의 폭풍해일에 대비하여 피해재발을 방지하고 장래의 불확실한 기후변화로부터 항만구역을 안전하게 보호하도록 재해취약지역 정비계획을 수립하는 것이 목적이므로 100년 빈도의 폭풍해일고를 적용하였다.

3) 지진해일고의 적용

우리나라 동해안에서의 지진해일고 산정은 1983년 일본 아키다현(秋田県) 지진 시 발생한 지진해일로 피해가 발생한 후 여러 연구자에 의해 연구가 진행되었으나, 체계적으로 정리된 연구 자료가 없었다. '해일피해 예측 정밀격자 수치모델 구축 및 설계해면 추산 연구 보고서(국토해양부, 2010.8.)'에서 산정한 지진해일이 체계적으로 산정된 최신의 연구결과이며, 이 연구결과를 근거로 지진해일고로 채택하여 재해취약지역 검토를 수행하였다.

4) 항만별 폭풍해일고 및 지진해일고의 적용

설계조위 산정을 위한 해일고의 적용은 지진해일의 영향이 예측된 동해안에 위치하는 항만에 대해서 폭풍해일고와 지진해일고를 비교하여 높은 해일고를 적용하고 지진해일의

영향이 미치지 않는 서해안 및 남해안의 경우는 폭풍해일고를 적용하였다(표 1.6~표 1.7 참조).[6]

표 1.6 항만별 폭풍해일고 및 지진해일고(무역항)

구분				폭풍해일고(cm)		지진해일고 (cm)	적용해일고 (cm)
지역				50년	100년		
무역항 (29개항)	서해	1	경인항	–	–		
		2	인천항	197.0	224.0		224.0
		3	평택·당진항	164.0	183.0		183.0
		4	대산항	120.0	133.0		133.0
		5	태안항	106.0	117.0		117.0
		6	보령항	177.0	203.0		203.0
		7	장항항	173.0	197.0		197.0
		8	군산내항	182.0	207.0		207.0
		8	군산외항	182.0	207.0		207.0
		9	목포항	123.0	140.0		140.0
	남해	10	제주항	85.0	96.0		96.0
		11	서귀포항	83.0	95.0		95.0
		12	완도항	122.0	135.0		135.0
		13	광양항	221.0	255.0		255.0
		14	여수항	220.0	261.0		261.0
		15	삼천포항	194.0	229.0		229.0
		16	통영항	173.0	205.0		205.0
		17	고현항	172.0	203.0		203.0
		18	옥포항	141.0	168.0		168.0
		19	장승포항	134.0	159.0		159.0
		20	마산항	207.0	246.0		246.0
		21	진해항	183.0	218.0		218.0
		22	부산항	110.0	131.0	25.0	131.0
		22	부산(신)항	110.0	131.0	25.0	131.0
	동해	23	울산항	74.0	88.0	65.0	88.0
		23	온산항	74.0	88.0	65.0	88.0
		24	포항항	99.0	119.0	95.0	119.0
		25	호산항	–	–	178.0	–
		26	삼척항	42.0	49.0	261.0	261.0
		27	동해항	43.0	50.0	176.0	176.0
		27	묵호항	50.0	59.0	242.0	242.0
		28	옥계항	41.0	48.0	203.0	203.0
		29	속초항	41.0	48.0	130.0	130.0

주. 동일 번호는 같은 지방자치단체 내에 속하는 항만임.
출처 : 한국해양연구원(2010), 해일피해예측 정밀격자 수치모델 구축 및 설계해면 추산연구.

표 1.7 항만별 폭풍해일고 및 지진해일고(연안항)

구분				폭풍해일고(cm)		지진해일고 (cm)	적용해일고 (cm)
지역				50년	100년		
연안항 (25개항)	서해	30	용기포항	105.0	117.0	-	117.0
		31	연평도항	131.0	146.0	-	146.0
		32	대천항	158.0	182.0	-	182.0
		33	비인항	142.0	162.0	-	162.0
		34	송공항	119.0	135.0		135.0
		35	홍도항	75.0	83.0	-	83.0
		36	대흑산도항	77.0	85.0	-	85.0
	남해	37	팽목항	102.0	114.0	-	114.0
		38	갈두항	99.0	108.0	-	108.0
		39	추자항	78.0	87.0	-	87.0
		40	애월항	83.0	93.0	-	93.0
		41	한림항	76.0	84.0	-	84.0
		42	화순항	88.0	100.0	-	100.0
		43	성산포항	105.0	124.0	-	124.0
		44	거문도항	116.0	137.0	-	137.0
		45	화흥포항	128.0	146.0	-	146.0
		46	신마항	133.0	146.0	-	146.0
		47	녹동신항	133.0	147.0	-	147.0
		48	나로도항	146.0	168.0	-	168.0
		49	중화항	-	-	-	-
		50	부산남항	111.0	132.0	32.0	132.0
	동해	51	구룡포항	67.0	79.0	65.0	79.0
		52	후포항	52.0	61.0	132.0	132.0
		53	울릉도동항	43.0	51.0	105.0	105.0
		53	울릉사동항	43.0	51.0	105.0	105.0
		54	주문진항	41.0	49.0	201.0	201.0

출처 : 한국해양연구원(2010), 해일피해예측 정밀격자 수치모델 구축 및 설계해면 추산연구.

5) 항만별 설계조위 결정

설계조위는 각 항별(港別) 약최고고조위(Approx. H.H.W)에 해수면 상승고와 적용해일고(폭풍해일고 또는 지진해일고)를 더한 값으로 항만별 설계조위는 다음과 같다(표 1.8~표 1.9 참조).

표 1.8 항만별 설계조위 결정(무역항)

구분			약최고고조위 (Approx. H.H.W) D.L.(cm)	해수면 상승고 (cm)	적용 해일고 (cm)	설계조위 D.L. (cm)	비고
무역항 (29개항)	서해	1	경인항	–	–	–	–	
		2	인천항	927.0	6.0	224.0	1,157.0	
		3	평택·당진항	930.8	6.0	183.0	1,119.8	
		4	대산항	827.8	6.0	133.0	966.8	
		5	태안항	769.8	6.0	117.0	892.8	
		6	보령항	763.6	6.0	203.0	972.6	
		7	장항항	747.8	6.0	197.0	950.8	
		8	군산내항	742.6	6.0	207.0	955.6	
		8	군산외항	724.6	6.0	207.0	937.6	
		9	목포항	486.0	6.0	140.0	632.0	
	남해	10	제주항	283.4	29.5	96.0	408.9	
		11	서귀포항	303.2	29.5	95.0	427.7	
		12	완도항	400.4	10.0	135.0	545.4	
		13	광양항	382.2	10.0	255.0	647.2	
		14	여수항	361.6	10.0	261.0	632.6	
		15	삼천포항	329.6	10.0	229.0	568.6	
		16	통영항	282.0	10.0	205.0	497.0	
		17	고현항	196.8	10.0	203.0	409.8	
		18	옥포항	214.2	10.0	168.0	392.2	
		19	장승포항	188.4	10.0	159.0	357.4	
		20	마산항	196.7	10.0	246.0	452.7	
		21	진해항	199.4	10.0	218.0	427.4	
		22	부산항	129.8	10.0	131.0	270.8	
		22	부산(신)항	190.6	10.0	131.0	331.6	
	동해	23	울산항	60.8	11.5	88.0	160.3	
		23	온산항	63.2	11.5	88.0	162.7	
		24	포항항	24.6	11.5	119.0	155.1	
		25	호산항	15.4	11.5	178.0	204.9	
		26	삼척항	35.0	11.5	261.0	307.5	
		27	동해항	39.2	11.5	176.0	226.7	
		27	묵호항	37.6	11.5	242.0	291.1	
		28	옥계항	37.6	11.5	203.0	252.1	
		29	속초항	39.0	11.5	130.0	180.5	

주. 동일 번호는 같은 지방자치단체 내에 속하는 항만임.
출처 : 한국해양연구원(2010), 해일피해예측 정밀격자 수치모델 구축 및 설계해면 추산연구.

표 1.9 항만별 설계조위 결정(연안항)

구분				약최고고조위 (Approx. H.H.W) D.L.(cm)	해수면 상승고 (cm)	적용해일고 (cm)	설계조위 D.L.(cm)	비고
연안항 (25개항)	서해	30	용기포항	419.0	6.0	117.0	542.0	
		31	연평도항	733.0	6.0	146.0	885.0	
		32	대천항	768.2	6.0	182.0	956.2	
		33	비인항	710.6	6.0	162.0	878.6	
		34	송공항	486.0	6.0	135.0	627.0	
		35	홍도항	336.0	6.0	83.0	425.0	
		36	대흑산도항	370.6	6.0	85.0	461.6	
	남해	37	팽목항	382.0	10.0	114.0	506.0	
		38	갈두항	405.2	10.0	108.0	523.2	
		39	추자항	335.6	10.0	87.0	432.6	
		40	애월항	283.4	29.5	93.0	405.9	
		41	한림항	283.4	29.5	84.0	396.9	
		42	화순항	315.8	29.5	100.0	445.3	
		43	성산포항	265.0	29.5	124.0	418.5	
		44	거문도항	340.0	30.0	137.0	507.0	
		45	화흥포항	400.4	10.0	146.0	556.4	
		46	신마항	407.8	10.0	146.0	563.8	
		47	녹동신항	418.2	10.0	147.0	575.2	
		48	나로도항	382.3	10.0	168.0	560.3	
		49	중화항	–	–	–	–	
		50	부산남항	129.8	10.0	132.0	273.3	
	동해	51	구룡포항	23.2	11.5	79.0	113.7	
		52	후포항	27.0	11.5	132.0	170.5	
		53	울릉도동항	32.0	11.5	105.0	148.5	
		53	울릉사동항	32.0	11.5	105.0	148.5	
		54	주문진항	29.2	11.5	201.0	241.7	

출처 : 한국해양연구원(2010), 해일피해예측 정밀격자 수치모델 구축 및 설계해면 추산연구.

1.2.3 항만 내 연안재해취약지역 정비계획(아라미르 프로젝트) 수립

1) 개요

연안재해취약지역 선정을 위한 대상 항은 무역항 31개항과 연안항 26개항으로 총 57개항을 대상으로 재해취약지역 검토를 수행하였다(그림 1.8 참조). 아라미르 프로젝트에서 재해취약지역으로 선정된 대상항만은 총 57개항 중 22개항 25개소(삼천포 3개소, 부산남항 2개소)이며 이들 항만에 대해서는 피해이력과 예상 피해내용 등을 고려하여 1단계(2011～2020년)와 2단계(2021～2030년)로 구분하여 대응방안을 수립하였다.[7]

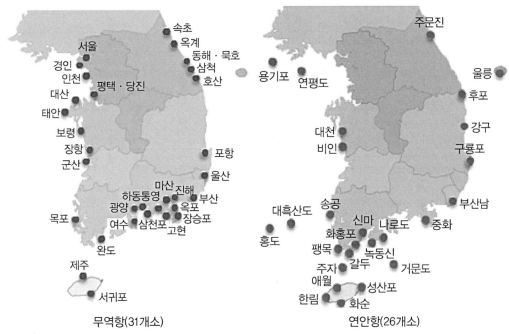

무역항(31개소)   연안항(26개소)

* 전국 57개 항만 중 최근 지정 3개항(서울항, 하동항, 강구항) 미포함.
출처 : 국토해양부(2011), 기후변화에 따른 항만구역 내 재해취약지구 정비계획수립용역 요약보고서, 아라미르 프로젝트.

그림 1.8 대상 항만 위치도

(1) 항만 내 연안재해취약지역 선정

연안재해취약지역 선정방법을 통해 침수가 예상되는 항만에 대해서는 침수심과 피해시설규모, 지형특성 등을 고려하여 재해취약지역 대상 항으로 22개항 25개소를 선정하였다. 선정항만 중 무역항은 평택·당진항, 장항항, 군산항, 목포항, 완도항, 광양항, 여수항, 삼천포항, 통영항, 고현항, 옥포항, 장승포항, 마산항, 부산항, 삼척항으로 15개항, 연안항은 대천항, 대흑산도항, 갈두항, 거문도항, 녹도신항, 나로도항, 부산남항으로 7개항이 선정되었다(표 1.10～표 1.11 참조).

표 1.10 항만별 월류고 및 침수면적(무역항)

구분	월류고(m)	침수면적(km²)	대응방안		비고
			수립	제외	
경인항	–	–		●	
인천항	1.57	8.091		●	
평택·당진항	0.70	4.022	●		
대산항	–	0.318		●	
태안항	–	–		●	
보령항	2.03	0.019		●	
장항항	1.51	2.408	●		
군산항	1.56	3.699	●		
목포항	0.82(1.39)[1]	5.378	●		
제주항	0.44	0.032		●	
서귀포항	0.28	0.077		●	
완도항	0.95	0.886	●		
광양항(온동)	2.56	0.037	●		
여수항	1.83	0.436	●		
삼천포항(3)	1.19	1.084	●		
통영항	1.67	0.507	●		
고현항	0.70	0.657	●		
옥포항	1.12	0.120	●		
장승포항	0.77	0.189	●		
마산항	1.83	6.585	●		
진해항	0.21	0.262		●	
부산항	–	–	●		
울산항	–	0.061		●	
포항항	–	–		●	
삼척항	1.58	0.317	●		
동해항	0.27	0.255		●	
묵호항	0.91	0.182		●	
옥계항	0.02	–		●	
속초항	0.61	0.041		●	

주 1. 괄호 안은 배후지역 침수고임.
출처 : 국토해양부(2011), 기후변화에 따른 항만구역 내 재해취약지구 정비계획수립용역 요약보고서, 아라미르 프로젝트.

표 1.11 항만별 월류고 및 침수면적(연안항)

구분	월류고(m)	침수면적(km²)	대응방안 수립	대응방안 제외	비고
용기포항	–	–		●	
연평도항	0.85	0.048		●	
대천항	1.16	0.610	●		
비인항	0.79	0.064		●	
송공항	1.34	0.023		●	
홍도항	–	–		●	
대흑산도항	0.62	0.089	●		
팽목항	0.86	0.065		●	
갈두항	1.33	0.032	●		
추자항	0.73	0.027		●	
애월항	0.36	0.113		●	
한림항	0.47	0.038		●	
화순항	0.45	0.081		●	
성산포항	0.69	0.132		●	
거문도항	0.57	0.068	●		
화흥포항	1.56	0.032		●	
신마항	1.14	0.027		●	
녹동신항	0.75	0.801	●		
나로도항	1.10	0.221	●		
중화항	–	–		●	
부산남항(2)	–	0.278	●		
구룡포항	–	–		●	
후포항	0.21	0.061		●	
울릉항	–	–		●	
주문진항	1.22	0.045		●	

출처 : 국토해양부(2011), 기후변화에 따른 항만구역 내 재해취약지구 정비계획수립용역 요약보고서, 아라미르 프로젝트.

(2) 항만별 연안재해취약지역 정비계획(아라미르 프로젝트 수립현황, 표 1.12~표 1.13 참조)

표 1.12 항만 내 재해취약지역 정비계획(무역항, 아라미르 프로젝트)

구분				설계조위(m)	기존시설물표고(m)	월류고(m)	침수면적(km²)	재해이력	취약지선정	정비계획내용	사업비(억 원)	개발시기
서해	1	경인항		–	–	신규지정항만		신규항만으로 제외	–	–	–	–
	2	인천항		11.570	10.00	1.57	8.091	보안담장, 완충녹지 등으로 침수지역이 제한적임	–	–	–	–
	3	평택·당진항		11.198	10.50	0.70	4.022	배후지 침수피해 예상	●	방재벽 L=4,013m	191.1	2단계(2030년까지)
	4	대산항		9.668	10.00	–	0.318	침수피해 거의 없음	–	–	–	–
	5	태안항		8.928	11.60	–	–	침수피해 없음	–	–	–	–
	6	보령항		9.726	7.70	2.03	0.019	피해시설 거의 없음	–	–	–	–
	7	장항항		9.508	8.00	1.51	2.408	고조위에 의한 침수피해 발생	●	방재벽 L=3,569m	250.5	1단계(2020까지)
	8	군산항(내항)		9.556	8.00	1.56	7.593 (3.699)[2]	고조위에 의한 침수피해 발생	●	방재벽 L=6,633m, 매립+계단형 L=659m	463.5	1단계(2020까지)
	9	목포항		6.320	5.50	0.82 (1.39)[1]	5.378	고조위에 의한 침수피해 발생	●	플랩형 게이트1식, 수직리프트 게이트 1식	3,857.5	1단계(2020까지)
남해	10	제주항		4.089	0.36	0.44	0.032	침수심 얕고, 피해시설 거의 없음	–	–	–	–
	11	서귀포항		4.277	0.40	0.28	0.077	침수심 얕고, 피해시설 거의 없음	–	–	–	–
	12	완도항		5.454	4.50	0.95	0.886	배후지 침수피해 예상	●	방재벽 L=2,159m	148.8	2단계(2030년까지)
	13	광양항	온동마을	6.472	3.91	2.56	0.037	고조위에 의한 침수피해 발생		방재언덕 A=8,000㎡	39.7	1단계(2020까지)
			기타지역	6.472	6.00	0.47	23.806	〃 침수심 얕음				
	14	여수항(구항)		6.326	4.50	1.83	0.549 (0.436)[2]	배후지역 침수피해 예상	●	방재벽 L=1,143m, 수문 1식	204.6	2단계(2030년까지)
	15	삼천포항	신항	5.686	4.50	1.19	0.674	태풍 '매미', '루사'에 의한 침수피해 발생	●	방재벽 L=1,776m, 수문 1식	189.4	1단계(2020까지)
			구항	5.686	4.00	1.69	0.261	태풍 '매미', '루사'에 의한 침수피해 발생	●	방파제 L=300m, 방재벽 L=1,283m	403.2	1단계(2020까지)
			구항~대방[3]	5.686	4.50	1.19	0.192	태풍 '매미', '루사'에 의한 침수피해 발생	●	방재언덕 A=12,600m²	97.9	2단계(2030년까지)
	16	통영항		4.970	3.30	1.67	1.504 (0.507)[2]	태풍 '매미'에 의한 침수피해 발생	●	방재벽 L=2,259m, 아치형 게이트 1식	644.8	1단계(2020까지)
	17	고현항[3]		4.098	3.40	0.70	1.139 (0.657)[2]	태풍 '매미'에 의한 침수피해 발생	●	수문 1식	132.8	2단계(2030년까지)
	18[3]	옥포항		3.922	2.80	1.12	0.229 (0.120)[2]	태풍 '매미'에 의한 침수피해 발생	●	방재벽 L=485m	31.5	1단계(2020까지)
	19	장승포항		3.574	2.80	0.77	0.189	태풍 '매미'에 의한 침수피해 발생	●	방재벽 L=1,079m	47.6	1단계(2020까지)
	20	마산항[3]		4.527	2.70	1.83	6.585	태풍 '매미'에 의한 침수피해 발생	●	플랩형 게이트 1식	3,484.5	2단계(2030년까지)
	21	진해항		4.274	4.00	0.27	0.262	침수심 얕고, 피해시설 거의 없음	–	–	–	–
	22	부산항		2.708	4.00	–	–	태풍 '매미'에 의한 침수피해 발생	●	방재벽 L=1,700m, 마루높이 증고 L=420m	443.3	1단계(2020까지)
동해	23	울산항		1.603	2.20	–	0.061	해안변 일부 침수, 피해면적 제한적	–	–	–	–
	24	포항항		1.551	2.00	–	–	침수피해 없음	–	–	–	–
	25	호산항		2.049	–	신규지정항만		신규지정항만으로 제외	–	–	–	–
	26	삼척항		3.075	1.50	1.58	0.317	'83, '93년 지진해일에 의한 침수피해 발생	●	방재벽 L=790m, 게이트 1식	236.2	1단계(2020까지)
	27	동해항		2.267	2.00	0.27	0.255	피해시설 거의 없고 신속한 배수	–	–	–	–
	28	묵호항		2.911	2.00	0.91	0.182	재개발 계획 및 동해시 도시계획 확정 후 대책수립	–	–	–	–
	29	옥계항		2.521	2.50	0.02	–	침수피해 없음	–	–	–	–
	30	속초항		1.805	1.20	0.61	0.041	피해시설 거의 없고 신속한 배수	–	–	–	–
무역항 계									15개항		10,866.9	1단계:12개항 2단계:6개항

주 1. 괄호 안은 배후지역 침수고임.
  2. 괄호 안의 면적은 금회 대응시설수립으로 침수방지가 가능한 면적이며, 그 외 지역은 완충녹지, 보안담장 등이 조성되어 있거나 피해시설이 거의 없어 금회 대응시설계획에서 제외한 지역임.
  3. 재해 이력이 있는 항만 중 마산항, 고현항, 나로도항은 재해취약지역 관련계획과 항만관련 계획이 수립 중에 있으며, 삼천포 구항~대방항구간과 부산남항은 배후지역 피해시설이 비교적 적어 이들 항만에 대해서는 2단계로 계획하였음.

표 1.13 항만 내 재해취약지역 정비계획(연안항, 아라미르 프로젝트)

구분			설계조위 (m)	기존시설물 표고(m)	월류고 (m)	침수면적 (km²)	재해이력	취약지 선정	정비계획내용	사업비 (억 원)	개발시기
서해	1	용기포함	5.420	5.50	–	–	침수피해 없음	–	–	–	–
	2	연평도항	8.850	8.00	0.85	0.048	침수피해 거의 없음	–	–	–	–
	3	대천항	9.562	8.40	1.16	0.610	배후지 침수피해 예상	●	방재벽 L=1,313m	136.9	2단계 (2030년까지)
	4	비인항	8.786	8.00	0.79	0.064	피해규모 적음, 항만개발 중	–	–	–	–
	5	송공항	6.270	4.93	1.34	0.023	피해시설 거의 없음	–	–	–	–
	6	홍도항	4.250	4.50	–	–	침수피해 없음	–	–	–	–
	7	대흑 산도항	4.616	4.00	0.62	0.089	배후지역 침수피해 예상	●	방재벽 L=1,060m, 매립+계단형 L=110m	45.0	2단계 (2030까지)
	8	팽목항	5.060	4.20	0.86	0.065	항만개발 중	–	–	–	–
남해	9	길두함	5.232	3.90	1.33	0.032	배후지역 침수피해 예상	●	방재벽 L=225m	18.5	2단계 (2030까지)
	10	추자항	4.326	3.60	0.73	0.027	피해시설 거의 없음	–	–	–	–
	11	애월항	4.059	3.70	0.36	0.113	침수심 얕고, 피해시설 거의 없음	–	–	–	–
	12	한림항	3.969	3.50	0.47	0.038	침수심 얕고, 피해시설 거의 없음	–	–	–	–
	13	화순항	4.453	4.00	0.45	0.081	침수심 얕고, 피해시설 거의 없음	–	–	–	–
	14	성산포항	4.185	3.50	0.69	0.132	피해시설 거의 없음	–	–	–	–
	15	거문도항	5.070	4.50	0.57	0.068	배후지 침수피해 예상	●	방재벽 L=990m	43.6	2단계 (2030까지)
	16	화흥포항	5.564	4.00	1.56	0.032	피해시설 거의 없고 침수지역이 제한적임	–	–	–	–
	17	신마항	5.638	4.50	1.14	0.027	항만개발 중	–	–	–	–
	18	녹동신항	5.752	5.00	0.75	0.801	배후지역 침수피해 예상	●	방재벽 L=1,086m	61.1	2단계 (2030까지)
	19	나로도항[3]	5.603	4.50	1.10	0.221	고조위에 의한 침수피해 예상	●	방재벽 L=1,319m	58.3	2단계 (2030까지)
	20	중화항	–	–	신규지정항만		신규지정항만으로 제외	–	–	–	–
	21 부산 남항[3]	서방파제	2.733	2.80	–	0.482 (0.278)[1]	태풍 '매미'에 의한 침수피해 발생	●	친수호안A=20,390m²	216.0	2단계 (2030까지)
		암남동 호안	2.733	2.80	–	0.098	태풍 '매미'에 의한 침수피해 발생	●	친수호안A=24,520m²	435.6	2단계 (2030까지)
동해	22	구룡포함	1.137	1.50	–	–	침수피해 없음	–	–	–	–
	23	후포항	1.705	1.50	0.21	0.061	피해시설 거의 없고 신속한 배수	–	–	–	–
	24	울릉항	1.485	–	–	–	피해시설 거의 없고 신속한 배수	–	–	–	–
	25	주문진항	2.417	1.20	1.229	0.045	피해시설 거의 없고 신속한 배수	–	–	–	–
연안항		계						7개항		1,015.0	1단계:–개항 2단계:8개항
합계 (무역항, 연안항)								22개항		11,881.9	1단계:12개항 2단계:14개항

주 1. 괄호 안의 면적은 금회 대응시설수립으로 침수방지가 가능한 면적.
출처: 국토해양부(2011), 기후변화에 따른 항만구역 내 재해취약지구 정비계획수립용역 요약보고서, 아라미르 프로젝트.

1.2.4 항만 내 연안재해취약지역 도입시설

연안재해취약지역으로 선정된 대상 항에 대해 향후 폭풍해일·지진해일의 내습 또는 천문조에 의한 고조위(高潮位) 내습 시 침수피해 방지를 위한 대응방안으로 게이트 형식, 방재언덕 형식과 방재벽(防災壁) 형식을 비교·검토하였으며 그 내용은 다음과 같다.

1) 게이트 및 방재언덕 형식(그림 1.9 참조)

구분	플랩 게이트	리프트 게이트(수직형)
개념도		
작동 원리	대형 철재 방벽이 평상시에는 해저에 가라 앉아 있고 해일 예측 시 압축공기를 주입하여 구조물을 부력으로 일으켜 세워 항 입구를 수직으로 차폐	평상시 강철재로 만든 구조물을 상부로 올려 고정하고 폭풍해일 예측 시 구조물을 내려 항 입구를 수직으로 차폐
특징	• 소규모 매립으로 해수유동 영향 없음 • 평상시 구조물이 수중에 위치하여 환경성 양호 • 사업비 보통	• 소규모 매립으로 해수유동 영향 없음 • 평상시 구조물이 수상에 있어 유지관리 및 관광자원화 유리 • 사업비 보통
적용 사례	이탈리아(공사 중)	일본, 영국, 네덜란드 등
금회 적용	목포항, 마산항	목포항, 삼척항
구분	리프트 게이트(아치형)	방재언덕
개념도		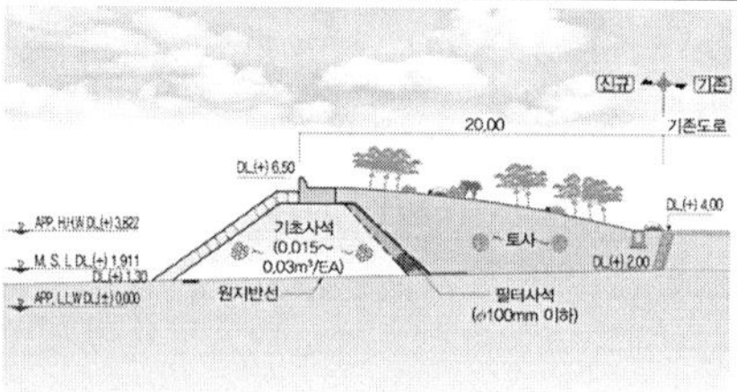
작동원리	평상시 아치형 철재 방벽 구조물을 상부로 올려 고정하고 폭풍해일 예측 시 구조물을 내려 항 입구를 수직으로 차폐	매립으로 해일고보다 높은 언덕을 조성함
특징	• 소규모 매립으로 해수유동 영향 없음 • 평상시 구조물이 수상에 있어 유지관리 및 관광자원화 유리 • 사업비 보통	매립을 통해서 생기는 부지는 다양한 용도(친수 등)로 활용 가능
적용 사례	일본, 영국, 네덜란드 등	일본 등
금회 적용	통영항	광양항(온동마을), 삼척포구항~대방항

출처 : 부산광역시(2017.8.), 부산연안방재대책수립용역 종합보고서, p.72.

그림 1.9 게이트 및 방재언덕 형식

2) 방재벽 형식(그림 1.10, 그림 1.11 참조)

구분		옹벽식(H=1.0m)	옹벽식(H=1.5m)	상부 투명 옹벽식
단면형식		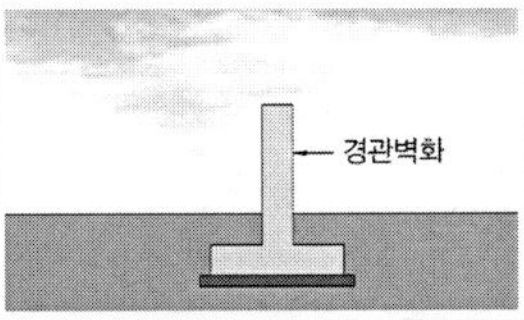 경관벽화	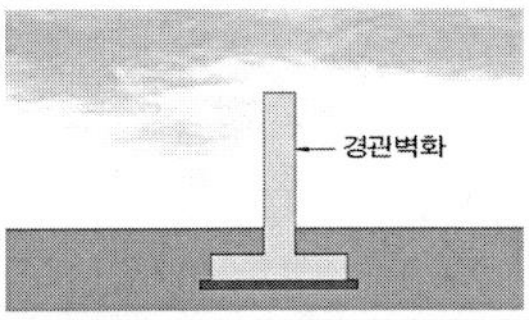 경관벽화	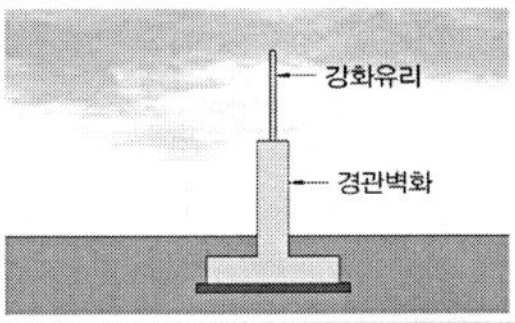 강화유리 경관벽화
개념도				
특징		• 조망권 확보를 위해 1.0m 이하의 대책 수립 시에 적용 • 옹벽배면 경관벽화 적용	• 항만시설의 보안 또는 차단이 필요한 곳에 적용 • 옹벽배면 경관벽화 적용	• 조망을 위한 옹벽 상부 투명 강화유리 적용 • 옹벽배면 경관벽화 적용
장단점	조망/친수성	양호	불리	보통
	시공성	양호	양호	양호
	유지관리	양호	양호	보통
경제성(미터당)[1]		400만 원	560만 원	• 높이 1.5m : 590만 원 • 높이 2m : 750만 원 • 높이 2.3m : 840만 원
적용 사례		일본, 장승포항 등	좌동	마산 성동산업 전면
구분		친수형 옹벽식	계단식(H=1.5m)	계단식(H=1.0m)
단면형식		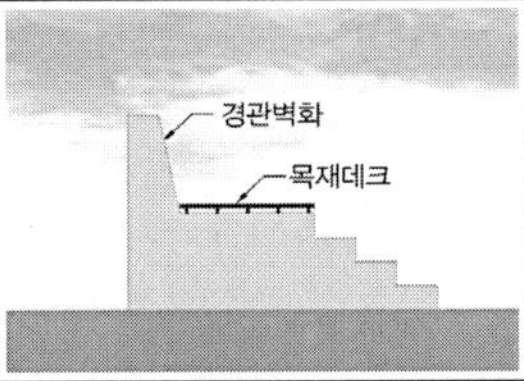 경관벽화 목재데크	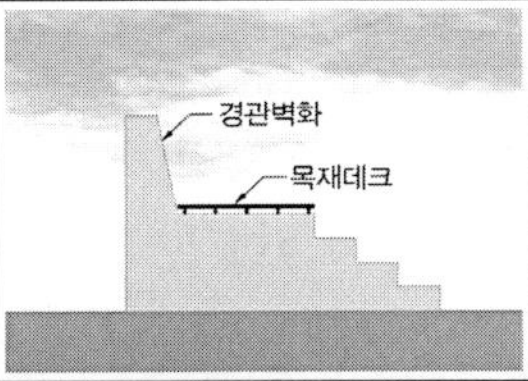 경관벽화 목재데크	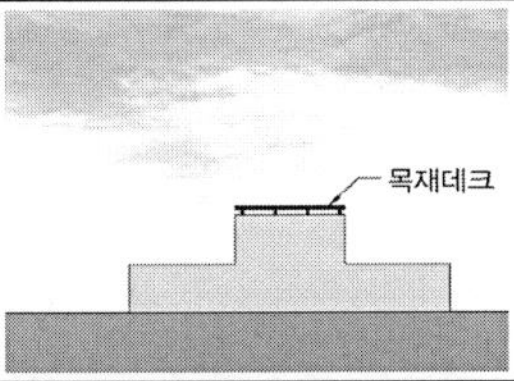 목재데크
개념도				
특징		• 조망을 위한 옹벽배면 계단 및 데크 설치 • 옹벽배면 경관벽화 적용	• 기존 물양장의 기능유지가 필요한 곳에 적용 • 기존 물양장 법선 부분에 적용	• 기존 물양장의 기능유지가 필요한 곳에 적용 • 친수성을 고려하여 계단 상부에 데크 설치
장단점	조망/친수성	보통	보통	보통
	시공성	양호	양호	양호
	유지관리	양호	양호	양호
경제성(미터당)[1]		• 높이 1.5m : 620만 원 • 높이 2m : 840만 원	90만 원	80만 원
적용 사례		제주 탑동호안	–	–

주 1. 경제성(미터당) 단가는 2017년 기준임.
출처 : 부산광역시(2017.8.), 부산연안방재대책수립용역 종합보고서, p.73.

그림 1.10 방재벽 형식(1)

구분		매립+계단식	기립식	부유식
단면형식		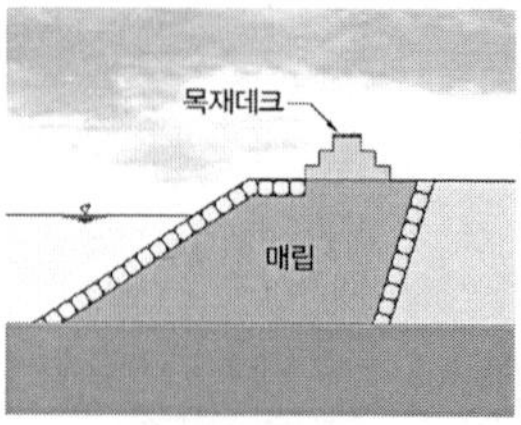	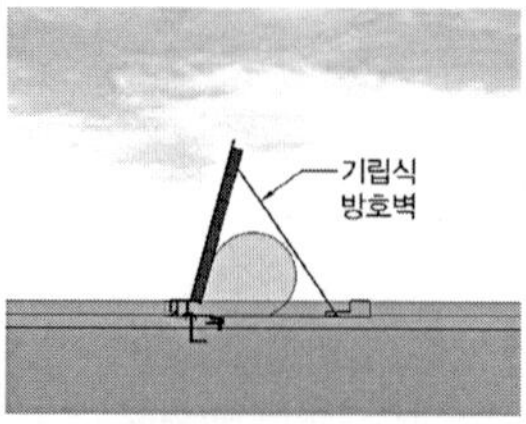	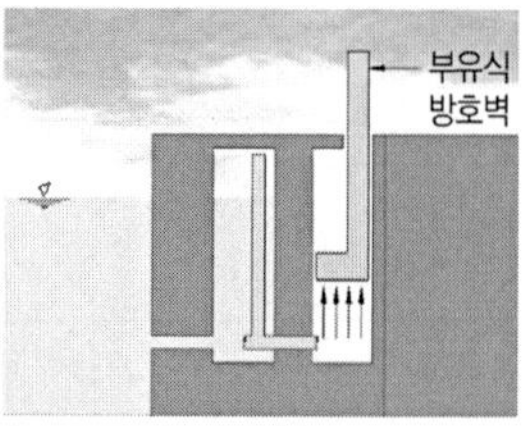
개념도				
특징		• 기존 물양장 및 호안의 배면부지 협소한 곳에 적용 • 친수성을 고려하여 계단 상부에 데크 설치	• 조위 상승 시 유압에 의한 방재벽(防災壁) 기립(起立) • 조망권의 확보가 필요하고 보행자 통행이 빈번한 곳 적용	• 조위 상승 시 부력에 의해 방재벽 상승 • 시설부지가 협소하고 사람과 차량의 통행이 빈번한 곳 적용
장단점	조망/친수성	보통	양호	양호
	시공성	보통	보통	불리
	유지관리	양호	불리	불리
경제성(미터당)[1]		600만 원	2,700만 원	3,100만 원
적용 사례		–	일본	네덜란드, 호주, 미국 등

주 1. 경제성(미터당) 단가는 2017년 기준임.
출처 : 부산광역시(2017.8.), 부산연안방재대책수립용역 종합보고서, p.74.

그림 1.10 방재벽 형식(2)

3) 수문형식(그림 1.12 참조)

재해취약지역 정비계획 수립 지역 중 하천에 위치하여 해일 내습 시 하천변을 따라 상류 측으로 월류 가능성이 있는 하천의 입구부에 수문을 설치하여 침수피해를 방지할 필요성이 요구되는 지역에 설치한다. 수문형식의 적용지역은 삼천포 신항, 여수 구항, 고현항의 하천 하류에 계획하였다.

출처 : 부산광역시(2017.8.), 부산연안방재대책수립용역 종합보고서, p.75.

그림 1.12 수문 사진

4) 육갑문 설치계획(그림 1.13 참조)

재해취약지역 정비계획 수립지역 중 육갑문(陸閘門) 형식 대응방안이 수립되어 기존 항만시설 이용에 영향을 미치는 곳에 대해서는 육갑문을 설치하여 차량이나 항만시설 이용자의 통행이 가능하도록 계획한다. 육갑문의 적용연장은 육갑문 형식 대응시설 해당구간 전체 연장의 20%를 적용한다.

출처 : 부산광역시(2017.8.), 부산연안방재대책수립용역 종합보고서, p.75.

그림 1.13 육갑문

• 참고문헌 •

1. IPCC(2014), 기후변화 2014 종합보고서, p.3, p.11.

2. 국립해양조사원 보도자료(2017), 우리나라 연안 해수면 상승 속도, 점차 빨라지고 있다.

3. 동아일보 HP(2018), http://news.donga.com/3/all/20180610/90515349/1.

4. 국토해양부(2009.6.), 제2차 연안정비 10개년 계획 수립 연구.

5. 해양수산부(2014), 항만 및 어항설계기준·해설(상권), p.187.

6. 한국해양연구원(2010), 해일피해예측 정밀격자 수치모델 구축 및 설계해면 추산연구.

7. 국토해양부(2011), 기후변화에 따른 항만구역 내 재해취약지구 정비계획수립용역 요약보고서 : 아라미르 프로젝트.

CHAPTER 02
폭풍해일재해

CHAPTER 02 폭풍해일재해

2.1 폭풍해일의 발생·전파

2.1.1 폭풍해일의 시계열 변화

사진 2.1은 태풍 '차바' 시 부산광역시 남구 오륙도 해상에서의 폭풍해일(高潮, Storm Surge)을 찍은 사진으로 폭풍해일이란 태풍 및 저기압이 원인이 되는 이상조위[1]로 고조(高潮) 또는 스톰 서지(Storm Surge)라고도 하며 그림 2.1과 같은 2가지 원인으로 발생한다.

출처 : 부산시 자료(2017).

사진 2.1 태풍 '차바'(2016.10.5. 11시 20분경) 시 부산 오륙도 및 그 인근에서의 폭풍해일 전경

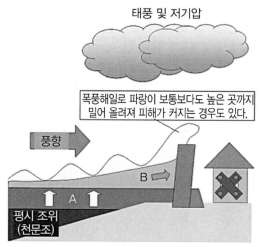

출처 : 気象庁(2018), https://www.data.jma.go.jp/gmd/kaiyou/db/tide/knowledge/tide/takashio.html

그림 2.1 폭풍해일의 원인

① 저기압에 의한 수면상승 효과(그림 2.1의 A) : 태풍 및 저기압 중심에서는 기압이 주변보다 낮아지므로 중심부근의 공기가 해수를 빨아 올려 해면이 상승한다.

② 해상풍에 의한 수면상승 효과(그림 2.1의 B) : 태풍 및 저기압을 동반한 강한 바람이 해수를 해안으로 불어 올라가게 하여 해면이 상승한다.

또한 관측조위로부터 추산 천문조위를 뺀 값을 폭풍해일편차라고 한다.

폭풍해일의 시계열(時系列) 변화를 알아보면 태풍으로부터 멀리 떨어진 시점으로부터 전구파(前驅波, Forerunner)에 의한 수위 상승이 시작된다. 태풍범위에 들어가면 수위 상승이 큰 폭풍해일이라고 불리는 폭풍해일의 주체부가 나타난다. 그 후 수위가 강하한 후에 만(灣)과 같은 폐쇄해역에는 고유진동(Resurgence)이 계속된다(그림 2.2 참조). 단, 전구파의 발생원인은 아직 밝혀지지 않았으나, 너울의 내습에 의한 웨이브 셋업[1]이 유력하다. 폭풍해일은 외해에서도 일어나지만, 실제적으로 영향이 적어 별로 사람 눈을 끌지 않는다. 폭풍해일이 조석의 만조(滿潮) 시와 겹치게 되면 해수면이 이상하게 높아져 방조제를 파괴

---

1 웨이브 셋업(Wave Setup, 水位上昇(波에 의한)) : 파랑이 연안에 도달하면 그 모양이 불안정하여 전방으로 뛰어나가면서 무너지거나(쇄파 발생) 쇄파가 발생한 곳보다 해안 쪽에는 조위 상승(潮位上昇)이 발생한다. 이와 같이 쇄파 발생에 따른 평균해수면이 상승하는 현상을 웨이브 셋업이라고 부른다.

하거나 연안시설, 가옥, 인명 등 큰 피해를 끼치므로 폭풍해일 발생시각과 해수면 상승량을 예보하는 것은 매우 중요하다. 또한 폭풍해일이 발생하는 나쁜 기상조건에서는 각각의 파랑도 높이 발달하기 때문에 해수면의 수위 상승과 파랑이 중첩되면서 보통상태보다 높은 지점까지 파랑이 도달하고 해안에 작용하는 파력도 커진다(사진 2.2 참조). 더구나 개별 파랑의 주기도 통상보다 길어지게 되어 15~20초 간격으로 파랑이 내습할 수도 있다.

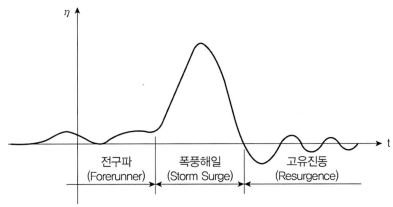

출처 : 服部昌太郎(1994), 土木系大學講義シリーズ海岸工學, コロナ社, p.221.

그림 2.2 폭풍해일의 시계열 변화

출처 : 부산시 자료(2017).

사진 2.2 태풍 '차바'(2016.10.5.) 시 부산 송도 해수욕장 및 그 인근에서의 폭풍해일 전경

이러한 긴 주기를 가진 파랑은 해안 근처에 도달할 때까지 부서지지 않고 큰 에너지를 보유한 채 밀어 닥치므로 해안제방에 미치는 파력도 크고 경우에 따라 해안제방을 월류할 위험성이 있다. 더구나 이런 혹독한 해상조건에서는 주기가 1분 이상인 장주기의 해수면 변동도 발달한다. 가뜩이나 폭풍해일로 상승된 해수면이 1분에서 몇 분 주기로 상승·하강하기 때문에 해수면이 상승한 시간대에 해안은 더 큰 파력에 노출되게 된다. 또한 해안 부근은 태풍이 통과한 후에도 파랑은 바로 잔잔해지지 않고 당분간 위험한 상태가 계속되므로 해안에는 접근하지 않도록 한다.

2.1.2 폭풍해일의 정적 수위 상승[2]

태풍 및 저기압이 통과하면 보통 기압(1013hPa)보다 기압이 저하되는 만큼 수위가 상승한다. 이것을 기압저하에 의한 흡상(吸上)효과라고 부르며 만약 해면이 충분히 넓어 지구 자전효과를 무시할 정도로 해수 유동이 적으면 기압저하에 의한 정적 해수면 상승 η_{PS}(그림 2.1의 A)는

$$\eta_{PS} = 0.991(1013 - p) \times 10^{-2} \tag{2.1}$$

로 나타낼 수 있다. 여기서, η_{PS}는 저기압에 의한 정적 해수면 상승량(단위 m), p는 기압(hPa)이다. 또한, 바람의 전단응력으로 해수면 근처의 해수는 바람의 방향으로 운반되지만 해안이 있으면 흐름은 막히게 되어 해수면 상승이 발생하고 더욱이 해저면 부근에서는 외해로 돌아가는 흐름이 발생한다. 이 해안에서의 해수위 상승을 해상풍에 의한 해수면 상승이라고 한다. 정사각형 형태를 가진 만(灣)을 가정한 경우, 만 안쪽의 정적인 폭풍해일의 해상풍에 의한 해수면 상승(그림 2.1의 B)은

$$\eta_W = \frac{\rho_a(1+\lambda)}{\rho_w \, g} \gamma_s^2 \frac{l}{h} U_{10}^2 \tag{2.2}$$

으로 주어진다. 여기서, η_W는 해수면 상승량, l은 만의 길이, h는 만의 수심, ρ_a는 공기밀

도, ρ_w는 해수밀도, λ는 바람의 전단응력과 해저마찰력의 비, γ_S는 해면의 마찰계수, U_{10}은 수면 위 10m에서의 풍속이다. 더욱이 이 식은 바람의 전단력, 해저마찰력 및 해수면 상승에 근거한 수위차의 균형을 이루면서 해수면 상승량을 구할 수 있다. 이 2가지 이외에 쇄파 후의 파에 의한 웨이브 셋업 효과를 들 수 있다.[3] 즉, 해안 근처에서는 풍랑의 파고가 공간적으로 변화하면 잉여응력(Radiation Stress)의 공간적인 경사가 발생하며 이것의 균형을 이루기 위해서 평균 수면이 변화한다.

2.1.3 폭풍해일의 동적증폭기구[4, 5]

외해의 폭풍해일(심해(深海)의 폭풍해일)은 외력의 아래에서 생기는 선형장파 운동과 근사하다. 해수면에 변위가 일어난 후 외력 작용이 없어지면, 파속(波速)은 $\sqrt{gh}$ 로 전달된다. 이것을 자유파(自由波)라고 한다. 외력이 이동할 때 외력의 이동속도와 같은 속도로 진행하는 파도 존재하는데, 이것을 강제파(强制波)라고 한다. 외력의 이동속도가 자유파 속도와 일치하면 공진(共振)이 일어나, 폭풍해일의 진폭(振幅)은 시간에 비례하여 커진다. 내해(內海)의 폭풍해일인 경우 심해의 폭풍해일과 비교하여 연안의 경계조건이 덧붙여져 연안으로부터 반사파가 발생한다. 외력의 이동속도와 자유파의 이동속도가 일치하는 경우에는 역시 공진이 발생하여 폭풍해일의 진폭이 크게 된다. 동적증폭은 만약 조건이 갖추어지면 정적 해수위 상승의 몇 배의 해수면 상승량이 되는 경우도 있다.

2.2 폭풍해일의 경험적 예측식

폭풍해일의 크기는 장소와 시간마다 다른데, 즉 태풍, 만(灣) 및 지점마다 다르다. 그러나 주요 원인은 앞서 기술한 동적인 증폭을 포함한 3가지로 이들을 조합하여 간단한 예측식을 만들 수 있다. 기압저하와 해상풍만을 고려한 예보식(豫報式)은 식(2.3)과 같은 형식으로 나타낼 수 있다. 더욱이 식(2.4)는 파랑효과를 감안한 비교적 새로운 예측식으로 계수는 몇 개의 지점에 대해서 구하면 된다.[6]

$$\eta_M = a\Delta p + b U_{10}^2 \cos\theta + c \tag{2.3}$$

$$\eta_M = a\Delta p + b U_{10}^2 \cos\theta + c H_{1/3} + d \tag{2.4}$$

여기서, η_M은 기상조(氣象潮)의 최대 해수면 상승(cm), Δp는 최대기압 저하량(hPa), U_{10}은 해수면 위 10m에서의 풍속(m/s), θ는 주풍향(主風向)과 만축(灣軸)이 이루는 각도, $H_{1/3}$은 심해파 유의파고(m), a, b, c, d는 지점(地點)마다 다른 정수이다.

2.3 폭풍해일의 수치모형실험

2.3.1 폭풍해일 계산의 기초방정식

폭풍해일이라는 현상의 특징은 발생원인이 되는 기상요란(擾亂)과 거의 같은 차수(次數, Order)로 수심과 비교하면 그 차수가 매우 크기 때문에 지진해일과 같은 장파이론식으로 나타낼 수 있다. 또 다른 특징은 기압변화에 따른 수면 승강과 폭풍 등에 의한 바람이 계속적으로 한곳으로 밀어 보내는 것과 같이 계속적으로 작용하는 외력으로 야기(惹起)된 강제적인 수면변동이라는 점이다. 그러므로 폭풍해일의 기초방정식은 비선형 장파방정식에 지구자전, 기압저하, 해수면에 작용하는 바람의 마찰에 따른 해저마찰의 효과를 고려한다. 따라서 일반형은,

$$\frac{\partial \eta}{\partial t} + \frac{\partial M}{\partial x} + \frac{\partial N}{\partial y} = 0 \tag{2.5}$$

$$\frac{\partial M}{\partial t} + \frac{\partial}{\partial x}\left(\frac{M^2}{D}\right) + \frac{\partial}{\partial y}\left(\frac{MN}{D}\right) + gD\frac{\partial(\eta - \eta_0)}{\partial x} = fN + \frac{\tau_s^{(x)}}{\rho_w} - \frac{\tau_b^{(x)}}{\rho_w} \tag{2.6}$$

$$\frac{\partial N}{\partial t} + \frac{\partial}{\partial x}\left(\frac{MN}{D}\right) + \frac{\partial}{\partial y}\left(\frac{N^2}{D}\right) + gD\frac{\partial(\eta - \eta_0)}{\partial y} = -fM + \frac{\tau_s^{(y)}}{\rho_w} - \frac{\tau_b^{(y)}}{\rho_w} \tag{2.7}$$

로 나타낼 수 있다. 여기서, η는 해수면 상승량, D는 전수심(全水深), η_0은 기압저하에 대

응하는 해수면 상승량, M, N은 각각 x, y방향의 단위폭당 유량, f는 코리올리(Coriolis) 정수, $\tau_s^{(x)}$, $\tau_s^{(y)}$는 해수면에 작용하는 바람의 마찰력의 x, y 성분, $\tau_b^{(x)}$, $\tau_b^{(y)}$는 해저바닥에 작용하는 마찰력의 x, y성분, ρ_w는 해수밀도이다. 해수면 및 해저바닥에 작용하는 마찰력의 정식화에 관해서는 문헌[7, 8, 9, 10] 등을 참조하면 된다. 심해역(深海域)의 지진해일의 수치모형실험에서는 운동식(2.6)과 (2.7)의 좌변 제2, 3항을 생략할 수 있다. 또한 수직방향의 균일성을 가정하지 않는 다층 모델을 이용한 연구도 이루어지고 있다.[11, 12] 더욱이, 위 식의 이용에 있어서는 해수면에 작용하는 바람의 마찰력에 대한 정식화가 중요하다. 방정식은 파랑 효과를 직접적으로 고려한 형태가 아니므로 바람의 마찰력에 파랑 효과를 간접적으로 집어넣으면 된다. 식(2.5)부터 식(2.7)까지의 계산은 Staggered Leap-frog법 또는 ADI법(Alternative Direction Implicit Method)을 사용한다. Staggered Leap-frog법은 양(陽)해법인 차분법으로,

$$\frac{\Delta x}{\Delta t} \geq \sqrt{2gh_{\max}} \tag{2.8}$$

으로 나타나는 C.F.L(Courant-Friedrichs-Lewy) 조건을 만족할 필요가 있다. 여기서 Δx는 공간격자 길이, Δt는 시간간격, $h_{\max}$는 최대수심이다. 단, 식(2.8)은 이류항(移流項)을 무시한 선형장파이론식에 관한 조건이다. ADI법을 이용하는 경우는 Staggered Leap-frog법에 비하여 큰 크기의 시간격자를 가질 수 있다.

2.3.2 경계조건

외해 측 경계조건으로는 지진해일의 외해 측 자유투과(自由透過) 조건에 기압저하에 대응하는 해수위 상승량을 고려한 조건식

$$\sqrt{M^2 + N^2} = \pm (\eta - \eta_O) \sqrt{gh} \tag{2.9}$$

을 이용한다. 관측치가 있는 폭풍해일로 만 내부만을 계산하는 경우는 만구부(灣口部) 조위

기록을 만 입구 경계조건으로 한다. 그 외 경계조건에 관해서는 육상으로의 범람(氾濫)을 포함한 지진해일 계산과 동일한 경계조건을 이용할 수 있다.

2.3.3 폭풍해일의 수치모델계산 예[13]

【태풍 '매미(0314호)'에 의한 남해(南海)의 폭풍해일 재현 계산】

1) 기압과 해상풍 계산

태풍의 기압분포는 식(2.10)과 같이 Myers식(Myers and Malkin, 1961)으로 가정하였다.

$$p = p_c + \Delta p \exp\left(-\frac{r_0}{r}\right) \qquad (2.10)$$

여기에서, p는 태풍 중심으로부터 거리 r만큼 떨어진 점의 기압(hPa), p_c는 중심기압 (hPa), Δp는 기압심도(氣壓深度)(hPa), r_0는 최대풍속반경(km)이다.

각 시각에서 중심의 위도 및 경도는 기상청에서의 속보치를 사용하였고, 최대풍속 반지름, 지름은 오키나와(沖繩)~긴키(近畿)지방 및 우리나라 남해의 관측기압으로부터 추정하였다.

그림 2.3은 남해안 대표적인 지점에서 기압의 시계열 변화를 나타낸 것으로 Myers기압 분포를 잘 재현하고 있다. 해상풍은 SGW(Super Ground Wind)를 고려한 경험적 태풍모델을 이용하여 추산하였다. 그렇지만 마산만 및 진해만을 둘러싼 육상지형은 그림 2.4와 같이 매우 깊숙이 안쪽으로 들어가 있어 이것에 의한 해상풍 풍속 및 풍향변화를 고려하였다. 그러므로 그림 2.4와 같이 영역 6의 육상지형을 동서(東西)로 0.6간격으로 168개, 남북(南北)으로도 똑같이 0.6km 간격으로 150개, 높이방향으로는 표고 0~1,500m 범위를 60층(層)으로 분할 후 3차원 육상지형 데이터를 작성하였다. 그리고 각 격자의 풍속·풍향에 대한 초기치를 태풍모델에 입력시켜 그 바람장이 연속식을 만족할 수 있도록 3차원 MASCON모델[14]로 보정하였다.

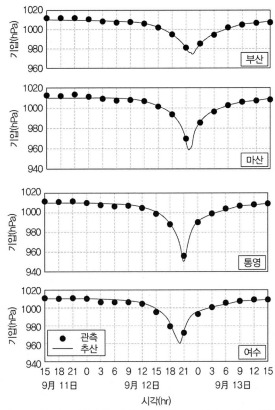

출처 : 河合 弘泰(2010), 高潮数値計算技術の高精度化と氣候変動に備える防災への適用, 港湾技術研究所報告, 港湾技術研究所, No.1210, p.66.

그림 2.3 우리나라 남해안 대표지점에서 기압의 시계열 변화

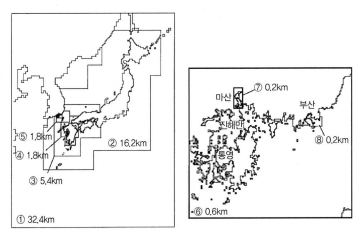

출처 : 河合 弘泰(2010), 高潮数値計算技術の高精度化と氣候変動に備える防災への適用, 港湾技術研究所報告, 港湾技術研究所, No.1210, p.67.

그림 2.4 폭풍해일의 계산영역

그림 2.5(a)는 경험적인 태풍모델에 의한 해상풍 분포, 그림 2.5(b)는 3차원 MASCON모델로 보정한 해상풍 분포를 각각 대표적인 시각에 대해서 나타낸 것이다. 바람은 ●표시로부터 나와 화살표 방향으로 불고 있다. 즉, '취류(吹流)' MASCON 모델로 보정한 마산만(馬山灣)의 바람은 골짜기 형상을 따라 불어가는 관계로 순조로운 바람장(風場)을 얻을 수 있다. 단, 마산만에서는 육지로부터 떨어진 지점에 대한 바람의 검증지점이 없었으므로 이 풍속의 검증을 할 수 없었다.

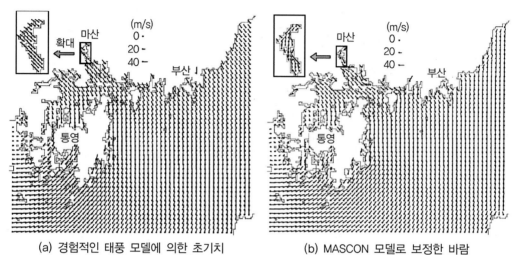

(a) 경험적인 태풍 모델에 의한 초기치   (b) MASCON 모델로 보정한 바람

출처 : 河合 弘泰(2010), 高潮数値計算技術の高精度化と氣候変動に備える防災への適用, 港湾技術研究所報告, 港湾技術研究所, No.1210, p.67.

그림 2.5 해상풍 분포(2003년 9월 12일 21시)

2) 폭풍해일편차의 계산

폭풍해일은 그림 2.4의 계산영역을 갖고 식(2.5)~(2.7)에서와 같이 단층(單層)의 비선형 장파방정식에 근거한 수치계산모델로 계산하였다. 다만, 우선은 천문조를 고려하지 않고 해면저항계수를 本多·光易(1980)[15]의 값을 사용하여 계산하였다.

이렇게 구한 최대 폭풍해일편차[2] 분포를 그림 2.6(a)에 나타내었고, 그림 2.7에 가는 선으로 시계열 변화를 나타내었다. 부산에서는 추산에 의해 약 0.6m의 최대폭풍해일편차를

---

2   폭풍해일편차 : 관측조위에서 추산천문조위를 뺀 값을 말한다.

얻었는데, 이 값은 관측으로 얻어진 값인 0.7m에 가깝다. 한편 마산에서는 약 1.6m의 최대 폭풍해일편차를 얻었으나, 이 값은 관측치인 약 2.3m를 크게 밑도는 값이다. 부산은 대한해협 옆에 위치하고 있는 데 반하여 마산은 긴 내만(內灣) 깊숙이 입지하고 있으므로 마산만의 폭풍해일을 정확하게 계산하기 위해서는 특히 해상풍에 의한 수위상승을 정확히 추산할 필요가 있다. 그래서 제3세대 파랑추산모델 WAM(The WAMDI Group, 1988)[16]의 Cycle4를 이용하여 파랑을 추산하고 그중 Janssen(1999)[17]의 해면저항계수를 사용하여 폭풍해일을 추산하였다.

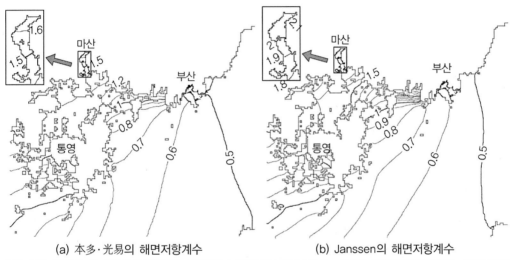

(a) 本多·光易의 해면저항계수   (b) Janssen의 해면저항계수

출처 : 河合 弘泰(2010), 高潮数値計算技術の高精度化と気候変動に備える防災への適用, 港湾技術研究所報告, 港湾技術研究所, No.1210, p.68.

그림 2.6 최대폭풍해일 편차분포

폭풍해일 추산 시 격자간격은 0.6km, 시간차분은 $20s$, 에너지 발달한계모델은 Hersbach-Janssen1999)[18]식을 사용하였다. 더욱이 파랑 스펙트럼의 방향분할(方向分割) 수도 디폴트(Default)값의 배 이상인 32로 증가시켰다. Janssen의 해면저항계수 C_D를 도입하여 추산한 최대폭풍해일편차의 분포인 그림 2.6(b)의 시계열 변화는 그림 2.7에 굵은 선으로 표시하였다. 그 결과 부산에서는 本多·光易의 해면저항계수를 사용한 경우와 거의 같았지만, 마산에서는 관측치에 가까운 약 2.1m의 최대폭풍해일편차를 얻었다. 최고점(Peak, 그림 2.7의 (b)) 및 최고점과 연결된 고유진동(Resurgence)도 검조기록과 잘 일치하고 있다. 本多·光易의 해면저항계수를 이용한 경우와 비교하여 최고점은 높지 않았지만 고유진동 진폭은 그다지 크지 않았다. 그렇지만 관측치는 최고점 반일 전(그림 2.7의 a)에서는 마이너스(−) 편차가 생긴데 반하여 수치모형실험에서는 이와 같은 편차가 보이지 않았는데 적어도 태풍에 의한 기압변화 및 바람에 직접 기인(起因)된 현상은 아니다. 다음으로 태풍 전에 정체(停滯)된 강우전선이 통과 하여 강우로 인한 하천 유입도 있었지만 이것에 기인된 편차라고 생각하기는 어렵다. 그러므로 조위측정 및 기록 시 오차로 인한 것으로 볼 수 있다.

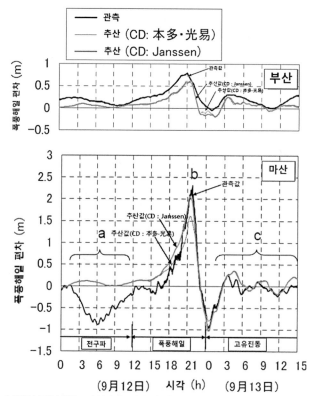

출처 : 河合 弘泰(2010), 高潮数値計算技術の高精度化と氣候変動に備える防災への適用, 港湾技術研究所報告, 港湾技術研究所, No.1210, p.68.

그림 2.7 폭풍해일편차의 시계열 변화

3) 폭풍해일과 천문조를 합친 조위 계산

다음으로 폭풍해일과 천문조를 조합한 계산을 실시하였다. 즉, 그림 2.8에 나타낸 것과 같 이 진해만 입구로부터 조금 떨어진 곳에 선경계(線境界)를 설정하여 그 선상의 계산격자에 시

시각각으로 변화하는 천문조위를 부여하여 계산영역 내 천문조위를 재현하였다. 선경계의 조위는 해양조석모델 NAO99b 모델(Matsumoto et al., 2000)[19]을 사용하여 입사시켰다.

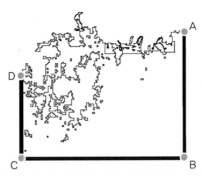

출처 : 河合 弘泰(2010), 高潮数値計算技術の高精度化と氣候変動に備える防災への適用, 港湾技術研究所報告, 港湾技術研究所, No.1210, p.68.

그림 2.8 천문조를 입사시킬 때의 경계선

지점 A~D에서 주어진 조위를 그림 2.9의 첫 번째에 나타내었는데, 그림 2.9의 두 번째 및 세 번째에 나타낸 것과 같이 부산 및 마산에서는 조석표에 게재된 천문조위를 잘 재현하고 있다. 다음으로 선경계에 천문조위와 폭풍해일편차를 합친 조위를 설정하여 이 영역 내의 조위를 추산하였는데 그림 2.10과 같다. 그림 2.10은 이와 같은 방법으로 추산한 마산의 조위를 관측치와 비교한 것으로 태풍 내습 전 일시인 9월 12일 4~11시를 제외하면 관측조위와 근사한 추산조위를 얻을 수 있고 최고조위도 관측치인 D.L(+)4.3m와 가까운 D.L(+)4.0m이다.

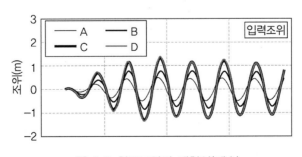

그림 2.9 천문조위의 재현성(계속)

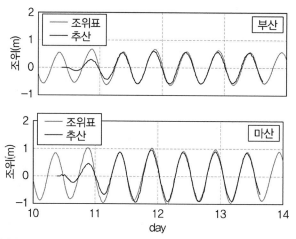

출처 : 河合 弘泰(2010), 高潮数値計算技術の高精度化と氣候変動に備える防災への適用, 港湾技術研究所報告, 港湾技術研究所, No.1210, p.69.

그림 2.9 천문조위의 재현성

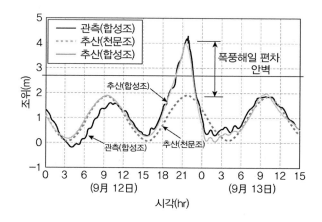

그림 2.10 마산에서의 조위 시계열 변화[20]

그림 2.11은 수치모형실험으로 구한 마산만 대표지점에서의 유의파고 시계열 변화이다. 단 파랑추산 시 방파제는 고려하지 않았으므로 이 값은 엄밀히 말해 방파제 외해 측의 입사파고가 되지만 방파제 마루높이는 낮아 폭풍해일 시 파랑저감(波浪低減) 효과는 적었다고 볼 수 있다. 그림 중의 하구, 어항, 서항부두 중에서 마산만 입구로부터 전경(全景)이 모두 보이는 어항에서 가장 유의파고가 높고, 섬 및 해안선으로 차폐된 하구 및 서항부두에서는 파고가 낮다. 최대 유의파고가 발생한 시간은 21시 20분경으로 관측시각인 21시 50분과 거의 같은 시각이다.

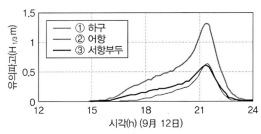

출처 : 河合 弘泰(2010), 高潮数値計算技術の高精度化と氣候変動に備える防災への適用, 港湾技術研究所報告, 港湾技術研究所, No.1210, p.69.

그림 2.11 마산만 북서안(北西岸)에서의 유의파고($H_{1/3}$) 시계열 변화

2.4 국내외 폭풍해일의 실태

2.4.1 우리나라의 태풍[21]

1904~2016년까지 우리나라에 영향을 준 태풍 수는 총 347회로 한 해에 약 3개 정도의 태풍이 우리나라에 영향을 주는 것으로 나타났다. 태풍은 8월, 7월, 9월 순으로 자주 내습을 하며 3개월 동안 내습한 태풍 수는 전체의 90%에 달한다. 최근 지구온난화로 인하여 아주 드물게 6월, 10월에도 내습하는 경우가 있다. 표 2.1은 1904~2015년까지 우리나라에 영향을 미친 태풍의 인명 및 재산피해 순위를 보여준다.

표 2.1 인명 및 재산피해 순위(1904~2015년)

인명				재산			
순위	발생일	태풍명	사망·실종	순위	발생일	태풍명	재산피해액
1위	1936.8.26.~8.28.	3693호	1,232명	1위	2002.8.30.~9.1.	루사	51,479억 원
2위	1923.8.11.~8.14.	2353호	1,157명	2위	2003.9.12.~9.13.	매미	42,225억 원
3위	1959.9.15.~9.18.	사라	849명	3위	1999.7.23.~8.4.	올가	10,490억 원
4위	1972.8.18.~8.20.	베티	550명	4위	2012.8.25.~8.30.	볼라벤 & 덴빈	6,365억 원
5위	1925.7.15.~7.18.	2560호	516명	5위	1995.8.19.~8.30.	재니스	4,563억 원
6위	1914.9.11.~9.13.	1428호	432명	6위	1987.7.15.~7.16.	셀마	3,913억 원
7위	1933.8.3.~8.5.	3383호	415명	7위	2012.9.15.~9.17.	산바	3,657억 원
8위	1987.7.15.~7.16.	셀마	345명	8위	1998.9.29.~10.1.	예니	2,749억 원
9위	1934.7.20.~7.24.	3486호	265명	9위	2000.8.23.~9.1.	쁘라삐룬	2,520억 원
10위	2002.8.30.~9.1.	루사	246명	10위	2004.8.17.~8.19.	메기	2,508억 원

출처 : 기상청 국가태풍센터(2018), http://typ.kma.go.kr/TYPHOON/statistics/statistics_02_3.jsp.

인명 피해는 1936년 발생한 태풍 3693호로 인하여 사망 및 실종이 1,232명으로 가장 많은 것으로 나타났으며, 재산피해는 2002년 발생한 태풍 '루사(RUSA)'로 인하여 5조 1,279억 원의 재산피해가 발생하였다.

1) 태풍 '사라'[22]

1959년 9월 12일 괌(Guam) 서쪽 해상에서 발생한 태풍 '사라(SARAH)'는 점차 발달하면서 북서진하여, 9월 15일 오후 3시경 일본 오키나와현의 미야코섬(宮古島) 남동쪽 약 100km 부근 해상에 이르러서는 중심기압 905hPa, 최대풍속은 10분 평균으로 70m/s, 1분 평균으로는 85m/s에 달하는 슈퍼태풍급이 되었다. 그 후 조금씩 진행 방향을 북북서로 바꾸어 16일 새벽에는 동중국해에 진입, 동시에 전향을 시작하여 한반도를 향해 북상했다. 이때, 태풍의 경로에 위치했던 일본 오키나와현 미야코섬에서는 최저해면기압 908.1hPa, 최대순간풍속 64.8m/s의 기록적인 값이 관측되었다. 전향(轉向) 후 다소 빠른 속도로 진행한 태풍은 북위 26°를 넘어서면서부터 서서히 쇠퇴해, 북위 30°를 돌파한 시점에서는 그 세력이 최성기 시에 비해서 다소 약화되어 있었지만 그럼에도 중심기압 935hPa, 최대풍속 60m/s 정도의 매우 강한 세력을 유지하였고, 당시 추석이었던 9월 17일 오전 12시경에 중심기압 945hPa, 최대풍속 55m/s라는, 한반도 기상 관측 사상 최강이라 할 수 있는 세력으로 부산 부근을 통과했다. 이윽고 동해상까지 진출했으며, 일본 홋카이도를 거쳐 9월 19일 오전 9시에는 사할린섬 부근 해상에서 온대성 저기압으로 바뀌었다. 태풍이 북상하면서 다소 동쪽으로 치우침에 따라 부산 부근을 통과하는 경로가 되어, 한반도의 대부분이 태풍의 가항반원[3]에 들어가 최악의 상황은 면할 수 있었다. 그러나 중심기압 945hPa의 강력한 세력으로 한반도에 접근한 태풍 '사라'의 위력은 한반도에 영향을 미쳤던 과거의 다른 태풍에 비해 월등한 것으로, 상륙을 하지 않았음에도 남부 지방에는 전례 없는 폭풍우가 내렸다. 호우와 함께 동반된 강풍으로 제주에서는 최대순간풍속 46.9m/s가 관측되어 당시 최대순간풍속 역대 1위를 기록했으며, 그 외에도 울릉도에서 46.6m/s, 여수에서 46.1m/s 등을 관측했다.

여기에 남해안 지역에서는 태풍의 낮은 중심기압에 의한 해일까지 발생하여 피해를 키

---

3   가항반원(可航半圓) : 북반구에서 발생된 태풍의 진행방향의 왼쪽은 풍향과 태풍의 진행방향이 반대로 되어 약한 바람과 파랑이 생성되는 지역을 말하며, 태풍 진행방향의 오른쪽은 위험반원(危險半圓)이라고 부른다.

웠다. 태풍 '사라'로 인한 사망 및 실종 849명, 선박 9,329척, 12,366동의 주택 파손, 재산 피해 2천 4백억 원으로 금세기 풍수해 사상 최대의 피해를 발생시켰다. 부산 시내는 방파제가 파괴되어 해수범람으로 남포동과 대평동 일대가 한때 물바다가 되었고, 부산세관 소속 보세창고도 침수로 인해 수억 원의 보세화물이 물에 잠기었다. 당시에는 사라와 같은 강력한 태풍의 내습에 대처할 만한 방재시스템을 제대로 갖추지 못했기 때문에 전국, 특히 경상남도와 경상북도에서 상당한 피해를 입었다. 한편, 태풍이 지나가던 1959년 9월 17일 부산에서 관측된 최저해면기압 951.5hPa은 지금까지 그 기록이 깨지지 않아 아직까지 최저해면기압 부문 역대 1위 기록으로 남아 있다. 사진 2.3은 태풍 '사라'호 당시 동해안에 위치한 영덕군 강구면의 강구항의 해수침수 피해 상황을 나타낸다.

출처 : 부산광역시(2017), 부산연안방재대책수립 종합보고서, p.44.

사진 2.3 경북 영덕군 강구항 해일피해 사진

2) 태풍 '매미'

(1) 개요

2003년 9월 12일 한반도에 상륙한 태풍 '매미(MAEMI)'(2003년 태풍 제14호)는 한반도에 영향을 준 태풍 중 상륙 당시 기준으로 가장 강력한 급(級)의 태풍이다. 2003년 9월 4일 괌 부근 해상에서 발생한 열대저기압은 이틀이 지난 9월 6일 오후 3시 무렵 제14호 태풍 '매미'가 되었다. 9월 9일 무렵 일본 사키시마세도(先島諸島) 남동쪽 먼 바다에 접근하면서부터 급속히 발달하여 9월 10일 중심기압 910hPa, 최대풍속 55m/s에 달하는 최강 급의 태풍으로 성장하였다. 9월 12일 오후 8시 30분경에 중심기압 950hPa, 최대풍속 40m/s의 '중형의 강한 태풍'으로 경상남도 고성군 일대에 상륙하여 한반도 남동부를 관통한 후 약 6시간 만인 9월 13일 오전 2시 30분경에 울진 앞바다로 빠져나와 동해상으로 진출하면서 재산피해 4조 2225억여 원의 큰 피해를 입혔다. 태풍 '매미'가 강력한 세력으로 한반도에 상륙한 원인은 당시 한반도 주변 해역의 해수면 온도가 평년보다 2~3℃ 높았기 때문에 태풍이 세력을 유지할 수 있는 조건이 되었으며, 다소 빨랐던 태풍의 이동속도로 인해 태풍이 미처 쇠약해지기 전에 한반도에 도달할 수 있었기 때문이다(그림 2.12 참조).

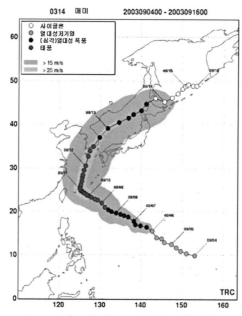

출처 : 기상청(2018), http://www.weather.go.kr/weather/typoon/typhoon_06_01.jsp.

그림 2.12 태풍 '매미'의 진로

(2) 전국 피해 현황

태풍 '매미'의 상륙 시각이 남해안의 만조(滿潮) 시각과 겹쳐 폭풍해일이 발생하였다. 당시 마산의 폭풍해일고는 약 180cm로 예측되었으나 태풍에 의한 폭풍해일고는 최대 439cm에 달해 예측치를 훨씬 뛰어넘었으며 해일을 예상하지 못했던 마산시는 제대로 된 대피령을 내리지 못하여 피해를 키웠다. 부산에서도 해일에 가까운 높은 파도가 해안가를 휩쓸어 해운대에 위치한 부산 아쿠아리움이 침수되고 해안가에 자리 잡은 많은 건물들이 폐허로 변해 재산피해가 매우 컸다. 태풍 '매미'는 최대순간풍속이 50m/s가 넘는 강풍으로 광범위한 지역에서 전신주와 철탑이 쓰러져 전국적으로 145만여 가구가 정전되는 초유의 사태가 발생하였다. 부산항에서는 800t이 넘는 컨테이너 크레인 11대가 강풍에 의해 무너지거나 궤도를 이탈하였으며, 해운대에서는 7000t이 넘는 해상관광호텔이 높은 파도와 강풍으로 전복되는 일이 발생하였다. 태풍 '매미'로 인하여 사망 및 실종 132명, 이재민 6만 1천 명의 인명피해가 발생하였으며, 2003년 화폐가치 기준으로 4조 3천억여 원의 재산피해가 발생하였다.

(3) 부산지역 피해 현황

2003년 9월 12일 한반도를 강타한 태풍 '매미'는 남부지방에 많은 피해를 발생시켰고 강풍을 동반한 태풍 '매미'의 위력은 특히, 부산과 경남 지방에 집중되어 지역주민들의 인명과 재산, 공공시설물 등의 큰 피해를 입혔다. 태풍 '매미'에 의한 피해가 부산·경남 지역에 집중된 이유는 태풍의 중심이 경남 사천시 인근에 상륙하면서 태풍의 오른쪽 위험반원(危險半圓)에 부산지역이 위치하였고 태풍이 상륙했던 9월 12일 오후 8시 해상조위가 만조위(滿潮位)이었으며 이 시간대의 태풍 중심기압이 950hPa로 극심한 기압강하에 따른 이상조위 및 40m/s에 달하는 강풍과 그에 동반되는 파고에 의해 부산시 전 해안가 지역에 극심한 폭풍해일 피해가 발생된 것으로 추정된다. 부산광역시 전 해역에 대한 권역별 주요 피해 원인 및 피해특성을 요약하면 그림 2.13 및 표 2.2와 같다.

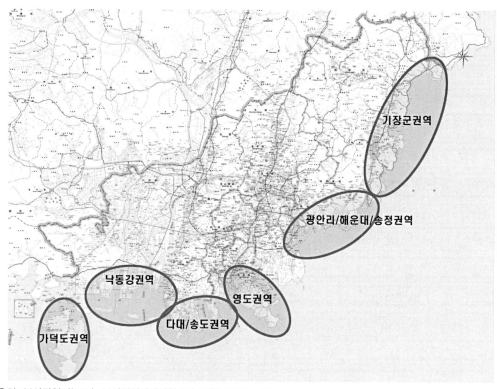

출처 : 부산광역시(2017), 부산연안방재대책수립 종합보고서, p.20.

그림 2.13 피해 원인 및 특성에 따른 권역구분도

표 2.2 권역별 주요 피해 원인 및 특성

권역	피해 원인	피해 특성
가덕도 권역	• 개방된 지형 • 해수면 상승/고파랑 내습	월파 및 강풍에 의한 피해
낙동강 권역	• 저지대 • 해수면 상승/고파랑 내습	월파, 월류에 의한 침수
다대/송도 권역	• 폐쇄된 좁고 긴 만 • 해수면 상승 • 고파랑 내습	월파, 월류 및 강풍에 의한 구조물 파손
영도 권역	• 개방된 지형 • 고파랑 내습/해수면 상승	월파에 의한 구조물 파손
광안리, 해운대 송정 권역	• 개방된 지형 • 해수면 상승 • 고파랑 내습	• 백사장 유실/배후도로 퇴적 • 월파/강풍에 따른 피해
기장군 권역	• 항 개구부 넓음 • 해수면 상승 • 고파랑 내습	파랑/월파에 의한 구조물 파손

출처 : 부산광역시(2017), 부산연안방재대책수립 종합보고서, p.21.

각 권역에 발생한 피해 현황과 피해 원인을 살펴보면 가덕도 권역의 경우 침수와 호안, 방파제 및 선착장의 파손 및 유실 피해가 발생하였으며, 만입(灣入)이 넓은 지형으로 회절에 의한 고파랑 내습과 해수면 상승에 의한 월파 및 강풍에 의해 피해가 발생하였다. 낙동강 권역의 경우, 인근에 위치한 가덕도 권역과 마찬가지로 침수, 호안의 파손 및 유실 등의 피해가 발생하였고, 지역적 특성으로 굴입(掘入)된 만 지역 내에 위치한 저지대 지역으로 해일로 발생된 해수면 상승에 의한 월파 및 월류로 인해 피해가 발생하였다. 다대/송도 권역은 고파랑 내습과 해수면 상승에 의한 월파 및 강풍으로 인한 피해가 발생하였으며, 침수, 물양장 및 호안의 파손 및 유실이 발생하였고, 해안가 인근의 주택, 상가, 횟집 등의 파손 피해도 동반되었다. 영도 권역의 피해는 주로 침수와 선착장 및 테트라포드(T.T.P)의 파손 및 유실이 주를 이뤘으며, 외해에 완전 개방된 지역적 특성으로 인해 고파랑 내습과 해일로 인한 해수면 상승에 의한 월파 및 강풍으로 피해가 발생하였다. 광안리, 해운대, 송정권역은 태풍 '매미'에 의한 피해가 가장 크게 발생된 지역으로, 수영구에서 해운대구에 위치한 대부분의 피해 지역에서 침수와 테트라포드 파손 및 유실, 인근 수변공원 등의 호안 파괴 및 유실 등이 발생하였고, 해안가 주택 및 건물 파손 등 공공 및 민간의 피해가 크게 발생하였다. 이러한 피해의 원인은, 영도 및 기장 권역과 마찬가지로 외해에 개방된 지역으로 인해 고파랑 내습과 해일로 인한 해수면 상승에 의한 월파 및 강풍이 피해의 주요 기재로 작용하였다. 부산광역시 동측 끝에 위치한 기장군 권역의 경우, 침수, 파손 및 유실 등의 피해가 발생하였고, 동백항 일원의 경우 해안도로의 파손이 크게 발생하였다. 이는 인근의 여타 권역과 마찬가지로 개방된 지역적 특성으로 인한 고파랑 내습, 해일로 인한 해수면 상승에 의한 월파로 피해가 발생하였다. 권역별 주요 피해 현황 및 원인은 표 2.3~표 2.8, 피해 상황은 사진 2.4~사진 2.11에 나타내었다.

표 2.3 부산지역 권역별 주요 피해 현황 및 원인(강서구 가덕도 일원)

권역	행정구역	피해 지역	피해 현황	피해 원인
가덕도	강서구	대항항 일원	• 침수 : A=7,300m² • 파손 및 유실 −북방파제 유실 : L=50m, B=7m, H=4.5m −선착장 유실 : L=50m, B=8m, H=2.5m	만입이 넓은 지형으로 회절에 의한 고파랑 내습과 해수면 상승에 의한 월파 및 강풍으로 인한 피해 발생
		천성항 일원	• 침수 : A=24,000m² • 파손 및 유실 −북방파제 유실 : L=80m, B=8m, H=4.5m −선착장 유실 : L=120m, B=7m, H=2.5m −호안 유실 : L=300m, B=3m −도로 및 법면 유실 : L=500m, B=6m	만입이 넓은 지형으로 회절에 의한 고파랑 내습과 해수면 상승에 의한 월파 및 강풍으로 인한 피해 발생

출처 : 부산광역시(2017), 부산연안방재대책수립 종합보고서, p.22.

|(a) 강서구 대항항 북방파제|(b) 강서구 대항항 선착장|

|(c) 강서구 천성항 북방파제|(d) 강서구 천성항 해안도로|

사진 2.4 강서구 가덕도 피해사진(대항항, 천성항)

표 2.4 부산지역 권역별 주요 피해 현황 및 원인(강서구 낙동강 일원)

권역	행정구역	피해 지역	피해 현황	피해 원인
낙동강	강서구	진목항 일원	• 침수 : A＝17,522m² • 파손 및 유실 －호안 파손 : L＝300m	굴입된 만 지역 내에 위치한 저지대 지역으로 폭풍해일로 인한 해수면 상승에 의한 월파 및 월류로 피해 발생

| (a) 강서구 진목항 | (b) 호안(명지 새동네) |

출처 : 부산광역시(2017), 부산연안방재대책수립 종합보고서, p.26.

사진 2.5 강서구 낙동강 피해사진(진목항, 명지 새동네)

표 2.5 부산지역 권역별 주요 피해 현황 및 원인(사하구, 서구 일원)

권역	행정구역	피해 지역	피해 현황	피해 원인
다대/ 송도	사하구	다대포 해수욕장 일원	• 침수 : A=40,600m² • 파손 및 유실 − 호안 피복석 유실(전망대 및 화단부) : L=100m, B=5m − 해수욕장 담장 파손 : L=265m, B=2m, H=2m	외해로 개방된 백사장 지형으로 고파랑 내습과 폭풍해일로 인한 해수면 상승에 의한 월파 및 강풍으로 인한 피해 발생
	서구	송도 해수욕장 일원	• 침수 : A1=16,200m²(암남공원 주차장) A2=46,800m²(송도 해수욕장) • 파손 및 유실 − ASP포장 파손(암남공원 주차장) : A=45a − 암남항 물양장 파손 : A=15×8m − 해안도로 일부 유실 및 호안 파손 − 해안가 인근 주택, 상가, 횟집 파손	고파랑 내습과 폭풍해일로 인한 해수면 상승에 의한 월파 및 강풍으로 인한 피해 발생

출처 : 부산광역시(2017), 부산연안방재대책수립 종합보고서, p.22.

(a) 다대포 해수욕장 담장   (b) 다대포 해수욕장 호안 피복석

(c) 서구 암남공원 주차장   (d) 서구 송도 해수욕장

출처 : 부산광역시(2017), 부산연안방재대책수립 종합보고서, p.26.

사진 2.6 사하구 다대포 해수욕장, 서구 암남공원·송도 해수욕장 피해사진

표 2.6 부산지역 권역별 주요 피해 현황 및 원인(영도구 일원)

권역	행정구역	피해 지역	피해 현황	피해 원인
영도	영도구	남항동 일원	• 침수 : A=263,600m² • 파손 및 유실 −남항 호안 T.T.P 침하, 유실 및 거동 : L=940m −호안 배면 건물 파손	외해에 완전 개방된 지역으로 고파랑 내습과 폭풍해일로 인한 해수면 상승에 의한 월파 및 강풍으로 인한 피해 발생
	영도구	동삼동 일원	• 침수 : A1=6,670m²(동삼 중리선착장) A2=14,680m²(감지해변) • 파손 및 유실 −중리항 서측선착장 파손 : L=17.8m, B=8m −중리항 선착장 보강용 T.T.P 이동, 유실 및 파손 −감지해변 선착장 파손 −감지해변 선착장 보강용 T.T.P 유실 및 파손 −감지해변 도로 파손 : A=40a	외해에 완전 개방된 지역으로 고파랑 내습과 폭풍해일로 인한 해수면 상승에 의한 월파 및 강풍으로 인한 피해 발생

출처 : 부산광역시(2017), 부산연안방재대책수립 종합보고서, p.22.

(a) 남항동 호안 배후 건물

(b) 남항동 호안

(c) 동삼동 중리선착장

(d) 동삼동 감지해변

출처 : 부산광역시(2017), 부산연안방재대책수립 종합보고서, p.27.

사진 2.7 영도구 남항동, 동삼동 피해사진

표 2.7 부산지역 권역별 주요 피해 현황 및 원인(수영구, 해운대구 일원)(계속)

권역	행정구역	피해 지역	피해 현황	피해 원인
광 안 리 ~ 송 정	수영구	남천동 일원	• 침수 : A=150,000m² • 파손 및 유실 －광안대로 축도~남천동 삼익APT 구간 T.T.P 침하, 　유실 및 거동 －남천동 삼익APT 해안가 인접 담장 붕괴 : L=200m, H=1.0m －남천동 삼익APT 전면 호안 T.T.P 침하 및 세굴 : 12.5ton급, 　N=100ea －도로 유실 : A=18a, L=360m, B=2~6m －남천항~삼익APT 구간 T.T.P 침하 : 16.0ton급, N=150ea	외해에 직접 개방된 지형으로 고파랑 내 습으로 인한 피해 발생
	수영구	광안리 해수욕장 일원	• 침수 : A=143,700m² • 파손 및 유실 －백사장 유실 : V=46,800m2(L=1,400m, B=25~110m) －해안도로 모래 퇴적 : V=6,000m2 －하수BOX 유실 : L=50m －T.T.P 유실 : 12.5ton급, N=105ea －보도파손 : A=8a(L=270m, B=3m) －호안 방재벽 파손 : L=20m, H=0.6m －해안가 주택 및 상가 건물 파손	외해에 개방된 지형 으로 고파랑 내습과 폭풍해일로 인한 해 수면 상승에 의한 월 파 및 강풍으로 인한 피해 발생

표 2.7 부산지역 권역별 주요 피해 현황 및 원인(수영구, 해운대구 일원)

권역	행정구역	피해 지역	피해 현황	피해 원인
광안리 ~ 송정	수영구	민락 수변공원 ~ 수영 1호교 일원	• 침수 : A＝299,360m² • 파손 및 유실 －민락항 서방파제 펜스 유실 및 파손 : L＝800m －민락수변공원 내 조경시설물(파고라, 벤치) 파손 －민락수변공원 완경사 호안부 피복석 일부 구간 탈락 －민락수변공원 완경사 호안 일부파괴 및 유실 －민락수변공원 완경사 호안 전면 수중 T.T.P 유실 및 거동 : 10ton급, N＝500ea －민락수변공원 보도 유실 : A＝18a(L＝450m, B＝4m)	외해에 개방된 지형으로 고파랑 내습과 폭풍해일로 인한 해수면 상승에 의한 월파 및 강풍으로 인한 피해 발생
	해운대구	수영만 매립지 일원	• 침수 : A＝352,020m² • 파손 및 유실 －요트 계류장 계류시설 파손 : 82개소 －요트 계류장 파일 가이드 파손 : 149개소 －요트 계류장 수중 방어망 유실 : 2개소(L＝120m) －수영만 매립지 호안 전면 T.T.P 침하 및 일부 유실 －해상호텔 전복(사진 2.8 참조)	고파랑 내습과 폭풍해일로 인한 해수면 상승에 의한 월파 및 강풍으로 인한 피해 발생
	해운대구	해운대 해수욕장 일원	• 침수 : A＝195,000m² • 파손 및 유실 －해안도로 유실 : L＝100m －해수욕장 스탠드 화강판석 유실 : L＝1,100m×4단 －백사장 유실 : L＝1,300m, B＝1~30m －해안가 주택, 상점 파손 －미포 호안도로 포장 파손 : A＝77a －미포 호안도로 유실 : L＝50m －미포항 방파제 파손 : L＝50m －미포항 선착장 파손 : L＝42m	외해에 개방된 지형으로 고파랑 내습과 폭풍해일로 인한 해수면 상승에 의한 월파 및 강풍으로 인한 피해 발생
	해운대구	청사포항 일원	• 침수 : A＝20,300m² • 파손 및 유실 －호안도로 유실 : L＝160m, B＝3~5m －도로포장 파손 : A＝15a －청사포 회센터 전면 호안 및 사면 붕괴 －동방파제 시점부 건물 파손	외해에 개방된 지형으로 고파랑 내습에 의한 피해 발생
	해운대구	송정 해수욕장 일원	• 침수 : A＝93,000m² • 파손 및 유실 －구덕포항 방파제 파손 : L＝53m －구덕포항 물양장 전면 호안 파손 : L＝50m －구덕포항 진입도로포장 파손 : A＝15a －구덕포항 진입도로 옹벽(석축) 유실 및 세굴 : L＝250m －구덕포항 진입도로 유실 : L＝60m －송정 해수욕장 사빈유실 및 해안도로 모래퇴적 －송정 해수욕장 호안도로 유실 : L＝120m －송정 해수욕장 호안도로 파손 : A＝15a －송정항 남방파제 일부 구간 T.T.P 유실 및 이동 －해안가 건물 파손	외해에 개방된 지형으로 고파랑 내습과 폭풍해일로 인한 해수면 상승에 의한 월파 및 강풍으로 인한 피해 발생

출처 : 부산광역시(2017), 부산연안방재대책수립 종합보고서, pp.23~24.

출처 : 연합뉴스(2003), http://www.yonhapnews.co.kr

사진 2.8 해상호텔 전복(해운대구 우동)

고파랑으로 인한 T.T.P 침하, 유실, 거동

(a) 남천항

고파랑으로 인한 T.T.P 침하, 유실, 거동

(b) 삼익 APT 진입도로

고파랑으로 인한 월파로 건물파손 및 백사장 모래 이동

(c) 광안리 해수욕장

고파랑으로 인한 월파로 파라펫트 및 안전난간 파손

(d) 민락동 매립지

사진 2.9 수영구, 해운대구 일원 피해사진(계속)

고파랑으로 인한 T.T.P 침하, 유실, 거동

(e) 민락해안도로

고파랑으로 인한 완경사 호안 선단부 피복석 유실

고파랑으로 인한 T.T.P 거동

(f) 민락수변공원

폭풍해일 및 고파랑으로 인한 부잔교 파손

(g) 수영만 요트경기장

고파랑으로 인한 해상호텔 전복

(h) 운촌항 부산해상호텔

고파랑으로 인한 월파로 호안 원호 활동

(i) 해운대 해수욕장

고파랑으로 인한 월파로 호안 도로 유실

(j) 미포항

사진 2.9 수영구, 해운대구 일원 피해사진(계속)

(k) 청사포항 호안 및 사면붕괴

(l) 청사포항 호안도로 유실

(m) 구덕포항

(n) 송정 해수욕장

출처 : 부산광역시(2017), 부산연안방재대책수립 종합보고서, p.27~29.

사진 2.9 수영구, 해운대구 일원 피해사진

표 2.8 부산지역 권역별 주요 피해 현황 및 원인(기장군 일원)(계속)

권역	행정구역	피해 지역	피해 현황	피해 원인
기 장 군	기장군	공수항 일원	• 침수 : A=16,534m² • 파손 및 유실 − 도로 유실 : L=53m − 해안도로 파손 　콘크리트 포장파손 : t=0.2m, B=8~15m, L=132m 　사석(피복석) 붕괴 : L=85m, H=2.5m	고파랑 내습과 폭풍 해일로 인한 해수면 상승에 의한 월파 및 강풍으로 인한 피해 발생
	기장군	동암항 일원	• 침수 : A=16,200m² • 파손 및 유실 − 상치콘크리트 파손 : L=77m − 해안도로 유실 : L=50m − 방파제 유실 : L=7m	고파랑 내습과 폭풍 해일로 인한 해수면 상승에 의한 월파 및 강풍으로 인한 피해 발생
	기장군	서암항 일원	• 침수 : A1=13,870m²(서암항) 　A2=22,280m²(신암항) • 파손 및 유실 − 상치콘크리트 파손 : L=36m(서암항) − 상치콘크리트 파손 : L=54m(신암항) − 반파공 파손 : L=26m	고파랑 내습과 폭풍 해일로 인한 해수면 상승에 의한 월파 및 강풍으로 인한 피해 발생

표 2.8 부산지역 권역별 주요 피해 현황 및 원인(기장군 일원)

권역	행정구역	피해지역	피해 현황	피해 원인
기장군	기장군	대변항 일원	• 침수 : A=91,200m² • 파손 및 유실 −동방파제 내측사석 및 피복석 유실 : L=320m −동방파제 외측 T.T.P 및 사석 일부 유실 : L=550m −동방파제 상치콘크리트 파손 : L=90m −동방파제 죽도 물양장 매립사석 유실 : L=100m	고파랑 내습과 폭풍해일로 인한 해수면 상승에 의한 월파 및 강풍으로 인한 피해 발생
	기장군	두호항 일원	• 침수 : A=22,270m² • 파손 및 유실 −해안도로 파손 : L=50m −사석 붕괴 : L=40m −반파공 파손 : L=100m −물양장 상치콘크리트 유실 : L=68m −물양장 반파공 유실 : L=44m −해안가 건물파손	외해에 개방된 지형으로 고파랑 내습과 폭풍해일로 인한 해수면 상승에 의한 월파 및 강풍으로 인한 피해 발생
	기장군	동백항 일원	• 침수 : A=32,280m² • 파손 및 유실 −해안도로 콘크리트포장 파손 : A=4.4a −해안도로 아스콘포장 파손 : A=2.0a −해안도로 사석붕괴 : L=140m, H=21.5m −해안도로 반파공 파손 : L=100m −호안석축 파손 : L=50m, H=2.0m −호안도로 포장 유실 : A=1.5a −방파제 피복석 유실 : L=9.0m	고파랑 내습과 폭풍해일로 인한 해수면 상승에 의한 월파로 피해 발생
	기장군	임랑 해수욕장 일원	• 침수 : A=28,680m² • 파손 및 유실 −방파제 반파공 유실 : L=29m −도로유실 및 사면축대유실 : 옹벽(H=3m, L=10m) −해수욕장 백사장 유실 −해안도로 모래 퇴적	고파랑 내습과 폭풍해일로 인한 해수면 상승에 의한 월파로 피해 발생
	기장군	월내항 일원	• 침수 : A1=30,430m²(월내항) 　　　　　A2=23,930m²(길천항) • 파손 및 유실 −월천교 주변도로 유실 : L=50m −T.T.P 침하, 유실 및 이동 −해안가 건물 다수 파손	고파랑 내습과 폭풍해일로 인한 해수면 상승에 의한 월파로 피해 발생

출처 : 부산광역시(2017), 부산연안방재대책수립 종합보고서, pp.24~25.

(a) 공수항 주변 도로유실

(b) 공수항 해안도로 파손

(c) 동암항 호안도로 상치콘크리트 파손

(d) 동암항 방파제 유실

(e) 서암항

(f) 신암항

사진 2.11 기장군 일원 피해사진(계속)

(g) 대변항 T.T.P 침하, 유실, 거동

(h) 대변항 상치콘크리트 파손

(i) 두호항 해안도로

(j) 두호항 물양장 및 호안

(k) 동백항 해안도로

(l) 동백항 방파제

사진 2.11 기장군 일원 피해사진(계속)

(m) 임랑항

(n) 임랑 해수욕장

(o) 월내항 월천교 주변도로

(p) 월내항

출처 : 부산광역시(2017), 부산연안방재대책수립 종합보고서, pp.29~31.

사진 2.11 기장군 일원 피해사진

3) 태풍 '차바' 내습 시 부산지역 피해 현황

(1) 개요

2016년 10월 5일 한반도에 상륙한 제18호 태풍 '차바(CHABA)'는 태국에서 제출한 태풍 명칭으로, 9월 28일 3시경 괌 동쪽 약 590km 부근 해상(12.4°N, 150.1°E)에서 제37호 열대저압부가 발달하여 발생하였다. 이후 아열대 고기압의 남~남서쪽 가장자리를 따라 서~북서진하여 10월 3일에 오키나와 남쪽 해상까지 진출하였다. 10월 5일 0시경 아열대 고기압의 북서쪽 가장자리로 이동하면서 서귀포 남남서쪽 약 160km 부근 해상에서 전향하여 4시 50분에 성산 부근에 상륙하였다. 이후 상층 강풍대의 영향으로 전향하였고, 10월 5일 11시에는 부산에 상륙한 후 동해상으로 빠져나가면서 10월 6일 0시에 일본 센다이 북쪽에서 온대저기압으로 변질되었다.

태풍의 북상으로 인해 남해상을 중심으로 태풍의 영향이 예상되어 10월 4일 13시에 제주도 남쪽 먼 바다에 태풍특보 발효, 10월 4일 20시에는 제주도와 남해 먼 바다, 10월 5일 2시에 서해 남부해상, 남해 앞바다, 동해 남부 먼 바다, 전라도와 경상남도에 태풍특보가 발효되었고, 10월 5일 5시에는 전라남도, 경상북도, 동해 남부 앞바다에도 특보가 확대 발효되었다.

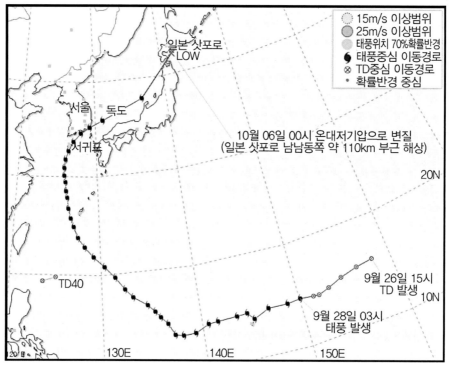

출처 : 기상청(2018), http://www.weather.go.kr/weather/typoon/typhoon_06_01.jsp

그림 2.14 태풍 '차바'의 진로

2016년은 10월 초까지도 일본 남동쪽 해상에 중심을 둔 북태평양 고기압이 강한 세력을 유지하여 태풍 '차바'는 평년의 태풍 경로(일반적으로 이 무렵 일본 남쪽해상을 향함)와 다르게 한반도 부근으로 북상하여 진행하였다. 또한 평년보다 북쪽에 치우친 장주기 파동, 지구온난화 그리고 제17호 태풍 '메기'의 영향이 복합적으로 작용하여 태풍이 10월에 한반도로 북상하였다. 따라서 태풍 '차바'는 우리나라에 영향을 준 10월 태풍 중 가장 강력한 태풍으로 기록되었다. 태풍의 영향으로 제주도 고산에서 최대순간풍속 56.5m/s, 한라산 윗세오름에서는 659.5mm의 강수가 기록되었으며, 서귀포, 포항, 울산 등의 지역에서 10

월 일강수량 최대치를 갱신되었다.

(2) 전국 피해 현황

태풍 '차바'는 우리나라에 영향을 준 10월 태풍 중 가장 강력한 태풍으로 6명의 인명피해와 2,150억 원(공공 1,859, 사유시설 291)의 재산피해를 기록했다. 태풍 '차바'로 인해 전국적으로 주택 3,500여 동 침수, 차량 2,500여 대 침수, 정전 226,945가구 피해를 입었으며, 제주와 울산 등 남부해안지역에 집중적 피해가 발생하였다. 부산·울산 지역에 큰 피해를 입힌 태풍 '차바'는 울산 태화강 인근을 중심으로 호안 및 도로사면 유실, 농경지, 주택 침수 등과 같은 피해를 입혔으며, 양산시의 경우 양산천 일원을 중심으로 주택 및 제방유실, 농경지 및 도로 침수 등의 피해를 입혔다. 이와 같은 큰 피해 상황은 만조, 저기압, 폭풍해일의 지형적인 중첩효과 등이 복합적으로 작용하며 해수위(海水位)가 급격히 상승하였고, 동 시점에 발생한 고파랑이 원인이 되어 주요 해역에서의 월파피해가 극심하게 발생하였다. 특히 경남 동부 해역에 '차바' 상륙시점에서는 만조 시기와 겹치면서 최대 1m에 달하는 폭풍해일이 발생하기도 하였다.

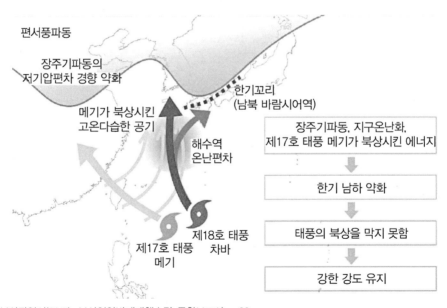

출처 : 부산광역시(2017), 부산연안방재대책수립 종합보고서, p.33.

그림 2.15 태풍 '차바' 분석 원인 모식도

(3) 부산지역 피해 현황

태풍 '차바'로 인한 부산지역 피해 현황은 표 2.9와 같고 피해 상황은 사진 2.12~사진 2.14와 같다.

표 2.9 부산지역 피해 현황

권역	행정구역	피해 지역	피해 현황	피해 원인
부산 광역시	강서구	강서구 일원 (대항항, 외양포항 등)	• 인명피해 : 사망 1명 • 파손 및 유실 ㅡ어항시설 5개소 ㅡ어선 9척 ㅡ소규모 어선인양기 5건	만입이 넓은 지형으로 회절에 의한 고파랑 내습과 폭풍해일에 의한 월파 및 강풍으로 인한 피해 발생
	기장군	기장군 일원	• 파손 및 유실 ㅡ어항시설 8개소 ㅡ해수욕장 1개소	고파랑 내습과 폭풍해일로 인한 해수면 상승에 의한 월파 및 강풍으로 인한 피해 발생
	사하구	사하구 일원	• 파손 및 유실 ㅡ어항시설 1개소 ㅡ항만시설 3개소 ㅡ소규모시설 11개소 ㅡ침수 28·반파 3동	외해로 개방된 백사장 지형으로 고파랑 내습과 폭풍해일에 의한 월파 및 강풍으로 인한 피해 발생
	서구	암남동, 남부민동 등 서구 일원	• 파손 및 유실 ㅡ송도해변로 상가 해수침수 52건 ㅡ항만시설 및 해수욕장 시설물 등 30건	고파랑 내습과 폭풍해일로 인한 해수면 상승에 의한 월파 및 강풍으로 인한 피해 발생
	영도구	영도구 감지해변, 남항동 등 영도구 일원	• 인명피해 : 사망 1명 • 파손 및 유실 ㅡ공공시설물 14개소(호안, 체육, 건축 시설 파손)	외해에 완전 개방된 지역으로 고파랑 내습과 폭풍해일로 인한 해수면 상승에 의한 월파 및 강풍으로 인한 피해 발생

출처 : 부산광역시(2017) : 부산연안방재대책수립 종합보고서, p.34.

지역	현장사진

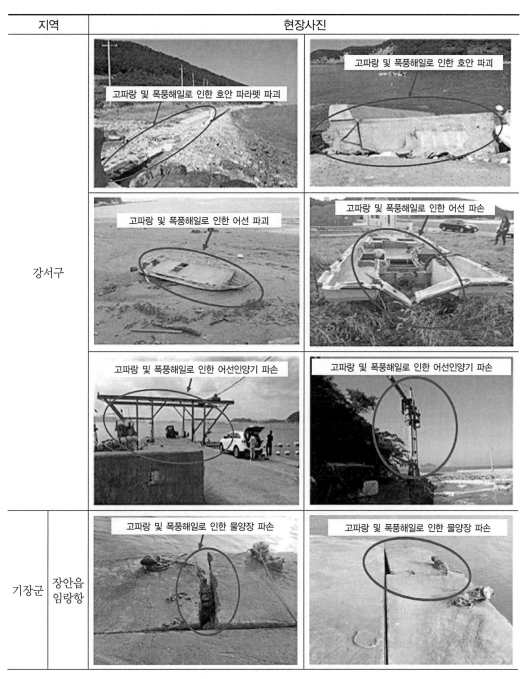

사진 2.12 태풍 '차바' 피해사진(계속)

지역		현장사진
기 장 군	기장군 임랑 해수욕장	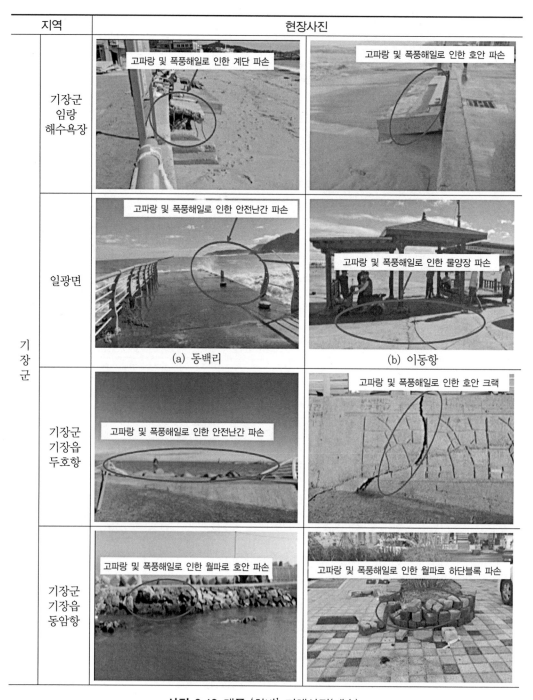
	일광면	
	기장군 기장읍 두호항	
	기장군 기장읍 동암항	

사진 2.12 태풍 '차바' 피해사진(계속)

지역		현장사진
서 구	서구 송도 해수욕장	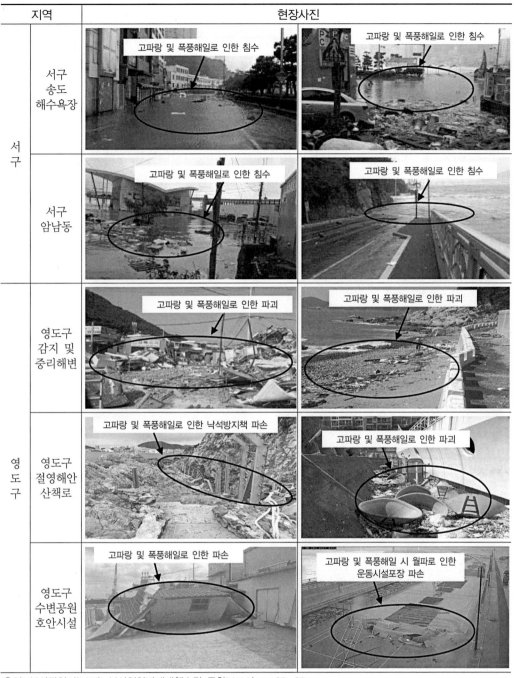
	서구 암남동	
영 도 구	영도구 감지 및 중리해변	
	영도구 절영해안 산책로	
	영도구 수변공원 호안시설	

출처 : 부산광역시(2017), 부산연안방재대책수립 종합보고서, pp.35~37.

사진 2.12 태풍 '차바' 피해사진

(4) 부산지역 항만 피해

부산을 강타한 태풍 '차바'로 인해 감천항과 다대포항의 방파제가 파괴되었다. 감천항 서방파제(2013년 준공)는 685m 가운데 양쪽 끝 일부만 남기고 중간 부분 450m가 무너졌다. 다대포항 동방파제(2015년 준공)는 300m 구간 중 150m 구간이 소실됐다(사진 2.15 참조). 대상 지역에 내습한 주요 태풍의 최대파고는 태풍 '매미' 내습 시 약 9.0m로 나타났으며 금회 태풍 '차바' 내습 시에는 이와 비슷한 9.0m의 파고가 내습한 것으로 조사되었디(표 2.10 참조). 이에 따라 태풍 내습 시 피해가 발생한 것으로 예상된다.

감천항 방파제	다대포항 방파제

출처 : KNN뉴스(2016.10.17.), http://www.knn.co.kr/

사진 2.15 태풍 '차바' 내습 시 피해사진(감천항, 다대포항)

표 2.10 주요 태풍 최대파고

태풍 '루사'(2002년)	태풍 '매미'(2003년)	태풍 '볼라벤'(2012년)	태풍 '차바'(2016년)
7~8m	8~9m	12m	8.5~9m

출처 : 부산광역시(2017), 부산연안방재대책수립 종합보고서, p.38.

4) 기타 국내 지역 연안재해 피해 사례

연안에 인접하여 건설된 구조물 중 가장 보편적인 것은 항만 및 어항으로 태풍 내습 시 고파랑과 폭풍해일에 따른 영향을 방파제 및 호안이 저감하여 연안피해를 방지하는 기능을 수행한다. 하지만, 기후변화에 따른 이상고파랑 및 폭풍해일로 인해 피해가 발생하고 있다. 부산지역은 주로 외해에 인접해 있어 태풍 시 폭풍해일 또는 고파랑(高波浪)으로 인한 구조물 파손과 월파 피해가 주로 발생하고 있으며, 마산/군산 등과 같이 만 내측에 위치해 있는 항만은 태풍 시 발생하는 폭풍해일에 따라 침수피해가 발생하고 있다(표 2.11 참조).

표 2.11 기타 국내지역 태풍 피해 현황(계속)

구분	발생일시	피해 원인	피해 현황
장항항	2010.8.	만조 시 폭우	만조 시 항만시설 및 배후지 침수 발생
군산항	2010.8.	만조 시 월류	만조 시 항만시설 및 배후지 침수 발생
완도항	–	만조 시 폭우	만조 시 항만 배후지 일부 구간 침수 발생
	2008.8.	태풍 내습	2008. 8. 태풍 '덴무' 내습으로 완도항 사석유실 2,000m^2
광양항	–	고조위에 의한 침수	고조위 시 해안도로 및 선착장 침수 피해 발생
삼천포 구항	2002.9.	태풍 내습	고파랑으로 인한 배후침수
	2003.9.	태풍 내습	고파랑으로 인한 배후침수
통영항	2002.9.	태풍 내습	함선(평바지, Barge) 및 도교[4]10기 파손 1식, 0.4억 원
	2003.9.	태풍 내습	• 해안가 주변 대단위 침수(면적 1.448km^2) • 통영여객터미널 건물 파손 2억 원 • 함선이탈 및 파손 9기 6억 원 • 통영해양사무소 건물 파손 0.3억 원 • 폐유 수용시설 자재 파손/유실 1.3억 원
고현항	2003.9.	태풍 내습	항만 배후지 침수 발생
옥포항	2003.9.	태풍 내습	항만 배후지 침수 발생 : 0.104km^2

----

4   도교(渡橋, Transfer Bridge) : 항구에서 선박과 안벽 또는 창고 사이에 가설된 교량을 말한다.

표 2.11 기타 국내지역 태풍 피해 현황

구분	발생일시	피해 원인	피해 현황
장승포항	2000.9.	태풍 내습	강풍 및 월파로 배후 침수
	2002.9.	태풍 내습	강풍 및 월파로 배후 침수
	2003.9.	태풍 내습	• 방파제 피해 : 193백만 원 • 함선 피해 : 160백만 원 • 항만 배후지 침수 : 0.184km²
마산항	2000.9.	태풍 내습	방진막 유실 7경간 0.2억 원
	2002.9.	태풍 내습	• 호안유실 10m • 방진막 유실 12경간 0.5억 원
	2003.9.	태풍 내습	• 대단위 침수(면적＝4.203km²) 및 인명 피해 • 청사건물 파손 5억 원 • 마산항 여객선터미널 파손 1억 원 • 중앙부두 물양장 파손 40m 0.3억 원 • 항만교통정보센터 건물 파손 0.7억 원 • 보안 울타리 파손 1,100m 1.5억 원 • 기타 피해 10억 원 • 4부두 울타리 파손 680m 4억 원 • 4부두 전기시설 파손 1억 원

출처 : 부산광역시(2017), 부산연안방재대책수립 종합보고서, pp.39~40.

2.4.2 폭풍해일 피해 사례[23]

1) 마산만 폭풍해일 피해

(1) 태풍 '매미'와 마산만(灣) 특징

태풍 '매미'는 2003년 9월 6일 북위 16° 0′, 동경 141° 30′에서 발생한 후, 9월 11일에 중심기압 910hPa 세력으로 미야코시마(宮古島)를 통과할 때 3기(基)의 풍력발전의 풍차를 파괴시키는 피해를 발생시켰다.

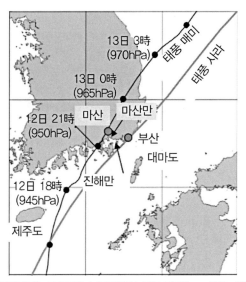

출처 : 河合 弘泰(2010), 高潮数値計算技術の高精度化と氣候変動に備える防災への適用, 港湾技術研究所報告, 港湾技術研究所, No.1210, p.17.

그림 2.16 태풍 '매미'의 경로

　더구나 그림 2.16에서 볼 수 있듯이 9월 12일 저녁 늦게는 중심기압 950hPa 세력을 유지한 채 마산에 상륙하였는데 그 시각은 남해안의 대조(大潮)·만조(滿潮)와 거의 중첩되어 심각한 폭풍해일·고파랑 피해를 끼쳤다.[24, 25] 특히 마산시에서는 대략 수십 분 만에 폭풍해일이 안벽(岸壁)으로부터 약 700m에 걸쳐 그 지역을 범람시켜 점포 및 아파트 지하에서는 18명의 익사자(溺死者)가 발생하는 재해를 입었다. 마산만(馬山灣)에는 1개의 검조소가 있었는데 약 2.3m의 폭풍해일편차를 기록하였다. 그렇지만 관측실 창문유리가 깨어져 월파(越波)된 바닷물이 검조(檢潮)우물에 들어온 가능성이 있어 그 기록은 약간 불확실한 것도 있다. 더욱이 이와 같은 대규모 재해가 발생한 것은 1959년 태풍 '사라' 이후 처음이었으므로 그때까지 태풍 '사라'호 때의 파랑을 방파제 및 호안 설계 기준으로 잡고 있었기 때문이다. 다만 태풍 '사라'호는 태풍 '매미'호보다 동쪽을 통과하여 폭풍해일은 현저하지 않았다. 마산만 주변지형은 그림 2.17에 나타내었는데 그 그림을 보면 부산 서쪽은 대한해협과 직면하고 있고 마산만의 서쪽은 진해만(鎭海灣)이 있다.

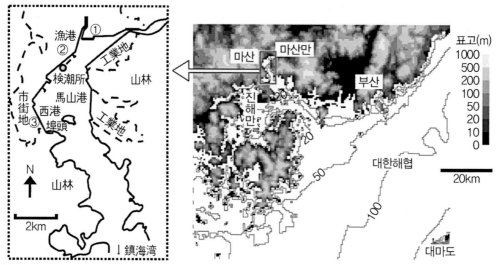

출처: 河合 弘泰(2010), 高潮数値計算技術の高精度化と氣候変動に備える防災への適用, 港湾技術研究所報告, 港湾技術研究所, No.1210, p.18.

그림 2.17 마산만 주변 지형

진해만(鎭海灣) 크기는 동서로 약 40km, 남북 약 30km로 수심은 만(灣) 중앙부에서 약 20m, 만구부(灣口部)에서는 25m로 넘는다. 진해만에는 많은 섬들이 있고 리아스식 해안[5]을 가지고 있는 것이 특징이다. 또한 만을 둘러싼 육지에 평야는 거의 없고 표고 200~500m 정도인 산들로 연결되어 있다. 마산만은 진해만 북쪽에 위치하여 남북으로 약 10km, 동서로 약 2km인 가늘고 긴 형태의 내만(內灣)으로 수심은 4~10m로 얕다. 북서쪽에는 어항 및 항만시설이 있고 그 배후에는 시가지가 펼쳐 있었다. 검조소(檢潮所)는 어항 방파제와 같이 설치된 것이다. 태풍 '매미' 당시 그림 2.17에는 ① 하구 부근, ② 어항 부근, ③ 서항부두 및 그 배후 시가지가 있었다.

(2) 하구 부근(그림 2.17의 ①) 침수

마산만 북단부에는 2개의 작은 하천이 유입되고 있다. 사진 2.16은 그 하구 부근을 촬영한 것으로 이 사진에서 멀리 보이는 간선도로에서는 보차도(步車道) 경계석 일부가 붕괴되어 있었다. 한편 앞에 보이는 안벽에는 손상은 없었지만 이 안벽 바로 배후에는 중고차를 판매하는

---

5   리아스식 해안(Rias Coast) : 하천에 의해 침식된 육지가 침강하거나 해수면이 상승해 만들어진 해안으로 해안선이 복잡하고, 해수면이 정온하여 양식(養殖) 등을 하기 좋다.

점포가 있어 안벽 끝단까지 상품인 중고차가 전시되어 있었다. 이 점포의 직원에 따르면 야간에 태풍 내습이 있어 안벽으로 밀어닥친 파랑의 상황 및 전시 중인 자동차가 파랑의 비말(飛沫)을 받았는지는 누구도 본 사람이 없어 확실히 알 수 없지만 적어도 폭풍해일로 인해 점포(店鋪)가 위치한 지반(地盤)은 전면적인 침수를 당하지 않았다는 것을 알 수 있다고 말했다.

출처 : 河合 弘泰(2010), 高潮数値計算技術の高精度化と氣候変動に備える防災への適用, 港湾技術研究所報告, 港湾技術研究所, No.1210, p.18.

사진 2.16 마산만에 직접 인접한 안벽(岸壁)과 도로

이 점포 배후에 있는 도로 및 수출자유단지(자유무역지역)라고 일컫는 공업지대는 침수되었다. 이 지역은 안벽이 축조되기 전부터 있었으므로 그 지반고(地盤高)는 안벽의 마루높이보다는 낮다.

그림 2.18은 하구 부근 지반고를 도식적(圖式的)으로 나타낸 것으로 안벽의 마루높이(D.L[6]+5.2m)는 검조기록 중 최고조위(+4.3m)보다 약 1m 높고 수출자유단지 지반고(+3.5m)보다 약 1.7m 높다. 각각 지역에 대한 침수유무에 대한 증언을 정리하면 안벽 전면의 파고는 불분명하지만 만약 수십 cm였다면 안벽의 월파는 현저하지 않아 점포 지반이 전면적으로 침수되는 일은 없었다.

---

[6] D.L(Datum Level, 기본수준면) : 해도의 수심과 조석표의 조고(潮高)의 기준면으로 각 지점에서 조석 관측으로부터 얻은 연평균 해면으로부터 4대 주요 분조의 반조의 합만큼 내려간 면으로 우리나라에서는 해당 지역의 약최저저조위(Approx LLW(±0.00m))를 채택한다.

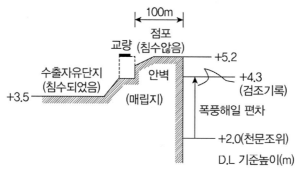

출처 : 河合 弘泰(2010), 高潮数値計算技術の高精度化と氣候変動に備える防災への適用, 港湾技術研究所報告, 港湾技術研究所, No.1210, p.19.

그림 2.18 하구 부근 지반고와 검조(檢潮)기록과의 관계

(3) 어항 부근(그림 2.17의 ②) 침수

그림 2.19에 나타내었듯이 하구로부터 1km가량 남쪽에는 어항이 있고 그 한구석에는 검조소(檢潮所)도 있다.

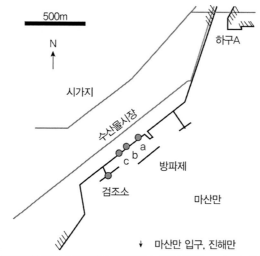

출처 : 河合 弘泰(2010), 高潮数値計算技術の高精度化と氣候変動に備える防災への適用, 港湾技術研究所報告, 港湾技術研究所, No.1210, p.19.

그림 2.19 어항 부근 지형

관계자에 따르면 지점 a에 있는 물양장[7](D.L+2.7~2.9m)에서는 사진 2.17의 화살표로 표시되었듯이 어른 키를 넘는 높이(+5.0m)까지 침수되었었다. 이 물양장의 남동쪽 바다

에는 방파제가 있다. 이 방파제 마루높이는 낮아 폭풍해일 시 파랑저감 효과는 적었다고 생각된다. 또한 지점 b에 있는 사무소에도 1층 천장(+5.5m)까지 젖어 있었다. 종업원에 따르면 지점 c인 사진 2.18(a) 음식점(횟집)에서도 창문유리가 깨어져 사진 2.18(b) 화살표로 나타내었듯이 적어도 건물기둥에 있는 전기배전함 높이(+5.0m)까지 침수되어 1층 천장 일부도 파손되었다. 현관 우측에 있는 사각모양의 돌출물은 지하실 통수구로 그 지하실은 주차장이다. 사진 2.18(c)은 그 주차장으로 가는 경사로(傾斜路)인 입구로 안벽 방향으로 향하고 있고 방수판(防水板) 등 해수 침입을 막아주는 시설은 없었다. 지하주차장 천장에서도 침수된 흔적이 남아 있었다. 그렇지만 사진 2.18(a)에서 볼 수 있듯이 이 음식점 앞에 있는 안벽에는 어선으로부터 유출된 기름이 붙은 흔적인 검은 선이 보였다. 이것은 대략 대조(大潮)시 만조위(滿潮位)를 나타내는 것이라고 생각되었다. 이 높이로부터 안벽의 마루높이까지 여유는 수십 cm밖에 되지 않지만 예전에 한 번도 폭풍해일로 인하여 음식점이 침수된 적은 없었다. 음식점 앞에 있는 안벽(岸壁)의 남쪽에는 방파제 및 검조소가 있었다. 방파제 및 검조소에서 마산만 입구를 바라볼 수 있었다고 한다. 이 검조소에서는 태풍 시에 관측실로 건너가는 계단이 파괴되고 관측실 창문유리도 깨어져 월파된 물이 검조소 우물에 들어갔을 가능성이 있다.

출처 : 河合 弘泰(2010), 高潮数値計算技術の高精度化と氣候変動に備える防災への適用, 港湾技術研究所報告, 港湾技術研究所, No.1210, p.19.

사진 2.17 어항의 물양장(그림 2.19의 a)

---

7   물양장(物揚場) : 선박이 안전하게 접안하여 화물 및 여객을 처리할 수 있도록 부두의 바다방향에 수직으로 쌓은 전면 수심 4.5m 이내인 벽이다.

(a) 안벽과 점포의 위치관계(그림 2.19의 c)　　　　(b) 설문에 따른 최고수위

(c) 지하주차장에 들어가는 경사로

출처 : 河合 弘泰(2010), 高潮数値計算技術の高精度化と氣候変動に備える防災への適用, 港湾技術研究所報告, 港湾技術研究所, No.1210, p.19.

사진 2.18 어항 안벽과 직접 인접한 점포

　　그림 2.20은 어항주변의 안벽 높이 및 침수위(浸水位)를 정리한 것으로 설문조사로 얻었던 침수위(+5.0~5.5m)는 검조소기록에 의한 최고조위(+4.3m)보다 1m 정도 높았다. 그림 2.17에 나타내었듯이 어항 주변은 마산만 입구로부터 직접 멀리까지 한눈에 볼 수 있는 위치인 관계로 진해만으로부터 오는 파랑이 도달하기 쉽고, 또한 마산만 자체만을 감안해도 만 입구로부터 약 8km인 취송거리를 가진 파랑이 도달한다고 볼 수 있다. 더구나 어항 방파제 마루높이는 낮아 폭풍해일 시 파랑저감 효과가 작았다. 주로 폭풍해일로 인한 침수는 물양장 주변에 그치지 않고 배후지에도 넓게 영향을 미쳤다. 이상과 같이 검조소 기록보다도 증언에 따른 침수위가 높았던 원인은 파랑에 의한 수면 동요 및 폭풍해일의 흐름이 안벽과 인접한 건물로 인해 방해를 받아 생긴 국소적인 수위상승이었다고 판단된다.

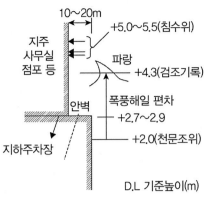

출처 : 河合 弘泰(2010), 高潮数値計算技術の高精度化と氣候変動に備える防災への適用, 港湾技術研究所報告, 港湾技術研究所, No.1210, p.20.

그림 2.20 어항 부근 침수위 정리

(4) 서항부두(그림 2.17의 ③) 및 배후 시가지 침수

그림 2.21은 서항부두 및 그 배후 시가지를 나타낸 것으로 사진 2.19는 서항부두 안벽을 지점 a(마루높이 D.L+2.8m)에서 촬영한 것이다. 부두 배후(사진 2.19의 왼쪽)에는 수십 cm 높이의 나무를 심은 성토(盛土) 및 철망 펜스(Fence)가 있었지만 흉벽(胸壁) 등과 같은 방조시설(防潮施設)은 아니다. 안벽에 서있으면 시가지 내부를 멀리까지 한눈에 볼 수 있는 상태로 시가지 지반(地盤)은 안벽으로부터 500m 범위까지 거의 평탄하며 그곳부터 앞부분은 오르막 경사로 되어 있었다. 사진 2.20에서 볼 수 있듯이 서항부두 또는 그 주변 안벽에는 노천(露天)에 쌓아둔 원목이 폭풍해일 시 발생한 월파로 인해 펜스를 쓰러뜨린 후 시가지 내 각지로 흘러들어가 건물 등에 손상을 입혔다.

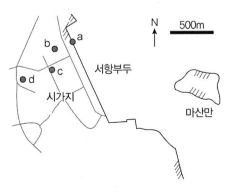

그림 2.21 서항부두 및 시가지의 지형

← 시가지   마산만 →

사진 2.19 서항부두 안벽(그림 2.21의 a)

출처 : 河合 弘泰(2010), 高潮数値計算技術の高精度化と氣候変動に備える防災への適用, 港湾技術研究所報告, 港湾技術研究所, No.1210, p.20.

사진 2.20 폭풍해일로 인해 표류된 원목

사진 2.21은 안벽에서부터 약 250m 떨어진 곳에 위치하는 중국음식점(그림 2.21의 지점 b)으로 창문에 붙은 포스터에는 침수 흔적(+4.3m)이 남아 있었다. 그 높이는 도로 차도의 지반으로부터 1.7m로 어른 키 정도로 침수되었다는 것을 알 수 있다. 안벽으로부터 150~350m인 평탄지 내에는 고층아파트가 있었는데 경비원에 따르면 침수위는 지반으로부터 1.3~1.6m 높이었다고 한다. 아파트 동(棟) 사이에는 지하주차장이 설치되어 있고 그 입구는 바다 쪽 방향과 역방향(逆方向)으로 향하고 있었다. 안벽에서부터 약 400m 떨어진 평탄지 끝에 가까운 곳에는 '대동씨코아'라고 하는 오피스텔이 있었는데, 지상은 점포와 주택, 지하 1층은 레스토랑 등 상점 및 지하 2~4층이 지하주차장으로 이루어져 있었다(그림 2.21의 지점 c). 경비원에 의하면

"원목 520개가 해수와 같이 유입되면서 침수되어 자동차 140대가 피해를 입었다"고 말했다.

출처 : 河合 弘泰(2010), 高潮数値計算技術の高精度化と氣候変動に備える防災への適用, 港湾技術研究所報告, 港湾技術研究所, No.1210, p.21.

사진 2.21 음식점의 침수 흔적(그림 2.21의 b)

사진 2.22(a)에는 지상 1층으로부터 지하 1층으로 내려가는 에스컬레이터로 그 옆의 유리창에 침수흔적(+4.3m)이 확실히 남아 있었다. 사진 2.22(b)는 지하주차장으로 들어가는 경사로 벽에 있는 침수흔적(+4.3m)이다. 콘크리트로 타설하여 만든 이 경사로는 지하 1층에 도달하기 직전, 오른쪽으로 꺾어지는 부근의 콘크리트 벽에 원목 또는 자동차 충돌로 인해 패인 커다란 구멍이 생겨 흙이 노출된 상태였다. '대동씨코아' 주변에서도 상점 벽 및 간판 등이 침수된 흔적이 많이 남아 있고 그 높이는 도로 지반으로부터 1.5~1.7m이었다. 안벽으로부터 약 700m 떨어진 '해운플라자' 빌딩(그림 2.21의 d)에서는 지하 3층 노래방에서 8명이 사망하였다. 이 건물은 지상 1층이 상점가, 지하 1층이 주차장, 지하 2층이 점포(술집) 및 지하 3층이 점포(노래방) 및 전기실(電氣室)로 구성되어 있다. 그 현관에서의 흔적은 D.L+4.25m이었다.

 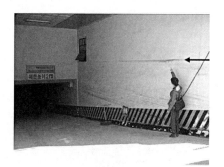

(a) 점포 1층의 에스컬레이터   (b) 지하주차장 입구

출처 : 河合 弘泰(2010), 高潮数値計算技術の高精度化と氣候変動に備える防災への適用, 港湾技術研究所報告, 港湾技術研究所, No.1210, p.21.

사진 2.22 대동씨코아(그림 2.21의 c)

지상으로부터 지하 1층으로는 자동차용 경사로, 계단, 엘리베이터 및 업무용 계단이 있어 해수는 주로 사진 2.23(a)에 보이듯이 경사로를 통하여 유입하였다고 볼 수 있다. '이 입구에 높이 0.6~0.7m인 철제 바리게이트를 설치하였지만, 대량의 해수와 원목이 밀려오는 것을 막아내지는 못하였다'라는 신문기사도 있었다. 지하 1층에서부터 그 아래층은 주로 사진 2.23(b)에서 볼 수 있듯이 방문객용 계단으로부터 해수가 유입된 것으로 볼 수 있다. 더욱이 '해운플라자' 주변 지반은 서항부두 안벽보다 1m 이상 높았으므로 침수위는 지반으로부터 수십 cm 높이였다.

 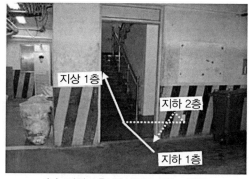

(a) 지하 1층 주차장으로 들어가는 경사로   (b) 지하 1층 비상구로 가는 입구

출처 : 河合 弘泰(2010), 高潮数値計算技術の高精度化と氣候変動に備える防災への適用, 港湾技術研究所報告, 港湾技術研究所, No.1210, p.22.

사진 2.23 해운플라자(그림 2.21의 d)

그림 2.22는 서항부두에서부터 시가지까지의 침수상황을 정리한 것이다. 침수범위는 안벽에서부터 약 700m까지 미쳤는데, 안벽으로부터 약 500m 범위에서는 침수위가 +4.1∼4.4m로 검조기록에 의한 최고수위(+4.3m)와 잘 일치하고 있다. 이 침수위는 지반으로부터 1.4∼1.65m 높이(침수심[8])로 어른 신장(身長)과 비슷하다. 또한 안벽에서부터 500∼700m 떨어진 곳에서는 침수위가 +3.9∼4.2m로 약간 낮아졌다.

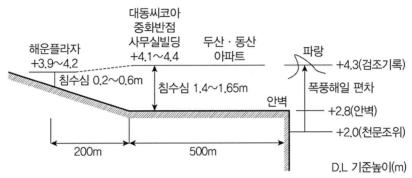

출처 : 河合 弘泰(2010), 高潮数値計算技術の高精度化と氣候変動に備える防災への適用, 港湾技術研究所報告, 港湾技術研究所, No.1210, p.22.

그림 2.22 시가지의 침수 단면도

2) 1999년과 2004년 태풍으로 인한 서일본(西日本)에서의 폭풍해일·고파랑 피해[26]

(1) 태풍 9918호 경로 및 크기

태풍 9918호는 1999년 9월 19일에 대만(臺灣) 동쪽에서 발생하여 오키나와(沖繩) 미야고지마(宮古島) 부근에서 세력을 증강한 후 그림 2.23과 같이 24일 4시경 일본 구마모토현(熊本縣) 우시부카시(牛深市) 부근을 통과하고 야츠시로해(八代海) 서쪽을 야츠시로 축과 거의 평행하게 진행하였다. 이때 중심기압은 약 945hPa, 진행속도는 약 40km/h로 우시부카에서는 순간최대풍속 66.2m/s를 기록하였다. 더구나 그 후 후쿠오카현(福岡縣) 오무타시(大牟田市) 부근에 상륙하여 수오여울(周防灘) 서부를 휩쓴 후 8시간 경과 후에는 야마구치현(山口縣) 우베시(宇部市) 근처에 재상륙하였다. 이때 중심기압은 약 950hPa, 진행속도는 약 50km/h이었다. 그림 2.23에는 1940년부터 1990년까지 약 60년간 큐슈(九州)에 상륙하였

---

8 침수심(浸水深) : 홍수·해일(폭풍해일, 지진해일) 등으로 침수될 때의 수면으로부터 지면까지의 깊이로 침수고(浸水高)라고도 한다.

던 주요 태풍 경로를 나타내었다. 이들 태풍은 9918호 및 9119호(태풍 '사과') 등과 같은 북북동진형과 4216호(수오여울 태풍)와 같은 북진형으로 크게 나눌 수 있다.

출처 : 河合 弘泰(2010), 高潮数値計算技術の高精度化と氣候変動に備える防災への適用, 港湾技術研究所報告, 港湾技術研究所, No.1210, p.8.

그림 2.23 일본 큐슈(九州)에 상륙하였던 주요 태풍 경로

표 2.12는 이들 태풍이 야츠시로(八代)해에 가장 가깝게 접근했을 때의 제원을 비교한 것으로 9918호 중심기압은 4546호 및 9919호 다음으로 낮았다. 따라서 태풍 9918호에 의한 폭풍해일·고파랑 피해규모는 9119호를 넘어 일본 전국적으로 보더라도 1959년 이세만 태풍 이후 가장 컸다.

표 2.12 야츠시로해에 가장 접근했던 태풍들의 제원

태풍	중심기압(hPa)	진행속도(km/h)
T4216	950	45
T4516	930	50
T5029	965	25
T5115	945	75
T5522	950	40
T9119	935	50
T9918	945	40

출처 : 河合 弘泰(2010), 高潮数値計算技術の高精度化と氣候変動に備える防災への適用, 港湾技術研究所報告, 港湾技術研究所, No.1210, p.8.

(2) 태풍 9918호에 의한 야츠시로해 연안의 폭풍해일·고파랑 재해

야츠시로해는 그림 2.24에 나타내었듯이 길이 약 70km, 폭 10km인 가늘고 긴 내만(內灣)으로 그 축은 큐슈지방을 내습한 태풍의 전형적인 진로와 평행한 북북동을 이루고 있다. 수심은 만 중앙의 최심부(最深部)에서 50m를 넘지만 야츠시로(그림 2.24의 ⑤)와 미스미(三角, 그림 2.24의 ⑧)를 연결하는 선보다 북동쪽인 만 안쪽은 5m인 얕은 여울이 연속되어 그 대부분은 간조(干潮) 시에 드러난다. 해안선이 V자형인 야츠시로해는 남서쪽에 있는 나가시마(長島)해협을 통하여 동중국해와 연결되어 있고, 북서쪽은 미스미 주변에 있는 미스미노세토(三角ノ瀬戸) 수로(水路)를 사이에 두고 시마바라만(島原灣)에 연결되어 있지만 이들 폭은 기껏 2km 정도로 좁다. 천문조차(간만차(干滿差))는 대조 시 3.5~4m이다.

그림 2.24 일본 야츠시로해 주변의 해저지형

그림 2.25는 야츠시로해 연안의 검조기록, 흔적조사, 수치계산모델에 의한 폭풍해일편차를 정리한 것으로 만의 남서부(南西部)에서는 3m 정도, 북동부(北東部)에서는 1m를 초과하는 폭풍해일편차가 발생했다. 여기서 그림 2.25의 지점번호는 그림 2.24에 나타낸 원 숫자에 대응된다. 흔적치(痕迹値)는 흔적 및 증언에 따른 수위로부터 당시의 천문조위를 빼고

구한 값이다. 이 흔적 및 수위가 최고조위에 대응한다고 생각하는 것을 ○표시, 월파에 의한 침수로 조위보다 높다고 생각되는 것을 ✕표시, 피크값이 결측(缺測)된 조위기록 또는 침수된 지반 및 구조물로 최고조위보다 낮은 것은 △표시로 분류하였다.

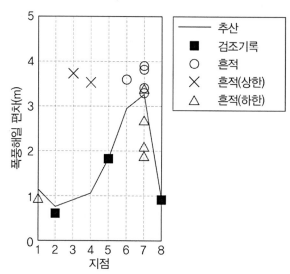

출처 : 河合 弘泰(2010), 高潮数值計算技術の高精度化と氣候変動に備える防災への適用, 港湾技術研究所報告, 港湾技術研究所, No.1210, p.8.

그림 2.25 일본 야츠시로해 연안 폭풍해일편차

가) 시라누히마치(不知火町) 마쓰아이(松合)지구

시라누이마치(현재는 우키시 일부) 마쓰아이지구(그림 2.24에서 지점 ⑦)의 지형을 그림 2.26에 나타내었다. 이 지구에는 야츠시로해를 따라서 국도(國道)를 겸한 제방(반파공 마루높이 D.L+7.0m, 그림 2.26(a)의 ①)이 있어 이 국도로부터 육지 쪽으로 움푹 들어간 3개의 선유장[9]이 있었다. 이들 선유장을 둘러싼 제방은 국도의 제방보다 낮아(마루높이 D.L+5.5m 정도, 그림 2.26(a)의 ②), 선유장 입구에는 파제제[10]도 있어 야츠시로해로부터 파랑 침입을 막아주고 있었다. 선유장 주위에는 주택지로 되어 있지만 그 지반고는 선유장 제방고보다 약 2m 낮은 동시에 삭망평균만조위(朔望平均滿潮位, H.W.L)보다 약 1m 낮다. 그림

---

9   선유장(船留場) : 작은 배가 안전하게 정박할 수 있는 수면이다.
10   파제제(波除堤) : 항내정온을 위하여 항내에 축조된 방파용 구조물이다.

2.26(a)에 있어서 밑줄 그은 숫자 값은 제방 마루높이 및 주택 지반고이고, ●표시를 붙인 고딕체 수치는 침수흔적 및 설문조사에 근거한 최고수위이다. 더구나 마쓰아이지구는 해안 바로 옆에 산이 있어 거주를 위한 주택지는 한정되어 있다. 또한 대화재를 당한 경험이 있어 구도로(舊道路)보다도 바다 쪽 염전(鹽田)에도 집을 짓고 사는 형편이었다.

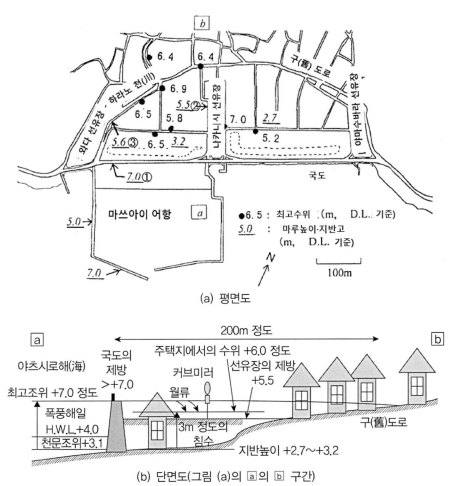

(a) 평면도

(b) 단면도(그림 (a)의 ⓐ의 ⓑ 구간)

출처 : 河合 弘泰(2010), 高潮数値計算技術の高精度化と氣候変動に備える防災への適用, 港湾技術研究所報告, 港湾技術研究所, No.1210, p.9.

그림 2.26 일본 마쓰아이지구의 지형과 침수상황

사진 2.24는 와다(和田) 선유장 동쪽 제방(마루높이 D.L+5.6m, 그림 2.26(a)의 ③)으로, 선유장에서부터 범람한 해수로 인해 제방의 경사어깨 및 경사면이 세굴(洗掘)되어 있

다. 사진 2.25는 와다 선유장과 나카니시(仲西) 선유장 사이의 집들로 벽 및 지붕에는 인근 공장에서 유출된 벼 껍질이 부착되어 있어 주택 1층 부분이 완전히 침수되었다는 것을 알 수 있다. 이 지역에서는 12명이 익사자가 발생하였다. 폭풍해일을 피하기 위해 목조 단층 집 주택에 살고 있었던 주민 중에는 천장을 부수고 지붕에 올라가 목숨을 건진 사람도 있었다. 이 부근 침수심은 2.6~3.3m에 달하여 손쉽게 대피할 수 있는 수심은 아니었다. 와다 선유장과 나카니시 선유장 사이의 수위는 D.L+5.8~6.9m에 도달하였고, 나카니시 선유장과 야마수바라(山須) 선유장 사이에서는 수위가 D.L+5.0~5.2m에 달하였다. 이 폭풍해일 범람은 구도로(舊道路) 부근까지 도달하여 하라노천(春の川)을 따라 구도로를 월류한 곳도 있다. 나카니시 선유장 동쪽 제방에 서 있던 커브 미러(Curve Mirror, 도로 반사경)에 붙어 있던 '주의(注意)'라는 글자 중 '의(意)'라는 글자가 보이지 않을 정도로 수위가 높았다는 증언도 있었다. 이 높이를 야츠시로해의 조위에 대응시켜 보면, 이 높이는 국도 제방과 거의 같은 D.L+7.0m로 이때 천문조위는 D.L+3.1m로 하면 폭풍해일편차는 3.9m에 달하는 계산이 나온다. 주민의 증언에 의하면 오전 5시 50분경에 선유장으로부터 많은 해수가 넘쳐 들어와 5~10분 사이인 단시간에 선유장으로 둘러싸인 저지대 주택지는 연못과 같이 되었다. 또한, 침수된 가옥에 있는 시계는 적어도 분침이 5시 50분경을 가리키며 정지되어 있었다.

사진 2.24 와다 선유장 동쪽 제방

출처 : 河合 弘泰(2010), 高潮数値計算技術の高精度化と氣候変動に備える防災への適用, 港湾技術研究所報告, 港湾技術研究所, No.1210, p.10.

사진 2.25 선유장 사이에서 침수된 가옥

　그림 2.27은 수치모델계산으로 추정하였던 조위(潮位) 변화를 나타낸 그림으로 5시부터 6시까지 1시간 안에 3m 정도로 상승했다는 것을 알 수 있다. 또한 6시를 지났을 때 조위가 국도 제방의 마루높이 근처까지 상승하였다는 것을 추정할 수 있다. 국도 제방의 육지 쪽 어깨폭이 붕괴되어 있는 구간도 있어 폭풍해일이 월류에 이르렀는지는 알 수 없지만 적어도 이따금씩 고파랑(高波浪)이 제방을 타고 넘는 상황이 있었다는 것을 알 수 있다.

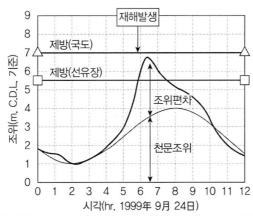

출처 : 河合 弘泰(2010, 高潮数値計算技術の高精度化と氣候変動に備える防災への適用, 港湾技術研究所報告, 港湾技術研究所, No.1210, p.10.

그림 2.27 마쓰아이지구의 추정조위

나) 루가타케마치(龍ヶ岳町) 고야가와치(小屋河内)지구

그림 2.28에 나타내었듯이 루가타게마치(현재 가미아마쿠사시) 고야가와치지구(그림 2.24의 지점 ③)에서도 주택지 침수가 발생하였다. 주택지 남쪽에는 사진 2.26의 소파공(消波工)으로 피복된 호안이 있는데 이 호안 앞쪽에는 야츠시로해의 파랑을 차단하는 방파제 및 섬은 없다. 사진 2.27에 나타낸 바와 같이 호안(護岸) 쪽에서부터 첫 번째 주택에서는 블록담이 부서졌고 1층 창문 및 벽이 파괴되어 있었다. 2번째 이후 집들은 침수만 되어 벽 및 창과 같은 파괴는 없었다. 또한 다행히도 마쓰아이지구와 같이 사망자가 발생하는 참사는 일어나지 않았었다. 더구나 오전 4시 50분에 마을 전역에 대피하라는 대피권고 방송이 있었다. 주민의 증언에 의하면 해면은 호안 반파공(返波工, Parapet)이 보이지 않을 정도 높아졌고, 주택지에서는 허리까지 침수되었다. 또한 이 침수는 단시간(예를 들어 10분 정도) 안에 발생하여 그 침수위(浸水位)는 오전 5시 경에 최대였다는 증언도 있었는데 피해 주택의 시계 분침이 5시경에 멈추어져 있었다. 이때의 천문조위는 D.L+2.3m로 주민들이 증언한 침수위가 조위와 같다고 보면 폭풍해일편차는 약 4m에 달하는 계산이 나온다.

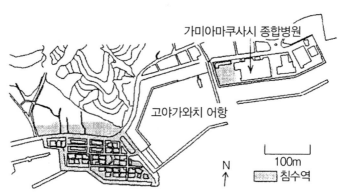

출처: 河合 弘泰(2010), 高潮数値計算技術の高精度化と氣候変動に備える防災への適用, 港湾技術研究所報告, 港湾技術研究所, No.1210, p.11.

그림 2.28 고야가와치지구의 지형

출처 : 河合 弘泰(2010), 高潮数値計算技術の高精度化と氣候変動に備える防災への適用, 港湾技術研究所報告, 港湾技術研究所, No.1210, p.11.

사진 2.26 주택지 전방의 소파공 피복호안

출처 : 河合 弘泰(2010), 高潮数値計算技術の高精度化と氣候変動に備える防災への適用, 港湾技術研究所報告, 港湾技術研究所, No.1210, p.11.

사진 2.27 피해를 입은 가옥

그림 2.29에서 볼 수 있듯이 폭풍해일편차는 약 1m로, 천문조위와 합친 조위는 호안보다 약 3m 낮고 주택지 지반보다는 약 2m 낮다. 만약 이 침수위를 조위에 대응시킨다고 보면 주택 피해는 창문 및 벽만이 아니라 지붕에까지 미친다고 볼 수 있다. 그러므로 주택지 침수위가 조위에 대응한다고 볼 수 없다. 한편, 이 주택지로부터 300m 정도 떨어진 가미아마쿠사시 종합병원 옥상에 있는 풍속계에서는 오전 4시에 평균풍속 36m/s가 관측되어 야츠시로해에 강풍이 불고 있었다는 것을 알 수 있다.

SMB법에 의한 파랑추산을 한 결과 유의파고가 2m를 초과하는 파랑을 추정할 수 있어 이 주택지 침수는 월파로 인한 것이라고 볼 수 있다.[27]

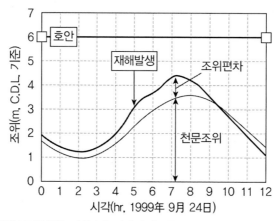

출처 : 河合 弘泰(2010), 高潮数值計算技術の高精度化と氣候変動に備える防災への適用, 港湾技術研究所報告, 港湾技術研究所, No.1210, p.11.

그림 2.29 고야가와치지구의 추정조위

사진 2.28에서는 이를 증명하듯이 고야가와치(小屋河內) 어항에 있는 방파제(반파공 마루높이는 D.L+5.4m, 콘크리트 블록 3단에 상부공을 얹힌 구조)의 제두부(提頭部)가 피해를 입었고, 고야가와치 어항에서 2km 떨어진 서쪽에 위치하는 오도(大道)항에서도 방파제(반파공 부분의 마루높이는 D.L+6.0m) 중 연장 120m에 걸쳐 피해를 입었다.

출처 : 河合 弘泰(2010), 高潮数値計算技術の高精度化と氣候変動に備える防災への適用, 港湾技術研究所報告, 港湾技術研究所, No.1210, p.11.

사진 2.28 고야가와치 어항 방파제

다) 태풍 9918호에 의한 수오여울 연안에서의 폭풍해일·고파랑 재해

그림 2.30에 나타내었듯이 수오여울(周防灘)은 동서로 약 90km, 남북으로 약 50km인 거의 S자와 비슷한 형상을 가진 내만(內灣)으로 그 북서쪽 끝에는 시모노세키(下関)해협을 통과하여 동해(東海), 동쪽 끝은 이요여울(伊予灘) 및 우와지마(宇和)해를 사이에 두고 태평양과 연결되어 있다. 수심은 이요여울 쪽은 50m에 가깝지만 서쪽으로 갈수록 얕아지며, 해안선으로부터 10~15km 범위는 수심이 대략 20m 미만으로 얕다. 천문조차는 대조(大潮) 시에 3.5~4m이다. 그림 2.31은 수오여울 연안의 폭풍해일을 정리한 것으로 이 그림의 지점번호 위치는 그림 2.30에 대응한다. 수오여울 북쪽 연안에서 광범위하게 2m 이상의 폭풍해일편차가 발생하였고 더욱이 간다(苅田, 지점 ①)에서부터 우베(宇部, 지점 ⑦)까지의 범위에서는 추산치가 검조기록 및 흔적에 따른 값보다 매우 작았다.

① 간다정(苅田町)에서부터 키타큐슈시까지의 연안

후쿠오카현 간다정에 있는 간다항(苅田港)(그림 2.30의 지점 ①)에서의 조위관측에 따르면 만조(滿潮)인 8시 전(前)인 7시 30분에는 폭풍해일편차가 2.1m에 달하고 천문조와 합친 조위도 H.W.L +4.0m를 상회하는 +5.6m에 달하였다. 또한 외해에서는

8시에 유의파고 3.5m가 관측되었다. 이와 같은 폭풍해일·고파랑으로 말미암아 간다정(苅田町)에서부터 키타큐슈시(北九州市)까지의 연안은 호안 상부공이 전도(轉倒)되어 부서지고 주택지가 침수하는 등 피해가 속출하였다.

출처 : 河合 弘泰(2010), 高潮数値計算技術の高精度化と氣候変動に備える防災への適用, 港湾技術研究所報告, 港湾技術研究所, No.1210, p.12.

그림 2.30 수오여울 해저지형

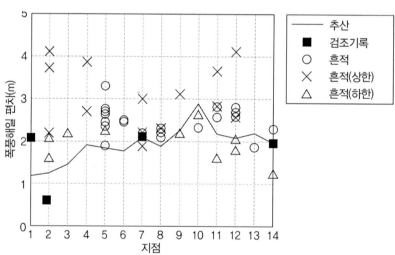

출처 : 河合 弘泰(2010), 高潮数値計算技術の高精度化と氣候変動に備える防災への適用, 港湾技術研究所報告, 港湾技術研究所, No.1210, p.12.

그림 2.31 수오여울 폭풍해일편차

예를 들어 사진 2.29는 간다항과 신모지항(新門司港)의 먼 바다에 있는 토사처분장(장래 신(新) 키타큐슈항(北九州港)으로 개항할 예정) 호안이 건설도중 뒤채움이 없는 상태에서 설계 이상의 폭풍해일·고파랑이 작용하여 상부공이 비스듬히 넘어졌다.

출처 : 河合 弘泰(2010), 高潮数値計算技術の高精度化と氣候変動に備える防災への適用, 港湾技術研究所報告, 港湾技術研究所, No.1210, p.13.

사진 2.29 외해 토사처분장 호안

또한 사진 2.30은 신모지항 호안으로 호안 자체의 피해는 모면한 곳도 있었지만 격심한 월파로 도로변 펜스가 넘어지고, 지반이 세굴되어 배후 건물도 손상을 입었다.

출처 : 河合 弘泰(2010), 高潮数値計算技術の高精度化と氣候変動に備える防災への適用, 港湾技術研究所報告, 港湾技術研究所, No.1210, p.13.

사진 2.30 신모지항 호안

② 산요정 식생지구

야마구치현 산요정(山陽町, 현재 산요 오노타시(小野田市) 일부) 식생지구(그림 2.30의 지점 ⑤)에 있는 주택지도 폭풍해일로 침수되었다. 이 지구의 지형과 침수 상황을 그림 2.32에 나타내었다.

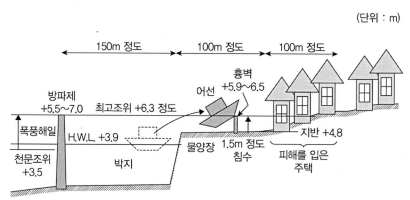

(단위 : m)

출처 : 河合 弘泰(2010), 高潮数値計算技術の高精度化と氣候変動に備える防災への適用, 港湾技術研究所報告, 港湾技術研究所, No.1210, p.13.

그림 2.32 산요정 식생지구 지형과 침수 상황

사진 2.31은 어항 배후에 있는 흉벽(胸壁)으로 파력 또는 어선 충돌인지 원인은 정확하지 않지만 흉벽이 육지 쪽으로 활동(滑動)하였다. 주택지 침수 상황을 보면 최고조위는 간다(苅田)보다도 높은 +6.3m, 폭풍해일편차도 간다(苅田)보다도 큰 2.8m이었다고 볼 수 있다. 수협 관계자에 따르면 어항의 물양장 및 주택지는 7시 30분경부터 침수가 시작되어 10분 내지는 20분 안에 수위가 1.5m 정도에 도달하였다(7시 36분 +6.5m였다는 증언도 있다). 어선의 일부는 휴어기(休漁期)로 양륙되어 있었으므로 파랑이 흉벽을 타고 넘어가 배후 집을 직접 때린 경우도 있었다. 침수된 시간은 태풍의 눈에 들어와 있었기에 바람이 잦아들었지만 파랑은 여전히 높아 방파제 마루높이 (+6.0m)는 보이지 않았었다. 8시 경에 되어 해수가 빠지기 시작하였는데, 더구나 이 지역은 태풍 9119호가 왔을 때도 침수되었는데 그때 수위는 +5.5m 정도였다고 한다. 또한 이 식생어항 동쪽에도 방파제로 차폐되지 않은 해안이 있어 제방에서부터 2~3번째 안에 있었던 집들은 손상을 입었다. 이 집들 뒤쪽에는 지반이 높아 침수를

당하지 않은 곳도 있었다. 또한 이 어항 서쪽에 있는 마에바천(前場川) 하구에서는 다리의 교각 부분이 크게 세굴(洗掘)되었다.

출처 : 河合 弘泰(2010), 高潮数値計算技術の高精度化と気候変動に備える防災への適用, 港湾技術研究所報告, 港湾技術研究所, No.1210, p.13.

사진 2.31 식생어항(植生漁港) 배후 흉벽

③ 우베시에서부터 벳부시까지 연안

우베(宇部)시에서부터 벳부(別府)시에 걸친 연안에서도 폭풍해일과 고파랑이 많은 항만·해안시설을 파괴하고 배후지를 침수시켰다. 그중에서도 수오여울에 면한 야마구치 우베공항에서는 폭풍해일로 인한 조위 상승과 고파랑으로 인해 호안 일부가 파괴되는 동시에 활주로 및 공항건물 1층이 침수되었다. 이 호안은 H.W.L 정도 높이까지 소파블록으로 피복되어 있었지만 폭풍해일로 인해 조위가 H.W.L을 넘어 2m 가깝게 상회하였으므로 고파랑이 소파블록 상부(上部)에 작용하면서 발생한 충격적인 파력 때문에 상부공이 파괴되었다.

또한 야마구치현 아이오정(秋穗町)(현재는 야마구치시 일부)의 시리가와만(尻川灣) 호안도 사진 2.32에서 볼 수 있듯이 블록이 무너져 배후 지반이 세굴되었다. 이 호안 배후에 있는 주택의 2층에서 바다를 보았을 때 8시 반경에 해면은 최고로 높아져 도로(+6.8m)까지 파랑이 밀려 올라왔었다고 한다.

출처 : 河合 弘泰(2010) : 高潮数値計算技術の高精度化と氣候変動に備える防災への適用, 港湾技術研究所報告, 港湾技術研究所, No.1210, p.13.

사진 2.32 시리가와만(尻川灣) 호안

3) 허리케인 '카트리나'에 의한 미국 멕시코만 연안의 폭풍해일 및 고파랑 피해[28]

(1) 허리케인 '카트리나'의 피해개요

2005년 8월 29일 허리케인 '카트리나(KATRINA)' 중심기압이 920hPa로 맹렬한 세력을 유지하면서 미국 미시시피강 하구 부근에 상륙하였다. 그 경로는 그림 2.33에 나타내었다. 이 허리케인으로 인한 폭풍해일로 루이지애나주 뉴올리언스(New Orleans)시의 운하(運河) 제방(堤防)이 결괴(決壞)되어 시가지의 370km²(육지지역의 약 80%)가 광범위하게 침수되었고 미국 전체의 사망자가 1,600명에 이르는 등 미국 역사상 최악의 자연재해를 입었다. 미시시피주 및 알라바마주의 멕시코 연안에서도 폭풍해일로 침수 또는 고파랑이 밀어 올라와 해안선의 집들은 기초만을 남긴 채 파괴되었고, 해안에 계류(繫留)된 바지(Barge)도 육상까지 올라왔다.

출처 : 구글지도(2017), https://www.google.co.kr/maps/@30.3516727,-91.0515259,8.2z

그림 2.33 허리케인 '카트리나' 경로

가) 허리케인 '카트리나'의 세력

허리케인 '카트리나'의 중심기압은 멕시코만에서 902hPa까지 저하되었는데 이 기록은 그 시점에서 허리케인 '길버트(GILBERT)' 등 다음으로 역대 4위, 카트리나 후에 발생한 '리타 (RITA)'와 '윌마(WILMA)'를 포함하면 6위이다. 카트리나 상륙 시 중심기압은 약 920hPa 로 카테고리 4(미국의 허리케인 등급구분은 표 7.5 참조)로 분류되었지만, 이 중심기압은 1935년 '레이버 데이(LABOR DAY)'와 1969년 '카밀레(CAMILLE)' 다음으로 3위를 기록하였다.

그림 2.34에는 '카트리나'와 매우 비슷한 이동경로를 거쳤던 '베트시(BETSY)'와 '카밀레 (CAMILLE)'의 경로도 나타내었다. 뉴올리언스(New Orleans)시에서는 1965년 '베트시'의 폭풍해일 재해를 계기로 제방 축조를 시작하여 1969년 '카밀레'에서는 심한 재해에 이르지 않았지만 '카트리나'로 40년 만에 대규모 폭풍해일 재해를 입었다. 또한 알라바마주 및 미시시피주의 멕시코 연안에서는 역시 '카밀레' 이후 약 40년 만에 폭풍해일·고파랑 재해를 당했다.

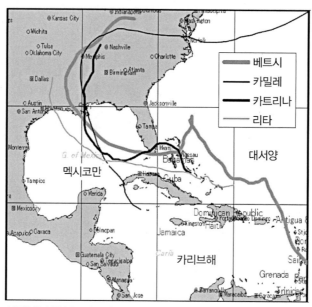

출처 : 河合 弘泰(2010), 高潮数値計算技術の高精度化と氣候変動に備える防災への適用, 港湾技術研究所報告, 港湾技術研究所, No.1210, p.23.

그림 2.34 미시시피강 하구에 상륙하였던 대표적인 허리케인

나) 멕시코만과 뉴올리언스 주변 지형

멕시코만(Gulf of Mexico) 연안의 수심 분포는 그림 2.35에 나타나 있다. 미시시피강의 하구에서부터 걸프포트(Gulf Port)에 이르는 매우 멀리까지 수심 5m 이하인 해안으로 형성되어 있고 해안선으로부터 근해 수십 km에는 이안제(離岸堤)와 같은 길고 가느다란 다수의 섬들이 나란하게 입지하고 있다.

뉴올리언스 시가지의 북쪽에는 폰차트레인(Lake Pontchartrain)호수, 동쪽에는 보르뉴(Borgne)호수가 있으며 이 호수들은 멕시코만과 연결된 염수호(鹽水湖)로 수심이 5m 이하로 얕다. 뉴올리언스시는 미시시피강 하구로부터 약 160km 상류에 위치하여 멕시코만과 연계된 항만도시로서 발전을 해왔었다. 인구는 약 50만 명으로 그중 약 70%가 흑인으로 유명한 재즈 도시로도 널리 알려져 있다. 뉴올리언스시 주변에 위치하고 있는 제퍼슨 파리스(Jefferson Parish)군(郡) 및 샌드버나드 파리스(St. Bernard Parish)군 등을 합친 뉴올리언스 대도시권이라 하는데 그 인구는 약 130만 명에 달한다. 시가지는 미시시피강에 접하고 있고 높은 지반(地盤)으로부터 시작되어 폰차트레인호수 근처 간척(干拓)으로 형성

된 저습지(低濕地)까지 펼쳐져 있다. 그 결과 그림 2.36에 나타낸 바와 같이 폰차트레인호수와 미시시피강 사이에 낀 제로미터(0m)[11] 지역에 많은 시민이 거주하고 있다.

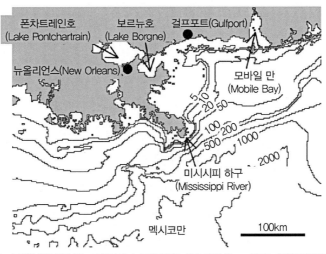

출처 : 河合 弘泰(2010), 高潮数値計算技術の高精度化と氣候変動に備える防災への適用, 港湾技術研究所報告, 港湾技術研究所, No.1210, p.23.

그림 2.35 멕시코만 연안 수심 분포(단위 : m)

출처 : 河合 弘泰(2010), 高潮数値計算技術の高精度化と氣候変動に備える防災への適用, 港湾技術研究所報告, 港湾技術研究所, No.1210, p.24.

그림 2.36 뉴올리언스 지반고(地盤高)와 제방파괴(堤防破壞) 장소

---

11 제로미터 지역(Zero Meter Region) : 표고가 평균해수면과 같거나(0m) 그 이하인 지역을 말한다.

이런 지형을 '스프(Soup)접시'라고 부른다. 뉴올리언스시의 주변에는 많은 운하들이 있어 그중 17th Street Canal, Orleans Outfall Canal, Bayou St. John 및 London Av. Canal 은 폰차트레인호수와 연결되어 있다. 또한 Inner Harbor Navigation Canal은 T자형을 이루는 운하로 폰차트레인호수와 미시시피강을 거리를 단축하는 동시에 동쪽으로 보르뉴 (Borgne)호수 및 멕시코만과 연결되어 있다.

다) 발생한 폭풍해일

미국 국립해양대기국(NOAA)에 따르면 오션 스프링스(Ocean Springs)에서는 폭풍해일 편차가 3.5m를 넘는 조위가 관측되었는데 그 이후는 결측(缺測)되었다. 오션 스프링스 근처 걸프포트(Gulf Port)에서는 가옥의 파괴 및 침수, 바지선(Barge)의 육상으로 표류, 해안부근 교량의 낙하(落下) 등 피해가 발생하였는데, 그 상황으로부터 판단해볼 때 이 주변에서의 폭풍해일편차는 3~7m에 달하는 것으로 추측할 수 있었다. 더욱이 멕시코만 연안에서의 천문조차(天文潮差)는 평소 0.5m 정도로 작아 카트리나 내습 시 조위의 현저한 상승은 거의 폭풍해일편차라고 볼 수 있다. 모바일(Mobile)만의 만구(灣口)로부터 100km 떨어진 외해의 부이(Buoy)식 파랑관측에서는 최대유의파고(最大有義波高) 15.4m, 주기 14s이었다. 또한 오션 스프링스에서 30km 떨어진 외해에 있는 부이에서는 최대유의파고 5.6m, 주기 14s로 낮았지만, 이것은 베리어 아일랜드(Barrier Island)[12]에 의한 차폐 또는 지형성 쇄파 영향 때문인 것으로 생각할 수 있다. 멕시코만 연안의 폭풍해일 상황을 파악하기 위하여 허리케인 기압과 바람장을 Myers기압분포로 가정한 경험적 역학모델을 사용하여 이것을 외력으로 입력하고 해수 흐름을 단층 선형 장파방정식을 가정하여 차분식(差分式)으로 계산하였다. 그림 2.37은 이렇게 구한 최대폭풍해일 편차분포로 천문조, 지형성 쇄파에 의한 라디에이션(Radiation) 응력, 제방의 월류·결괴, 육상으로의 범람을 무시(無視)한 간이 추산식이다. 폰차트레인호수에서는 폭풍해일편차가 약 2m, 보르뉴호수는 약 5m, 미시시피강 하구 및 걸프포트 주변에서는 약 6m이었다. 즉, 폰차트레인호수 및 보르뉴호수보다도 미시시피강 및 멕시코만에 접한 해안에서는 폭풍해일이 현저(顯著)하였다. 그림 2.38

---

12 평행사도(平行砂島, Barrier Island) : 연안과 평행하게 발달된 좁고 긴 모래와 자갈의 퇴적체로서 간조(干潮) 시에 물위로 노출되는 지형을 말한다.

은 대표시각의 폭풍해일편차로, 그림 2.38(a)에 나타낸 것과 같이 카트리나 중심이 미시시피강 하구 부근에 상륙했을 때 프랑크 마이즈군(郡) 연안에서는 해상풍 및 저기압으로 인한 폭풍해일이 현저하여 보르뉴호수에서도 뉴올리언스시(市)를 향하여 해상풍으로 인한 폭풍해일이 발생하였다. 이때 폰차트레인호수의 서쪽 해안에서는 폭풍해일편차가 크게 되었다. 또한 그림 2.38(b)에 나타낸 것과 같이 카트리나 중심이 보르뉴호수를 통과하기 시작할 때 폰차트레인호수의 뉴올리언스 쪽, 걸프포트 등 미시시피주의 해안에서는 해상풍으로 인한 폭풍해일이 발생하였다. 이것으로 폭풍해일이 먼저 보르뉴호수부터 내습한 후 폰차트레인호수로 향하여 갔다는 것을 알 수 있다.

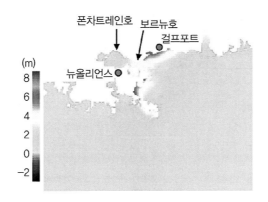

그림 2.37 최대폭풍해일 편차분포

(a) 카트리나가 미시시피강 하구 부근에 상륙한 때

그림 2.38 바람과 폭풍해일편차의 평면분포(계속)

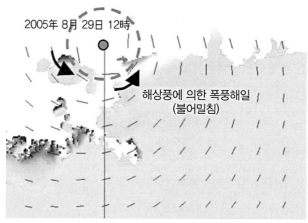

(b) 카트리나가 보르뉴호수를 통과한 후

출처: 河合 弘泰(2010), 高潮数値計算技術の高精度化と氣候変動に備える防災への適用, 港湾技術研究所報告, 港湾技術研究所, No.1210, p.24.

그림 2.38 바람과 폭풍해일편차의 평면분포

라) 피해개요

카트리나의 폭풍해일·고파랑에 의한 재해는 뉴올리언스시(市) 주변만이 아니라 모바일만 주변인 멕시코만에서도 일어났으므로 재해 메커니즘은 지역에 따라 크게 다르다는 것을 알 수 있었다. 이 재해의 외력은 그림 2.39에서 볼 수 있듯이 크게 폰차트레인호수의 폭풍해일과 멕시코만의 폭풍해일·고파랑, 두 가지로 나누어 생각할 수 있다.[29] 그림 2.40과 같이 뉴올리언스시 주변에서는 보르뉴호수의 폭풍해일 때문에 Inner Harbor Navigation Canal 수위가 상승하여 제방 월류 및 결괴에 이르렀다(그림 2.40의 지점 ④~⑥, 그림 2.41 참조). 더욱이 폰차트레인호수의 폭풍해일로 17th Street Canal 및 London Av. Canal 수위도 상승하여 제방 일부가 결괴(決壞)되었다(그림 2.40 중 지점 ①~③, 그림 2.41 참조). 또한 바지선(Barge)이 제방으로 올라탄 곳도 있다(그림 2.40의 지점 ⑦, 그림 2.41 참조). 이와 같이 2방향으로부터 온 폭풍해일 때문에 뉴올리언스 시가지(市街地)의 약 80%가 침수되었다(그림 2.41 참조). 운하의 제방은 성토에 널말뚝을 박고 그 위에 철근 콘크리트 판을 세운 구조로 되어 있다(사진 2.33(a) 참조). 뉴올리언스시 주변의 시가지를 관통하는 운하의 제방이 결괴하였지만 폰차트레인호수 및 미시시피강과 접한 제방은 파괴되지 않았다.

출처 : 河合 弘泰(2010), 高潮数値計算技術の高精度化と氣候変動に備える防災への適用, 港湾技術研究所報告, 港湾技術研究所, No.1210, p.25.

그림 2.39 멕시코만 연안 피해 상황 정리

출처 : 河合 弘泰(2010), 高潮数値計算技術の高精度化と氣候変動に備える防災への適用, 港湾技術研究所報告, 港湾技術研究所, No.1210, p.25.

그림 2.40 뉴올리언스시 운하와 침수 원인

출처 : Digital Globe(2005) : https://www.digitalglobe.com/

그림 2.41 폭풍해일로 인한 뉴올리언시의 침수상황(2005.8.31.)

(2) 뉴올리언스시 주변의 폭풍해일·고파(高波)재해

가) 제퍼슨 파리스군 펌프장과 운하

시가지를 관통하는 운하의 우수(雨水)를 내수배제(內水排除)하는데 뉴올리언스시(市) 서쪽에 인접한 제퍼슨 파리스(Jefferson Parish)군(郡)의 펌프장을 이용하고 있었다. 폰차트레인호수 호안(護岸)에는 5대의 펌프장이 설치되어 있었는데 운하 내부의 물을 폰차트레인호수로 배수(排水)하는 등과 같은 내수위(內水位) 관리를 실시하고 있었다. 단, 운하로의 역류억지(逆流抑止)밸브는 카트리나와 같은 대규모 폭풍해일을 예상하고 만든 시설이 아니기 때문에 수동(手動)으로 개폐하는 구조로 되어 있었다. 카트리나 접근 때에는 일반시민뿐만 아니라 펌프장의 관리자도 대피하고 정전도 발생하는 바람에 호수 물이 운하로 역류(逆流)하여 시가지가 범람되었다. 그러나 카트리나 통과 후 빠른 시일 내에 펌프장을 재가동시킬 수 있어 이 지역에서는 시가지 침수가 장기화되지 않고 빠른 복구를 할 수 있었다.

나) 17th Street Canal과 London Avenue Canal 제방의 결괴와 침수

사진 2.33은 17th Street Canal 파제장소 상황을 나타낸다. 사진 2.33(a)는 파제구간 모습으로 제방구조는 성토된 지반에 항타(抗打)된 널말뚝 위에 높이 2m, 두께 약 20cm인 콘크리트 벽을 세워놓은 것이다. 콘크리트 벽 내부 안에는 고무제품인 지수(止水)시트 (Sheet)를 넣었다. 제퍼슨 파리스군과는 달리 뉴올리언스시 운하는 펌프장을 통하지 않고 직접 폰차트레인호수와 연결되어 있었다. 운하의 평시(平時)수위는 성토 마루높이보다도 낮다. 현장조사는 재해 발생 후 약 2개월이 경과된 후라 사진 2.33(a)와 같이 성토(盛土)를 하여 보강하였지만 운하의 물이 누수(漏水)가 되어 배후지로 유입되었다. 또한, 제방이 결 괴에까지 이르지 않은 구간에서는 제체 일부가 비스듬히 넘어졌지만 제체 위를 월류(越流) 한 흔적은 볼 수 없었다. 그 이유는 운하의 수위가 제체 마루높이를 도달하기 전에 기초말 뚝의 지지력 부족으로 제체가 넘어졌기 때문이다. 사진 2.33(b)는 파제장소로부터 배후 주택까지의 모습으로 파제 시에 발생한 강한 흐름으로 인하여 제방의 성토가 함께 흘렀다 는 것을 볼 수 있었다. 사진 2.33(c)와 같이 가옥(家屋) 벽 및 기둥이 강한 흐름 때문에 파괴되어 콘크리트 기초만 남아 있는 집들도 있었다. 이런 집에는 적어도 2가지의 침수 흔적을 볼 수 있었는데 흔적 ①은 파제 후 기둥이 단시간에 파괴되었다는 것, 흔적 ②는 평상시(平常時) 운하의 수위(水位)에 접근(接近)한 것을 나타내는 것으로 폭풍해일이 통과한 후 펌프를 사용하여 강제배수를 개시(開始)할 때까지 침수기간이 1개월간이었다는 알 수 있었다. 더욱이 파제되었던 제방의 성토는 복구하였지만 누수(漏水)는 계속되어 누수량을 측정하기 위한 보(洑)를 설치하였다. 사진 2.34는 파제장소로부터 약 1.2km 떨어진 운하의 근처에 있는 주택이다. 이 부근에서는 사진 2.33(c)에 나타낸 것과 같이 격렬한 흐름이 벽을 파괴하지 않았지만 사진 2.34(b)에 보이듯이 2층 바닥까지 침수되었다. 2층 실내의 침수흔적으로 판단해볼 때 최고 침수고(浸水高)는 지표로부터 +2.66m이다. 1층에서는 침수 시 냉장고가 물에 떠 있었으나 물이 빠질 때 벽에 비스듬하게 붙어 있었다. 17th Street Canal 동쪽에 있는 London Avenue Canal에서도 제방 중 2개소가 파제되었다. 양 지점에 서도 콘크리트 벽은 유니트(Unit) 경계로부터 나뉘어서 비스듬하게 있었고 제방 배후에서 는 목조 단층집이 물에 뜬 상태로 떠내려 가버려 벽이 파괴되어 있었다. 이 같은 상황은 17th Street Canal 상황과 매우 유사하여 지반이 세굴(洗掘)되어 지지력이 약해진 후 널말

뚝식 제방이 전도(顚倒)되었다는 것을 알 수 있다. 더욱이 현지조사를 실시했을 때 제방의 콘크리트 벽 마루높이는 +4.1m, 제방 성토의 마루높이는 +2.2m, 배후 주택지의 지반은 −1.0m, 가옥에 붙어 있었던 진흙 흔적의 일부는 +0.6m이었다.

(a) 제방파괴 구간과 제방 단면

(b) 범람에 의한 토사이동과 가옥 파괴

(c) 제방파괴 장소 배후에 있는 가옥

출처 : 河合 弘泰(2010), 高潮数値計算技術の高精度化と氣候変動に備える防災への適用, 港湾技術研究所報告, 港湾技術研究所, No.1210, p.26.

사진 2.33 17th Street Canal 파제장소 상황

(a) 외관

(b)

출처 : 河合 弘泰(2010), 高潮数値計算技術の高精度化と氣候変動に備える防災への適用, 港湾技術研究所報告, 港湾技術研究所, No.1210, p.26.

사진 2.34 17th Street Canal 파제장소로부터 1.2km 떨어진 집의 상황

다) 마리나 계류시설과 보트(Boat) 파손

폰차트레인 호안(湖岸)의 시티(City) 마리나(Marina)에서는 사진 2.35에 나타난 바와 같이 계류되어 있던 플레져 보트(Pleasure Boat)가 안벽(岸壁)을 타고 올라와 크게 부서져 있었다. 요트 하우스(Yacht House) 실내에도 명확한 침수흔적이 남아 있고 그 높이는 현지조사 시 호수면(湖水面)을 기준으로 +3.2m이었다. 요트 하우스 주변에는 높이 +2.8m인 콘크리트 벽이 있었는데 이 벽에는 눈에 띄는 파손은 없었지만 요트가 이 벽을 타고 넘어 올라온 것 같았다.

출처 : 河合 弘泰(2010), 高潮数値計算技術の高精度化と氣候変動に備える防災への適用, 港湾技術研究所報告, 港湾技術研究所, No.1210, p.27.

사진 2.35 마리나에서의 요트 대파(大破) 상황

사진 2.36은 마리나 근처의 West End지구에 있는 폰차트레인호의 제방이다. 이 제방에는 나뭇조각 등이 남아 있었는데 이것은 폭풍해일시 고파랑(高波浪)으로 인해 올라왔던 것이라고 본다. 제방의 마루높이 위를 월류한 흔적은 없었다. 이 제방의 마루높이는 +5.0m, 표류물의 흔적고(痕迹高)는 +3.9～+4.2m이었다. 폰차트레인호수에는 뉴올리언스시로부터 호수를 가로 지르는 도로교(Causeway Bridge)가 설치되어 있었지만 이 교량은 피해가 없었다. 형하고[13]는 호수면에서부터 +4.3m이었다.

---

13 형하고(桁下高) : 다리의 가장 낮은 높이를 말하며, 이 높이가 하천법 등에 규정되는 높이보다 낮은 경우에는 홍수 시 하천을 흘러온 유목 등이 다리에 걸려서 다리가 파괴되는 위험성이 높아진다.

출처 : 河合 弘泰(2010), 高潮数值計算技術の高精度化と氣候変動に備える防災への適用, 港湾技術研究所報告, 港湾技術研究所, No.1210, p.27.

사진 2.36 폰차트레인호의 제방

라) Inner Harbor Navigation Canal 제방의 월류·결괴와 침수

Inner Harbor Navigation Canal은 뉴올리언스시 동부에서부터 샌드 버나드 파리스 (St. Bernard Parish)군(郡)까지 연장된 운하로 선박이 빠른 유속(流速)을 가진 미시시피강을 통과하지 않고 멕시코만으로부터 직접 뉴올리언스항에 입항할 수 있도록 굴착(掘鑿)하여 만든 운하이다. 미시시피강과는 갑문(閘門)을 사이에 두고 연결되어 있고 폰차트레인호수와도 폭(幅)이 좁은 채로 연결되어 있다. 이 운하를 따라 항만시설이 배치되어 있고, 그 주위에는 공업지대 및 주택지가 형성되어 있다.

사진 2.37은 이 운하의 파제 상황을 나타낸 것이며 이 파제는 폰차트레인호수에 폭풍해일이 내습하여 생긴 것으로 17th Street Canal과 London Avenue Canal의 재해원인과는 다르다. 우선 사진 2.37(a)에서는 널말뚝과 콘크리트 벽으로 이루어진 제체가 제내(堤內)쪽으로 이동하여 넘어져 있다. 즉, 널말뚝과 콘크리트 벽으로 이루어진 제체가 지반(地盤)에서 뽑혀 흘렀다기보다는 성토(盛土)와 함께 움직였다는 인상을 받았다. 이 파제장소의 배후에 있는 주택도 침수되었는데 그 피해 상황은 파제지점으로부터 가까운 순으로 ① 기초만 남아 있음, ② 벽 및 지붕이 부수어져 넘어져 있음, ③ 파괴되지 않은 경량(輕量)의 목조 가옥은 물에 떠다니며 이동함, ④ 침수만 됨과 같이 4단계로 나눌 수 있었다.

제방 바로 옆에는 큰 바지선(Barge)이 표류된 후 남아 있었는데 이것은 폭풍해일 시에 집을 파괴한 한 원인으로 볼 수 있다. 사진 2.37(b)는 사진 2.37(a)로부터 1km 정도 떨어진 지점으로 그 피해 상황은 사진 2.37(a)와 비슷하다. 여기에서는 제내지[14]로 흘러 들어온 널말뚝과 콘크리트 벽으로 이루어진 제체의 일부구간은 비틀린 채로 뒤집혀 있었다. 사진 2.37(c)는 (a)와 (b)의 바로 맞은편에 있는 장소로 이 사진에 있는 제방은 운하의 수면과 접하고 있던 제방 배후에 제2선(第二線)으로 설치된 또 다른 제방이었다.

파제를 벗어난 구간에서도 제체가 제내지 쪽으로 기울어져 있고 그것으로 인해 제외지[15] 쪽 지반에는 간극(間隙)이 생겨 널말뚝 상부가 노출된 상태가 되어 있었다(사진 2.37(c)의 오른쪽 상단). 제외지에는 창고도 있어 창고벽 중 아랫 부분의 지반이 파괴되었고 주위 펜스(Fence) 상단에는 비닐주머니인 쓰레기가 걸려 있었다. 이것은 이 주위가 폭풍해일로 침수되었다는 것을 의미한다. 그런데 이 제방의 파제 원인은 폭풍해일로 인해 큰 수압이 작용하였다고 볼 수 있지만 제내지(堤內地) 쪽 지반에도 침식을 볼 수 있었으므로, 폭풍해일이 이 제방을 월류하여 지반을 침식시키고 제체 지지력을 저하시켰다고도 생각할 수 있다. 이 제방 배후에는 화물을 인양(引揚)하는 밧줄 및 컨테이너 적치장에 있었고 그 컨테이너는 흩어져 있었다.

(a) 그림 2.40의 지점 ④

사진 2.37 Inner Harbor Navigation Canal의 제방파괴 지점 상황(계속)

14　제내지(堤內地) : 제방안의 농경지 또는 가옥 등이 있는 곳을 말한다.
15　제외지(堤外地) : 하천이 흐르는 곳이 포함된 제방과 제방 사이를 말한다.

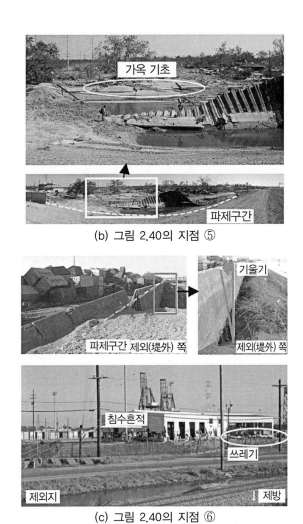

(b) 그림 2.40의 지점 ⑤

(c) 그림 2.40의 지점 ⑥

출처 : 河合 弘泰(2010), 高潮数値計算技術の高精度化と氣候変動に備える防災への適用, 港湾技術研究所報告, 港湾技術研究所, No.1210, p.27.

사진 2.37 Inner Harbor Navigation Canal의 제방파괴 지점 상황

마) 뉴올리언스시 시외에서의 침수

폭풍해일은 샌드버나드 파리스(St. Bernard Parish)군(郡) 및 프랑크 마이즈 군(郡)에서도 해안 및 운하의 제방을 월류(越流)하여 광범위하게 침수시켰다. 사진 2.38은 Inner Harbor Navigation Canal 제방(그림 2.40의 지점 ⑦)에 올라온 바지선(Barge)을 찍은 것이다. 이렇게 큰 바지선이 제방에 큰 손상을 주지 않고 올라온 것은 수위가 제방 마루높이를 크게 넘어서야만 가능하다. 이것은 이 근처에서 폭풍해일이 심했다는 증거 중 하나라고 말할 수 있다. 또한 이 제방 배후에 있는 수목림(樹木林)에는 일정하게 유출된 기름 흔적

도 발견할 수 있었다.

사진 2.38 Inner Harbor Navigation Canal 제방에 올라온 바지선(Barge)

　사진 2.39는 미시시피강 제방의 상황으로 제내지에 있었던 목조 가옥(木造家屋)은 기초만 남고 파괴되어 제방에 걸쳐진 채로 있었다. 또한 파랑 또는 흐름이 제방 일부를 세굴한 상태이다. 이와 같은 원인은 멕시코만에서 발생한 폭풍해일이 해안제방을 월류하였고 더욱이 미시시피강 하천으로 소상(遡上)한 결과 때문이라고 생각된다. 멕시코만 쪽 제방의 마루높이는 현지조사 시 해면에서 약 5.5m로 마루높이를 1m 정도 초과하는 폭풍해일이 발생하였다고 볼 수 있다.

(a) 미시시피강 제방

사진 2.39 미시시피강 제방과 그 주변 상황(계속)

(b) 제네지 측

출처 : 河合 弘泰(2010), 高潮数値計算技術の高精度化と氣候変動に備える防災への適用, 港湾技術研究所報告, 港湾技術研究所, No.1210, p.28.

사진 2.39 미시시피강 제방과 그 주변 상황

(3) 미시시피주로부터 알라바마주의 멕시코만 연안까지의 폭풍해일·고파랑 재해

가) 롱비치에서의 주택지 침수

롱비치(Long Beach)에서는 사진 2.40(b)에 나타낸 것과 같이 연속된 인공해빈이 있으며, 그 완만한 사빈(砂浜) 배후에는 도로가 있다. 도로와 사빈 사이에는 호안이 있었지만, 정온 시 침식을 방지하는 정도의 높이 정도로 허리케인 시 폭풍해일에 따른 침수를 막기 위한 것은 아니었다. 사진 2.40(a)에 보이듯이 육상은 대개 평탄하여 바다를 조망할 수 있는 거리 내에 리조트 목적의 별장 및 호텔이 서 있고 그 배후 수풀 중에는 가옥이 띄엄띄엄 보였다. 이 지역에서는 적어도 지난 반세기 동안 카트리나급(級) 정도의 허리케인에 의한 침수피해를 당하지 않았었다. 허리케인 등급(카테고리(Category), 7장 표 7.5 참조)마다 대피 대상구역을 정하고 있어 이 지역 방재의 기본은 대피라고 할 수 있다. 사진 2.40(c)에 나타내었듯이 카트리나 폭풍해일·고파랑에 의해 해안으로부터 첫 번째로 서있던 집들은 벽과 지붕이 유실되어 기초만이 남아 있는 곳이 많았었다. 그 배후 집들은 전파(全破)는 되지 않았지만 창문이 파괴되고 마루가 침수되었다. 사진 2.40(d)에서 볼 수 있듯이 그중에는 걸프포트(Gulf Port)로부터 표류되어왔다고 생각되는 컨테이너와 충돌되어 파괴된 집들도 있었다. 이와 같은 피해 상황은 인도양 대지진해일 시 태국 및 인도네시아 연안의 피해 상황과 매우 비슷하다. 롱비치 이외의 장소에서도 멕시코만과 접한 곳에서는 이와 같은 재해가 발생하였다. 더구나 철도(鐵道)를 위한 성토(盛土)가 있는 지역에서는 이 성토가 방파제 역할을 하여 고파랑(高波浪)에 따른 파괴는 모면한 곳도 있었지만 가옥 침수는 피할 수 없었다.

(a) 육지 쪽 전경

(b) 바다 쪽 전경

(c) 가옥 피해

(d) 컨테이너 표류

출처 : 河合 弘泰(2010), 高潮数値計算技術の高精度化と氣候変動に備える防災への適用, 港湾技術研究所報告, 港湾技術研究所, No.1210, p.29.

사진 2.40 롱비치 해안과 배후 가옥의 피해

나) 빌럭시에서의 바지 표류와 교각(橋脚)의 낙하

롱비치 동쪽에 위치한 빌럭시(Biloxi)는 라스베이거스(Las Vegas) 다음으로 카지노 (Casino)로서 유명한 거리가 있어 완만한 경사를 갖는 사빈 배후에는 호텔 등 건물들이 나란히 서 있다. 다만 카지노 시설은 주(州)의 법률에 따라 육상에 만들 수 없으므로 해안에 계류된 바지선(Barge) 위에 설치되어 있다. 사진 2.41에 볼 수 있듯이 카트리나 폭풍해일 과 고파랑에 의해 이 바지선은 해안으로부터 밀려 올라와 육상에 있던 건물과 충돌하였다. 이 해안의 바다에는 방파제 등과 같은 고파랑을 막는 구조물이 없고 육지 쪽에도 호안 및 제방 등 고파(高波)의 소상(遡上)을 방어하는 시설이 없었다.

사진 2.41 롱비치 카지노에 바지선이 올라온 상황과 건물 충돌 흔적

사진 2.42는 빌럭시로부터 오션 스프링스(Ocean Springs)를 연결하는 멕시코만 연안을 따라서 건설된 철근 콘크리트 교량이다. 그 교형(橋桁, Bridge Girder)이 육지 쪽이 부수어져 있었는데 각 교형(橋桁)의 빌럭시 방향 쪽 끝이 낙하되어 있었다. 그 이유는 해면으로부터 교형(橋桁) 저면(底面)까지 높이는 약 3.8m로 카트리나시 고파랑으로 인한 충격적인 파력이 작용한 것이라고 볼 수 있다. 이 교량과 접한 도로는 콘크리트 상판, 아스팔트층, 지반인 구조로 구성되어 있으나 지반이 세굴되었다.

사진 2.42 빌럭시와 대안(對岸) 방향으로 연결된 교량의 낙하(落下)

사진 2.43은 이 교량의 교각을 벗어난 지역의 상황을 나타내고 있다. 마리나와 접한 건물에서는 1층 벽이 완전히 파괴되어 있어 적어도 여기에 가까운 높이까지 조위(潮位)가 도달하였다고 볼 수 있다. 또한 육지 쪽에서도 수목(樹木) 앞쪽으로 쓰레기가 걸려 있었는데 그중에는 지반으로부터 높이 4m 이상에 쓰레기가 걸려 있는 것도 있었다. 더구나 해안에 있는 입체주차장의 2층 바닥은 떨어져 있었는데 폭풍해일로 인한 조위(潮位) 상승에 따른 고파(高波) 시 양압력(陽壓力)이 작용한 것이라고 볼 수 있다.

(a) 마리나와 바로 인접한 건물

(b) 나뭇가지에 붙은 쓰레기

출처 : 河合 弘泰(2010), 高潮数値計算技術の高精度化と氣候変動に備える防災への適用, 港湾技術研究所報告, 港湾技術研究所, No.1210, p.30.

사진 2.43 롱비치 주변 건물의 피해와 표류물

다) 걸프 쇼어에서의 모래 이동

사진 2.44는 멕시코만에 접한 걸프 쇼어(Gulf Shore)해안으로 경사가 완만한 사빈의 후방에 높은 마루를 가진 집들이 나란히 서 있다. 그 집들 중에는 허리케인 '카트리나' 내습 시의 폭풍해일·고파랑으로 파괴되어 있는 채 서 있고 이미 수리(修理)를 마친 집들도 있었다. 사진을 찍을 당시 카트리나의 폭풍해일·고파랑으로 대량의 모래가 육지로 운반되어 왔으므로 그 모래를 바다로 되돌리는 공사도 하고 있었지만 그 일부는 아직 남아 있었다. 더욱이 이 모래는 새하얀 입자(粒子)를 가진 모래이었다.

이 집 뒤에 있는 도로

출처 : 河合 弘泰(2010) : 高潮数値計算技術の高精度化と気候変動に備える防災への適用, 港湾技術研究所報告, 港湾技術研究所, No.1210, p.30.

사진 2.44 걸프 쇼어 해안

4) 태풍 '하이옌'에 의한 필리핀 연안의 폭풍해일 피해[30]

(1) 태풍 개요

태풍 30호인 '하이옌(HAIYAN)'은 2013년 11월 4일 오전 9시 미크로네시아 연방(Federated States of Micronesia)의 트룩제도(Truk Islands) 근해에서 발생했고 11월 8일 오전 필리핀 중부에 상륙하여 폭풍과 폭풍해일(高潮) 재해를 발생시켰다. 그 다음날인 9일 오전 레이테(Leyte)섬, 세부(Cebu)섬, 파나이(Panay)섬을 횡단한 후 남지나해로 빠져나간 뒤 11일 베트남 북부에 상륙하여 중국에도 피해를 끼쳤다(그림 2.42, 그림 2.43 참조). 중심기압은 895hPa(11월 8일)으로 순간풍속 65m/s 및 최대순간풍속 90m/s[31]이었고, 미군합동태풍경보센터(JTWC : Joint Typhoon Warning Center)가 관측한 최대순간풍속은 105m/s이었다.

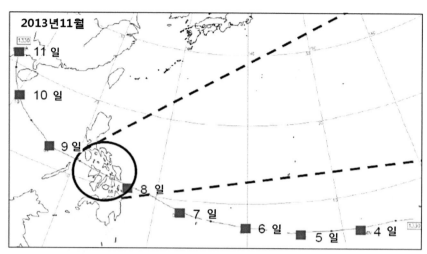

출처 : 日本 氣象庁 HP(2018), 氣象庁台風位置表2013年台風第30号

그림 2.42 태풍 '하이엔' 경로도(2013년)

'하이엔'은 카테고리 5등급 슈퍼태풍(표 7.5 참조)으로 전 세계에서 발생한 모든 열대저기압(태풍, 허리케인, 사이클론) 중 상륙당시 최대순간풍속 1위의 기록을 세웠다.

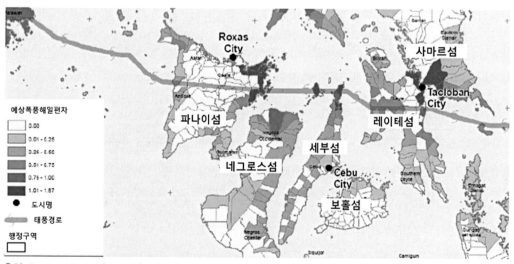

출처 : Typhoon Haiyan(Yolanda) Predicted Storm Surgebased on Actualstorm OCHA他

그림 2.43 태풍의 진로와 예상 폭풍해일편차와의 관계

(2) 피해 개요

태풍 '하이엔'이 발생한 필리핀 인근 서태평양 해역은 수온이 29~31°C 정도로 높은 편이기 때문에 태풍의 세력이 커질 수 있는 조건을 가지고 있었다. 이로 인하여 필리핀에서 8,000명 이상의 사망자·행방불명자가 발생하였으며 경제적 손실이 10조에 달하는 것으로 나타났다(표 2.13 참조). 피해규모가 커진 이유는 강한 태풍으로 폭풍해일이 발생하여 침수피해가 컸기 때문으로 분석되었다.

표 2.13 태풍 '하이엔'으로 인한 피해

사망자	6,201명
행방불명자	1,785명
대피인	약 410만 명
피해자	약 1,608만 명
가옥파괴	약 114만 동(棟)
경제피해액	약 964억 엔(약 10조 원)

출처 : NDRRMC(2014.1.14.), Stitep NO.92re Effects of TY YOLANDA

(3) 태풍 '하이엔'에 따른 필리핀 중부에서의 피해 상황 및 피해 원인

태풍 '하이엔'으로 가장 심각한 피해를 입은 곳은 샌페드로만(San Pedro Bay) 주변으로 폭풍과 폭풍해일로 인한 피해(사진 2.45 참조)가 대부분으로 폭풍해일고는 연안지역에서 5~6m에 달하였고 지진해일과 같은 단파(段波)모양을 가지고 연안지역을 내습하였다. 피해가 가중된 또 다른 이유는 현지어와 타갈로그어[16]에 폭풍해일을 나타내는 단어가 없어 주민들이 텔레비전 등에서 사용된 '폭풍해일(高潮, Storm Surge)의 의미를 정확하게 전달받지 못하는 바람에 대피하지 않아 사망자가 많이 발생하였다.[32] 표 2.14 및 그림 2.44는 샌페드로만 주변의 피해구간, 침수심과 피해개요를 나타낸 것이다.

---

16 타갈로그어(Wikang Tagalog) : 필리핀 인구의 1/4이 제1언어로 말하는 언어로 필리핀에서 영어와 더불어 공식어로 사용하고 있다.

(a) 샌페드로만 바깥쪽: 둘레그(제한적인 피해)   (b) 샌페드로만 안쪽: 타크로반(심각한 피해)

(c) 샌페드로만 입구: 마라부트
(중규모 피해로부터 심각한 피해를 당함)

(d) 샌페드로만 안쪽: 산안토니아
(매우 심각한 피해)

출처: 일본 国土交通省 HP(2018), http://www.mlit.go.jp/river/shinngikai_blog/shaseishin/kasenbunkakai/shouiinkai/
r-jigyouhyouka/dai04kai/siryou6.pdf#search=%27%E5%8F%B0%E9%A2%A8＋haiyan%27

사진 2.45 샌페드로만 주변 피해구간별 피해사진(그림 2.44와 연계)

표 2.14 샌페드로만 주변 피해 구간, 침수심 및 피해 개요

구분	구간	침수심(m)	피해 개요
그림 2.44 (1)	레이테섬 샌페드로만의 바깥쪽	1~1.5	제한적(취락지가 평탄한 평지에 위치함)
그림 2.44 (2)	레이테섬 샌페드로만의 안쪽	5~6	인구·재산(財産動産)의 집중이 큰 곳으로 막대한 피해를 입었음
그림 2.44 (3)	사마르섬 샌페드로만의 안쪽	1~2.5	해안의 남쪽을 향하고 있는 범위는 피해가 큼(작은 취락지가 해안의 산기슭에 흩어져 있음)
그림 2.44 (4)	사마르섬 샌페드로만의 만 안쪽	5~8	취락지 피해가 매우 큼(작은 취락지가 해안의 산 기슭에 흩어져 있음)

출처: 일본 国土交通省 HP(2018), http://www.mlit.go.jp/river/shinngikai_blog/shaseishin/kasenbunkakai/shouiinkai/
r-jigyouhyouka/dai04kai/siryou6.pdf#search=%27%E5%8F%B0%E9%A2%A8＋haiyan%27

출처 : 일본 国土交通省 HP(2018), http://www.mlit.go.jp/river/shinngikai_blog/shaseishin/kasenbunkakai/shouiinkai/
r-jigyouhyouka/dai04kai/siryou6.pdf#search=%27%E5%8F%B0%E9%A2%A8+haiyan%27

그림 2.44 태풍 '하이엔' 시 샌페드로만 주변 피해구간

가) 태풍의 북쪽에 집중된 피해

태풍에 따른 폭풍해일(高潮)은 그림 2.1에 나타낸 것처럼 ① 저기압에 의한 수면 상승효과(그림 2.1의 A) 및 ② 해상풍에 의한 수면 상승효과(그림 2.1의 B)에 따라 해수면이 상승한다. 즉, 태풍 중심 부근에서는 '저기압에 의한 수면 상승'에 따라 해수면이 상승하고 바람이 강한 해역에서는 '해상풍에 의한 수면 상승효과'로 해수면 상승이 추가된다. 태풍 '하이엔'에서는 태풍이 거의 서쪽으로 지나갔으므로, 진행 방향을 향해서 오른쪽인 북쪽 지역에서는 태풍의 주위를 반시계 방향으로 부는 바람과 태풍의 진행 시 부는 바람이 서로 합쳐지면서 증강되어 최대순간풍속이 초속 90m에 달하는 강풍이 발생하였다(그림 2.45 참조).

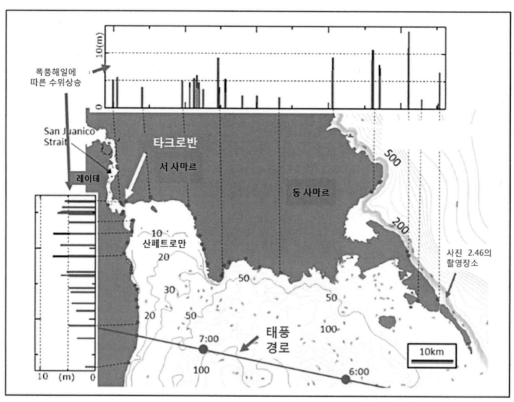

출처: NHK そなえる防災 HP(2018), http://www.nhk.or.jp/sonae/column/20140409.html

그림 2.45 태풍 '하이엔'의 폭풍해일·고파랑 흔적수위의 분포

따라서 태풍의 북쪽에 피해가 집중되어 만(灣) 안쪽 얕은 해역에 위치하고 있었던 타크로 반에서 특히 피해가 컸다. 또한 사마르섬 동해안에서도 높은 수위가 기록되었는데, 고파랑 영향 및 서프 비트(Surf Beat) 영향 때문이라고 여겨진다.[33] 수심이 얕은 해역에서의 '해 상풍에 의한 해수면 상승효과'는 바람이 불어가는 쪽을 향해서 급격히 커진다. 레이테만은 수심이 수십 m 정도의 낮은 해역이 70km 이상에 걸쳐서 넓게 펼쳐져 있는 동시에 만(灣) 안쪽의 타크로반이 위치한 샌페드로만에서는 만 안쪽을 향해서 더욱 수심이 점점 얕아지고 있다(그림 2.45 참조). 타크로반 주변에서 관측된 해수면 위 7~8m 정도의 수위 흔적은 이러한 '해상풍에 의한 해수면 상승효과'에 따른 수위 상승과 수십 cm 정도의 '저기압에 의한 해수면 상승효과'가 포함되어 발생하였다.

나) 강풍, 폭풍해일과 고파랑의 중첩

그림 2.45를 보면 사마르섬 동쪽 해안에서도 10m를 뛰어넘는 높은 수위 흔적을 볼 수 있다. 이 해안 앞바다의 수심은 깊으므로, '해상풍에 의한 해수면 상승효과' 때문에 발생한 해수면 상승은 작을 것이다. 사진 2.46은 사마르섬 동쪽 해안의 기우안(Guiuan) 근교 해안(장소는 그림 2.45에 표시)에서 촬영한 피해 상황이다. 파괴된 블록 담벼락의 육지 쪽에 있는 철근 콘크리트 골조로 만든 오두막 건물은 천정(天井) 부근인 수면 위 6m 높이까지 침수된 것으로 보인다. 또한 강풍 작용이 가세된 결과 주변의 야자수는 바람 부는 방향으로 넘어져 있고 오두막의 지붕도 날아가 버렸다. 이곳에는 높이 10m를 넘는 파랑이 내습한 것으로 추정되며, 급경사인 해저지형인 관계로 고파랑이 감쇠하지 않은 채 해안으로 밀어 닥쳤던 것으로 예상된다. 게다가 이곳의 바다 쪽에는 폭 700m 정도 산호초가 펼쳐져 있어 앞바다의 급경사 지형과 평탄한 산호초가 이어지는 복잡한 지형을 갖고 있다. 따라서 10m를 넘는 높은 곳까지 파랑이 밀려온 원인으로는 이런 특수한 해안지형의 영향을 받았다고 할 수 있다.

출처 : NHK そなえる防災 HP(2018), http://www.nhk.or.jp/sonae/column/20140409.html

사진 2.46 태풍 '하이엔' 시 필리핀 사마르섬 동쪽 기우안 근교 해안의 피해 상황

다) 단파(段波) 모양의 파랑내습

사마르섬 동쪽 해안을 촬영한 비디오에는 파가 쇄파되면서 밀려 들어와 해안의 수위가 급격히 2m 정도 상승하는 모습을 볼 수 있었다. 이러한 파랑을 '단파(段波)'라고 부른다. 단파는 깎아지른 듯 가파른 모양을 가지면서 파랑 전후의 수압 차이에 따라 매초 수 m의 속도로 안정되는 성질을 갖고 있다(그림 2.46(a) 참조). 이러한 단파는 2011년 동일본 대지진해일 시 육상으로 범람한 지진해일 및 하천을 소상(遡上)한 지진해일에서 관측되었다. 또 중국 항저우의 첸탕강(錢塘江)이나 아마존강(Amazon River) 등에서도 대조(大潮) 시 만조(滿潮) 때 조석(潮汐)이 단파 모양을 하고 소상하는 것으로 알려져 있다. 그러나 태풍 시 파랑과 함께 이러한 단파가 발생하는 사례는 관측 사례가 적고 단파를 발생시키는 기구(機構)에 대해서는 불분명한 부분이 많이 남아 있지만, 서프 비트(Surf Beat)의 발생이 한 원인이라는 설이 있다. 고파랑이 내습할 때 연안지역에서는 서프 비트라고 불리는 해면변동이 발달되는 수가 많아 10초 정도로 오르내리는 파랑의 수위 변화에 더해서 몇 분 정도 주기로 천천히 변화하는 수위 변동이 겹쳐진다(그림 2.46(b) 참조). 그러므로 이러한 장주기의 변동이 산호초와 같은 얕은 연안지역에서 증폭되어 단파가 형성되었다고 볼 수 있다.

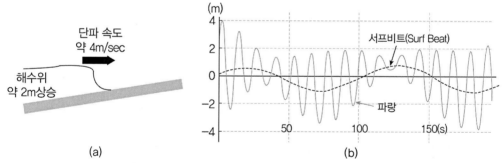

출처 : NHK そなえる防災 HP(2018), http://www.nhk.or.jp/sonae/column/20140409.html

그림 2.46 단파 및 서프 비트[17] 개념도

---

17 서프 비트(Surf Beat) : 연안지역에서 볼 수 있는 주기가 2~3분 정도의 수위변동으로 높은 파고를 가진 파랑의 쇄파가 계속될 때 일시적으로 쇄파대(碎波帶) 부근의 수위가 상승하거나 낮은 파고를 가진 파랑이 계속될 때 수위가 하강하는 현상을 말한다.

2.5 폭풍해일 피해 방재대책 수립 방향

기후변화에 따른 지구온난화 가속으로 태풍의 강도 및 빈도가 증대되면서 인명 및 침수 피해가 급증될 것으로 예상됨에 따라 폭풍해일에 대한 대책이 시급히 필요한 시점이다. 태풍 강도는 지구온난화의 영향을 받아 해수면 상승과 해수면 온도 상승으로 더욱 증대되고 있다. 이에 따라 폭풍해일에 의한 피해가 급증할 것으로 예상되므로 국가적 차원에서 대응방안 마련이 시급하다.

2.5.1 폭풍해일 대응방안 및 대책시설

폭풍해일 대응방안을 크게 나누면 항구적 재해방지를 위한 구조적 방안 및 비구조적 방안으로 나눌 수 있다(표 2.15 참조).

표 2.15 해일 대응방안의 구분

해일 대응방안	구조적 방안	선적 방어	방재벽, 마루높이 증고, 방재형 화단옹벽 등
		면적 방어	매립형 방재언덕, 친수·매립형 완충녹지
		구조적 방어	해일방파제, 각종 게이트(섹터, 플랩형, 리프트형 등)
	비구조적 방안	해일예보 시스템, 해안침수예상도 및 재해지도 작성, 재해관련 규정 정비

출처 : 부산광역시(2017), 부산연안방재대책수립 종합보고서, p.96.

1) 구조적 방안

(1) 선적 방어(線的防御, 선(線)단위 개념)

기존 시설을 이용한 소극적 방어인 현실충족방안으로 방재벽, 마루높이 증고, 방재형(防災型) 화단옹벽 등이 있다.

(2) 면적 방어(面的防御, 면(面)단위 개념)

매립을 수반한 적극적인 방어로 친수 및 해안 정비형 대응방안이다.

> **가) 방재언덕**(마산항 구항지구 방재언덕) : 매립으로 해일고(海溢高)가 높은 언덕을 조성하는 것으로 매립으로 생긴 부지는 다양한 용도(친수공원 등)로 활용 가능하다.

나) 월류수 순환형 친수 제방(부산남항 남항동 호안정비) : 월파된 파랑이 다시 호안을 통해 다시 해상으로 빠져나가도록 폭이 넓은 호안을 조성한다.

다) 매립형 완충녹지 : 주차장, 공원, 놀이시설과 재해방지 등 복합적 기능 수행을 담당한다.

(3) 구조적 방어 : 침수예상지역 전면에 재해대책 구조물 설치로 미래 지향적 대응방안

가) 폭풍해일 방파제[34] : 태풍 시 고조 및 파랑을 외해에서 일부 차단하는 방파제로 설계 주요 검토사항은 다음과 같다.

① 설계의 기본방침 : 폭풍해일 방파제는 만구부(灣口部)에 설치해서 폭풍해일 피크 시 편차의 저감효과와 파랑 차폐효과를 가지는 시설로 폭풍해일 방파제 안쪽 수역의 해안제방 및 매립지 마루높이를 낮출 수 있어 항만의 기능을 높이는 동시에 장래 매립비용 등을 경감하는 기능을 가질 수 있다. 설계는 다음과 같은 점에 유의하여 배치와 구조를 검토한다.

㉠ 선박항행 : 입·출항하는 선박의 항행에 지장이 없도록 장래 항로 확폭(擴幅)의 가능성을 고려해서 개구(開口)폭 및 개구수심을 설정하고, 배치한다.

㉡ 장래 항만지형 : 장래 항내 매립으로 항내 수역 상황이 크게 변화할 가능성이 있어 향후 항만지형을 고려한 배치 및 구조를 갖도록 한다.

㉢ 항내 수질·환경 : 항내 수질교환을 방해하지 않고 수질을 악화시키지 않으며 또한 생태계에 큰 변화를 주지 않도록 배치를 신중하게 결정한다.

㉣ 지반침하 및 해면상승에 대한 고려 : 지반침하에 따른 방파제의 마루높이 저하 및 지구온난화로 인한 장래 평균해수면 상승을 고려하여 정기적인 모니터링을 시행하고 필요에 따라 마루높이의 증고(增高)를 실시한다.

㉤ 친수성 확보 : 길고 큰 방파제가 되므로 되도록 평상시는 친수성을 높여 낚시공원 및 프롬나이드(Promenade, 산책로)로서 개방할 수 있도록 한다. 그 때문에 위험 시 경보전달시스템 및 폭풍해일, 파랑예측시스템을 갖추어야 한다.

② 설계조건 시 고려해야 할 외력

㉠ 조위 : 설계조건이 되는 조위는 천문조에 폭풍해일편차를 더한 것으로 일반적으

로 다음과 같은 설계조위를 이용한다.

- 기왕최고조위 : 과거에 발생하였던 조위기록에서 최대이었던 조위를 말한다.
- 약최고고조위(略最高高潮位, Approx. H.H.W.)＋기왕최대편차 : 약최고고조위에 기왕최대편차 또는 모델태풍으로부터 계산한 최대폭풍해일편차를 더한 것으로 한다.
- 극치조위로부터 계산된 50년 또는 100년 기대치로 한다.
- 항만시설 내용연수에서의 폭풍해일발생에 의한 경제손실과 필요로 하는 복구비를 종합적으로 검토하여 결정하는 계획조위이다(일반적으로 약최고조위＋기왕최대편차에 의한 계획조위를 적용하지만 최근에는 항만구조물의 신뢰성 설계가 도입되어 이러한 결정도 고려되고 있다).

ⓛ 파랑 : 폭풍해일 시에는 바람도 강하고 파고도 최대로 높아지므로 50년 확률파 등의 설계파를 검토한다. 다만 방파제는 항내에 있으므로 적절한 파랑 변형계산으로 항내파랑을 산정할 필요가 있다.

ⓒ 흐름 : 방파제 개구부에서 현저한 흐름이 발생하는 경우는 기초 세굴에 주의하고 피복석(被覆石)을 크게 하거나 피복하는 범위를 넓게 하는 등의 대책을 실시한다.

ⓔ 토질과 지진력(地震力) : 지지지반의 토질조건은 미리 앞서 되도록 지반조건이 양호한 건설장소를 선정한다. 또는 적절한 지반처리공법을 사용하여 지반개량을 실시한다. 지진에 대해서 충분히 안전한 방파제 구조로 한다.

ⓜ 선박항행조건 : 개구부를 항행하는 선박 종류 및 제원을 파악하여 둘 필요가 있다. 장래 항로확장계획도 포함하여 충분히 안전한 항로 폭을 확보할 수 있도록 평면으로 하는 것이 바람직하다.

ⓗ 시공조건 : 방파제 축조는 해상 또는 해중공사가 되므로 파랑, 조류, 조위 등 영향을 강하게 받고 작업시간이 제한된다. 더구나 대량 자재 등을 필요로 하므로 그 확보에 유의할 필요가 있는 동시에 사용가능한 작업선에 대해서도 파악해둘 필요가 있다. 이외에도 케이슨(Caisson) 제작 야드(Yard) 확보, 주변 환경보호, 공사 중 오탁대책 등에 대해서 시공조건을 검토해야만 한다.

ⓢ 그 외 : 방파제 배후 정온화 해역의 이용 상황, 장래 계획, 주위 환경을 충분히 검토한다.

③ 구조양식 : 폭풍해일방파제 형식은 수리조건, 기초지반조건, 재료입수의 난이(難易), 시공성, 주변 해역으로의 영향, 유지보수의 난이, 항내 이용조건 등을 종합적으로 검토하여 안전한 동시에 경제적인 형식을 선정해야만 한다. 폭풍해일 방파제는 일반 방파제와 같이 크게 혼성제, 사석제로 구분할 수 있다. 혼성제의 상부케이슨은 직립제, 소파블록 피복제, 슬릿식 직립소파 케이슨, 커텐식 방파제 등을 고려할 수 있다.

④ 기본단면 설계

   ㉠ 법선

- 자연조건 : 자연조건, 주변 환경에 따라 방파제 건설비가 크게 좌우되므로 법선결정에 충분히 유의한다.

- 폭풍해일 최고편차의 저감효과 : 법선, 특히 개구부 폭에 따라 폭풍해일의 저감효과가 좌우되므로 폭풍해일 저감효과에 관해서는 미리 수치모델계산 및 수리모형실험 등으로 검토한다.

- 파랑의 차폐효과 : 폭풍해일 방파제의 중요한 기능 중 하나는 파랑에 대한 차폐효과로 수치모델계산 및 수리모형실험으로 산정하여 차폐효과를 높일 수 있도록 법선을 결정한다.

- 선박항행조건 : 개구부는 선박 항행에 지장이 없는 유효 개구 폭을 가지고 항행하기 쉬운 방향으로 한다. 또한 조선(操船)상, 개구부 부근 조류가 가능한 적게 되도록 법선을 결정할 필요가 있다.

- 인접지역에 대한 영향 : 폭풍해일 방파제에 따라 폭풍해일특성이 변화하여 인근지역에 악영향을 미치는 경우가 있으므로 법선(法線) 결정 시 그 영향을 고려할 필요가 있다. 또한 평상시 파랑에 대한 반사파 등이 주변해역에 미치는 영향에 대해서도 검토할 필요가 있다.

- 항내 수질 : 방파제에 의해 항내 해수교환 및 생태계가 영향을 받아 악화되지 않도록 충분히 고려할 필요가 있다.

- 방파제 안 수역 및 배후지 이용 상황 : 폭풍해일 방파제는 화물수송, 공업생산, 어업, 레크리에이션(Recreation) 등을 고도로 이용하는 지역을 대상으로

건설하는 경우도 있어 법선결정 시 될수록 현재 및 장래이용형태를 제한하지 않을 필요가 있다.

- 그 외 : 주변 환경, 문화재 및 자연공원 지정상황 등을 고려할 필요가 있다.

ⓛ 단면형상

- 마루높이 : 폭풍해일 방파제의 마루높이는 일반적으로 설계고조위에 설계파랑의 월파에 대한 필요높이 또는 지반침하 등을 고려한 여유높이를 더한 것으로 한다. 나고야항(名古屋港) 폭풍해일방파제의 경우에 태풍 시 평균 만조위에 추정 폭풍해일편차(최대치)를 더하고, 파랑에 대해서는 최대파고 발생 시기와 최대폭풍해일편차 발생시기가 같지 않다는 점과 항내 월파를 어느 정도 허용하는 것을 고려하여 파고의 0.6배를 더하여 마루높이를 결정하였다. 여유고는 고려하지 않았으므로 수시침하(隨時沈下)가 심한 장소에 대해서는 보강을 계속하고 있다.

- 개구부 수심 : 개구부 단면적은 폭풍해일편차의 저감효과에 지배적인 요소이므로, 선박항행에 지장이 없는 범위 내에서 되도록 얕게 하는 편이 좋다.

- 사석 마운드의 마루높이 수심, 두께, 어깨 폭 : 사석부(捨石部)는 직립부 하중을 넓게 분산시켜 파랑에 의한 세굴을 방지하므로 어느 정도 이상의 두께와 넓은 어깨 폭을 할 필요가 있다. 그러므로 사석부 마루높이가 비교적 높고 앞 어깨 폭이 넓게 할 때 충격파압이 발생할 가능성이 있으므로 주의해야 한다.

ⓒ 경제성·시공성 : 폭풍해일 방파제는 보통 비교적 만구부(灣口部) 수심이 깊은 해역에 축조하여 연장을 길게 하므로 그 건설비, 시공기간은 다른 방파제보다 크고 길다. 그래서 단면·구조 결정 시에는 경제성에 대한 검토가 필요하다. 즉, 폭풍해일 방파제는 필요한 총사업비와 폭풍해일 방파제를 건설함으로 얻는 경제·사회자본에 대해서 검토하여 가장 최소 비용으로 큰 효과를 얻을 수 있도록 해야 한다. 또한 시공 도중에 폭풍해일이 내습할 가능성이 있으므로 시공 도중에서의 감쇄효과 검토도 중요하다. 시공 도중에 내습하는 중규모 폭풍해일에 대해서도 충분한 효과를 거둘 수 있도록 개구부 부근부터 시공을 시행하는 등 검토가 필요하다.

⑤ 구조세목

㉠ 일반 : 폭풍해일 방파제의 안정성은 토질조건 및 파랑조건에 따라 결정된다. 최고 조위에 확률파가 내습하여도 안전한 제체여야만 한다. 또한 지진 시 안정성도 검토한다.

㉡ 개구부에서의 제체 안정성 : 폭풍해일 내습 시에는 개구부에서 흐름에 의한 세굴이 발생하지 않도록 검토할 필요가 있다. 나고야항 폭풍해일 방파제는 항내의 폭풍해일편차를 1m 이상 최고수위를 낮출 수 있었다.

나) 게이트(Gate) : 항 입구 폭이 비교적 좁을 경우 항 입구부에 설치하여 전반적인 해일을 차단하는 시설로서 섹터 게이트(Sector Gate), 플랩 게이트(Flab Gate) 및 리프트 게이트(Lift Gate)가 있다(그림 2.47 참조).

구분	Sector Gate(섹터)	Flab Gate(플랩형)	Lift Gate(리프트형)	
			수직형	아치형(VISOR)
형상		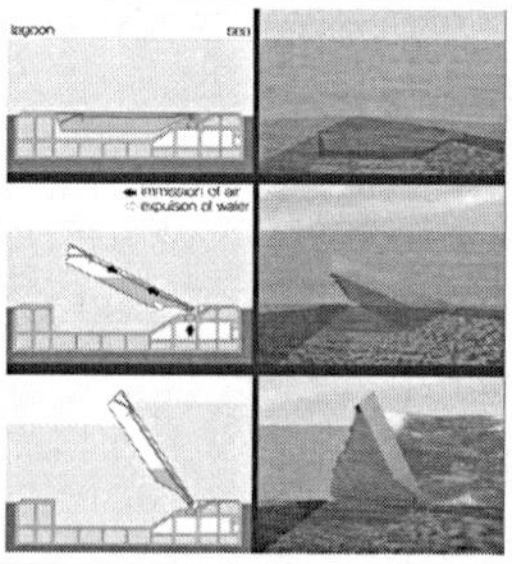	 	 
특성	• 거대한 양쪽 여닫이 라운드형 수문(水門) 형태 • 평상시 양 측면에 거치 • 해일예보 시 수문을 닫아 해일에 대응	• 함체 및 부체를 수중에 설치 • 평상시 수중에 가라앉은 형태로 있음 • 해일예보 시 압축공기주입으로 수문을 세워 해일에 대응	• 평상시 게이트를 상부에 올렸다가 재해예보 시 게이트를 내려 해일대응 • 구조형태에 따라 수직형과 아치형으로 구분됨 • 비교적 항로 폭이 적은 하천이나 항내에 설치	
효과	• 도시 및 항만 전체를 대상으로 해일 방어 • 게이트건설이 선박운항에 지장 없고, 유지관리 및 경제성 우수 • 지역의 랜드마크화 유리	• 도시 및 항만 전체를 대상으로 해일 방어 • 환경변화 요인을 최소화현 상태 유지 가능 • 자연훼손이나 추가 공간 확보가 필요 없음	• 개별하천 및 항만 일부만 해일방어 가능 • 지역의 랜드마크화 및 관광 자원화 가능	

출처 : 부산광역시(2017), 부산연안방재대책수립 종합보고서, p.97.

그림 2.47 게이트의 종류 및 특성

2) 비구조적(Software) 방안

비구조적 방안은 대피의 중요성, 재해지도(Hazard Map) 및 방재예보·경보체제 등으로 구분할 수 있으며, 최근에는 이들 요소들을 시스템화하여 해양성 재해대비시스템(자동통제 및 모니터링 시스템), 해양성 재해의 예보기술(실시간 기상정보의 네트워크) 및 인력양성, 교육활동(정기적인 시민 홍보 및 교육, 상설 교육소 운영) 등의 대책을 수립하고 있다. 그러나 우리나라는 아직까지 방재예보·경보체제 위주로 되어 있어 체계적인 해일방재관련 비구조적 방안이 수립되어 있지 않은 실정이다. 따라서 폭풍해일이 자주 발생하고 있는 일본에서 시행 중인 폭풍해일 방재에 대한 비구조적 대책을 정리하여 살펴보면 다음과 같다.

(1) 폭풍해일 재해지도(Hazard Map)

폭풍해일 피해에 대비하여 사전에 주민에게 지역의 침수위험도를 파악할 수 있도록 하여 어떠한 경우에도 신속하게 대피가 가능할 수 있도록 침수예측지역, 침수심, 대피소 및 대피경로 등을 상세히 작성한다(그림 2.48 참조). 이러한 재해지도는 평상시에는 방재교육 시, 해일발생 시는 대피를 위해서 적극 활용하게 된다. 그러나 재해지도의 과제로는 재해지도가 어떤 시나리오에 근거한 결과를 바탕으로 작성되기 때문에 침수지역 이외에 거주하는 주민에게는 안도감을 주게 되는 단점이 있으며 재해에 대한 주민의식의 고취가 필수적으로 수반되어야 한다.

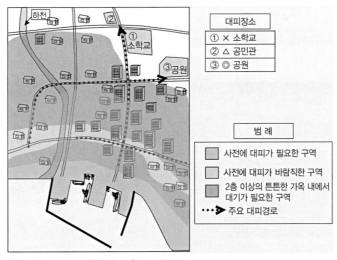

출처 : 부산광역시(2017), 부산연안방재대책수립 종합보고서, p.82.

그림 2.48 일본의 재해지도의 작성 사례

(2) 해양성 재해 대비시스템(자동통제 및 모니터링 시스템)

일본의 오사카시(大阪市)와 나고야시(名古屋市)에서는 막대한 예산과 시간이 소요됨에도 불구하고 해양성재해에 대한 자동통제 원격제어 시스템 및 모니터링시스템을 설치·운영하고 있으며, 특히 오사카항의 경우 원격 모니터링 및 자동화된 연락기능이 추가되어 유사시에 대비하고 있다(사진 2.47 참조).

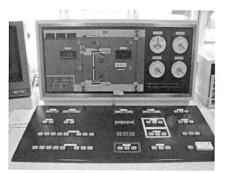
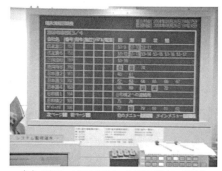

(a) 수문제어시스템(오사카;安治川水門) (b) 해일 수문통제소 현황판(나고야시)

출처 : 부산광역시(2017), 부산연안방재대책수립 종합보고서, p.83.

사진 2.47 일본의 해양성 재해대비시스템

(3) 해양성 재해의 예보기술(실시간 기상정보의 네트워크)

실시간 기상정보 네트워크 및 수위 예보시스템의 연동(連動)은 다양한 현장의 변화에 능동적으로 대응할 수 있으며, 전국 공공기관에 설치된 이러한 기상정보 네트워크는 현장관리자 및 시민들에게 신속하고 중요한 정보를 제공할 수 있다(사진 2.48 참조).

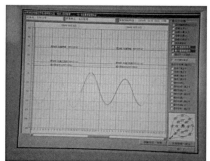

(a) 수위 모니터링 및 조위 예보시스템 (b) 실시간 해역 기상정보 네트워크

출처 : 부산광역시(2017), 부산연안방재대책수립 종합보고서, p.83.

사진 2.48 일본의 해양성 재해 예보기술

(4) 인력양성 및 교육(정기적인 시민 홍보 및 교육, 상설 교육소 운영)

지속적이고 반복적인 대시민 홍보 및 교육은 상설기관을 통해서 진행되고 있으며 각 기관에서 전문가 양성 및 교육시스템은 장기적으로 효율적인 재해관리의 핵심이 되고 있다 (사진 2.49 참조).

(a) 오사카시의 해일방재 홍보자료   (b) 오사카시의 해일방재 교육자료

출처 : 부산광역시(2017), 부산연안방재대책수립 종합보고서, p.83.

사진 2.49 일본의 해양성 재해 홍보·교육자료

2.5.2 국내외 폭풍해일 구조적 대책 사례

1) 이탈리아 모세 프로젝트(MOSE Project)

베네치아만은 긴 사주(砂洲)에 의해 아드리아해(Adriatic Sea)와 차단돼 있다. 사주 중간에 3개의 입구(Inlet)가 나 있는데 바닷물이 드나드는 이 입구에 이동식 장벽을 설치하는 것이 모세(MOSE) 프로젝트다. 이 프로젝트는 '아쿠아 알타(Acqua Alta)'로 불리는 폭풍해일 현상으로부터 베네치아를 보호하기 위해 아드리해와 베네치아 석호 사이의 3개의 관문에 대형 방벽을 건설하는 사업이다. 모세는 실험적 전기공학 모듈(MOdulo Sperimentale Elettro meccanico, Experimental Electro-mechanical Module)의 약어로 세계적인 관광도시인 베니스를 해수면 상승 및 폭풍해일로부터 보호하기 위하여 추진한 거대 프로젝트이다. 1966년 1.94m(폭풍해일편차)의 해수면 상승으로 인한 침수때문에 문화재 손실 등 피해(인명피해는 없었음)를 입은 계기로 1971년 베니스를 침수로부터 구하기 위한 법령을 제정, 1984년 베니스 주변 석호에 대한 생태환경 복원사업을 시작하였고, 2003년 베니스 주변 3곳(리도, 말라

모코, 치오지아)에 거대 갑문(閘門)을 설치하는 모세 프로젝트를 착공하였다. 이동식 장벽은 모두 78개의 갑문으로 이뤄져 있고 각 갑문은 두께 3.6~5m, 길이 18~20m, 높이 22~33m 이며, 재질은 철로 방수 처리돼 있다. 갑문의 무게는 300~400t으로 이들 갑문은 길이 800m(리도), 400m(말라모코), 380m(치오지아)의 입구 해저에 가라앉아 있다가 압축공기를 주입하면 세워져 바닷물을 차단한다. 해수면이 110cm 이상 상승하면 작동하고 해수면이 이 이하로 내려가면 물을 채워 다시 내려가도록 설계됐다. 1년에 대략 3~5차례, 한차례에 4~5 시간 물을 차단하면 충분히 홍수를 방지할 것으로 예상된다(그림 2.49, 그림 2.50 참조).

일시		내용	세부내용
1966년		대침수 발생	194cm 해수면 상승으로 침수발생 → 문화재 손실 등 재산상 피해가 발생했으나, 인명피해는 없었음
1971년		법령 제정	베니스를 침수로부터 구하기 위한 법률
1984년		환경복원사업 착수	베니스 석호에 대한 생태환경 복원사업
2003년		Mose project 착수	2003~2015년 준공예정이었으나 환경파괴논란으로 2018년 6월 완공예정(게이트 3개소 설치)
	원인 및 대응방안	침수원인	지반침하(마르겔라 공장지대)와 해수면 상승 동시 발생
		대응방안	환경피해를 최소화하기 위한 공법검토 : 석호(潟湖) 내 생태환경을 고려한 종합적인 사업추진 → 자연환경을 훼손 및 변경하지 않는 공법 채택·적용 → 베니스 해상출입부 3곳에 방벽 설치
	대책	① 리도 게이트	여객선용 게이트 • 인공섬 중앙에 설치하고 양쪽으로 각 400m 갑문계획 • 갑문 전면부에 항 계획(수문이 닫혔을 때(위급 시) 통행로 역할)
		② 말라모코 게이트	대형선(화물선)용 게이트 • 초대형 선박의 통항이 가능하도록 계획 • 외곽방파제는 갑문보호 및 해수면 60cm 상승을 막아주는 역할
		③ 치오지아 게이트	어선용 게이트 • 어선전용(규모가 제일 작음) • 갑문 2개 배치 : 어업활동을 고려 계획(일시에 출항, 입항)

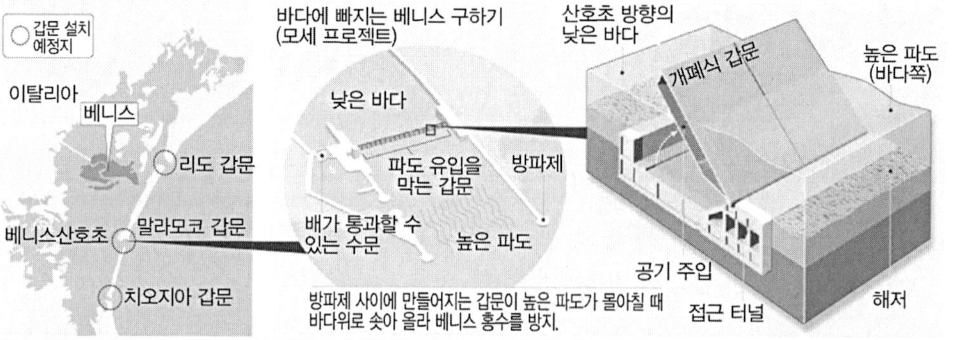

출처 : KOEM해양환경공단(2013), https://blog.naver.com/koempr/140199129636

그림 2.49 Mose Project 개요(1)

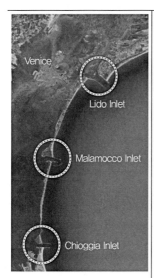

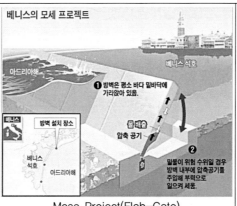

Mose Project(Flab-Gate)

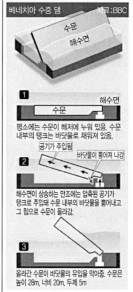

목적	베니스를 해수면 상승 및 폭풍해일로부터 보호 → 지속적인 해수면 상승에 의한 위협 및 해일의 위험요소를 차단
MOSE PROJECT 건설조건	• 자연환경 훼손 및 변경시키지 않으면서 재해에 대한 대책수립(수중 구조물 설치로 환경변화요인 최소화에 중점을 둠) • 1.2m 이상의 해수면 상승 시 주민과 재산을 보호
형상	수중에 거대한 가라앉은 방벽이 압축공기주입으로 수문이 올라옴 • 방벽길이 : 1,520m(3개소) • 수문높이 : 30m×76기
공사기간	15년(2003~2018년)
공사비	총 7조 원(석호 생태복원 및 Mose Project 포함 : 1984~2018년)
내용	• 1971년 법 제정 : 정부의 특별법으로 사업추진 • THETIS 탄생 : 시민, 정부, 엔지니어 합동으로 컨소시엄 구성 → Mose project 총괄 지휘 • 담당 영역 : 수면상승 및 해일 대응→국가 　　　　　　　환경오염 방지 및 복원→주 정부 　　　　　　　경제활동→베니스시 • 플랩형 게이트 채택 : 환경변화 요인을 최소화할 수 있는 공법채택 －세계 최고권위자 5명으로부터 자문통과 －현 상태 유지, 자연훼손이나 공간차지가 없는 공법으로 환경측면에서 가장 작은 피해의 공법이라 판단 • 유지관리 : 1/5년 함체교체, 100년의 내구연수(100명, 3,000만 유로/년) • 작동 : 1.2m 해수면 상승 시 게이트(플랩) 가동 • 힌지 : 청소선 운항과 잠수부 투입으로 청결유지 예정

출처 : KOEM해양환경공단(2013), https://blog.naver.com/koempr/140199129636

그림 2.50 Mose Project 개요(2)

2) 네덜란드 델타 프로젝트(Delta Project, 표 2.16, 표 2.17 참조)

(1) 사업 개요

델타 프로젝트는 1953년 북해(北海) 폭풍해일 발생 이후 홍수를 막기 위한 거대한 사업이다. 북해 홍수는 8,361명의 사상자를 발생시킨 동시에 네덜란드 농지의 9%를 침수시켰다. 이 프로젝트는 북해 폭풍해일로부터 라인(Rhine), 뫼즈(Meuse) 및 스켈트(Scheldt) 삼각주 내부와 주변지역을 보호하기 위해 방벽, 수문, 갑문, 둑, 제방을 포함한 13개의 댐으로 구성되어 있고 네덜란드 해안선의 길이를 감소시켰다. 그 프로젝트는 마침내 1997년에 완공되었는데 총사업비는 50억 달러(6조 원)이었고 네덜란드의 수로 공공 사업부가 수행하였다. 그 기반시설은 폭풍해일로부터 방재(防災), 상수(上水)와 관개(灌漑)를 제공하며 홍수의 확률빈도를 4,000년 빈도(頻度)로 줄였다. 이 프로젝트는 미국토목학회(American Society of Civil Engineers)로부터 현대 세계 7대 불가사의 중 하나로 인정받았는데, 그것은 16,500km 제방과 300개의 구조물들을 포함하기 때문이다.

(2) 사업목적 및 사업경과

네덜란드 정부는 1953년의 파괴적인 폭풍해일이 발생하기 이전에 라인, 뫼즈 및 스켈트 하구(河口)를 거쳐 오는 폭풍해일을 막기 위한 많은 연구를 실시했다. 일반적인 아이디어로 해안선을 감소시켜 그것들을 담수호로 바꾸는 것이었다. 북해 폭풍해일은 네덜란드, 벨기에 및 영국에 피해를 끼쳐 2,551명을 사망케 했으며, 이 중 1,386명은 네덜란드인이었다. 이 폭풍해일은 1953년 2월에 수로 공공 사업부의 지시로 델타위원회(Deltacommittee)가 설립된 직후 발생하여 네덜란드 국민에게 경종(警鐘)을 울렸다. 따라서 델타위원회에게 향후 폭풍해일로부터 이 지역을 보호하고, 델타플랜(Deltaplan)이라고 불리는 깨끗한 식수를 공급하기 위한 계획을 수립하는 임무가 주어졌다. 델타웍스(Delta Works)는 델타플랜의 일부분이다. 1959년에 구조물 건설을 위한 델타법(Delta Law)이 통과되었다.

(3) 사업효과

이 프로젝트는 해안선을 감소시키는 데 도움이 되었으며, 결과적으로 제방길이를 약 700km 정도 감소시켰다. 이 사업은 상습적으로 범람하는 저지대의 물을 배수시켰고 해수흐름을 조절하여 관개를 위한 깨끗한 물과 식수를 제공했다. 또한 이 프로젝트의 구조물은 많은 섬 사이의 교량 역할을 담당하기 때문에 교통체계를 개선시켰고, 특히 로테르담과 앤트워프 사이에서 물류흐름을 상당히 개선하였다. 그리고 여가시설을 개선하고 고용을 창출했다.

(4) 사업의 세부내용

홀랜즈 이젤(Hollandse IJssel) 폭풍해일 방벽은 델타웍스의 첫 번째 구조물로 1958년부터 운영하기 시작했다. 이 방벽은 네덜란드에서 가장 저지대이고 가장 인구가 밀집한 지역인 네덜란드 서쪽 지역인 랜드스타드(Randstad) 지역의 방재를 담당한다. 또한 두 개의 댐, 즉 잔드크릭(Zandkreek)과 베에르 수트(Veerse Gat)는 각각 1960년 및 1961년에 완공되었다. 두 댐은 북해로부터 해수(海水)를 막고 베르세(Veerse) 호수를 만들어 맑은 담수(淡水)를 공급한다. 그리고 1971년 완공된 하링드블리(Haringvliet) 댐은 라인(Rhine)과 마아스(Maas)로부터 북해로 흘러가는 강물의 조절하는 17개의 수문으로 이루어져 있어 북해로부터의 폭풍해일이 범람하지 않도록 막아준다. 또한 이 댐은 겨울 동안에 강물이 얼지 않도록 보호해주고 바다에서 강으로 진입하는 염수(鹽水)의 유입을 조절해준다. 케이슨(Caisson)과 케이블 웨이로 만들어진 브라우저(Brouwers)댐은 1972년에 완공되었는데 이 댐은 새로이 그레블링턴(Grevelingen)호수를 형성하였다. 1972년에 완공된 그레블링겐(Grevelingen)댐은 케이슨을 이용하여 만들어졌는데, 이 댐의 전략적 위치 덕분에 하링드블리댐, 브라우저(Brouwers)댐 그리고 오스터스헬더(Oesterschelde) 방벽을 건설하는 데 추가적인 도움이 되었다. 1969년에 완공된 볼카렉(Volkerak) 댐은 오스터스헬더 방벽, 브라우저 댐, 하링드블리댐의 건설을 보완하기 위해 건설되었다. 두 개의 강철(鋼鐵)로 이루어진 갑문으로 만든 마슬란트(Maeslant) 폭풍해일 방벽은 네덜란드 훅(Hoek) 근처에 새로운 수로(水路)를 만들었다. 이 방벽은 1991년부터 1997년까지 6년 만에 완공되었다. 델타 프로젝트에는 북해와 연결된 여러 강 및 지류(支流)에 있는 많은 부속물과 구조물을 포함하고 있다. 대부분의 델타웍스 구조물에는 케이슨과 합성물을 사용하였다.

표 2.16 Delta Project 개요

일시	내용	세부내용
1953년 (1월 31일~2월 1일)	폭풍해일 발생	네덜란드 남서부 Zeeland주를 중심으로 폭풍해일 발생 → 사망 1,386명과 가축 20만여 마리 희생 → 72,000여 명의 이재민 발생 → 가옥 47,000채 침수와 160,000ha 농지 수몰
1956~1997년 이후 (운영 및 유지관리)	델타 프로젝트(Delta Works)	로테르담과 Zeeland 등 델타지역에 수문을 포함한 13개의 댐과 방조제 건설추진 → 프로젝트 수행초기 : 자연생태계 파손 등 환경문제 발생(방조제를 건설하되 만 입구에 수문설치로 문제해결) – 평소 : 해수유입(환경복원) 및 선박통항(해양레저 이용) – 해일예보 시 : 수문가동
1977~1986년	• Haringvliet Dam • Oesterschelde Storm Surge Brrier	대표적 친환경시설인 하링블리트 수문과 오스터스켈더댐 준공 → 델타엑스포 : 자연을 극복하되 파괴하지 않는 공법 등 첨단공법 소개(로테르담)
1990~1997년	Maeslant Storm Surge Barrier	로테르담항을 해일로부터 적극적 방재시설 구축(섹터 게이트) → 제원 : 항로 차단 폭 360m 　　　 원형 수문의 길이 210m(2개) 　　　 수문의 높이 22m 　　　 팔의 길이 237m

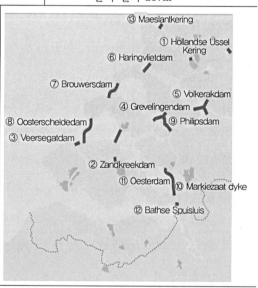

1) 1958 : Storm Barrier in the Hollandse IJssel
2) 1960 : The Zandkreek Dam
3) 1961 : The Veerse Gat Dam
4) 1965 : The Grevelingen Dam
5) 1969 : The Volkerak Dam
6) 1971 : The Haringvliet Dam
7) 1972 : The Brouwers Dam
8) 1986 : The Oesterschelde Storm Surge Barrier
9) 1987 : The Philips Dam
10) 1983 : The Markiezaat Dyke
11) 1986 : The Oester Dam
12) 1987 : The Bath Discharge Canal
13) 1997 : Maeslant Storm Surge Barrier
* 위치는 좌측 원숫자와 연결

출처 : deltawerken(2018), http://www.deltawerken.com/Deltaworks/23.html

표 2.17 Maeslant Storm Surge Barrier(섹터게이트) 개요

목적	Rotterdam을 폭풍해일로부터 보호 → 끊임없이 위협적인 폭풍해일의 위험요소를 차단
로테르담시의 방벽 건설조건	• 가장 붐비는 항구의 입구에 방벽건설(항만운영과 통항에 지장이 없도록 방벽 건설) • 1백만 명의 주민과 재산을 해일부터 보호
형상	거대한 양쪽 여닫이 라운드형 수문 형태 • 방벽길이 : 210m×2기 • 높이 : 22m
준공연도	1997년 5월(공사기간 6년)
공사비	10억 길더(한화 5천억 원)
차단(개폐)시간	2시간 30분 소요(컴퓨터에 의한 자동통제)/차단(개폐) 30분, 진수 2시간
내용	• 53년 이후 Delta법 제정 : 최상위 법령으로 정부가 먼저 제정/추진 • 위치선택 : 북해의 직접적인 파고영향 배제, 위험한 화학공업단지를 외측에 두고 로테르담을 방재할 수 있는 곳 선정 • 섹터게이트 채택 : 수문건설이 선박운항에 영향을 주지 않고, 유지관리 및 경제성 우수 • 유지관리 : 중앙정부(수자원 관리국), 33명 상주, 500만 유로/년 • 공감대 : 점차 축소되는 실정이나, 경각심을 심어주기 위해 지속적으로 홍보 노력

출처 : AMUSING PLANET(2018), http://www.amusingplanet.com/2014/04/the-netherlands-impressive-storm-surge.html

3) 일본 나고야 폭풍해일 방파제[35]

그림 2.51에 나타낸 것과 같이 1959년 9월 26일 미에현(三重縣), 아이치현(愛知)을 내습한 태풍 5915호는 시오노미사키(潮岬) 상륙 시 최저기압 930hPa, 최대풍속 50m/sec로서 태풍반경이 약 500km에 이르는 대형 태풍으로 일본 나고야시(名古屋市) 이세만(伊世灣)을 강타하였다. 이때 나고야항의 폭풍해일편차는 3.45m로 그 당시 최대를 기록하여 사망자·행방불명자도 5,098명에 달하는 대재해(災害)이었다. 그림 2.52는 이세만(伊勢灣)태풍에 의한

침수상황도 및 최고 침수수위도를 나타낸 것이다. 이 재해로 말미암아 이 태풍을 '이세만 (伊世灣) 태풍'이라고 한다. 이 재해복구에 있어서 나고야시 주변 해안제방을 증고(增高)한 후 소파(消波)블록(Block)으로 보강하는 안(案)과 나고야항 입구에 약 8.3km 방파제를 축조하여 폭풍해일을 감쇄하는 동시에 고파랑을 막는 안(案), 2가지 안을 검토하였다. 그러나 폭풍해일 방파제는 그때까지 없던 발상이었으므로 그 효과를 정량적으로 나타낼 필요가 있었다.

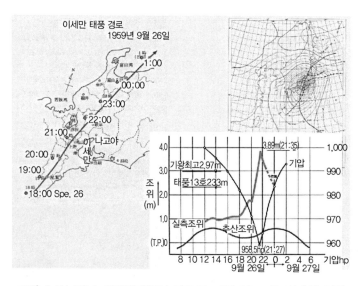

그림 2.51 일본 이세만태풍의 경로와 기압 및 조위 시계열 변화

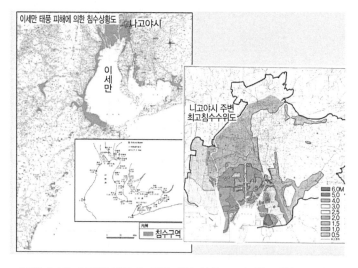

그림 2.52 이세만태풍에 의한 침수상황도 및 최고침수 수위도

따라서 그때에 최신이었던 IBM7070 전자계산기를 이용하여 이세만 태풍에 따른 폭풍해일에 대한 수치모형실험을 실시한 결과[36] 방파제 건설로 인해 폭풍해일편차를 약 0.5m 저하시킬 수 있는 동시에 고파랑의 전성기(全盛期)와의 시간차를 발생시킴에 따라 수제선의 방조제 마루높이를 약 1m 낮아지게 하는 효과가 있다는 것을 알 수 있었다.[37] 이에 따라 나고야시는 항구에 해일 방파제를 건설하여 폭풍해일을 방어하는 것으로 결정하였다. 1962년에 건설을 착공하여 1964년에 완공하였다(그림 2.53 및 사진 2.50 참조). 따라서 폭풍해일 방파제로 둘러싼 항내 넓은 수역을 점차 매립 후 부두를 건설하면서 나고야항은 비약적인 발전을 이룰 수 있었다.

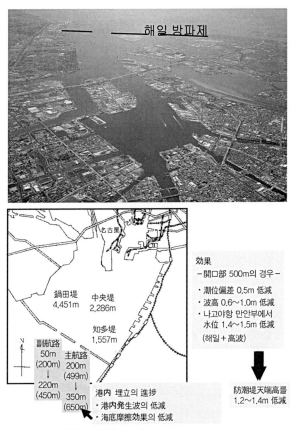

출처 : 부산광역시(2017), 부산연안방재대책수립 종합보고서, p.80.

그림 2.53 나고야항(名古屋港) 폭풍해일 방파제 전경사진과 효과

출처 : 부산광역시(2017), 부산연안방재대책수립 종합보고서, p.80.

사진 2.50 나고야항 폭풍해일 방파제 전경

4) 마보리 폭풍해일 대책사업

최근 일본에서 사업이 추진되었던 '친환경 폭풍해일피해 방지대책사업'의 사례인 마보리 폭풍해일 대책사업이 있다.

(1) 마보리 해안의 침수피해

일본 관동지방 요코스카시(橫須賀市)에 위치한 마보리(馬堀) 해안은 지난 1996년 및 1997년에 걸쳐 연속적인 연안침수재해가 발생하여 인명 및 재산피해가 발생하였다. 이 침수피해는 1996년 9월 22일에 풍속 25~35m/s의 강풍과 최고조위가 D.L+1.6m 및 파고 3.51m(추정치)로 발생된 폭풍해일로 연안에 대규모 침수가 발생하였는데 침수면적은 약 70ha에 달하였다(사진 2.51 참조).

(a) 1996년 태풍 17호로 인한 침수지역

사진 2.51 마보리 해안의 폭풍해일로 인한 침수 피해 면적 및 피해 현황(계속)

(b) 1996년 9월 태풍 17호시 월파로 인한 피해에서는 침수가 1m에 달하는 주택도 있었음

사진 2.51 마보리 해안의 폭풍해일로 인한 침수 피해 면적 및 피해 현황

(2) 복구사업의 개요

일본 간토우지방정비국(關東地方整備局) 요코스카 항만사무소는 마보리 해안의 종합적인 폭풍해일 방지대책 사업을 추진하였다. 이 사업은 폭풍해일 방지대책을 위한 호안건설(L = 1,650m, 매립폭 B = 45m(친수호안 25m, 수중 20m))과 친수공간(親水空間) 건설이 주요사업내용으로 총공사비는 120억 엔(730만 엔/미터당)으로 2000년에 착공하여 2006년에 완공하였다(사진 2.52 및 그림 2.54 참조).

마보리 해안의 전경

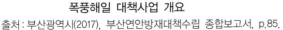

폭풍해일 대책사업 개요   호안배후

출처 : 부산광역시(2017), 부산연안방재대책수립 종합보고서, p.85.

사진 2.52 마보리 해안 폭풍해일 대책사업의 개요와 호안완공 전경(1)

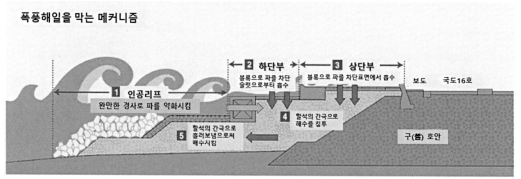

마보리 해안 폭풍해일 방지호안의 단면모식도

호안(해안 측) - 1층 소단부 　　　　　 호안(도로 측) - 2층 소단부

그림 2.54 마보리 해안 폭풍해일 대책사업의 개요와 호안완공 전경(2)

(3) 사업의 특징

이 사업의 특징은 폭풍해일 월파 시 기초사석을 통하여 배수될 수 있는 유수지(遊水池)를 조성하는 것과 동시에 친수공간을 확보했다는 것이다. 특히 마보리 해안역은 약 20m 도로를 사이에 두고 주택이 밀집되어 있어 인근 주민을 위한 친수 공간으로 조성했고 게다가 월파된 해수가 투수층을 통하여 다시 바다로 흘러갈 수 있도록 설계하였다. 그림 2.55는 각각 마보리 해안의 친환경 호안설계 단면 모식도 및 소단부의 전경과 차세대 호안단면으로 '친환경 생태호안'의 개념적인 모식도를 나타낸 것이다.

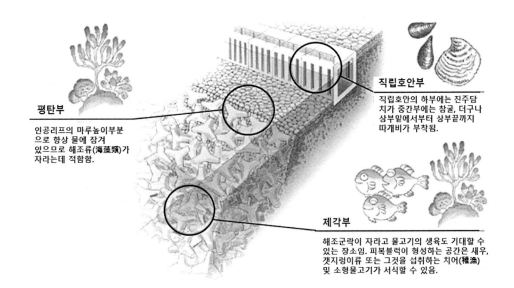

평탄부

인공리프의 마루높이부분
으로 항상 물에 잠겨
있으므로 해조류(海藻類)가
자라는데 적합함.

직립호안부

직립호안의 하부에는 진주담
치가 중간부에는 참굴, 더구나
상부밑에서부터 상부끝까지
따개비가 부착됨.

제각부

해조군락이 자라고 물고기의 생육도 기대할 수
있는 장소임. 피복블럭이 형성하는 공간은 새우,
갯지렁이류 또는 그것을 섭취하는 치어(稚漁)
및 소형물고기가 서식할 수 있음.

출처 : 부산광역시(2017), 부산연안방재대책수립 종합보고서, p.86.

그림 2.55 친환경 생태호안의 조성 개념 모식도

• 참고문헌 •

1. 日本土木学会(2000), 海岸施設設計便覽, p.71.

2. 首藤伸夫(1981), 新体系土木工学 24, 海の波の水理, 技報堂出版, p.230.

3. 小西達男(1991), 外洋に面した港灣で生ずる高潮に対するwave set upの寄与について, 海と空, Vol.66, No.4, pp.45~57.

4. 首藤伸夫(1981), 新体系土木工學 24, 海の波の水理, 技報堂出版, p.230.

5. 室田 明(1964), 高潮理論, 水工学シリーズ64-07,土木学会, p.33.

6. 永田豊ほか(1981), 海洋物理学III, 海洋科学基礎講座, 東海大学, p.331.

7. 山下隆男・別宮 功(1996), 台風7010号の土佐湾における高潮の追算, 海岸工学論文集, 第43巻, pp.261~265.

8. 柴木秀之ほか(1998), 沿岸域の防災に関する総合数値解析システムの開發, 土木学会論文集, No.586, pp.77~92.

9. 後藤智明・柴木秀之(1993), 陸上地形の影響を考慮した海上風推算, 港湾技術研究所報告, 運輸省港湾技術研究所, Vol.32, No.4, pp.65~97.

10. 山下隆男ほか(1996), 陸上地形および表面粗度を考慮した高潮計算, 海岸工学論文集, 第43巻, pp.266~270.

11. 山下隆男・別宮 功(1996), 台風7010号の土佐湾における高潮の追算, 海岸工学論文集, 第43巻, pp.261~265.

12. 柴木秀之ほか(1998), 沿岸域の防災に関する総合数値解析システムの開發, 土木学会論文集, No.586, pp.77~92.

13. 河合 弘泰(2010), 高潮数値計算技術の高精度化と氣候変動に備える防災への適用, 港湾技術研究所報告, 港湾技術研究所, No.1210, pp.66~69.

14. 後藤智明・柴木秀之(1993), 陸上地形の影響を考慮した海上風推算, 港湾技術研究所報告, 運輸省港湾技 術研究所, Vol.32, No.4, pp.65~97.

15. 本多忠夫・光易恒(1980), 水面に及ぼす風の作用に関する實驗的研究, 第27回 海岸工学講演会論文集, pp.90~93.

16. The WAMDI Group(1988), The Wave model－A Third Generation Ocean Wave Prediction Model, J. Phys. Oceanor.,Vol.18, pp.1775~1810.

17. Janssen, P.A.E.M.(1991), Wave-induced stress and the drag of air flow over sea wave, Journal of Physical Oceanography, Vol.21, pp.1631~1642.

18. Hersbach, H. and P.A.E.M. Janssen(1999), Improvement of the Short－Fetch Behavior in the Wave Ocean Model(WAM), Journal of Atmospheric and Oceanic Technology, Vol.16, pp.884~892.

19. Matsumoto, K, Takanezawa, T. and Ooe, M(2000), Ocean Tide Models Developed by Assimilating TOPEX/ POSEIDON Altimeter Data into Hydrodynamical Model : A Global Model and a Regional Model around Japan, Journal of Oceanography, 56, pp.567~581.

20. 河合 弘泰(2010), 高潮数値計算技術の高精度化と気候変動に備える防災への適用, 港湾技術研究所報告, 港湾技術研究所, No.1210, p.69.

21. 부산광역시(2017), 부산연안방재대책수립 종합보고서, pp.16~17.

22. 위키백과(2017), https://ko.wikipedia.org/wiki

23. 高橋重雄・河合弘泰・平石哲也・小田勝也・高山知司(2006), ハリケーン・カトリーナの高潮災害の特徴と ワーストケースシナリオ, 海岸工学論文集, 第53巻, pp.17~22.

24. Choi, B.H.(2004), 태풍 '매미'호에 의한 해안재해, Waves and Storm Surges around Korean Peninsula, pp.1~34.

25. Kang, Y.K., T. Tomita, D.S. Kim and S.M. Ahn(2004), 태풍 '매미' 내습 시 남동연안에서의 해일·파랑에 의한 침수재해 특성, Waves and Storm Surges around Korean Peninsula, pp.35~43.

26. 河合 弘泰(2010), 高潮数値計算技術の高精度化と気候変動に備えた防災への適用, pp.7~13.

27. 平石哲也・平山克也・河合弘泰(2000a), 台風9918号による越波災害に関する一考察,〔港湾技研資料, No.972, p.19.

28. 河合 弘泰(2010), 高潮数値計算技術の高精度化と気候変動に備えた防災への適用, pp.22~31.

29. 高橋重雄・河合弘泰・平石哲也・小田勝也・高山知司(2006), ハリケーン・カトリーナの高潮災害の特徴とワーストケースシナリオ, 海岸工学論文集, 第53巻, pp.411~415.

30. 일본 国土交通省 HP(2018), http://www.mlit.go.jp/river/shinngikai_blog/shaseishin/kasenbunkakai/shouiinkai/r-jigyouhyouka/dai04kai/siryou6.pdf#search=%27%E5%8F%B0%E9%A2%A8＋haiyan%27

31. 日本 氣象庁 HP(2018), 氣象庁台風位置表2013年台風第30号

32. 毎日新聞 HP(2013.11.25.), "フィリピン, 「津波」 なら逃げだ言葉の壁,被害を拡大", http://maichi.jp/select/news/20131125k0000e030155000c.html

33. NHK そなえる防災 HP(2018), http://www.nhk.or.jp/sonae/column/20140409.html

34. 日本土木学会(2000), 海岸施設設計便覧, pp.465~468.

35. 合田良實(2012), 海岸工学, p.111.

36. 氣象庁技術報告 4(1960)

37. 本間 仁編(1973), 海岸防災, p.317.

CHAPTER 03
파랑재해

CHAPTER 03 | 파랑재해

3.1 파랑의 특성

3.1.1 파랑의 기초이론

1) 파의 제원과 분류[1]

바다의 파(波)는 다른 파동(波動)현상과 같이 파장 L과 주기 T, 파고 H에 의해 기본적인 제원을 정의하지만 특히 천해역(淺海域)의 파동장에서는 수심 h도 중요한 변수이다.

해상에 나타나는 파의 봉우리(파봉)와 그것에 연속되어 나타나는 골짜기(파곡)의 차이를 파고(波高, 파의 높이)라고 한다(그림 3.1 참조). 파의 봉우리에서부터 다음 봉우리 정상까지의 거리를 파장(波長)이라고 하며 하나의 파 봉우리가 통과한 후 다음 파의 봉우리가 올 때까지의 시간을 주기라고 한다. 수심이 충분히 깊은 해역에서는 파장은 주기에 2제곱에 비례한다.

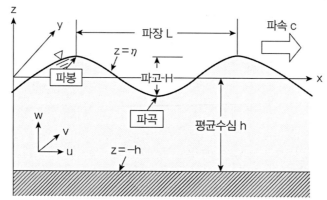

출처: 国土交通省 北陸地方整備局 新潟港湾空港技術調査事務所(2018), http://www.gicho.pa.hrr.mlit.go.jp/db/nami/namikaisetsu.htm

그림 3.1 파의 정의

파는 여러 가지 관점에서 나눌 수 있지만 대표적으로 파의 주기에 따른 분류를 하면 그림 3.2와 같이 할 수 있다. 이 그림에서 알 수 있듯이 주기 0.1초 정도인 표면장력파에서부터 1일 이상의 주기를 가진 조석파(潮汐波)까지 여러 가지 파동이 존재하며 각각의 주기는 시간 스케일의 차이에 따라, 현상에 관여하는 주요한 구동력(驅動力) 또는 복원력(復原力)이 변한다.

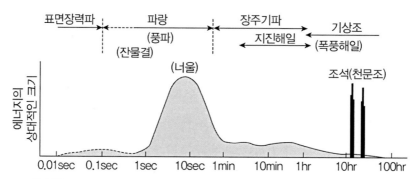

출처 : Kimsman, B(1965), Wind Waves, Prentice-Hall, Inc. p.23, p.676.

그림 3.2 주기에 따른 파의 분류

이것 이외에 파의 유한진폭성(비선형성)에 착안한 분류에 따라 미소진폭파(선형파)과 유한진폭파(비선형성)로 구별되며, 더욱이 파의 불규칙성 관점에 따라 규칙파와 불규칙파로 나눈다.

2) 미소진폭파 이론(그림 3.1 참조)

(1) 해수면파형과 유속·양압력

바다의 파의 진폭(振幅) a 또는 파고 H가 수심 h 및 파장 L에 비교하여 매우 작은 경우에는 미소진폭파(微小振幅波, Small Amplitude Wave) 이론을 적용할 수 있다. 이 이론에서는 일정한 수심상의 규칙파(정형진행파)에 관해서 해수면파형 η와 속도포텐셜 Φ를 식 (3.1) 및 식(3.2)로 나타낼 수 있다.

$$\eta(x, t) = a \cos(kx - \sigma t) \tag{3.1}$$

$$\Phi(x, z, t) = \frac{a\,g}{\sigma} \frac{\cosh k(h+z)}{\cosh kh} \sin(kx - \sigma t) \tag{3.2}$$

위 식에 대응하여 유속장 및 물입자궤도(軌道), 양압력은 식(3.3)~식(3.5)와 같다.

수평유속: $u(x, z, t) = \dfrac{a\,g}{c} \dfrac{\cosh k(h+z)}{\cosh kh} \cos(kx - \sigma t)$,

수직유속: $w(x, z, t) = \dfrac{a\,g}{c} \dfrac{\sinh k(h+z)}{\cosh kh} \sin(kx - \sigma t)$
$$\tag{3.3}$$

수평물입자궤도: $x - x_0 = -a \dfrac{\cosh k(h+z_0)}{\sinh kh} \sin(kx_0 - \sigma t)$,

수직물입자궤도: $z - z_0 = a \dfrac{\sinh k(h+z_0)}{\sinh kh} \cos(kx_0 - \sigma t)$
$$\tag{3.4}$$

압력장: $p(x, z, t) = -\rho g z + \rho g \dfrac{\cosh k(h+z)}{\cosh kh} \eta$
$$\tag{3.5}$$

g = 중력가속도

k = 파수$\left(波數,\ \text{Wave Number} = \dfrac{2\pi}{L}\right)$

σ = 각주파수$\left(角周波數,\ \text{Angular Wave Frequency} = \dfrac{2\pi}{T}\right)$

ρ = 물의 밀도(1g/cm^3)

x_0, z_0 : 물입궤도의 중심좌표

위 식에서 볼 수 있듯이 미소진폭파 이론으로 나타내는 해수면파형 및 유속, 물입자궤도, 압력파형은 모두 정현파형[1]이 된다.

(2) 분산관계식

앞의 식 중 각주파수 σ와 파수 k는 식(3.6)의 분산관계식에서 관계를 맺을 수 있다.

$$\sigma^2 = g\,k\,\tanh kh \tag{3.6}$$

이것은, $c = \sigma/k$, $k = 2\pi/L$이므로 식(3.7)과 같이도 나타낼 수 있다.

$$c = \sqrt{\frac{g}{k}\tanh kh} = \sqrt{\frac{g\,L}{2\,\pi}\tanh\frac{2\pi h}{L}} \tag{3.7}$$

위 식으로부터 파속 c는 파수 k 또는 각주파수 σ에 따라서 다르다는 것을 알 수 있다. 이와 같은 성질을 분산성(分散性)이라고 하는데 이것은 미소진폭파만이 아니라 바다의 파가 가진 독립적인 특징 중 하나로 음파(音波) 및 지진파(地震波, P파, S파)와 같은 파동(비분산성파동)에는 볼 수 없는 성질이다.

(3) 군속도와 에너지 플럭스(Energy Flux)

이 분산성의 존재에 따라 $c_g = d\sigma/dk$로 정의되는 군속도(群速度) c_g는,

$$c_g = \frac{d(ck)}{dk} = c + k\frac{dc}{dk} = c - L\frac{dc}{dL} \tag{3.8}$$

---

1 정현파형(正弦波形, Sinusoidal Wave) : 파형이 사인곡선($y = \sin x$의 그래프에서 나타나는 곡선)으로 나타나는 파형을 말한다.

의 관계이므로 일반적으로 $c_g \neq c$가 된다. 해파(海波)의 이론에서는 이 군속도 c_g가 담당하는 역할이 중요하다. 왜냐하면 c_g가 파의 에너지수송속도도 되므로 파의 에너지 플럭스 F는 식(3.9)와 같이 c_g와 단위면적당 파의 에너지 밀도 E로 나타낼 수 있기 때문이다.

$$F = c_g \, E \tag{3.9}$$

여기에서, E는 파의 에너지밀도로 식(3.10)과 같이 나타낸다.

$$E = \frac{1}{8} \rho \, g \, H^2 \tag{3.10}$$

(4) 심해파와 파장

유속, 물입자궤도, 압력장에 대한 식(3.2)~식(3.5)는 임의 수심 h에서의 정현진행파(正弦進行波)를 나타내고 있지만 수심 h가 파장 L에 비교하여 충분히 큰 경우에는 파동운동이 해저의 영향을 받지 않으므로 수심 h에 대한 의존성은 없게 된다. 이와 같은 경우의 파동을 심해파(深海波, Deep Water Wave)라고 한다. 이때 속도포텐셜 Φ,[2] 유속 u, w, 물입자궤도, 압력 p는 각각 다음과 같이 나타낼 수 있다.

$$\Phi(x, z, t) = \frac{ag}{\sigma} e^{kz} \sin(kx - \sigma t) \tag{3.11}$$

$$u(x, z, t) = \frac{ag}{c} e^{kz} \cos(kx - \sigma t), \quad w(x, z, t) = \frac{ag}{c} e^{kz} \sin(kx - \sigma t) \tag{3.12}$$

$$x - x_0 = -a e^{kz_0} \sin(kx_0 - \sigma t), \quad z - z_0 = a e^{kz_0} \cos(kx_0 - \sigma t) \tag{3.13}$$

$$p(x, z, t) = -\rho g z + \rho g e^{kz} \eta \tag{3.14}$$

위 식에서 알 수 있듯이 심해파인 경우에는 물입자궤도형상이 원형이 되고 운동진폭이

2　속도포텐셜(Velocity Potential) : 유체역학에서 소용돌이 없는 흐름을 해석할 시 속도성분 u, v와 위치 x, y의 관계를 편미분식(偏微分式)으로 나타내는데($u = grad\Phi$) 이때 스칼라함수인 Φ를 말한다.

깊이 방향으로 지수(指數)함수적으로 감소하지만 파장 L의 1/2보다 깊어질수록 운동진폭은 0에 가깝게 된다(그림 3.3 참조). 그러므로 $h/L \geq 1/2$에서는 심해파로 보아야 한다. 심해파에서는 분산성파동의 양상을 가장 강하게 띠며 이 경우 파속 c와 군속도 c_g는,

$$c = \sqrt{\frac{g}{k}} \; , c_g = \frac{c}{2} \tag{3.15}$$

이 된다.

한편 반대로 수심 h가 파장 L에 비하여 충분히 작다고 하면($h/L \leq 1/20$), 심해파의 특징과는 전혀 다른 파동형태가 된다. 이 경우의 파동을 장파(長波)라고 부르며 그 속도포텐셜 Φ, 유속 u, w, 물입자궤도, 압력 p는 각각 다음과 같이 나타낼 수 있다.

$$\Phi(x, z, t) = \frac{ag}{\sigma} \sin(kx - \sigma t) \tag{3.16}$$

$$u(x, z, t) = \frac{ag}{c} \cos(kx - \sigma t), \; w(x, z, t) = a\sigma\left(1 + \frac{z}{h}\right)\sin(kx - \sigma t) \tag{3.17}$$

$$x - x_0 = -\frac{a}{kh}\sin(kx_0 - \sigma t), \; z - z_0 = a\left(1 + \frac{z_0}{h}\right)\cos(kx_0 - \sigma t) \tag{3.18}$$

$$p(x, z, t) = \rho g(\eta - z) \tag{3.19}$$

장파에서는 수심방향으로 수평운동진폭이 변화가 없다는 것을 알 수 있다(그림 3.3 참조). 장파가 보통 물과 가장 다른 점은 비분산성 파동이라는 점이다. 즉, 장파인 경우 파속 c와 군속도 c_g는,

$$c = \sqrt{gh}, c_g = c \tag{3.20}$$

가 되어 수심 h만의 함수가 된다. 장파 중 대표적인 것으로 지진해일이 있다.

이와 같이 심해파와 장파는 서로 양극한(兩極限) 위치관계에 있지만 그 사이의 임의영역에서의 파동은 천해파라고 불리며 운동진폭은 깊이방향으로 쌍곡선 함수적으로 감소되어

물입자 궤도는 타원형이 된다(그림 3.3 참조).

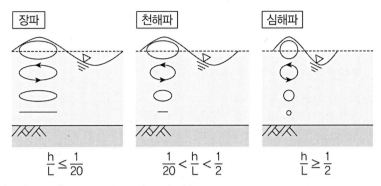

출처 : FORUM8(2018), http://www.forum8.co.jp/topic/up92−xpswmm.html

그림 3.3 심해파, 천해파, 장파의 궤도운동형태

(5) 완전중복파

식(3.1)~식(3.3)에 나타낸 정형진행파의 이론식에 근거하여 x의 (+)방향과 (−)방향으로 진행하는 동일파이며, 동일주기를 가진 파가 중첩된 상태를 완전중복파라 하고 다음과 같이 나타낼 수 있다.

$$\eta = 2a \cos kx \cos \sigma t \tag{3.21}$$

$$\Phi = -\frac{2\,a\,g}{\sigma}\frac{\cosh k(h+z)}{\cosh kh}\cos kx \sin\sigma t \tag{3.22}$$

$$u = \frac{2\,a\,g}{c}\frac{\cosh k(h+z)}{\cosh kh}\sin kx \sin \sigma t,$$

$$w = -\frac{2\,a\,g}{c}\frac{\sinh k(h+z)}{\cosh kh}\cos kx \sin \sigma t \tag{3.23}$$

(6) 라디에이션 응력

바다의 파는 식(3.9)에서 나타내었듯이 파의 1주기 평균량으로 에너지를 수송하지만 동시에 운동량도 수송한다. 이러한 바다의 파에 따른 운동량 수송을 파의 1주기 평균량의 형태로 전수심(全水深)을 통과하는 단위시간당 수송량, 즉 운동량 플럭스(Flux)의 형태로 나타낸 것을 라디에이션 응력(Radiation Stress)이라 부른다. x축에 대하여 θ의 각도로 진행하는 규칙파인 경우 그것에 따른 궤도유속은 미소진폭파 이론으로 평가하고 텐서[3] 표현으로 나타내는 라디에이션 응력 $S_{\alpha\beta}$ $(\alpha, \beta = 1, 2)$의 각 성분을 구체적으로 구하면 식 (3.24)와 같이 나타낼 수 있다. 여기에서 라디에이션 응력 $S_{\alpha\beta}$ $(\alpha, \beta = 1, 2)$는 에너지밀도 E에 비례하는 형태를 가진다는 것에 주목할 필요가 있다.

$$
S_{\alpha\beta} = E \begin{bmatrix} \dfrac{c_g}{c}\cos^2\theta + \dfrac{1}{2}\left(\dfrac{2c_g}{c}-1\right) & \dfrac{1}{2}\dfrac{c_g}{c}\sin 2\theta \\[3mm] \dfrac{1}{2}\dfrac{c_g}{c}\sin 2\theta & \dfrac{c_g}{c}\sin^2\theta + \dfrac{1}{2}\left(\dfrac{2c_g}{c}-1\right) \end{bmatrix}
\tag{3.24}
$$

3) 파랑

파랑은 바람이 일으키는 5~15초 정도의 주기를 가진 단주기파(單週期波)로 해면상에 바람이 불어옴에 따라 생긴다. 그 파장은 수십 미터~수백 미터로 태풍 및 저기압 중에 생성되는 파랑은 풍파로 분류되며 일반적으로 풍속이 7m/s를 넘어서면 파의 봉우리가 공기를 말려들게 하여 쇄파(碎波, 파가 부수어짐)가 된다.

4) 풍랑·너울(그림 3.4 참조)[2]

해상에 바람이 불어오면 해면에는 파가 일어나기 시작하여 일어나기 시작한 파는 바람이 불어가는 방향으로 나아가기 시작한다. 파가 진행하는 속도(이하 '파속(波速)'이라고 함)보다 풍속이 크면 파는 바람에 밀리면서 계속 발달한다. 이와 같이 해상에서 불어오는 바람에 의해 생성되는 파를 '풍랑(風浪)'이라고 부른다. 풍랑은 발달과정에 있는 파에 많이 보이며 개개의 파의 형상은 불규칙하여 뾰족하거나 강풍하에서는 때때로 백파가 나타난다. 발달된 파일수록 파고가 높고 주기와 파장도 길어져 파속도 크게 된다. 풍랑의 발달은 이론상 파속이 풍속에 가까울 때까지 계속되지만 강한 바람인 경우에는 먼저 파가 부서져 발달이 중단된다. 한편, 풍랑이 바람이 불지 않는 영역까지 진행하거나 해상의 바람이 약해

---

3 텐서(Tensor) : 벡터량을 3가지 방향의 성분으로 결정하는 것에 대하여 고려방법을 확장하여 어떤 고정점의 형태를 각 방향에 대하여 3가지씩 총 9성분으로 정의한 기하학적인 양을 말한다.

지거나 하여 풍향이 급히 변화하는 등 바람에 의한 발달이 없게 된 후에도 남아 있는 파를 '너울'이라고 한다. 너울은 감쇠되면서 전파되는 파로 같은 파고의 풍랑과 비교하면 그 형상은 규칙적인 둥그스름하고 파의 봉우리도 옆으로 길게 연결되어 있으므로 느긋하게 평온하게 보일 때도 있다. 그러나 너울은 풍랑보다도 파장 및 주기가 길어 수심이 얕은 해안(방파제, 해변가 등) 근처에서는 해저 영향을 받아 파가 쉽게 높아지는 성질을 가진다(천수변형). 그 때문에 외해에서 오는 너울은 해안 부근에서 급격히 고파가 되는 수가 있어 파에 쉽게 휩쓸리는 사고가 나므로 주의할 필요가 있다. 너울의 대표 예는 '토용파(土用波)'로 일본 남쪽 수천 km의 태풍 주변에서 발생된 파가 일본 연안까지 전달되어온 것이다. 토용파의 파속은 매우 크고 때때로 시속 50km 이상에 달하는 것도 있다. 일본 남쪽에 있는 태풍이 태평양 고기압 때문에 진로가 막혀 일본의 저 멀리 남쪽 해상을 천천히 북상할 경우 너울이 태풍 자체보다 며칠 빨리 연안에 도달할 수도 있다. 보통 바다의 파도는 풍랑과 너울이 혼재하고 그것들을 묶어 '파랑(波浪)'이라고 부른다. 때로는 바람이 약하여 풍랑이 거의 없거나, 여러 방향에서 너울이 전해지기도 한다. 매우 강한 바람이 소용돌이 모양으로 불어오는 태풍 중심 부근에서는 다양한 방향의 풍랑과 너울이 혼재시켜, 합성파고가 1m를 넘는 것도 드물게 나타난다.

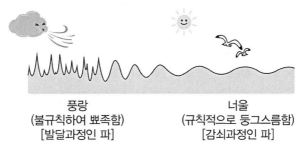

풍랑
(불규칙하여 뾰족함)
[발달과정인 파]

너울
(규칙적으로 둥그스름함)
[감쇠과정인 파]

출처 : 日本 気象庁(2017), http://www.data.jma.go.jp/kaiyou/db/wave/comment/elmknwl.html

그림 3.4 풍랑·너울

5) 합성파고

기원(基源)이 다른 여러 개의 파가 혼재할 때 파고는 각각에 대한 파고의 2제곱의 합을 제곱근함으로써 추정할 수 있는데 이것을 합성파고(合成波高)라고 부른다. 예를 들어 풍랑과 너울이 혼재하는 경우에는 풍랑의 파고를 H_w, 너울의 파고를 H_s라고 하면, 합성파고 H_c는 $H_C = \sqrt{H_w^2 + H_s^2}$이 된다. 이것은 파의 에너지가 파고의 제곱에 비례하기 때문이다. 예를 들어 풍랑과 너울이 혼재하는 경우에는 풍랑의 파고가 1m, 너울 파고가 2m인 경우 합성파고는 $\sqrt{1^2 + 2^2} = \sqrt{5} = 2.236$m가 된다. 또한 너울이 2방향으로부터 올 경우 너울 파고를 H_a, H_b라고 하면 합성파고 H_c는 $H_c = \sqrt{H_w^2 + H_a^2 + H_b^2}$가 된다.

6) 유의파 및 유의파고

해안에서 부서지는 파도를 잠시 보고 있으면 알게 되듯이 실제 해면의 각각의 파고와 주기가 고르지 않다. 그러므로 복잡한 파도의 상태를 알기 쉽게 나타내기 위하여 통계량을 이용한다. 어느 지점에서 연속되는 파를 1개씩 관측했을 때, 파고가 높은 순으로부터 전체 1/3개수의 파(예를 들면 100개의 파도를 관측한 경우 파고가 높은 쪽에서부터 33개의 파도)를 선택하여, 이들의 파고 및 주기를 평균한 것을 각각 유의파고(有義波高) 및 유의파 주기라고 하면 그 파고와 주기를 가진 가상적인 파를 유의파(有義波)라고 부른다('3분의 1 최대파'라고 부르는 경우도 있다)(그림 3.5 참조). 이와 같이 유의파는 통계적으로 정의된 파도로 최대치 및 단순한 평균치와도 다르지만 숙련된 관측자가 눈으로 관측하는 파고와 주기에 가깝다고 할 수 있다. 기상청이 일기 예보와 파랑도 등에서 사용하는 파고와 주기도 유의파의 값이다. 실제 해면에는 유의파고보다 높은 파도 및 낮은 파도가 존재하고 가끔 유의파고의 2배가 넘는 파도도 관측된다. 예컨대 100개의 파도(대략 10~20분)을 관측했을 때의 가장 높은 파도는 통계학적으로는 유의파고의 약 1.5배가 된다. 마찬가지로 1,000개의 파도(대략 2~3시간)를 관측한 경우에는 최대 파고는 통계학상 유의파고의 2배 가까운 값으로 예상된다. 또 해안, 여울(浅瀬), 리프(Reef) 및 안벽 부근에서는 해저지형 및 항만 구조물의 영향으로 파도가 변형하고 조건에 따라서는 일기예보에서 발표하는 파도 높이의 몇 배나 높은 파도가 밀려오는 경우도 있다.

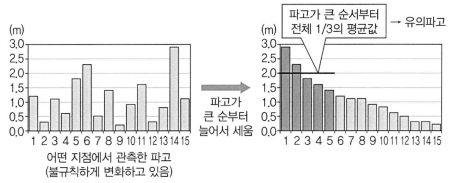

출처 : 日本 気象庁(2017), http://www.data.jma.go.jp/kaiyou/db/wave/comment/elmknwl.html

그림 3.5 유의파고

7) 거대파

실제 해면에서는 무수한 파도의 중첩이 반복되고 있다. 각각의 파도는 다른 주기를 갖기 때문에 겹치는 타이밍은 다양하여 파봉과 파곡이 겹쳐 파고가 너무 높지 않은 경우도 있다. 그러나 여러 개의 파도가 우연히 파봉끼리 또는 파곡끼리 중복되면 뜻밖의 큰 파도가 출현한다. '삼각파', '일발대파(一發大波)' 등으로 불리는 이 거대파(巨大波)는 파도로 이는 수천~수만 번에 1번의 확률로 발생하는 현상이지만, 폭풍우가 계속되는 해역에서는 거대파와 조우(遭遇)할 위험성도 커지게 되므로 충분한 주의가 필요하다.

8) 수치파랑모델

물리법칙에 따른 파랑의 변화를 예측 계산하기 위한 컴퓨터 프로그램을 수치파랑모델이라고 부른다. 수치파랑모델은 일기예보에 이용하는 수치 기상예보 모델(기상 변화를 예측 계산하는 프로그램)으로 산출된 해상풍의 예측치를 이용하여 1) 바람에 의한 풍랑 발생·발달, 2) 파와 파와의 상호작용, 3) 쇄파에 따른 파랑 감쇠 등을 계산할 수 있다. 수치파랑모델에서는 계산대상이 되는 해면을 동서와 남북 방향의 일정 간격 격자모양으로 구분하여 그 하나하나에 대해서 파랑의 계산을 실시하고 있다. 수치파랑모델에 의한 파랑의 예측 결과는 해난 사고 및 파랑 재해에 의한 피해를 회피 또는 경감하기 위해서 이용되고 있으므로 보다 높은 신뢰성이 필요하다. 그래서 현재에도 한층 더 향상된 예측 정밀도를 목표로 수치파랑모델의 개량에 힘쓰고 있다.

3.1.2 파랑 변형

파랑이 해안 또는 해안구조물에 입사할 때 해안에서는 천수변형, 굴절, 쇄파 및 월파, 해안구조물에서는 반사, 투과, 회절 등과 같은 파랑 변형이 일어난다(그림 3.6 참조).

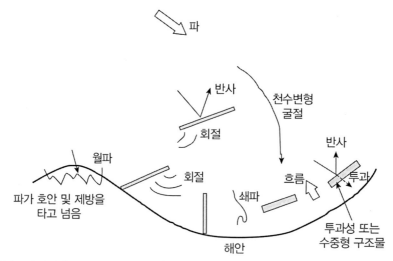

출처 : 磯部雅彦(1992), 多方向不規則波の屈折·回折変形計算モデル, 土木学会水理委員会, B-6, pp.1~19.

그림 3.6 해안 및 해안 구조물에 의한 파랑 변형

1) 천수효과

파가 수심이 얕은 해역(천해역, 淺海域)에 진입했을 때 해저의 영향을 받아 파고, 파속 및 파장이 변화하는 것을 천수변형(淺水變形)이라고 부른다. 실제로 수심이 파장의 1/2보다 얕은 곳에서 천수변형이 일어나고, 부차적으로 굴절 및 쇄파 발생 등과 같은 현상도 발생한다. 이 밖에도 천해역에서 회절 및 반사 등 파의 변형을 동반하는 현상이 일어나는데 이것을 천수효과(淺水效果)라고 부른다. 더욱이 연안의 천해역은 해안에서부터 대부분 수 km 이내로 한정하므로 기상청의 연안 파랑도(波浪圖)에서는 천수효과가 충분히 표현되지 않는다. 그래서 연안 파랑도를 참고하여 해안에서부터 수 km 이내의 파를 추측하는 경우는 천수효과를 충분히 주의할 필요가 있다.

2) 천수변형(그림 3.7 참조)

외해에서 진입한 파가 천해역에 진입한 경우, 수심이 파장의 1/2보다 얕아지면 해저의 영향을 받고 파고, 파속 및 파장에 변화가 나타난다. 수심에 대한 파고의 변화를 보면 수심이 파장의 1/2~1/6 해역에서는 수심이 얕아질수록 파고도 저하하여, 원래 파고의 90% 정도까지 낮아지지만 그것보다 수심이 얕아지면 그 경향이 역전되어 파고가 급격히 높아지게 된다. 또한 파속에 대해서는 수심이 얕아질수록 감속되면서 파장은 짧아지는 경향이 있다.

천수변형
지진해일은 수심이 얕은 해역일수록 늦게 전달됨. 수심이 낮아지므로 파속이 적게 되어 후파(後波)가 전파(前波)에 더해져 파고는 크게 됨

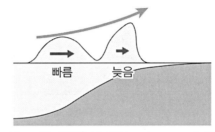

출처 : Wakayama Prefectural Educational Center Manabi-no-Oka(2018). http://idc.wakayama-edc.big-u.jp/updfile/contents/60/2/html/13.html

그림 3.7 천수변형

예를 들어 심해파가 천해역에 진입하는 경우 그 파고는 천수변형(천수계수) 등을 이용해서 구할 수 있는데, 좁은 의미에서의 천수변형은 수심변화에 따른 파형의 변화를 의미한다. 예를 들어 그림 3.8에서 에너지 수지(收支)는

$$(EC_g)_\mathrm{I} - (EC_g)_\mathrm{II} = W_{loss} \tag{3.25}$$

에너지 손실 W_{loss}을 무시하면,

$$(EC_g)_\mathrm{I} = (EC_g)_\mathrm{II} \tag{3.26}$$

$E = \rho g H^2/8$의 관계를 이용하면,

$$\frac{H_{\text{II}}}{H_{\text{I}}} = \sqrt{\frac{(C_g)_{\text{I}}}{(C_g)_{\text{II}}}} \tag{3.27}$$

단면 I를 심해역(深海域)으로 잡아 $C_g = n\,C$의 관계를 이용하면 심해역의 n은 1/2이므로,

$$K_s\,(\text{천수계수}) = \frac{H_{\text{II}}}{H_{\text{I}}} = \frac{H}{H_0} = \sqrt{\frac{C_0}{2\,n\,C}} \tag{3.28}$$

의 관계가 있다. 분산관계 $C = C_0 \tanh kh$을 사용하면 천수계수는,

$$K_s = \frac{1}{\sqrt{2\,n\tanh kh}} = \frac{1}{\sqrt{\tanh kh\left(1 + \dfrac{2\,k\,h}{\sinh 2\,k\,h}\right)}} \tag{3.29}$$

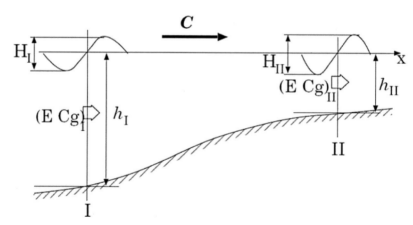

출처 : 大阪工業大学(2018), http://www.oit.ac.jp/civil/~coast/coast/Note−Deformation.pdf

그림 3.8 천수계수 개념도

3) 굴절

수심이 파장의 1/2 정도보다 큰 심해역에서 파(波)는 해저지형의 영향을 받지 않고 전달된다. 그러나 파가 그 보다도 얕은 해역에 진입하면 수심에 따라 파속이 변화하므로 파의 진행방향이 서서히 변화되어 파봉이 해저지형과 나란하게 굴절하게 되는데 이 현상을 파의

굴절(屈折)이라고 부른다.

가령 파의 진행방향(파향)과 파속의 변화하는 방향이 다른 경우 스넬(Snell)법칙에 따라 파향이 변화한다(그림 3.9 참조).

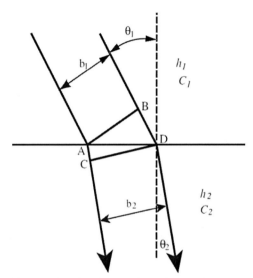

출처 : 大阪工業大学(2018), http://www.oit.ac.jp/civil/~coast/coast/Note-Deformation.pdf

그림 3.9 파의 굴절

$$\frac{\sin \theta_1}{C_1} = \frac{\sin \theta_2}{C_2} \tag{3.30}$$

$$\frac{b_1}{\cos \theta_1} = \frac{b_2}{\cos \theta_2} \tag{3.31}$$

$$(Eb\,C_g)_0 = Eb\,C_g, \ \theta_1 \rightarrow \theta_0, \ \theta_2 \rightarrow \theta, \ b_1 \rightarrow b_0, \ b_2 \rightarrow b \tag{3.32}$$

$$\frac{H}{H_0} = \left(\frac{C_{g0}}{C_g}\right)^{1/2} \left(\frac{b_0}{b}\right)^{1/2} = K_s\,K_r \tag{3.33}$$

$$K_r\,(\text{굴절계수}) = \left(\frac{b_0}{b}\right)^{1/2} = \left(\frac{\cos \theta_0}{\cos \theta}\right)^{1/2} \tag{3.34}$$

파고변화를 천수변형에 의한 것과 굴절에 의한 것으로 분리하면,

$$\frac{H}{H_0} = \frac{H}{H_0{}'}\,\frac{H_0{}'}{H_0} = K_s K_r \tag{3.35}$$

$$H = H_0{}' K_s, \quad H_0{}' = H_0 K_r \tag{3.36}$$

여기서 $H_0{}'$을 환산심해파고라고 한다. 일반적으로 파가 어떠한 굴절경로를 거쳐 관측지점에 도달하는지 알 수 없으므로 $H_0{}'$의 심해파가 천수변형만을 받아 파고 H의 파로 되었다고 고려한다. 식(3.30)으로부터 굴절각은 다음과 같이 파속의 비를 사용하여 구할 수 있다.

$$\frac{\sin\theta}{\sin\theta_0} = \frac{C}{C_0} \tag{3.37}$$

등심선(等深線)이 평행한 직선을 갖는 해안에 파가 비스듬히 입사하는 경우 식(3.30)과 식(3.31)로부터 굴절계수는,

$$\begin{aligned}
K_r &= \left(\frac{\cos\theta_0}{\cos\theta}\right)^{1/2} = \left(\frac{1-\sin^2\theta}{\cos^2\theta_0}\right)^{-1/4} \\
&= \left[\frac{1-(C/C_0)^2\sin^2\theta_0}{\cos^2\theta_0}\right]^{-1/4} = \left[1+\left\{1-(\frac{C}{C_0})\right\}\tan^2\theta_0\right]^{-1/4}
\end{aligned} \tag{3.38}$$

식(3.38)을 사용하면 입사각 θ_0으로부터 굴절계수를 구할 수 있다(굴절각을 구할 필요가 없다).

4) 쇄파(그림 3.10 참조)

풍랑이 발달하면 파장도 파고도 증대하지만 파고의 증가율이 크기 때문에 파도의 형상은 점차 가파르게 된다. 또 외해에서 천해역에 진입한 파도도 천수변형으로 파고가 증대하는 한편 파장은 줄어들기 때문에 가파른 파형이 된다. 가파른 파형이 한계를 넘어서면 앞

쪽으로 튀어 나가면서 무너져 내리는 흰 물결의 백파가 발생하는데 이 현상을 쇄파(碎波)라고 한다. 바람이 거셀 경우에는 파랑의 꼭대기가 파속을 넘는 속도로 날라 가면서 강제적으로 쇄파가 발생하기도 한다. 또한 천수변형 등의 천수효과로 쇄파가 발생하는 경우 이를 해안파(海岸波)라고 부르기도 한다. 해안파가 발생할 때의 수심 및 파고는 파랑의 원래 주기 및 해저 경사에 의해서 변화하지만 쇄파가 발생했을 때 파고는 외해에서의 파고 2배 이상이 되는 경우도 있다.

출처 : Hokkaido University Graduate School of Engineering HP(2018), https://www.eng.hokudai.ac.jp/engineering/archive/2012-04/feature1204-01-06.html

그림 3.10 쇄파

5) 반사

해안절벽으로 이루어진 해안이나 방파제 등에 파도가 부딪치면 파랑이 되돌아서서 방향을 바꾸어 다른 방향으로 진행하는 경우도 있다. 이런 현상을 반사(反射)라고 한다. 그때, 입사파와 반사파의 파봉(波峰)이 겹쳐지면, 원래 파고의 2배 가까운 파랑이 출현할 수도 있다.

6) 회절(그림 3.11 참조)

파랑이 섬이나 반도 또는 방파제와 같은 구조물 뒤쪽으로 돌아 들어가는 현상을 회절(回折)이라고 부른다. 방파제에 둘러싸인 항내와 같은 곳에서는 에너지는 훨씬 작지만, 파랑은 전해진다. 또 파의 진행방향으로 고립된 섬이 있으면, 파랑은 양쪽에서부터 섬으로 돌아 들어가 섬의 후면에서 서로 합쳐져 파고가 높아질 수도 있다.

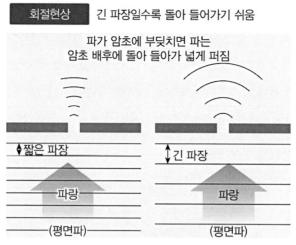

출처 : CCS株式会社(2018), https://www.ccs-inc.co.jp/guide/column/light_color/vol02.html

그림 3.11 파의 회절

7) 파의 처오름·월파

파는 운동 에너지를 가지고 있기 때문에, 구조물과 육지에 있는 사면(斜面)을 소상(遡上)한다(그림 3.12(a), (b) 참조). 따라서 방파제 등의 구조물을 설계할 때에는 처오름(Wave Run-up) 높이를 고려해야 한다. 처오름 높이가 구조물의 마루높이보다 높은 경우는 배후지로 해수가 유입된다(그림 3.12(c) 참조).

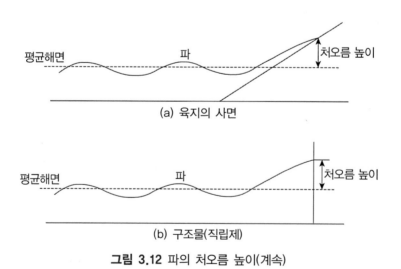

그림 3.12 파의 처오름 높이(계속)

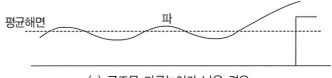

(c) 구조물 마루높이가 낮은 경우

출처 : Yamaguchi University Department of Civil and Environmental Engineering HP(2018). www.suiri.civil.yamaguchi-u.ac.jp/lecture/kaigan/coast9.ppt

그림 3.12 파의 처오름 높이

출처 : 부산시 자료(2017).

그림 3.13 파의 월파(태풍 차바(2016.10.5.) 시 해운대 마린시티 앞 해상)

호안 및 해안제방의 마루높이가 평균 해면보다 높음에도 불구하고 파에 의해서 마루높이를 넘어 배후로 해수가 유입하는 현상을 월파(越波, Wave Overtopping)라고 한다(그림 3.13 참조). 월파 현상은 내습파의 1파마다 파고에 지배받는 수가 많고 태풍 시는 단속적(斷續的)으로 월파가 발생한다. 이와 같은 월파의 정도는 해안 구조물 내로 유하하는 수량, 즉 월파량 Q(m³/m)로 표시하며 일반적으로 호안길이 1당의 1파마다의 수량으로 표시한다. 또한 단위시간당 평균 월파유량은 q(m³/m/s)으로 나타낸다. 월파를 완전히 막기 위해서는 구조물의 마루높이를 높게 해야 하므로 경관 및 경제적으로 바람직하지 못하여 어느 정도 월파를 허용하는 허용월파량 개념을 설계에 도입하였다. 고다(合田)가 제안한 불규칙파(不規則波)에 대한 평균 월파량은 식(3.39)와 같다.

$$q \fallingdotseq q_{\mathrm{EXP}} = \int_0^\infty q_0\left(H/T_{1/3}\right) p(H)\,dH \tag{3.39}$$

여기서, $q_0\left(H/T_{1/3}\right)$: 주기 $T_{1/3}$, 파고 H의 규칙파에 따른 월파유량

$p(H)$: 파고의 확률밀도함수

식(3.39)에 의한 평균 월파유량의 추정치 q_{EXP}를 기대월파유량이라고 부른다.[3]

8) 해류·조류의 영향

파향과 반대 방향으로 강한 해류 및 조류가 있는 해역에서는 해상풍의 상대풍속이 커지면 바람이 불어 지나가는 외관상 거리도 길어지므로 더 큰 풍랑이 발달하게 된다. 이것을 조석파(潮汐波)라고도 한다. 또한 흐름에 따라 해수가 이동하면 파장이 압축되어 파형이 더 가팔라져 쇄파가 일어난다. 한편 파향과 같은 방향의 흐름이 있는 해역에서는 정반대의 작용이 생겨 흐름이 없는 상태보다 파도가 잔잔하게 된다.

3.2 파랑으로 인한 재해

3.2.1 기상해일

해수면 변동을 야기하는 기압점프가 장파(長波)와 같은 속도로 움직이게 되면 그 파고는 증폭되게 된다.[4] 기상해일(氣象海溢)은 저기압으로 인한 대기압의 급격한 변화(기압점프 차이 약 3hPa)로 발생하는 것을 말하며 외해에서 기압변화로 시작한 파랑이 연안 가까이 도달하면 공진현상(共振現象)과 해저지형 등의 영향을 받아 파고가 매우 커지는데 해외에서는 'Meteo-tsunami'라고 부른다(그림 3.14 참조).

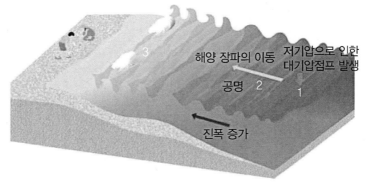

그림 3.14 기상해일 발생 개념도

기상해일은 기본적으로 그림 3.15와 같이 프루드만(Proudman) 공진(共振)[5]이라 불리는 메커니즘 때문에 발생하는데 기압강하 ΔP가 이동속도 V로 이동하면 해양에서 장파가 여기(勵起)된다. 그 위상속도를 $c(=\sqrt{gh}$, g : 중력가속도, h : 수심)라고 하면 진폭의 증폭률 R 은,

$$R = \frac{1}{1-(V/c)^2} = \frac{1}{1-V^2/(gh)} \tag{3.40}$$

로 나타낼 수 있다. 기압강하의 이동과 여기(勵起)된 해양장파의 위상속도가 일치하는 경우 공진되어 진폭이 증대한다. 또한, 기압변화가 급격할수록(그림 3.15에서 r_0가 적은 경우) 진폭은 증대되며 기압저하가 광범위·완만한 경우 흡상(吸上)효과가 나타나는데 해면파(海面波)는 기압 저하분(1hPa에서 1cm) 이상으로 크게 되지 않는다. 수심으로 결정되는 해양장파의 위상속도는 해역 고유치로 기압저하의 형상과 이동속도가 공진의 열쇠가 된다.

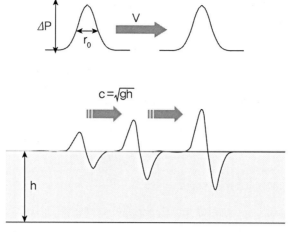

출처 : 日本気象学会 HP(2018), http://www.metsoc.jp/tenki/pdf/2014/2014_06_0058.pdf

그림 3.15 프루드만 공진의 개념도

우리나라에서의 기상해일은 주로 서해안에서 3~5월 사이에 저기압이 서해를 빠르게 진행(약 80km/hr)할 때 발생한다. 기상해일이 이동하는 경로에 갑자기 얕은 지형인 여울(浅瀬) 및 만(灣) 등이 나타나면 전파되는 에너지가 축적되어 갯바위나 방파제 등에서 파고가 커져 인명 및 재산 등의 피해를 초래할 수 있다. 이 현상은 스페인에서는 '리싸가(Rissaga)', 이탈리아에서는 '마루비오(Marubbio)', 몰타에서는 '밀구바(Milghuba)'라는 이름으로 각각 부르며 오래전부터 연구가 진행되어왔다. 기상해일은 지진해일과 많은 부분에서 비슷한 점을 갖고 있어 실제 해안에서 관측되는 해면의 진동도 비슷하고, 주기가 긴 특징을 보이는 비슷한 점을 갖고 있으나 기상해일은 수 시간 이상 지속되는 공진[4] 현상 때문에 발생되는 반면, 지진해일은 지진, 산사태 및 화산활동처럼 초 단위나 분 단위의 '순간적인 충격'에 의해 발생된다. 지진해일은 초기단계부터 큰 에너지를 갖고 있기 때문에 공진이 없어도 해안에 큰 피해를 줄 수 있지만, 기상해일은 반드시 여러 공진 조건이 맞아야만 파괴적인 피해를 주게 된다. 또한 지진해일은 매우 드물게 발생하지만 기상해일은 공진조건이 잘 맞는 해안이나 만에서는 빈번하게 일어날 수 있다는 차이점이 있다.

---

4 공진(共振, Resonance) : 파랑의 주기가 진동이 유사하게 반복되면 작은 힘으로도 파의 큰 진폭이 발생하는 현상을 말한다.

3.2.2 우리나라 연안의 파랑재해

1) 주요 풍랑 피해 사례

(1) 2007년 1월 5일~9일 풍랑 피해

가) 기상개황

북서쪽에서 발달한 저기압이 한랭전선을 통과하고 서쪽으로부터 찬 대륙 고기압이 확장하면서 우리나라 부근에 기압차가 크게 발생해 서해안 지역의 강풍경보와 함께 강한 바람을 동반한 풍랑이 발생하였다.

나) 피해현황

서해안 풍랑이 바다 쪽에서 육지 방향으로 이동하는 북서풍으로 인해 충남, 경기, 전북 일원에 수산 증·양식, 어망, 어구 등 수산시설 피해가 발생하였고 강풍으로 인해 전남 일부 지역에 비닐하우스, 농작물 피해가 발생하였다. 재산피해는 총 10,087백만 원으로 충남 9,705백만 원, 경기 290백만 원, 전북 49백만 원, 전남 등 43백만 원이었다.

(2) 2007년 3월 4일~8일 풍랑 피해

가) 기상개황

북서쪽에서 발달한 저기압이 한랭전선을 통과하고 서쪽으로부터 찬 대륙 고기압이 확장하면서 우리나라 부근에 기압차가 크게 남에 따라 전 해상에 강풍경보와 함께 강한 바람을 동반한 풍랑이 발생하였다.

나) 피해현황

서해안 풍랑이 바다 쪽에서 육지 방향으로 이동하는 북서풍으로 인해 인천, 충북, 충남, 전북, 전남 일원에 수산 증·양식, 어망, 어구 등 수산시설 피해가 발생하였고 강풍으로 인해 경북, 경남, 부산 일부 지역에 비닐하우스, 농작물 피해가 발생하였다. 재산피해는 총 23,041백만 원으로 충남 12,712백만 원, 전남 4,188백만 원, 전북 1,825백만 원, 부산 등 4,316백만 원이었다.

(3) 2009년 2월 12일~15일 풍랑 피해

가) 기상개황

조석현상으로 해수면 수위가 상승하여 서해상에 중심을 둔 기압골이 한반도로 다가옴에 따라 강한 남서풍이 지속적으로 유입되면서 해수면 수위가 상승하면서 해안지역을 중심으로 강풍·풍랑특보가 발효되어 매우 강한 바람을 동반한 풍랑이 발생하였다.

나) 피해현황

겨울철 북서계절풍이 아닌 강한 남서풍이 발생하여 조류와 풍속방향이 맞물리면서 파고와 주기가 증가하였다. 남서풍이 장시간 지속되고, 전남 진도·해남·완도해역의 채취 전 김 양식 시설의 무게가 증가한 상태에서 해저구릉(海底丘陵) 지역 및 얕은 수심에 위치한 김 양식 시설 위주로 피해가 발생하였다. 재산피해는 총 11,618백만 원으로 전남 9,030백만 원, 충남 1,008백만 원, 부산 984백만 원, 경남 등 596백만 원이었다.

2) 주요 고파랑 피해 유형 및 보강 사례

(1) 방파제

가) 방파제의 일반적인 파괴유형

외곽시설인 방파제의 주요 파괴유형을 살펴보면 다음과 같다.

① 설계파의 과소평가에 의한 피복재의 이동 및 이탈

② 직접 파력에 의한 사면상의 활동파괴

③ 전면 기초부의 국부세굴에 의한 제체(堤體)침하(沈下)

④ 월파로 인한 배후면의 세굴 및 활동 : 방파제는 주로 후면부 파괴보다 전면부에서의 파괴빈도가 많으며, 파괴원인은 전면부의 경우 파랑과 조류 등에 의한 수리학적 파괴와 제체고유 안정성 부족에 의한 구조적 파괴원인이 있으며, 후면부는 월파 및 구조적 안정부족이 주요 파괴원인으로 분석된다.

나) 방파제의 기본파괴 모드

경사제(傾斜堤) 방파제의 세부적인 단면 파괴모드는 그림 3.16에 나타내었듯이 ① 피복석의 파괴, ② 월파, ③ 활동파괴, ④ 근고공의 유실, ⑤ 기부 세굴, ⑥ 원호활동 파괴, ⑦ 중간피복석(필트층)의 불안정, ⑧ 제체사석의 침하, ⑨ 상치콘크리트의 활동, ⑩ 지반의 침하, ⑪ 배후면 제체의 활동, ⑫ 피복석의 유실, ⑬ 상치콘크리트의 파괴·전도·활동의 파괴모드를 볼 수 있다.

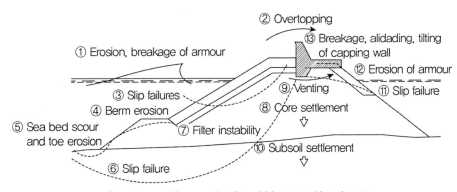

Overview of failure modes for rubble mound breakwaters

출처 : 부산광역시(2017), 부산연안방재대책수립 종합보고서, p.99.

그림 3.16 경사제 방파제 단면의 세부 파괴모드

이러한 파괴모드는 일반적인 해수면에서 발생하는 파괴의 형식이며 입사하는 파랑과 자중으로 저항하는 사석 및 소파블록의 관계에서 발생한다. 또한 지반에 의한 파괴도 빈번하게 발생하며, 이외에도 폭풍해일이나 지진해일에 의한 장주기 해수면 변동과 같은 비선형적인 파괴가 발생할 수 있다. 태풍으로 인한 피해가 막대한 원인은 해수면의 상승을 동반한 폭풍해일로 인한 고파랑 피해가 주요 원인으로 볼 수 있다. 방파제에서의 평면적인 파괴모드는 굴절에 의한 파랑집중, 제두부에서의 사면상의 쇄파와 진행 파랑의 중첩, 경사입사파에 의한 제체의 파괴, 피복석 중량 변화구간에서의 파괴 등으로 크게 나눌 수 있으며, 제체 자체에서의 안정성도 있지만 주변지형의 영향도 직접적인 파괴원인이 되기도 한다. 그림 3.17 및 그림 3.18에서는 제두부(堤頭部) 주위에서의 일반적인 파괴모드를 나타내고 있으며, 이러한 피복석의 파괴는 입사파향(入射波向) 및 파형경사에 직접적으로 영향을 받는다.

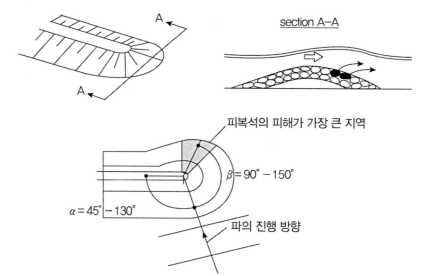

출처 : 부산광역시(2017), 부산연안방재대책수립 종합보고서, p.100.

그림 3.17 제두부 배후면의 파괴모드

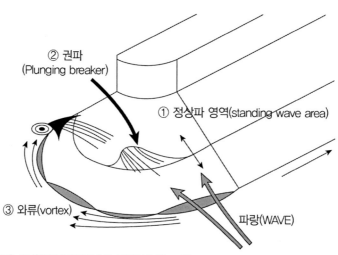

출처 : 부산광역시(2017), 부산연안방재대책수립 종합보고서, p.101.

그림 3.18 제두부의 파괴모드

다) 구조형식별 피해유형 및 보강대책

① 직립제(그림 3.19 참조)

    ㉠ 피해유형

- 저면 세굴에 따른 방파제 전도

- 방파제 폭, 자중의 부족에 따른 활동

- 상치콘크리트 두께 부족에 따른 상치부 파손

- 마루높이 부족에 의한 월파 허용

- 항외 측 소파블록 설치 시 중량 부족으로 인한 탈락

- 우각부(隅角部)에 파의 집중으로 인한 제체 붕괴

    ㉡ 보강대책

- 저면 세굴 방지용 매트(Mat) 설치

- 수치, 수리모형 실험에 의한 방파제 폭 및 자중 증대

- 방파제 안정계산에 의한 상치두께 증대 및 콘크리트강도 증대

- 수치, 수리모형 실험에 의한 적절한 마루높이 결정

- 수치, 수리모형 실험에 의한 피복석, 블록 중량 결정

- 우각부의 저반사(低反射) 구조화(소파블록 설치)

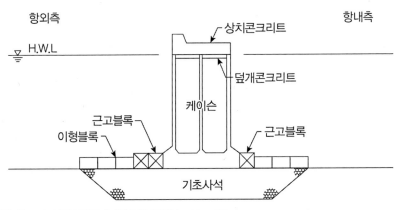

출처 : 부산광역시(2017), 부산연안방재대책수립 종합보고서, p.102.

그림 3.19 직립제

② 경사제(그림 3.20 참조)

　　㉠ 피해유형

- 피복석 블록 중량 부족에 따른 탈락

- 저면 세굴에 따른 피복석, 블록 침하

- 비탈경사 부족으로 인한 방파제 붕괴

- 마루폭 부족, 마루높이 부족에 의한 월파허용

- 항외 측 소파블록 설치 시 중량부족으로 인한 탈락

- 피복석 시공 불량으로 인해 공극증대 시 제체 파손

　　㉡ 보강대책

- 저면 세굴 방지용 매트(Mat) 설치

- 수치, 수리모형 실험에 의한 방파제 폭 및 자중 증대

- 방파제 안정계산에 의한 상치두께 증대 및 콘크리트강도 증대

- 수치, 수리모형 실험에 의한 적절한 마루높이 결정

- 수치, 수리모형 실험에 의한 피복석, 블록 중량 결정

- 우각부의 저반사 구조화(소파블록 설치 등)

- 비탈경사 최소 1 : 1.5 확보 및 소단 형성

- 시공감독을 철저히 하여 피해방지

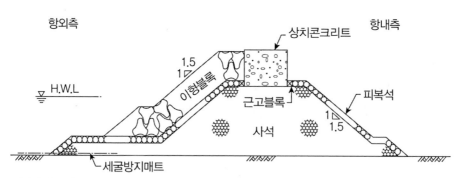

출처 : 부산광역시(2017), 부산연안방재대책수립 종합보고서, p.103.

그림 3.20 경사제

③ 혼성제(그림 3.21 참조)

㉠ 피해유형

- 피복석 중량 부족에 따른 마운드(Mound)부 피복석 탈락 세굴 마운드 어깨부 부족에 따른 제체 붕괴
- 마루높이 부족에 따른 월파 허용
- 월파 시 항내 측 마운드 어깨부의 파손으로 인한 제체 붕괴
- 항외측 소파블록 설치 시 중량부족으로 인한 탈락
- 제체 우각부에 파의 집중으로 인한 파손

㉡ 보강대책

- 저면 세굴 방지용 매트(Mat) 설치
- 수치, 수리모형 실험에 의한 방파제 폭 및 자중 증대
- 방파제 안정계산에 의한 상치두께 증대 및 콘크리트강도 증대
- 수치, 수리모형 실험에 의한 적절한 마루높이 결정
- 수치, 수리모형 실험에 의한 피복석, 블록 중량 결정
- 우각부의 저반사 구조화(소파블록 설치 등)
- 비탈경사 최소 1 : 1.5 확보 및 소단 형성
- 시공감독을 철저히 하여 피해 방지

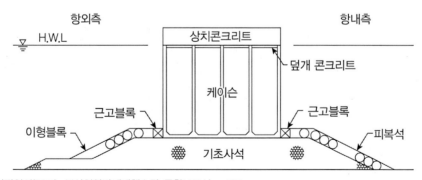

출처 : 부산광역시(2017), 부산연안방재대책수립 종합보고서, p.104.

그림 3.21 혼성제

라) 외측 피복재 및 블록 특성 분석

고파랑 내습 시 파랑 및 반사파를 효과적으로 저감하기 위해 설치하는 외측 피복재(소파블록, 표 3.1 참조)와 상대적으로 낮은 파랑이 내습하는 지역에서는 구조물 외측에 설치하여 반사파를 저감하기 위한 직립식 소파블록(표 3.2 참조)을 통해 구조물의 안정성 확보 및 구조물 전면의 파랑을 저감시킨다. 따라서 이러한 블록들의 특성을 파악하여 효과적인 구조물 설계 시 활용토록 정리하였다.

표 3.1 외측피복재(소파블록) 비교

구분		TETRAPOD(T.T.P)	SEALOCK	DIMPLE
형상				
특성		• 저중심으로 내파 안정성 우수 • 거치 시 구조적 안정 • 다리 부러짐 현상 다수	• 파랑에너지 분산, 흡수에 의한 감쇄효과 우수 • T.T.P 다리 부러짐 보완 • 피해 시 유지보수 용이	• 파랑에너지 분산, 흡수에 의한 감쇄효과 우수 • 맞물림 효과 우수 • 울퉁불퉁한 단면으로 파손 위험
공극률		50%	50~61%	56%
최대중량		64ton	100ton	100ton
안정계수(KD)	쇄파	7.0	10~13	11.0
	비쇄파	8.0	10~13	11.0

표 3.2 직립소파블록

구분	와록(Warock)블록	회파(回波)블록	CE블록
형상			
특성	• 소파효과 우수 • 이형으로 설치 시 미관우수 • 제작 시 정밀시공 요구	• 블록 내 회파 기능을 통해 파랑 에너지 소산 • 회파 기능을 통한 월파 감소 • 친수기능 확보	• 소파효과 우수 • 공장제작으로 품질관리 용이 • 4면 벽체형으로 비용 고가
반사율	0.4~0.6	0.4~0.6	0.4~0.6

출처 : 부산광역시(2017), 부산연안방재대책수립 종합보고서, p.105.

마) 대변항 동방파제의 피해 및 보강 사례[6]

① 피해현황 : 2003년 태풍 '매미'로 인한 동방파제의 피해현황은 '대변항 동방파제 피해 복구 실시설계 보고서(2004.4., 부산항건설사무소)' 자료를 참고하여 정리하였다(그림 3.22~3.24 참조).

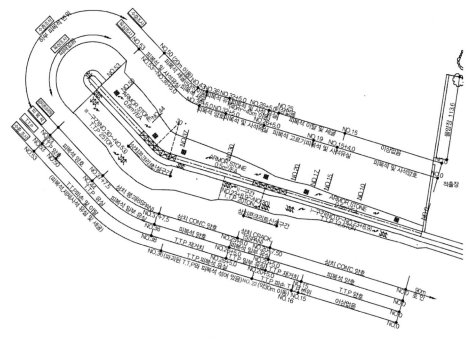

출처 : 부산항건설사무소(2004), 대변항 동방파제 피해복구 실시설계 보고서.

그림 3.22 대변항 동방파제(혼성제) 평면도

① 기부 항 측	② 기부 항내측	③ 간부 항외측
피해 없음(150m)	피해 없음(기존 T.T.P 인양 및 신규 T.T.P 야적)	기초사석 유실로 인한 상치콘크리트 침하 및 균열

그림 3.23 동방파제 피해전경(계속)

④ 간부 항내측	⑤ 간부 항외측	⑥ 굴곡부 항외측
월파 및 상치저면 세굴로 인한 항내측 피복석 유실	피복재 중량 부족에 의한 T.T.P 이동 및 이탈 다수	기초사석 유실로 인한 상치콘크리트 침하 및 균열
⑦ 굴곡부 항내측	⑧ 간부 항외측	⑨ 두부측
기초사석 유실로 인한 상치콘크리트 붕괴	피복재 중량 부족에 의한 T.T.P 이동 및 이탈	두부구간 피해 없음(T.T.P 보강 작업)

출처 : 부산항건설사무소(2004), 대변항 동방파제 피해복구 실시설계 보고서.

그림 3.23 동방파제 피해전경

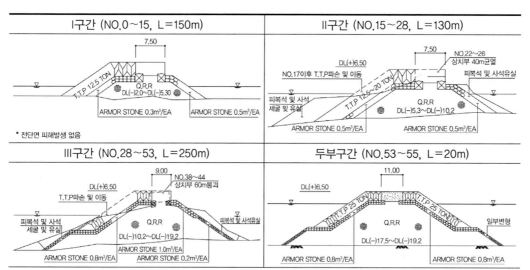

출처 : 부산항건설사무소(2004), 대변항 동방파제 피해복구 실시설계 보고서.

그림 3.24 구간별 피해단면 형상

동방파제의 피해는 주로 항외측의 피복재 이동 및 이탈로 인한 피복석과 제체사석의 파손에 의해 시설물의 손상이, 특히 굴곡부와 수심분포상 심곡부(深谷部)를 포함한 II구간(NO.15~NO.28)과 III구간 내(NO.28~NO.50)에서 피해를 많이 입은 것으로 조사되었다. 기부측(基部側) 150m 구간은 태풍 '매미(2003.9.)'를 비롯하여 그 이전의 '루사(2002.8.)'시에도 피해를 입지 않은 구간으로 수심이 얕고 방파제 전면에는 노출암이 분포하고 있어 지형적으로도 구조물 안정성이 확보 가능한 지리적 요건을 갖추고 있다. 간부측(幹部側) 350m 구간 중에 파랑에너지가 집중될 수 있는 III구간 내 굴곡부와 II구간에 위치한 심곡부 구간에는 전면부 피복재 및 피복석, 제체사석의 유실로 인한 상치콘크리트 균열 및 붕괴현상이 발생되는 등 피해가 특히 심하였으며, 대체적으로 전 구간에 걸쳐 전면 피복재의 변위발생과 일부 피복석이 유실되는 피해 현상을 보이고 있다. 특히, 배후 피복석 파괴는 제체 마루폭과 높이부족 등으로 인한 월파에 의해 파괴된 것으로 보인다. 두부측(頭部側)의 경우 태풍 '루사' 시에는 피복재의 변위가 발생되는 등 일부 피해양상을 보였으나, '매미' 내습 시에는 외형적으로 피해가 거의 발생하지 않은 것으로 보였지만 금회 수행한 수중조사에 의해 항내 측 저면 기초부의 피복석이 일부 국소적으로 변형되어 있는 것으로 조사되었다. 태풍 '매미'로 인한 동방파제의 피해는 막대한 것으로 조사되었으며, 전반적인 피해양상을 보면 해일과 고파랑의 내습으로 인한 피복재의 소요중량부족에 근본적인 원인이 있으나, 일부분은 기초부에서의 세굴로 인한 제체형상의 점진적인 파괴가 방파제의 피해 원인일 것으로 판단된다.

② 단면보강대책(대변항 동방파제, 표 3.3 참조)

표 3.3 대변항 동방파제 단면보강현황(계속)

구분	피해현상	발생원인	대책방안
단면 피해 형상	피복재 파손 및 유실	피복재 소요중량 부족	• 각종 피복재 중량산정식의 비교 검토 • 수리모형실험에 의한 안정성 확인
	사면 내 활동파괴	• Wave up-down에 의한 기부세굴 • 파고증가로 인한 파력증대	• 제체 전면 소단설치 • 기초사석 세굴방지 및 근고공 설치

표 3.3 대변항 동방파제 단면보강 현황

구분	피해현상	발생원인	대책방안
단면 피해 형상	피복석 및 내부사석 유실	• 피복재 이탈로 외력증대 • 피복재 소요규격 부족	• 피복재 및 피복석의 소요 중량 확보 • 시공거치 시 피복재 간 결속력 증대
	상치콘크리트 균열 및 붕괴	• 기초사석 세굴 및 침하 • 근고블록 이탈로 기초부실	• 적정 상치콘크리트 규격 확보 • 상치콘크리트 기초부의 시공품질 향상
평면 피해 형상	굴곡부 및 심곡부의 제체전면 파괴	다방향 입사파 등에 의한 파력 집중현상	피해 집중구간에 제거 T.T.P를 이용한 Mattress Berm Type 추가보강

출처: 부산항건설사무소(2004), 대변항 동방파제 피해복구 실시설계 보고서.

(2) 호안(그림 3.25~그림 3.27 참조)

① 2003년 태풍 '매미' 피해유형(부산연안의 일반적인 단면형식)

　㉠ 마루높이 부족에 따른 월파 허용

　㉡ 피복석 경사부족에 따른 호안 붕괴(석축호안도로)

　㉢ 반파공 목두께 부족으로 인한 파손

　㉣ 토사유출로 인한 호안 및 도로 파손

　㉤ 반파공 저면 노출로 인한 구조물 파손

　㉥ 피복석 어깨부 미설치로 인한 호안 파손

　㉦ 피복석, 소파블록 중량 부족으로 인한 호안 파손

　㉧ 지반조사 미실시로 인한 호안의 침하붕괴

② 보강대책

　㉠ 파랑, 수심 등 기본자료 조사를 철저히 하여 월파량 계산에 근거한 마루높이 결정

　㉡ 석축호안도로(경사 1 : 0.1~0.5)를 배제하고 최소경사 1 : 1 이상 유지

　㉢ 항만 및 어항설계기준 이상 강도의 콘크리트 적용

　㉣ 반파공 내 소량의 철근배근을 통한 연결부 보강

　㉤ 전면 피복석 시공 철저, 뒷채움 사석폭 증대, 필터매트(Filter Mat) 설치

　㉥ 반파공의 저면부 일부를 피복석으로 보강

　㉦ 반파공 전면에 피복석 어깨부 설치(0.5m 이상)

　㉧ 수치·수리모형실험을 통한 피복석, 블록 중량 계산

ⓩ 지반조사를 실시하여 적절한 형식 선정

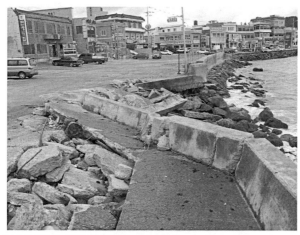

출처 : 부산광역시(2017), 부산연안방재대책수립 종합보고서, p.109.

그림 3.25 태풍 '매미'시 고파랑 피해사진(신암항)

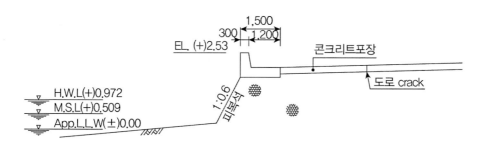

출처 : 부산광역시(2017), 부산연안방재대책수립 종합보고서, p.109.

그림 3.26 태풍 피해복구 시공 전 단면(신암항)

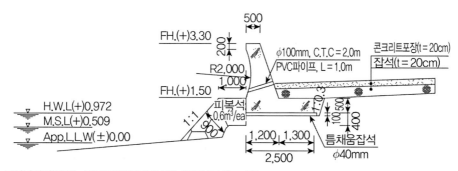

출처 : 부산광역시(2017), 부산연안방재대책수립 종합보고서, p.109.

그림 3.27 태풍 피해복구 시공 후 단면(신암항)

3) 주요 기상해일 피해 사례(그림 3.28, 표 3.4 참조)

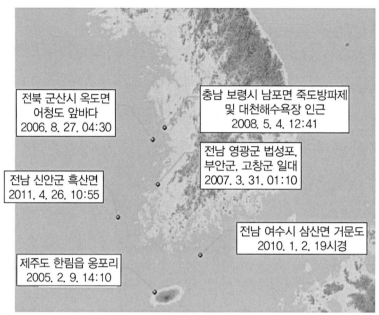

전북 군산시 옥도면
어청도 앞바다
2006. 8. 27. 04:30

충남 보령시 남포면 죽도방파제
및 대천해수욕장 인근
2008. 5. 4. 12:41

전남 신안군 흑산면
2011. 4. 26. 10:55

전남 영광군 법성포,
부안군, 고창군 일대
2007. 3. 31. 01:10

전남 여수시 삼산면 거문도
2010. 1. 2. 19시경

제주도 한림읍 옹포리
2005. 2. 9. 14:10

출처 : 소방방재청 재난상황실(2010), 재난상황관리정보 해일, p.17.

그림 3.28 기상해일 발생현황

표 3.4 우리나라 주요 기상해일 발생현황과 피해내역

구분	지역	시설명	일시	계	사망	실종	부상
				30	13	−	17
이상고파	충남 보령	죽도방파제	'08.5.4.	23	9	−	14
	전남 영광	법성면	'07.3.31.	1	1	−	−
	전남 고창	상하면	'07.3.31.	6	3	−	3
	제주 한림	옹포리	'05.2.9.	−	−	−	−

출처 : 소방방재청 재난상황실(2010), 재난상황관리정보 해일, p.17.

(1) 전남 영광 법성포 해안

2007년 3월 31일 전남 영광군 법성포 해안에서 기상해일이 발생하여 인명피해는 사망 4명 및 부상 3명이었고, 재산피해는 2,245백만 원, 시설피해는 주택 46동, 상가 120동, 선박 186척 등이 발생하였다. 대기압 점프의 이동에 의해 발생한 해양장파가 서해 연안역에서 프루드만(Proudman) 공진(共振)을 일으키고 이 장파(長波)가 만조 시기에 해안지역에

도착한 것이 원인으로 추정된다. 파랑 천수효과와 해안으로부터 반사된 파랑의 중첩 등으로 선유도, 변산반도, 위도, 영광 해안지역에 파고가 높은 해수면 진동을 일으키고 해수가 범람하여 인명과 재산피해를 발생시켰다.

(2) 충남 보령 죽도방파제

2008년 5월 4일 낮 12시 41분 잔잔하던 충남 보령시 남포면 죽도선착장과 해안 바위지역에서 4~5m가 넘는 높은 파도(기상해일)가 덮쳐 관광객 및 낚시꾼 7명이 파도에 휩쓸려 사망(그림 3.29 참조)하였고, 죽도에서 약 4km 떨어진 갯바위 지역에서도 2명이 높은 파도에 사망하였고 15명이 부상하였다.

① 기상해일이 밀려오고 있지만 관광객들은 이를 모른 채 갯바위 등지에서 바다를 조망하고 있음(12시 37분 48초)

② 이어 사람 키를 넘는 기상해일이 갯바위를 부딪치자 관광객들 시선이 바다로 향함

③ 갯바위에 있던 2명의 관광객이 기상해일에 휩쓸려 사라져 뒤늦게 관광객들이 사고현장을 바라보고 있음

④ 갯바위 주변에 있던 관광객들이 급히 난간 쪽으로 대피하고 있음

출처 : 연합뉴스(2008), kjunho@yna.co.kr

그림 3.29 보령 기상해일 발생당시 상황

이 기상해일은 2007년 전남 영광과 마찬가지로 해양장파와 기압장이 비슷한 속도로 이동하여 발생한 것으로 황해에서 빠르게 이동한 기압점프에 의해 전파해온 해양장파가 보령일대의 지형적 특성 때문에 천수변형, 파랑과 흐름의 상호작용 등의 영향을 받아 발생했다고 추정할 수 있다.

4) 이안류

(1) 이안류의 특성

이안류(離岸流, Rip Current)는 해안으로부터 바다로 향하는 흐름을 말한다. 특히 비교적 경사가 완만한 해안선에 직각에 가까운 속도로 너울성 파랑이 입사할 때 폭은 좁지만 해수면근처에서 유속이 큰 흐름이 수십 미터에서 수백 미터 간격으로 쇄파대(碎波帶)를 가로질러 바다로 흘러가는 것을 말한다(그림 3.30 참조). 이안류 발생원인은 해안선 방향을 따라 파고가 낮은 쪽으로 에너지의 기울기가 발생하여 해수가 파고가 낮은 영역으로 몰려 외해 쪽으로 강한 흐름을 발생하며, 이안류가 발생하는 영역은 항상 파봉선이 단절되어 있으며 파고가 낮아 쇄파가 없거나 매우 약하지만, 이안류 영역 좌우에서는 강한 쇄파가 발생한다. 그리고 파고가 낮은 영역의 이안류 생성은 쇄파대의 지형특성이 원인으로 알려져 있지만, 입사파의 특성으로 강한 불균등 파고분포가 만들어지면 쇄파대 지형과 상관없이 또는 쇄파대의 지형 자체를 변형시키는 이안류가 발생하기도 한다.[7]

출처: 국립해양조사원 해양과학조사연구실(2010), 해양이상현상 사례집, p.458.

그림 3.30 이안류 발생 개념도와 발생 사진

부산 해운대 해수욕장에는 7~8월경에 가끔씩 이안류가 발생하여 해수욕객 안전을 위협하는데 해운대의 위험 이안류는 대부분 필리핀해를 지나 동, 남중국해(대만)를 통과해 중국으로 상륙하는 태풍이 생성시킨 너울이 한반도 남해에 도달할 때에 발생한다. 너울이 해운대 앞의 중앙 천뢰(淺瀬)[5] 및 수중 산맥에 의해 굴절되어 해안에 끊어진 영역이 뚜렷한 긴 파봉선(벌집구조 파형)이 해안에 도달할 때 위험한 이안류가 발생한다고 볼 수 있다(그림 3.31 참조).[8]

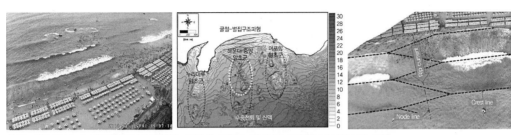

출처 : 최준우(2017), 한국건설기술연구원, 해운대 이안류 특성 및 이안류 감시시스템 설명.

그림 3.31 끊어진 파봉선 사이로 발생하는 해운대 이안류 : 2012. 8. 10.(태풍 '담레이' 영향의 너울)

(2) 국내외 이안류 피해 사례

① 국내 : 우리나라에서는 부산 해운대를 비롯하여 전남 완도, 신안, 충남 대천 등에서 여러 차례 이안류 발생이 보고되었으나 2009년 해운대에 CCTV 설치된 이후로 이안류에 대한 발생원인과 대책에 대해 체계적인 연구를 수행 중이다(표 3.5 참조).

② 해외 : 이안류에 의한 피해가 가장 컸던 사고는 일본에서 발생하였는데 1955년 7월 28일 일본 미에현(三重県) 쓰시(津市)의 나카카와하라(中河原) 해안에 있는 교호쿠 시립중학교 여학생들이 수영수업 중에 닥친 이안류로 말미암아 36명이 사망하였다. 그 당시 바다는 잔잔하였지만 돌연 큰 이안류가 내습하여 학생들을 차례차례로 해저로 끌고 들어감에 따라 발생한 사고이었다. 그 사고는 나카카와하라 해안이 먼 곳까지 얕은 수심으로 부근의 아노강 흐름에 의해 만들어진 구덩이가 있는 해저지형과 그 강의 흐름에 의해 발생한 이안류로 밝혀졌는데 현지에서는 예전부터 그 흐름을

---

5 천뢰(淺瀬, Schoal, Shallow) : 바다에서 수심이 얕은 곳을 말하며, 저질이 기반(基盤)으로 될 때는 암초(暗礁)라고도 한다.

'타이나미'라고 불렀다.

표 3.5 최근 해운대 이안류 발생/조사일과 피해내역

조사기간		인명구조	이안류 발생/조사	비고
2007년	8월	1명	–	사망 1명
2008년	8월	55명	–	–
2009년	8월	125명	–	–
2010년	7~8월	179명	–	–
2011년	6~8월	–	29일/88일(33%)	이안류 시스템 도입
2012년	6~8월	357명	38일/93일(41%)	–
2013년	6~8월	546명	32일/82일(39%)	부산연안정비(양빈)
2014년	6~8월	217명	41일/85일(48%)	부산연안정비(양빈)
2015년	6~8월	49명/8건	45일/99일(46%)	부산연안정비(양빈)
2016년	6~8월	49명/16건	46일/103일(45%)	부산연안정비(수중방파제)

출처 : 최준우(2017), 한국건설기술연구원, 해운대 이안류 특성 및 이안류 감시시스템 설명.

(3) 이안류 탈출방법과 대책(그림 3.32 참조)

이안류 발생 시 탈출방법은 절대로 이안류와 반대로 헤엄치면 안 된다는 것이다. 해안선과 평행방향(즉, 이안류 흐름과 직각방향)으로 헤엄쳐야만 이안류로부터 탈출할 수 있다. 이안류 폭은 일반적으로 버스차량 길이(10m) 정도밖에 되지 않으므로 해안선과 평행하게 수영하면 탈출 가능하다. 이안류 유속은 매초 1m를 넘는 것도 있어 이안류와 반대로 수영하는 것은 올림픽 출전 수영선수조차도 힘들다고 알려져 있기 때문에 이안류와 반대방향인 직접 해안방향으로 헤엄치면 안 된다. 흐름을 거슬러 해안으로 갈려고 하면 결국 이안류에 의해 앞바다까지 서서히 옮겨져 체력이 고갈되거나 패닉(Panic)에 빠지게 된다. 실제로 이안류에 의해서 앞바다로 떠내려가면 많은 사람은 패닉상태가 되어 해안선과 평행으로 헤엄치면 살 수 있다는 것을 알아채지 못한다. 앞바다에서는 약간 높은 파도도 표류자의 시야를 빼앗아 방향 감각이 잡히지 않고 자신이 떠내려가고 있는 방향조차 모르게 된다. 복잡한 흐름에 따라 갑자기 높아진 파고 때문에 해수에 휩쓸린 채 그대로 익사할 가능성이 높다. 따라서 우선 바다에 입수하는 사람은 앞서 기술한 탈출법(해안선과 평행으로 헤엄치는 것)을 기억하고 동료 친구에게도 철저히 알리는 것이 이안류 사고를 방자하는 중요한 방법이다. 그리고 해수욕장에서 수영을 하는 경우는 수상구조원의 망루대 등의 근처에서 헤엄

치는 편이 무난하다. 또한 위험한 흐름과 조우하지 않도록 경계하는 것도 현명한 방법이다. 이안류를 포함한 특히 위험한 흐름에 대해서는 현지인들이 잘 알고 있는 경우가 있으므로 사전에 해양 레저 관계자나 어업 관계자 등으로부터 정보를 간단하게 들어두면 안전성 향상에 도움이 된다. 우리나라에서는 국립해양조사원에서 이안류 예측정보시스템을 이용하여 이안류 발생을 예측하고 있는데 이 시스템은 파랑부이 및 조위 등의 실시간 관측자료와 해상환경 시나리오에 따른 시뮬레이션 자료를 기반으로 추출된 예측 알고리즘을 이용하여 이안류 발생을 예측한다(표 3.6, 그림 3.33 참조).

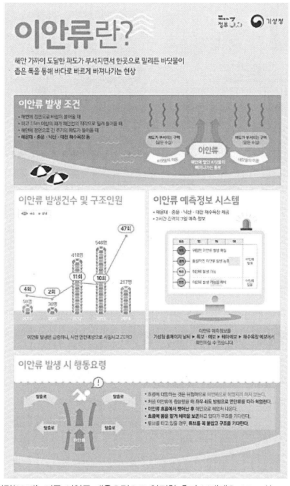

출처: 기상청 블로그 '생기발랄(2016)', 여름 이안류 대응요령으로 안전한 휴가 보내세요, https://kma_131.blog.me/220776657436

그림 3.32 이안류 팸플릿(기상청)

표 3.6 국립해양조사원 이안류 정보(4단계)

단계	위험지수	해수욕 가능 여부
관심(희박)	S<30	이안류 발생이 희박한 상황으로 안전요원이 있는 곳에서 일상 해수욕 가능
주의(가능)	30≤S<55	이안류 발생이 가능한 상황으로 안전요원이 있는 곳에서 수영이 능숙한 사람만 해수욕 가능
경계(농후)	55≤S<80	강하고 돌발적인 이안류 발생이 농후한 상황으로 수영이 능숙한 사람도 가능한 해수욕 자제
위험(대피)	80<S	매우 위험한 이안류 발생이 확실시되는 상황으로 해수욕 불가(해수욕객 대피)

출처 : 최준우(2017), 한국건설기술연구원, 해운대 이안류 특성 및 이안류 감시시스템 설명.

이안류 감시시스템 흐름도

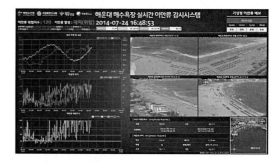

실시간 이안류 감시시스템 웹 서비스(해운대)

출처 : 최준우(2017), 한국건설기술연구원, 해운대 이안류 특성 및 이안류 감시시스템 설명.

그림 3.33 이안류 예측정보시스템

2017년 기준으로 이안류의 물리적 원인 제거는 불가능하지만 예측 정확도가 향상된 1일 사전예보가 가능하도록 국립해양조사원이 시스템 개선을 진행 중에 있으며 이안류 경보에 따라 수상구조대(소방안전본부 또는 해양경찰서)의 민감한 대응과 함께 해수욕객의 튜브 사용을 제한할 필요가 있다.

5) 너울성 고파

(1) 너울성 고파의 특성

너울(Swell)은 풍랑이 바람이 불지 않는 영역까지 진행하거나 해상의 바람이 약해지거나 하여 풍향이 급히 변화하는 등 바람에 의한 발달이 없게 된 후에도 남아 있는 파를 일컫는다. 최근 우리나라 동해안에 내습하여 인명피해를 야기하는 너울성 고파는 종종 현지의 날씨가 화창함에도 불구하고 갑자기 큰 파도가 해안가에 밀려올 뿐만 아니라 경우에 따라서는 파고가 통상적인 너울 수준(일반적으로 3m 이내)보다 훨씬 크고(유의파고 $H_S \geq 3m$), 풍파의 특성을 보이며 주기도 상대적으로 길고(유의주기 $T_S \geq 9s$), 국지적 강풍을 동반하지 않는 경우가 많다. 이러한 파의 특성을 반영하여 여기에서는 너울성 고파(Swell-like High Wave)라고 표현하기로 한다.[9] 너울성 고파는 다음과 같은 세 가지 특징을 가진다.[10]

① 돌연내습 : 기상이 회복되고 바람이 그쳤을 때 갑자기 고파랑 내습
② 지역성 : 고파가 발생하는 지역과 발생하지 않는 지역이 있음
③ 시간차 공격 : 고파랑이 내습하는 시간이 장소에 따라 상이함

우리나라 동해안에서 발생하는 너울성 고파는 주로 10~2월에 이르는 겨울철에 중국 내륙 및 우리나라 부근에서 특별히 강하게 발달한 온대성 저기압이 동해상으로 이동하면서 급속하게 발달하여 중심기압이 낮아지고 저기압 주변으로 강한 기압골을 형성하면서 강풍이 불게 됨에 따라 발생하게 된다(그림 3.34 참조).[11]

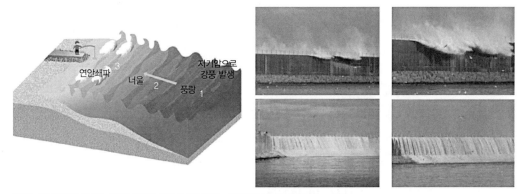

출처 : 국립해양조사원 해양과학조사연구실(2010), 해양이상현상 사례집, p.460.

그림 3.34 너울성 고파의 발생 개념도 및 발생현장(2008.2.24. 강원도 안목항)

동북방향으로 길게 뻗은 동해의 해역적(海域的) 특성으로 인해 우리나라에 주로 영향을 미치는 너울성 고파는 이러한 온대성 저기압의 영향으로 동해안 동북쪽 해상에서 강풍이

지속될 때 발생하며 이에 따라서 속초, 강릉 등 동해안 북부지역에 가장 먼저 너울성 고파가 도달하는 경향이 나타나고 있다(그림 3.35 참조).[12]

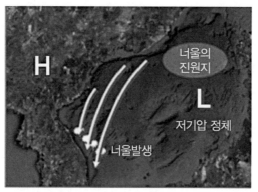

출처 : 소방방재청 재난상황실(2010), 재난상황관리정보 해파, p.15.

그림 3.35 동해안 너울성 고파랑 발생 메카니즘

(2) 너울성 고파랑 피해 사례

우리나라에서 너울성 고파랑으로 인한 피해는 대부분 동해안에서 발생한다. 특히 강원도 강릉, 속초, 고성, 동해 및 경상북도의 포항, 울산 등에서 여러 가지 피해가 보고되었다. 또한 10월에 가장 많은 피해가 발생되었고 10~2월 사이의 가을 및 겨울에 대부분 발생하였다.

2005년 이후 동해안 너울성 고파의 내습으로 해상 및 해안에서 사망하거나 실종된 사람은 집계된 것만 45명에 달하며, 재산피해 규모는 연평균 100억 원을 상회하였다(표 3.7 참조). 2008년 2월 24일 16시경 강원도 강릉시 안목항 방파제에서 너울성 파랑이 관광객과 낚시꾼을 덮쳐 3명이 사망하는 인명피해가 발생하였으며 방파제 난간이 파손되어 구조 활동 중이던 소방 구급차, 경찰 순찰차가 파랑에 휩쓸리면서 파손되었다(그림 3.36 참조). 피해원인은 2008년 2월 24일 하루 전 발생한 동해 북부의 저기압과 풍랑이 초기원인으로 그때 발생한 너울성 고파랑이 하루 뒤 동해안으로 내습하게 된 것이다.

표 3.7 최근 너울성 고파 발생현황 및 피해내역

구분	지역	시설명	일시	계	사망	실종	부상
				48	21	24	3
너울성 고파	경남 거제	홍도 북방 5km 해상	'09.1.31.	4	−	4	−
	울산 동구	방어진 동방 50km 해상	'09.1.30.	9	1	8	−
	강원 강릉	주문진항	'09.1.10.	3	3	−	−
	강원 강릉	안목항	'08.2.24.	3	3	−	−
	강원 속초	영금정	'07.10.28.	1	1	−	−
	강원 고성	봉포항	'06.10.24.	1	1	−	−
	강원 속초	북동 100km 해상	'06.10.23.	7	4	3	−
	울릉도	저동 내항 방파제	'06.10.9.	1	1	−	−
	부산 사하구	북형제도 갯바위	'06.10.9.	1	1	−	−
	경북 포항	양포항 방파제	'06.10.8.	2	2	−	−
	강원 속초	영랑동	'05.10.23.	−	−	−	−
	울산 북구	정자방파제	'05.10.23.	1	1	−	−
	강원 강릉	주문진항	'05.10.22.	1	1	−	−
	강원 동해	천곡항	'05.10.22.	3	−	−	3
	강원 동해	대진항	'05.10.22.	−	−	−	−
	경북 포항	임곡방파제	'05.10.22.	2	2	−	−
	경북 포항	남구 양포리 동방 7.5km 해상	'05.10.21.	9	−	−	9

출처 : 국립해양조사원 해양과학조사연구실(2010), 해양이상현상 사례집, p.467.

출처 : 연합뉴스(2008), www.yohapnews.co.kr/

그림 3.36 강원도 강릉시 안목항 사고발생 당시 보도자료

이 너울성 고파랑은 안목항 주변에서 해저지형의 영향을 받아 처오름 높이가 상승되고 동해지역의 조위 및 파랑효과에 의한 조위상승(Wave Setup) 등의 중첩현상으로 말미암아 발생하였다. 더욱이 방파제 두부에서의 회절파도 함께 중첩된바 피해 발생 당시 인명피해가 유발된 방파제 두부에서는 관측된 파고 7.8m이었는데 실제는 이보다 높은 파랑이 내습하였던 것으로 추정된다.[13]

3.3 해안침식과 그 대책

3.3.1 해안침식의 원리와 원인

해안침식(海岸侵蝕, Beach Erosion)은 파랑이 사빈, 사구, 암석해안 및 해안절벽 등에 작용한 결과 바다와 육지의 경계인 정선(汀線)이 후퇴하는 현상이다. 해면 상승에 따라 정선이 후퇴하는 현상은 동적인 변화를 수반하지 않는 한 해안침식이라고는 하지 않는다. 좁은 의미에서의 해안침식은 사빈해안에 있어서 운반되는 토사량(土砂量)에 비해 유출되는 토사량이 많을 경우를 말한다. 이와 같은 토사수지(土砂收支)는 수직방향 및 수평방향으로 나누어 고려할 수 있다. 정선에 평행한 방향으로 운반되는 토사량을 연안표사량, 정선에 수직한 방향으로 이동하는 토사량을 해안표사[6]량이라고 부른다. 폭풍 내습과 같은 단기적으로 발생하는 침식은 해안표사량 변화가 많고 장기적인 변화는 연안표사량 평가에 중요하다. 그림 3.37은 해안의 토사수지(土砂收支) 개념도로 하천 및 해식애(海蝕崖)로부터 토사공급이 되나, 해저골짜기, 비사(飛砂) 및 사빈 등으로 토사유출이 된다는 것을 나타낸다.

---

6 해안표사(On-offshore Drift) : 해안선에 직각인 방향으로 움직이는 모래를 말하며, 해안선과 평행하게 움직이는 모래를 연안표사(Longshore Drift)라고 하는데 우리나라에서는 아직까지 적절한 용어가 없다.

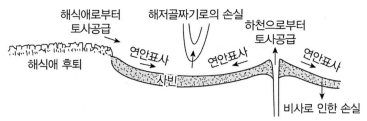

출처 : 国土交通省 河川局 海岸室(2006), http://www.mlit.go.jp/river/shinngikai_blog/past_shinngikai/kaigandukuri/gijutsu-kondan/shinshoku/shiryou02.pdf, p.3.

그림 3.37 해안의 토사수지 개념도

그림 3.38과 같이 어항 등 항내정온도(港內靜穩度)를 위한 방파제 및 방사제 건설로 방파
제 상류측은 정선과 평행하게 운반되는 연안표사로 말미암아 퇴적되지만 방사제 하류측은
파랑으로 인한 회절 등의 영향으로 침식이 발생한다.

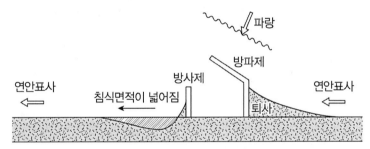

출처 : 国土交通省 河川局 海岸室(2006), http://www.mlit.go.jp/river/shinngikai_blog/past_shinngikai/kaigandukuri/gijutsu-kondan/shinshoku/shiryou02.pdf, p.3.

그림 3.38 연안표사 연속성 저지에 따른 해빈변형 개념도

또한, 하천의 유출토사 및 해식애(海蝕崖)의 토사공급으로 그림 3.39(a)와 같이 사빈은
안정해왔으나 하천 상류댐 건설·모래채취 및 해식애 전면에 침식대책으로서 소파블록을
설치하는 등 공급토사가 감소함에 따라 사빈이 그림 3.39(b)와 같이 침식한다. 해안침식은
어떤 구간에 출입하는 토사량의 불균형에 따라 발생하지만 이와 같은 불균형은 다양한 시
간스케일(Time Scale)에 의존한다. 태풍 시기 및 계절풍 시기의 폭풍파(暴風波), 때로는 지
진해일로 인해 단기간에 해안이 침식되는 경우도 있다. 댐 건설 및 모래채취 등으로 하천
으로부터 유입되는 토사량 감소 및 방파제·도류제[7] 등 건설에 따른 연안표사량으로 인해
정선이 후퇴하는 해안침식은 수 년~수십 년에 걸쳐 서서히 진행한다. 더구나 장시간 스케

일인 지구온난화에 따른 해면 상승으로 생기는 정선후퇴를 해안침식이라고는 않지만 지구온난화에 따른 태풍의 극대화, 지속적인 파랑 에너지 및 방향이 바뀌게 되므로 장기간에 걸친 연안표사량 공간분포가 변화되어 해안침식이 발생하게 된다. 이상과 같이 해안침식에는 여러 가지 시간 스케일(동시에 공간스케일)이 서로 혼재하고 있으므로 중·장기적으로 생기는 해안침식을 단기간 현상으로 보고 해안구조물로 대처하면 오히려 표사계(漂砂系) 전역의 불균형을 깨트릴 수 있으므로 주의해야만 한다.

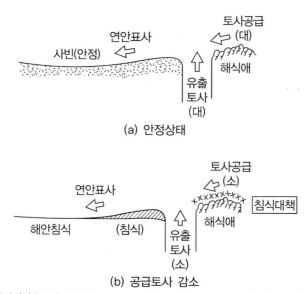

출처 : 国土交通省 河川局 海岸室(2006), http://www.mlit.go.jp/river/shinngikai_blog/past_shinngikai/kaigandukuri/gijutsu-kondan/shinshoku/shiryou02.pdf, p.3.

그림 3.39 토사공급 감소에 따른 해안침식 개념도

3.3.2 우리나라의 해안침식 현상

해양수산부가 2014년에 실시한 총 250개 해안에 대한 연안침식모니터링 결과 약 44%(109개소)가 침식이 심각하거나 우려되는 것으로 나타났다. 해양수산부에서 실시하고 있는 '연안침식모니터링 체계 구축' 보고서에 의하면 2014년에 주요 250개소에 대한 침식모니터링

7　도류제(導流堤, Training Dike) : 유수의 방향 및 속도를 일정하도록 설치하는 제방으로 토사 퇴적을 방해하는 유로를 유지할 목적으로 하천의 하구 및 합류·분류지점에 설치한다.

결과 15개소(6%)에서 연안침식이 진행되고 있다고 한다. 우리나라 전체해안선 14,962km로 섬 지역을 제외한 해안선 길이는 7,755km이다. 이 중 절반을 넘는 51.4%(3,982km)가 자연 해안선이 아닌 인공해안선으로 바뀌었다.[14] 우리나라 해안침식의 자연적인 원인으로는 지구온난화에 따른 해수면 상승, 태풍, 파랑 및 해류 등의 변화를 들 수 있으며, 인위적인 원인으로는 하천 상류 댐 건설, 골재채취, 호안건설, 방파제 및 방조제 건설 등 여러 원인을 들 수 있다.

그림 3.40은 사빈 유무(有無)에 따른 파의 처오름을 비교한 그림으로 사빈이 존재함으로써 파의 처오름이 현저히 줄어들었다는 것을 알 수 있다. 즉, 사빈은 외해에서 쇄파된 파를 해안에서 약화시키는 역할을 하는 것을 볼 수 있다. 또한 그림 3.41은 사빈 소실에 따른 해안침식재해의 위험성을 나타낸 것으로 사빈의 소실은 월파를 증대시키고 해수의 침입을 초래하는 것을 알 수 있다.

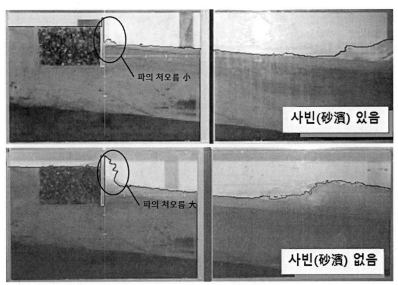

출처 : 国土交通省 河川局 海岸室(2006), http://www.mlit.go.jp/river/shinngikai_blog/past_shinngikai/kaigandukuri/gijutsu-kondan/shinshoku/shiryou02.pdf, p.2.

그림 3.40 사빈의 유무에 따른 파의 처오름 차이

출처 : 国土交通省 河川局 海岸室(2006), http://www.mlit.go.jp/river/shinngikai_blog/past_shinngikai/kaigandukuri/gijutsu-kondan/shinshoku/shiryou02.pdf, p.2.

그림 3.41 사빈 소실에 따른 해안침식재해의 위험성

우리나라에서 발생하는 연안침식 유형을 연안지역의 지형적 특성에 따라 백사장 침식, 사구포락(砂丘浦落), 토사포락, 호안붕괴 등과 같이 다양한 형태로 나타나고 있다(그림 3.42 참조).[15] 첫째 백사장 침식은 침식으로 해안선 후퇴현상이 나타나는 모래해수욕장 중 배후에 호안 설치지역에서 파랑의 반사파 등으로 침식이 발생하는 것을 말하며, 둘째 사구포락은 모래해수욕장과 해안사구(海岸砂丘)가 동시에 있는 곳에서 해안사구와 백사장이 만나는 지점 및 사구전면에 호안 설치지역에서 발생한다. 셋째 토사포락은 암벽이나 토사가 포락하여 침식이 발생하는 것을 말하며 넷째 호안붕괴는 해안에 설치된 호안이 설치된 지역 중 파랑으로 호안이 세굴 및 유실되어 발생하는 것을 일컫는다.

| (a) 백사장 침식(강원도 강릉시 남항진리) | (b) 사구포락(충남 태안군) |

| (c) 토사포락(전북 무안군 운남면) | (d) 호안세굴(강원 양양 남애 해수욕장) |

출처 : 최정훈(2016), 우리나라 해안침식 무엇이 문제인가?, 한국농어촌공사농어촌연구원, p.3.

그림 3.42 우리나라 해안침식 유형

3.3.3 해안침식대책공법의 종류와 개요

해안은 폭풍 시 파랑에 의한 바다(Off-shore)로의 표사이동과 정온 시 파랑에 의한 해안(On-shore)으로 표사 이동을 하는데, 이들의 균형이 깨어질 때 연안의 택지 및 농경지, 도로가 유실되어 재해가 발생하는데, 이를 침식이라고 한다. 이 침식을 막는 대책으로는 크게 선적방어공법(線的防御工法)과 면적방어공법(面的防御工法)으로 나눌 수 있다(그림 3.43 참조). 선적방어공법이란 침식을 적극적으로 방지하는 공법이 아니며, 전빈(前濱)에서 소멸된 파랑이 호안을 직접 부딪쳐 파의 처올림 및 월파량의 증대를 초래하여 소파블록 설치 및 호안 마루높이를 높이는 결과를 가져온다. 그 결과 해안선은 콘크리트 구조물로 피복되어 친수성 및 경관을 손상하여 시민들이 바다로 접근하는 것을 막는 결과를 가져온다. 면적방어공법은 이안제 및 인공리프, 돌제 등을 복합적으로 설치하여 이들의 소파기능 및 전빈의 회복기능 등에 따라 파랑의 감쇠를 도모하고 호안 마루높이를 낮추는 동시에 사빈(砂濱)의 회복 및 낮은 마루높이를 갖는 완경사호안을 설치하여 양호한 해안환경을 조성시킨 후 시민이 바다로 접근하는 것을 쉽게 한다.

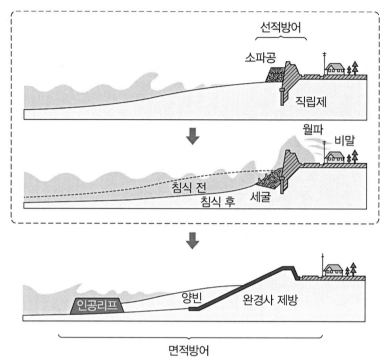

출처 : 国土交通省 静岡河川事務所(2018), http://www.cbr.mlit.go.jp/shizukawa/03_kaigan/01_bougo/03_protect.html

그림 3.43 선적·면적 방어공법 개념도

그림 3.44는 여러 가지 해안침식대책공법을 그림으로 나타낸 것이다. 최근에는 이안제 및 인공리프 등을 설치함에 따라 어초(魚礁) 및 조장[8](藻場)의 기능도 기대할 수 있어 면적 방어공법은 수산협조형 시설이라고 할 수 있다.

---

8 조장(藻場, Seaweed Bed) : 수심 십 수 미터 정도인 얕은 해역에 서식하는 대규모의 해조(海藻) 및 해초(海草)의 군집을 말한다.

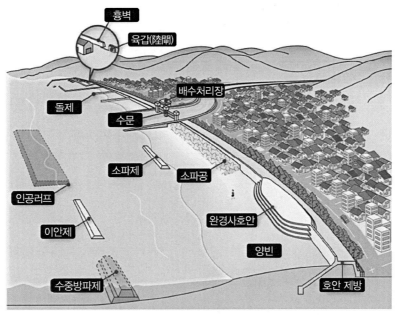

그림 3.44 해안침식대책공법의 배치도

1) 제방(堤防, Levee)

제방은 성토 및 콘크리트 등으로 현 지반을 높게 하여 고파랑(高波浪) 및 해일 등으로 인한 해수 침입을 방지하고 파랑에 의한 월파를 감소시키는 동시에 육지가 침식되는 것을 방지하는 시설을 말한다(그림 3.45 참조).[16]

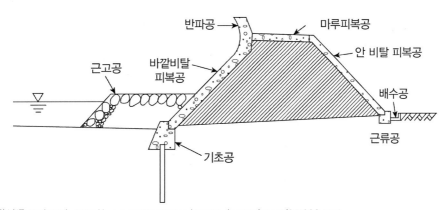

그림 3.45 제방의 개념도

2) 호안(護岸, Revetment)

호안은 현 지반을 피복하여, 고파(高波) 및 해일 등으로 인한 해수침입을 방지하고 파랑에 의한 월파를 감소시키는 동시에, 육지가 침식되는 것을 방지하는 시설을 말한다. 호안설계에 있어서는 자연조건, 배후지 토지이용 및 중요도, 인접한 해안보전시설, 해빈 및 해수면이용 상황, 시공조건 등을 충분히 고려하여 설계를 해야 할 필요가 있다.[17] 호안을 개념적으로 나타내면 그림 3.46과 같다.

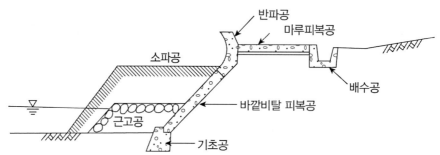

출처 : 茨城県 HP(2018), http://www.pref.ibaraki.jp/doboku/kasen/coast/051000.html

그림 3.46 호안의 개념도

[국내 사례]
○ 부산광역시 강서구 눌차지구 연안정비사업(그림 3.47 참조)
   ▷ 침식원인 : 태풍 등의 자연재해 발생 시 그 영향을 직접 받는 지역으로 연안침식에 따른 산림훼손·토사붕괴 및 인근 농작물 경작지 피해 발생
   ▷ 규모 : 호안정비 100m
   ▷ 사업비 : 641백만 원
   ▷ 사업기간 : 2013~2015년

강서구 눌차지구
(호안정비 L = 100m)

<table>
<tr><td>(a) 사업 위치도</td><td>(b) 호안정비(완공)</td></tr>
</table>

출처 : 부산시 자료(2017).

그림 3.47 사업위치도 및 호안정비(완공) 사진

3) 완경사호안(緩傾斜護岸, Gentle Slope Revetment)

종래 사빈(砂濱)상에 설치된 해안제방 및 호안은 직립형 현장타설 콘크리트제방 및 호안으로 급격한 전빈(前濱) 침식 및 정선후퇴에 따른 피해가 적지 않았으므로 이를 방지코자 비탈 경사가 1 : 3보다 작고 블록으로 피복을 한 호안을 완경사호안이라고 한다(그림 3.48, 그림 3.49 참조).[18] 완경사호안은 일반호안보다도 경사가 완만(緩慢)하여 수목식재가 쉬워 최근 해중부에도 채용하는 등 해조(海藻)가 생육하기 좋은 다양한 생태계를 창출할 수 있는 장점이 있다. 또한 완경사호안은 일반적으로 바깥비탈경사가 완만할수록 파의 처오름 높이를 감소시킨다. 더욱이 반사율도 적어지므로 세굴(洗掘)의 경감도 기대할 수 있다. 그러나 비탈을 완경사화하여 바깥비탈경사 끝이 바다 쪽으로 나오게 되어 이용 가능한 전빈의 소실, 자연해빈이 가진 소파기능을 감소를 초래한다. 그 때문에 완경사 호안에서는 특히 바깥비탈경사, 마루높이, 더욱이 법선(法線)의 관계에 유의할 필요가 있다.

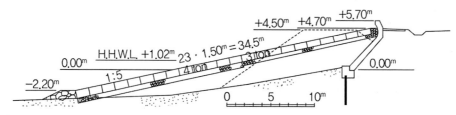

출처 : 豊島 修(1987), 緩傾斜護岸工法, 第34回 海岸工学講演会論文集, p.449.

그림 3.48 완경사호안 구조단면도

[해외 사례]

출처 : 鹿態工業株式会社 HP(2018), http://www.kakuma.co.jp/archives/project/%E5%A2%83%E6%B5%B7%E5%B2%B8
%E7%81%BD%E5%AE%B3%E5%BE%A9%E6%97%A7%E7%B7%A9%E5%82%BE%E6%96%9C%E8%AD%B7%E5%B
2%B8%E7%AC%AC%EF%BC%91%E5%B7%A5%E5%8C%BA%E5%B7%A5%E4%BA%8B/

그림 3.49 일본 도야마현(富山県) 사카이(境)해안 재해복구공사의 완경사호안

4) 흉벽(胸壁, Breast Wall, Parapet Wall)

흉벽은 육지에 설치하여 폭풍해일 및 지진해일로 인한 배후지에로의 해수 침입방지를 목적으로 한 시설이다. 지역에 따라서는 방조제(防潮堤)라고도 부른다. 또한 흉벽은 해안선에 기존 어항 및 항만시설이 존재하고 시설이용 관계로부터 수제선 부근에 제방 및 호안 등을 설치하는 것이 곤란한 경우 그 시설 배후에 설치하는 수가 많다(그림 3.50, 그림 3.51 참조).[19]

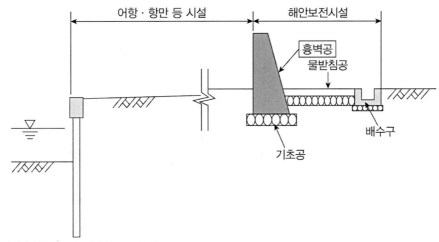

출처 : 日本土木学会(2000), 海岸施設設計便覧, p.422.

그림 3.50 흉벽 개념도

[해외 사례]

출처 : 東亞建設工業 HP(2018), http://www.toa-const.co.jp/works/domestic_detail/list194.html

그림 3.51 일본 미야기현 게센누마항(気仙沼港) 해안흉벽복구공사(2016년 준공)

5) 돌제(突堤, Groin)

　돌제는 육상으로부터 바다 쪽으로 가늘고 길게 돌출된 형식의 구조물로 그림 3.52에 나타낸 바와 같이 여러 개의 돌제를 적당한 간격으로 배치시킨 돌제군으로서 기능하는 경우가 많다.[20]

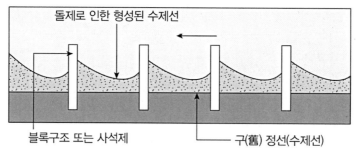

출처 : 日本土木学会(2000), 海岸施設設計便覧, p.422.

그림 3.52 돌제군(突堤群)에 의한 사빈 회복

[국내 사례]
○ 경상북도 포항시 송도 해수욕장(그림 3.53, 그림 3.54 참조)
　▷ 침식원인
　　• 과거 대규모 모래준설
　　• 형산강 하구의 도류제 설치로 인한 모래공급 차단
　▷ 규모 : 돌제 3기(T형 118m 1기, 직선형 80m 2기-1979년 5월 완공)
　▷ 구조형식 : 블록식 경사제
　▷ 현황 : 북쪽 돌제 북측과 남측으로 침식이 진행되며, 형산강 도류제와 포항 구항(舊港) 인근은 퇴적

그림 3.53 송도 해수욕장 돌제군(포항시)

| (a) 원경 | (b) 근경 |

출처 : 네이버 지도(2017), http://map.naver.com

그림 3.54 송도 해수욕장 돌제(포항시)

6) 헤드랜드(Headland)[21]

헤드랜드공법은 대규모 이안제 및 돌제 등의 해안구조물로 정적 또는 동적인 안정한 해빈을 만드는 공법 및 헤드(Head)부에 돌제 등을 붙인 인공갑(人工岬)으로 포켓비치(Pocket Beach)적인 안정한 해빈을 형성하는 공법이다(그림 3.55 참조). 헤드랜드공법은 연안표사가 탁월한 해안에서의 침식대책시설 또는 양빈공의 보조시설로 이용하는 수가 많다. 헤드랜드 설치간격은 1km 정도로 장거리이므로 연안역 이용 및 경관 등 자연환경에 끼치는 영향을 경감할 수 있다. 헤드랜드를 설치하면 정선 형상은 헤드랜드 부근에서 전진, 헤드랜드 사이의 중앙 부근에서 후퇴하는 변화를 나타내 헤드랜드 간의 정선의 전진량과 후퇴량이 거의 균형을 이룬다. 그러므로 헤드랜드 설계에 있어서도 연안표사 등 해안특성의 실태 파악이 중요하며 목표로 하는 정선형상과 해빈안정화 방법(정적 또는 동적)의 설정, 주변 해안 해빈변형에 대한 영향 및 연안역 이용과 자연환경에 대한 효과·영향에 대한 검토가 필요하다.

출처 : 茨城県 HP(2018), https://www.pref.ibaraki.jp/doboku/kasen/coast/documents/headland.pdf

그림 3.55 헤드랜드(일본 이바라키현(茨城県) 카시마나다(鹿島灘) 해안)

[국내 사례]

○ 강원도 속초시 영랑연안정비사업(그림 3.56, 그림 3.57 참조)

　▷ 침식원인 : 1999년 12월 큰 파도에 해안도로가 유실되고 주택이 파손되는 피해가 발생했던 곳

　▷ 사업비 : 318억

　▷ 사업기간 : 2000.10. ~2011.5.

　▷ 규모 : 북측 헤드랜드(L=250m), 중앙 헤드랜드(L=390m), 수중방파제 3기(L=100~130m, B=40m)

그림 3.56 속초시 영랑동 연안정비사업

(a) 연안정비사업 전(2001)	(b) 연안정비사업 후(2011)

출처 : DAUM(2010), http://map.daum.net, 연합뉴스(2011.5.19.)

그림 3.57 사업 전후

7) 이안제(離岸堤, Offshore Breakwater)

정선(汀線)으로부터 떨어진 바다 쪽에 정선과 평행하게 설치시켜 상부를 해면상에 보이게 하는 시설로 파력을 약하게 하여 월파를 감소시키거나 이안제(離岸堤) 배후에 모래를 쌓아두어 사빈 침식 방지를 목적으로 한다(그림 3.58 참조). 이안제에는 설치수심이 5m 이하에 사석 및 소파블록을 해저에 쌓아 올리는 '종래형 이안제'와 설치수심이 약 8~20m인 수심에 설치하는 유각식(有脚式) 또는 새로운 중력식 형식의 이안제인 '신형식 이안제'가 있다.[22]

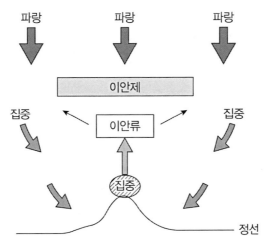

출처 : 長岡技術科学大学 HP(2018), http://coastal.nagaokaut.ac.jp/~inu/rip_current/index.shtml

그림 3.58 이안제에 의한 사빈회복

[국내 사례]

○ 부산시 기장군 월내~고리 간 상습해일 피해방지 시설사업(그림 3.59, 그림 3.60 참조)
  ▷ 사업목적 : 월내~고리 전면해상의 고파랑에 의해 배후지인 기존 도시지역의 세굴 및
    침수 등 피해가 빈번히 발생하여 연안정비 및 이안제를 축조하여 연안재해를 방지
  ▷ 사업비 : 185억
  ▷ 사업기간 : 2017. 4. ~2019. 5.
  ▷ 규모 : 이안제 480m, 호안 521m, 매립 18,814m^2

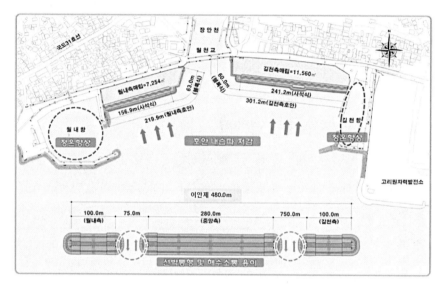

그림 3.59 월내~고리간 상습해일 피해방지 시설사업[23]

출처 : 부산시 자료(2017).

그림 3.60 월내~고리간 상습해일 피해방지 시설사업 조감도

8) 인공리프 및 수중방파제

인공리프(Artificial Reef)는 자연의 산호초가 지닌 파랑감쇠효과를 모방한 구조물이다.[24] 그 구조로부터 마루폭이 매우 넓은 수중방파제(潛堤, Submerged Breakwater)라고도 할 수 있다(그림 3.61 참조). 보통의 수중방파제는 마루폭이 좁고[25] 마루수심이 얕아 반사와 강제쇄파에 의해 파랑감쇠를 얻을 수 있다(그림 3.62 참조). 인공리프는 마루수심이 깊어 반사를 억제하는 한편 마루폭이 넓어 천뢰(淺瀨)를 넓게 둠에 따라 쇄파 후 파랑의 진행을 수반하는 파랑감쇠를 효과적으로 얻을 수 있다.

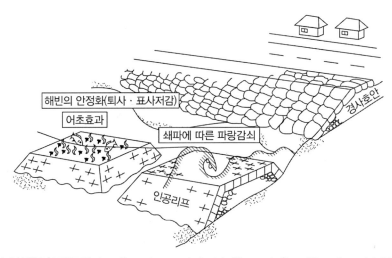

출처 : 電力土木技術協会HP(2018), http://www.jepoc.or.jp/tecinfo/library.php?_w=Library&_x=detail&library_id=56

그림 3.61 인공리프 형상 및 효과

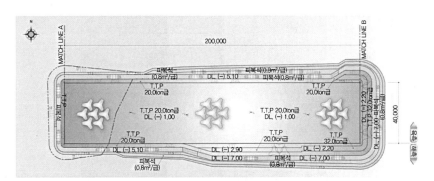

동백섬 측 수중방파제 평면도

그림 3.62 해운대 해수욕장 연안정비사업 수중방파제(계속)

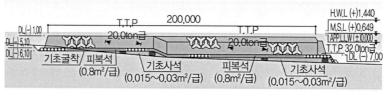

동백섬 측 수중방파제 종단면도

출처 : 부산시 자료(2017).

그림 3.62 해운대 해수욕장 연안정비사업 수중방파제

[국내 사례]
○ 수중방파제(부산 송도 해수욕장)(그림 3.63~그림 3.65 참조)
  ▷ 위치 : 송도 해수욕장 전면 150~250m 전방 설치
  ▷ 사업기간 : 2003.1.3.~2004.6.20.
  ▷ 사업비 : 62억 원
  ▷ 사업내용 : 수중방파제 설치 L=300m(200m, 100m), B=40m
    • TTP 20~32톤 3,095개 설치(2~3단 설치) 수심 5~7m
  ▷ 특징
    • 경관양호 : 해수면에 노출되지 않아 해수욕장 관광지 경관 보호(L.L.W.−50cm)
    • 해수유통 : TTP로 구성되어 있어 해수투과율 50%로 해수욕장 수질 양호
    • 생태계 활성화
      −TTP로만 구성되어 인공어초 역할을 함
      −2007년 모니터링 조사결과 생태계가 활성화(해초, 다시마, 해조류와 어류, 해조류가 생성되어 있으며 2008년 치어 방류−3만 마리)
    • 재활용 가능(이동용이) : 하부에 사석 등이 설치되지 않고 TTP로만 설치되어 이동과 재활용 가능

출처 : 네이버 지도(2017), http://map.naver.com

그림 3.63 송도 해수욕장 수중방파제(부산시 서구)[26]

그림 3.64 송도 해수욕장 연안정비사업 구조물 배치도

(a) 수중방파제 설치 전(2002)

(b) 수중방파제 설치 후(2005)

출처 : 부산시 자료(2017).

그림 3.65 사업 전후

9) 양빈(養濱, Nourishment Sand)[27]

양빈공은 침식된 해안에 인공적으로 모래를 공급하여 해빈안정화를 도모함을 목적으로

한다. 양빈공은 해안침식 및 파랑의 처올림·월파 경감을 목적으로 하는 '해안보전'과 해수욕장 등 레크리에이션 장소의 조성을 목적으로 하는 '해빈이용'으로 크게 나눌 수 있다. 또한 양빈공법에 대해서는 발생하는 표사량이 매우 적어 정적인 안정을 목적으로 하는 '정적(靜的)양빈'과 부족한 연안 표사량을 보충하기 위해 표사(漂砂) 하류 쪽에 계속적인 모래공급원이 되도록 해빈 안정을 도모하는 '동적(動的) 양빈'으로 나눌 수 있다.

[국내 사례]
○ 해운대 해수욕장 연안정비사업(그림 3.66 참조)
　▷ 사업목적 : 해수욕장 모래 유실 방지
　▷ 사업비 : 346억
　▷ 사업기간 : 2012~2017년
　▷ 규모 : 양빈 59만m³(육상 36만m³, 해상 23만m³), 돌제(미포측) L=120m, 수중방파제 L=380m(미포 180m, 동백섬 200m)

출처 : 부산시 자료(2017).

그림 3.66 해운대 해수욕장 연안정비사업 조감도

10) 소파공(消波工, Wave Dissipating Works)[28]

파랑 에너지를 분산(分散) 또는 소실시키는 것을 목적으로 하는 구조물 또는 구조물을 사용한 공법을 말한다(그림 3.67 참조). 고대 로마시대 때 사석방파제 내 공극(空隙)과 석재의 조합에 의해 파 에너지를 흩뜨려 소실(消失)시키는 원리를 응용한 것으로 현대에서는 사석 대신에 파랑 크기에 맞춘 각종 중량을 가진 이형콘크리트 블록을 쌓아 올려 대응한다. 이형블록 연구는 1940년대부터 시작하였는데 프랑스에서 개발한 '테트라포드'로 알려진 소파블록이 가장 최초로 그 후 여러 가지 종류의 블록이 개발되었다.

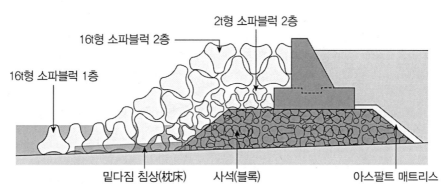

출처 : 日本大日百果全書(2018), https://kotobank.jp/word/%E6%B6%88%E6%B3%A2%E5%B7%A5-1340096

그림 3.67 소파제 표준단면도(예)

[국내 사례]
○ 마린시티 월파방지시설 재해복구 공사(부산광역시 해운대구)(그림 3.68~그림 3.70 참조)
　▷ 사업목적 : 2016년 태풍 '차바'로 인해 유실·침하된 호안 전면 소파블록(T.T.P) 복구 및 보강
　▷ 사업비 : 34억
　▷ 사업기간 : 2017년
　▷ 규모 : 소파블록(T.T.P) 제작 및 설치 N=1,720개

그림 3.68 해운대 마린시티 전경(부산광역시 해운대구)

(a) 태풍 '차바' 내습 시 월파(2016)

(b) 테트라포드(T.T.P) 침하·유실(2016)

그림 3.69 태풍 '차바'의 월파 및 피해상황

(a) 복구사진(2017.12.)

(단위 : m)

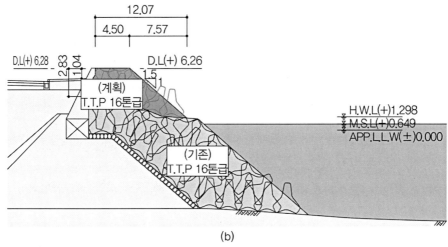

(b)

출처 : 부산광역시(2017), 마린시티 월파방지시설 및 반파공 재해복구공사 실시설계 보고서.

그림 3.70 복구단면

• 참고문헌 •

1. 日本土木學會(2000), 海岸施設設計便覽, pp.10～12.

2. 国土交通省北陸地方整備局 新潟港湾空港技術調査事務所(2018).

3. 合田良実(1970), 防波護岸の越波流量に関する研究, 港湾技術研究所報告, 第9巻 第4号, pp.3～41.

4. Proudman J.(1929), The effects on the sea of changes in atmospheric pressure. Geophys, J, Int. 2, pp.197～209.

5. Proudman J.(1929), The effects on the sea of changes in atmospheric pressure. Geophys, J, Int. 2, pp.197～209.

6. 부산항 건설사무소(2004.4), 대변항 동방파제 피해복구 실시설계 보고서.

7. 최준우(2017), 한국건설기술연구원, 해운대 이안류 특성 및 이안류 감시시스템 설명.

8. 최준우(2017), 한국건설기술연구원, 해운대 이안류 특성 및 이안류 감시시스템 설명.

9. 오상호, 정원무, 이동영, 김상영(2010), 우리나라 동해안 너울성 고파의 발생원인 분석, 한국해안·해양 공학회논문집제22권 제2호, pp.101～102.

10. 김규한(2008), 동해안의 너울성 고파랑 피해 사례와 원인고찰, 해안과 해양, 한국해안·해양공학회, pp.65～70.

11. 정원무, 오상호, 이동영(2007), 동해안에서의 이상고파, 한국해안·해양공학회지, 19(4), pp.295～302.

12. 오상호, 정원무, 이동영, 김상영(2010), 우리나라 동해안 너울성 고파의 발생원인 분석, 한국해안·해양공학회논문집제22권 제2호, pp.101～111.

13. 김규한(2008), 동해안의 너울성 고파랑 피해 사례와 원인고찰, 해안과 해양, 한국해안해양공학회, pp.65～70.

14. 해안수산부(2014), www.mof.go.kr/

15. 최정훈(2016), 우리나라 해안침식 무엇이 문제인가?, 한국농어촌공사농어촌연구원, p.3.

16. 日本土木学会(2000), 海岸施設設計便覽, p.408.

17. 日本土木学会(2000), 海岸施設設計便覽, p.417.

18. 豊島 修(1987), 緩傾斜護岸工法, 第34回 海岸工学講演会論文集, p.447.

19. 日本土木学会(2000), 海岸施設設計便覽, p.422.

20. 日本土木学会(2000), 海岸施設設計便覽, p.425.

21. 日本土木学会(2000), 海岸施設設計便覽, pp.434～435.

22. 日本土木学会(2000), 海岸施設設計便覽, p.440.

23. 네이버 지도(2017), http://map.naver.com

24. 梅田千秋·芝 原平(1983), 慶野松原海岸人工リーフに関する二次元模型実験(新しい海岸保全施設の模索), 海岸 第23号, pp.145～155.

25. 日本土木学会(1957), 海岸施設設計便覧, p.232.

26. 네이버 지도(2017), http://map.naver.com

27. 日本土木学会(2000), 海岸施設設計便覧, p.457.

28. 日本大日百果全書, https://kotobank.jp/

지진해일재해

CHAPTER 04 | 지진해일재해

4.1 지진해일 발생원인

지진해일(津波, Tsunami)의 '진(津)'은 '선착장' 또는 '도선장'을 의미하므로, 지진해일은 선착장에 밀어닥치는 이상하게 큰 파랑이다. 지진해일은 해저에서 발생하는 지진에 따른 해저지반 융기 및 해저에서의 해저활동 등으로 그 주변 해수가 위아래로 변동함에 따라 발생하는 것이다. 발생한 해수면 운동(상하 운동)이 특히 대규모가 되어 연안에 도달하면 파괴력이 큰 지진해일이 된다.

그림 4.1 및 그림 4.2에서 보듯이 지진해일은 해저지반에 따른 지각변동에 의한 것이 일반적이다. 지구표면상 플레이트(Plate)는 지구 내부에서 침강할 때 반대쪽 접촉한 플레이트를 끌어들인다. 끌려들어간 플레이트는 비틀림에 따른 변형이 축적되어 그 한계를 초과하면 비틀림을 해방시켜 플레이트 끝을 크게 변위시킨다. 이 변위가 해수를 크게 움직여 지진해일의 원인이 된다.[1] 또한 그 이외에 화산활동(분화·폭발), 산붕괴(산 슬라이딩), 핵폭발 등을 들 수 있다. 지진해일의 파원역(波源域)은 지진해일을 발생시키는 해역으로 지진에 의해 발생되는 해저지반의 변동과 거의 일치한다. 지진에 따른 해저지반의 변동에 대해서는 지진의 규모(Magnitude)가 클수록 그 영역은 넓고 변동량(變動量)도 크다. 이때 해수면의 변위속도는 매우 작아 항해하는 선박 위에서는 해수면이 부풀어 상승한 것을 거의 느

낄 수 없다. 다만 파원역상을 항해하는 선박의 선원이 지진 시 '드르르' 하는 단주기의 진동을 감지하였다고 종종 보고되고 있다. 이 진동을 해진(海震)이라고 부르는데 해저지반 변동의 단주기 성분으로 말미암아 발생된 해수(海水)의 탄성진동에 따른 흔들림이라고 여겨진다. 아직까지 선박이 해진의 피해를 입었다는 보고는 없다.

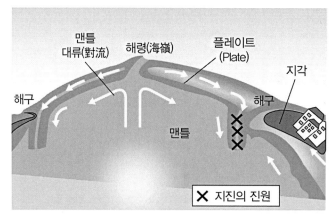

출처: 国土交通省 HP(2018), http://www.mlit.go.jp/river/kaigan/main/kaigandukuri/tsunamibousai/01/index02.html

그림 4.1 플레이트 운동 개념도

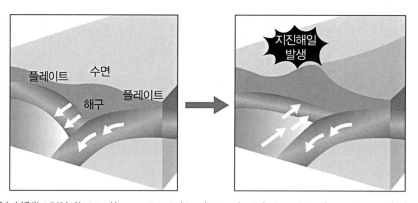

출처: 国土交通省 HP(2018), http://www.mlit.go.jp/river/kaigan/main/kaigandukuri/tsunamibousai/01/index02.html

그림 4.2 해저지반 운동과 지진해일의 발생

해저지반의 변동은 그림 4.3에 나타낸 바와 같이 해저지반 내에서 지진에 의해 직사각형 단면 위의 비틀림이 일어나 그 영향이 해저면에 전달되어 일어나는 것으로 보고 있다. 이와 같은 지반의 비틀림이 일어나는 상태를 단층(斷層)이라고 부르며 단층을 규정하는 파라메타는 그림 4.3에 나타내었듯이 단층면 길이 L과 폭 W, 평균 비틀림량 D, 미끄럼 방향각 λ, 단층의 주향각 ψ, 단층의 경사각 δ이다. 해저지반 변동이 수직인 경우에 큰 해수면 변동이 일어난다. 파원역에서는 해저지반이 수직방향으로 수 미터(크면 5m 정도) 이동하지만 이 변동은 지진의 흔들림 시간(1~2분) 정도 후 다시 원상태로 된다고 추정된다. 이 때문에 해저지반의 변형속도는 작아 평균적으로 5cm/s 이하로 1~2분간 변형하게 되면 파원역으로부터 해수의 유출이 일어나 해수면 변형은 해저지반의 수직변형과는 다른 형상이 될 가능성이 있다. 그러므로 파원역의 넓이는 수십 km에서 수백 km에 걸쳐 있어 변형영역의 가장자리 부분을 제외하면 해저지반의 변위와 거의 동일한 형태로 해수면이 변형한다. 그 때문에 대영역의 변위는 끝부분에서 비틀림이 있더라도 차이는 작아 그것에 따라 발생하는 지진해일에 대한 영향은 작다.[2] 7세기 이후 일본과 같이 빈번한 지진해일이 발생하였던 나라의 지진해일 기록을 조사해보면 약 95%가 지진에 따른 지진해일로 나머지 약 5%는 화산활동 등에 의한 지진해일이었다. 더구나 해저지반 변위의 범위는 타원형 모양이 많다. 지진해일은 그림 4.4에서와 같이 해저지반의 변위면과 직각방향으로 방사(放射)하므로 장축(長軸)과 단축(短軸)의 비(a/b)가 클수록 장축에 직각인 방향으로 진행하는 지진해일(에너지)의 비율은 커지며 이런 성질을 지진해일의 지향성(指向性)[1]이라고 부른다.

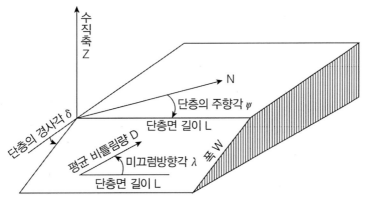

출처 : 沿岸技術研究センター「TSUNAMI」改訂編集委員会(2016), TSUNAMI, p.174.

그림 4.3 지진단층 파라메타

---

1   지향성(指向性) : 음파(音波)·전파(電波) 등의 크기가 방향에 따라 다른 성질을 말한다.

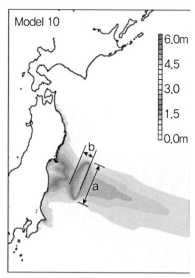

출처 : 佐竹健治ら(2008), 石巻・仙台平野における869年貞観津波の数値シミュレーション, 活断層・古地震研究報告, No.8, p.82.

그림 4.4 조간지진해일[2] 진행방향과 높이분포

4.2 연안에서의 지진해일 증폭과 감쇠

해저지진에 의해 발생한 지진해일은 수심이 깊은 곳에서는 파의 진행속도는 빠르지만 파고는 그다지 높지 않다. 파가 수심이 얕은 근해까지 도달하면 속도는 늦어지지만 파고는 높게 된다(그림 4.5 참조). '칠레 지진해일(1960년)'은 지진의 진원으로부터 18,000km 거리인 일본 연안까지 약 하루 만에 전파되어 큰 피해를 줬다. 연안에 밀어닥친 지진해일은 만 안쪽 등 지형에 따라 육지를 휩쓸면서 올라가는 경우가 있다. 또한 하구에 수문(水門) 등이 없는 하천에서는 하천을 소상(遡上)하여 그 유역에 피해를 끼치는 경우도 있다. 또한 지진해일은 반복적으로 밀어닥치는 성질이 있어 그 개시가 압파[3]인 것 또는 인파[4]인 것도 있다. 또한 조석 간만에도 크게 좌우를 받아 만조(滿潮) 시에 보다 큰 지진해일이 된다.[3]

---

2 조간(貞観) 지진해일 : 일본 헤이안(平安) 시대(서기869년)에 산리쿠 해상에서 발생한 지진해일로 지진 규모 8.3 이상으로 추정된다.

3 압파(押波) : 수심 깊은 곳으로부터 얕은 쪽을 향하는 지진해일로 육상을 소상하면서 서서히 높은 곳으로 도달하며 그 진행속도는 사면을 올라가면 점차 늦어진다. 그러나 경사가 거의 없는 평야에서는 진행 속도는 별로 떨어지지 않고 내륙 깊숙이까지 진입하는 성질을 가진다.

4 인파(引波) : 육상 혹은 해저의 높은 곳에서 낮은 곳으로 중력에 의해 흐르는 지진해일로 진행속도가 점차 빨라지므로 압파보다 파괴력이 커서 건물을 넘어뜨리거나 밀어 보낸다.

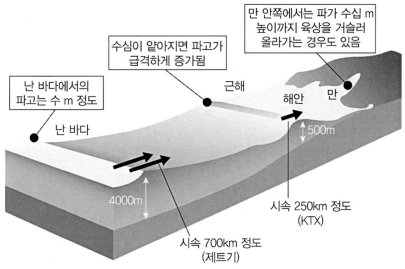

만 안쪽에서는 파가 수십 m 높이까지 육상을 거슬러 올라가는 경우도 있음

수심이 얕아지면 파고가 급격하게 증가됨

난 바다에서의 파고는 수 m 정도

근해

해안 만

난 바다

500m

4000m

시속 250km 정도 (KTX)

시속 700km 정도 (제트기)

출처 : 国土交通省 HP(2018), http://www.mlit.go.jp/river/kaigan/main/kaigandukuri/tsunamibousai/01/index01.html

그림 4.5 지진해일 진행방향에 따른 속도 및 파고변화

4.2.1 대륙붕

지진해일이 대륙붕[5]에 도달하면 세이시[6]와 엣지파[7]를 발생시키는 경우가 있다. 대륙붕 세이시는 대륙붕에 직각으로 지진해일이 입사하는 경우의 정상파(해안선 직각(岸沖)방향의 중복파)로써 대륙붕 길이에 비해 지진해일의 파장이 긴 경우에 탁월하다. 엣지파는 대륙붕에 평행하게 지진해일이 전파하여가는 경우에 발생하는 경계파로 분산성(分散性)을 가진다.

---

5 대륙붕(大陸棚, Continental Shelf) : 대륙 및 큰 섬 주변에 수심 약 200m까지의 경사가 매우 완만한 해저로서 수심은 지역에 따라서 다양하다.

6 세이시(Seiche) : 항만·대륙붕 및 호수에서 일어나는 고유진동을 세이시라고 부르는데, 어원은 스위스 제네바 호수에서 일어나는 장주기진동에 대한 방언이었다고 한다. 정진(靜振) 또는 부진동(不振動)으로도 부르며 그 원인은 기압변동 및 바람 등 여러 가지가 있지만 외해에 개방된 항만에서는 외해로부터 오는 각종 파랑이 중요하다. 예를 들어 일본 오후나토만(大船渡灣)의 고유진동주기는 약 40분이지만 주기가 긴 칠레 지진해일(1960년)에 대하여 공진현상을 일으켜 만(灣) 안쪽에 큰 피해를 발생시켰다.

7 엣지파(Edge wave) : 해안을 따라 진행하는 파랑으로 그 움직임은 해변파대 내에 한정되어 있어, 이것은 해안 근처에서 일어나는 입사파의 반사와 해변파대의 내부에서 벌어지는 이들의 파랑의 굴절과 포착에 의해서 생긴다. 엣지파는 해안과 평행한 방향의 주기성과 외해로 나갈수록 지수함수(指數函數)적으로 감쇠하는 진폭을 가지므로 그들의 에너지는 굴절에 의해서 해안 근처에 포착된다. 엣지파는 입사하는 표면파의 에너지를 흡수하고 있다.

4.2.2 얕은 해역에서의 지진해일

얕은 해역에서의 지진해일에 대한 증폭기구로서는 집중효과 및 공진(共振)효과가 있다. 집중효과는 그린(Green)공식으로 나타낼 수 있는데,

$$\eta h^{1/4} b^{1/2} = const. \tag{4.1}$$

로 평가할 수 있다. 여기서, η는 지진해일고, h는 수심, b는 파향선 간격 또는 만 폭이다. 다만 그린공식이 성립하는 것은 해안 및 해저로부터의 반사를 무시하고, 파고가 작은 경우, 더욱이 파고 및 파향선 간격 변화가 작은 경우에 한정한다. 지진해일은 천이파(遷移波)지만 만내에서 공진으로서의 증폭은 지진해일이 발생한 후 3번째 파가 내습하면 완전히 발달하는 것으로 간주하면 된다. 지진해일로 큰 피해를 입은 만에서는 이런 모양의 공진효과가 탁월한 경우가 많다. 지진해일의 전파영역에 섬이 존재하면 굴절과 회절효과로 인해 지진해일 에너지 일부가 섬에서 포착된다.[4] 포착된 지진해일은 계속해서 내습하는 지진해일과 공진현상을 일으켜 지진해일고가 매우 크게 되는 수도 있는데, 이것도 일종의 공진효과이다. 멀리까지 얕은 수심으로 구성되어 있는 해안에 지진해일이 전파되면 비선형성과 분산성효과로 인해 하나의 파봉이 여러 개의 파로 분열되는 솔리톤(Soliton) 분열을 하는 경우가 있다. 솔리톤 분열된 지진해일은 파고 증폭이 크므로 주의할 필요가 있다. 솔리톤 분열의 예로는 1993년 홋카이도 남서 외해 지진해일 시 오쿠시리섬을 내습한 지진해일도 몇 개의 파로 분열되어 밀려와 하츠마츠마에(初松前) 마을을 여러 차례 계속 휩쓸었다는 증언이 있다(그림 4.6 참조).

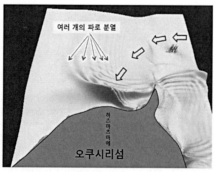

출처 : NHK そなえる防災 HP(2018), https://www.nhk.or.jp/sonae/column/20150233.html

그림 4.6 갑(岬) 배후로 돌아 들어가면서 분열되는 지진해일

1) 지진해일 전파감쇠

지진해일은 파원역부터 멀리 사방으로 전파되어 전파역(傳播域)으로 퍼져나감에 따라 지진해일의 에너지가 분산되고 감쇠된다(그림 4.7 참조). 그림 4.7에 나타낸 것과 같이 파원역의 면적은 점과 같이 작고, 더구나 일정한 수심인 조건에서 지진해일은 동심원 모양으로 전파되므로 지진해일고는 파원 중심에서부터 거리의 제곱근에 반비례하여 감쇠한다. 그러나 실제 파원역은 넓고 길이 수백 km, 폭 수십 km인 차수(次數, Order)인 타원형 모양(그림 4.4 참조)이므로 지진해일 파고가 감쇠하는 부분은 파원역부터의 거리뿐만이 아니라 지진해일이 전파하는 방향에 따라서도 다르다(그림 4.8 참조). 가령 2004년 12월 26일 인도양 대지진해일 시 파원역은 남북으로 길이 1,000km로 장축(長軸)에 직각인 방향에 있는 스리랑카 및 인도, 태국의 푸켓 연안에서는 큰 지진해일이 내습하였고 장축의 연장선 방향에 있던 미얀마 및 방글라데시로 전파되었던 지진해일은 작았다(그림 4.92 참조). 더구나 지진해일 변형은 수심에 따른 천수변형과 해저의 평면지형변화에 따른 굴절 효과도 더해진다.

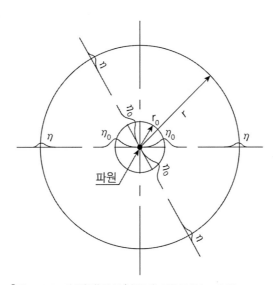

출처 : 沿岸技術研究センター「TSUNAMI」改訂編集委員会(2016), TSUNAMI, p.286.

그림 4.7 방사모양으로 지진해일이 전파함에 따른 감쇠

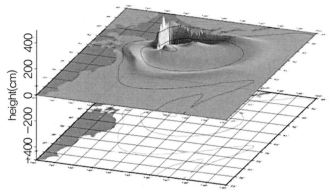

출처 : 日本 気象庁(2018), http://www.data.jma.go.jp/svd/eqev/data/tsunami/generation.html

그림 4.8 지진해일이 방사모양으로 전파되면서 감쇠(2003년, 도카치 외해 지진해일)

또한 2011년 3월 11일에 발생한 동일본 대지진에서는 지진해일의 파원역은 남북 500km, 동서 200km로 파원역과 직면한 일본 동북지방 해안에서의 지진해일은 거리에 따른 감쇠가 되어 도달하였다. 지진해일이 전파되어가는 과정에서 물의 점성 및 저면마찰에 의한 에너지 손실로 높이가 저감되지만 이와 같은 요소에 따른 지진해일의 저감(低減) 정도는 작다. 만약 1,000km 이상 장거리로 전파되지 않는다면 그 영향은 크다고 할 수 없다. 또한 에너지손실은 주기가 짧은 성분일수록 크게 손실되기 때문에 장거리를 전파하는 지진해일의 단주기 성분이 한층 더 많이 손실되어 그 결과 지진해일 주기는 길게 된다. 보통의 지진해일 주기는 10~40분 정도이지만 1960년에 칠레에서 발생하여 하루 만에 18,000km 떨어진 일본에 도달하였던 지진해일의 주기는 1시간 이상이었다.

2) 천수변형(淺水變形)

수심이 깊은 해구(海溝) 부근의 지진에 의해 발생하였던 지진해일은 수심이 얕은 연안지역에 도달함에 따라 높이는 급격하게 크게 된다. 수심이 얕아짐에 따라 지진해일의 높이가 변화하는 것을 천수변형이라고 부른다. 천수변형이 일어나는 원인은 지진해일의 에너지 플럭스(Energy Flux)[8]로 에너지 플럭스의 연속을 고려하면 수심이 얕아짐에 따라 지진해일의 전파되는 속도(실제로는 지진해일 에너지 전파속도이지만, 지진해일인 경우 주기가 길

---

8   에너지 플럭스(Energy Flux) : 표면에서의 에너지 전이(轉移) 속도이다.

므로 지진해일 변형이 전달되는 속도와 동일)가 작아지므로 지진해일의 에너지는 크게 된다. 그러므로 지진해일고는 식(4.2)와 같다.

$$\frac{\eta}{\eta_0} = \left(\frac{h}{h_0}\right)^{-1/4}$$

(4.2)

여기에서 η와 η_0은 그림 4.9에 나타낸 것과 같이 각각의 수심 h와 h_0에서의 지진해일고로 첨자 0은 외해 쪽의 임의지점을 나타내고 있다. 예를 들어 지진해일이 수심 4,000m인 곳에서 발생하여 수심 10m인 지점까지 전달되었다면, $\eta/\eta_0 = (10/4,000)^{-1/4} = 4.47$이 되어 지진해일의 높이는 외해 쪽의 4.5배로 증폭되게 된다.

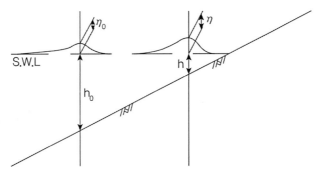

출처 : 沿岸技術研究センター 「TSUNAMI」 改訂編集委員会(2016), TSUNAMI, p.287.

그림 4.9 지진해일의 천수변형

3) 굴절(屈折)

지진해일이 전파하는 속도는 다음 식(4.3)과 같다.

$$C = \sqrt{gh}$$

(4.3)

여기에서 C는 파속, g와 h는 각각 중력가속도(9.8m/s^2)와 수심(m)이다. 이 식에서 알 수 있듯이 지진해일의 전파속도는 수심이 깊을수록 빠르다. 이와 같이 수심의 변화로 파속이 변화하면 해저지형에 따라 파의 진행방향이 변화하는 현상이 일어난다. 이 현상을 굴절이라고 부른다. 굴절에 따라 지진해일은 파속이 늦춰지면 수심이 얕은 방향으로 구부러지게 된다. 그 결과 곶(串)의 선단과 같이 등심선이 바다 쪽으로 돌출되어 있는 해안에는 그림 4.10에 나타낸 바와 같이 파향선(波向線)이 집중하므로 지진해일의 에너지가 집중하여 지진해일고는 크게 된다. 또한 만과 같이 등심선(等深線)이 만 안쪽으로 들어간 해안에서는 에너지가 확산하여 지진해일고가 작아진다고 생각할지도 모른다. 그러나 실제로는 만 안쪽에서 지진해일은 크게 되는데 그것은 반사현상 때문이다.

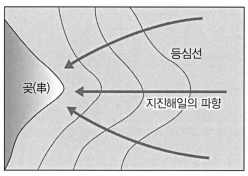

출처 : http://www.jma-net.go.jp/ishigaki/know/tmanual/pdf/m5.pdf

그림 4.10 지진해일의 굴절

4) 반사(反射)

*V*자형 만의 안쪽은 지진해일 에너지가 집중되어 지진해일고가 높아지므로 주의해야 할 필요가 있다. 그림 4.11에서 볼 수 있듯이 *V*자형 만의 안쪽에서 지진해일고가 높아지는 것은 지진해일이 만 양안(兩岸)에서 반사되어 그 지진해일이 만 안쪽으로 진행되어갈 때 그곳에 지진해일 에너지가 집중되기 때문이다. 지진해일 파장은 수십 km로 매우 긴 만큼 높이는 작으므로 보통 파에서는 쇄파(碎波)되어 반사가 일어나지 않는 해안에서도 지진해일은 반사되어 재차 해안 쪽으로 돌아간다.

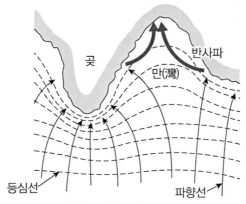

곶

만(灣)

반사파

등심선

파향선

출처 : 沿岸技術研究センター 「TSUNAMI」 改訂編集委員会(2016), TSUNAMI, p.289.

그림 4.11 지진해일의 반사

반사된 지진해일은 외해 쪽으로 나가지만 그림 4.11과 같이 수심이 얕은 방향으로 굴절이 된다. 반사와 굴절을 되풀이 하면서 점점 만 깊숙이 진행하여 최종적으로 만 안쪽에 지진해일 에너지가 집중되어 지진해일이 크게 된다. 일반적인 풍파(風波)에서는 만 양안에서 쇄파되어 파랑 에너지가 소멸되므로 반사파는 거의 없다. 이 때문에 만 안쪽에서 풍파의 파고는 크게 되지 않는다. 반면 지진해일은 대부분 해안에서 반사되는데 주위가 육지로 둘러싸인 우리나라 동해(東海)에서는 육지에서 몇 번 반사되므로 좀처럼 감쇠되지 않는다고 알려져 있다. 따라서 육지에서 반사된 지진해일이 해안에 집중되어 큰 지진해일을 발생하는 경우도 있다.

지진해일의 반사는 2011년 동일본 대지진해일에도 나타났는데, 그림 4.12(a)와 (b)는 각각 지진발생부터 74분 후 및 100분 후의 지진해일의 모습이다. 지진해일이 센다이만(仙台灣) 해안에 도달하였지만, 산리쿠(三陸) 지방 남부는 이미 지진해일이 내습한 후 해안에서 반사되어 오시키반도(牡鹿半島) 부근을 중심으로 동심원(同心圓) 모양의 줄무늬를 띠고 있다. 반사된 지진해일은 동심원을 띠고 퍼져나가기 때문에 심해로 되돌아가는 에너지 성분도 있지만 해안을 따라서 진행하는 에너지 성분도 있다. 반사한 지진해일의 일부가 센다이만 외해인 남쪽으로 진행하는 것을 볼 수 있다. 해안을 끼고 남쪽으로 진행한 지진해일은 그 뒤 방향을 해안으로 바꾸고 결과적으로 다시 해안을 내습하는 것을 확인할 수 있다(그림 4.12(b) 참조). 즉, 그림 4.12(b)에서는 그림 4.12(a)의 흰색 화살표로 표시된 남쪽으로 향하는 지진해일이 해안으로 방향을 틀어 후쿠시마현(福島県) 남부에 진행하고 있는 것을 볼 수 있다. 이것은 지진해일이 해안에 가까워질수록 일반적으로 바다의 수심이 얕고 지진해일의 속도가 늦어지기 때문이다.

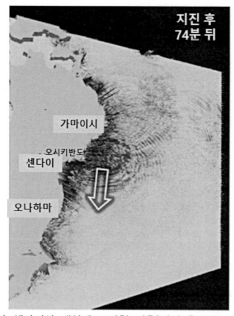
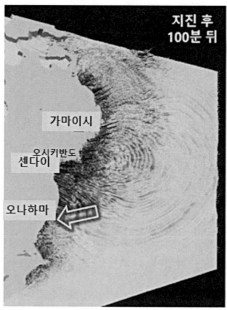

(a) 센다이만 해안에 도달한 직후(지진 후 74분 뒤) 지진해일의 모습

(b) 지진 후 100분 뒤 지진해일의 모습

출처 : NHK そなえる防災 HP(2018), https://www.nhk.or.jp/sonae/column/20150233.html

그림 4.12 동일본 대지진해일의 반사

또한 2004년 인도양 대지진해일에서도 지진해일의 반사가 관측되었다. 진원의 서쪽인 스리랑카에서는 지진해일이 내습한 방향에 직면한 동쪽 해안은 물론 반대 측의 서쪽 해안에서도 철도 및 열차가 유실되는 등 큰 피해가 발생하였다. 그 원인은 연안의 천뢰(淺瀨)에서 지진해일이 증폭된 것과 함께 몰디브 제도로 인한 지진해일의 반사도 그 이유 중 하나이다. 지진해일의 반사로 인해 스리랑카 서해안에서는 장시간에 걸쳐 지진해일이 몇 번이나 내습하였다(그림 4.13 참조).

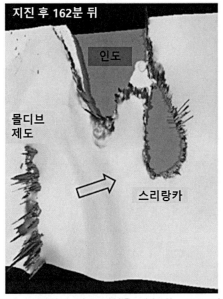

몰디브제도에서 반사되어 인도, 스리랑카 서쪽 해안을 내습하는 2004년 인도양 대지진해일의 모습
(지진 후 162분 뒤)

출처 : NHK そなえる防災 HP(2018), https://www.nhk.or.jp/sonae/column/20150233.html

그림 4.13 인도양 대지진해일의 반사

5) 회절(回折)

지진해일은 주기가 길뿐 아니라 일반적인 풍파와 같은 성질을 가진다. 그 때문에 지진해일 진행이 구조물 및 섬, 반도, 곶에 의해 차단되면 그 배후까지 돌아들어가서 전달된다(그림 4.14 참조). 이 현상을 회절이라 부른다. 그러므로 지진해일의 주기는 길기 때문에 파장이 긴데(풍파의 파장은 100m 차수(次數, Order)임), 예를 들어 주기가 15분인 지진해일은 수심 10m에서 파장은 9km가 된다. 이 때문에 50m 정도 크기의 섬에서는 지진해일의 파장에 비하여 섬의 크기는 매우 작아 회절에 따른 지진해일 크기 변화는 나타나지 않는다. 회절현상에 따른 지진해일이 현저하게 나타나는 것은 1km 이상인 섬, 곶 및 반도이다. 배후로 돌아들어간 지진해일은 지형의 차폐효과(遮蔽效果)가 크면 그 크기는 작아진다. 그러나 육지로부터 반사된 반사파와 중첩되면 지진해일이 크게 되는 경우도 있으므로 주의가 필요하다. 지진해일의 경우 앞서 설명한 지구상의 어떤 수심에서도 굴절현상을 일으킬 수 있고 굴절과 회절이 동시에 일어날 수 있는데 어느 것이 탁월한가는 지형조건에 따라 다르다. 그 때문에 곶 배후로 들어간 지진해일이 항상 작아지는 것은 아니다.

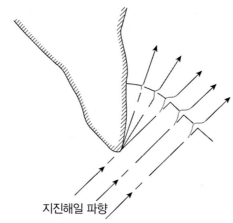

출처 : 沿岸技術研究センター 「TSUNAMI」 改訂編集委員会(2016), TSUNAMI, p.290.

그림 4.14 지진해일의 회절

　1993년 홋카이도 남서외해 지진해일 시 지진해일의 회절로 말미암아 오쿠시리섬 남단의 아오나에갑(岬) 주변에서 큰 피해가 발생하였다. 아오나에갑 주변은 얕은 해역이 펼쳐져 있었다(그림 4.15 참조). 오쿠시리섬의 동쪽에 진원(震源)이 위치하였기 때문에 지진해일은 아오나에갑의 동쪽으로부터 내습하였지만, 갑 주변의 밖으로 내뻗은 얕은 지형의 영향으로 지진해일의 방향이 크게 휘여 갑 배후인 그늘 영역에 입지한 하츠마츠마에(初松前) 마을에서도 높이 12m를 넘는 큰 지진해일이 덮쳤다.

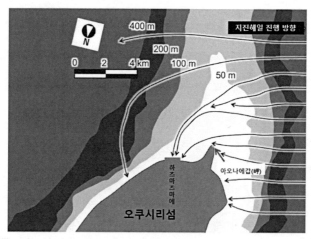

출처 : NHK そなえる防災 HP(2018), https://www.nhk.or.jp/sonae/column/20150233.html

그림 4.15 갑 배후로 돌아 들어간 지진해일

6) 공진(共振)

만내의 해수는 만의 형상 및 수심 분포에 대응한 고유주기를 가지고 있다. 만의 고유주기에는 주기가 긴 저차(低次) 모드(Mode)에서부터 주기가 짧은 고차(高次) 모드를 갖고 있다. 따라서 만의 고유주기와 가까운 주기를 가진 지진해일이 외해로부터 만 내부로 진입하게 되면 만내의 해수는 고유주기에 대응하는 모드에 따라 크게 진동한다. 이와 같은 현상을 공진현상이라고 한다. 많은 수의 고유주기가 존재하지만 공진현상을 일으키는 고유주기는 주기가 긴 저차 모드진동에 한정된다. 그림 4.16은 공진현상이 일어난 만내 지진해일의 증폭을 나타내고 있다. 그림 4.16의 세로축은 만구부(灣口部)에서의 지진해일고(H_0)에 대한 만 안쪽에서의 지진해일고(H)의 비(比)이다. 이 비율이 높을수록 만내에서 지진해일이 크게 됨을 알 수 있다. 또한 이 도표의 가로축은 만내 해수진동(海水振動)의 고유진동주기(분(分), Min)를 나타내고 있다. 그림 중 흰 동그라미는 1933년 산리쿠(三陸) 대지진해일 때이고, 검은 동그라미는 1960년 칠레 지진해일 때이다.

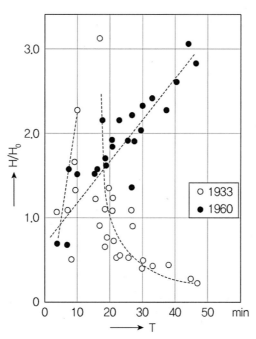

출처 : 沿岸技術研究センター「TSUNAMI」改訂編集委員会(2016), TSUNAMI, p.291.

그림 4.16 공진에 따른 만내 지진해일의 증폭

1933년 산리쿠 대지진해일은 일본 근해인 산리쿠 외해에서 발생하였던 지진해일로 연안과 가까운 바다에서 발생하였으므로 주기는 비교적 짧아 10~30분이다. 한편, 칠레 대지진해일은 태평양을 사이에 둔 일본과 반대쪽인 칠레 외해에서 발생하였던 지진해일로 제트기의 속도로 전파하여 하루 만에 일본 쪽 태평양과 접한 연안에 내습하여 많은 피해를 입혔다. 이 지진해일은 태평양을 횡단하여 장거리를 전파하여왔으므로 전파(傳播) 중에 단주기(短週期)파는 감쇠하는 바람에 지진해일의 주기는 1시간 징도로 매우 길었다. 그림 4.16을 보면 1933년 산리쿠 지진해일에서는 만의 고유주기가 15분에 가까울수록 만내의 지진해일은 크게 증폭되고 있다. 이것으로 알 수 있듯이 이 지진해일 주기는 대략 15분으로 만의 고유주기인 15분 근처에서 공진현상으로 지진해일의 증폭됨을 알 수 있다. 한편 칠레 대지진해일에서는 고유주기가 1시간 이상으로 그 당시 측정된 만의 데이터는 없지만 데이터가 있는 범위에서는 만의 고유주기가 길수록 만내의 지진해일 증폭이 크게 된다. 이와 같이 동일한 만에서도 내습한 지진해일의 주기에 따라 지진해일이 증폭될 가능성이 높다. 이 때문에 지진해일의 주기에 관해서도 고려할 필요가 있다.

7) 지진해일 트래핑

지진해일은 섬, 곶 및 대륙붕에 침입하면 해안에서는 지진해일이 반사되어 외해로 되돌아가지만 해저지형에 대응한 특정 주기를 가진 파는 수심이 깊어짐에 따라 또다시 육지방향으로 되돌아간다. 그리고 또한 육지에서 반사되었지만 다시 육지방향으로 되돌아갈 수 있다. 섬인 경우 그림 4.17에 나타낸 것과 같이 섬 주위에 지진해일은 갇히게 되어 그곳에서 바깥으로 나갈 수 없이 되는 현상이 발생한다. 이런 현상을 트래핑(Trapping)이라고 부른다. 섬인 경우 지진해일이 내습한 방향의 반대쪽 해안에서 이런 트래핑 현상이 발생하여 큰 지진해일이 관측되는 경우가 있다. 2004년 12월 26일에 발생하였던 인도양 대지진해일 당시 스리랑카의 차폐역(遮蔽域)에서 큰 지진해일 소상고(遡上高)가 관측된 것이 그 대표적인 예이다. 또한 지진해일의 트래핑 현상은 대륙붕 위에서도 일어난다. 입사(入射)한 지진해일이 육지에서 반사되어 외해로 향하지만 외해 쪽 수심이 대륙붕 끝에서 급격히 깊어지기 때문에 재차 반사되어 또다시 육지방향으로 입사하게 되어 대륙붕으로부터 탈출하지 못하는 현상이다. 탈출하지 못한 지진해일은 대륙붕 길이 등과 같은 지형영향을 받아 특정

주기의 파가 되어 가두어진다. 가두어진 지진해일의 주기가 지진해일의 평균 주기에 가까우면 지진해일의 큰 에너지가 트랩(Trap)된다. 연안지역에서 트랩된 파를 엣지파라고도 부른다. 트래핑 현상은 해안선 부근에서 급격하게 크게 되어 얕은 곳은 해저마찰 영향이 강하기 때문에 에너지를 잃어버리기 쉬워 특정 주기를 가진 성분에 대해서만 발생하는 현상으로 이른바 강한 공진현상은 일어나기 어렵다고 할 수 있다.

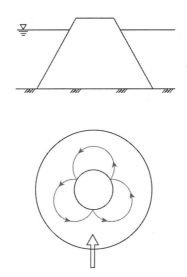

출처 : 沿岸技術研究センター 「TSUNAMI」 改訂編集委員会(2016), TSUNAMI, p.292.

그림 4.17 섬 주위에 트랩된 파

4.3 지진해일의 소상과 파력

4.3.1 지진해일의 소상고

지진해일이 해안에 도달하여 해변 및 호안 등의 해안 지형보다도 파고가 높으면 육지로 밀려 올라간다. 이를 소상(遡上)이라고 하는데, 소상 형태는 해안지형에 따라 달라 전형적인 지형 차이에 따른 소상의 형태는 그림 4.18의 ①~④처럼 나타낼 수 있다.

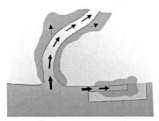
① 하천·운하·수로

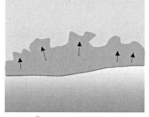
② 사빈·해안평야

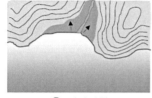
③ 경사지형

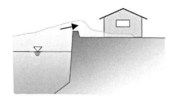
④ 단구·호안

출처 : 日本氣象協會(2018), https://www.jwa.or.jp/news/docs/

그림 4.18 해안지형에 따른 지진해일의 소상(침수역) 형태

① 하천·운하·수로 : 지진해일이 하구로 유입되는 하천 변을 따라 올라가는 형태로 경사가 완만한 강, 운하 및 매립지의 수로에서 볼 수 있다. 내륙 깊숙이까지 침입하기 쉽고 하천제방을 넘으면 시가지와 논밭을 침수시킬 수 있다.

② 사빈(砂濱)·해안평야 : 지진해일이 사주[9] 및 사구[10]로 형성된 평탄한 해안을 아메바(Amoeba)가 기어가듯이 나아가서 범람하는 형태로 침수심은 ③보다는 깊지 않지만 영향을 미치는 면적은 넓다. 저지대(低地帶)가 많은 곳은 배수되기 어렵고 침수기간이 길어질 수 있다.

③ 경사지형 : 지진해일이 중소하천의 곡저(谷底) 평야와 경사진 해안평야를 소상하는 형태로 움푹 들어간 포구(浦口)에다가 전면의 해저가 골짜기를 이루는 곳은 높은 곳까지 소상하기 쉽다.

④ 단구[11]·호안 : 지진해일이 전면(前面)에 해식애[12]와 호안 등과 같은 가파른 경사를 가

---

9 사주(砂洲) : 해안 및 호수 변에 형성된 모래 제방으로 사취(砂嘴)가 더 발달한 것으로 조류(潮流), 바람 및 하천에 의해 운반된 토사가 퇴적하면서 생긴다.

10 사구(砂丘) : 모래가 바람에 의해 운반되어 퇴적된 작은 언덕을 말하며, 사막에 생기는 내륙사구와 해안에서 형성되는 해안사구 등이 있다.

11 단구(段丘, Terrace) : 해안 및 하안에서 볼 수 있는 계단모양의 지형을 말한다.

12 해식애(海蝕崖) : 파랑에 의해 육지가 침식되어 형성된 절벽 또는 급경사면을 말한다.

지며 배후가 평탄지로 되고 있는 곳을 내습하는 형태로 지진해일고가 가파른 경사를 넘었을 때 사빈과 해안평야를 범람시킬 수 있는 형태이다.

일반적으로 파가 연안지역에 입사하면 해수의 선단(先端) 위치가 이동한다. 해수 선단부가 접하는 것이 직립호안인 경우 호안의 직립(直立) 부분이 파의 선단부(先端部)와 부딪친다. 한편 경사호안 및 자연해빈인 경우 파 선단은 해빈을 뛰어 올라간다. 이것을 파의 소상이라고 하고, 파 선단부가 가장 올라간 높이를 소상고(遡上高)라고 한다. 지진해일인 경우도 같은 현상이 일어나는데, 다만 일반적인 파의 소상은 수 초 내에 끝나는데 반하여 지진해일은 주기가 길어 소상이 수 분 간 계속되게 된다. 지진해일의 소상고는 몇 가지 예외적인 현상을 제외하면 지진해일의 크기를 나타내는 매우 유용한 파라메타이다. 예를 들어 지진해일이 경사(傾斜)된 해빈을 넘어 편평한 배후지까지 침입할 때는 10분 이상에 걸쳐 밀어닥친다. 이와 같은 경우 지진해일 선단이 도달하여 끝나는 장소가 가장 높은 장소라고 할 수 없다. 또한 진원역(震源域)의 지진해일은 외해로부터 입사하여 오지 않고 오히려 연안으로부터 외해방향으로 방사(放射)하는 경우도 있다. 이 경우는 지진해일 규모에 대응하는 소상은 발생하지 않는다. 지진해일이 어느 높이까지 소상하는지에 대한 정보는 대피장소를 고려할 때 직접적으로 부딪치는 문제이다. 즉, 지진해일 시 대피장소로서 적합한 곳은 다음과 같다.

① 침수역(浸水域, 소상위치)의 바깥쪽 : 수평대피인 경우
② 소상고(엄밀히 말하면 이 경우는 침수고(浸水高))보다 높은 곳 : 수직대피인 경우

소상고보다 높은 장소라면 침수역의 바깥쪽으로 나가는 것보다 높은 곳으로 이동하는 편이 빠른 경우가 많아, 지진해일 내습 전에 소상고보다 높은 장소로 대피하면 지진해일에 휩쓸리지 않는다. 소상고는 지진해일 내습 시 대피장소를 판단하는 기준이기 때문이다. 여기에서는 가장 기본적인 경우로써 1차원적인 수평바닥에 일정경사 사면이 접하는 경우에 지진해일의 소상을 고려한다. 이와 같은 해빈단면에 외해로부터 파고 H인 지진해일(진폭을 a로 하면 $H = 2a$)가 입사할 때의 소상고 R에 관한 선형이론은 다음과 같다.[5]

$$\frac{R}{H} = \left[\left(J_0 \left(\frac{4\pi l}{L} \right) \right)^2 + \left(J_1 \left(\frac{4\pi l}{L} \right) \right)^2 \right]^{-1/2} \tag{4.3}$$

단, l은 사면부의 수평 길이, L은 수평바닥에서의 지진해일 파장이다. $J_0(4\pi l/L)$, $J_1(4\pi l/L)$은 0차 및 1차 $Bessel$ 함수이다. $4\pi l/L$이 클 때와 작을 때는 다음과 같은 근사가 성립한다.

$$\frac{R}{H} = \sqrt{2}\pi \sqrt{\frac{l}{L}} \ (4\pi l/L\text{이 클 때}) \tag{4.4}$$

$$\frac{R}{H} = 1 + 2\pi^2 \left(\frac{l}{L} \right)^2 (4\pi l/L\text{이 작을 때}) \tag{4.5}$$

즉, 완경사사면에 있어서는(식(4.4)), 예를 들어 $l/L = 1/2$이면 소상고는 $3H$ 정도이고, 급경사사면에서는(식(4.5)) 소상고는 H 정도이다. 위의 이론식에는 비선형 효과, 쇄파 및 저면마찰로 인한 에너지 감쇠는 고려하지 않았다. 이에 대하여 수리모형실험에 근거한 파고가 큰 파, 쇄파된 파, 고립파모양의 파 등을 포함한 실험식으로 다음과 같이 제안하고 있다.[6]

$$\log\left(\frac{R}{H} \right) = 0.421 - 0.095 \log\left(\frac{l}{L} \right) - 0.254 \left\{ \log\left(\frac{l}{L} \right) \right\}^2, \ \left(0.1 \leq \frac{l}{L} \leq 1.3 \right) \tag{4.6}$$

경향으로서 식(4.3)의 이론식은 실험식(4.6)에 비하여 $l/L = 0.1$ 부근에서 작아지고, $l/L = 1.3$ 부근에서는 커지지만 차는 그만큼 크지 않다. 더구나 식(4.6)을 유도하였던 실험에서의 소상고는 최대로 입사파고의 4배 정도이었다. 동일 지형에 대한 고립파의 소상해(遡上解)는,

$$\frac{R}{h} = 2.831 (\alpha)^{-1/2} \left(\frac{H}{h} \right)^{5/4} \tag{4.7}$$

이다.[7] 다만, 이 식 중 파고 H는 평균해수면(Mean Sea Level)[13]으로부터 측정한 최고수위의 높이로 식(4.3)의 파고 정의와는 다르다. 비쇄파인 경우 위 식은 실험식과 잘 맞고 쇄파인 경우는 과대평가된다. 쇄파하는 경우의 소상고는 경사 약 1/20에서 $R/h = 0.918(H/h)^{0.606}$이 된다. 이와 관련된 실험에 있어서도 소상고는 최대로 입사파의 4배 정도이다. 더욱이 식(4.3)을 유도한 이론에 따르면 파 선단이 정선을 가로지를 때에 최대유속이 나타난다. 그 값은,

$$u_{max} = \frac{R\sigma}{\alpha} \tag{4.8}$$

이다. σ는 각주파수, α는 해저경사이다. 지진해일이 수평방향으로 도달한 거리는 R/α로 나타낸다. 구체적인 계산을 해보면 수심 200m인 넓은 대륙붕(수평바닥)이 있고 그곳에서 육지까지 일정해저경사 $\alpha = 1/100$인 경사면이라고 가정한다. 지진해일의 주기를 10분, 진폭을 $a = 1m$로 하면 완경사 근사식(4.4)로부터 $R = 7.7m$, $R/\alpha = 770m$를 구할 수 있다. 즉, 지진해일은 연직방향으로 약 8m 높이까지, 수평방향으로 약 800m 거리까지 도달한다. 최대유속은 $u_{max} = 8.1m/s$이다. 그러므로 이 지진해일은 매우 큰 지진해일이라는 것을 알 수 있다. 그러나 경사 $\alpha = 1/10$가 되면 급경사 근사식(4.5)를 적용시켜 $R = 2.2m$, $R/\alpha = 22m$, $u_{max} = 0.23m/s$가 된다. 그러므로 예를 들어 동일한 규모의 지진해일이 입사하여 온다고 할지라도 천해지역에서부터 육지에 걸친 경사(넓은 의미로는 연안부근 지형)에 따라 육지구조물을 내습하는 지진해일의 상황은 크게 다르다. 더구나 동일 단면지형을 설정하여 지진해일을 파고 1m인 고립파라고 하고 식(4.7)의 이론식을 적용시키면 소상고는 경사 1/100인 경우에서 7.5m, 경사 1/10인 경우 2.4m가 되어 식(4.3)에 대한 해와 큰 차이는 없다. 그런데 실제 연안지형은 앞서 가정한 단순한 일정 경사사면은 아니다. 이 때문에 지진해일의 소상도 다르다. 예를 들어 다음과 같다.

① 육지에서는 경사가 급변하고 육지의 지반고가 해안사구보다 낮은 곳도 있다. 이 경우

---

[13] 평균해수면(平均海水面, Mean Sea Level) : 장기간에 걸쳐 관측한 조위의 평균치에 상당하는 높이의 수면으로 우리나라에서는 인천의 평균 해면이 표고(標高)의 기준이다.

지진해일은 사구를 넘으면 홍수범람과 같이 낮은 곳으로 흘러 들어가 최종적으로 저지대에 넓게 퍼진다(그림 4.18 ② 참조).

② 평면적으로 복잡한 지형인 경우 어딘가에 지진해일이 모이는 장소가 생긴다. 그곳에는 주변과 비교하여 큰 소상고가 발생하는데 만 안쪽 및 곶 선단이 그 예이다(그림 4.19 참조). 지진해일이 산 사이의 계곡으로 소상하는 경우 소상된 지진해일이 계곡에 모이게 되이 주변에 비하여 매우 큰 소상고를 발생시킨 사례도 많다(그림 4.18 ③ 참조).

③ 하천에도 지진해일이 들어가기 쉬운 장소가 있다. 하천에서는 지진해일 속도가 빨라지고 육지보다 앞서 하천을 소상하므로 주의가 필요하다(그림 4.18 ① 참조).

④ 더욱이 만의 공진주기가 지진해일의 주기와 일치하는 경우에는 지진해일이 증폭되어 소상고도 높아진다. 일반적으로 지진 규모가 크면 단층(斷層)의 폭도 넓어져 그것에 따라 지진해일 주기도 길어지는 경향이 있다. 특정한 만일 경우 지진규모가 크더라도 지진해일 주기가 만의 공진주기와 일치하지 않을 때가 있고, 지진규모가 작더라도 지진해일 주기가 공진주기와 일치하는 경우에는 소상고가 크게 되는 경우가 있다.[8] 더구나 공진으로 소상고가 높아지는 장소는 만 안쪽만이 아니다. 즉, 소상고가 큰 장소는 주변 지형, 지진해일의 파형(특히 주기) 및 파향에 따라 변화하므로 과거 많은 지진해일 경험으로부터 '어떤 만(어떤 지역)은 지진해일이 크게 되지만 여기는 안전하다'라는 안이한 생각에 사로잡히는 것은 매우 위험하다.

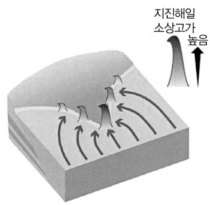

곶의 선단에 지진해일이 집중함

출처 : 日本 気象庁(2018), http://www.data.jma.go.jp/svd/eqev/data/tsunami/generation.html

그림 4.19 소상고가 높아진 예(곶의 선단)

4.3.2 소상과 침수가 구조물에 미치는 영향

일반적으로 파랑이라는 외력에 대해서 구조물이 방호기능을 가지기 위해서는 다음 세 가지 기능 중 적어도 한 가지는 가져야만 한다.

① 외력의 높이보다 높은 구조물로써 외력의 침입을 막는다.

② 외력 일부를 유입시켜 유입 후에 넓은 면적으로 받아들여 영향을 저감시킨다.

③ 마찰 및 소용돌이(渦)로써 파 에너지를 감소시켜 내부로 전달되는 크기 및 세력을 억제시킨다.

물론 하나의 구조물이 위에서 서술한 기능 중 두 가지 이상을 가진 경우도 있다. 예를 들어 지진해일 완코우(灣口) 방파제는 ②, ③의 기능을 가진 구조물이다. 지진해일에 대한 구조물 효과를 생각해보면 주기 및 파장이 매우 긴 지진해일의 특징을 고려할 필요가 있다. 우선 지진해일에 대한 ③의 기능을 고려하면, 소파블록은 보통 파랑에 대해서는 ③의 효과를 갖지만 충분한 소파효과를 가지기 위해서는 적어도 지진해일 파장의 몇 분의 1만큼의 폭에 소파블록을 설치할 필요가 있다. 그러므로 보통 파랑에 대한 소파블록은 그 폭이 대략 수 m 정도이므로 파장이 긴 지진해일에 대해서는 거의 소파기능은 없다. 또한 개구부(開口部)가 좁은 방파제라면 개구부에 소용돌이가 생기게 함에 따라 ③의 효과가 있다고 생각할 수 있지만 일반적인 규모를 갖는 항만의 방파제는 지진해일의 전체 에너지에 비교하여 극히 미소량의 에너지만을 소산시킬 수밖에 없는 실정이다. 즉, 일반적인 구조물이 지진해일에 대하여 ③의 기능을 가지는 것을 그다지 기대할 수 없다. 다음으로 ②의 기능을 고려하면, 방파제와 같이 항내를 정온하게 가지는 것과 유수지(遊水池)와 같이 침수되더라도 피해가 적은 토지 중에 넓고 얕게 침수시키는 것으로 나누어 검토할 수 있다. 우선 전자의 의미는 지진해일 완코우 방파제와 같은 대규모 방파제로 이 효과를 기대할 수 있다. 단 이 경우에서도 유입량을 억제하는 효과도 기대할 수 있는 반면 지진해일 방파제가 없는 일반적인 항만에서는 한층 더 항내에서 지진해일의 영향을 강하게 받는다.

사진 4.1은 1983년 일본 서부 중부지진 시 고도마리(小泊)어항에 내습한 지진해일의 연속사진이다. 이 사진을 보면 방파제 개구부에서 발생된 강한 흐름이 항내 전체에 영향을

미쳐 어선이 전복시켰다. 즉, 지진해일 내습 시에는 보통의 구조물로 항내 정온을 유지하는 것은 어렵다. 국소적으로 흐름이 약해지는 곳도 있을 수 있다. 다만 이 경우에서는 반대로 흐름이 강해지는 곳도 생긴다. 다음으로 ②의 구체적인 내용 중 후자에 대해서는 침수되더라도 피해가 적은 토지에 넓고 얕게 침수되는 것을 고려할 수 있다. 하와이섬과 오쿠시리섬 아오나에(靑苗)는 지진해일의 피해를 당한 후 도시계획을 수립한 후 실행하였는데, 미국의 힐로(Hilo, 하와이섬 내 도시) 및 일본의 아오나에는 지진해일의 피해지역 대부분을 공원으로 만들어놓았다. 즉, 야간에 거주하는 인구가 없고, 더 이상 피해가 발생하지 않은 공간으로 만들어놓았다. 이것은 근본적인 지진해일 대책으로 한층 더 넓게 채용하면 좋은 아이디어라고 할 수 있다. 다만, 지진해일에 의해 침수되기 쉬운 해안부근의 저지대는 이미 옛날부터 생활하기 좋은 거주지 및 생산된 제품을 반출하기 쉬운 공장인 곳이 많다. 따라서 지진해일의 피해 경험이 전혀 없는 도시는 피해 가능성이 높은 장소를 처음부터 사람들이 접근하기 곤란한 도시구조로 만들기 어렵다. 그러므로 기존의 일반구조물에 대하여 ②의 후자 기능을 가지게 만드는 것은 어렵다. 이상과 같이 기존의 일반구조물에 기대할 수 있는 효과는 주로 ①의 기능에 의해 지진해일을 침입을 막거나 완전히 막을 수 없더라도 유입량을 감소시킬 수 있다. 이것에 대한 예는 인도양에 있는 몰디브공화국의 수도(首都) 말레(Male) 사례를 볼 수 있다(그림 4.20 참조).

(a)   (b)

사진 4.1 1983년 일본 서부 중부지진 시 고도마리어항(계속)

(c)

(d)

출처 : 日本 青森県 HP(2018), 昭和58年日本海中部地震災害の記録, http://www.bousai.pref.aomori.jp/DisasterFireDivision/
archivedata/earthquakeoverview/japanseachubu/index.html

사진 4.1 1983년 일본 서부 중부지진 시 고도마리어항

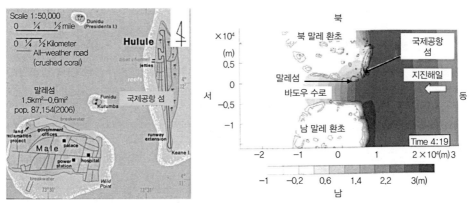

출처 : 大谷 英夫, 藤間 功司, 鴫原 良典, 富田 孝史, 本多 和彦, 信岡 直道, 越村 俊一, 折下 定夫, 辰巳 正弘, 半沢 稔, 藤井
裕之(2005), インド洋大津波によるモルディブ共和国マレ島・空港島の浸水特性とそれに及ぼす護岸・離岸堤の影響,
海岸工学論文集, 第52巻, pp.1376~1380.

그림 4.20 말레섬의 지진해일 침입

　그림 4.20의 오른쪽은 수치모델계산으로 재현한 말레섬 주변 지진해일 내습의 양상이
다. 말레섬은 그림 4.20 오른쪽 그림의 화살표로 표시된 바와 같이 북(北) 말레 환초[14]에
있는 작은 섬으로 지진해일은 동쪽에서 내습하였다. 환초 자체가 지진해일에 대한 장애물
이므로 지진해일은 북 말레와 남(南) 말레 사이의 바도우 수로에 집중하여 내습하였다. 지

---

14 환초(環礁) : 산호초가 고리모양으로 하고 있어 그 안에는 초호(礁湖, Lagoon)를 가지고 있는 것으로 곳곳에 물길
　　을 가지고 있어 외해와 연결되어 있다.

진해일이 직접 내습하는 말레섬 동쪽 해안과 바도우 수로에 면하고 있는 남쪽 해안에서는 지진해일 수위가 약간 높아진다고 볼 수 있다. 국제공항섬의 환초 내에 설치된 조위계(潮位計)에 따르면 지진해일의 제1파 내습 시 최고수위는 기본수준면상 2.06m로 지진해일에 따른 최대조위편차는 1.45m이었다. 기본수준면은 평균해수면보다 0.64m 낮으므로 지진해일 내습 시 조위(2.06−1.45m＝0.61m)는 평균해수면 높이(0.64m)와 거의 같았다(그림 4.21 참조).

그림 4.21에 말레섬 호안, 이안제 마루높이, 지반고, 지진해일의 침수지역(위) 및 전경(아래)을 나타내었다(위 및 아래의 화살표가 동일위치를 나타냄). 남동쪽 호안의 마루높이는 기본수준면상 2.8m(그림 4.21의 ❶)로 이것은 지진해일의 최고수위 2.06m에 대하여 70cm 여유가 있는 높이로 지진해일 내습하여 오는 방향과 면(面)하고 있으므로 지진해일이 약간 증폭될 가능성이 있다. 더구나 지진해일을 함께 타고 오는 너울 및 풍파로 인하여 월파할 가능성도 있지만 그것이 원인이 되어 호안을 넘어 큰 침수를 발생하리라고는 생각지 않는다. 그러나 남쪽 호안의 마루높이는 낮은 2.1m(그림 4.21의 ❷)로 남쪽 호안에 전면해역에는 이안제가 설치되어 있어 여기에서는 이안제(마루높이 4.0m)가 일반적인 파랑을 감쇄시킬 수 있으므로 호안의 마루높이가 낮아졌다고 볼 수 있다. 즉, 남쪽 호안의 마루높이는 지진해일의 최고수위 같은 높이로 남쪽 호안에서는 지진해일이 약간 증폭될 것이라고 예상되어 지진해일 본체가 월류되어 침수를 발생시킨다고 볼 수 있다. 더욱이 섬의 북서쪽에 위치한 항구의 계류안벽 높이는 1.8m(그림 4.21의 ❸)로 이곳에서는 월류되어 광범위한 침수가 발생된다고 볼 수 있다.

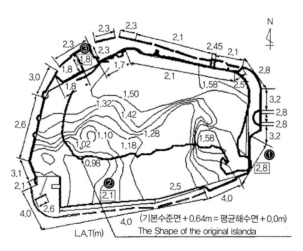

그림 4.21 말레섬의 호안·이안제 마루높이, 지반고, 침수지역(위) 및 전경(아래) (계속)

출처 : 大谷 英夫, 藤間 功司, 鴫原 良典, 富田 孝史, 本多 和彦, 信岡 直道, 越村 俊一, 折下 定夫, 辰巳 正弘, 半沢 稔, 藤井 裕之(2005), インド洋大津波によるモルディブ共和国マレ島·空港島の浸水特性とそれに及ぼす護岸·離岸堤の影響, 海岸工学論文集, 第52巻, pp.1376~1380.

그림 4.21 말레섬의 호안·이안제 마루높이, 지반고, 침수지역(위) 및 전경(아래)

수치모델계산으로 구조물 효과를 나타낸 것이 그림 4.22이다. (a) Case 1은 지진해일 내습시의 이안제와 호안의 조건에서 계산한 케이스로 침수지역은 실측치와 거의 잘 일치하고 있다. (b) Case 2는 기존의 호안만 있지만 남쪽 이안제가 없다고 보고 계산한 케이스로 침수지역이 약간 넓어져 있지만 거의 Case 1의 결과와 동일하다. 더구나 호안도 없는 Case 3에서는 침수지역은 매우 넓게 된다.

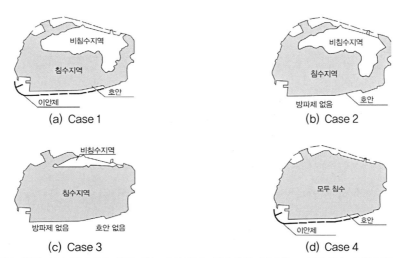

출처 : 大谷 英夫, 藤間 功司, 鴫原 良典, 富田 孝史, 本多 和彦, 信岡 直道, 越村 俊一, 折下 定夫, 辰巳 正弘, 半沢 稔, 藤井 裕之(2005), インド洋大津波によるモルディブ共和国マレ島·空港島の浸水特性とそれに及ぼす護岸·離岸堤の影響, 海岸工学論文集, 第52巻, pp.1376~1380.

그림 4.22 말레섬의 호안·이안제 마루높이, 지반고 및 침수지역

그림 4.23은 Case 1과 Case 3의 남쪽 해안의 유속분포로 그림 중의 속도벡터는 고려하지 않았다. 즉, 유속의 색깔만을 주목하면 호안위치에서의 유속은 호안이 없는 경우보다 호안이 있는 경우가 유속이 빨라지는 장소가 있는 것과 대부분의 육지지역에서는 호안이 있는 경우에 유속이 감소되었다는 것을 알 수 있다. 즉, 남쪽 호안의 효과는 지진해일을 막는 기능을 하여 유속 및 유량을 감소시켜 지진해일의 피해를 경감시키는 역할을 하고 있다.

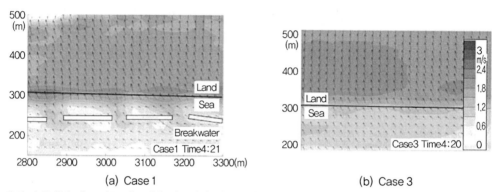

출처 : 大谷 英夫, 藤間 功司, 鴫原 良典, 富田 孝史, 本多 和彦, 信岡 直道, 越村 俊一, 折下 定夫, 辰巳 正弘, 半沢 稔, 藤井 裕之(2005), インド洋大津波によるモルディブ共和国マレ島·空港島の浸水特性とそれに及ぼす護岸·離岸堤の影響, 海岸工学論文集, 第52卷, pp.1376〜1380.

그림 4.23 유속분포

다시 그림 4.22로 돌아가서 (d) Case 4에 대해서 설명하고자 한다. 지진해일은 조위가 거의 평균 수면과 같은 높이였던 시간대에 내습하였고, 14시간 후에는 만조가 되어 수면은 약 0.5m 정도 더 높아져 있다. 그래서 지진해일이 실제 내습 시간보다 14시간 늦게 만조(滿潮) 시에 내습한 경우를 계산한 결과가 (d) Case 4이다. 이 케이스에서는 (a) Case 1과 같은 모양으로 기존의 구조물을 고려하였지만 수면은 +0.5m 높아져 있다. 이런 조건하에서 남쪽의 호안에서는 월류수심이 0.5m 이상, 안벽에서는 월류수심이 0.8m 이상으로 지진해일이 대부분의 섬 지역 안으로 월류되어 섬 전역(全域)이 침수피해를 당하는 계산결과를 나타내었다. 지진해일 수위가 구조물 마루높이를 크게 상회하면 최종적으로는 월류수심이 크게 되어 그 결과 호안의 소상고 저감 및 침수지역 축소효과는 적어진다. 다만 수위가 마루높이를 넘을 때까지 시간만큼 침수를 지연시킬 수 있어 그만큼 대피시간을 벌 수 있는 효과는 있다. 정리하여 보면 기존(지진해일의 방재(防災)가 목적이 아닌)의 보통 구조물의 방재효과(앞서 기술한 ①의 기능)로써 지진해일의 소상고를 낮게 억제하거나 침수지역을 축소시키는 기능을 발휘하기 위해서는 지진해일고가 구조물 높이를 넘지 않거나 넘더라도 아주 짧은 시간이어야 한다는 것이 전제조건이다. 다시 말하면 그만큼 크지 않은 지진해일이라면 일반적인 호안에서라도 지진해일에 대한 방재기능을 기대할 수 있다. 그러나 구조물 높이를 매우 상회하는 큰 지진해일이 내습할 때는 보통의 구조물은 침수지역을 좁게 하거나 소상고를 낮게 억제하는 기능을 그다지 발휘할 수 없다고 볼 수 있다. 따라서 큰 지진해일에 대해서 유효한 기능을 발휘하기 위해서는 구조물도 대규모일 필요가 있다.

4.3.3 지진해일 파력

지진해일 파력의 크기는 다양하다. 지진해일 크기는 물론이고 지진해일 파형 및 해저지형 등 여러 가지 조건에 따라서 지진해일의 파력은 크게 변화한다. 여기에서는 방파제 및 호안과 같이 해안구조물에 작용하는 지진해일의 파력과 가옥 등의 육지 구조물 등에 작용하는 지진해일 파력으로 나누어 서술한다.

1) 방파제 및 호안에 작용하는 지진해일의 파력

방파제 및 호안에 작용하는 지진해일 파력은 시간과 함께 변화한다. 그림 4.24는 지진해일 파력의 시간변화를 그림으로 나타낸 것이다. 지진해일 파력은 단파[15]파력 부분과 중복(重複)파력 부분으로 나눌 수 있는데, 단파파력은 지진해일의 선단부가 구조물과 부딪칠 때 생기는 동적하중으로 그 피크치를 충격단파파력이라고 정의한다. 충격단파 파력치는 같은 지진해일고에서도 조건에 따라 크게 변화한다. 파장이 긴 지진해일 선단부가 단주기(單週期)의 몇 개의 파로 분열(Soliton 분열)되면서 단파형상이 되는 파상(波狀)단파인 경우에는 충격단파파력이 매우 큰 값이 된다. 한편 지진해일고(津波高)가 작은 경우 및 비교적 수심이 깊은 장소에서 지진해일이 부서지지 않고 작용하는 중복파력은 그다지 큰 파력이 되지 않고 피크가 명확하게 보이지 않는 것도 있다. 중복파력은 수위상승에 따라 발생하는 준정적하중(準靜的)으로 기본적으로는 구조물 전면 수위에 비례한다고 볼 수 있다. 방파제 설계

---

15 단파(段波) : 지진해일과 폭풍해일에서 벽과 같이 솟아오르면서 진행하는 파를 말한다.

에 사용하는 지진해일 파력의 산정방법에 대해서는 지진해일 시뮬레이션 결과를 바탕으로 파상단파 발생의 유무 및 월류 발생의 유무를 고려하여 그림 4.25에 나타낸 산정순서에 따라 적절한 파력의 산정식을 이용한다.[9]

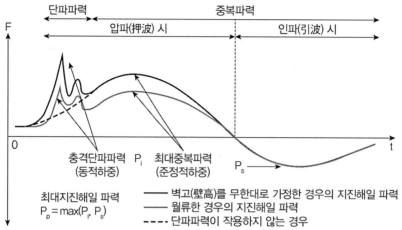

출처 : 日本 国土交通省 港湾局(2013), 防波堤の耐波設計ガイドライン, p.21.

그림 4.24 지진해일 파력의 시간변화에 따른 모식도

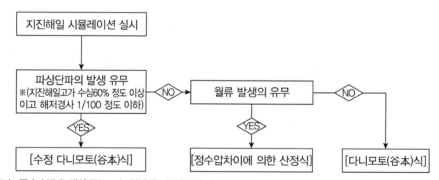

출처 : 日本 国土交通省 港湾局(2013), 防波堤の耐波設計ガイドライン, p.21.

그림 4.25 방파제에 대한 지진해일 파력 산정순서

(1) 파상단파가 발생하지 않고, 월류하지 않는 경우

파상단파(波狀段波, Soliton 분열)가 발생하지 않고 지진해일이 방파제를 월류하지 않는 경우에는 다음과 같이 나타낸 다니모토식(谷本式)을 이용한다. 즉, 그림 4.26에 나타낸 바

와 같이 정수면 위의 높이 $\eta^* = 3.0a_\mathrm{I}$에서 $p = 0$, 정수면에서는 $p = 2.2\rho_0 ga_\mathrm{I}$으로 직선분포, 정수면 아래는 $p = 2.2\rho_0 ga_\mathrm{I}$크기의 일정분포이다. 이것은 보통의 파랑이 직립벽에 작용할 때 파력의 산정에 이용되는 고다식(合田式)을 파랑에 비하여 주기가 긴 지진해일에 적용한 것이다.

$$\eta^* = 3.0a_\mathrm{I} \tag{4.9}$$

$$p_1 = 2.2\rho_0 ga_\mathrm{I} \tag{4.10}$$

$$p_u = p_1 \tag{4.11}$$

여기에서,

  η^* : 정수면 위 파압 작용고(m)

  a_I : 입사 지진해일의 정수면 위 높이(진폭)(m)

  $\rho_0 g$: 해수의 단위체적중량(kN/m^3)

  p_1 : 정수면에서의 파압강도(kN/m^2)

  p_u : 직립벽 전면 하단에서의 양압력(kN/m^2)

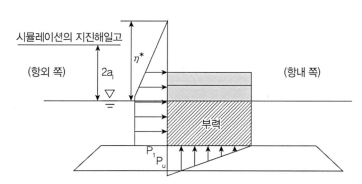

출처 : 日本 国土交通省 港湾局(2013), 防波堤の耐波設計ガイドライン, p.23.

그림 4.26 방파제에 작용하는 지진해일파력 분포

정수면은 지진해일 내습직전의 수위로 한다. 더욱이 수치시뮬레이션 등에 따른 지진해일고(기준 정수면으로부터 높이)는 방파제 및 육지로부터의 반사 영향을 포함하고 있다.

그로 인해 파력산정식에 사용되는 입사 지진해일고 a_I는 수치시뮬레이션 등에 따른 지진해일고의 1/2을 사용한다. 지진해일의 초동(初動) 인파(引波) 및 제2파 이후 지진해일의 압파(押波) 시 후면의 수위가 정수면보다도 낮아지는 경우에는 필요에 따라 그림 4.27에 나타낸 것과 같이 낮아진 수위에서 검토한다.

$$p_2 = \rho_0 g \eta_B \tag{4.12}$$

$$p_L = p_2 \tag{4.13}$$

여기에서,

η_B : 직립벽 후면에서 정수면으로부터 낮아진 수위(m)

p_2 : 직립벽 후면에서의 부압(負壓)(kN/m^2)

p_L : 직립벽 후면하단에서의 양압력(kN/m^2)

부력에 대해서는 전면 정수압을 후면까지 고려한 경우의 부력(사선 부분)으로 계산한다.

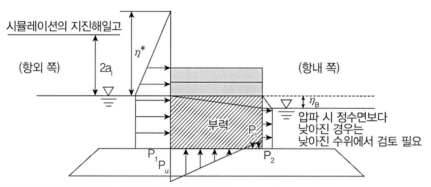

출처 : 日本 国土交通省 港湾局(2013), 防波堤の耐波設計ガイドライン, p.23.

그림 4.27 방파제에 작용하는 지진해일파력 분포(후면 수위가 저하된 경우)

(2) 파상단파가 발생한 경우

파상단파가 발생한 경우에는 아래에 나타낸 수정 다니모토식(谷本式)을 사용한다. 다니모토식의 정수면에서의 파압 p_1에 관한 계수(무차원 파압강도)를 2.2에서 3.0으로 바꾸어 산정한다.[1]이 단, 기준면 위의 파력의 작용고는 변하지 않는다.

$$\eta^* = 3.0a_{\text{I}} \tag{4.14}$$

$$p_1 = 3.0\rho_0 g a_{\text{I}} \tag{4.15}$$

$$p_u = p_1 \tag{4.16}$$

기준면은 단파 내습직전의 수위로 한다. 더욱이 압파(押波) 시의 후면의 수위가 정수면보다도 낮아지는 경우에는 (1)과 같이 낮아진 수위에서 검토한다.

(3) 파상단파가 발생하지 않고 월류하는 경우

파상단파가 발생하지 않고 지진해일이 방파제를 월류하는 경우에는 그림 4.28에 나타내었듯이 방파제 전면과 후면의 수위차가 최대로 될 때의 전면과 후면의 수압을 고려한다.

$$p_1 = \alpha_f \rho_0 g(\eta_f + h') \tag{4.17}$$

$$p_2 = \frac{\eta_f - h_c}{\eta_f + h'} p_1 \tag{4.18}$$

$$p_3 = \alpha_r \rho_0 g(\eta_r + h') \tag{4.19}$$

여기에서,

p_1 : 직립벽 전면의 저면(底面)에서의 파압강도(kN/m^2)

p_2 : 직립벽 전면의 마루높이에서의 파압강도(kN/m^2)

p_3 : 직립벽 후면의 저면에서의 파압강도(kN/m^2)

$\rho_0 g$: 해수의 단위체적중량(kN/m^3)

h' : 직립벽 저면의 수심(m)

h_c : 정수면으로부터 직립벽 마루높이까지의 높이(m)

η_f : 직립벽 전면의 정수면으로부터 지진해일고(m)

η_r : 직립벽 후면의 정수면으로부터 지진해일고(m)

α_f : 직립벽 전면의 정수압보정계수

α_r : 직립벽 후면의 정수압보정계수

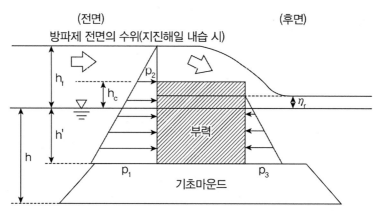

출처 : 日本 国土交通省 港湾局(2013), 防波堤の耐波設計ガイドライン, p.25.

그림 4.28 지진해일이 방파제를 월류하는 경우에 지진해일파력 분포

수리모형실험결과에 따르면 전면의 수압은 정수압보다도 약간 크고 후면의 수압은 정수압보다도 작아지는 경우가 있으므로 안전 쪽을 고려하여 전면의 정수압은 $\alpha_f = 1.05$, 후면의 정수압은 $\alpha_r = 0.9$로 잡는 것이 좋다. 부력은 물속에 있는 제체 전체를 고려하며 양압력은 고려하지 않는다.

2) 육지구조물에 작용하는 지진해일의 파력

육지구조물에 작용하는 지진해일 파력에 대해서도 해중의 구조물과 같이 분열파와 비분열파에 따라 파력이 다르다. 또한 해안으로부터 거리에 따라서도 파력은 변화하고 더욱이 실제로 육지를 소상하는 지진해일은 여러 가지 표류물 및 구조물의 영향을 받는다. 그 때문에 육지구조물에 작용하는 지진해일의 파력을 정확히 산정하는 것은 쉽지 않다. 여기에서는 지진해일 대피빌딩 등 육지구조물의 설계에 사용하는 지진해일 파력의 산정방법을 소개한다.[11] 육지에 소상하는 지진해일인 겨우 지진해일의 파력은 구조물이 없는 상태에서의 소상수심(遡上水深) η_{max}를 지표로 하여 그림 4.29에 나타낸 바와 같이 최대소상수심의 α배의 정수압을 고려하여 산정한다. α에 대해서는 다음과 같이 주어진다.

① $\alpha = 2.0$: 제방 및 전면 구조물로 지진해일의 경감효과를 예상하는 경우

② $\alpha = 1.5$: ①의 구조물이 해안 등에서부터 거리가 500m 이상으로 떨어진 경우

③ $\alpha = 3.0$: ①, ②에 해당하지 않는 경우

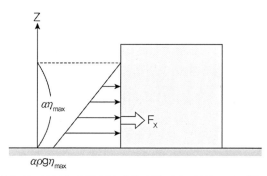

출처: 朝倉 良介, 岩瀬 浩二, 池谷 毅, 高尾 誠, 金戸 俊道, 藤井 直樹, 大森 政則(2000), 護岸を越流した津波による波力に関する実験的研究, 海岸工学論文集, Vol.47, pp.911~915.

그림 4.29 육지 구조물에 작용하는 지진해일 파력 분포

4.4 수심변화에 따른 지진해일 변화

4.4.1 외해에서의 지진해일(수심 30m 이상)

외해는 수심 30m 이상이 되는 해역을 의미하는 바, 이 해역은 수평선을 거의 넘어선 해역으로 해안에 서 있는 사람의 눈에는 거의 보이지 않으므로 사람이 지진해일을 직접 감지(感知)하기 힘든 해역이다. 지진해일은 해저지반의 변위로 인해 변형이 일어난 해수면이 중력의 작용에 따라 방사형(放射形)으로 퍼지면서 전파되어가는 것이다. 지진해일은 파원역이 넓으므로 주기는 길고 10분 이상이 된다. 이 때문에 지진해일의 전파속도 C는 수심이 10m보다 얕은 곳부터 10,000m를 넘는 깊은 곳까지 식(4.20)과 같은 식으로 주어진다.

$$C = \sqrt{gh} \tag{4.20}$$

여기에서, h는 수심(m)이고, g는 중력가속도(9.8m/s^2)이다.

평균 수심이 4,000m인 태평양 한가운데에서는 지진해일은 약 720km/h로 전파된다. 이 속도는 거의 제트기의 속도로 1960년대 칠레 외해에 발생된 규모 9.5의 지진해일이 하루 만에 태평양을 횡단한 후 맞은편에 있는 일본에 도달하여 일본의 태평양 연안에 큰 피해를 입혔다(그림 4.41 참조).[16] 지진해일의 파형은 제트기 속도로 전파되지만 물의 입자는 이 속도로 움직이지 않는다. 지진해일의 파형(波形, 수면형상)이 전달되는 것과 물입자 운동은 전혀 다른 물리현상으로 예를 들어 칠레로부터 지진해일의 형상은 일본까지 전달되었지만 칠레 외해의 해수(물입자)는 일본까지 운반되지는 않았다. 지진해일에 의한 물입자 속도, 즉 물이 움직이는 속도는 가령 태평양 한가운데에서 진폭 1m인 지진해일이라고 가정하면 최대라도 5cm/s 정도이다.

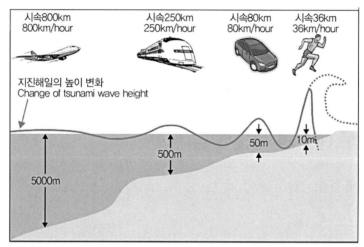

출처 : 日本 国土交通省 気象庁 HP(2018), http://www.data.jma.go.jp/svd/eqev/data/tsunami/generation.html

그림 4.30 수심에 따른 지진해일의 전파속도

또한 주기 20분인 지진해일이라고 가정하면 물의 움직임은 1주기(週期) 사이에 약 10m 전진하였다가 다시 원래로 되돌아오는 왕복운동을 함에 따라 물의 평균 이동속도는 2cm/s 이하가 된다. 태평양을 전파 중인 지진해일의 높이를 수십 cm라고 가정하면 지진해일에 의한 물의 이동속도는 수 cm/s 정도이다. 이 때문에 항해하고 있는 선박이 지진해일과 우

---

16 칠레 지진해일(1960년) : 칠레 지진해일은 1960년 5월 22일 규모 9.5의 지진이 칠레 중부로부터 발생하여 22시간 뒤인 5월 24일 새벽에 일본의 산리쿠(三陸)연안 등을 내습(최대 지진해일고 6.1m)하여 사망·행방불명자 142명, 부상자 855명 등 많은 인명 및 재산피해를 입혔다.

연히 부딪쳐도 지진해일을 거의 알아차리지 못한다. 즉, 선박은 지진해일 때문에 항해상 지장을 받지 않는다. 같은 모양으로 만약 사람이 태평양 위에 표류(漂流)하고 있다고 가정하면 그 사람이 지진해일에 의해 운반되는 속도는 지진해일의 파형이 움직이는 제트기 속도가 아니라 수 cm/s 정도인 물입자의 속도이다. 파원역(波源域)에서 수 m였던 지진해일이 전파 중에 진폭이 작아지는 원인은 지진해일이 파원역으로부터 사방으로 전파되기 때문에 감쇠거리가 길면 길수록 전파범위가 넓어지기 때문이다. 이와 같이 지진해일의 감쇠를 거리감쇠(距離減衰)라고 한다. 일정한 수심에 있어서 방사(放射)모양으로 전파된다고 가정하면 거리의 제곱근 반비례하여 감쇠하게 된다. 실제는 식(4.20)과 같이 지진해일이 전파되는 속도는 수심의 제곱근에 비례하여 변화하여 해저지형의 영향을 받아 굴절하므로 결국 방사모양으로 전파되지 않아 거리의 제곱근에 반비례하는 것은 아니다. 더구나 지진해일의 전파 중에는 물의 점성 및 해저면 마찰에 따라 감쇠한다. 점성 및 마찰에 따른 감쇠는 단주기 변동성분이 클수록 커지므로 단주기 성분부터 감쇠한다. 그러므로 전파거리가 길면 길수록 주기가 긴 성분만 남는다. 일본 근해에서 발생하는 지진해일은 그 주기가 10~30분 정도이지만 1960년 칠레 지진해일 시 지진해일이 일본에 도달했을 때 주기가 1시간 정도이었다. 그 결과 동일한 만(灣)에 같은 높이를 가진 지진해일이 내습하였음에도 일본 근해(近海)에서 발생한 근지(近地) 지진해일과 칠레 지진해일과 같은 원지(遠地) 지진해일은 피해양상이 크게 다른 경우가 있다. 이런 차이는 지진해일의 증폭이 만내(灣內) 해수유동의 고유주기에 의존하기 때문에 일어난다. 이런 현상을 공진(共振)현상이라 부르며 항(港)의 고유주기에 가까운 지진해일이 내습하면 만내에 침입한 지진해일은 증폭되어 큰 침수재해가 된다. 더구나 지진해일의 파원역 중심은 반드시 지진의 진원과 일치하지 않고 어긋나는 경우가 많다. 그래서 지진의 관측기록으로부터 단층면을 설정하고 단층면의 이동으로부터 해저지반 변위를 계산하여 파원역을 알아내는 것이 일반적인 방법이다. 또한 조위계(潮位計)에서 관측된 지진해일에 대해서 관측지점에 도달한 시각으로부터 반대로 시간을 거슬러 올라가 지진해일을 전파시켜 지진해일의 출발지점을 알아내는 방법도 가능하다. 이와 같이 가능한 것은 지진해일의 속도가 식(4.20)에 나타낸 바와 같이 수심만의 함수가 되어 있기 때문이다. 즉, 조위를 관측하여 각 지점으로부터 역전파계산(逆傳播計算)을 실시하여 지진해일의 전파개시지점을 알아내어 개시지점(開始地點)의 포락(包絡)영역을 지진해일의 파원역으로 판정하기도 한다.

4.4.2 연안의 지진해일(수심 30~2m)

연안에 서 있는 사람의 눈높이를 수면 위 1.8m로 하면 그 사람이 볼 수 있는 거리는 이론적으로 외해 약 4.8km까지이다. 그보다 먼 거리는 지구가 둥글기 때문에 볼 수 없다. 인간이 실제로 볼 수 있는 바다의 범위는 해안선에서부터 대략 3km 정도이다. 이것을 해역 및 수심으로 표현하면 해저경사 1/100 및 수심 30m보다 얕은 곳으로 이곳에 대한 지진해일의 변형에 대해서 서술하기로 하겠다. 수심이 얕아지더라도 지진해일 파형의 전파속도는 여전히 식(4.20)으로 계산할 수 있다. 대양(大洋)에서 제트기의 속도로 달려온 지진해일의 전파속도는 62km/h(수심 30m인 경우), 50km/h(수심 20m인 경우), 35km/h(수심 10m인 경우), 25km/h(수심 5m인 경우)가 되어 순차적으로 자동차 및 자전거의 속도로까지 떨어진다. 여기에서 알 수 있듯이 수심이 낮아짐에 따라 지진해일의 높이는 수심의 1/4승에 반비례하여 급속히 크게 되며 물입자 속도도 크게 된다. 동시에 파형(波形)도 크게 변형하여 지진해일 전면이 급한 기울기가 된다. 급경사가 된 지진해일은 안정화하려고 시도하지만 그 파형이 그 후로 어떻게 되는지는 해저경사에 따라 다르다. 해저경사가 1/200 이하와 같이 매우 완만한 경우 지진해일은 전면의 급경사 파형을 유지하여 수면에 작은 파를 발생시킨다. 이 파는 일반적인 풍파와 동일한 주기인 7~8초인 파이다.

이 파는 지진해일의 본체(本體) 위에 올라탄 상태로 지진해일 본체로부터 에너지를 공급받으면서 증폭된다. 이와 같은 단주기파의 출현현상을 솔리톤(Soliton) 분열이라고 부른다 (그림 4.31 참조). 단주기의 파가 발생함에 따라서 배후에는 새로운 단주기파가 발생하고 단주기파의 숫자는 증가된다. 발달된 단주기파가 수심에 대하여 어느 정도 크기로 발달하면 그 파는 쇄파(碎波)되어 급속히 감쇠하지만 그 뒤에 계속하여 파가 차례로 발달하여 그것이 또한 쇄파조건에 도달하면 쇄파되어 급속히 작아지게 된다. 이와 같이 전파(傳播)도중에서 차례차례로 쇄파되어져 없어지고 마지막에는 지진해일 본체만 남게 된다. 즉, 지진해일의 에너지는 단주기파의 발달에 사용하게 되어 그 단주기파가 쇄파하여 에너지를 잃게 되는데 단주기파의 쇄파는 결과적으로 지진해일 본체를 저감시키게 된다. 또한 분열된 단주기파는 급한 해저경사에서 급격하게 쇄파되어버린다. 그러나 지진해일 본체는 그 상태로라도 남아 있기 때문에 완경사 및 급경사에서도 지진해일은 해안에서 반사되어 외해로 되돌아간다. 단주기파가 쇄파되려는 상태에서 사람이 쇄파에 휩쓸리고 만다면 몸을 제어할 수 없어 익사하고 말 것이다. 지진해일이 1/50~1/100과 같이 조금 급한 해저경사를 가진 해안에 진행함에 따라 수심이 얕아져 크게 천수변형이 되고 지진해일의 전면은 급경사가 되어 솔리톤 분열은 발생하지 않지만 해안선 부근에서 바로 쇄파된다. 이 경우 솔리톤 분열은 지진해일 본체의 쇄파와 함께 파가 부서진다. 이와 같은 상태에서 사람이 휩쓸리게 되면 곧바로 위험한 상태가 된다. 더구나 해저경사가 급하게 되면 지진해일 본체도 쇄파되지 않고 완전히 반사되어 중복파와 같은 거동을 한다. 이와 같은 상황에서는 사람이 표류물(漂流物)과 같은 무엇인가를 잡고 있다면 구조될 가능성이 높다.

비선형 분산파(솔리톤 분열)

출처 : 地震津波海域観測研究開発センター HP(2018), https://www.jamstec.go.jp/nankai/bousai/bousai_2/index.html

그림 4.31 솔리톤 분열

과연 지진해일에 관한 지식을 가지고 있지 않은 사람이 지진해일의 경보도 없고 바다를 보는 것만으로 지진해일을 감지(感知)하여 대피행동을 취할 수 있는가에 대한 물음에 대해서는 안타깝게도 대피하기 매우 어렵다고 할 수 있다. 지진해일은 수심이 얕아짐에 따라 계속 변형하지만 해안에 서 있는 사람이 그것을 감지할 수 있기에는 거리가 수 km로 떨어져 너무 멀다고 할 수 있다. 이따금씩 먼 바다를 볼 때 수면의 이변(異變)에 신경을 쓸지도 모르지만 지진해일의 가장 큰 특징인 해수가 부풀어 오르는 현상이 매우 넓은 범위에 걸쳐 연속되어 있으므로 완전히 알 수는 없다. 멀리 있기 때문에 공포감도 없고 '무엇인가'라고 하는 호기심 쪽이 강하다. 지금 해안에 서 있는 사람의 시계(視界)는 3km로 외해에서 지진해일이 나타났다고 가정하자. 해저경사를 1/100, 그때 수심은 30m라고 하면 지진해일이 해저경사 위로 전파되어 수심 2m인 발아래 근처까지 오는 데 걸리는 시간을 식(4.20)으로 계산하면 4분 20초이다. 이 정도의 시간은 우물쭈물 거리면 그냥 지나가는 시간이다. 그러므로 외해에서 이변을 감지하면 일초도 지체하지 말고, 바로 대피하여야만 한다.

인도양 대지진해일(2004년) 시 영국에서 온 소녀는 외해에서의 이변을 느끼고 이것을 곧바로 주위 사람들에게 알려 대피토록 한 것은 이 몇 분간의 승부였던 셈이다. 또한 지진해일에 휩쓸렸어도 구조된 사람에 따르면 지진해일이 가까이 올 때까지는 공포를 느낄 수 없으므로 대피가 지연되었다는 것이다. 사진 4.2는 인도양 대지진해일 시 내습 중인 지진해일을 바라보는 사람들의 사진이다. 이처럼 지진해일경보도 없이 바다를 보는 것만으로 지진해일을 감지하여 대피행동을 개시하기는 매우 어렵다는 것을 알 수 있다. 지진해일로부터 도망치기 위해서는 반드시 알아야만 하는 것이 있는데, 해안에 내습하는 지진해일은 한번만 오는 것이 아니라 몇 번이라도 계속 밀어닥친다는 사실이다.

출처 : 沿岸技術研究センター 「TSUNAMI」 改訂編集委員会(2016), TSUNAMI, p.184.

사진 4.2 바로 코앞에 지진해일이 내습해도 그저 바라만 보고 있는 사람들(인도양 대지진해일)

지진에 따른 해저지형 변화로 발생된 수면변위가 지진해일로써 전파되기 시작할 때는 대부분 1파뿐이다. 여기서 대부분이라고 표현한 것은 엄밀히 1파가 아니라 그 후에 작은 파가 연결되어 있다는 뜻이다. 그러나 그 작은 파는 제1파와 비교하여 매우 작아 무시할 수 있다. 그러므로 해안으로 전달되는 지진해일은 1파뿐이라고 한다. 그러나 실제 지진해일은 몇 번의 파가 내습하는데 게다가 반드시 최초(最初)의 파에 한정하지 않고 제2파 또는 제3파가 크게 내습한다고 해서 이상하지가 않다. 인도양 대지진해일 시 작은 제1파로부터는 무사히 도망쳤지만 제2파, 제3파로 인해 죽은 사람이 많았다. 2011년 3월 동일본 대지진 때 하치노헤항(八戶港)에서는 제1파의 지진해일은 방파제를 넘지 않았으나 제2파 때 최대인 지진해일이 내습하여 방파제를 월류하였다. 반면 가마이시항(釜石港)에서는 지진해일의 제1파가 가장 최대이었다. 지진해일이 몇 번씩이나 내습하는 원인 중 하나는 지진해일의 전파속도가 수심에 따라 다르기 때문이다. 지진해일이 전파하는 속도는 식(4.20)과 같이 지구상 어떤 깊은 장소에서도 수심 영향을 받고 수심이 깊을수록 빠르다. 이 때문에 어떤 연안지역에 최초로 도달하는 지진해일은 가장 수심이 깊은 장소를 선택하여 전파되어온 파랑으로 그 이외의 경로를 전파하여온 파는 늦게 도달하게 된다. 즉, 지진해일이 어느 경로를 거치는 가는 수심에 따른 전파속도가 다르기 때문에 전파과정에서 해저지형의 평면적인 영향을 받아 수심이 얕은 쪽으로 굴절하는 현상으로 말미암아 지진해일 에너지가 집중 또는 분산하므로 반드시 제1파가 크다고 할 수 없는 것이다. 지진해일이 몇 번이라도 내습하는 또 하나의 원인은 지진해일이 일반적인 해안에서도 크게 반사하기 때문이다. 이 반사는 지진해일 파장이 10km 이상으로 길고 또한 파장에 비해 파고가 작기 때문에 일어난다. 반사된 지진해일은 외해를 향하여 돌아가지만 수심이 얕은 쪽으로 굴절하는 성질이 있어 일단 외해로 향한 지진해일도 다시 수심이 얕은 쪽으로 굴절 또는 반사되어 그 해안과 떨어진 다른 별도(別途)의 해안으로 재차 내습한다. 이것은 해저지형에 대응하는 특정 주기를 갖는 지진해일이 연안지역에 트랩(Trap)된다고 하는데 이것은 해양의 가장자리(Edge)에 존재하므로 엣지파라고 부른다.

지진해일의 굴절 및 반사의 상황을 나타낸 것이 그림 4.32이다. 이 그림에서 알 수 있듯이 스사키항(須崎港)에 직접 내습하는 지진해일 및 굴절로 들어온 지진해일은 해안에서 반사되어 들어온 지진해일과의 위상(位相)이 겹치지 않으면서 중복되어 들어오므로 해안에는 지진해일이 몇 번이라는 내습하게 된다.

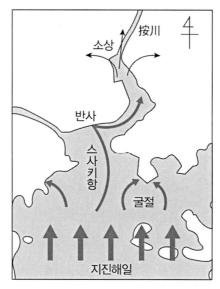

그림 4.32 각각의 다른 경로를 통하여 내습하는 지진해일(일본 고지현 스사키항)

4.4.3 육지지역의 지진해일(수심 2m~육지지역)

지진해일은 육지지역에서 지형의 영향을 직접 받아 크게 변화한다. 육지지역 지형의 영향은 그림 4.33과 같이 전형적인 세 가지 단면에 대해서 설명하기로 한다. 우선 그림 4.33(a)는 일정한 경사를 가진 단면의 지형이다. 지진해일이 이와 같은 단면지형에서 소상하는 높이는 수리모형실험으로부터 구한 그림 4.34에서 구할 수 있다. 이 그림의 가로축은 일정한 경사를 가진 사면부의 수중부(水中部)에서의 수평길이 l과 지진해일 파장 L과의 비로써 해저경사 및 주기(週期) 영향을 나타낸다. 지진해일 파장은 일정한 경사사면이 시작하는 지점의 수심에서의 값이다. 세로축은 지진해일의 소상고 R과 파고 H의 비를 나타내고 있다. 지진해일의 소상고는 정수면으로부터 측정한 지진해일이 올라가는 최고도달지점의 수직높이이고, 지진해일고는 일정한 경사사면 선단부에서의 파고(波高)로 주어진다. 수심 30m 지점에서부터 일정경사 1/50으로 구성된 해안에 주기 10분인 지진해일이 내습했다면 일정경사의 수평 길이는 l=1,500m가 되고 지진해일 파장은 L=10,300m가 되어 l/L=0.15가 된다. 이때 소상고의 비는 그림 4.34에서 R/H=3.0이 된다. 예를 들어 지진해일고 5m인 지진해일이 내습하면 수면으로부터 15m 높이인 곳까지 거슬러 올라가게 된다. 육지지역에서 지진해일의 최대수평유속은 대략 식(4.21)과 같이 추정할 수 있다.

$$u = A\sqrt{g(R - h_G)} \tag{4.21}$$

여기에서, u(m/s)는 수면 위 h_G(m)지점에서의 최대수평유속이고, g는 중력가속도 (9.8m/s²), A값은 1.0 정도로 잡으면 된다.

소상고 R은 그림 4.34에서 구할 수 있으나 안전을 고려하여 지진해일고의 3배를 잡으면 된다. 이 식에 따르면 지진해일고 5m가 내습할 때에 해발 10m지점에서는 최대 약 7m/s의 유속이 된다. 다음으로 그림 4.33(b)는 정수면(S.W.L)까지는 일정경사인 지형을 가진 반면, 정수면 위 h_G인 높이의 지점까지 수평인 단면형상이다. 이 경우 소상고가 높이 h_G를 넘어서면 지진해일은 육지 안쪽 멀리까지 도달한다. 수평지반에서의 유속은 식(4.21)으로 계산할 수 있다. 다만 수평지반 위에서는 지반(地盤)과 해수의 마찰에 따라 유속은 육지의 안쪽을 향할수록 서서히 저감한다.

그림 4.33(c)는 일정경사를 가진 지형이 정수면 위 h_G 높이 지점으로부터 육지방향으로 반대경사를 가진 경우이다. 지진해일이 지진해일 소상고인 h_G를 넘으면 지진해일은 육지 쪽을 향하여 아래로 내려가는 경사로 말미암아 가속되어 유속은 한층 더 빨라진다. 이와 같은 형상을 가진 해안에서는 매우 큰 재해가 발생할 수 있다고 것을 예상할 수 있다. 이상 과 같이 육지지역에서 지진해일의 거동 및 유속은 지형 영향을 크게 받아 약하게 되거나 강하게 된다. 특히 수평인 경우에는 유속은 좀처럼 감속되지 않고 육지 안쪽 멀리까지 도달한다. 또한 육지 쪽이 반대경사를 가지면 흐름은 가속되어 매우 큰 유속이 된다. 그 때문에 육지가 수평인 경우 및 육지 쪽이 반대경사를 가진 경우에는 한시라도 빨리 높은 장소로 대피하지 않으면 지진해일에 휩쓸려 갈 위험이 매우 크다.

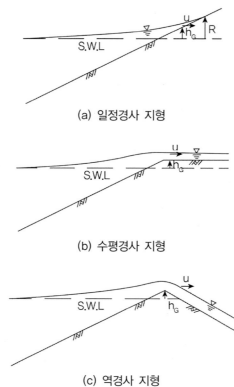

(a) 일정경사 지형

(b) 수평경사 지형

(c) 역경사 지형

출처 : 沿岸技術研究センター 「TSUNAMI」 改訂編集委員会(2016), TSUNAMI, p.186.

그림 4.33 전형적인 해안지형

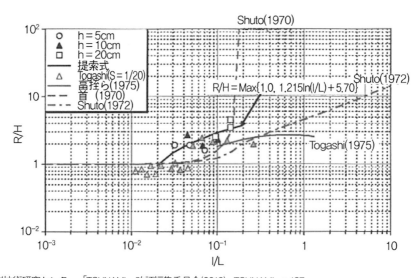

출처 : 沿岸技術研究センター 「TSUNAMI」 改訂編集委員会(2016), TSUNAMI, p.187.

그림 4.34 지진해일의 소상고

4.5 지진해일의 흐름이 사람에게 미치는 위험

지진해일 주기는 매우 길어 하천 흐름과 유사한 면이 있다. 반면 하천흐름과 다른 점은 바다에서는 수심이 수천 m부터 0m까지 변화하므로 각각의 수심에 대응한 지진해일의 흐름 모양이 크게 변화한다는 것이다. 예를 들어 수심 1,000m인 곳에서 지진해일의 수위변동은 ±0.5m인 경우(파고 1m)에 해수가 흐르는 속도, 즉 유속은 최대라 할지라도 5cm/s 정도 밖에 지나지 않는다. 그렇지만 지진해일이 수심이 얕은 해안부근까지 전파하면 수위변동은 크게 되어 유속도 크게 된다. 수심 10m에서 수위가 상하로 ±1.5m(파고 3m)이면 최대 유속치는 150cm/s 정도가 된다. 더욱더 해안에 접근하여 수심이 매우 얕아지게 되면 지진해일은 급격히 크게 되고 흐름도 빨라져 그 선단은 부수어지게 된다. 지진해일의 선단부는 수심이 얕아져도 흐름이 빨라져 그 선단부가 깨어지는 곳에서는 파두(波頭)가 수면을 때리면서 급격히 어지럽혀진다. 그래서 마지막에는 급격히 부수어지면서 육지를 거슬러 올라간다. 즉, 해안 부근에서는 지진해일 선단부의 매우 흐트러짐을 동반한 흐름과 선단부 뒤에 연속으로 오는 지진해일만이 가진 특유의 흐름으로 말미암아 많은 사람들의 목숨을 잃는다. 지진해일 선단부가 부수어지는 상황은 보통의 파가 쇄파되는 형상과 매우 비슷하다. 그러므로 일반적인 쇄파를 경험한 해안 근처에 사는 주민 및 해수욕을 한 적이 있는 사람들의 대부분은 지진해일의 선단부가 부수어지는 상황을 이해할 수 있다. 지진해일이 보통의 파가 결정적으로 다른 점은 지진해일 주기가 보통 파에 비해 매우 길다는 것이다.

4.5.1 위험한 장소와 상황

그림 4.35는 사람에 대한 지진해일의 직접적인 위험성을 정리한 것이다. 사람에 대한 위험성이 가장 높은 것은 A로 파가 부수어질 때 휩쓸려가는 것이고 다음으로는 B와 같이 빠른 흐름에 의해 넘어지는 것이다. 즉, 넘어지면서 부상을 입거나 의식을 잃어버려 익사하는 경우도 있다. 게다가 C의 수위가 어느 정도이상 넘어서면 넘어지기 보다는 물에 떠서 균형을 잃게 되어 발이 땅바닥에 닿지 않으므로 물에 떠내려갈 위험성이 있다. 더구나 이후 설명에서의 '수심(水深)'은 해역에서는 지진해일이 내습하기 전의 수심을 의미하고 육지에서는 원래 수심이 없으므로 지진해일에 따른 침수심(浸水深)을 수심이라고 부른다.

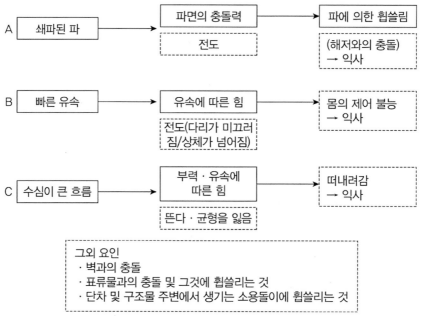

A | 쇄파된 파 → 파면의 충돌력 → 파에 의한 휩쓸림
전도 (해저와의 충돌) → 익사

B | 빠른 유속 → 유속에 따른 힘 → 몸의 제어 불능 → 익사
전도(다리가 미끄러짐/상체가 넘어짐)

C | 수심이 큰 흐름 → 부력·유속에 따른 힘 → 떠내려감 → 익사
뜬다·균형을 잃음

그외 요인
· 벽과의 충돌
· 표류물과의 충돌 및 그것에 휩쓸리는 것
· 단차 및 구조물 주변에서 생기는 소용돌이에 휩쓸리는 것

출처: 高橋 重雄, 酒井 洋一, 森屋 陽一, 内山 一郎, 遠藤 仁彦, 有川 太郎(2008), 避難途中に津波によって溺れる危険性の検討, 海洋開発論文集, 第24巻, p.160.

그림 4.35 지진해일로 인한 위험

1) 해안 부근

가장 위험한 것은 역시 해안 부근(사빈 및 갯바위 등에 파도가 칠 때 주변)으로 지진해일이 흐트러져서(쇄파) 밀려오는 경우이다. 해안 부근에서는 흐름의 속도가 빨라 그 흐트러짐이 크므로 수영을 잘하는 사람도 스스로 몸을 제어하기 곤란하여 결과적으로 사망에 이르는 경우가 많다. 그곳에서는 지진해일 선단부가 부수어지므로 사람이 지진해일의 가파르게 서 있는 면과 부딪쳐 넘어지면 깨어진 지진해일의 소용돌이(渦)로 말미암아 해저까지 끌려들어가거나 해저로 내팽개쳐지는 위험성이 있다(그림 4.35의 A). 또한 쇄파 후의 흐름은 수위가 얕아 발만이 물에 잠긴 상황에서도 유속이 빠르므로 사람은 넘어져 흐름 중에 휩쓸려 들어가 익사(溺死)할 위험성이 높다(그림 4.35의 B). 그 과정 중에서 몸이 해저 속에 있는 암초와 같은 단단한 면과 충돌하여 부상을 입거나 파괴된 표류물(가옥 잔재(殘滓), 쓰레기) 등의 잔해 속으로 휩쓸려 갈 위험성도 있다. 수심이 깊어지면 전도의 위험성은 높게 되어 몸 전체가 넘어지면서 균형을 잃게 되어 물에 떠내려간다.

2) 해안으로부터 조금 떨어진 곳

해안에서 조금 떨어진 곳에서는 쇄파 영향이 작게 되어 유속은 저하되더라도 유속은 여전하여 사람을 넘어뜨릴 위험성이 충분하며 특히 수위가 가슴 높이 이상이 되면 부력(浮力)이 작용하여 매우 작은 유속에서도 균형을 잃어버리게 된다. 유속이 어느 정도 빠르지 않아 수영을 할 수 있다면 전도(顚倒)에 이르지 않고 물에 뜰 수 있지만 유속이 빠르게 되면 흐름에 휩쓸려 들어간다. 이러한 상황은 그림 4.35의 B와 C에 해당한다. 더구나 지진해일의 흐름 중 해안 부근에서 파괴된 가옥의 잔해 등이 포함되어 있으면 그중에 휩쓸려 빠져들어갈 위험성도 높다.

3) 빠른 흐름이 있는 위험한 장소

일반적으로 육지지형은 복잡하여 유속과 수심이 일정하지 않으므로 깊은 곳과 국소적으로 유속이 빨라지는 곳이 있어 매우 위험하다. 예를 들어 해안사구(海岸砂丘)의 배후에 역경사(逆傾斜) 언덕(내리막 비탈길)이 있으면 그곳에서의 흐름은 가속(加速)되어 매우 위험하다. 배후에 랑군[17]이 있는 지형인 경우도 역경사가 되어 그곳으로 흐름이 모이게 되어 소용돌이(渦) 등으로 인해 크게 흐트러져 많은 사람이 익사한 경우도 있다. 또한 곶 모양의 지형이 있으면 해안으로부터 내습한 지진해일이 곶을 가로질러 배후 해안으로 들어갈 때 지진해일의 흐름이 강하게 되어 많은 사람을 배후 해안으로 휩쓸고 들어가 사망케 한다. 더구나 하천은 물론 소하천 및 배수로(排水路) 등 원래 물이 흘러가는 곳은 흐름이 모이기 쉽다. 그런 장소는 특히 인파(引波) 때 흐름이 집중하여 매우 빠른 흐름이 생기므로 사람들이 익사할 위험성이 크다.

4) 인파(引波)

육지지역에 내습한 지진해일은 내습한 뒤 얼마 되지 않아 인파가 되어 바다로 되돌아간다. 지진해일이 인파 때는 파가 부수어져(쇄파) 사람을 급습하지는 않지만 수심과 유속의

---

17 랑군(Lagoon) : 연안의 얕은 곳 일부가 사주(砂州) 등으로 말미암아 바다와 떨어져 얕은 호수와 같이 된 곳을 말한다.

조건이 겹쳐지면 사람을 넘어뜨리거나 흐름에 휩쓸리게 하는 것은 압파(押波) 때와 동일하다. 그러나 압파 시보다 흐름 속도는 작아 전도(顚倒) 등의 위험성은 작다. 다만 인파 시는 일반적으로 바다로 향하여 경사를 가진 흐름이 되는데 해빈 부근에서는 유속이 빠른 흐름이 되어 사람을 바다로 억지로 끌고 들어가는 것에 주의가 필요하다. 해안부근의 경사가 급하거나 호안 등과 같이 단차(段差)가 있는 곳에서는 바다로 다시 되돌아 내려가는 인파 시 사람을 휩쓸고 끌고 들어가 해저면(海底面)과 충돌시킬 위험성이 있다. 인파 시 특유의 문제로는 물에 빠진 사람이 부유물을 붙잡고 있으면 운반되는 경우이다. 인파에 휩쓸린 사람은 구조를 위해 부유물을 꽉 잡는 것이 필요하며 실제로 부유물을 꼭 붙잡고 있어서 구조되는 경우가 많았다. 그러나 때로는 인파로 말미암아 해안으로부터 멀리 떨어진 곳까지 흘러가는 경우도 있다. 그 경우에 지진해일 직후의 수색에서 구조되는 사례가 많다. 다만 불운하게도 해류(海流)를 타고 멀리까지 흘러나가서 장시간 바다에 있으면, 특히 한겨울에는 체력이 소진되어 죽음에 이르는 경우도 있었다.

4.5.2 쇄파된 지진해일이 사람과의 충돌할 때

그림 4.35의 A와 같이 가파르게 서 있는 상태로 부수어지는 지진해일의 파면(波面)이 직접 사람들과 부딪치는 경우가 매우 위험하다.

출처 : 沿岸技術研究センター 「TSUNAMI」 改訂編集委員会(2016), TSUNAMI, p.191.

사진 4.3 해수욕장에서의 쇄파된 파도를 즐기는 사람들

출처: 高橋 重雄, 酒井 洋一, 森屋 陽一, 内山 一郎, 遠藤 仁彦, 有川 太郎(2008), 避難途中に津波によって溺れる危険性の検討,海洋開発論文集, 第24卷, p.161.

그림 4.36 사람과 쇄파면과의 충돌과 전도

    사진 4.3은 해안에서 조금 떨어진 바다에서 파가 쇄파되는 모습이다. 해수욕을 해봤던 사람들이 한 번씩 생각해봄직한 경우로 그림 4.36과 같이 파가 부수어지기 직전에 전면이 가파르게 선 파랑과 사람이 충돌하는 경우이다. 그 결과 사람은 그대로 넘어져 물속에서 빙빙 돌거나 몸이 바다의 바닥과 부딪치거나 한다. 가장 위험한 것은 뒤에서 깨어지기 시작한 파가 사람을 곧바로 덮쳐 넘어뜨리는 경우로 해저면(海底面)이 단단한 암반이면 사람이 해저면과 부딪쳐 의식을 잃을 수 있다. 즉, 지진해일이 부수어져(쇄파) 사람과 충돌하여 휩쓸고 가는 경우와 같은 메커니즘이다. 다만 일반적인 파의 경우는 바로 인파가 되어 휩쓸려 들어간 사람도 바로 일어나는 경우가 많지만 지진해일인 경우는 바로 인파가 되지 않아 그대로 익사할 위험성이 있다. 또한 지진해일이 사람과 충돌할 때는 충격적인 힘이 작용한다. 작용시간이 짧으므로 그 힘은 매우 크다. 힘의 크기는 충돌하는 순간의 사람의 자세 등에 따라 크게 다르다. 그것은 사람이 수영장에서 뛰어 들어갈 때 자세에 따라 물과의 충돌힘을 느끼거나 그렇지 않은 경우가 있는 것과 같다. 수면과 사람의 몸이 거의 평행하게 충돌하면 격렬하게 내동댕이쳐지는 것과 같은 힘을 느끼지만 그 각도가 크게 되면 그만큼 큰 힘을 느끼지 못한다. 예를 들어 올림픽 때 다이빙 선수가 아주 높은 다이빙대에서 아주 멋있게 다이빙하면서 입수할 때 물보라를 상상해보면 이해하기 쉬울 것이다. 충돌력(衝突力)의 특성에 대해서는 해안에 서있는 원기둥에 작용하는 힘에 대한 연구 성과가 있다. 그러나 고정된 원기둥과 달리 사람은 자신과 부딪치는 충돌력 때문에 움직이게 되는 복잡한 요소가 더해지므로 파로부터 인간이 받는 충돌력에 대해서는 아직 분명하지 않은 요소가 많다. 몇 개의 해안에서 이제까지 경험으로 구한 대략적인 안정한계는 '파가 바로 부수어지기 시작해서 부수어질 때(쇄파) 파봉(波峰)의 높이가 사람의 키를 넘을 때'로 그 이상이

될수록 위험성은 커진다. 지진해일의 선단이 쇄파되는가 또는 어디에서 부수어지는가는 내습하는 지진해일고 및 해저경사에 달려 있다. 그중에서도 해안 부근에서는 쇄파되는 조건은 많은 위험성을 가진다. 어디에서 쇄파되는가 또는 그때 파의 높이에 대해서는 지진해일의 소상에 관한 수치모형실험 결과 등을 참조할 수 있다. 또한 쇄파된 지진해일이 건물 등과 같은 구조물을 파괴하는 경우가 많아 어디로 대피할 것인가를 검토할 때도 문제가 된다. 어쨌든 이렇게 쇄파된 지진해일과 우연히 만나지 않도록 해안에서 멀리 대피하는 것이 중요하다. 육지지역에 있으면 빠른 시기에 그것을 감지할 수 있어 대피가 가능하고 불행하게 대피가 지연되는 경우에는 가까운 곳에 있는 견고한 건물로 올라가 대피할 필요가 있다. 바다 중으로 도망친 경우에는 적어도 가파르게 선 파면에 부딪치거나 쇄파된 파에 휩쓸려가지 않도록 하는 최대한의 노력이 필요하다. 예를 들어 서핑(Surfing)을 할 때는 깨어진 파를 피하기 위해서는 쇄파 중인 파의 아랫부분으로 서핑을 타고 들어가 피하는 것도 그 한 방법이다.

4.5.3 유속에 따른 힘과 사람의 전도

그림 4.35의 B는 유속에 따른 힘에 따라 사람이 균형을 잃어 넘어지는 것이다. 한번 균형을 잃고 넘어지면 흐름 중에서는 자세를 바로 잡을 수가 없어 익사할 위험성이 있다. 더욱이 흐름 중에 있는 잔재(殘滓)와 같이 휩쓸리게 되면 부상을 입거나 그 상태로서는 움직일 수 없게 되어 사망에 이르게 된다. 여기에서는 우선 사람이 흐름의 힘으로 균형을 잃어 전도되는 조건에 대해서 검토한다. 또한 그와 같은 위험을 피하는 방법에 대해서도 설명한다. 지진해일에 따른 흐름에 따라 그 속도 $\overline{U}$의 2제곱에 비례하는 유체력(항력 F)이 인체에 작용하고 그 힘이 작용할 때 인간은 균형을 잃어 넘어지게 된다.[12]

그림 4.37은 이 유체력(流體力)에 의해 인간이 넘어지는 메커니즘을 그림으로 나타낸 것이다. 유체력 F에 대응하는 것은 기본적으로 인간의 체중(정확히는 부력을 뺀 체중 W_0)으로 그림에 나타낸 바와 같이 사람이 균형을 잃고 넘어질 때는 ① 미끄러짐형과 ② 쓰러져버림형의 2가지가 있다.

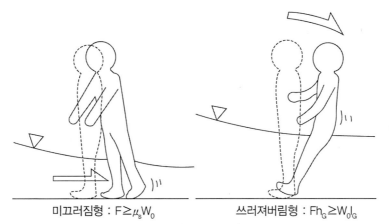

미끄러짐형 : F≥$\mu_s W_0$ 쓰러져버림형 : Fh$_G$≥W$_0$l$_G$

출처 : 高橋重雄, 遠藤仁彦, 室善一朗(1992), 越波時における防波堤上の人の転倒に関する研究,港湾構造物に関する水工学的研究,港湾空港技術研究所報告, 第 31巻 第4号, pp.3〜31.

그림 4.37 흐름에 따른 전도 그림

① 미끄러짐형 : 유체력(항력 F)이 체중에 따른 발 안쪽 마찰력($\mu_s W_0$)보다 클 때 다리에서부터 미끄러져 균형을 잃어 넘어진다. 단, μ_s는 마찰계수이다.

② 쓰러져버림형 : 유체력(항력 F)에 의한 발 안쪽 뒤 끝점 S점 주위의 모멘트(Fh_G)가 체중에 따른 저항모멘트($W_0 l_G$)보다 크면 몸 상체 쪽에서부터 먼저 넘어지게 된다. 단, h_G는 지면에서부터 신체 중심까지의 높이로 l_G는 신체 중심으로부터 발 안쪽 끝점까지 거리이다.[13]

그림 4.38은 흐름에 대한 사람의 안정성을 수로실험에서 실험한 결과이다. 이 케이스는 약간 키가 크고(183cm), 마른 사람을 대상으로 한 실험결과로 수심이 60cm 정도에서 약 1.2m/s의 유속과 수심이 40cm 정도에서 약 1.8m/s의 유속에서 발이 걸려 미끄러져 균형을 잃어 넘어지는 것을 실험한 경우이다. 인간은 자세를 바꾸어 발 및 상체를 이동시켜 균형을 잃지 않을 수 있으나 이 실험에서는 안전 쪽 결과를 얻기 위하여 아예 고려하지 않았다. 1〜2m/s 정도의 유속은 빠르게 걷는 속도이지만 지진해일에서는 그만큼 큰 유속이 아니라 소상하는 지진해일 중에서는 어디에서나 발생하는 유속이다. 결과적으로 지진해일의 흐름에 따라 균형을 잃어 넘어지면 위험성이 매우 큰 것을 알 수 있다.

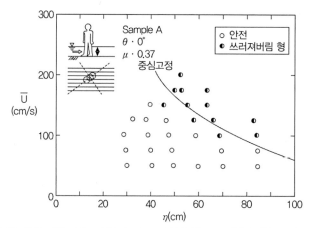

출처 : 高橋重雄, 遠藤仁彦, 室善一朗(1992), 越波時における防波堤上の人の転倒に関する研究,港湾構造物に関する水工学的研究,港湾空港技術研究所報告, 第 31卷 第4号, pp.3〜31.

그림 4.38 흐름에 따른 사람의 전도실험결과

그림 4.39는 키 160cm인 사람을 대상으로 한 계산결과로 수심 η와 균형을 잃어버리는 한계유속U_{cr}의 관계를 나타낸 것이다.[14] 실선으로 나타낸 것이 ① 미끄러짐형으로 발의 안쪽 마찰계수 μ에 따라 U_{cr}가 다르다. 점선으로 나타낸 것이 ② 쓰러져버림형으로 수위가 어느 정도 깊은 경우(넓적다리보다 위쪽)에서는 사람이 쓰러져버린다는 것을 알 수 있다. 그림 4.39는 그림 4.38의 실험보다 작은 신장을 가진 사람을 대상으로 안전 측의 값을 구하기 위하여 한계유속을 약간 작게 잡고 있다.

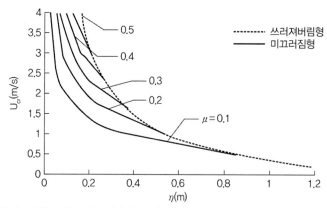

출처 : 高橋重雄, 遠藤仁彦, 室善一朗(1992), 越波時における防波堤上の人の転倒に関する研究,港湾構造物に関する水工学的研究,港湾空港技術研究所報告, 第31卷 第4号, pp.3〜31.

그림 4.39 흐름에 따른 사람의 전도한계

어쨌든 수심이 무릎 정도에서 유속 1.3m/s, 수심이 사람 키의 1/2 정도인 지진해일에서는 비교적 작은 유속인 0.6m/s에서도 균형이 무너져 전도(顛倒)할 위험성이 있다는 것을 알 수 있다. 앞서 서술한 바와 같이 균형이 무너져 넘어지면 매우 위험하고 다시 일어서는 것이 좀처럼 어렵다. 일반적으로 넘어진 채 그대로 휩쓸려 가는 수가 많다. 예를 들어 의자에 앉아 있었던 사람이 지진해일에 휩쓸려 그 자세로 30m 이상 떨어진 깊은 곳까지 움직였던 경우도 있었다. 넘어진 후 어떻게 되는가에 대한 연구는 충분하지는 않지만 넘어질 때의 자세가 생사를 판가름하므로 넘어질 때 적어도 바로 엎어지지 않아야 할 필요가 있다. 더욱이 지진해일의 소상에 관한 수치모형실험으로 각 지점의 수위 및 유속을 구할 수 있다. 특히 유속이 국소적으로 빨라지는 장소를 파악해 두어야만 한다.

4.5.4 수심이 깊은 곳의 흐름

그림 4.35의 C인 경우와 같이 수심이 사람의 키를 넘을 때는 넘어지기보다는 부력을 받아 물에 뜨게 된다. 이때 유속이 그만큼 크다면 균형을 잃어도 넘어지지 않고, 물에 떠서 수영하면 흐름에 따라 움직이게 되어 수심이 얕은 경우보다 오히려 안전할 수도 있다. 다만 일반인은 수영할 수 있어도 유속이 빠른 흐름에는 저항할 수 없다. 어느 정도 숙련된 사람이라도 장시간 0.5m/s 이상 수영하기 힘들고, 0.3m/s 정도 약간 느린 흐름에서도 그것에 대항해서 수영하는 것은 매우 힘들다. 더구나 흐름이 매우 빠르거나 소용돌이가 있는 경우에 수영하는 것은 거의 불가능하므로 될 수 있으면 부유물을 붙잡고 있거나 위험한 장소에 가까이 가지 않고 안전한 장소만을 물색하는 등 체력 소모를 피하는 것이 필요하다.

4.5.5 인파 시 흐름에 따른 거리

인파(引波)인 경우도 흐름에 대한 사람의 안전성은 유속 및 수심에 의존한다. 인파 시 특히 중요한 것은 위험한 장소에서의 흐름을 피하고 어떠한 경로로 흘러 나가는지를 파악해 두는 것이 중요하다. 지진해일에 따른 육지 쪽과 바다 쪽으로의 이동거리 R은 수심 h, 그곳에서의 지진해일파고 H, 파장 L을 이용하여 $R = HL/(4\pi h)$로서 나타낼 수 있다. 이것은 어느 정도 수심이 있는 경우로 육지지역에도 근사적으로 적용할 수 있다. 예를 들어 주기 T가 30분으로 수심 4m인 장소를 가정하면 파장 L은 11.27km로 파고 1m이면 이동거리 R은 224m가 된다. 주기 및 파고가 크면 이동거리가 커지다는 것을 감안하여 육지지역을 침수시키는 큰 지진해일 발생 시 육지지역에서는 수백 m~수 km 거리를 움직이게 된다. 따라서 근해는 물론 외해로 흘러가게 되어 조류(潮流) 및 해류(海流)에 휩쓸릴 수 있다는 것도 충분히 고려해야 한다.

4.5.6 지진해일의 흐름으로부터 스스로를 지키기 위한 방법

지진해일의 흐름으로부터 자신을 지키기 위해서는 '지진해일의 흐름은 매우 위험하므로 그것과 마주치지 않는 것이 가장 중요하다는 것'을 우선 알아야 한다. 특히 위험한 해안에서부터 대피하는 것이 생사를 판가름한다는 사실인 것을 알아야만 하고 지진해일경보 발령 후 절대로 항만 또는 해안 가까이 지진해일을 보러가서는 안 된다. 왜냐하면 수심이 얕은 경우라도 사람이 걸어가는 정도의 속도에서 발이 휘청거릴 위험성이 있고 유속이 빠른 흐름 중에서는 수영을 잘하는 사람도 몸을 제어할 수 없게 되며 특히 소용돌이의 영향으로 흐름 중에 휩쓸려 갈 위험성이 있기 때문이다. 만약 운(運)이 나빠 물속에 들어간 경우라도 절대로 포기하지 말고 되도록 높은 곳 및 흐름이 비교적 약한 건물의 배후로 바로 이동하는 등 살기 위한 노력을 최대한 기울어야 한다. 또한 대피가 조금 지체되는 경우에는 먼 대피소를 가는 것보다 근처 높은 건물로 대피하는(수직대피) 편이 더 효과적이고 안전할 수도 있다. 스스로 가까운 곳에 견고하고 높은 건물이 있는지 또는 그것을 긴급 시에 이용할 수 있는지를 미리 조사해둘 필요가 있다. 실제로 자기 눈앞에 들이닥친 지진해일로부터 피하기 위해 집안 정원에 있는 야자나무에 올라가거나 자기 집 2층으로 대피하여 구조된 사람도 적지 않다. 더구나 해안으로부터 약간 떨어진 장소에서는 지진해일은 해안방향뿐만 아니라 여러 방향으로부터 들이닥친다. 특히 하천 등 깊은 곳에서는 지진해일의 속도는 빨라 하천을 타고 내습하는 경우도 있다. 또한 흐름이 특히 빠르게 되는 장소 및 갑자기 깊어지는 장소도 근처에 많다. 반대로 안정성이 비교적 높은 장소도 가까이에 분명히 있다. 이러한 정보를 포함하여 평소에 자신 주변의 상황, 예상되는 지진해일과 그에 따른 흐름에 대해서 알아두어야 하며 그에 대한 대처방법을 생각해두는 것도 중요하다. 그리고 수영을 할 줄 아는 것도 중요한데, 매일 연습을 하면 구조될 확률을 높일 수 있다. 특히 옷을 입은 채로 하는 수영훈련은 매우 실천적이며 유효하다. 현재 파도가 있는 풀장이 많이 있어 쇄파된 파에 의한 힘을 어느 정도 체험할 수 있고 흐름이 있는 풀장에서는 일반인이 흐름에 대항하여 수영하는 것이 힘들다는 것을 체험할 수 있다.

4.6 지진해일 피해

지진해일은 표 4.1과 같이 침수에 따른 익사(溺死) 및 가옥의 파손·유출, 선박의 손상·충돌, 지진해일 재해 후 화제 등 여러 가지 피해를 발생시킨다.

표 4.1 고려할 수 있는 지진해일 피해의 예[15]

대상	피해형태	원인
인적 피해	익사, 부상, 질병 등	무방비, 대피지연
가옥피해	유출, 파괴, 침수, 가구 등	파력, 표류물 충돌 등
방재구조물 피해	파괴, 도괴, 변위	세굴
인프라스트럭처 (infrastructure)	철도, 도로, 교량, 항만 기능장해	시설 파손, 표류, 퇴적물
라이프라인(Lifeline) 피해	수도, 전력, 통신, 하수도 기능장해	시설 파손, 침수
수산업 피해	양식장, 어선, 어망유출·파손	파력, 표류물 충돌
상공업 피해	제품 및 상품가치 손실	침수, 파손
농업 피해	작물피해, 농지·용수로 매몰	해수 침수, 유입 퇴·토사
산림 피해	나무줄기 꺾임, 염해	파력, 해수
화재	가옥, 어선, 석유 탱크 등의 발화	표류물 충돌, 누전
석유유출	석유 탱크 등의 파손, 환경오염	표류물 충돌
지형변화	하천 및 항의 퇴사, 사빈변형	파력, 토사 이동
발전소	건물·시설의 파괴, 취수·방수(放水)의 곤란	파력, 수위 저하

출처 : 東海·東南海·南海地震津波研究会(2018), 「よくわかる津波ハンドブック」.

4.7 지진해일의 수치모델방정식

4.7.1 기초방정식

지진해일의 기초방정식은 코리올리 힘[18] 및 해저마찰력을 고려한 비선형 방정식을 기본으로 한다. 여기서, η는 수면의 연직변위, M, N은 x, y방향의 단위폭당 유량, D는 전수심(全水深), f는 코리올리계수, n은 만닝(Manning) 조도계수, $Q = \sqrt{M^2 + N^2}$ 이다. 수심 50m 정도보다 깊은 심해에서는 식(4.23) 및 식(4.24)의 이류항(좌변 2, 3항)과 해저 마찰항(우변 제2항)을 생략한 선형장파이론을 이용하여도 좋다.[16, 17] 또한 근지(近地) 지진해일인 경우, 코리올리항(우변 제1항)을 무시할 수 있어 해저마찰은 얕은 장소 이외에서는 그만큼 크게 되지 않는다. 수평방향 와도점성(渦度粘性)에 따른 힘은 이들 효과보다도 더욱 작아지는 것이 보통이므로 지진해일고를 문제로 할 때는 고려하지 않는 경우가 많다. 더구나 식(4.23) 및 식(4.24)에서 나타낸 장파 운동방정식에 분산항(分散項)을 고려하는 경우가 있다. 원지(遠地) 지진해일에 관한 계산[18, 19]과 천해역에서의 지진해일의 솔리톤 분열에 대한 계산이 있는데 이 계산에 대한 연구는 진척되지 않고 있다.

$$\frac{\partial \eta}{\partial t} + \frac{\partial M}{\partial x} + \frac{\partial N}{\partial y} = 0 \tag{4.22}$$

$$\frac{\partial M}{\partial t} + \frac{\partial}{\partial x}\left(\frac{M^2}{D}\right) + \frac{\partial}{\partial y}\left(\frac{MN}{D}\right) + gD\frac{\partial \eta}{\partial x} = fN - \frac{gn^2 MQ}{D^{7/3}} \tag{4.23}$$

$$\frac{\partial N}{\partial t} + \frac{\partial}{\partial x}\left(\frac{MN}{D}\right) + \frac{\partial}{\partial y}\left(\frac{N^2}{D}\right) + gD\frac{\partial \eta}{\partial y} = -fM - \frac{gn^2 NQ}{D^{7/3}} \tag{4.24}$$

식(4.22)~식(4.24)의 계산에는 Staggered Leap-frog법을 사용한다. 양적(陽的)인 차분법으로 안정적으로 계산할 수 있는 조건은,

---

18 코리올리 힘(Coriolis force) : 지구자전 때문에 수평방향으로 운동하는 물체에는 북(남)반구에서는 운동방향에 대해서 직각 오른쪽(왼쪽) 방향으로 겉보기상의 힘이 작용한다. 이 힘을 코리올리 힘 또는 전향력(편향력)이라 하며, 그 크기 F는 위도를 $\varPhi$, 속도를 V, 지구자전 각속도를 ω라 하면 $F = 2\omega V \sin\varPhi$로 주어지며 이 V에 붙여진 계수 $2\omega \sin\varPhi$를 보통 f로 표시하며 코리올리인수라고 부른다.

$$\frac{\Delta x}{\Delta t} \geq \sqrt{2gh_{\max}}$$

(4.25)

로 나타내는 C.F.L(Courant-Friedrichs-Lewy) 조건을 만족할 필요가 있다. 여기서 Δx 는 공간격자 길이, Δt는 시간간격, $h_{\max}$는 최대정수심이다. 더욱이 식(4.25)는 선형장파이론식에 관한 조건으로, 이 조건을 식(4.22)~식(4.24)로 나타낼 수 있는 비선형 장파이론식의 계산에 적용하면 더욱더 까다롭게 된다.[20]

4.7.2 영역분할[21]

지진해일의 파장은 수심이 감소할수록 짧아지게 된다. 파원으로부터 연안지역 및 육지에 이르는 해석을 하는 경우에는 수심의 감소에 따라 계산격자를 세분화할 필요가 있다. 이것은 계산 분해 능력을 높여 절단오차를 적도록 억제히기 때문이다. 보통 깊은 해역에서는 3~5km 크기의 공간 격자방법으로 계산하고 얕은 해역에서는 점차로 세분화시킨 공간 격자망으로 바꾸면서 변화시킨다. 연안 및 육지부에서 격자를 취하는 방법은 20~70m 크기로 하며 대(大) 격자에서 소(小) 격자로 접속시키는 방법은 대 격자 크기의 1/2 또는 1/3을 소 격자 크기로 하는 경우가 많다. 더구나 외해에서는 큰 격자 크기로 계산을 하고 천해계산은 잘게 나눈 격자로 계산하는 등 각각 분할하여 개별적으로 계산하는 경우도 있다. 이와 같은 계산에서는 고정도(高精度) 입·반사파 분리가 필요하다.

4.7.3 경계조건

외해 쪽 자유투과경계로서는,

$$\sqrt{M^2 + N^2} = \pm \eta \sqrt{gh}$$

(4.26)

인 관계를 투과파에 대해서 가정한다. 다만, 부호는 파의 진행방향을 관련시켜 정한다. 또한 이 식은 선형장파이론식에 근거하였기에 비선형성이 중요한 천해역에서는 외해 쪽 자유투과 경계를 설정하는 것은 바람직하지 않다. 육지지역 소상경계조건으로는 아이다(相田)[22]와 이와사키·마노(岩崎·真野)[23]가 제안했듯이 2종류의 설정방법이 있다. 어느 방법도 물리적 근거가 명확하지 않은 부분이 있다. 구조물에 대한 월파에 대해서는 혼마(本間) 공식과 같은 보(堰) 월류공식을 사용하는 수가 많지만, 비정상류에 대한 공식으로 적용에 있어서는 신중을 필요로 한다. 또한 구조물 사이를 통과하는 지진해일 계산도 가능하다.[24] 하천을 진입한 지진해일의 해석에서는 식(4.23)과 식(4.24)의 분산항을 고려할 필요가 있다. 또한 하천유로(流路) 평면지형이 굴절되어 있는 경우에 일반적인 데카르트 좌표계로 계산하면, 경계가 계단모양처럼 되어 국소적인 반사가 발생하여 계산결과에 영향을 미친다. 이와 같을 때는 하천형상을 고려한 곡선좌표계를 사용하는 것이 좋다.[25] 더구나 지진해일의 2차 재해에 관한 수치모델계산은 충분히 연구가 진척되지 않은 분야로 지진해일의 흐름에 따른 목재의 유출해석[26] 및 기름확산에 대한 해석[27]에 관한 연구 예도 있다.

4.7.4 지진해일의 수치모델계산[28]

산리쿠(三陸) 연안을 대상으로 한 지진해일에 대한 수치모델계산 결과의 일례를 그림 4.40~그림 4.42에 나타내었다. 계산영역으로 그림 4.40에 나타낸 바와 같이 5,400m에서 50m까지 6종류의 계산격자크기 영역을 설정하고 있다. 지진해일의 대상은 1960년 칠레 지진해일로 태평양과 산리쿠(三陸) 연안의 2종류 계산으로 분리하여 실시하였다. 즉, 태평양 전파 계산결과로부터 산리쿠 연안해역의 외해 쪽 경계에서의 입사 지진해일을 산출하고 이것을 경계조건으로 하여 산리쿠 연안에 관한 수치모델계산을 실행하였다.

그림 4.41은 1960년 칠레 지진해일의 태평양 전파계산 그림이다. 그림의 숫자는 지진해일 발생으로부터 경과시간을 나타낸다. 태평양 전파계산 영역은 남위 60°~북위 60°, 동경 120°~서경 70°, 격자간격은 위도, 경도에서 10′(적도거리에서 약 18.5km), 계산격자점 수는 약 73만 개이다. 그림 4.42의 위 그림(완코우 방파제 미설치)은 산리쿠 연안에 대한 수치모델계산결과로 오후나토만(大船渡灣)의 최대 지진해일고 분포이다. 그림 중 숫자는 T.P(m)(동경만 평균 해면, Toyko Peil)를 기준으로 한 최대 지진해일고이고 빗금 친 부분은 침수역(浸水域)을 나타낸다. 오후나토만의 칠레 지진해일은 만구부(灣口部)에서 1.8m 정도, 만 안쪽은 4.5m 정도의 수위를 가지고 있고 만구부에서 만 안쪽으로 향하여 갈수록 수위가

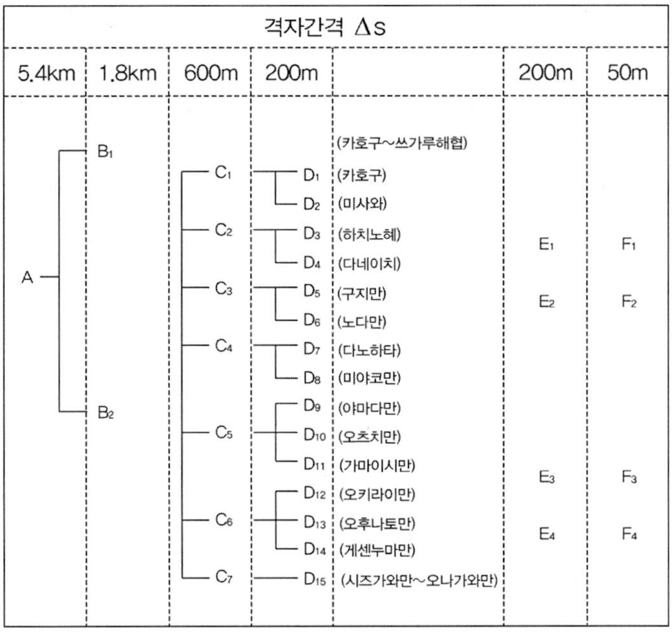

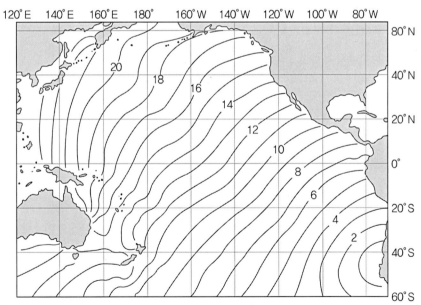

격자간격 Δs						
5.4km	1.8km	600m	200m		200m	50m

격자간격 Δs

| 5.4km | 1.8km | 600m | 200m | | 200m | 50m |

B₁

A

B₂

C₁ ── D₁ (카호구)
         D₂ (미사와)

(카호구~쓰가루해협)

C₂ ── D₃ (하치노헤)
         D₄ (다네이치)

C₃ ── D₅ (구지만)
         D₆ (노다만)

C₄ ── D₇ (다노하타)
         D₈ (미야코만)

         D₉ (야마다만)
C₅ ── D₁₀ (오츠치만)
         D₁₁ (가마이시만)

C₆ ── D₁₂ (오키라이만)
         D₁₃ (오후나토만)
         D₁₄ (게센누마만)

C₇ ── D₁₅ (시즈가와만~오나가와만)

E₁ F₁

E₂ F₂

E₃ F₃

E₄ F₄

출처 : 後藤智明·佐藤一央(1993), 三陸沿岸を対象とした津波数値計算システムの開発, 港湾技術研究所報告, 運輸省港湾省技術研究所, Vol.32, No.2, p.11.

그림 4.40 산리쿠(三陸) 연안의 계산영역 구분

출처 : 後藤智明·佐藤一央(1993), 三陸沿岸を対象とした津波数値計算システムの開発, 港湾技術研究所報告, 運輸省港湾省技術研究所, Vol.32, No.2, p.11.

그림 4.41 1960년 칠레 지진해일의 태평양 전파계산

점차로 높아진다. 이것은 만의 고유진동과의 공진(共振)으로 증폭을 나타낸다. 그림 4.42의 (b)는 오후나토만구에 완코우(灣口) 방파제를 설치한 후 칠레 지진해일이 내습하는 경우를 상정하여 수치모델계산을 한 결과이다. 그림에서 지진해일의 최대높이가 만구부에서는 1.2m, 만 안쪽에는 1.9m 정도가 되어 만내 전체의 수위는 완코우 방파제 설치에 따라 1/2 정도 낮아지는 형태를 나타낸다. 육지 침수역은 해안에 방조제(防潮堤)가 없는 동시에 지반고(地盤高)가 낮은 지역에 한정된다.

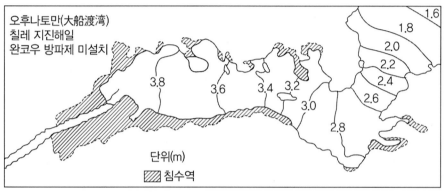

(a) 완코우 방파제가 없을 때

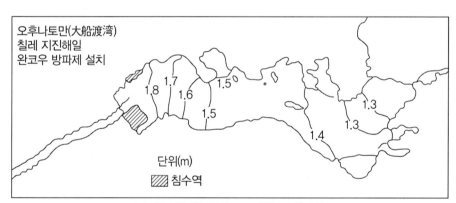

(b) 완코우 방파제를 고려한 가상계산

출처 : 柴木 秀之, 靑野 利夫, 見上 敏文, 後藤 智明(1998), 沿岸域の防災に関する総合数値解析システムの開発, 土木学会論文集, No.586, p.91.

그림 4.42 오후나토만에서의 1960년 칠레 지진해일 시 최대 지진해일 수위분포

4.8 국내외 지진해일 관측

4.8.1 우리나라의 지진해일 관측[29]

1) 지진해일 예측체계

지진의 예측은 어렵지만 먼 거리에서 발생한 지진해일의 도착시각 및 지진해일고의 예측은 가능하다. 2017년 기준 국립해양조사원은 조위관측소 46개소를 운영하고 있으며 기상청에서는 지진해일 등 연안의 장주기파 관측을 위해 전국해안에 연안방재관측시스템 18개소, 해상감시 CCTV 24개소 및 초음파 해일파고계(울릉도)를 운영하고 있다(그림 4.43~

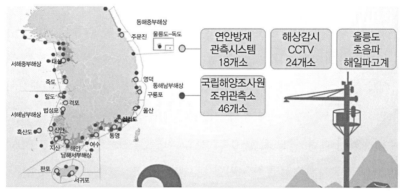

출처 : 기상청(2017), http://www.kma.go.kr

그림 4.43 지진해일 관측망(2017년 기준)

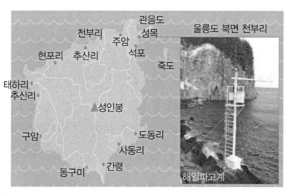

출처 : 기상청(2017), http://www.kma.go.kr

그림 4.44 울릉도 초음파식 해일파고계

출처 : 기상청(2017), http://www.kma.go.kr

사진 4.4 지진해일 관측기기(초음파식 파고계, 수위계)

그림 4.44, 사진 4.4). 가령 동해 북동부 해역(일본 북서근해)에서 발생한 지진해일은 우리나라 동해안에 1시간~1시간 30분 후에 도달하므로 적절한 지진해일경보를 발령하면 30분에서 1시간 정도의 대피시간을 확보할 수 있다. 기상청은 동해·서해·남해를 포함한 한반도 주변해역에서 발생한 지진해일의 우리나라 내습 여부 및 해안 주요지역별 지진해일 예상 도착시각과 해일파고를 예측하기 위해 지진해일 DB를 구축·운영하고 있다. 즉, 기상청은 한반도 주변해역에 대한 규모 6.0~9.0 범위의 약 6,000개 진앙정보를 DB화하여 전국 90개 해안지점에 대한 지진해일 도달시각과 파고를 예측할 수 있다(그림 4.45 참조). 만약 한반도 주변해역에서 대규모 지진발생 시 지진의 발생위치 및 규모를 지진해일 DB에 입력하면 우리나라 해안의 주요지역별 지진해일 예상 도착시각과 해일파고를 산출할 수 있다(그림 4.46 참조).

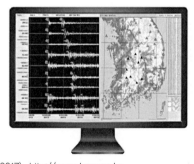

출처 : 기상청(2017), http://www.kma.go.kr

그림 4.45 지진 및 지진해일 분석(기상청)

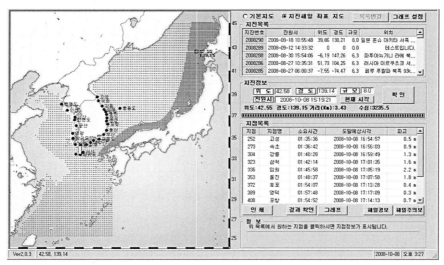

그림 4.46 지진해일 예측체계(기상청)

2) 우리나라 지진해일 피해 사례(그림 4.47 참조)[30]

(1) 1964년 니가타 지진해일

1964년 6월 16일 13시 1분에 일본 니가타현(新潟県) 외해에서 발생한 규모 7.5의 지진으로 인해 지진해일이 발생하여 일본에서는 473명의 사상자가 발생하였고, 가옥 및 선박피해가 발생하였다. 우리나라 동해안에서 관측된 기록을 보면 부산에서 32cm, 울산에서 39cm의 지진해일이 도달하였다.

(2) 1983년 동해 중부 지진해일

1983년 5월 26일 정오 일본 아키타현(秋田県) 서쪽 외해에서 발생한 규모 7.7의 지진으로 인한 지진해일이 발생하여 우리나라 동해안에 영향을 끼쳤고, 지진해일의 주기는 10분 정도이다. 파고가 가장 높았던 곳은 울릉도 서북해안의 현포동으로 3~5m의 지진해일이 도달했고, 울진 이북, 동해시 이남의 약 70km 해안에 2m 이상의 해일이 도달하여 이 구간의 거의 중앙에 위치하는 강원도 삼척시 원덕읍 임원리에는 파고 3~4m에 이르는 해일이 발생하였다(사진 4.5~4.6 참조). 이 지진해일로 인해 사망 1명, 실종 2명, 부상 2명의 인명피해가 있었으며 소형 선박 81척 및 100여 건의 건물시설 피해가 있었다(표 4.2 참조).

3) 1993년 북해도 남서 외해 지진해일

1993년 7월 12일 밤 10시 17분, 일본 북해도 남서 외해에서 발생한 규모 7.8의 지진에 의한 해일은 오쿠시리섬(奧尻島)의 서안에 위치한 모나이(藻內)에서는 최고의 처오름(Run-up) 높이인 31m를 기록하였다. 1993년의 북해도(北海道) 남서 외해 지진해일은 우리나라에 그다지 큰 지진해일 피해를 남기지는 않았으나, 동해 전역에서 0.5~1m의 지진해일이 감지되어 양식장과 선박에 피해가 발생하였다. 인명 피해는 없었으나 소형선박 35척과 어망 및 어구 3,000여 통이 유실되는 등의 피해가 발생하였다(표 4.2 참조).

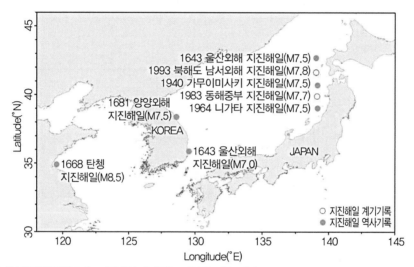

출처 : 국립재난안전연구원(2016), 지진해일 재해정보 가시화 기술 개발, p.6.

그림 4.47 우리나라에 영향을 끼친 지진해일

출처 : 소방방재청 재난상황실(2010), 재난상황관리정보 해일, p.16.

사진 4.5 동해 임원항 지진해일 내습(1983.5.26.)

출처 : 조용식(2012), 지진해일 연구와 재난관리, p.28.

사진 4.6 동해 임원항 지진해일 내습(1983.5.26.)시 선박이 집에 닿았던 흔적[31]

표 4.2 동해안 지진해일 피해 사례

	발생시기	1983.5.26.	1993.7.12.
지진	진원시(震源時)	1983년 5월 26일 11시 59분	1993년 7월 12일 22시 17분
	규모	7.7	7.8
	진앙	일본 혼슈 아키타현 서쪽 근해	일본 홋카이도 오쿠시리섬 북서쪽 근해
지진해일	제1파 도착시각	• 울릉도 : 13시 17분 • 묵호 : 13시 35분 • 속초 : 13시 43분 • 포항 : 13시 52분	• 울릉도 : 23시 47분 • 속초 : 00시 00분 • 동해 : 00시 09분 • 포항 : 01시 18분
	최대파고(m)	• 울릉도 : 1.26m • 묵호 : 2.0m 이상 • 속초 : 1.56m • 포항 : 0.62m • 임원항 : 3.6~4.0m	• 울릉도 : 1.19m • 묵호 : 2.03m • 속초 : 2.76m • 포항 : 0.92m
	평균 주기(min)	8~12분	8~10분
	지속시간(hr) : 큰 수위 변동/전체	3~5hr/24hr 이상	2~4hr/24hr 이상
	피해상황	• 인명 : 사망 1, 실종 2, 부상 2 • 선박(소형) : 81척 • 건물 시설 : 100여 건	• 인명 : 피해 없음 • 선박(소형) : 35척 • 어망, 어구 : 3,000여 통
	총 피해액(당시 금액)	3억 7천만 원	3억 9천만 원

출처 : 기상청 HP(2018), http://www.weather.go.kr/weather/earthquake_volcano/tidalwave_02.jsp

3) 우리나라 지진해일 가능성

우리나라는 삼면이 바다에 접해 있어 지진해일로 인한 피해가 발생할 수 있다. 우리나라의 경우 태평양에서 발생한 대규모 지진해일에 의한 직접적인 피해는 거의 없으나, 유라시아판과 북미판의 경계인 동해(東海) 동연부(東沿部, 일본 서북부) 해안에서 발생하는 지진에 의한 지진해일이 동해를 전파하여 피해를 일으킬 가능성이 있다. 일본 홋카이도 외해로부터 니가타현 외해에 걸친 동해 동연부에서는 지금까지 많은 대지진이 발생한 것으로 알려져 있다(그림 4.48 참조).[32] 2013년 1월에 개최된 일본 최대 규모의 지진해일 진원단층모델의 설정 등을 목적으로 한 일본 국토교통성의 '일본의 대규모 지진에 관한 조사 검토회'에서 발표된 것을 알아보면 동해의 일본 열도 근처에서 확인된 해저활단층에 의한 지진에 의한 지진해일 단층모델에 대한 수치시뮬레이션 결론은 다음과 같다.[33]

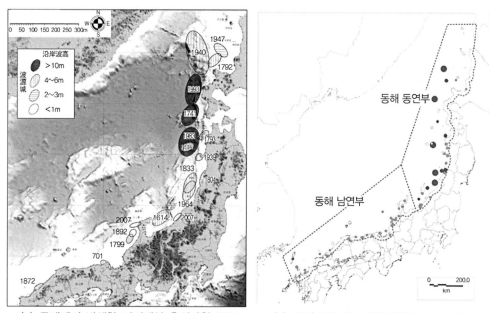

(a) 동해에서 발생한 지진해일 추정파원 분포   (b) 동해 일본 쪽 역사지진(M 6.0 이상) 분포

출처 : 한국원자력안전기술원(2015), 동해의 지진해일 유발 지진원 데이터베이스, pp.45~46.

그림 4.48 일본 서북부해안에서 발생한 지진해일

(1) 지진해일의 높이와 도달시간

〈지진의 규모에 비해서는 지진해일고가 높고, 도달시간이 짧다〉

동해 동연부에서 발생하는 지진의 특징은 태평양지진과 같은 규모라도 단층이 얕고 고각단층[19]이다. 따라서 해저의 상하변동이 커져 지진해일이 높아지기 쉽다. 규모 7의 지진에도 큰 지진해일의 위험이 있기 때문에 방심은 금물이다. 한편, 태평양 측에 비해 동해 쪽의 지진해일은 주기가 5~10분 정도로 짧고 침수 범위도 넓어지기 어렵다. 또한 해안선에 근접한 단층이 많아 이들에 의한 지진해일의 도달시간이 짧다는 특징이 있다.

(2) 지진해일 전파 방법

〈동북외해에서 발생한 지진해일이 추고쿠[20] 지방에서 커지는 경우가 있다〉

일반적으로 진원단층 근처에서 지진해일이 높고, 진원으로부터 멀어지면서 점차 낮아진다. 그러나 일본의 동북외해에서 발생한 지진해일은 약간 멀리 있는 호쿠리쿠(北陸)[21]와 간사이(近畿)[22]지방의 해안보다 더 서쪽인 추고쿠(中國)지방 연안에서 더 커질 수 있다. 이것은 동북외해에서 발생한 지진해일이 동해 중앙부로부터 추고쿠지방 연안부에 걸쳐 있는 해저지형의 얕은 곳(대화퇴(大和堆), 북오키퇴 등)에 집중하여 그들을 따라 전파하기 때문이다.

이와 같이 특히 동해 동연부(東沿部) 연안에는 지진해일을 발생시킬 수 있는 가능성이 높은 지진공백역[23]이 존재하고 있어 각별한 주의가 요구된다.[34] 그림 4.49(a)는 동해 동연부 지역에 분포하고 있는 지진공백역은 근거로 제시된 가상지진의 위치이다. 동해 동연부 해안에서 발생하여 우리나라 동해안에 도달하는 지진해일은 태평양을 횡단하는 지진해일과 같이 먼 거리를 전파하는 일반적인 대규모 지진해일에 비해 파장이 비교적 짧은 편이다.[35] 또한 대화퇴를 지나면서 굴절, 회절 및 반사가 일어나고, 초기파형의 크기가 태평양에서

---

19 고각단층(高角斷層) : 기울기가 45° 이상인 단층(斷層)을 말한다.

20 추고쿠(中國)지방 : 일본의 산요(山陽)지방(오카야마현, 히로시마현, 야마구치현과 효고현의 남서부) 및 산인(山陰) 지방(돗토리현, 시네마현)을 일컫는 말이다.

21 호쿠리쿠(北陸)지방 : 가나자와현, 도야마현 및 후쿠이현으로 통틀어 일컫는 말이다.

22 간사이(近畿)지방 : 일본의 교토부, 오사카부의 2부와 사가현, 효고현, 나라현, 와카야마현, 미에현의 5현을 포함하는 지방의 이름이다.

23 지진공백역(Seismic Gap) : 지진발생 가능성이 높지만 아직까지 지진이 발생하지 않는 지역으로 에너지를 응축하고 있어 지진과 지진해일을 발생시킬 가능성이 높은 지역을 의미한다.

발생하는 지진해일 등에 비해 상대적으로 작기 때문에 전파과정에서 분산효과가 중요한 역할을 한다(그림 4.49(b) 참조). 따라서 동해는 수심이 깊고 지진이 자주 발생하는 일본에 인접해 있으므로 지진해일의 발생 가능성이 높다.

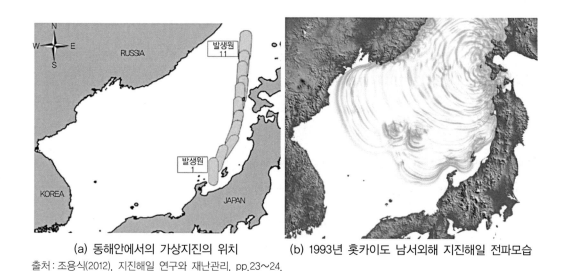

(a) 동해안에서의 가상지진의 위치   (b) 1993년 홋카이도 남서외해 지진해일 전파모습

출처 : 조용식(2012), 지진해일 연구와 재난관리, pp.23~24.

그림 4.49 동해안의 가상지진 위치와 1993년 지진해일 전파모습[36]

4) 지진해일 통보 용어 및 통보 기준 개선

기상청은 지진·지진해일·화산 업무를 총괄하는 중앙행정기관으로 지진·지진해일·화산의 관측·분석·통보 관련 주요정책을 수립·시행하고 있다. 또한 국가지진·화산센터(사진 4.7)에서는 국내외 지진·지진해일·화산 발생 상황을 실시간 감시·분석하고 있으며, 지진·지진해일·화산 발생 시 신속한 정보 제공을 통해 관련 재난으로부터 국민의 생명과 재산을 지키는데 최선을 다하고 있다. 기상청은 2017년 7월부터 표 4.3과 같이 새로운 지진(지진해일) 통보기준을 가지고 표 4.4와 같이 지진발생 정보의 서비스 소요시간을 단축하였는데, 지진조기경보는 7월 이전에는 지진관측 후 50초 이내였으나 7월 이후는 15~25초 내외로 단축, 지진속보는 7월 이전에 2분 이내였으나, 7월 이후 60~100초로 개선하였다. 또한 기존의 지진정보(위치, 규모, 시각)에서 진도(예상진도, 계기진도)와 발생깊이 정보를 추가적으로 제공한다. 진도정보는 지진으로 인한 진동의 세기를 나타내는 정보로서 규모가 동일한

출처 : 기상청(2017), http://web.kma.go.kr/aboutkma/biz/earthquake_volcano_01.jsp

사진 4.7 국가 지진·화산센터(기상청)[38]

지진이더라도 지역별로 상이하게 나타나는 진동의 세기를 제공하여 방재대응에 효과적으로 활용할 수 있는 정보이다. 이러한 진도정보는 '신속정보(조기경보, 지진속보)의 경우는 예상진도'로 '상세정보(지진정보)의 경우는 계기진도'의 형식으로 2018년에는 대국민 서비스로 확대할 예정이다. 그리고 그림 4.51에 나타낸 바와 같이 2017년 11월부터 ① 긴급재난문자 송출 전용시스템의 구축 및 운영, ② TV, 라디오 등 실시간 방송을 이용한 긴급 방송 전달기반 조성, ③ 지진 관련 홈페이지 접속 지연 최소화 및 온라인 서비스 보강, ④ 지방자치단체 등 유관기관의 경보발령 시스템 연계 운영 등 지진 발생 정보의 대국민 서비스 전달체계를 개선하였다. 또한 2017년 12월에는 국내에 영향을 주는 해외지진 발생 시 지진조기경보를 현재 10분 내외에서 5분 내외로 단축 및 긴급재난문자를 발표하고, 지진조기경보를 이용한 한반도 인근의 지진해일 정보를 현재 지진 수동분석에서 지진자동분석 및 긴급재난문자 발표로 개선하는 것이다. 그림 4.50은 지진해일경보·주의보 발표 예이고, 2017년 7월부터 기상청은 지진해일주의보 발표 시 지역별 방재대응 지원체계를 강화하기 위하여 기존 5개 특보구역(동해, 남해, 서해, 제주, 울릉)을 표 4.5와 같이 26개 특보구역으로 세분화하였다.

표 4.3 지진(지진해일) 통보 기준[37]

구분	신속정보				상세정보			
	지진조기정보		지진속보		지진정보		해외지진정보	
발표 기준규모	국내 지진	5.0 이상	국내 지진	(내륙) 3.5 이상~5.0 미만	국내 지진	2.0 이상	해외 지진 (구역 내)	(내륙) 5.0 이상
								(해역) 5.5 이상[2]
	해외 지진[1]	5.0 이상		(해역) 4.0 이상~5.0 미만			해외 지진 (구역 외)	(내륙) 6.0 이상
								(해역) 7.0 이상
내용	발생시각, 추정위치, 추정규모, 예상진도		발생시각, 추정위치, 추정규모, 예상진도		발생시각, 발생위치, 규모, 계기진도, 발생깊이 등		발생시각, 발생위치, 규모, 발생깊이 등	
구분	지진해일주의보				지진해일경보			
발표기준	규모 6.0 이상의 해저지진이 발생하여 우리나라 해안가에 해일파고 0.5~1.0m 미만의 지진해일 내습이 예상될 때				규모 6.0 이상의 해저지진이 발생하여 우리나라 해안가에 해일파고 1.0m 이상의 지진해일 내습이 예상될 때			

주 1. 해외지진의 지진조기경보 영역은 지진조기경보시스템으로 자동분석이 가능한 영역으로 한다.
　 2. 구역 내 해외지진 해역에서 5.0 이상~5.5 미만의 지진이 발생한 경우라도, 해외지진의 지진조기경보가 발표된 경우에는 해외지진정보를 발표할 수 있다.
출처 : 기상청HP(2018), http://www.kma.go.kr/aboutkma/biz/earthquake_volcano_03.jsp

표 4.4 지진서비스 개선내용(2017년)

구분	신속정보		상세정보
	조기경보	지진속보	지진정보
규모	(국내) 5.0 이상	3.5~5.0	2.0 이상
발표 내용	위치, (추정)규모, 시각 **+예상진도**		위치, 규모, 시각 **+계기진도, 발생깊이**
발표시각	15~25초	60~100초	5분 이내(필요시 추가 발표)
전달매체	긴급재난문자 발표		긴급재난문자 미발표
	TV, 라디오, SMS, MMS, E-mail, 클라이언트, 홈페이지 등		

출처 : 기상청(2017), http://www.kma.go.kr

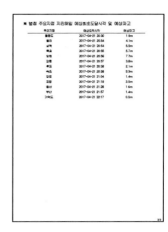

출처 : 기상청(2017), http://www.kma.go.kr

그림 4.50 지진해일경보·주의보 발표(예)

표 4.5 지진해일 특보구역(계속)

구역명칭	대상해역
인천·경기 북부 해안	인천시 강화군, 김포시의 관할 해역
인천·경기 남부 해안	인천시(강화군, 서해5도 제외),경기도 시흥시, 안산시, 평택시(현덕면, 포승면 지역), 화성시(송산면, 서신면, 우정읍 지역)의 관할 해역
충남 북부 해안	서산시, 당진시, 태안군, 홍성군의 관할 해역
충남 남부 해안	보령시, 서천군의 관할 해역
전북 북부 해안	군산시, 김제시의 관할 해역
전북 남부 해안	고창군, 부안군의 관할 해역
전남 북부 서해 해안	영광군, 함평군의 관할 해역
전남 중부 서해 해안	목포시, 무안군, 신안군(흑산면 지역 제외), 영암군의 관할 해역
전남 남부 서해 해안	진도군, 해남군(화원면, 문내면, 황산면, 산이면, 화산면, 송지면 일부 지역)의 관할 해역
전남 서부 남해 해안	강진군, 완도군, 장흥군, 해남군(북평면, 북일면, 송지면 일부 지역)의 관할 해역
전남 동부 남해 해안	광양시, 순천시, 여수시, 고흥군, 보성군의 관할 해역
제주도 북부 해안	제주시(구좌읍, 우도면, 한림읍, 한경면 지역 제외)의 관할 해역
제주도 동부 해안	제주시(구좌읍, 우도면 지역), 서귀포시(성산읍, 표선면 지역)의 관할 해역
제주도 남부 해안	서귀포시(성산읍, 표선면, 대정읍 상모리 송악산 동단의 서쪽 지역제외)의 관할 해역
제주도 서부 해안	제주시(한림읍, 한경면 지역), 서귀포시(대정읍 상모리 송악산 동단의 서쪽 지역)의 관할 해역
경남 서부 남해 해안	거제시 망산각에서 통영시 가왕도 북단, 가왕도 남단에서 어유도 북단, 어유도 남단에서 대매물도 북단, 대매물도 남단에서 소매물도 북단, 소매물도 남단을 이르는 선의 서쪽 해역, 거제시(둔덕면, 거제면, 동부면 서쪽, 남부면 망산각을 기준으로 서쪽), 통영시(용남면, 광도면 지역 중 진해만과 인접한 해역 제외), 고성군(거류면, 동수면, 마암면, 회화면 지역 제외), 남해군, 사천시, 하동군(금남면, 금성면, 진교면 지역)의 관할 해역

표 4.5 지진해일 특보구역

구역명칭	대상해역
거제시 동부 해안	거제시(옥포동, 아주동, 능포동, 장승포동, 마전동, 일운면, 동부면 동쪽, 남부면 망산각을 기준으로 동쪽)의 관할 해역, 거제시 망산각에서 통영시 가왕도 북단, 가왕도 남단에서 어유도 북단, 어유도 남단에서 대매물도 북단, 대매물도 남단에서 소매물도 북단, 소매물도 남단을 이르는 선의 동쪽 해역
경남 중부 남해 해안	거제시(장목면, 하청면, 연초면, 신현읍, 사등면 지역), 창원시, 통영시(용남면, 광도면 지역 중 진해만과 인접한 지역), 고성군(거류면, 동수면, 마암면, 회화면 지역)의 관할 해역
부산 해안	부산광역시의 관할 해역
울산 해안	울산광역시의 관할 해역
경북 남부 해안	경주시, 포항시의 관할 해역
경북 북부 해안	영덕군, 울진군의 관할 해역
강원 남부 해안	동해시, 삼척시의 관할 해역
강원 중부 해안	강릉시의 관할 해역
강원 북부 해안	속초시, 고성군, 양양군의 관할 해역
울릉도 해안	울릉군 관할 해역

출처 : 기상청(2017), http://www.kma.go.kr

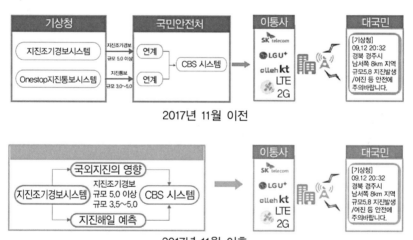

2017년 11월 이전

2017년 11월 이후

출처 : 기상청(2017), http://www.kma.go.kr

그림 4.51 지진해일 긴급재난문자 발송체계

그림 4.52에서는 기상청이 발표한 지진해일 및 지진에 관한 정보는 정부(행정안전부, 과학기술정보통신부 등) 및 지방자치단체, 언론기관(KBS, 재난방송주관방송사), 연합뉴스, 모바일메신저(라인), 방재관계기관(재난담당자) 등에 온라인으로 바로 전달되어 정부 및

지방자치단체의 초동대응, 방재관계기관의 피해상황 조사, 주민 대피 및 구조 활동에 활용되는 이외에 언론 및 기상청 홈페이지 등에도 공표된다. 즉, 행정안전부로 통보된 지진(지진해일) 정보는 정부대표 재난안전포털앱인 '안전디딤돌'을 통해 전체 국민에게 전파되며, 과학기술정보통신부로 전달된 정보는 재난방송 온라인시스템을 통해 자동자막송출시스템을 거쳐 자동 생성된 뉴스자막으로 재난주관 방송사인 KBS를 포함한 10개 지상파 방송사가 지진(지진해일) 정보를 국민들에게 알려주며 연합뉴스는 지진(지진해일)정보를 기사로 작성하여 일반국민에게 전송한다. 또한 지방자치단체(서울특별시, 부산광역시, 울산광역시, 경기도 등)로 전달된 지진(지진해일)정보는 자체 홈페이지, 팩스, SMS, 앱 등을 통해 지역주민에게 직접 정보를 전달한다. 그리고 재난담당자에게는 PC클라이언트, SMS/MMS, 이메일(E-mail), 팩스 등으로 직접 전달되어 홈페이지, SNS(Social Network Services), 긴급재난문자 및 ARS(Automatic Response System)131로 대국민들에게 전달된다.

출처 : 기상청HP(2018), http://www.kma.go.kr/aboutkma/biz/earthquake_volcano_03.jsp

그림 4.52 지진(지진해일) 전파체계도

4.8.2 일본의 지진해일 관측체계와 기준[39]

1) 지진해일 감시체제와 경보·정보 흐름

그림 4.53에서 볼 수 있듯이 지진해일이 자주 발생하는 일본 기상청에서는 24시간 상시

감시체계를 구축하여 일본 전국에 설치된 지진계 및 지진해일관측 시설 등에서 나온 자료를 바탕으로 지진 및 지진해일을 감시하고 있다.

출처 : 日本 気象庁(2017), 地震と津波, pp.3~4.

그림 4.53 지진 및 지진해일에 대한 관측자료 수집 및 정보 등 전달(일본 기상청)(그림 4.54와 연결됨)

지진 및 지진해일이 발생하는 즉시 경보 및 정보 발표를 하고 있으며 감시에는 기상청 이외에 관계기관의 관측 자료도 수집·활용하고 있다. 지진 및 지진해일 자료를 신속하게 처리하여 경보 등을 발표하기 위한 시스템인 지진활동 종합감시시스템(EPOS : Earthquake

Phenomena Observation System)을 구축하고 있는데 도쿄 또는 오사카 등 어느 곳에서 대규모 재해가 발생한 경우라도 확실하게 경보 등을 발표할 수 있는 체제이다. 또한 그림 4.54에서는 기상청이 발표한 지진해일 및 지진에 관한 정보를 정부 및 지방자치단체, 방재 관계기관 등에 온라인으로 바로 전달되어 정부 및 지방자치단체의 초동대응, 방재관계기관의 피해상황 조사, 주민 대피 및 구조 활동에 활용되는 이외에 언론 및 기상청 홈페이지 등에도 공표된다. 또한 긴급지진속보 및 지진해일경보 등은 방송국, 휴대전화사업자 등을 통하여 TV, 라디오 및 휴대전화 등을 통해 지역주민에게 알린다. 지진 및 지진해일 발생에 따라 국내에 피해가 예상되는 경우나 피해가 발생한 경우 지방자치단체 및 방재기관이 재해응급대책 및 재해복구·부흥을 신속히 확실하게 실시하기 위해서는 지진·지진해일 발생 상황과 금후 예상 등을 신속히 확실하게 파악할 필요가 있다. 이 때문에 기상청은 지방자치단체 및 방재기관이 시행하는 방재대응을 지원하기 위해 지진발생 후 신속하게 지진 및 지진해일정보를 발표한다.

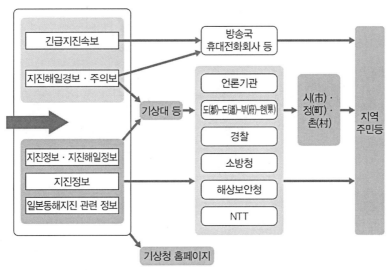

출처 : 日本 気象庁(2017), 地震と津波, pp.3〜4.

그림 4.54 지진 및 지진해일에 대한 관측자료 수집 및 정보 등 전달(일본 기상청)

그 이외에도 최대진도 4 이상이 발생하는 경우 또는 지진해일주의보 이상을 발표한 경우에는 지진 및 지진경보 개요, 진도분포도 등 전체를 파악할 수 있는 도표를 정리하여 지진

발생으로부터 30분 정도 내 지진해설 자료로써 제공하고 있다. 더욱이 최대진도 5약(弱) 이상 또는 지진해일주의보 이상 발표한 경우에는 지방자치단체의 재해대책본부 등에서 재해응급대응 및 그 후 재해복구·부흥(개선복구)에 대한 검토 시 사용할 수 있는 보다 자세한 지진 및 지진해일에 대한 상황 등을 정리하여 지진발생으로부터 1~2시간 내를 목표로 지진해설자료 또는 언론발표 자료를 제공하고 있다.

2) 일본의 지진해일 예측방법 및 순서

대부분의 지진해일은 지진에 의한 해저의 지각변동 때문에 발생하므로 지진해일을 예측하려면 우선 지진의 위치 및 규모가 필요하다. 그다음 지진의 위치 및 규모로부터 추정된 지진해일고(그림 4.55 참조)와 도달시각을 '지진해일 예보 데이터베이스'에서 검색한다. 검색한 후 구한 지진해일의 예측결과를 이용하여 지진해일경보·주의보를 발표한다.

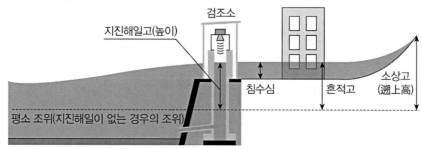

출처: 日本 気象庁(2017), 地震と津波, p.12.

그림 4.55 지진해일 내습 시 높이 및 수심 종류

(1) 지진해일 예보 데이터베이스

일본에서의 큰 지진은 연안 근해에 발생하는 경우가 많았다(2011년 동일본 대지진 등). 그 경우 지진발생 직후에 일본 연안으로 내습하는 지진해일은 최신 컴퓨터를 사용하더라도 지진이 발생 후 계산을 시작하여 결과를 구한 후 경보를 발표하는 것은 시간이 촉박하고 계산결과가 나오기 전 지진해일이 연안을 내습하여 큰 피해를 줄 수 있다. 그러므로 이를 방지하고자 미리 지진해일을 발생시킬 수 있는 단층을 설정하여 많은 지진해일의 수치시뮬레이션을 실시하고, 그 결과를 '지진해일 예보 데이터베이스'로서 축적 및 저장하여 둔다

(그림 4.56 참조). 따라서 실제로 지진이 발생했을 때는 이 데이터베이스(Data Base)로부터 발생한 지진의 위치와 규모 등에 대응하는 예측결과를 곧바로 검색한 후 연안에 대한 지진해일경보·주의보를 신속하게 발표할 수 있다(그림 4.57 참조).

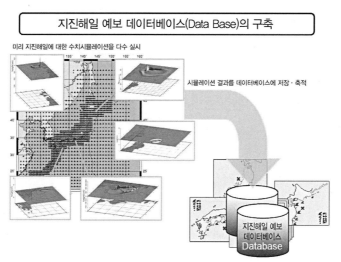

출처 : 日本 気象庁(2018), http://www.data.jma.go.jp/svd/eqev/data/tsunami/ryoteki.html

그림 4.56 지진해일 예보 데이터베이스 구축 모식도(일본 기상청)

출처 : 日本 気象庁(2018), http://www.data.jma.go.jp/svd/eqev/data/tsunami/ryoteki.html

그림 4.57 지진해일 예보 데이터베이스를 이용한 지진해일예보의 발표순서(일본 기상청)

(2) 지진해일의 수치시뮬레이션

연안에서의 지진해일의 높이 또는 도달시각을 구하기 위한 수치시뮬레이션은 크게 해저 지각 변동계산과 지진해일 전파계산의 2단계로 나눌 수 있다.

가) 해저지각 변동계산

지신에 의한 해저의 지각변동은 지하의 단층(斷層)이 움직였다고 보고 이론적으로 계산한다. 이때 단층을 규정하는 1) 단층의 수평위치와 깊이, 2) 단층의 크기, 3) 단층의 방향, 4) 단층의 기울기, 5) 활동의 방향·크기를 정할 필요가 있다. 단층의 방향은 과거 지진을 참고하여 결정하며, 단층의 수평위치와 깊이, 단층의 크기와 활동의 크기(이들은 규모에서 환산 가능)에 대해서는 어떤 장소에서 어떤 크기의 지진이 발생하여도 대처할 수 있도록 많은 시뮬레이션을 실시한다. 또한 단층의 기울기와 활동방향에 대해서는 가장 큰 지진해일을 발생시키도록 설정하고, 기울기는 45°인 순수한 역단층면(그림 4.58 참조)이라고 가정하여 계산한다.

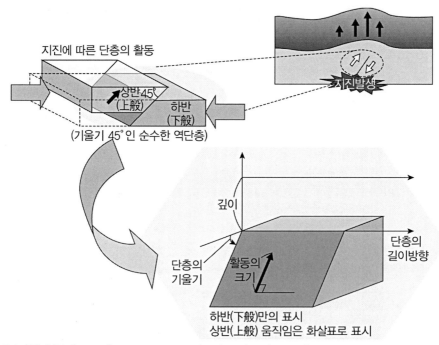

출처 : 日本 気象庁(2018), http://www.data.jma.go.jp/svd/eqev/data/tsunami/ryoteki.html

그림 4.58 지진에 따른 단층의 활동 개념도(일본 기상청)

단층은 수평방향으로 약 1,500개소, 깊이 0~100km 사이를 6개로 나누거나 지진규모 (Magnitude)는 4가지로 구분하여 이들 단층들 하나하나에 대해서 해저의 지각변동을 계산하였다. 이 계산된 값을 지진해일 전파계산 시 사용한다(그림 4.59 참조).

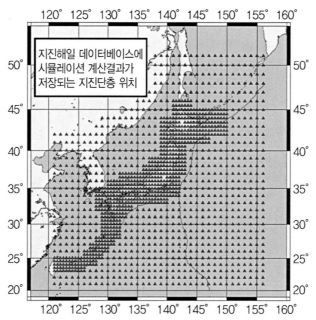

출처 : 日本 気象庁(2018), http://www.data.jma.go.jp/svd/eqev/data/tsunami/ryoteki.html

그림 4.59 지진해일 수치시뮬레이션 시 해저지각 단층위치도(일본 기상청)

나) 지진해일 전파계산

일반적으로 지진해일을 발생시키는 해저지각변동은 수십 km 이상 넓게 발생하므로 지진해일이 사방으로 전파되기 시작하기 전에 지각 변동은 완료된다. 따라서 지진발생 직후에 해저지각의 상하변동이 그대로 해수면에 전달되어 해수면에 요철(凹凸)이 생성된다고 할 수 있다. 이렇게 생성된 해수면 요철패턴을 지진해일의 초기 파원(波源)으로 잡고 이것이 사방으로 전파되는 양상을 계산한다. 수치계산의 방법으로는 계산영역을 종횡(縱橫)의 격자 모양으로 잘게 쪼개어 각각의 격자에서의 지진해일의 높이와 속도를 시간에 따라 지진해일 전파방정식으로 계산한다. 모든 단층에 대해서 지진해일의 높이 및 속도계산을 실시하면 연안에 출현하는 지진해일의 시간적 변화의 양상을 재현할 수 있다.

① 연안에서의 지진해일고 예측 : 지진해일경보기준이 되는 연안에서의 예상 지진해일
고는 시뮬레이션으로 계산된 연안에서의 높이를 그대로 사용하지 않는다. 그 이유는
계산 격자의 크기를 일정하다고 가정하므로 해안 가까이 수심이 얕고 복잡한 지형에
서는 지진해일의 재현 정도가 떨어지기 때문이다. 이것을 해결하기 위해서는 연안근
처의 계산격자를 더 세분화하여 상세한 계산을 수행하는 방법이 있지만 전국적으로
계산을 실시하려면 엄청난 시간이 걸리므로 현실적이지 못하다. 따라서 오차가 아직
은 포함되지 않는 외해에서의 지진해일의 높이로부터 '그린 법칙(Green's Law)'을
이용하여 연안에서의 지진해일고를 추정할 수 있다. 외해(수심이 깊은 곳)의 지진해
일이 수심이 얕은 연안으로 내습하면 지진해일의 속도가 늦어서 앞의 파도와 뒤의
파도와의 간격이 짧아지지만 한 개의 파도에 저장되는 에너지는 동일하다. 파면[24]이
해안선과 나란히 입사(入射)할 경우 파와 파 사이의 간격이 짧아진 만큼 결과적으로
파고가 높아진다. 즉, 그린의 법칙으로 수심 1m인 연안에서의 지진해일고를 구하고
있다(그림 4.60 참조).

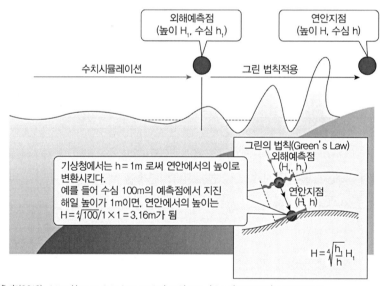

출처 : 日本 気象庁(2018), http://www.data.jma.go.jp/svd/eqev/data/tsunami/ryoteki.html

그림 4.60 연안에서의 지진해일의 높이 예측(일본 기상청)

---

24 파면(波面, Wave Front) : 해수면을 전파하는 파를 바라볼 때 동일시각에 동일 상태, 즉 동일 위상에 있는 해수
면의 연속된 점을 연결한 면을 말한다.

② 예보구역마다의 경보·주의보 작성 : 일본 기상청은 지진해일경보·주의보를 발표하기 위해 일본 전국의 연안을 77개로 나눈 지진해일 예보구역을 설정하여 예보구역마다 예상되는 지진해일의 높이와 도달예상시각을 알리고 있다. 지진해일 예보구역은 지형에 따라 다른 지진해일이 나타나는 모양의 특징을 조사한 다음, 경보·주의보가 발표되었을 때의 지방자치단체 등 관계방재기관에서의 긴급대응도를 고려하여 설정하고 있다. 예보구역의 경보·주의보를 작성하는 방식은 다음과 같다.

㉠ 예보구역에서의 지진해일고(그림 4.61 참조)

예보구역에 대한 지진해일경보·주의보에서는 예보구역 내의 여러 지점에서의 지진해일고의 예측값 중 가장 높은 값에 근거하여 '대지진해일', '지진해일', '지진해일주의보'를 판정하고 그 최대높이와 함께 발표하고 있다. 각 지점의 지진해일고 추정에는 바로 앞서 기술한 '연안에서의 지진해일고 예측'에 기초하여 연안으로부터 15km 정도 떨어진 외해지점(예측점)까지는 지진해일 시뮬레이션 계산결과를 사용하고 그보다 안쪽은 그린의 법칙을 적용하여 연안에서의 높이로 환산한 값을 이용한다.

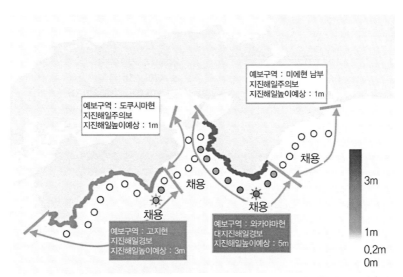

예보구역에서의 지진해일 높이를 구하는 방법 … 각 예보구역 내의 예측지점에 대해서 연안에서의 높이로 환산한 값을 비교하여 가장 큰 값을 채용한다.

출처 : 日本 気象庁(2018), http://www.data.jma.go.jp/svd/eqev/data/tsunami/ryoteki.html

그림 4.61 예보구역에서의 지진해일고(일본 기상청)

ⓛ 예보구역에서의 지진해일 도달시각(그림 4.62 참조)

수심이 얕은 연안부근에서는 지진해일의 도달예상시각에 대한 계산오차가 커진다. 따라서 시뮬레이션으로 구한 외해 예측점의 도달시각에 그곳에서부터 연안까지 지진해일이 전파하는 시간을 더하여 예보구역에 대한 지진해일 도달시각을 산출하고 있다. 이때 중력가속도를 g, 수심을 h로 하면 지진해일은 $\sqrt{gh}$의 속도로 바다로 전파되므로 이 식을 사용한다. 즉, 예보구역의 도달예상시각을 구하는 방법은 다음과 같다.

1. 예상지점 주변의 수심데이터로부터 예상지점으로부터 전파시간이 동일한 지점을 연결시킨다.
2. 1.을 반복하여 지진해일의 전파도(傳播圖)를 작성한다.
3. 지진해일 전파도에서 예상지점으로부터 연안까지 지진해일의 전파시간을 읽을 수 있다.
4. 예보구역 내의 모든 예측점에 대해서 연안까지의 도달예상시각을 구하여 그 중 가장 빠른 값을 예보구역의 도달예상시각으로 한다.

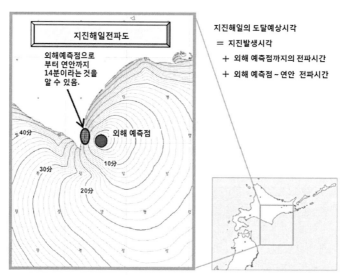

출처 : 日本 気象庁(2018), http://www.data.jma.go.jp/svd/eqev/data/tsunami/ryoteki.html

그림 4.62 예보구역에서의 지진해일 도달시각(일본 기상청)

또한 검조소까지의 도달예상시각에 대해서는 각 검조소로부터 지진해일의 파원까지 전파시간을 구하여 발표에 사용하고 있다.

3) 일본의 지진해일경보·주의보, 지진해일정보, 지진해일예보

일본 기상청은 지진이 발생하였을 때는 지진규모 및 위치를 바로 추정하고 이것을 기준으로 연안에서 예상되는 지진해일고를 구하여 지진이 발생한 때부터 약 3분을 목표로 대지진해일경보, 지진해일경보 또는 지진해일주의보 중 하나를 지진해일 예보구역마다 발표한다(그림 4.63~그림 4.65 참조).

그림 4.63 지진해일경보·주의보 발표(예)

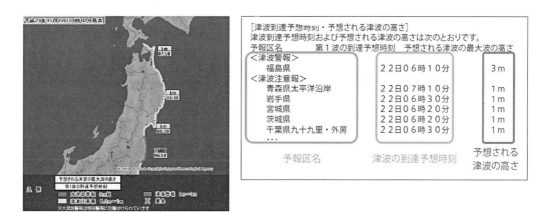

그림 4.64 지진해일 도달예상 시각·예상 지진해일고에 관한 정보의 발표(예)

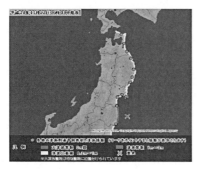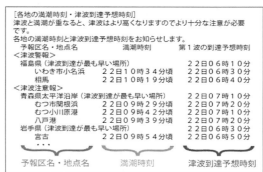

출처: 日本 気象庁(2017), 地震と津波, p.14.

그림 4.65 일본 각 지역의 만조시각·지진해일 도달예상시각에 관한 정보의 발표(예)

이때 예상 지진해일고는 보통 5단계로 나눈 값으로 발표한다. 다만 지진규모(Magnitude)가 8을 초과하는 거대지진에 대해서는 높은 정도(程度)의 지진규모를 바로 구할 수 없으므로 그 해역에서의 상정한 최대 지진해일을 근거로 지진해일경보·주의보를 발표한다(표 4.6 참조).

표 4.6 지진해일경보·주의보 종류

종류	발표기준	발표될 지진해일고		상정된 피해와 취할 행동
		수치로써 발표 (예상지진해일고로 구분)	거대 지진인 경우 발표	
대지진 해일경보	예상되는 지진해일고가 높은 곳에서 3m 초과하는 경우	10m 초과 (10m<예상높이)	거대	• 목조가옥은 전파·유실되고 사람은 지진해일로 인한 흐름에 휩쓸려감 • 연안부 및 강가에 있는 사람은 즉시 높은 장소, 지진해일 대피빌딩 등 안전한 장소로 대피하여야 함
		10m (5m<예상높이≤10m)		
		5m (3m<예상높이≤5m)		
지진 해일경보	예상되는 지진해일고가 높은 곳에서 1m 초과하고 3m 이하인 경우	3m (1m<예상높이≤3m)	높음	• 표고가 낮은 곳에서는 지진해일이 내습하여 침수피해가 발생함 • 사람은 지진해일로 인한 흐름에 휩쓸려가므로 연안부 및 강가에 있는 사람은 즉시 높은 장소나 대피빌딩 등 안전한 장소로 대피하여야 함
지진해일 주의보	예상되는 지진해일고가 높은 곳에서 0.2m 초과, 1m 이하인 경우에 있어서 지진해일로 인한 재해가 우려되는 경우	1m (0.2m<예상높이≤1m)	(미표기)	• 바다 중에서는 사람이 빠른 흐름에 휩쓸리고 또한 양식 뗏목이 유실되고 소형선박이 전복됨 • 사람은 지진해일로 인한 흐름에 휩쓸려가므로 바다 속에 있는 사람은 바로 바다 속에서 올라와 해안으로부터 멀리 벗어나야 함

출처: 日本 気象庁HP(2018), http://www.data.jma.go.jp/svd/eqev/data/joho/tsunamiinfo.html

이 경우 최초로 발표한 대지진해일경보 및 지진해일경보에서는 예상 지진해일고를 '거대' 및 '높음'으로 발표하여 비상사태라는 것을 알린다. 가령 예상 지진해일고를 '거대'라고 발표하는 경우에도 발표 후 정도 높은 지진 규모를 구하여 지진경보를 갱신하고 예상 지진해일고도 수치로 다시 발표한다.

표 4.7 지진해일 정보의 종류

종류	내용
지진해일 도달예상시각·예상 지진해일고에 관한 정보	각 지진해일예보구역*에 지진해일도달 예상시각 및 예상 지진해일고 (발표내용은 지진해일경보·주의보 종류의 표에 기재)를 발표한다.
각지(各地)의 만조시각·지진해일 도달예상시각에 관한 정보	주요 지점의 만조시각·지진해일 도달예상시각을 발표한다.
지진해일 관측에 관한 정보	연안에서 관측되었던 지진해일시각 및 높이를 발표한다.
외해의 지진해일 관측에 관한 정보	외해에서 관측되었던 지진해일 시각 및 높이, 외해 관측값에서 추정된 연안에서의 지진해일 도달시각 및 높이를 지진해일 예보구역 단위로 발표한다.

* 이 정보에서 발표되는 예상도달시각은 각 지진해일예보구역에서 가장 빨리 지진해일이 도달하는 시각이다. 장소에 따라서는 이 시각보다도 1시간 이상 늦게 지진해일이 내습하는 경우도 있다.
출처 : 日本 気象庁HP(2018), http://www.data.jma.go.jp/svd/eqev/data/joho/tsunamiinfo.html

지진 발생 후 지진해일로 재해가 발생할 위험이 없는 경우에는 표 4.8과 같은 내용을 지진해일예보로써 발표한다.

표 4.8 지진해일 예보

발표된 경우	내용
지진해일이 예상되지 않을 때	지진해일에 대해 염려할 필요가 없다는 취지를 지진정보에 포함하여 발표한다.
0.2m 미만의 해변변동이 예상될 때	높은 곳에서도 0.2m 미만의 수면변동 때문에 피해에 대한 걱정을 할 필요가 없고, 특단의 방재대응을 할 필요가 없다는 취지를 발표한다.
지진해일주의보 해제 후에도 수면변동이 계속될 때	지진해일이 따른 수면변동이 관측되어 이후에도 계속 할 가능성이 높으므로 바다 속에 들어가서 하는 작업 및 낚시, 해수욕 등을 할 때 충분히 유의할 필요가 있다는 취지를 발표한다.

출처 : 日本 気象庁HP(2018), http://www.data.jma.go.jp/svd/eqev/data/joho/tsunamiinfo.html

4.8.3 미국의 지진해일 관측

1) 태평양지진해일경보센터[40]

미국은 세계적인 지진해일 관측·예측센터를 운영하고 있는데 태평양 지역에서의 지진해일경보는 태평양지진해일경보센터(PTWC : Pacific Tsunami Warning Center)에서 발표하고 있다. 태평양지진해일경보센터는 미국 해양대기청(NOAA)이 하와이주의 오아후섬에서 운용하고 있는 지진해일경보시스템의 중추가 되는 기관으로 1946년 알류샨(Aleutian) 지진으로 하와이와 알래스카에서 165명 사망자가 발생한 것을 계기로 1949년에 설립되었다. 이 센터는 우선 첫 번째로 지진자료를 사용하지만 지진해일이 발생할 위험이 있는 경우에는 해양학의 데이터 및 지진 발생 지역의 조위계의 자료 등도 검토한다. 그런 후, 지진해일 발생을 예측한 후 필요하다면 태평양 지역의 위험지역에 경보를 발령한다. PTWC가 특정지역에 지진해일경보를 발령한 시에는 지진해일은 이미 진행 중으로 머지않아 지진해일이 내습한다고 볼 수 있다. 지진해일이 대양(大洋)을 이동할 경우 장시간이 소요되므로 예측이 맞는가를 확인할 여유는 충분하기 때문이다.

2) 심해에서의 지진해일 탐지

미국 해양대기청은 1995년부터 해저 지진해일계(DART : Deep-ocean Assessment and Reporting of Tsunamis, 심해에서의 지진해일 평가와 보고) 시스템개발을 시작하여 2001년까지 태평양에 6개의 스테이션(Station)을 설치하였고 2008년 4월까지는 39개 스테이션을 설치하였다. DART 스테이션은 지진해일이 해안에서 멀리 진행하고 있을 시에도 지진해일에 관한 상세한 정보를 전달할 수 있다. 2003년에 운영하기 시작한 제1세대 DART 시스템은 각 스테이션이 통과하는 지진해일을 감지하고 그 데이터를 음향모뎀(Modem)을 통해 해면 부이(Buoy)로 전송하는 해저압력 기록기(Recorder, 약 6,000m 깊이에 설치)로 구성되어 있었다. 해면 부이로부터 고즈위성[25]을 경유하여 PTWC로 정보를 전송하였다. 해저압력 기록기는 2년간 연속작동하고 해면 부이는 매년 교환하였다. 2008년 초까지 제1세대 DART II시스템을 모두 제2세대 시스템(그림 4.66 참조)으로 교체하였는데 가장 큰 특징은

---

25 고즈위성(GOES : Geostationary Operational Environmental Satellite) : 1975년부터 이용하고 있는 미국의 정지 기상위성 시리즈로 기상뿐만 아니라 태양으로부터 오는 X선 등 지구를 둘러싼 환경을 관측하는 인공위성이다.

해면 부이와 해저압력 기록기/PTWC 사이에 이리디움(Iridium) 상업위성 소통시스템을 사용하여 양방향 소통을 할 수 있다는 것이다. 이 시스템으로 태평양에서는 지진해일예보·지진해일경보체계를 대폭적으로 개선할 수 있었다.

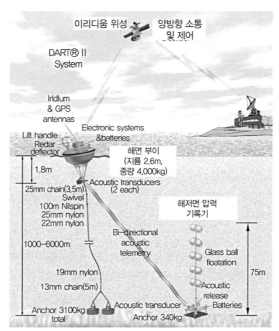

출처 : NDBC–Deep–ocean Assessment and Reparing of Tsunami description(2017), http://www.ndbc.noaa.gov/dart/dart.shtml

그림 4.66 DART II 시스템[41]

3) 국제적인 지진해일 감시체계(그림 4.67 참조)

태평양지진해일경보센터(PTWC)의 상위조직인 '태평양 지진해일경보·감재(減災)시스템을 위한 정부 간 조정그룹(ICG/PTWS : Intergovernmental Coordination Group for the Pacific Tsunami Warning and Mitigation System)'이 있다. ICG/PTWS는 1960년 칠레 지진으로 발생하였던 지진해일이 태평양 전역에 막대한 피해를 끼쳤던 것을 계기로 태평양에서 발생하는 지진 및 지진해일에 관한 정보를 각국이 교환·공유함에 따라 태평양 연안 국가의 지진해일 방재체제 강화를 목적으로 설립된 국제연합교육과학문화기구(유네스코)의 정부 간 해양과학위원회(IOC : Intergovernmental Oceanographic Commission) 하부조직 중 하나다. 태평양에 있어서는 미국 하와이의 태평양 지진해일경보센터가 태평양 전역의 지진·지진해일 감시를 실시하고 있고,

그중 북서태평양은 일본기상청이 북서태평양지진해일정보센터(NWPTAC, Northwest Pacific Tsunami Advisory Center)를 운영하고 있다. 또한 하와이를 제외한 북미대륙 연안의 지진해일을 담당하는 기관은 미국 지진해일경보센터(NTWC : National Tsunami Warning Center)이다.

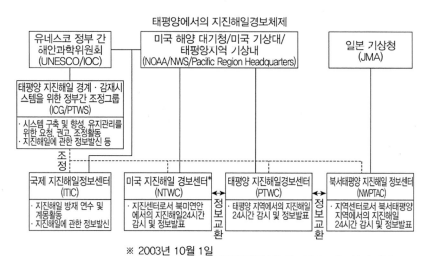

출처 : 日本 気象庁HP(2018), http://www.data.jma.go.jp/svd/eqev/data/joho/nwpta.html

그림 4.67 태평양에서의 지진해일경보체제[42]

4.9 세계 각지의 지진해일 사례

4.9.1 동일본 대지진해일 사례[43]

1) 동일본 대지진 개요

(1) 본진(本震)의 메커니즘(그림 4.68 참조)

일본의 지진관측상 최대 규모[26] 9를 기록하였던 동일본 대지진은 2011년 3월 11일 오후 2시

---

26 지진 규모(Magnitude) : 지진의 규모는 지진이 발생하는 에너지 크기를 나타내는 대수(對數)로 나타낸 지표값으로 흔들림 크기를 나타내는 진도(震度)와는 다르다. 한편 진도는 어떤 크기의 지진이 일어났을 때 우리가 생활하고 있는 장소에서의 흔들림 크기를 나타낸다. 규모와 진도와의 관계는 규모가 작은 지진에서도 진원으로부터 거리가 가까운 지면은 크게 흔들려 진도는 크게 된다. 규모는 1이 증가하면 지진 에너지가 32배가 되는데, 규모 8의 지진은 규모 7의 지진 32배(2^5), 규모6의 지진 1,024배(2^{10}) 에너지 크기를 갖는다.

46분경 발생하였는데 그 진원(震源)은 산리쿠(三陸) 외해 4km인 해저(海底)였다. 동일본 대지진으로 말미암아 태평양 플레이트가 일본 열도의 도호쿠(東北) 지방 밑에 있었던 북미(北美) 플레이트(Plate) 아래로 들어갔다(그림 4.69 참조).

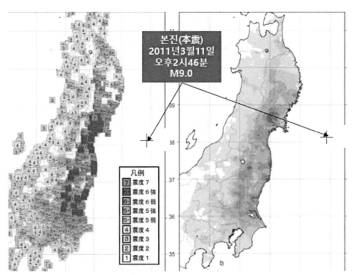

출처: 日本 気象庁HP(2018), http://www.data.jma.go.jp/svd/eqev/data/2011_03_11_tohoku/201103111446_smap.png

그림 4.68 동일본 대지진 진도분포

이 지진은 북미 플레이트가 비틀림에 견뎌내지 못하고 튀어 올라간 역단층형(逆斷層型) 플레이트 경계지진이었다. 일본 기상청에 따르면 이와테현(岩手県) 산리쿠 외해에서부터 이바라키현(茨城県) 외해에 이르는 남북 500km, 동서 200km인 광범위한 단층대에서 3가지 지진이 연동(連動)하여 발생하였다. 즉, 최초의 큰 단층파괴는 미야기현(宮城県) 외해에서 시작하여 몇 초 뒤 첫 번째보다도 더 외해에서 재파괴(再破壞)되었고 그 직후에 이바라키현 외해에서 3번째 파괴가 연속하여 일어났다. 이번 지진에서 가장 놀라운 것은 단층의 큰 활동영역과 그 활동량이다. 그것은 플레이트 경계와 해구 근처 비교적 얕은 장소에서도 있었는데 그 양은 실제로 50m 이상이었다고 볼 수 있다. 이제까지의 지진으로 볼 때 그와 같은 얕은 장소에서는 비틀림이 충분히 축적되지 않기 때문에 큰 활동이 일어날 수 없다고 보았었다.[44] 동일본 대지진으로 인해 사망 15,894명, 실종 2,562명, 재산피해 2,350억 달러로 일본 근대 지진 관측사상 최대 규모의 지진이었다.[45]

(2) 지진해일

동일본 대지진은 해저 아래 얕은 장소에서 플레이트 경계가 크게 활동하였으므로 해저는 큰 변동을 받았다. 예를 들어 진원 바로 위의 해저는 동남동쪽으로 약 24m 이동하였고, 더구나 약 3m의 융기(隆起)가 발생하였다고 관측되었다.[46] 이 해저에서의 큰 상하변동으로 인하여 발생한 지진해일이 동일본 태평양 연안으로 밀어닥쳐 막대한 피해를 입혔고, 지진해일 소상고는 최대 40m에 달하였다.[47]

도쿄대학 지진연구소는 태평양에 설치된 파랑계 및 수압계에 기록된 지진해일 파형의 해석하여 동일본 대지진해일 발생 메커니즘을 밝혔다(그림 4.69 참조).

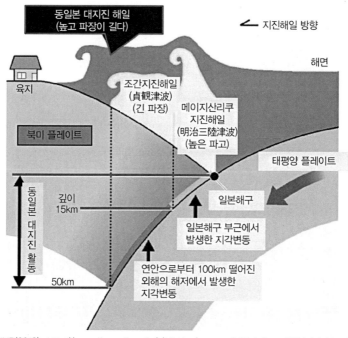

출처 : 日本 水産庁HP(2018), http://www.jfa.maff.go.jp/j/kikaku/wpaper/h23_h/trend/1/t1_1_1.html

그림 4.69 동일본 지진해일 발생 메커니즘 개념도

이에 따르면 동일본 대지진해일은 일본해구 부근 경계의 얕은 부분(깊이 15km 부근까지)에서 해저가 상하방향으로 크게 움직임에 따라 야기된 높은 파고를 가진 파장이 짧은 지진해일(메이지산리쿠 지진해일(明治三陸津波, 1896년)[27]과 연안으로부터 100km 정도 떨어진 외해의 얕은 해저의 지각변동으로 생긴 비교적 낮은 파고를 가진 파장이 긴 지진해일

(조간지진해일(貞觀津波, 869년)[28]이 동시에 발생한 것이라는 것이다. 이로 인해서 동일본 대지진해일은 메이지산리쿠 지진해일과 조간지진해일을 모두 뛰어넘는 지진해일로 광범위한 지역에 내습하였다.[48]

2) 동일본 지진해일 특징

(1) '사류(射流)'의 지진해일

동일본 대지진은 근래 보기 힘든 지진해일을 발생시켰다. 10m 이상의 지진해일고 발생은 본진의 진원과는 별도 장소에서 발생한 부분적인 지반융기로 촉발되었던 가능성이 크다. 거대한 지진해일이 동일본 태평양 연안을 내습하였는데, 동일본 대지진에 의한 사망자 수는 1995년 한신 대지진을 크게 앞질렀다. 이와 같이 미증유(未曾有)의 인적 피해는 지진보다는 지진해일로 인한 영향인 것이다. 지진해일 발생 직후 일본 기상청 등의 검조소로부터 관측정보가 단절되었으므로 정확한 파고는 파악할 수 없었다. 현지를 둘러본 전문가들은 10m가 넘는 지진해일고의 흔적을 볼 수 있었다. 거대한 지진해일이 광범위하게 발생된 원인 중 하나는 일본 지진관측 역사상 최대 규모인 규모 9.0인 지진을 기록했기 때문이다. 일본 기상청에 의하면 해저에서 최대 50m의 단층활동이 발생함으로 말미암아 여러 지역에서는 침하가 발생하여 만조(滿潮) 시의 침수를 야기했다.

거대한 지각변동은 큰 지진해일의 발생과 관련지을 수 있다. 더구나 진원지의 단층은 길이 약 500km, 폭 약 200km로 매우 큰 규모이다. 단층파괴는 미야기현(宮城縣) 외해에서 시작하여 이와테현(岩手縣) 외해, 후쿠시마현(福島縣)·이바라키현(茨城縣) 외해로 전파되어 그에 따른 지진해일이 광범위하게 맹위를 떨쳤다. 이렇게 지진해일이 맹위를 떨친 이유는 진원보다는 해구 근처에서 부분적인 단층파괴, 즉 수심 약 1,000m인 직경 50km의 좁은 범위에서 해저가 주위보다 7~10m 정도 크게 융기되면서 5m 파고가 발생되어 그 결과 연안부에서는 파고가 높아져 10m를 초과하는 지진해일이 동일본 지역을 내습하였다. 사진

---

27 메이지산리쿠 지진해일(明治三陸津波) : 1896년 6월 15일 오후 7시 32분 30초 일본 이와테현 카마이시 동쪽 외해 200km의 산리쿠 해역(북위 39.5°, 동경 144°)을 진원으로 일어난 지진으로 규모 8.2~8.5로 지진과 함께 소상 고(遡上高) 해발 38.2m를 기록하는 지진해일이 내습하여 막대한 피해(사망자 21,959명)를 발생시켰다.

28 조간지진해일(貞觀津波) : 일본 헤이안 시대(서기 869년)에 산리쿠 해상(일본해구 부근)에서 발생한 지진해일로 규모 8.3 이상으로 추정된다.

4.8에서 볼 수 있듯이 지진해일이 육지에 내습한 사진을 보면 그 세기는 굉장하고, 건물에 부딪친 지진해일은 물보라가 위로 치솟는 사류(射流)상태를 보이는데 사류는 수심이 얕은 곳에서는 유속이 매우 큰 흐름이다. 이와 같이 급속히 수위가 상승한 뒤 하강하였기에 자유낙하 속도로 큰 파괴력을 가진 지진해일은 육지에 진입하여 거리를 휩쓸면서 건물을 파괴하였다.

출처 : 日本 河北新報社撮影(2012), http://www.47news.jp/

사진 4.8 거리를 휩쓰는 사류(射流)의 지진해일(미야기현 게센누마시(気仙沼市))[49]

(2) 일정효과가 확인된 해안구조물(방파제 및 방조제)

원래 지진해일의 상습지대인 산리쿠 연안에서는 해상에서 지진해일을 막아주는 방파제와 육지에서 파랑을 차단하는 방조제 등을 건설하였다. 그 대표적인 예로써는 세계 최대수심의 완코우 방파제로써 2010년 기네스북에 등재된 이와테현 가마이시(釜石) 완코우 방파제(그림 4.70 참조)와 중국의 '만리장성'을 그대로 모방하여 만든 크고 긴 방조제가 있는 이와테현 미야코(宮古)시 다로(田老)지구 방조제 등이 있다. 동일본 지진해일 시 여러 지역 지진해일고(津波高)의 흔적값(痕迹値)이 일률적으로 높아 기존 방파제 및 방조제로 막을 수 있는 상정값(想定値)을 훨씬 넘었었다. 예를 들어 미야기현 오나가와(女川)어항의 지진해일고는 15m로 항외 쪽 방파제 중 317m, 어항 쪽 방파제 중 321m가 침하하였다. 오나가와어항에서는 지진해일 시 압파[29]로 인하여 철근 콘크리트 4층 건물이 전도(顚倒)되어 내륙 쪽으로 약 23m 정도 억지로 끌려갔었다. 이것은 지진 시 액상화 현상이 발생하여 지반이 느슨해진 후 지진해일이 내습하여 건물 기초말뚝에 인발력(引拔力)이 생겨 전도된 것으로 추측된다.

출처 : 国土交通省 東北地方整備局 釜石港湾事務所HP(2018), http://www.pa.thr.mlit.go.jp/kamaishi/port/kamaishi-port

그림 4.70 가마이시항 완코우 방파제 전경사진

가마이시항의 완코우 방파제는 길이 990m인 북방파제(北堤)와 670m인 남방파제(南堤)로 이루어져 있다. 완코우 방파제는 대형 케이슨이 소파기능을 겸비한 구조로 사업기간 30년 이상, 사업비 1조 2천억 원 이상을 투입하여 2009년에 완공되었다. 그러나 그런 대규모 구조물도 지진해일 영향으로 북방파제 80% 이상이 침하 및 경사가 발생하였고, 남방파제의 1/2 정도는 수면 위에서 형상을 확인할 수 없었다. 이것은 속도가 빠른 지진해일로 인하여 케이슨 일부 기초가 세굴(洗掘)되어 침하된 것으로 볼 수 있다. 케이슨은 전체적으로

---

29 압파(押波, Leading Wave) : 지진해일 시 육지를 향해서 밀려 올라오는 지진해일을 가리킨다.

압파(押波)(육지 쪽) 때문에 이동하였는데, 이것은 월류로 인한 세굴 또는 지진해일이 케이슨들의 간극(間隙)을 통과하면서 케이슨 기초를 세굴하여 케이슨이 육지 쪽으로 침하된 가능성이 있다(그림 4.71 참조). 또한 대형선박이 통과하기 확보한 개구부에서는 지진해일 소상(遡上)을 억제하기 위해 해저면으로부터 수심 19m까지 수중방파제를 설치하였는데 이것도 길이 10m 이상 세굴되었다.

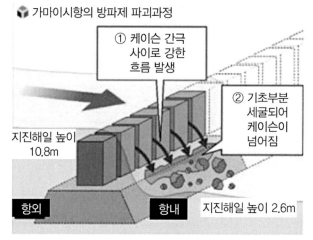

출처 : 読売新聞HP(2011) : http://www.yomiuri.co.jp/feature/TO000305/20110402-OYT1T00753.html

그림 4.71 가마이시 완코우 방파제의 피해상황과 파괴과정

그러나 지진해일이 통과한 후 완코우 방파제는 처참하게 부수어졌지만 지진해일 경감에 어느 정도 효과는 있었다(그림 4.72 참조). 해상에서의 지진해일고 관측값과 육지에서 지진해일 흔적을 비교하여 보면 방파제가 어느 정도 기능을 하였는지를 판단할 수 있다. 가마이시 외해 수심 204m에 설치된 GPS(전 지구 측위 시스템) 파랑관측기에서 지진해일고

는 6.7m로 관측되었다. 지진해일은 연안 부근에서 수심이 얕아지면 지진해일고는 크게 되는데 연안지역의 지진해일고는 이론적으로 6.7m의 약 1.9배인 13m로 산정되었으나 리아스식 해안(Rias Coast) 지형을 감안하면 지진해일고는 더 증폭되었을 가능성도 있다. 가마이시 항에 있는 가마이시 항만 합동청사 외벽에서 발견된 지진해일고의 흔적은 9m로 완코우 방파제가 없는 경우에 내습한 지진해일로 인한 지진해일고를 약 30%를 저감시킨 것으로 볼 수 있다. 또한 방파제가 지진해일 발생부터 어느 시점까지 기능을 하였는가도 중요한데 조사결과 지진해일로 수위가 상승하기 시작할 때부터 5분 정도는 그 기능을 하였다는 것을 확인할 수 있었다.

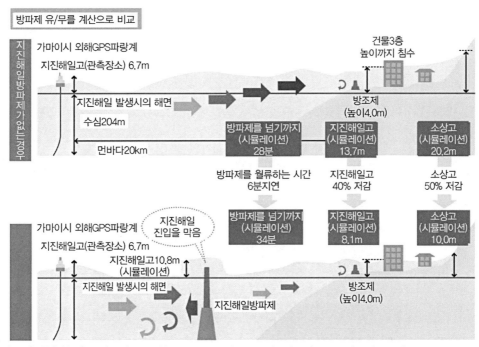

출처 : 日本 国土交通省 HP(2018), http://www.mlit.go.jp/hakusyo/mlit/h22/hakusho/h23/image/k100c070.gif

그림 4.72 가마이시 완코우 방파제의 효과를 나타낸 개념도

육지부의 방조제도 지진해일 저감에 어느 정도는 기여하였다고 볼 수 있다. 오후나토(大船渡)항의 동쪽에 위치한 료리만(綾里灣)은 지진해일 에너지가 집중하기 쉬운 지형조건을 갖추고 있어 과거 지진해일로 큰 소상고(遡上高)를 기록하였던 장소이다. 1896년 메이지시대 때 산리쿠 지진해일에서는 소상고가 38.2m를 기록하였는데, 메이지시대보다 큰 규모인

동일본 대지진의 지진해일 때는 방조제로 인하여 소상고 23.6m를 기록하여 메이지 시대보다 소상고를 10m 이상 낮출 수 있었다(사진 4.9 참조).

출처 : 読売新聞(2017), http://sp.yomiuri.co.jp/stream/?id=05989&ctg=17

사진 4.9 료리만 방조제(아래 검은색 부분은 동일본 대지진 전의 마루높이(7.9m), 위 흰색 부분은 대지진 후 마루높이(11.6m)

또한 1933년 산리쿠 지진해일로 피해를 입어 축조한 미야고시 다로지구에 있었던 방조제(그림 4.73~4.74 참조)도 일정 부분 기능하였는데, 지진해일이 해발 10m 높이인 방조제를 월류하여 시가지로 흘러들어갔지만 배후지 주택 모두가 전파(全破)되지 않았기 때문이다.

출처 : OPEN ブログ(2018), http://openblog.seesaa.net/article/435850613.html

그림 4.73 X자형으로 배치되었던 미야고시 다로지구 방조제(A)~(C) (Google, 2009년 7월 20일 촬영)

출처 : 国土交通省 東北地方整備局 HP(2018), http://infra-archive311.jp/w01.html

그림 4.74 동일본 지진해일 시 다로지구 방조제(A)를 월류하기 시작하는 순간

(3) 거대한 지진해일이 해안으로 내습 및 소상[50]

그림 4.75는 동일본 대지진 시 대표적인 해안단면에 대해서 10m급 지진해일고가 내습할 때의 양상(樣相)을 나타내었다. 그림 4.75(a)는 일반적인 해안인 경우이다. 예를 들어 센다이(仙台)공항 동쪽 해안(센다이만)은 전형적으로 해저경사가 완만한 해안으로 지진해일의 선단이 쇄파(碎波)되면서 수면 위 5~10m 정도의 사구(砂丘)를 뛰어 올랐다. 그 후 사구를 타고 내려온 지진해일은 수면보다 2m 정도 낮은 전원(田園)지대를 휩쓸면서 10~30km/h 속도로 내륙 안쪽 수 km까지 내습하여 들어갔다. 이 해안의 해저경사는 수심이 10~100m에서는 1/200~1/500 정도로써 이와 같은 대륙붕에서는 지진해일 선단부가 솔리톤(Soliton)분열로 인해 부수어진다고 알려져 있다. 그림 4.75(b)는 해안 경사가 비교적 급한 경우로 해안에서 쇄파된 지진해일이 매우 강한 힘을 가진 채 육지에 있는 언덕을 뛰어 올라갔던 경우로서 이것은 료리만(綾里灣) 및 오모에반도(重茂半島) 등 리아스식 지형을 갖는 산리쿠 해안과 같은 급경사인 사면이 있는 육지지형에서 자주 발견되었다.

료리만에서는 해안의 해저경사가 수심 10m에서 1/100 정도이고 육지지역에서는 1/20 정도의 급경사로 지진해일이 수면 위 20m 이상 소상하였다. 그림 4.75(c)는 오후나토시 외해와 직면한 나가사키(長崎)지구와 같이 해안에 매우 급한 경사가 있는 경우(나가사키지구에서는 정선에서 50m 떨어진 곳에 급한 해안절벽이 있음)로 해안에서는 지진해일이 부서지지 않고 수위만 상승했다가 하강했다. 그림 4.75(d)는 오후나토항 등 대부분의 항에서 볼 수 있었던 지진해일의 침입으로 항구 전면은 1/100보다 완만한 해저경사이지만 항내는 수심이 크기 때문에 지진해일이 바다 쪽에서 일부 쇄파되지만 수위는 상승하여 안벽을 타고 넘어와 부수어지면서 10~30km/h 정도의 속도로 흐르면서 시가지 안으로 침입하였다.

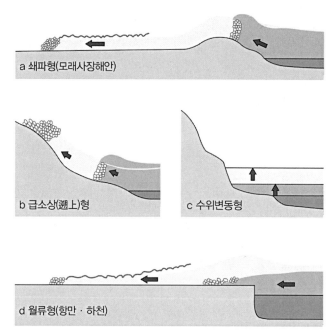

출처: 高橋 重雄ほか(2011), 2011년東日本大地震による港湾・海岸・空港の地震・津波被害に関する調査速報, 港湾空港技術研究所, No.1231, p.170.

그림 4.75 대표적인 해안단면과 지진해일 침입

(4) 여러 가지 형태의 파괴적인 피해를 발생시킨 10m 이상의 지진해일

동일본 대지진해일은 태평양 연안에 있는 도호쿠·간토지방의 연안지역에 파괴적인 피해를 발생시켰다. 특히 10m급 지진해일의 파괴력은 어마어마해서 과거 지진해일의 재해에서 경험했던 모든 종류의 피해를 발생시켰다.

표 4.9 10m급 지진해일 피해

육지의 일반적인 피해	건물 파괴·유출(특히 목조가옥의 궤멸적인 파괴, 콘크리트 건물 3층 이하 침수)
	자동차 유실
	화재 발생
	기름 탱크 파괴·기름 유출
	철도·도로·교량 파괴
	지반침하
	논·밭 침수
항구와 바다 피해	선박 표류·충돌과 지진해일로 인해 선박이 육지로 넘어 타고 올라옴
	항만시설 파괴·침수(상옥, 크레인 등)
	원목, 컨테이너 표류·충돌
	표류물의 항내 항로에 침입
	항로 세굴과 매몰
	해빈·해안림 소실
	수산양식시설 유실
해안·항만구조물 피해	방파제 및 안벽 세굴, 활동
	돌제·이안제 등 파괴
	제방·호안(방조제) 등 파괴(세굴)
	수문·육갑문[30] 파괴

출처 : 高橋 重雄ほか(2011), 東日本大地震による港湾·海岸·空港の地震·津波被害に関する調査速報, 港湾空港技術研究所, No.1231, p.171.

표 4.9는 특히 10m급 지진해일을 대상으로 인적 피해 이외의 지진해일 재해 종류를 정리한 것이다. 10m급 지진해일에서 가장 특징적인 피해는 목조건물의 궤멸적(潰滅的)인 파괴·유실이다. 여러 지역의 연안 마을에 있는 목조가옥이 파괴되고 유실되어 비참한 상황에 이르렀다. 이런 상황들은 앞 장에서 서술한 모든 형태의 해안에서 발생하고 있는데 목조건물이 쇄파된 지진해일과의 충돌 및 빠른 흐름의 힘 그리고 수위 상승에 따른 압력으로 말미암아 파괴되었다. 이제까지는 목조건물은 2m 정도 침수심(浸水深)에서 파괴되었는데 10m급 지진해일에서는 광범위한 파괴가 일어나는 것은 당연하다. 한편 콘크리트 건물은 지진해일에 대하여 충분한 강도를 가지고 있다고 하지만 동일본지진해일로 해안 부근에서는 일부 철근 콘크리트 건물도 파괴되었다. 즉, 그림 4.75 (a)와 (b) 형태와 같이 쇄파된 지진해일과의 충돌

---

30 육갑문(陸閘門) : 도로상에 설치하는 것으로 제방 역할을 하는 개폐 가능한 수문이다. 어항, 해안에로의 출입구 및 하천을 따라 건설된 도로에 설치하는 것으로 평소에는 차량 및 사람의 통행을 위해 열어놓지만 하천 수위가 올라가거나 폭풍해일, 지진해일 시는 폐쇄한다.

로 인해 파괴되었을 가능성이 많다. 차량 침수도 대부분 침수지역에서 대규모로 발생하여 그 목조가옥의 기와조각 및 자갈 등과 같은 잔류물(殘溜物) 사이에 많은 차량이 끼워져 있었고, 심지어 철근 콘크리트 건물 사이 및 옥상에도 자동차가 올라가 있었다. 또한 파괴·유실된 가옥의 기와조각과 자갈 사이에서 화재가 발생하여 그것이 흘러 다님에 따라 화재가 번지는 경우도 있었다. 특히 기름 탱크 유실로 화재가 확대되는 경우도 발생하였다. 지진해일은 열차를 포함한 철도, 도로 및 교량을 파괴시켰고, 해안으로부터 1.5km 떨어진 곳에 위치한 센다이공항을 범람시켜 항공기 침수피해도 발생시켰다. 더구나 이와테현~후쿠시마현 해안에서는 지각변동에 따른 지반침하가 0.5~1m가량으로 이시노마키(石卷) 등과 같은 저지대에서는 봄의 대조(大潮)와 겹쳐 침수재해 등 2차 피해를 입었다.

(5) 지진해일력

표 4.10은 해안구조물의 피해원인으로 주요한 지진해일력을 정리한 것이고 그림 4.76은 연안방재시설의 피해형태를 나타낸 것이다. 피해형태로는 1) 구조물 전후 큰 수압차이로 인한 힘으로 말미암아 방파제 및 호안이 파괴되었다. 즉, 비교적 수심이 깊은 경우 구조물 전면과 후면의 수위차로 발생하는 정수압 및 그에 따른 부력 등을 고려할 필요가 있다. 2) 지진해일이 쇄파될 때 발생하는 우뚝 솟아오른 파면(波面)이 해안구조물인 흉벽(胸壁) 등과 충돌하여 흉벽을 파괴시켰다. 또한 해안 부근에서 파가 쇄파되는 경우에는 파면(波面)과의 충돌력 및 쇄파 후 빠른 유속류에 따른 동적(動的)인 압력도 중요하다. 3) 흐름에 따른 항력(抗力)으로 사석 및 블록이 산란되었다. 4) 흐름에 의한 큰 세굴력(洗掘力)이 구조물 주변에 큰 세굴을 일으켰다.

표 4.10 지진해일의 구조물에 대한 작용

지진해일력	구조물 전후 수압의 차
	쇄파된 파랑의 충돌력
	흐름에 따른 항력
	흐름에 따른 세굴력

출처 : 高橋 重雄ほか(2011), 東日本大地震による港湾・海岸・空港の地震・津波被害に関する調査速報, 港湾空港技術研究所, No.1231, p.172.

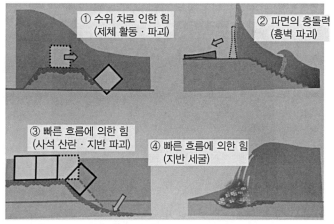

출처 : 沿岸技術研究センター 「TSUNAMI」 改訂編集委員会(2016), TSUNAMI, p.33.

그림 4.76 연안방재시설의 피해형태

3) 지진해일에 대응한 방재구조물의 연안재해 저감 사례

(1) 방파제

가) 방파제에 의한 지진해일 저감효과

방파제나 방조제 등(방재시설)의 배후지인 육지 측으로 밀려오는 지진해일의 높이는 그 지진해일고와 파장, 배후지 넓이, 방재시설의 개구율에 따라 결정된다. 개구율은 밀려오는 지진해일고와 폭에 대해서 방재시설로 차단되지 않는 부분을 의미한다(그림 4.77 참조).

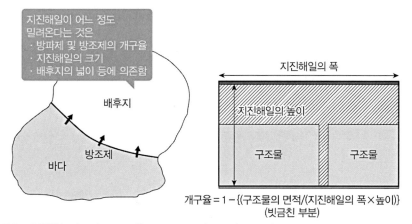

개구율＝1－{(구조물의 면적/(지진해일의 폭×높이)}
(빗금친 부분)

출처 : NHK そなえる防災 HP(2018), https://www.nhk.or.jp/sonae/column/20150934.html

그림 4.77 지진해일의 경감효과 이미지와 개구율의 설명

개구율이 낮을수록(간극이 좁을수록) 지진해일의 경감 효과는 높아지는데, 그 이유는 지진해일의 파장과 관계되기 때문이다. 파랑은 보통 파봉과 파곡이 있는 모양을 하고 있는데, 지진해일의 경우 파봉의 높이는 수 m~수십 m 정도이지만, 연안에서의 파장은 수 km~수십 km 정도로 너무 길고 육안으로 보더라도 평평한 산 같은 모양임을 알 수 있다(그림 4.78 참조).

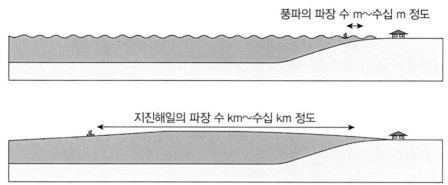

풍파의 파장 수 m~수십 m 정도

지진해일의 파장 수 km~수십 km 정도

출처 : NHK そなえる防災 HP(2018), https://www.nhk.or.jp/sonae/column/20150934.html

그림 4.78 풍파와 지진해일의 파장 이미지

방재시설인 방파제나 방조제가 있으면 개구율이 낮아지고 배후지인 육지에 들어오는 해수의 양을 제한할 수 있다. 밀려오는 지진해일의 수량에는 한계가 있기 때문에 지진해일이 빠지기까지 방재시설인 방파제나 방조제가 파괴되지 않으면, 배후지로 들어오는 지진해일고를 억제할 수 있다(체절효과). 이와 반대로 개구율이 높고(간극이 넓다), 지진해일의 파장이 길어지면 배후지인 육지에 들어오는 해수의 양은 많아진다(지진해일고가 방파제나 방조제 마루높이의 수배 이상일 경우도 마찬가지이다). 한편, 개구율이 매우 작은 경우에도 지진해일의 파장이 길수록 밀려오는 해수의 양이 많아지므로 체절효과는 작아지고 방재시설의 효과는 없게 된다. 다만, 배후지까지 지진해일이 밀려오더라도 침수개시시각을 지연시키는 효과는 가진다.

방파제에 의한 지진해일 방재효과로는 1) 개구 부분을 좁힘에 따라 항내로 유입되는 지진해일을 저감, 2) 지진해일이 방파제 개구부를 통과할 때 생기는 소용돌이에 의해 지진해일 에너지를 소산, 3) 항내 공진주기를 변화시킴에 따라 지진해일에 의한 공진(共振)을 막는 것 등이 있다. 이들 효과에 따라 항내에서의 지진해일고 및 유속을 저감시켜 항내 및 배후지역의 침수지역을 축소시킬 수 있다. 방파제에 의한 지진해일방재의 대표적인 예로는 그림 4.79의 오후나토항 완코우 방파제를 들 수 있다.

출처 : 末廣文一(2017), 大船渡港湾口防波堤災害復旧事業, 月刊建設, p.26.

그림 4.79 오후나토만과 완코우 방파제

1968년 5월 16일에 발생하였던 도카치(十勝) 외해 지진해일이 오후나토항을 내습하였다. 오후나토항은 1960년 칠레 대지진해일에 의해 큰 피해를 당했으므로 그림 4.79와 같이 만구부(灣口部)에 방파제(완코우 방파제라고 부름. 그림 4.80 참조)를 1963년 5월부터 착공하여 1967년 3월에 완공시켰다. 즉, 1968년 도카치 외해 지진해일은 완코우 방파제가 완공된 이후에 내습한 지진해일이다. 따라서 실제 이 지진해일로 인한 침수피해는 없었고 만 내부에 있던 검조소에서 측정된 지진해일고는 1.2m이었다. 수치계산모델을 사용하여 지진해일의 재현계산을 한 결과 침수피해는 일어나지 않았고 만 안쪽의 지진해일고도 1.2m로 실제 발생한 현상과 동일하였다. 그리고 방파제 효과를 검토하기 위하여 방파제가 없을 때를 가정하여 수치계산모델을 실시하였는데 만 안쪽에 내습한 지진해일고는 2.2m이었다. 그러므로 완코우 방파제는 지진해일고를 약 1/2까지 저감시키는 것이 분명하게 되었다. 더구나 이토 등(1968)[51]은 실제로 관측하지 못했던 지진해일에 따른 흐름의 유속을 수치계산모델로써 검토한 결과 완코우 방파제의 좁은 개구부를 통과하는 지진해일로 인한 축류(縮流)효과가 발생하여 국소적으로 유속이 빨라졌지만 그 이외의 만 전체에서는 유속이 느려졌다는 것을 알아내었다. 따라서 방파제가 없었다면 유속이 2m/sec인 것에 대하여 방파제 효과로 인해 1m/sec로 낮출 수 있었다. 지진해일이 방파제 개구부를 통과할 때에 생기는 소용돌이 (渦) 효과는 고토·사토(1993)[52]가 칠레 지진해일 시 가마이시만의 지진해일 방파제를 대상으로 검토하였다. 그에 따르면 소용돌이 효과로 인해 항내 최대 지진해일고를 0.2m 정도 저감시켰다. 이깃은 방파제로 인한 전(全) 지진해일 저감효과의 14%에 해당된다(그림 4.83 참조).

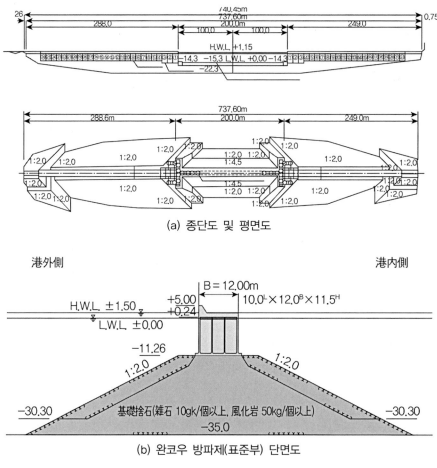

(a) 종단도 및 평면도

(b) 완코우 방파제(표준부) 단면도

그림 4.80 오후나토항의 완코우 방파제(계속)

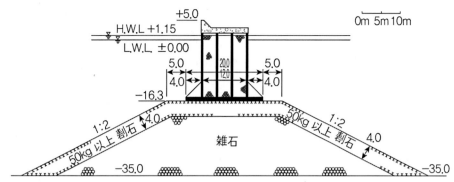

(c) 완코우 방파제(제두부) 단면도

출처 : 末廣文一(2017), 大船渡港湾口防波堤災害復旧事業, 月刊建設, p.27.

그림 4.80 오후나토항의 완코우 방파제

나) 방파제에 의한 대피지원효과

지진해일을 저감시키는 방파제는 지진해일의 도달시간을 지연시킴에 따라 대피할 수 있는 시간을 벌어주므로 대피지원효과도 기대할 수 있다. 예를 들어 그림 4.81(a)에 나타낸 간단한 V자형 만(灣)을 대상으로 지진해일의 수치계산을 실시하면 대피지원효과를 알 수 있다. 그림 4.81(b)에 그림 4.81(a)의 평면도에 표시된 위치 (1)~(4)에서의 지진해일 시간 파형을 나타내었다(도미타, 2002).[53] 즉, 만구부에 방파제가 없는 경우(그림 4.81(b)에서의 가는 실선), 개구부의 폭이 400m 방파제를 설치하는 경우(그림 중 실선), 개구부의 폭이 200m인 방파제를 설치하는 경우(그림 중 파선)로 구분하여 나타내었다. 그림 4.81(b)에서 볼 수 있듯이 방파제를 설치하거나 개구부를 축소함에 따라 방파제 배후의 위치 (2)~(4)에서는 ① 최대 지진해일고 저감 및 최대 침수심이 감소하는 것은 분명하다. 더욱이 ② 소상(遡上)지역(그림 4.81(b)의 (3) 및 (4))에서는 최대 침수심은 1m 정도였지만 침수심 50cm에 도달하는 시각은 늦추어진다.

이와 같이 ②의 효과는 최대 침수심 시 대피불가능한 수심이 되는 장소에 있다하더라도 그 침수심에 도달할 때까지의 시각을 지연시킴에 따라 대피에 활용할 수 있는 시간을 벌 수 있다는 것을 의미한다. 즉, 완전하게 방어할 수 없는 상정(想定) 이상의 지진해일이 내습하더라도 방파제는 지진해일을 저감시키는 동시에 대피할 수 있는 시간을 지연시켜줘 대피를 지원하는 효과를 가진다.

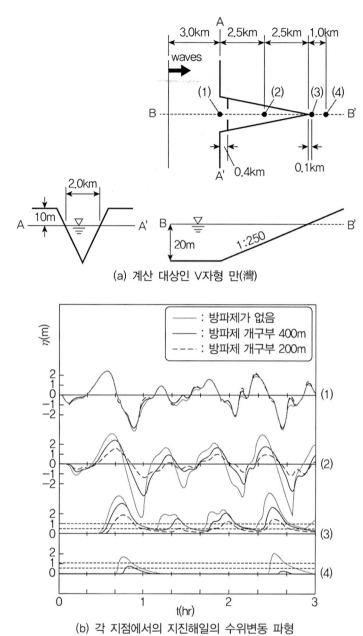

(a) 계산 대상인 V자형 만(灣)

(b) 각 지점에서의 지진해일의 수위변동 파형

출처 : 富田孝史(2002), 高潮·津波対策の今と将来,2002年度(第38回)水工学に関する夏期研修会講演会, B-8, p.20.

그림 4.81 모델 지형에서의 지진해일 계산

다) 지진해일 방파제

지진해일 방파제인 완코우 방파제는 특히 만구(灣口)에 설치하여 지진해일로 인한 방파제 배후 수역의 수위상승을 저감시키는 동시에 해안에 있는 호안, 제방과 일체가 되어 인명과 재산 피해를 막는 것을 목적으로 한다. 물론 일반 방파제와 같이 외해로부터의 파랑에 대해서 항내 정온도(靜穩度)를 확보하는 것도 중요한 목적이다. 지진해일 방파제 이외에 육지를 지키는 방법에는 수제선(水際線)에 높은 제방 등을 축조하는 방법도 있지만 그 방법은 높은 이용도를 가지는 수제선의 토지를 잃게 하여 사회·경제활동을 저해하는 경우가 있다. 더구나 대규모 제방 등을 위한 부지가 없는 경우도 많다. 이에 대하여 지진해일 방파제와 같은 지진해일 대책은 이와 같은 폐해를 막고 연안의 토지 및 수면을 고도(高度)로 이용하는 것이 가능하다.

표 4.11은 2017년 기준으로 일본에서 완공 또는 건설 중인 지진해일 방파제를 나타낸 표로 이 중 가마이시항의 방파제는 수심 63m인 해역에 설치된 세계에서 가장 깊은 수심에 있는 방파제이다. 그림 4.82는 가마이시항 지진해일 방파제(정식 명칭은 완코우 방파제)의 항공사진이고 그림 4.83은 평면도 및 단면도를 나타내었다. 그림에서는 방파제 대부분이 수중에 있어 크기를 알 수 없지만 방파제 케이슨 하나의 크기는 길이 20m, 폭 30m, 높이 30m로 중량은 16,000t이다. 더욱이 케이슨 중에 모래를 채웠을 때 전체중량은 35,500t에 달한다. 케이슨 아래 마운드에 사용된 사석(捨石)의 총부피는 700만m^{3}이다.

표 4.11 일본의 주요 지진해일 방파제

장소	연장(m)	개구폭(m)	수심(m)	수역(km^2)	건설기간
구지항(이와테현)	북 2,700, 남 1,100	350	10~25	12	1990~2028년(완공 예정)
가마이시항(이와테현)	북 990, 남 670	300	10~60	9	1970~2008년
오후나토항(이와테현)	북 244, 남 291	202	10~37	7	1963~1976년
스자키항(고치현)	북 940, 남 480	230	2~18	3	1983~2010년

출처 : 沿岸技術研究センター 「TSUNAMI」 改訂編集委員会(2016), TSUNAMI, p.221.

그림 4.82 가마이시항의 완코우 방파제

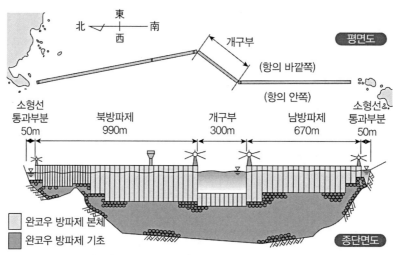

출처 : 高橋 重雄ほか(2011), 2011년東日本大地震による港湾・海岸・空港の地震・津波被害に関する調査速報, 港湾空港技術研究所, No.1231, p.157.

그림 4.83 가마이시항 완코우 방파제의 평면도 및 단면도

라) 방파제 피해와 지진해일 저감효과(4.9.1의 (2) 일정효과가 확인된 해안구조물 참고]

2011년 동일본 대지진해일은 지진해일 방파제인 가마이시항 및 오후나토항의 완코우 방파제를 비롯하여 항내 정온도 확보를 위하여 정비한 하치노헤항(八戸港), 미야코항(宮古港) 및 소마항(相馬港) 등에 있던 일반 방파제도 파괴시켰다(그림 4.84~그림 4.85 참고).

가마이시 완코우 방파제
(2011.3.25. 측량)
Scale 1:500

항외 쪽

남아 있는 남제
(제두부 항내 쪽으로부터)

항내 쪽

피해 후의 방파제
(북제 제두부로부터)

출처 : 高橋 重雄ほか(2011), 2011년東日本大地震による港湾·海岸·空港の地震·津波被害に関する調査速報, 港湾空港技術研究所, No.1231, p.159.

그림 4.84 가마이시항 완코우 방파제 피해상황(1)

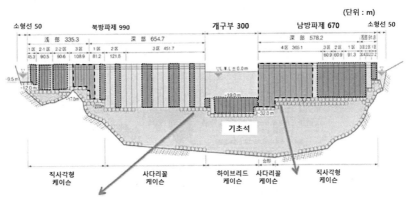

출처 : 高橋 重雄ほか(2011) : 2011년東日本大地震による港湾·海岸·空港の地震·津波被害に関する調査速報, 港湾空港技術研究所, No.1231, p.159.

그림 4.85 가마이시항 완코우 방파제 피해상황(2)(파선 : 피해가 거의 없는 케이슨, 실선 : 기울어진 케이슨, 점선 : 이동된 케이슨)

예를 들어 가마이시항의 완코우 방파제는 그림 4.83에 나타낸 바와 같이 가마이시항을 내습한 최대 지진해일이었던 제1파인 압파(押波) 및 연속으로 내습한 인파(引波)가 종료되었을 때 손상을 입었다. 이 방파제는 메이지(明治)시대 산리쿠(三陸) 지진해일 및 쇼와(昭和)시대 산리쿠(三陸) 지진해일을 상정하여 설계된 것으로 방파제 설치위치에서의 설계 지진해일고는 5.0m, 방파제 내외(內外)의 최대수위차는 2.8m, 개구부 최대유속은 8.2m/s이었다. 더욱이 방파제 안정성은 지진해일이 아니라 일반적인 파랑(설계심해파 : 파고 13.3m, 주기 13sec)으로 결정하였다. 그러나 2011년에 내습한 지진해일파고는 방파제 설치위치에서 12m정도로 실계대상이었던 파고(5.0m)보다도 매우 높아 그림 4.84 및 그림 4.85와 같이 손상을 입혔다. 방파제는 지진해일 제1파로 부분적인 손상을 입었지만 배후수역에서의 지진해일 저감에 대해서는 효과가 있었다. 그림 4.86은 지진해일 수치계산모델(STOC)로 계산한 가마이시 만내(灣內)의 지진해일고(해상) 및 침수고(육지)의 최댓값 분포를 나타낸 것이다. 계산은 완코우 방파제가 파괴되지 않은 경우(Case a), 지진해일 내습 전부터 파괴되어 있는 경우(Case b) 및 방파제가 없는 경우(Case c)와 같이 3가지 Case에 대해서 실시하였다(도미타 등, 2012).[54] 침수면적은 Case a는 2.65km²(침수심 2m 이상 : 61.2%), Case b는 4.16km²(90.0%) 및 Case c에서는 4.43km²(91.1%)로 완코우 방파제에 의한 침수역 저감효과를 확인할 수 있었다. 현지에서 측량한 흔적고(痕迹高)와 계산된 침수고를 비교하면 Case a에서는 대략 같은 정도로 계산값(침수고)이 낮게 되지만 다른 Case에 비하면 흔적값에 가장 근삿값에 가깝다. 한편 Case b에서는 계산값(침수고)이 크게 나타난다. 지진해일 내습 시에 촬영된 가마이시항의 비디오영상을 보면 제1파인 압파의 피크(Peak)가 통과할 때까지는 완코우 방파제가 지진해일에 견디고 있어 항내 지진해일고 및 침수역의 저감효과를 발휘하는 것을 관찰할 수 있었다. 특히 방파제가 없는 Case c의 만 안쪽 해안선 부근의 침수고는 약 15m에 비하여 실제 흔적고는 약 9m로 방파제에 의한 지진해일고의 40%를 저감시키고 있다. 더구나 이 완코우 방파제의 저감효과에 따라 해안에 있는 높이 4m의 방조벽(防潮壁)을 월류하는 시간을 6분 정도 지연시키는 계산결과도 구할 수 있었다.

가마이시항 완코우 방파제의 개구부 폭은 300m로 동일본 대지진해일의 내습 전부터 완코우 방파제가 파괴된 것으로 계산한 것이 그림 4.86(b)이다. 이 경우 개구율(그림 4.77 참조)은 약 36%이지만, 방파제가 전혀 없는 경우(그림 4.86(c))와 개구율이 비슷하다. 그러나 앞 장에서 기술한 바와 같이 실제로 배후지 현장에서 측량한 흔적고는 방파제가 전혀 없는 경우와 비교하면 방파제가 있을 때 지진해일고의 40%를 저감시켰다. 이 차이는 무엇 때문인가? 그림 4.87은 개구율을 변화시킬 때 배후지의 지진해일고가 어느 정도 경감되는가(경감률)를 계산한 그래프이다.

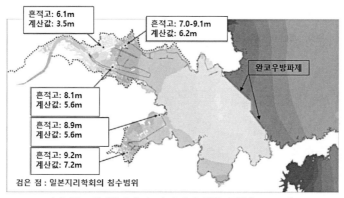

흔적고: 6.1m
계산값: 3.5m

흔적고: 7.0-9.1m
계산값: 6.2m

완코우방파제

흔적고: 8.1m
계산값: 5.6m

흔적고: 8.9m
계산값: 5.6m

흔적고: 9.2m
계산값: 7.2m

검은 점 : 일본지리학회의 침수범위

(a) 완코우 방파제가 파괴되지 않은 경우(Case a)

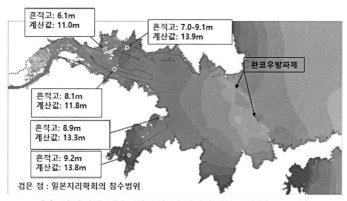

흔적고: 6.1m
계산값: 11.0m

흔적고: 7.0-9.1m
계산값: 13.9m

완코우방파제

흔적고: 8.1m
계산값: 11.8m

흔적고: 8.9m
계산값: 13.3m

흔적고: 9.2m
계산값: 13.8m

검은 점 : 일본지리학회의 침수범위

(b) 지진해일 내습 전부터 파괴되어 있는 경우(Case b)

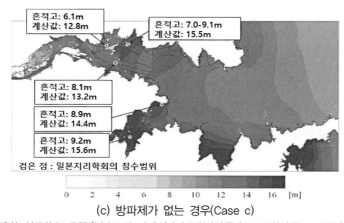

흔적고: 6.1m
계산값: 12.8m

흔적고: 7.0-9.1m
계산값: 15.5m

흔적고: 8.1m
계산값: 13.2m

흔적고: 8.9m
계산값: 14.4m

흔적고: 9.2m
계산값: 15.6m

검은 점 : 일본지리학회의 침수범위

0   2   4   6   8   10   12   14   16 [m]

(c) 방파제가 없는 경우(Case c)

출처 : 富田孝史・廉慶善・鮎貝基和・丹羽竜也(2012), 東北地方太平洋沖地震時おける防波堤による浸水低減効果檢討, 土木学会論文集 B2(海岸工学), Vol. 68, No.2.

그림 4.86 가마이시항 완코우 방파제 효과

그림 4.87에서 볼 수 있듯이 개구율이 커질수록 경감률은 작아진다는 것을 알 수 있다. 개구율이 100%(방파제나 방조제가 전혀 없을 경우)에서 경감률은 0이 된다(참고로 개구율 0%라도 경감률이 1이 안 되는 것은 지진해일이 방파제를 월류하기 때문이다). 그림 속에 검은 점이 있는데, 이 점은 동일본 대지진에서의 실제 경감률(0.55)로 수치시뮬레이션에 의한 개구율 15% 정도일 때의 경감율과 일치한다(그림의 큰 화살표 부분). 이는 방파제 또는 방조제가 도괴(倒壞)되어 최종적으로 개구율이 36% 정도가 됐지만, 도괴되면서도 질반 정도는 끝까지 남아 완전히 유실되지 않았으므로 개구율 15% 정도인 경우와 동등한 경감 효과가 있었음을 의미하고 있다. 그러므로 최종적으로는 도괴할지 모르는 방파제라 할지라 도 '견고하면서 잘 부서지지 않는 구조'로 만드는 것이 중요하다고 할 수 있다.

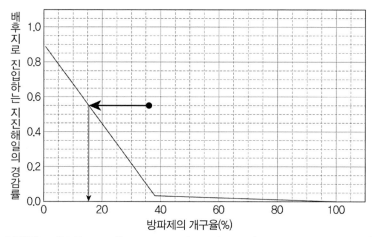

출처 : NHK そなえる防災 HP(2018), https://www.nhk.or.jp/sonae/column/20150934.html

그림 4.87 개구율과 배후지의 지진해일 경감률과 관계(가마이시만 배후지역의 예)

(2) 호안 및 제방

호안 및 제방은 지진해일, 폭풍해일 및 파랑에 의한 해수(海水)를 육지지역으로의 침입을 방지·저감시키는 구조물로써 호안과 제방의 차이는 제방은 육지에서 성토(盛土)가 필요한 데 반하여 호안은 성토를 필요하지 않는 구조물이다. 호안 및 제방은 그 전면에 소파블록 을 쌓아 올려 파의 위력을 저감시키는 기능을 가진 형식도 있다. 소파블록을 해상기중기로 나란히 쌓아 올려 파를 저감하는 경우에는 일반적으로 그 폭이 파장의 1/2~1/4 정도가 필 요하다. 일반적인 파의 파장은 수십 m~수백 m 정도이므로 효과적이고 현실적인 소파형식의 호안 및 제방을 만들 수 있어 실제 많은 해안에 소파블록을 설치하고 있다. 그러나 파장이 수백 m~수 km에 달하는 지진해일에 대해서는 지진해일을 소파(消波)하기 위한 현실적인 규모의 호안을 만들 수가 없다. 다만 지형에 따라 분열된 짧은 파장을 가진 지진해일의 경우에는 소파기능을 발휘할 수 있다. 그러므로 지진해일에 대해 호안 및 제방이 유효하기 위해서는 마루높이가 지진해일고(津波高)보다도 높은 것이 필수적이다. 예를 들어 1993년 홋카이도 남서외해 지진해일로 오쿠시리섬(奧尻島)의 하츠마츠마에(初松前) 지구에서는 해발(海拔) 11.7m(＝지진해일고 21m)의 소상고를 기록하였다. 그 때문에 이 지역의 해안은 마을을 지진해일로부터 방어하기 위해 지진해일 후 새로운 제방의 마루높이를 11.7m로 하여 축조하였다(사진 4.10 참조). 높은 성토(盛土)를 해안에 만드는 것은 일조(日照) 및 통풍(通風) 등 일상적인 생활에 지장을 주므로 방조벽(防潮壁)의 배후지역도 성토하여 그 위에 택지를 정비하고 있다. 2011년 동일본 대지진해일로 큰 월류가 발생하여 해안 제방은 많은 손상을 입었다. 예를 들면 X자형 방조제를 정비하였던 미야코시 다로지구에서는 그림 4.88에 나타낸 바와 같이 북쪽 어항해안 방조제가 완전히 파괴되었다. 그러나 이와테현이 실시한 수치계산에 따르면(그림 4.89 참조) 방조제가 없다면 제방배후에서 지진해일수위는 15.6m이지만 제방으로 인해 12.5m로 낮출 수 있었다고 한다.

출처 : http://blog-imgs-55.fc2.com/o/k/u/okumiyagi/2012111620414155b.jpg

사진 4.10 11m의 방조제(홋카이도 오쿠시리섬)

그림 4.88 미야코시 다로지구의 방조제(X자형, Google Earth, GyoEye의 이미지, 위는 2009년 7월 20일(피해 전), 아래쪽은 2011년 3월 24일(피해 후)

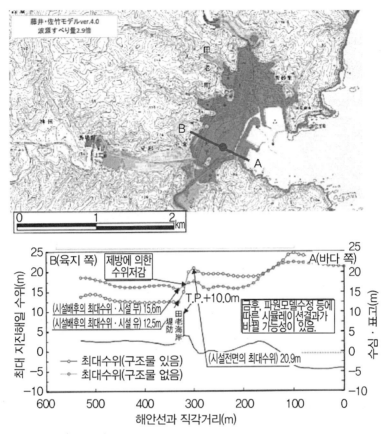

출처 : 宮岩手県津波防災技術專門委員会(2011).

그림 4.89 미야코시 다로지구의 방조제가 없는 경우의 침수지역과 최대지진해일수위분포의 계산결과

이와 같이 방조제에는 배후지의 지진해일을 경감시키는 효과 외에 지진해일이 방조제를 월류하기까지의 시간을 지연시키는 효과가 있었다. 지진해일은 아주 납작한 산 모양을 하고 있으며, 많은 곳에서 지진해일의 높이는 완만하게 상승하였다(단, 연안부에서는 깎아지른 벽처럼 다가오기도 한다). 동일본 대지진해일 시 수직방향으로 1분당 1m 상승률에 못 미치는 곳도 많았다. 한편, 수평방향으로는 계산식을 이용하여 계산하면, 1m의 수심에 1초당 3m 정도로 1분당 180m 정도로 육지 측으로 퍼지게 된다. 그래서 몇 분 내에 500m에서 1km의 범위로 넓어진다. 따라서 일정한 마루높이를 갖는 방조제는 지진해일이 퍼지는 시간을 몇 분 정도 억제한다(그림 4.90 참조). 다만, 방조제가 지진해일에 대한 안심감을 조장하고 대피를 지연시켰다는 지적도 있다.

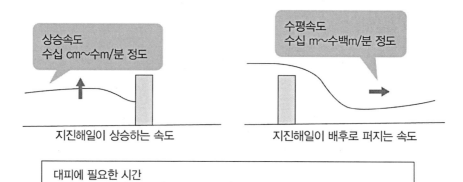

상승속도
수십 cm~수m/분 정도

수평속도
수십 m~수백m/분 정도

지진해일이 상승하는 속도

지진해일이 배후로 퍼지는 속도

대피에 필요한 시간
= 대피를 개시하는 시간(대피 판단시간) + 대피장소까지 도달시간

출처 : NHK そなえる防災 HP(2018), https://www.nhk.or.jp/sonae/column/20150934.html

그림 4.90 지진해일의 속도 개념도와 대피에 필요한 시간

(3) 이안제

이안제(離岸堤)는 해안과 거의 평행하게 소파블록을 해면 위까지 쌓아 올린 구조물이다. 사진 4.11은 돗토리현(鳥取県) 가이케해안(皆生海岸)의 이안제로 마루높이가 해중에 잠겨 있는 것은 수중방파제(潛堤)라고 부르고, 그 폭이 넓은 것을 광폭 수중방파제 또는 인공리프(Artificial Reef)라고 한다.

출처 : yahooHP(2018), https://search.yahoo.co.jp/image/search?p=%E7%9A%86%E7%94%9F%E6%B5%B7%E5%B2%B8&search.x=1&tid=top_ga1_sa&ei=UTF-8&aq=-1&oq=%E7%9A%86%E7%94%9F%E6%B5%B7%E5%B2%B8&ai=6ftIKtIoR4i0OBgWnnKuAA&ts=931&fr=top_ga1_sa#mode%3Ddetail%26index%3D1%26st%3D0

사진 4.11 이안제의 예(일본 돗토리현 가이케해안)

이안제의 기능은 외해로부터 내습하는 파랑의 파력을 저감시켜 이안제 배후로 회절(回折)하는 파랑으로 표사를 제어하는 역할을 한다. 소파기능은 블록 내 작은 간격 사이로 해수를 통과시킬 때 소용돌이 생성 및 마찰로 인하여 파랑에너지를 저감시킴에 따라 얻을 수 있다. 소파호안과 같이 이안제가 유효한 소파기능을 발휘하기 위해서는 작용하는 파에 대하여 충분한 폭을 가지는 것이 필요하다. 일반적인 파랑에 대하여 유효한 이안제를 건설하고 있지만 파장이 수백 m~수 km에 달하는 지진해일에 대해서 소파시킬 수 있는 이안제 구조는 없는 실정이다.

(4) 수문

지진해일은 하천을 소상하거나 하천을 월류하여 피해를 입힐 수 있다. 그 때문에 하구부에 수문을 설치하여 지진해일 내습 시 수문을 폐쇄함에 따라 지진해일의 하천소상을 막을 수 있다. 이와테현에 있는 후다이천 근처에 있는 후다이 마을에는 1896년 메이지시대 산리쿠 지진 및 1933년 쇼와시대 산리쿠 지진으로 인한 지진해일로 각각 300명 및 100명을 넘는 희생자가 발생하여 하구로부터 약 300m 위치에 높이 15.5m, 폭 205m인 수문을 1984년에 완공하였다(사진 4.12 참조).

사진 4.12 동일본 대지진해일 후의 후다이수문(普代水門)

2011년 동일본 대지진해일 시 지진해일이 수문을 2m 정도 월류하였지만 수문 자체는 파괴되지 않았다. 이 때문에 지진해일은 수문으로부터 수백 m 상류 부근에서 멈춰 수문 상류에 있었던 주택지 등에는 침수피해는 입지 않았었다(그림 4.91 참조).

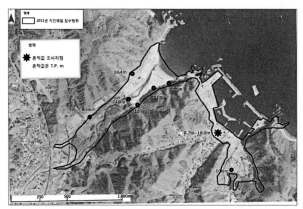

출처 : 宮岩手県津波防災技術専門委員会(2011).

그림 4.91 동일본 대지진해일 시 후다이천 주변 침수지역

(5) 구조물과 지진

2011년 동일본 대지진해일 시 소마항(相馬港) 부두는 지진과 지진해일로 인한 복합재해를 입었다(사진 4.13 참조). 이것은 우선 지진동(地震動)에 따른 액상화(液狀化) 등에 의해 부두가 침하되고 부두 표면 콘크리트판이 파손되었다. 그 후 지진해일 중 압파(押波)가 부두 위를 소상(遡上)한 후 인파(引波)가 부두 위를 내려갈 때에 앞서 액상화로 파손된 콘크리트 판 내부의 모래 등을 흡출시켜 손상을 확대시킨 것이다.

출처 : 沿岸技術研究センター 「TSUNAMI」 改訂編集委員会(2016), TSUNAMI, p.232.

사진 4.13 지진과 지진해일에 의한 복합재해

4.9.2 2004년도 인도양 대지진해일 재해[55]

1) 지진·지진해일 발생과 재해 개요[56]

(1) 지진·지진해일 발생

2004년 12월 26일 0시 58분(세계 표준시 : 인도네시아·태국에서는 아침 7시 58분, 스리 랑카에서는 6시 58분)에 규모 9.1의 지진이 발생하였다. 이 지진의 발생은 세계 각지에 설치된 지진계에서도 관측되어 그 진원 및 규모(Magnitude, 매그니튜드) 개략을 알 수 있었다. 진원은 인도네시아 수마트라섬 외해로 수마트라섬 북단 부근 시메울루에(Simeulue)섬 북동쪽 수십 km 해저(북위 3°, 동경 96°, 깊이 30km)로 지진을 일으킨 지각의 파괴는 북쪽 니코바르(Nicobar)제도(諸島) 및 안다만(Andaman)제도로 전파되어 전체길이 약 1,000km에 달하였다. 이것은 대규모 지진해일을 발생시키는 해구형(海溝型) 지진으로 유라시아 플레이트로 향하여 인도·오스트레일리아 플레이트가 깊이 들어간 지진의 핵(核)에서 발생하였다. 지진 규모는 세계적으로 볼 때 규모가 매우 커서 1900년 이후 4번째(최대는 1964년 칠레지진으로 규모 9.5)로 크다.

(2) 지진해일의 전파

이 지진해일로 인한 피해를 이해하기 위해서는 지진해일이 진원역(震源域)으로부터 어떻게 외해로 전파되어 주변 여러 나라 해안으로 밀어닥쳤는가를 아는 것이 무엇보다 중요한데, 컴퓨터로 수치모델 계산을 하여 그 양상(樣相)을 알 수 있다. 그림 4.92는 지진해일의 전파(傳播)계산으로 (a)는 지각파괴에 따른 해저지반이 융기와 침강을 추정한 장소를 나타내고 있다. 인도양과 접한 ① 부분은 융기(隆起)된 장소로 그 높이는 평균 2m 정도, ② 부분은 침강(沈降)된 장소로 그 높이는 −0.5∼−1m 정도이다. 진원과 가까운 수마트라 반다아체(Banda Aceh)는 침강하였다. 그림 4.92(b)는 지진 발생 후 2시간 지났을 때 지진해일을 나타낸 그림이다. 지진해일이 멀리 전파될수록 에너지가 확산·감쇠하므로 지진해일고는 작아지지만 해저지형에 따라 지진해일 방향 및 높이가 변하고 있다.

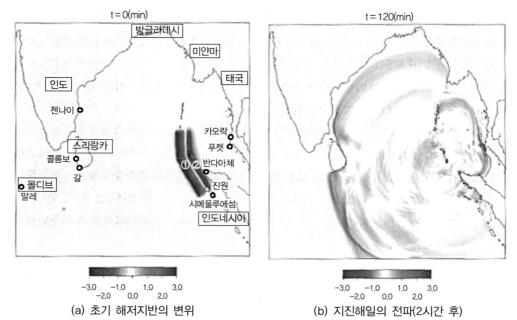

출처 : 富田孝史·本多和彦·菅野高広·有川太郎(2005), インド大津波によるスリランカ,モルディブ,インドネシアの被害現
地調査報告書と数値解析, 港湾空港技術研究所資料, p.36.

그림 4.92 인도양 대지진해일의 수치계산결과 예

　　또한 지진해일은 대륙 및 섬에 의해 반사되어 복잡하게 된다. 인도양 지진해일고의 실제
파장은 수백 km인데 비하여 대양에서의 지진해일고는 보통 2m 이하로 작아 사람이 알아
차리기 어렵고 항해 중인 선박 등에 미치는 영향도 매우 적다. 그러나 지진해일이 대양을
건너 외해를 진입할 때 수심이 낮은 해안부에서의 지진해일고는 크게 되어 피해를 끼치게
된다. 또한 해저지형에 따른 파고 및 파향이 크게 변화하여 그에 따른 피해 상황도 다르다.

(3) 지진해일 내습(그림 4.93 참조)[57]

　　진원에 가까운 인도네시아 북부 반다아체에는 지진발생 수십 분 후 지진해일이 내습하
였다. 지진해일고(흔적고)는 북쪽에 면한 지구(地區)에서는 4~8m 정도였지만 진원역에 면
한 서쪽 지구에서는 10~20m로 매우 높았다. 진원역으로부터 태국에 이르는 해역의 평균
수심은 400m 정도로 인도양에 비해 약간 낮아 지진해일 전파속도도 200km/h 정도이었
다. 이 지역에서의 지진해일고는 카오락(Khao Lak) 부근에서는 4~10m, 그보다 남쪽인
푸켓(Phuket) 부근에서는 4~6m 정도였다. 단 태국과 직면한 진원역의 해저지반은 침강

하였으므로 태국 연안에 대한 지진해일의 내습은 인파로부터 시작하였다.

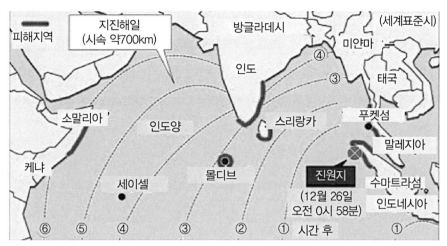

출처 : Aki-Alltech 株式會社 HP(2018), http://www.aki-alltech.co.jp/japanese/right9.files/news9_tsunami.html

그림 4.93 인도양 대지진해일 시 피해지역과 지진해일 도달시간

진원역~스리랑카까지의 해역은 평균 수심 4,000m 정도로 깊으므로 700km/h의 빠른 속도를 가진 지진해일은 대략 1,200km의 거리를 100분 남짓에 주파하였다. 이 지진해일의 주기는 40~50분으로 파장은 수백 km이었다. 스리랑카의 동쪽 해안에서의 지진해일고는 5~10m 정도, 남쪽 해안에서는 4~10m 정도이었다. 더구나 스리랑카와 직면한 진원 부근의 해저지반은 융기하였으므로 스리랑카 연안에서의 지진해일 내습은 압파로부터 시작하였다. 더욱이 지진해일은 인도 및 몰디브 섬들과 멀리는 아프리카 소말리아까지도 전파하여 피해를 발생시켰다. 이들 지역에서의 지진해일은 반복하여 밀어닥쳐 제1파 때가 아니라 제2파 이후에 지진해일고가 최대가 되었던 곳도 많았다. 그러나 해저지반의 변위 축 방향(軸方向)에 있는 방글라데시에서는 그만큼 큰 지진해일고는 발생하지 않았다.

(4) 지진해일로 인한 인명피해

인도양 대지진해일로 30만 명에 달하는 많은 사망자·행방불명자가 발생하였다(표 4.12 참조). 사망자가 1만 명 정도에 이르면 일반적으로 '거대 지진해일'이라고 부르는데 인도양 지진해일은 그 기준을 훨씬 뛰어넘는 현대 재해 역사상 최악의 재해였다. 최악의 재해가 된 이유는 다음과 같다.

① 거대한 지진으로 발생한 큰 지진해일이 진원으로부터 멀리 떨어진 나라를 포함하여 여러 지역에 내습하였다. →거대한 해구형(海溝型) 지진으로 말미암아 발생한 지진해일고는 높이 4m를 넘어 여러 지역을 내습하였다. 지진해일고가 4m를 초과한 지역에서는 가옥 등이 큰 피해를 입었고, 지진해일고가 8m 또는 10m가 넘는 곳은 파괴적인 피해가 있었다.

② 사람들이 대지진 발생을 알지 못했던 동시에 사전에 지진해일경보도 없이 돌연 내습하였다. →진원에 가까운 인도네시아 수마트라섬의 서부와 그 주변 및 인도 안다만 제도 등에서는 지진동에 따른 건물 붕괴 등 피해가 발생하였지만 그 외에 나라에서는 지진은 없었고 태국 등에서는 지진동만 조금 느낄 수 있는 정도였다. 지진동이 없었던 나라에서는 경보시스템이 없었으므로 지진 발생은 물론 지진해일의 내습도 알아차리지 못해 매우 큰 피해를 입었다.

③ 해안 부근 저지대에 많은 사람들이 거주하였고 대부분 방재시설이 거의 없었던 해안이었다. →지진해일 피해를 입은 지역은 사이클론[31] 영향을 많이 받지 않는 비교적 정온한 해역으로 해안 부근에 많은 사람들이 간이 건물에 짓고 거주하고 있었다.

표 4.12 각국의 사망자·행방불명자

인도네시아	256,000명
태국	5,400명
스리랑카	38,000명
인도	10,750명
몰디브	80명
소말리아	300명

출처 : 沿岸技術研究センター 「TSUNAMI」 改訂編集委員会(2016), TSUNAMI, p.56.

---

31 사이클론(Cyclone) : 인도양에서 발생하는 열대성 저기압으로 자주 폭풍해일을 일으켜 방글라데시 등 저습 델타 지대에 큰 재해를 발생시킨다. 연간 발생 수는 약 10개로 6~11월에 일어난다.

더욱이 태국 해안은 세계적으로 유명한 리조트 지역이었으므로 많은 관광객의 희생이 있었다. 표 4.13은 나라별 관광객 사상자 수로, 지진해일을 전혀 알지 못하는 관광객이 사망한 것이 이번 지진해일 재해의 특징 중 하나이다.

표 4.13 관광객 사상자

(단위 : 명)

모국(母國)	사망자·행방불명자	모국(母國)	사망자·행방불명자
독일	619	덴마크	47
스웨덴	575	호주	41
영국	248	홍콩	40
이탈리아	210	네덜란드	39
뉴질랜드	209	캐나다	36
핀란드	189	한국	20
미국	169	중국	18
스위스	157	우크라이나	17
오스트리아	114	필리핀	15
프랑스	96	남아프리카	15
일본	93	폴란드	11
노르웨이	84	그 외	110

출처 : 沿岸技術研究センター 「TSUNAMI」 改訂編集委員会(2016), TSUNAMI, p.56.

2) 반다아체(Banda Aceh)에서의 피해

(1) 반다아체에서의 지진해일 개요

2004년 12월 26일 아침 8시경 수마트라(Sumatra) 서쪽 외해 약 100km에서 발생하였던 M9.1의 대지진 진앙[32]은 반다아체시를 기준으로 보면 남남동쪽 250km 떨어져 있었다(그림 4.94 참조). 그러나 그 후 진원역은 진원으로부터 북쪽으로 1,000km까지 확대되어 반다아체 서쪽에서도 지진으로 해저지반이 변동되었다. 이 지반변동에 따른 지진해일이 반다아체를 내습하여 반다아체 서쪽에 있는 해안 고지대에서 지진해일을 목격한 사람의 증언에 따르면 지진해일은 지진의 흔들림 후 15~20분 정도에 내습하였다고 한다. 해안에 밀어닥

---

32 진앙(震央) : 진원의 바로 위 지도상의 위치로서 위도·경도로써 표시된다.

쳤던 지진해일고는 10m를 넘는 것도 있어 반다아체 인구 264,618명 중 61,065명이 사망하였다(반다아체시 홈페이지).

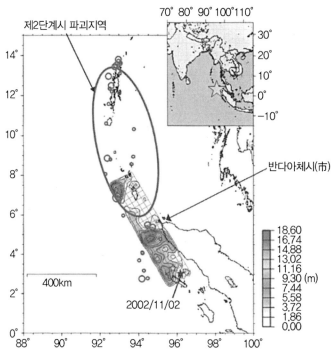

출처 : Yagi, Y.(2004), Preliminary Resultsof Rupture Process for 2004OFF COAST OF NORTHERN SUMATRA Giant Earthquake
(ver. 1), http://iisee.kenken.go.jp/staff/yagi/eq/Sumatra2004/Sumatra2004.html, 참조연월일 : 2007년 6월 28일

그림 4.94 진원위치와 단층활동량 분포의 추정결과(오른쪽 위 그림 중의 ☆은 진원위치, 진한색 영역일
수록 단층이 크게 활동한 곳)

반다아체시는 아체(Aceh)강 하구지역의 평지에 넓게 분포되어 있어 해안선 배후에는 11km²에 걸쳐 양식장 및 논이 존재하고 있다(그림 4.95 참조). 해안으로부터 2.5km 내륙에 위치한 시가지의 지반고는 지진해일 내습 시 수면 기준보다 2m 정도 낮다.

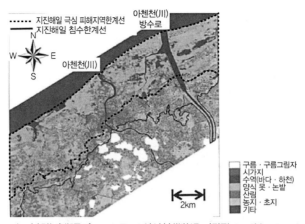

출처 : 日本 国立地理院(2004), 高解像度衛星データを用いた津波被災状況の把握(インドネシア・バンダアチェ), http://www1.
gsi.go.jp/geowww/EODAS/banda_ache/banda_ache.html, 참조연월일 : 2007년 6월 28일.

그림 4.95 반다아체시 주변의 토지이용

(2) 지진해일 내습과 침수

내습하였던 지진해일고(흔적)은 해안 가까이 위치한 이슬람 사원인 모스크(Mosque)에 있
어서 12m, 모스크 동쪽에 있는 아체(Aceh)강 하구에서도 7m 높이에 흔적이 남아 있었다.

거대한 지진해일로 인하여 해안에서 2~3km 범위 내는 파괴적인 피해를 입었고, 해안에
서 5km까지 침수피해를 입었다(그림 4.96 참조). 해안에서 2.5km 떨어진 곳(그림 4.96에
동그란 표시를 한 지역)에 있는 고등학교에서는 지진해일 후에도 콘크리트 교사(校舍)가 남
아 있었는데 벽면에는 지진해일의 흔적을 볼 수 있었다(사진 4.14 참조).

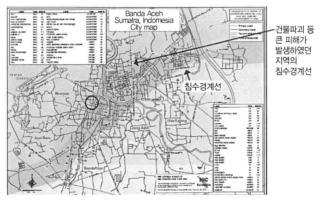

출처 : HIC(2005), Banda Aceh Indonesia City, Map, http://www.humanitarianinfo.org/sumatra/mapcentre/ListMaps.
asp?type=thematic&loc=City%20Map, 참조연월일 : 2007년 6월 28일.

그림 4.96 반다아체시 피해개요

이 주위의 지반고는 수면에서 1.3~1.6m로 콘크리트 건물 측벽의 흔적은 지표면 위 4.0~ 4.4m 높이였다(사진 4.14 참조).

출처 : 沿岸技術研究センター 「TSUNAMI」 改訂編集委員会(2016), TSUNAMI, p.59.

사진 4.14 해안으로부터 2.5km 떨어진 고등학교 벽면에 남은 지진해일고 흔적(지표면 위 4.4m)

결국 4m가 넘는 지진해일로 인한 수류(水流)로 말미암자 저지대 평지에 있는 마을이 완전히 파괴되었던 것이다(사진 4.15 참조).

출처 : 日本 土木学会調査団(2005), The Damage Induced by Sumatra Earthquake and Associated Tsunami of December 26, 2004, A Report of the Reconnaissance Team of Japan Society of Civil Engineers, p.97.

사진 4.15 반다아체시 피해상황

(3) 거대한 지진해일에 따른 피해

반다아체 해안 부근의 주택지도 파괴적인 피해를 입었는데, 사진 4.16은 지진해일 전후의 위성사진이다. 위성사진에서는 너무 작아 찾기 어렵지만 바다와 면한 사주(砂州)해안은 고파(高波)로부터 해안을 지키기 위한 침식대책을 실시하고 있었다. 그러나 지진해일로 인해 침식대책공사(浸蝕對策工事)는 피해를 입어 그 배후지는 침식되어 해안선이 후퇴하였다. 더구나 사주 중앙부에 있었던 육지는 완전히 침식되어 수몰되는 등 지진해일은 지형도 변화시키는 힘을 가지고 있다는 것을 알 수 있다.

| (a) 지진해일 전 | (b) 지진해일 후 |

출처 : Digital Globe(2004), https://www.digitalglobe.com/

사진 4.16 지진해일로 인해 침식된 사주

사진 4.17은 사진 4.16(a)의 사주(砂州)상에 있었던 주택지의 지진해일 지나간 후의 상황이다. 높이 10m 지진해일이 내습하면서 집들은 잠시도 버티지 못하고 흔적도 없이 사라져버렸고 도로 포장조차도 남아 있지 않았다. 그렇지만 철근 콘크리트로 지어진 건물이라도 지진해일고가 5m를 넘으면 파괴될 가능성이 높음에도 불구하고 이 사주상에는 지진해일을 견딘 구조물이 있었는데, 바로 페리(Ferry) 터미널이다(사진 4.18 참조).

출처 : 沿岸技術研究センター 「TSUNAMI」 改訂編集委員会(2016), TSUNAMI, p.60.

사진 4.17 지진해일로 파괴된 흔적

출처 : 沿岸技術研究センター 「TSUNAMI」 改訂編集委員会(2016), TSUNAMI, p.61.

사진 4.18 지진해일을 견디어 낸 공사 중인 페리 터미널

　즉, 1층 부분은 흔들려 넘어져 있으나 2층 이상은 남아 있었다. 1층 부분은 지진해일이 아닌 지진으로 흔들려 넘어진 것으로 추정된다. 공사 중에 있었던 이 터미널 건물은 지진해일 내습 시 철근 콘크리트 기둥으로 골조(骨組)만 되어 있었지 벽은 설치하지 않았었다. 여기에 10m가 넘는 지진해일이 내습하였지만 지진해일은 벽이 없는 기둥만 있는 건물을

지나가는 바람에 파괴를 모면할 수 있었다. 이 사실로 볼 때 필로티[33]형식의 건축물을 지진동에 견디도록 지으면 지진해일을 견디는 건축물로써 유용하다고 볼 수 있다. 높은 지진해일은 일반적으로 생각지도 못한 거대한 것마저도 떠내려가게 하였다. 사진 4.19는 지진해일로 인해 바다로부터 약 3km 떨어진 내륙까지 떠내려갔었던 발전선(發電船)(길이 약 60m, 폭 약 20m)이다.

출처 : 沿岸技術研究センター「TSUNAMI」改訂編集委員会(2016), TSUNAMI, p.61.

사진 4.19 지진해일로 떠내려간 발전용 선박

이 선박은 지진해일 전에는 항구에 계류(繫留)되어 있었던 것으로 배가 정지된 곳의 주변 건물에 남아 있었던 지진해일의 흔적은 지상 3m 정도로 이것은 배의 흘수[34]와 거의 일치한다. 또한 배는 선저(船底)가 지면에 붙어 있는 곳에서 정지되었다. 다른 지역에서도 내륙까지 표류한 큰 배는 선박 밑바닥이 평평한 배(平底船)였다. 평저선(平底船)은 지진해일로 인해 육지로 거슬러 올라오기 쉽다. 또한 반다아체 동쪽에 위치한 쿨엥라야항 근교에서는 지면 위 5m에 달하는 지진해일로 인하여 전부 9기(基)의 오일 탱크 중 내부가 비어 있었던

---

33 필로티(Pilotis) : 건물 1층을 거의 기둥만으로 한 층이 되게 지반기초와 연결시키고 건물이 지상을 점유하지 않은 격리시킨 건축구조이다.

34 흘수(吃水) : 선박이 물에 떠 있을 때 수면으로부터 선체 가장 아래 부분까지의 거리를 말한다.

3기의 탱크가 지진해일의 흐름에 따라 유출되었다. 즉, 지름 17m, 높이 11m인 오일 탱크는 거의 해안선을 따라 약 300m쯤 밀려서 움직였다(사진 4.20 참조). 수마트라섬 서해안에 있었던 시멘트공장에서는 지진해일의 작용으로 인해 오일 탱크가 크게 찌부러졌다(사진 4.21 참조). 이 주변은 높이 20m 이상의 지진해일이 밀어 닥쳤던 것으로 추정되며 지진해일의 파괴력을 헤아릴 수 있다.

출처 : 沿岸技術研究センター 「TSUNAMI」 改訂編集委員会(2016), TSUNAMI, p.62.

사진 4.20 지진해일로 떠내려간 오일 탱크

출처 : 沿岸技術研究センター 「TSUNAMI」 改訂編集委員会(2016), TSUNAMI, p.62.

사진 4.21 지진해일 작용으로 크게 찌부러진 오일 탱크

(4) 지진해일의 내습상황

진원(震源)에 가까운 경우 사람들은 큰 진동을 감지하고 이 진동으로 인해 지진해일로부터의 대피를 시작하게 한다. 그러나 불행하게도 그와 같지 않은 경우도 있다. 반다아체에는 그때까지 지진해일의 경험이 없었으므로 지진동(地震動) 후 지진해일을 일어난다고 생각하고 대피를 한 사람은 많지 않았다. 큰 지진발생 후 15분 정도에 지진해일이 반다아체를 내습하였다. 처음에 바닷물이 외해 쪽으로 빠진 후 벽(壁)과 같은 지진해일이 밀려왔었다는 증언을 들을 수 있었다. 같은 양상으로 반다아체 서쪽에 있던 해안에서도 처음에는 해안에서부터 2km 정도 바닷물이 빠졌다는 증언이 있었는데, 수마트라섬은 처음에는 지진해일 중 인파(引波)가 내습하였다. 이것에 연속하여 지진해일이 육지에 내습하였는지는 알 수 없지만 지진해일로 바닷물이 빠짐에 따라 해저가 노출되어 해저 있었던 고기를 잡으러 왔었던 사람도 희생이 있지 않았을까 하는 생각이 든다. 반다아체 주변에 내습하였던 지진해일은 1파(波)만이 아니었다. 3회 정도 밀려왔다는 증언이 있는데 그중에도 제1파 후 15분 지나서 내습하였던 제2파가 더 컸다고 한다. 지진해일을 시내 서쪽 지구에서 만난 시민의 말에 따르면 지진해일 중 제1파는 해안이 있는 북쪽에서부터 내습하였지만 그 보다도 강한 제 2파는 서쪽에서 밀려왔었다고 한다. 서쪽은 직접 해안과 맞닿고 있지 않지만 북쪽해안과 통하는 샛강(Greek)이 있어 그것을 거슬러 올라온 지진해일에 의한 것이라고 볼 수 있다. 한편 북쪽 해안의 지진해일 제1파는 거의 북쪽에서, 제2파는 그보다는 약간 서쪽에서 내습하였다는 증언도 있다. 종합적으로 요약하면 샛강을 포함한 지형과 외해에서 내습한 지진해일의 복합적 영향으로 육지를 범람시키는 등의 복잡한 거동을 하였다는 것을 알 수 있다.

(5) 지진해일로부터의 대피

지진해일이 진행하는 속도는 시속 700km 정도로 지진해일을 봤을 때는 이미 도망칠 수 없다고 말하는 사람도 있다. 시속 700km는 태평양의 평균적인 수심 4,000m에 상응하는 대양(大洋)을 진행할 때 나오는 속도이다. 지진해일이 진행하는 속도는 수심에 의존하여 수심이 얕아지면 지진해일 속도도 늦어진다. 그러므로 지진해일이 보인다고 해서 포기하면 안 된다. 최대 4m를 넘는 높은 지진해일이 밀어닥쳤던 지역에서 지진해일로 인한 침수로부터 달려서 도망쳐 구조된 사람이 있었다. 그는 북쪽에서 검은 물이 밀어닥치는 것을 보고 남쪽으로 달려서 도망쳤다. 또한 비디오로 촬영된 마을에 밀어닥친 지진해일 영상을 보면 밀려오는 지진해일의 선단으로부터 많은 사람들이 건물 등 높은 곳으로 달려서 도망치고 있다(사진 4.22 참조). 이 비디오 영상을 해석한 결과에 따르면 최대 침수심은 약 1.6m로 지진해일 속도는 4m/sec 정도였다. 이와 같이 침수심이 낮으면 그만큼 속도도 늦어지므로 지진해일이 보여도 포기하지 말고 바로 가장 가까운 높은 곳으로 도망치는 것이 매우 중요하다.

출처 : 沿岸技術研究センター「TSUNAMI」改訂編集委員会(2016), TSUNAMI, p.64.

사진 4.22 반다아체 시내에서 지진해일 선단(先端)으로부터 도망치는 사람들

사진 4.23은 12m 높이의 지진해일이 내습한 해안 근처에 있는 이슬람 사원으로 보통 집들에 비하여 견고하게 지어져 지진 및 지진해일에도 견디어 남았다. 따라서 이 이슬람사원으로 도망쳐 들어와 살아남은 사람도 있었다. 다만 12m의 지진해일이 이슬람 사원 지붕 근처 아래까지 차올라왔기에 사람들은 살기 위해서 벽을 부수고 지붕까지 올라갔었다고 한다. 차를 타고 도망친 사람도 있는데 이 사람은 멀리 지진해일이 밀어 닥치는 것을 보고 승용차에 바로 올라 집 앞의 쭉 곧은 도로로 급히 운전하였다. 그리고 큰길로 나가기 위해 커브를 돌렸는데 그곳에는 바로 지진해일이 밀려오고 있었다고 한다. 이것은 폭이 넓은 도로가 수로 같은 역할을 하여 건물이 있는 지역보다도 빨리 지진해일이 올 수밖에 없기 때문

이다. 어떻게 안전하게 대피하는 것이 좋은가를 생각하게 하는 사례이다.

(a) 바다로부터 본 바다의 이슬람사원

(b) 안에서부터 본 바다의 이슬람사원

(c) 지붕으로 도망가기 위해 뚫은 구멍

출처 : 沿岸技術研究センター「TSUNAMI」改訂編集委員会(2016), TSUNAMI, p.65.

사진 4.23 12m 지진해일이 내습한 바다의 이슬람사원

지진해일은 반다아체 마을의 집마다 밀어닥쳐 모조리 부수어버리고, 진흙, 쓰레기 및 자동차 등을 휩쓸어 들어왔는데(사진 4.24 참조), 그때 물은 더럽고 탁한 색깔이었다. 더욱이 큰 선박 및 어선 등도 같이 밀려왔었다(사진 4.25 참조). 이와 같이 지진해일이 신체(身體)를 집어삼키면 빠른 지진해일 흐름에 빠진 신체는 건물 및 바위 등과 부딪칠 뿐 아니라 쓰레기 때문에 수면 위로 뜰 수 없고, 각종 표류물로 인해 부상을 입을 수 있다. 즉, 단순히 익사하지 않는다. 운 좋게 표류물 등을 잡아 외해에서 구조된 몇 가지 사례도 있다. 그러나 일반적으로 그렇게 하기는 어려워 수영에 자신이 있더라도 지진해일에 휩쓸러 가기 전에 도망치는 것이 매우 중요하다.

출처 : 沿岸技術研究センター 「TSUNAMI」 改訂編集委員会(2016), TSUNAMI, p.66.

사진 4.24 쓰레기를 휩쓸고 온 지진해일   **사진 4.25** 지진해일에 의해 흘러 들어온 선박

4.9.3 홋카이도 남서외해 지진해일 재해

1) 지진해일 재해 개요

(1) 지진과 지진해일 발생

이번에는 1993년 우리나라 동해안에도 피해를 입혔던 홋카이도 남서외해 지진해일에 대해서 알아보기로 하겠다. 홋카이도 남서외해 지진은 1993년 7월 12일 22시 17분, 그림 4.97에 나타나 있듯이 북위 42°47′, 동경 139°12′에서 발생하였다. 진원 깊이는 34km, 규모는 7.8로 홋카이도를 중심으로 넓은 범위에서 진도 5~6의 큰 진동을 일으켰다. 진원으

로부터 남서방향으로 약 60km 떨어진 오쿠시리섬(奧尻島)은 지진 후 5분경에 지진해일이 내습하여 큰 피해가 발생하였다. 이 지진의 진원은 유라시아 플레이트와 북미 플레이트의 경계부 근처로 그때까지도 수십 년에 한 번 빈도로 지진이 발생하곤 했었다. 홋카이도 남서 외해 지진은 10년 전 1983년 5월 26일 11시 50분에도 북위 40°21′, 동경 139°02′(그림 4.97 참조)에서 규모 7.7의 지진이 발생하여 지진 후 17분이 지나 지진해일이 오쿠시리섬에 도달하였다.

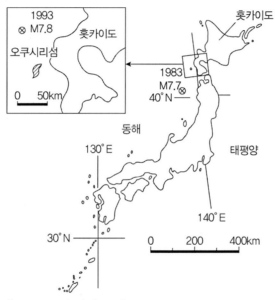

출처 : 沿岸技術研究センター 「TSUNAMI」 改訂編集委員会(2016), TSUNAMI, p.84.

그림 4.97 1993년 지진의 진원위치

(2) 대상지역의 개요

오쿠시리섬은 홋카이도로부터 약 20km 떨어진 동해 해상에 위치하는 동서 약 10km, 남북 약 20km, 둘레길이 약 84km, 면적 149km^{2}인 섬이다. 인구는 약 4천 명으로 많은 사람이 어업으로 생계를 잇고 있었다. 어업인들의 주거는 출어(出漁)시 편리하도록 해안선에서 가까운 곳에 집을 짓고 살고 있다. 또한 행정기관 및 상업시설의 대부분도 해안선에 가까운 평지를 중심으로 입지하고 있다.

(3) 지진해일 특징

오쿠시리섬 주변은 1/5~1/2의 급경사 해저지형을 형성하고 있어 지진해일이 섬에 다가올수록 그 파고는 급격하게 높아졌다. 그림 4.98은 오쿠시리섬 각 지점에서의 지진해일의 소상고(遡上高)를 나타내고 있다. 지진해일은 섬을 돌아서 들어가면서 전파되었는데, 특히 바다에 돌출된 부분에서 소상(遡上)이 현저한 경향을 보였다. 오쿠시리섬 남단에 위치하고 있었던 아오나에(靑苗) 곶 주변에는 얕은 여울(淺瀨)이 있어 그곳에 지진해일이 집중됨에 따라 소상고(遡上高)가 높아졌다. 지진해일이 해안 부근 저지대에 위치하고 있던 마을로 직격(直擊)함에 따라 파괴적인 피해를 입혔다.

그림 4.98 오쿠시리섬 지진해일 소상고

이 지진해일은 오후 10시 22분, 많은 고령자가 자고 있는 한밤중에 아오나에 전역에 밀어닥쳤다. 지진해일 내습 시 영상은 거의 남아 있지 않지만 목격자들은 "쿵쿵하는 굉음이 들리고 그 직후에 지진해일이 내습하였다."라고 증언하고 있다.

(4) 피해 개요

10년 전인 1983년에 내습하였던 지진해일 경험을 살려 오쿠시리섬에서는 구조적(Hardware)인 대책으로 높이 4.5m인 콘크리트로 만든 방조제(防潮堤)를 완성하였다. 그러나 1993년 지진해일은 상정(想定)한 지진해일보다 크게 상회하는 지진해일이 내습하였으므로 방조제는 거의 효과가 없었다. 그러나 한편 비구조적(Software)인 대책으로는 지진해일 대피체제를 구축하고 있었으므로 1993년 지진해일에서도 오쿠시리섬 재해담당자 판단으로 대피권고를 발령하였다. 주민들도 '지진이 일어나면 지진해일이 내습한다'라는 경험을 공유하고 있었으므로 대피율은 70%로 매우 높았다. 그러나 지진 후 불과 5분 만에 내습한 지진해일에 대해서는 시간적인 여유가 매우 적어 대피도중에 인명피해가 많았다. 즉, 지진과 지진해일에 따른 오쿠시리섬에서의 희생자는 198명에 달하여, 섬 주민 20명당 1명꼴로 희생자가 발생한 것이다. 사망원인은 익사가 138명으로 압도적으로 많고 압사자가 18명, 뇌좌상(腦挫傷)으로 사망한 자가 15명, 불에 탄 사람이 2명, 그 외가 29명이었다.

2) 오쿠시리섬 아오나에지구에서의 지진해일 피해

(1) 아오나에지구 개요

오쿠시리섬 남단의 아오나에(靑苗)지구는 1~7지구로 나누어져 있고 1~5구는 해안을 따라 표고(標高) 2~8m인 평지에 위치하고 있으며 아오나에어항을 중심으로 민가가 밀집되어 있어, 수협 및 농협, 보건소, 우체국, 중학교 등 공공시설과 숙박시설 및 음식점이 있었다. 6구 및 7구는 표고 30m인 고지대에 입지하여 정영(町營)주택, 지방자치단체 사무소, 경찰서 지소, 소방서가 있었다. 지진 당시 아오나에 세대수는 504세대로 인구는 1,401명이었다. 지진해일로 인해 인적 피해는 사망자 87명, 행방불명 20명이고 물적(物的) 피해는 주택 전·반파 342호이었다. 가장 피해가 많았던 5지구에서는 사망자 67명, 행방불명 5명, 중상자 6명, 경상자 8명의 인적 피해를 입었다. 피해당시 5지구에는 79세대 213명이 살았는데 거주자의 약 1/3이 희생자가 되었다. 많은 집들이 지진해일로 인해 유실된 후 화재로 소실(燒失)되어 지진발생 다음 날 한쪽 면은 불에 타서 들판처럼 되었다(사진 4.26 참조).

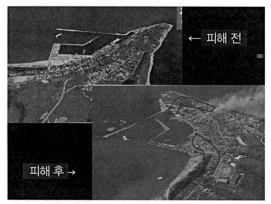

사진 4.26 아오나에지구의 지진해일 피해 전후 상황

(2) 지진발생으로부터 지진해일 내습까지

지진당시 오쿠시리정(奧尻町)의 방재담당자는 지진 직후 상황을 다음과 같이 회상하고 있다. "저는 지진이 발생한 시각인 22시 17분에 자택에서 취침 전 느긋하게 시간을 보내는 중이었다. 갑자기 진동이 느꼈다. 이것은 보통의 지진이 아니라는 것을 직감하고 바로 떠오른 생각이 10년 전(1983년) 발생한 지진이었다. 그래서 진동이 멈추기를 기다려 22시 20분경 역장(役場) 사무소에 도착하여 마이크로 '지진해일 발생이 우려되니 대피하십시오.'라고 섬 전 지역에 방송하였다." 오쿠시리 역장[35]의 마이크 대피권고 발령이 어떻게 주민에게 전달되었는지는 확인되지 않지만 지진해일의 제1파가 내습한 22시 23분 전에 담당자의 판단으로 주민들에게 대피하라는 명령이 있었다고 볼 수 있다. 그리고 일본 기상청의 지진해일경보가 발령된 시간은 22시 23분, 이것을 받아 일본 NHK가 긴급경보방송을 하였지만 오쿠시리섬에 대한 지진해일의 제1파 내습을 제때에 시간을 맞출 수 없었다.

(3) 지진해일의 내습·침수

그림 4.99는 아오나에 지구에 내습한 지진해일 상황을 나타내고 있다. 지진발생으로부터 약 5분 내에 제1파의 지진해일(그림 4.99의 ①)이 서쪽에서 도달하였는데 그 높이는 7~9m 이었다. 그 후 지진해일은 서쪽 방조제(높이 4.5m)를 타고 넘어와 마을로 내습한 후 동쪽에

---

35 역장(役場) : 일본의 지방공무원이 사무(事務)를 하는 곳을 말한다.

있는 콘크리트 벽을 바다 쪽으로 밀어 넘어뜨렸다. 12~15분 후 이번에는 곶의 동쪽으로부터 제2파(그림 4.99의 ②)가 밀어닥쳤다. 높이 10m인 지진해일은 방조림(표고 8m)을 타고 넘어와 많은 집들을 파괴시켰다. 지진해일의 제3파(그림 4.99의 ③), 제4파(그림 4.99의 ④)는 아오나에 어항을 빠져나온 뒤 도달하여 배후 어항 관련시설 및 집들을 파괴하였다.

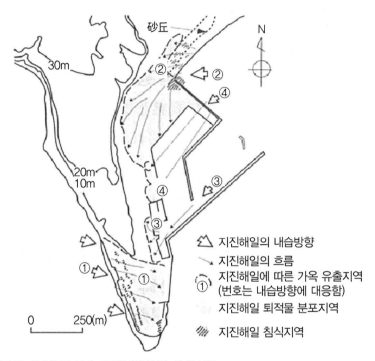

출처 : 堤昭人·嶋本利彦·川本英子(1994), 月刊海洋(號外3), 海洋出版.

그림 4.99 아오나에 지구로 내습한 지진해일

지진해일이 집집마다 밀어닥친 후 구출된 아오나에 5구에 거주하였던 OO 씨는 다음과 같은 수기를 남기고 있다. "어린아이를 껴안고 집을 뛰쳐나와 언덕으로 향하는 도로로 도망쳐 나갔는데 칠흑 같은 한밤중에 흰 무엇인가 볼 수 있었다. 그것은 지진해일이었다. 그 직후에 인근 집의 벽이 덮쳐와 저는 아이와 같이 와륵(瓦礫) 사이에서 샌드위치와 같은 상태가 되었다. 큰 소리를 살려달라고 외쳤지만 지진해일의 제2파가 내습하였으므로 구조하는 사람들도 일단 대피하였다. 다행이도 제2파는 내가 있는 곳까지는 도달하지 않았었다. 그 후 암흑 중에서 현장은 상당히 혼란한 상황이 계속되었다. 3시간 정도 경과한 후 겨우 구출되어 헬리콥터로 삿포로(札幌)까지 이송되어 겨우 구출되었다." 파괴된 건물의 틈 사이에 공간에 있어 압사(壓死)를 모면한 동시에 지진해일의 제2파가 도달하지 않았으므로 생존할 수 있었다고 볼 수 있다. 한편 지진해일로 인해 바다로 끌려들어가 표류된 후 구출된 사람도 적지 않았었다.

그중 한사람인 K씨는 당시 상황을 다음과 같이 말하고 있다. "하천을 따라 모래를 빨아올리는 소리와 함께 지진해일이 다가왔다. 우리는 압파(押波)에 발이 미끄러져 쓰러진 후 인파(引波)의 되돌아가는 흐름에 휩쓸려 그 상태로 바다로 둥둥 떠내려갔다. 근해 수 km 정도까지 흘러간 후 우연히 반파(半破)된 보트(Boat)를 붙잡아 그 상태로 조류(潮流)와 함께 4~5시간 정도 해안을 따라 흘러간 후 어선에 구조되었다. 한여름이라 수온이 높고 파도도 없었으므로 장시간 표류된 걸로 생각한다. 나는 수영에 자신이 있어 패닉(Panic)상태는 아니었고 떠 있으면 살 수 있겠지 하는 낙관적인 기분이 들었다. 만약 그때가 한겨울 바다였다면 소름이 끼친다. 바닷물이 차가워 10분이면 죽기 때문이다." 겨울에 지진해일이 내습하면 인명피해가 더 늘어난다고 예상된다.

(4) 지진해일로부터의 대피

아오나에 지구에서는 높은 곳으로 대피하기 위한 자동차로 인해 교통체증(交通滯症)이 발생하였다. 이 때문에 자동차를 버리고 걸어서 대피하는 도중에 지진해일을 만난 사람들이 많았다. 자동차로 대피하는 것은 언뜻 보기에 유리해 보이지만 이와 같은 체증에 휘말린다면 오히려 시간을 잡아먹는 꼴이다. 재해약자(고령자, 어린아이 등)와 같이 가는 경우를 제외하면 걸어서 대피하는 것이 원칙이라는 것이 재차 확인할 수 있었다. 지진해일에서 살아남은 사람은 달랑 옷만 걸친 채 도망친 사람으로 무엇보다 재빠른 대피가 살아남은 이유이다. 이것에 반하여 죽은 사람들은 1) 뛰지 않았던 것, 2) 가족전원이 모두 모이도록 기다린 것, 3) 스스로 움직일 수 없는 가족을 내버려두고 가는 것을 주저한 것, 4) 스스로 대피하지 않고 근처에 살려달라고 호소한 것 등이 그 케이스이다. 또한 대피 도중에 유아 및 고령자가 일행과 떨어져 희생된 사례도 많았다. 아오니에 5구에서의 호별 사망자 분포를 보면(그림 4.100, 그림 4.101 참조) 해안과 멀리 떨어져 고지대에 살고 있는 사람은 지진해일이 늦게 도달함에도 불구하고 고지대에 가깝게 사는 사람들의 사망이 눈에 띈다. 대피장소가 가까이 있는 것이 안심할 수 있으나 오히려 대피개시를 지연시켰다고 볼 수 있다.

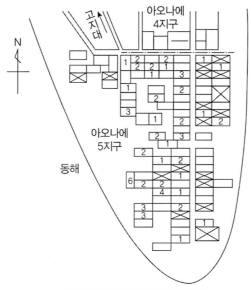

오쿠시리섬 5지구의 호별사망자 수

출처 : 首藤伸夫·片山恒雄(1996), 大地が震え海が怒る 自然災害はなくせるか, オーム社

그림 4.100 아오나에 5지구의 호별 사망자수

출처 : 牛山素行·金田資子·今村文彦(2003) : 防災情報による津波災害の人的被害輕減に関する実証的研究, 自然災害科学, J.JSNDS Vol.23, No.3, p.440.

그림 4.101 아오나에 5지구의 사망원인 분석

(5) 건물 피해

지진해일의 내습직후인 7월 12일 22시 30분경 아오니에 어항에 정박 중인 2척의 어선이 불에 타는 바람에 그 뒤에 있었던 주위의 집도 불길이 번져 타버렸다. 더욱이 7월 13일 0시 15분 다른 지점에서 발화된 화재는 주택의 프로판 가스통 및 등유 탱크에 인화되어 불길이 더욱 거세졌다. 아오니에 지구가 화재로 전체 소실된 이유는 많은 거주자들이 대피하여 부재중으로 초기에 불을 끌 수 없있던 것과 지진해일에 의한 쓰레기더미가 도로를 막고 있음에 따라 소방차 도착이 방해를 받아 화재 피해가 확대한 원인이라고 판단된다. 아오니에 지구 전체는 완전히 타버린 들판과 같이 되어 다음날 7월 13일 오전 9시 20분에 겨우 진화되었다. 연소된 가옥 수는 189채, 이재민 311명, 이재민 세대수는 108세대, 소실된 총 연면적은 5만 km²를 넘는 대화재이었다.

(6) 어업인의 경험

지진 발생 시 오쿠시리섬 동쪽에서 어업활동을 하고 있었던 M씨는 "선저(船底)에서 '퉁퉁'하는 소리가 들렸지만 지진해일이라고 느낄 수 있는 큰 동요는 없었다."라고 증언하고 있다. "어선에는 무전기가 있어 외해에서 지진해일이 오고 있었다는 것을 알았다면 해안에 있는 사람들에게 대피하라고 알려줄 수 있을 텐데…"라고 덧붙였다. 오쿠시리섬 이외의 어업인이 지진해일에 희생된 사례를 소개한다. 홋카이도 쪽에 있는 세타나정(瀬棚町)에 있었던 6명의 사망자 중 4명이 어부로 집 근처 선양장[36]에서 자기 소유의 어선을 끌어올리던 중 지진해일에 휩쓸리고 말았다. 그 시체는 부근 바닷속에서 발견되었다. 또한 가모에나이촌(神惠内村)에서는 어업인과 그의 딸이 집에서 떨어진 장소에 있었던 자기 소유 어선의 상황을 확인하기 위해 자동차로 해안도로를 달리던 중 지진해일로 인해 바다 쪽으로 빨려 들어갔다. 수 시간 지난 후 해상에서 전조등을 점등한 채 어망에 걸려 있는 자동차를 발견되었지만 2명은 이미 사망하고 말았다. 10년 전 지진해일 때에는 지진발생으로부터 지진해일 내습까지 시간적인 여유가 있었지만 이번에는 시간적인 여유가 없어 피해가 발생하였다.

---

36 선양장(船揚場, Slipway) : 소형선의 수리, 파랑이나 폭풍해일, 지진해일 등에 대한 대피, 월동, 보관 등을 위해 선박을 들어 올리거나 내리기 위한 시설을 말한다.

4.10 지진해일의 대책

4.10.1 지진해일 방재와 대피

지진해일 대책의 주된 목적은 지진해일에 따른 인적(인명)피해와 물적(재산)피해를 경감하는 것이다. 이 지진해일에 따른 피해는 지진외력이 인적·물적·사회적으로 견딜 수 있는 한계를 넘을 때 발생한다. 그러므로 지진해일 대책으로 내습하는 지진해일 규모를 작게 하여 지진해일 외력에 견딜 수 있도록 하는 대책과 지진해일 그 자체를 피할 수 있는 대책을 고려할 수 있다. 전자의 대책은 방파제 및 방조제 등의 구조물 건설로서 지진해일을 저감시켜 지진해일이 육지에 침입하는 것을 저지하는 대책으로 인명과 재산 모두의 피해를 경감시키는 대책이다. 구조물로써 지진해일외력을 저하시키는 대책을 구조적(Hardware) 대책이라고 부른다. 한편 후자의 대책은 지진해일로부터 쉽게 대피할 수 있도록 하는 대책으로 대피를 하여 인명피해가 발생하지 않도록 하는 대책이다. 이와 같이 대피에 관련되는 대책을 비구조적(Software) 대책이라고 말한다. 이 대책 중에는 대피시설과 같은 구조적 대책에 포함되는 시설도 비구조적 대책에 포함된다. 왜냐하면 대피하려고 하는 인간 의지와 관계되는 대책은 비구조적 대책으로 간주하기 때문이다. 지진해일의 구조적 대책에 있어서도 그 목적인 생명과 재산의 피해경감을 달성하기 위해 여러 가지 방법이 있을 수 있다. 그러므로 시설의 방재능력을 초과하는 지진해일 내습에 대해서는 인명 방재 관점에서 비구조적 대책과 시너지 효과를 발휘할 수 있게 하는 것이 중요하다. 또한 재산 방재 관점에서 고려하면 지진해일이 방재시설을 넘더라도 간단히 파괴되지 않는 구조로 만드는 것이 중요하다. 즉, 지진해일이 방조제(防潮堤) 마루높이를 넘어 월류하더라도 방조제가 전도(顚倒)되지 않도록 하여 해수만 유입하게 하는 것으로, 방조제가 넘어져 지진해일을 막지 못하게 되면 무서운 세력으로 침입하게 되어 집들이 손쉽게 파괴되어 급격하게 피해가 확대된다. 2011년 3월 11일 발생하였던 동일본 대지진 이후 지진해일은 2가지 레벨(Level)로 나누어 대책을 고려하고 있다. 하나는 예전부터 사용하였던 설계 지진해일로 재현기간이 수십 년~백 수십 년 정도로 비교적 발생빈도가 높은 지진해일(레벨 1)과 또 하나는 동일본 대지진 때 발생한 지진해일과 같이 재현기간이 수백 년~천 년이 되는 최대급 지진해일(레벨 2)이다(표 4. 14 참조).

표 4.14 동일본 대지진해일 이후 상정지진해일의 고려사항

구분	발생빈도	고려사항
레벨 1	대략 수십 년~백 수십 년에 한 번 정도의 빈도로 발생하는 지진해일	인명보호는 물론 주민재산의 보호, 지역경제 활동의 안정화, 효율적인 생산거점의 확보측 면에서 해안보전 시설 등을 정비
레벨 2	대략 수백 년~천 년에 한 번 정도의 빈도로 발생하고 극심한 영향을 유발하는 최대급 지진해일	주민 등의 생명을 지키는 것을 최우선으로 삼아 주민 등의 대피를 근간으로 하는 종합적인 지진해일 대책을 확립

출처 : 日本 中央防災会議 「東北地方太平洋沖地震を教訓とした地震·津波対策に関する専門調査会報告」.

　　예를 들어 방조제의 설계지진해일은 수십 년~백 수십 년에 한 번의 빈도로 발생하는 지진해일(＝레벨 1 지진해일)이고 여기에 덧붙여 매우 낮은 빈도로 발생하는 최대급 지진해일(＝레벨 2 지진해일)을 설정 시 비구조적 대책과 레벨 1의 구조적 대책을 함께 수립해야 한다. 즉, 구조물 설계 시 사용하는 지진해일로 100년에 한 번 정도의 빈도로 발생하는 지진해일(레벨 1 지진해일)을 채용하고, 레벨 2 지진해일은 구체적인 목표 아래 수립된 비구조적 대책과 레벨 1의 지진해일 아래 설계된 구조적 대책을 함께 세워 어떻게든 인명을 지키고 재산 피해를 줄이기 위한 종합적인 대책을 추진해야 한다(그림 4.102 참조).

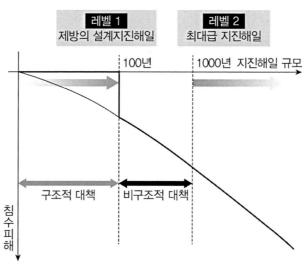

출처 : NHK そなえる防災 HP(2018), https://www.nhk.or.jp/sonae/column/20140932.html

그림 4.102 2단계 지진해일 규모 설정에 근거한 새로운 지진해일 대책 개념도

레벨 1의 지진해일은 방조제 등과 같은 방재구조물로써 방재가능한 지진해일이다. 한편 레벨 2의 지진해일은 구조물로 인한 방어를 넘어서는 지진해일로서 지진해일의 월류를 허용하고 대피로써 대응하며 방어대상이 인명인 지진해일이다(그림 4.103 참조). 그러므로 월류함에 따라 방조제가 쉽게 파괴되면 피해가 급격하게 늘어나므로 지진해일 방재구조물에 강도(強度)를 부여하여 파괴가 어렵게 되도록 한다. 이제까지 지진해일 방재구조물은 내습하는 모든 지진해일을 방어할 수 있는 관점에서 지진해일의 월류를 허용하는 설계를 검토하지 않았으나 금후에는 월류를 전제로 한 설계가 필요하다. 방재구조물 설계에 사용되는 지진해일은 확실도가 높은 한가지의 단층모델로부터 구한 지진해일이다. 그러므로 같은 레벨 1급의 지진해일에 있어서도 내습하는 지진해일의 공간적인 형태는 단층모델마다 크게 다르다. 설계에 사용되는 지진해일이 월류하지 않더라도 같은 규모의 다른 지진해일에서는 월류할 가능성이 있어 지진해일이 발생하면 우선 대피하는 것이 가장 중요하다.

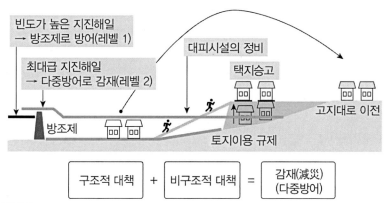

출처 : いわて震災津波アーカイブ HP(2018), http://iwate-archive.pref.iwate.jp/education/siryokan/pdf/siryokan/kouza siryochuugaku2.pdf

그림 4.103 레벨 1, 2의 지진해일 개념도

4.10.2 구조적 대책

우리나라의 동해안은 1983년 일본 아키다현(秋田県) 지진(규모 7.7) 및 1993년 일본 홋카이도 오쿠시리섬 지진(규모 7.8)으로 인한 지진해일로 피해를 입었으나 최근까지 이에 대비한 구조적 대책은 없는 실정이었다. 그러나 '아라미르 프로젝트(해양수산부, 2012)' 이후로 지진해일에 대한 구조적 대책을 실시하고 있는 중이다. 그중 하나가 삼척항 '지진해일 침

수시설'사업으로 2014년 착공하여 현재 공사 중에 있다.

1) 내륙에 유입되는 지진해일의 방지 및 경감하기 위한 시설

일본에서는 1997년에 지진해일 대책에 관련되는 7개 부처가 연안지역에서 지진해일대책의 요점을 정리한 '지역방재계획에서의 지진해일대책강화에 대한 안내'가 있다. 이 중에서 지진해일 방재구조물은 지진해일 자체가 내륙으로 유입하는 것을 막고, 피해를 경감하는 것을 목적으로 하는 시설로서 구체적으로는 방조제, 지진해일 방파제, 지진해일 수문, 하천제방, 방조림, 지진해일 대피빌딩을 열거하고 있다. 지진해일경보가 발령부터 지진해일 내습 시까지 이동하지 못하는 부동산, 즉 가옥, 시설 및 고정된 물건은 지진해일을 막는 것 이외에는 물적 피해를 줄일 수 있는 방법이 없다. 이제까지 지진해일의 육지로의 내습을 줄이기 위해서는 방조제 및 방파제 등과 같은 대규모 구조물을 건설해왔는데 이 시설물들은 재해를 줄일 수 있어 이들의 장점은 많다. 그러나 이들 구조적 시설은 막대한 건설비가 들고 더구나 기능을 충분히 발휘할 때까지 장기간의 건설기간이 필요하므로 어떤 장소에서나 적용 가능한 것은 아니다. 또한 지진해일의 발생빈도가 매우 적다는 것을 고려하면 이들 시설의 기능을 장기간 유지하여야만 한다. 그리고 그 기능을 항상 발휘할 수 있도록 시설 점검 및 보수 등의 유지관리를 계속적으로 실시할 필요가 있는 것도 중요하다. 여기에서는 구조적 시설로서 1) 지진해일 방조제, 2) 지진해일 방파제, 3) 수문, 갑문, 4) 하천제방, 5) 방조림, 6) 지진해일 대피빌딩에 대해서 알아보기로 하겠다(표 4.15 참조).

표 4.15 지진해일 유입을 막거나 경감시키는 시설의 기능과 특징

구분	목적 및 기능	시설정비의 특징
지진해일 방조제	내륙에 유입되는 지진해일 저지	해안선에 대규모 구조물 건설
지진해일 방파제	해안으로 밀려오는 지진해일을 저감	해중에 구조물 건설
수문, 육갑문(陸閘門)	하천 및 내륙에 유입하는 지진해일 저지	• 하구에 가동식(可動式) 수문 건설 • 방조제 단락(段落)에 육갑문 건설
하천제방	소상(遡上)된 지진해일의 범람 방지	하구에서부터 제방 승고(昇高) 필요
방조림	유입하는 지진해일의 세기 및 소상범위를 경감	기능을 발휘하기 위해 방조림 폭이 매우 큰 필요가 있음
지진해일 대피빌딩	배후로 유입되는 지진해일을 막아 피해 경감	해안을 따라 지진해일에 견딜 수 있는 내랑성(耐浪性)[37] 건물 신축

출처 : 日本 中央防災会議 「東北地方太平洋沖地震を教訓とした地震·津波対策に関する専門調査会報告」.

(1) 지진해일 방조제

구조적 시설은 모두 해안선을 따라 건설되어 지진해일 및 폭풍해일, 고파랑 등에 의한 해수 침입으로부터 육지를 보호해주는 기능을 한다. 이 중 지진해일 방조제(사진 4.27 참조)[58]는 특히 지진해일 방지를 가장 큰 목적으로 하는 시설로서 상정된 지진해일고보다도 높은 마루높이로 건설함에 따라 지진해일이 내륙으로 월류하는 것을 막아 준다. 그러므로 상정된 지진해일고가 높을수록 지진해일 방조제 마루높이도 높아져 거대한 구조물이 된다. 그 결과 배후지로부터 해안으로의 주민의 접근을 불편하게 하거나, 시계(視界)가 지진해일 방조제로 인해 차단되어 경관을 악화시키는 문제가 있다. 지진해일 재해는 드물게 밖에 일어나지 않는 특수성이 있으므로 배후지에서의 생활 및 활동을 고려하여 일상 활동을 위한 환경정비와 조합시킨 방재시설을 계획할 필요가 있다. 또한 상정이상의 지진해일이 내습하는 경우에도 지진해일은 방조제를 월류하여 지진해일이 유입한다는 것을 명심해야 한다. 그러므로 지진해일 방조제를 계획할 때에는 지진해일 방조제를 넘어 지진해일이 유입하는 경우에 대한 해수(海水)의 배수(排水)에 대한 고려를 해야 한다. 또한 방조제 자체가 가지는 지진해일의 힘에 저항하는 강도와 함께 근지(近地) 지진해일을 상정하는 경우의 지진동에 대한 방조제의 내진성(耐震性) 확보에 대해서도 검토가 필요하다.

출처 : 須山建設株式會社(2017), http://www.suyama-group.co.jp/construction/disaster/272_1.php

사진 4.27 일본 시즈오카현 하마마쓰시 지진해일 방조제(L=1,150m) 공사 전경

---

37 내랑성(耐浪性) : 파랑에 견디는 성질을 말한다.

(2) 지진해일 방파제(그림 4.104 참조)

지진해일 방파제(완코우 방파제)는 만(灣) 입구에 방파제를 건설하여, 만내로의 진입로를 좁게 함으로 지진해일 유입량을 감소시키는 기능을 가지는 동시에 만내에서의 수위 상승량을 저감시키는 효과를 가진다. 만내가 넓을수록 지진해일의 저감효과는 높다. 또한 지진해일 방파제 건설로 만의 고유주기를 변화시킴에 따라 내습 지진해일과 만(灣)의 고유주기와의 공진(共振)현상을 막아주는 효과도 있다. 지진해일 방파제 효과는 만의 형상, 방파제 위치, 개구부의 폭 및 지진해일 주기 등에 따라 영향을 받아 변화하므로 여러 가지 조건을 고려하여 검토할 필요가 있다. 또한 지진해일 방파제로 인한 만외(灣外)로의 반사가 예상되므로 주변 연안부에서의 영향을 고려할 필요도 있다. 더욱이 지진해일 방파제는 수중에 대형 구조물을 건조함에 따라 건설비용이 매우 높다. 그러나 만내 연안을 따라 높은 방조제를 건설하지 않아도 되므로 경관을 배려할 수 있어 총건설비용 측면에서는 오히려 싸다고 할 수 있다. 다만 완성 시까지 장기간 공사기간이 소요되는 경우가 있다.

출처 : 釜h石市 HP(2018), http://www.city.kamaishi.iwate.jp/jigyousha/butsuryu_kyoten/kowan/detail/1191896_2495.html

그림 4.104 일본 가마이시(釜石) 지진해일 방파제(수심 63m에 건설된 세계에서 제일 깊은 방파제)

(3) 수문, 육갑문

지진해일 수문(水門)은 하구부근에 수문을 설치하여 하천을 소상하는 지진해일의 침입을 저지하는 것을 목적으로 한다. 소상을 저지함에 따라 지진해일이 하천을 소상한 후 하천제방을 넘어 제내지로 범람하는 것을 막을 수 있다. 이 경우 수문은 지진해일의 파력에 충분히 견딜 수 있도록 설계하는 것이 필요하다. 또한 지진해일은 수문에 의해 반사되므로 주변에서 입사 지진해일과 반사 지진해일이 중복되어 위험한 수위가 되지 않도록 설계해야만 한다. 그림 4.105는 삼척항을 지진해일로부터 보호하기 위해 국내 최초로 사업비 429억을 들여 '지진해일 침수방지시설'로서 항구에 거대한 수문을 설치하는 사업이다. 수문은 높이 39m, 폭 50m인 500t 규모로 수직 리프트 대형 게이트이다. 이 사업은 2014년 착공하여 2019년에 완공할 예정으로 현재(2018년) 공사 중이다.[59]

출처 : 강원도민일보(2017), http://www.kado.net/?mod=news&act=articleView&idxno=872604

그림 4.105 삼척항 지진해일 수문 조감도

방조제를 설치하는 경우 해안 쪽으로의 접근을 위해 육갑문(陸閘門)을 방조제 사이에 설치한다(그림 4.106 참조). 평소에는 개방되어 있지만 지진해일 및 폭풍해일 등의 위험성이 있는 경우 육갑문으로부터 내륙으로 해수가 유입되는 것을 막기 위해 육갑문을 폐쇄시킨다. 이때 근처 주민 및 관리자인 지방자치단체 직원이 폐쇄시키는 경우가 많으므로 평소에 방재훈련 등으로 준비를 철저히 할 필요가 있다. 또한 폐쇄작업을 하는 사람의 안전을 고려하여 지진동을 감지하면 자동으로 폐쇄되거나 원격조작으로 폐쇄할 수 있는 수문 및 육갑문도 건설되고 있다.

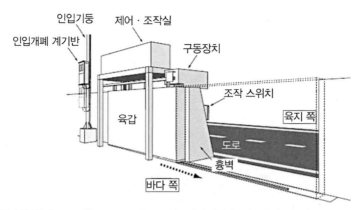

인입개폐 계기반
인입기둥
제어 · 조작실
구동장치
조작 스위치
육지 쪽
육갑
도로
흉벽
바다 쪽

출처 : 日本 会計監査院(2018), http://report.jbaudit.go.jp/org/h24/2012-h24-0501-1.html

그림 4.106 육갑문 개념도

(4) 하천제방

동일본 대지진해일 시 지진해일이 하천 흐름과 반대로 소상하여 하천제방을 넘은 후 제내지로 유입하여 하천지역주변에 많은 피해를 주었거나(사진 4.28 참조), 하천제방의 액상화 등으로 재해를 입었다. 이와 같이 지진해일이 하천을 소상하는 경우 하천제방을 충분히 높게 정비하여 제내지로의 유입을 막을 수 있다(그림 4.107(a) 참조). 하천 수문에 의한 반사파의 영향이 큰 경우에는 수문보다 하류 쪽의 제방에 대해서는 반사의 영향을 충분히 고려한 제방높이로 한다. 또한 하구부에서는 평상시 하천수위가 지반고보다 높은 곳이 많아 지진해일의 하천소상 시 막대한 하천제방의 침하로 인해 침수피해가 발생할 우려가 있으므로 하천제방의 액상화 대책을 추진하고 있다(그림 4.107(b) 참조).

동일본 지진해일 피해 전(2009.10.12)   동일본 지진해일 피해 후(2011.3.18)

사진 4.28 동일본 대지진해일 시 하천제방 피해상황(나토리시 유리하게지구) (계속)

동일본 지진해일 피해 전(2009.10.19) → 동일본 지진해일 피해 후(2011.3.13)

■ 하천제방 피해상황(2011.4.28) : 하천제방 안쪽 세굴

출처 : 国土交通省東北地方整備局　仙台河川国道事務所HP(2018),　http://www.thr.mlit.go.jp/sendai/kasen_kaigan/kasenfukkou/hisai_natori.html

사진 4.28 동일본 대지진해일 시 하천제방 피해상황(나토리시 유리하게지구)

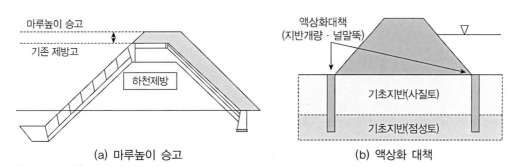

(a) 마루높이 승고　　　　　　(b) 액상화 대책

출처 : 国土交通省HP(2018),　http://www.mlit.go.jp/hakusyo/mlit/h23/hakusho/h24/html/n1131000.html

그림 4.107 지진해일 시 소상에 따른 하천제방 대책

(5) 방조림

지진해일에 대한 방조림의 기능(그림 4.108 참조)은 1) 유입하는 지진해일의 흐름 크기 및 에너지를 경감시켜 지진해일에 대하여 저항한다. 2) 비사(飛砂)를 저지하여 사구(砂丘)형성 및 유지에 기여하여 자연제방인 사구가 지진해일을 저지하는 역할을 하도록 한다. 3) 지진해일과 함께 내습하는 해안의 여러 가지 물체, 즉 표류물(漂流物)이 육지로 유입하는 것을

막아주는 동시에 표류물과의 충돌에 따른 건물 피해확대를 저지한다. 4) 지진해일의 인파 (引波) 시 바다로 끌려들어가는 사람이 나뭇가지를 잡아 생명을 구할 수 있다.

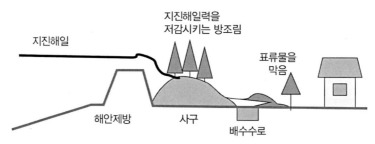

출처 : Tanaka, H.,S. Yasuda, K. Imura and J. Yagisaw(2012b), Journal Hydro-environment Research, Vol.65, pp.1~10.

그림 4.108 지진해일을 경감시키는 방조림과 해안제방의 조합

그러나 방조림의 경우 지진해일 피해를 당하지 않도록 지진해일의 유입을 완전히 막을 수는 없으므로 재해방재체제와 함께 검토할 필요가 있다. 또한 해안림에 의한 지진해일 감쇠효과는 정량적으로 충분히 해명되지 않았으나 인명 구조 및 표류물 저지 등 방재 면에서의 효과는 과거 사례 등에서도 찾아볼 수 있다(사진 4.29 참조).

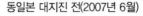
동일본 대지진 전(2007년 6월) ▶ 동일본 대지진 후(2011년 10월)

출처 : 特定非營利活動法人わたりグリーンベルトプロジェクトHP(2018), http://www.watari-grb.org/about/bochorin/

사진 4.29 방조림 전경사진(일본 미야기현 와타리정(亘理町) 大畑浜·吉田浜(폭250m, 길이 4km))

(6) 지진해일 대피빌딩(사진 4.30 참조)

지진해일에 대하여 철근 콘크리트 등 충분한 강도를 가진 건물을 해안을 따라 배치시켜 지진해일이 배후지로 유입하는 것을 감소시킬 수 있다. 이런 목적으로 건축된 건물을 특히 지진해일 대피빌딩이라고 하는데 이것은 지진해일로 운반되는 표류물의 유입을 저지하고 피해의 확대를 경감시키는 효과도 기대할 수 있다. 또한 지진해일 내습 시에는 빌딩 옥상으로 대피하는 등 일시 대피장소로 대피자의 생명을 지키는 기능을 한다. 그러므로 지진해일에 대해서 어느 정도의 강도가 필요하며 어떤 구조설계로 하는 것이 좋은가에 대해서는 건축기준에 대한 검토가 필요하다.

출처 : 仙台市HP(2018), https://www.city.sendai.jp/hinan/kurashi/anzen/saigaitaisaku/jishintsunami/tsunami01.html

사진 4.30 지진해일 대피빌딩(일본 센다이시)

4.10.3 비구조적 대책

우리나라는 큰 지진해일이 발생하지 않아 현재까지 체계적인 지진해일 비구조적 대책이 없는 실정이다. 그러나 동해안에는 1983년 및 1993년에 일본 서북부에서 발생한 지진으로 말미암아 인명 및 재산 등 지진해일의 피해를 입었고, 최근 경주지진(2016) 및 포항지진(2017) 발생으로 지진 및 지진해일에 대한 대책이 시급한 실정이다. 여기에서는 지진해일이 빈번한 일본 사례를 중심으로 우리나라가 지진해일을 어떻게 대비해야 하는가에 대해서 서술하겠다.

1) 지진해일 대피시설

지진, 지진해일의 관측정보 및 경보·주의보 등의 정보를 받아 신속하게 지진해일로부터 대피하면 지진해일로 인한 인명피해를 경감할 수 있다. 우선 대피행동을 일으키게 하는 지진해일 정보 및 대피정보를 긴급 시에 확실하게 전달하기 위한 정보 전달체계로 옥외에 설치하는 스피커식 정보 전달 장치 이외에도 각각의 건물 내로 직접정보를 전달할 수 있는 장치(개별 수신기 등)가 위험정보를 전달하기 쉽다. 그러나 대피정보만으로 인명피해를 경감할 수 없다. 대피정보를 받아도 대피를 하지 않는 사례가 여러 번 있었기 때문이다. 즉, 대피정보의 전달은 지역주민 대피를 촉구하는 필요조건의 하나이지만 충분조건은 아니므로, 방재교육 및 홍보로 지진해일에 대한 이해를 높이고, 대피훈련 등을 통하여 대피정보를 활용한 적절한 판단과 행동을 할 수 있는 사람으로 만드는 준비를 함께 진행하는 것이 필요하다. 다른 비구조적인 대책과의 조합하여 종합적인 정보 전달체계의 정비가 필요하다. 다음으로 대피를 가능하게 하는 시설환경이 필요하다. 즉, 대피를 함에 있어서도 안전한 대피장소 및 대피경로가 없으면 대피정보를 받아 방재교육을 실시해보았자 정작 중요한 때에 대피할 수 없게 된다. 대피장소는 지진해일에 대하여 안전한 장소인 것이 가장 중요하고, 또한 대피 장소까지의 거리도 매우 중요하다. 평지로 근처에 대피하기 적절한 높은 곳이 없는 지역과 높은 곳이 비교적 가까운 곳에 있어도 진원(震源)이 가까워 지진해일 내습의 시간이 짧은 경우에는 지진해일 도달 전에 대피를 완료할 수 없는 두려움이 있다. 이와 같은 지역 및 상황에 있어서의 긴급 시 일시대피 방안은 철근콘크리트로 만든 3층 이상 건물을 지진해일 대피빌딩으로서 이용하는 것이다(그림 4.109 참조).

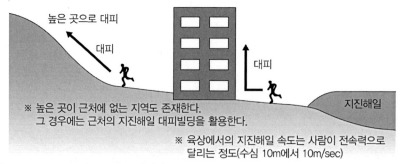

출처 : http://livedoor.blogimg.jp/mineot/imgs/b/6/b64ee367.jpg

그림 4.109 지진해일 대피빌딩 개념도

지진해일 대피빌딩은 충분한 강도와 높이를 필요로 하는 동시에 옥외계단을 설치하는 등 외부에서 올 수 있는 대피자에 대한 고려도 필요하다. 또한 일시대피소에서는 장기간 대피를 상정(想定)하지 않았으므로 지진해일의 위험성이 끝난 후에라도 안전한 대피 장소로의 이동을 고려해야만 한다. 대피경로는 긴급 시에도 안전하게 통행할 수 있는 루트(Route)여야 하는데, 예를 들어 지진의 진원이 가까운 경우 지진해일에 앞서 발생하는 지진동으로 건물이 파괴되거나 교량이 부서지는 경우가 있으므로 이를 감안하여 대피경로를 지정해야 한다. 그러므로 긴급 시에 차단될 위험이 있는 대피경로는 처음부터 고려하지 않으며 다른 적절한 대피경로가 없는 경우에는 대피경로를 따라 안전성 확보 및 도로정비를 미리 해두어야만 한다. 대피경로는 지진해일로부터 살 수 있는 생명선으로 평상시 지역주민들에게 잘 홍보하여 실제로 대피할 때에는 대피경로를 따라 가기 쉽도록 알기 쉬운 유도표시 및 표지판을 설치할 필요가 있다. 유도표시 및 표지판은 지역주민뿐만 아니라 어린이, 노인 및 외국인도 이해할 수 있어야 한다. 또한 지역주민 스스로의 참여로 지진해일 대피를 위한 대피경로를 정비하는 것도 지진해일 시 주민들의 자기 판단에 근거한 행동을 일으키기 쉬운 모티브(Motive)를 제공하는 효과를 가진다.

2) 지진해일 재해지도(Hazard Map)

지진해일이 도달하지 않는 장소로 대피한다면 지진해일로 인한 인명피해를 막을 수 있다. 그러므로 지진해일 방재에 있어서 비구조적 대책의 핵심은 대피이다. 그러나 지역에 따라서 지진발생 후 수분 내에 지진해일이 내습하는 경우도 있으므로 신속하고 효율적인 대피가 중요하다. 한 사람에서부터 시작하여 많은 사람까지 확실하게 대피하기 위해서는 미리 적절한 지진해일 방재정보를 제공하여야 한다. 특히, 지진해일 방재정보 중 어떤 크기의 지진해일이 내습하여 오는가, 그리고 지진해일을 피하기 위해서는 어디를 거쳐 어느 장소로 대피해야 한다는 정보는 필수적이다. 이런 중요한 방재정보를 도면 중에 응집(凝集)시켜 작성한 것이 '지진해일 재해지도(Hazard Map)'(그림 4.110 참조)이다. 지진해일 재해지도는 지진해일로 인한 인적 피해를 경감하기 위한 가장 중요한 비구조적 대책으로 행정기관이 작성하는 것이 일반적이다.

출처 : 福島県 相馬市役所 HP(2018) : http://www.city.soma.fukushima.jp/

그림 4.110 일본 후쿠시마현 소마항의 지진해일 재해지도(Hazard Map)

　지진해일 재해지도에 게재되는 정보는 크게 2가지로 지진해일 규모 및 지형특성에 직접 관련되는 정보와 대피에 관한 정보로 크게 나눌 수 있다. 전자는 지진해일 내습에 따라 침수되는 범위가 가장 중요한 정보로 더욱이 침수가 시작되는 시각과 침수심(浸水深), 유속 등도 대피계획을 수립하는 데 유효한 정보이다. 후자는 대피경로 및 대피장소가 중요한 정보로 대피 시 주의할 사항 등도 원활하게 대피하기 위해 필요한 정보이다. 지진해일 재해지도 작성 시에 그 지역에 내습하는 가장 위험한 지진해일을 상정하여 정도가 높은 수치시뮬레이션실험을 실시한다. 다만 지진해일의 수치시뮬레이션실험은 지진모델 설정 및 지형데이터 작성, 시설 및 건물 조건의 입력 등 많은 작업이 필요하므로 비용과 시간이 많이 소요되는 문제가 있다. 이를 위해 과거 침수기록만을 기초로 한 간이(簡易) 지진해일 재해지도를 작성할 수가 있다. 간이 재해지도는 과거에 발생하였던 지진해일만을 게재하고 있으므로 이용자는 장래 이것을 초과하는 지진해일이 발생할 위험성이 있다는 것을 알아둘 필요가 있다. 더욱이 동일본 대지진해일과 같이 상정된 침수범위를 크게 넘어 지진해일이 내습하였던 지역도 있으므로 상정이 절대적이지 않다는 것을 알 필요가 있다. 지진해일 재해지도는 어디까지나 한 가지의 상정에 근거한 것으로 자연현장에서는 불확정성 요소가 많다. 상정에 얽매이지 않고 지역에 내습하는 지진해일을 이미지(Image)하여 두는 것이 중요하다.

피해를 경감하기 위한 지진해일 재해지도를 활용하는 사람은 많고 더구나 각자 필요한 정보도 다르다. 예를 들어 어업관계자가 필요한 정보로써는 지진해일 내습 전에 어선을 먼 바다로 대피시켜야 하는가, 아니면 되도록 어디까지 대피시키면 좋은가, 또는 언제까지 먼 바다에 대기한 후 귀항(歸港)하면 좋을 것인가 등으로 이것은 일반시민이 필요한 정보와는 크게 다르다. 또한 일반시민이라도 고령자와 청년층 사이에서도 필요한 정보가 다를 수 있다. 고령자는 청년층보다는 대피에 필요한 시간이 상대적으로 길게 되므로 대피 개시시간 및 대피경로도 다르다고 할 수 있다. 그렇다고 해서 여러 사람이 활용할 수 있도록 게재한 정보를 많게 하면 복잡한 재해지도가 된다. 많은 정보를 담은 지진해일 재해지도는 방재교육의 교재로써는 유효하게 이용할 수 있지만 긴급 시에는 사용하기 어렵다. 비상시에 정보가 지나치게 많은 것은 오히려 역효과를 발생시킬 수 있다. 내습하는 지진해일과 그 지역의 특성을 고려하여 게재할 방재정보를 선택해 비상시에도 알기 쉬운 구성이 되어야만 한다. 그래서 주민 의견 및 건의사항을 포함시켜 지진해일을 이용하는 지역주민에게 필요한 방재정보를 개별로 제공하는 쌍방향 재해지도를 만들 필요가 있다. 예를 들면 연령 및 성별 등으로 구분된 대피에 관한 특성과 거주지, 대피장소, 내습하는 지진해일 정보 등으로부터 적절한 대피경로 및 대피개시 시간을 제공하는 것이 주민별 쌍방향 재해지도이다. 또한 어업관계자에게는 어선 규모 및 항행속도, 정박지 등을 고려하여 대피가 가능한가에 대한 정보를 제공하는 어선 쌍방향 재해지도를 준비한다. 최근 인명구조 측면에서 지진해일 재해지도의 작성·배포를 적극적으로 실시해왔다. 그러나 모처럼의 만든 지진해일 재해지도도 활용하지 않으면 의미가 없다. 우선 지역주민들이 지진해일 재해지도의 존재를 충분히 인식하고 집의 거실 벽에 붙이거나 바로 꺼내볼 수 있는 장소에 보관하여 두는 것이 매우 중요하다. 평상시 접하지 않고서는 비상시에 사용할 수 없다. 그러므로 자율방재단 및 지방자치단체, 학교 등에서는 지진해일 재해지도를 활용한 방재교육 및 재해학습을 하는 것도 중요하다. 평상시 재해지도를 접하고 사용할 수 있도록 하는 것이 비상시에 효과적으로 이용하는 것과 서로 연결되어 있다는 것을 명심해야 한다.

3) 지진해일 방재 워크숍 : 재해지도의 사용방법

최근 지진해일이 많은 일본에서는 대피율 저하가 문제가 되고 있다. 지진해일경보가 발령되어도 대피하지 않는 주민이 증가하고 있다. 가장 큰 원인은 지진해일경보(또는 주의보) 발령이 있어도 반드시 대피해야만 하는 큰 규모의 지진해일이 내습하지 않는 수도 있어 그것을 몇 번 경험하는 사이에 서서히 당사자 의식이 흐려지는 수가 있기 때문이다. 즉, '나는 괜찮겠지'라는 안도감이 마음속에 널리 퍼져 모처럼 지진해일경보가 발령되어도 대피행동으로 옮기지 않게 된다. 이런 경향이 더욱더 악화되면 정말로 지진해일이 내습하였을 때 대피하지 않게 된다. 그러므로 주민은 '자신 및 가족도 피해자가 될 수 있다'라는 사실을 항상 인식하는 것이 필요하며 동시에 지방자치단체는 주민이 '주인의식'을 가질 수 있도록 해야만 한다. 이를 위해서는 자기가 사는 마을에 지진해일이 어떻게 내습하는지를 알고 그때 자신이 어떻게 행동하는 것이 좋은가를 스스로 생각하게끔 하는 기회를 제공하는 것이 중요하다. 즉, 주민과 행정이 일체가 되는 방재대책, 더구나 지역 주민이 주체가 되며 그것을 행정이 지원하는 방재체계이다. 예를 들어 주민과 행정의 전형적인 협동 활동인 '참여형 워크숍'이 있는데 행정이 주민에게 방재정보를 제공하여 주민 스스로 지진해일 재해지도를 만들어 이것을 실제 지진해일 시 적극적으로 활용하는 것이다(사진 4.31 참조). 지진해일이 많은 일본에서는 일부 지역에서 '워크숍'에 의한 지역의 지진해일 방재계획을 실행하고 있다. 워크숍은 어느 제한된 일정시간 내에 많은 사람이 평등하게 의견을 개진함에 따라 합리적인 결론을 도달할 수 있는 문제해결방법이다. 지역의 리스크(Risk)를 이해하고 그 지역의 방재대책에 대해서 생각하는 워크숍 형식의 이점(利點)은 다음과 같다.

1. 지역의 리스크를 모두가 공유하는 것이 가능하다.
2. 많은 사람들의 의견을 반영하여 종합적인 대책을 세울 수 있다.
3. 자기 스스로 생각하여 제안한 대책에는 '내가 주인이다'라는 의식을 포함하므로 대책의 실효성을 향상시킨다.

출처: 日本 岩手県 下閉伊郡 岩泉町(2010), http://www.town.iwaizumi.lg.jp/iwaizumi_blog/wp-content/uploads/2010/12/s-PC202620.jpg

사진 4.31 일본 이와테현 시모헤이군 이와이즈미정에서 실시한 지진해일방재 워크숍(2010.12.20.)

일본의 지방자치단체에서 실시하고 있는 지진해일 방재 워크숍의 내용 및 순서를 알아보면 다음과 같다.

1. '적(敵)을 안다.'(강연) : 지진해일의 발생 메커니즘·피해, 지진해일 방재의 방법, 과거 자신이 거주하는 지역에 내습하였던 지진해일 피해를 안다.
2. '지역을 안다.'(워크숍)
   - 지도 위에 자기 집을 그린다.
   - 지도 위에 지역의 시설(공원, 펌프장, 종교시설, 공공시설, 상점 등)을 그린다.
3. '피해를 안다.'(워크숍+강연)
   - 워크숍
     - 재해지도에 있는 상정피해를 바로 앞서 기술한 2.의 지도상에 그려 넣는다.
     - 자택 및 지역의 시설에 어떤 피해가 날 것인가를 이해한다.
   - 강연 : 실제로 어떠한 피해가 발생할 수 있는가, 몇 분~시간 정도에 지진해일이 도달하는가 및 피해를 막을 수 있는 방법에 대해서 알아본다.
4. '대책을 생각한다.'(워크숍) : 지진해일이 자신이 사는 지역에서 발생할 때 예상되는 피

해에 대해 어떤 대책(대피경로도 포함)을 실시할 것인가를 고민한다(사진 4.32 참조).

- 필요한 대책을 메모지에 적는다(하나의 대책을 한 개의 메모지에).
- 자신이 생각한 아이디어를 발표하고, 모조지 위에 메모지를 붙인다. 한 번의 발표에서는 한 가지 이상의 아이디어를 발표한다. 차례대로 모든 메모지가 없을 때까지 계속한다. 발표 도중에 좋은 아이디어가 생각나면 새로운 메모지에 작성할 수 있다.
- 모든 아이디어를 구조화시킨다.

5. '워크숍 성과를 모든 구성원이 공유한다.'

 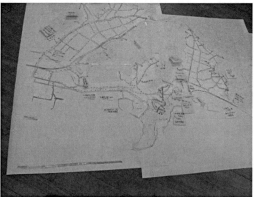

(a) 지도상에 지진해일 대피경로를 그리는 지역주민들   (b) 지진해일 대피경로가 그려진 지도

출처 : 羽島市役所 HP(2018), http://www.city.hashima.lg.jp/cmsfiles/contents/0000007/7907/IMG_6897.JPG

사진 4.32 방재워크숍에서 지진해일 재해지도를 만드는 장면

4) 방재 픽토그램 : 외지인에게 지역의 리스크와 대피장소를 알림

방재대책을 고려할 때에 '꼭 지켜야 할 것'은 생명·재산·생활, 3가지 요소로 당연히 우선순위는 생명＞재산＞생활이다. 지진해일 방재의 경우 비구조적 대책만으로는 이 순위를 지키는 것은 어려우므로, 지역의 종합적인 대책을 고려할 때 비구조적 대책과 구조적 대책을 효율적으로 잘 결합시켜 수립할 필요가 있다. 생명＞재산＞생활 중의 하나를 어떤 정도의 레벨로 고려할 경우에라도 지진해일 방재대책의 첫걸음은 지역의 리스크를 정확히 파악하는 것이다. 지역 리스크를 아는 방법으로 재해지도를 찾아보는 것이 일반적이지만 관광객과 같이 그 지역에 살고 있지 않는 사람과 더구나 그 지역에 살고 있더라도 방재에 관한 관심이 적은 사람에 대해서는 재해지도만으로 지역의 리스크를 알게끔 하는 것은 어렵다.

따라서 '방재 픽토그램(Pictogram)'을 이용한 '대피유도 시스템'은 관광객과 같이 그 지역을 상세히 알지 못하는 사람들에게 그 지역의 지진해일 리스크, 더욱이 지진해일을 대처하게끔 하는 최소한의 방법('생명을 지키는 방법')이다. 픽토그램은 그림문자를 이용한 표시(Sign)기호로 건물 내에 비상구를 나타내는 표시가 그 대표적인 예이다. 색(파란색 : 의무적 행동·지시, 노란색 : 주의·위험, 녹색 : 안전·대피)과 기호(記號)의 형상(○ : 금지·의무행동, △ : 경고, □ : 정보)을 조합시켜 메시지를 전달하는 '픽토그램'의 이점은 그 나라의 언어를 알지 못하는 외국인 및 어린이도 그 의미를 전달할 수 있다는 것이다. 지진해일 방재에 관련되는 픽토그램에 대해서는 세계 여러 나라에서 여러 가지 종류의 그림 기호가 있었지만, 2004년도 인도양 대지진해일을 계기로 그 표준화를 도모하는 움직임이 있었고, 일본이 제안한 디자인인 '지진해일 주의', '지진해일 대피장소', '지진해일 대피빌딩'의 세 가지 디자인(그림 4.111 참조)을 ISO[38]의 지진해일 그림 기호로 채택하였다.

지진해일 주의

지진해일 대피장소

지진해일 대피빌딩

출처 : Outdoor Hack HP(2018) : http://outdoorhack.com/2011/08/tsunami-pictogram/

그림 4.111 일본에서 사용 중인 지진해일 픽토그램(ISO 20712-1)

'방재 픽토그램'을 이용한 '대피유도 시스템'은 재해 전부터 지역의 리스크와 대피행동에 대한 '학습을 위한 시스템'과 지진해일 발생 시에 '긴급정보를 알려주는 시스템'으로 구성되어 있다. 즉, '학습을 위한 시스템'은 파의 위험성 및 지역의 지진해일 피해에 관한 역사와 같은 '지진해일 위험성'을 나타내는 시스템이고, '긴급정보를 알려주는 시스템'은 지진해일이 발생했을 때 대피장소, 지진해일 대피빌딩 등과 같이 대피소를 알려주거나, 안전한

---

38   ISO(International Organization for Standardization) : 국제표준화기구의 약지이며, 이는 지적활동이나 과학·기술·경제활동 분야에서 세계 상호 간의 협력을 위해 1946년에 설립한 국제기구를 말한다.

높이를 표시하는 '대피장소·대피방향'을 나타내는 시스템이다. 많은 사람들이 모이는 집객장소(集客場所)에 '재해지도 등과 같은 학습을 위한 표시', 안전한 높은 곳에는 '대피장소 표시', 도로의 분기점에는 '대피 장소에로의 방향을 나타내는 표시'와 같이 거리 전체에 '방재 픽토그램'을 이용한 '대피유도 시스템'을 구축하여 지진해일에 대해 안전한 지역을 만드는 것이 중요하다(그림 4.112 참조).

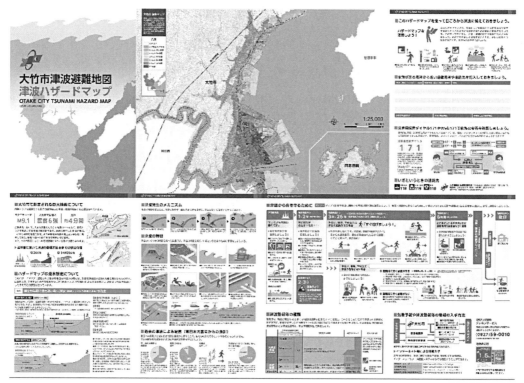

출처: 日本 大竹市 HP(2018), 津波避難地図, http://www.city.otake.hiroshima.jp/ikkrwebBrowse/material/files/group/3/tunami-jouhou.pdf

그림 4.112 픽토그램을 활용한 지진해일 재해지도(일본 오타케시)[60]

5) 조기대피

(1) 조기대피의 필요성

2011년 동일본 대지진 시 지진 발생으로부터 대피개시까지의 평균 시간은 20분 정도이었다. 그림 4.113은 일본 고지현(高知県) 어떤 마을의 대피시작 시간과 사망률의 관계를 수치 시뮬레이션으로 나타낸 그림으로 10분 이내 대피 시 사망률은 0을 나타내고 있다. 물론 개인 각자의 걷는 속도 등에 따라 결과는 바뀌지만, 조기에 대피함으로써 무사히 대피할 확률이 현격히 오른다. 또한 대피타워를 설치하여 대피하는 거리를 짧게 하면 대피개시를 다소 늦춰도 사망률이 낮아지지만 대피개시가 늦어지면 대피타워 설치효과가 반감된다. 즉, 조기대피가 매우 중요하다는 것을 알 수 있다.

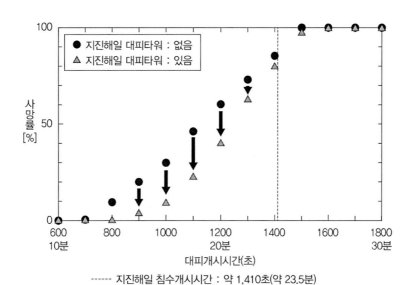

출처 : NHK そなえる防災 HP(2018), https://www.nhk.or.jp/sonae/column/20170734.html

그림 4.113 지진해일 시 대피개시시간과 사망률 관계(일본 고지현)

(2) 조기대피를 하지 않는 이유

그림 4.114는 동일본 대지진의 진도와 평균 대피시간을 나타낸 그림이다. 이것을 보면 지진의 진도와 대피시간은 거의 무관하며, 경우에 따라서는 강한 진동을 느낄수록 대피개시까지의 시간이 길어지는 경향을 읽을 수 있다. 일본의 경우 지진해일경보는 3분 이내에 발표되기 때문에, 지진해일의 크고 작음에도 불구하고 지진해일이 내습할지는 몇 분 안에 알 수 있다. 그러면서도 사람들은 대피를 시작하지 않는 이유는 '그래도 지진해일이 자신의 눈앞에 오지 않을 것'이라고 생각한다는 것이다. 실제로 지진해일의 피해를 당했던 사람과 인터뷰하면 대부분 "방심하고 있었다."라고 하였다. 즉, "방심하고 있었다."라는 말은 "안전하다고 생각했다."라는 말로 이를 '정상성(正常性) 바이어스(Bias)'[39]라고 하는 심리적 작용이다. 이것은 평소 일상생활이 안전하면 '이상사태에서도 안전하다고 믿고 싶다'는 심

리상황으로 이 '정상성 바이어스'를 극복하지 않으면 스스로 조기대피하는 것은 어렵다고 할 수 있다.

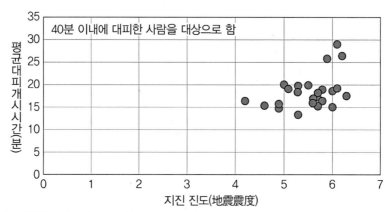

출처 : NHK そなえる防災 HP(2018), https://www.nhk.or.jp/sonae/column/20170334.html

그림 4.114 동일본 대지진 시 진도와 평균 대피 개시시간과의 관계

4.10.4 동일본 대지진해일 이후 보강된 지진해일 대책

연안에서의 지진해일 대책에 대해서는 종전부터 진행되고 있었으나, 동일본 대지진해일 이후 경험을 바탕으로 구조적 대책 및 비구조적 대책의 양면에서 연안지역에서의 지진해일 대책에 대한 가속 및 기술개발 추진에 박차를 가하고 있다. 예를 들면 견고한 구조를 갖는 새로운 방파제 설계 방법과 방파제·방조제를 복합적으로 합친 다중방호, 지진해일 대피관련 확실성의 향상 등과 같은 대책을 추진하고 있다.

1) '견고하면서 잘 부서지지 않는 구조'를 갖는 방파제·방조제 보강

최근 일본에서는 동일본 대지진해일 때 피해를 입었던 방파제의 사례를 참고하여 지진해일 시 월류가 발생하여 제체가 움직이더라도 기능을 잃지 않는 '견고하면서 잘 부서지지 않

---

39 정상성(正常性) 바이어스(Bias) : 이상사태의 상황을 정상 범위로 파악하고, 마음을 평온하게 유지하려는 심리적 작용으로 '가능하면 대피하지 않고 끝내고 싶다' 또는 '지진해일이 밀려온다는 것을 생각하고 싶지 않아' 등과 같이 여기는 심리적 기능을 말한다.

는 구조'를 갖는 새로운 방파제의 설계방법 수립에 대해서 노력하고 있다. 그동안 설계 시 상정된 지진해일의 규모를 넘는 지진해일에 대하여 기본단면에 부가적인 구조상 검토를 하는 것 외에 지진해일 시 변형을 하더라도 무너지지 않는 '견고한 구조'를 가짐으로 지진해일의 피해를 줄일 수 있는 방파제를 검토하고 있다. 이 방법은 기존 방파제에 대해서도 견고함을 증가시킬 수 있다. 종래 방파제 설계 시 동일본 대지진해일 이전의 지진해일 재해기록 등을 바탕으로 외력 설정을 하였는데 기본적으로 월류된 방파제 거동에 대해서는 검증하지 않았었다. 그러나 동일본 대지진해일 시 지진해일이 방파제 월류한 후 제체 주변부분의 세굴 등으로 방파제가 전도·붕괴되는 피해가 많이 발생하였다(그림 4.115 참조).

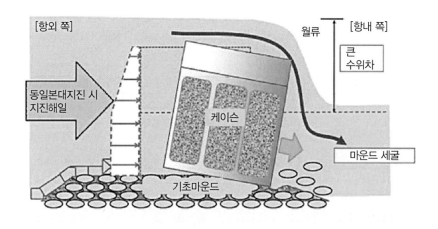

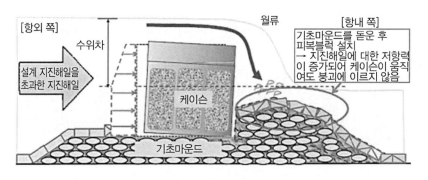

출처 : 日本埋立浚渫協会HP(2018), http://www.umeshunkyo.or.jp/210/284/data.html

그림 4.115 '견고하면서 잘 부서지지 않는 구조'의 이미지(방파제)

향후 방파제 설계에 있어서는 '최대급 지진해일'에 대해서도 가능한 견디며 잘 부서지지 않는 구조를 가질 수 있도록 하는 것을 목표로 할 필요가 있다. 예를 들어 그중 한 가지가 방파제 케이슨 바로 뒤에 복부공(腹部工)을 설치하는 등의 침식대책을 수립하면 세굴을 어느 정도 방지할 수 있다(그림 4.116 참조). 이와 같이 동일본 대지진해일을 경험삼아 지진해일에 대한 방파제 설계방법에 관한 새로운 지식이 형성되고 있다.

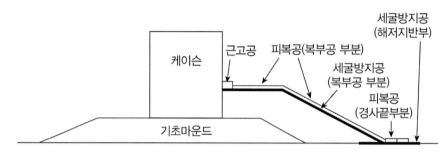

출처: J細川真也·宮(田正史·青木伸之·鴨打浩一(2012), 津波に対して粘り強い港湾構造物の設計手法に関する研究, 国土交通省国土技術研究, http://www.mlit.go.jp/chosahokoku/h24giken/program/kadai/pdf/shitei/shi2-02.pdf

그림 4.116 월류대책의 단면 설정 예[61]

또한 동일본 대지진 시 지진해일이 해안제방 등을 월류하여 대부분의 시설이 재해를 입었고, 또 배후지에 막대한 피해가 발생시켰다(사진 4.33 참조). 이것은 내습한 지진해일의 수류(水流)가 해안제방을 월류한 후 안비탈피복공 끝(제방이 해수면에 접하지 않는 면의 기부(基部))의 지면(地面) 등과 충돌하여 제방이 유실되는 피해형태가 보였다.

출처: 国土交通省HP(2018), http://www.mlit.go.jp/river/kaigan/main/kaigandukuri/tsunamibousai/04/index4_1.htm#tsunami41

사진 4.33 동일본 대지진해일 시 월류에 따른 해안제방 피해상황(미야기현 센다이만 남부해안)

따라서 해안제방 안비탈피복공 끝부분을 피복하여 보호하거나 안비탈 경사를 완만하게 하여 해안제방을 '잘 부서지지 않은 구조'로 강화하기로 하였다(그림 4.117 참조). 이렇게 하면 지진해일이 제방을 넘었을 경우에 제방이 부수어질 때까지의 시간을 지연시켜 대피시간을 벌고 침수면적 및 침수심을 줄이는 등의 재해 감소효과를 갖는다.

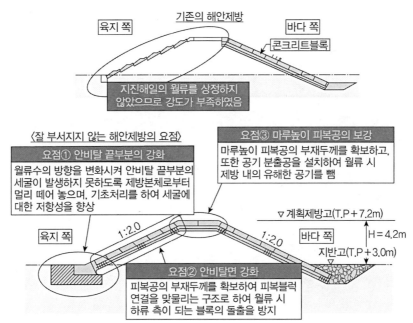

출처 : 国土交通省HP(2018), http://www.mlit.go.jp/river/kaigan/main/kaigandukuri/tsunamibousai/04/index4_1.htm#tsunami41

그림 4.117 기존 해안제방과 '잘 부서지지 않는 구조'의 해안제방 개념도

금후 다양한 조사·연구 및 민간을 포함한 기술개발의 성과 등을 최대한 포함시켜 '견고하면서 잘 부서지지 않는 구조'를 갖는 항만구조물 설계기법 확립을 노력 중이다.

2) 생명을 지키는 지진해일 방재지역 만들기(그림 4.118 참조)

2011년 12월 '지진해일 방재지역 만들기에 관한 법률'이 발효되었다. 이로써 구조적·비구조적 대책을 유연하게 결합시킬 수 있어 '다중방어(多重防御)'에 의한 '지진해일 방재지역 만들기'가 가능해졌다. 그림 4.119는 최대급 지진해일 시 센다이시의 '다중방어' 이미지이다. 지진해일 방재지역 만들기에 관한 법률'의 구체적인 내용은 도·도·부·현지사(都·道·府·県知事)가

지진해일 방재지역 만들기를 실시하기 위해 기초가 되는 지진해일 침수상정을 설정한다. 그다음 구조적·비구조적 대책을 조합한 시·읍·면(市·町·村)의 추진계획을 작성하고 추진계획에서 정한 사업·업무의 실시, 추진계획구역에서의 특별조치 활용 및 지진해일 방재 시설의 관리 등을 실시한다. 또한 도·도·부·현지사는 경계대피체제의 정비를 실시할 수 지진해일 재해경계구역의 지정이나 일정한 건축물의 건축 및 이를 위한 개발행위를 제한하는 지진해일 재해특별경계구역의 지정 등을 할 수 있다. 즉, 최대급 지진해일에 관한 지역실정에 맞는 적절한 종합적인 대책을 조합시켜 효율적이고 효과적인 지진해일 대책을 수립할 수 있다.

출처: 国土交通省HP(2018), http://www.mlit.go.jp/river/kaigan/main/kaigandukuri/tsunamibousai/04/index4_1.htm#tsunami41

그림 4.118 지진해일 방재지역 만들기 개념도

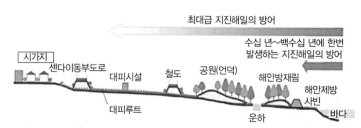

출처: 国土交通省HP(2018), http://www.mlit.go.jp/river/kaigan/main/kaigandukuri/tsunamibousai/04/index4_1.htm#tsunami41

그림 4.119 지진해일의 다중방어 이미지(일본 센다이시)

3) 방파제와 방조제에 의한 다중방어(그림 4.120 참조)

 오후나토항, 가마이시항, 스자키항 등에서는 동일본 대지진해일 이전에 이미 만(灣) 입구부에 지진해일 방파제를 설치하는 지진해일 대책을 진행하였는데, 이번 동일본 대지진해일 시 만내(灣內)의 지진해일고를 경감시키는 효과를 확인할 수 있었다. 동일본 대지진해일 때 오후나토항 및 가마이시항의 완코우 방파제는 재해를 입었지만 방파제 때문에 만내(灣內)로 전파하는 지진해일고 및 속도를 감소시켜, 만 안쪽 침수 개시시간을 지연시켰다. 가마이시항 완코우 방파제 효과는 완코우 방파제가 있을 때의 관측값과 완코우 방파제가 없을 경우의 지진해일 수치시뮬레이션 결과를 비교하면, 지진해일고는 40% 감소(13.7m→8.1m), 유속은 50% 감소(6.6m/s→3.0m/s)시키는 동시에 배후의 방조제를 월류하는 시간을 6분 지연시키는 등 방파제와 방조제의 다중방어로 지진해일의 저감효과를 확인할 수 있었다. 동일본 대지진해일에서는 일반 방파제에 의한 지진해일 저감효과도 확인할 수 있는 경우가 많아 일반 방파제도 방조제와 조합시킨 효과적인 '다중방어' 대책을 검토할 필요가 있다.

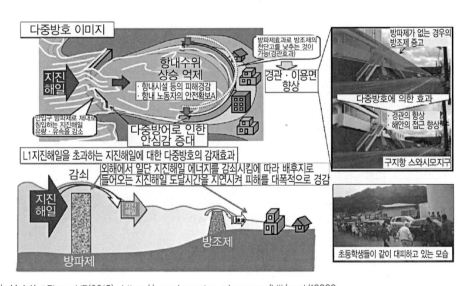

출처 : けんせつPlaza HP(2018), https://www.kensetsu-plaza.com/kiji/post/13039

그림 4.120 방파제와 방조제에 의한 다중방어 효과

4) 실시간 지진해일 재해지도의 활용(그림 4.121 참조)

재해지도는 주민에 대해 방재대책인 '스스로 도움(自助)', '서로 도움(共助)'을 지원하기 위한 도구 중 하나인 동시에 행정에 대해서도 '공공적인 도움'을 지원하기 위한 도구 중 하나이다. 그중에서도 실시간 지진해일 재해지도 시스템이라는 것은 외해 지진해일 관측망(觀測網)에서 얻어지는 파형 데이터를 사용하여 지진해일 발생 직후 조기(早期) 단계에서 정밀한 예측정보를 작성한 후 피해 저감을 가능케 하는 정보로써 활용하는 것이다. 이 시스템에서는 지진해일의 제1파만 아니라 후속파(後續波)의 시계열 변화도 예측 가능하며 파원(波源)의 시공간 분포를 동시에 추정할 수 있어 높은 정확도와 폭넓은 활용이 기대된다.

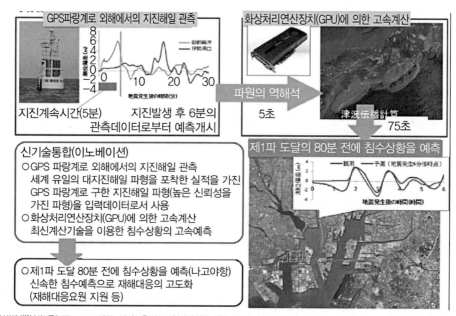

출처: 防災科学技術研究所における地震・津波の即時予測技術高度化研究 (2013), https://www.jishin.go.jp/main/seisaku/hokoku13m/k64-6.pdf

그림 4.121 실시간 지진해일 재해지도 개요

5) 수문·육갑문 등의 자동화 및 원격조정(그림 4.122 참조)

수문·육갑문 등의 자동화 및 원격(遠隔) 조작화(操作化)는 상정(想定) 지진해일 도달시간이 몇 분 내로 짧고 긴급성 높은 지역에서의 수문·육갑문 조작원 안전과 확실한 폐쇄 때문에 필요하다. 자동화(自動化)라는 것은 수문·육갑문 등과 같은 개폐 및 밀폐까지 모든 조작을 전기

(電氣)로 작동시키는 시설에 있어서 지진계나 기상위성 등의 지진해일 정보를 수신·분석 후 사람의 손을 거치지 않고 자동으로 개폐·밀폐하기 위한 조작방식을 말한다. 또한 원격조정은 멀리 떨어진 곳에서 수문·육갑문 등의 폐쇄조작을 실시하는 운전조작방식으로 전동화(電動化) 및 원격감시를 가능케 하는 것이 선행조건이다.

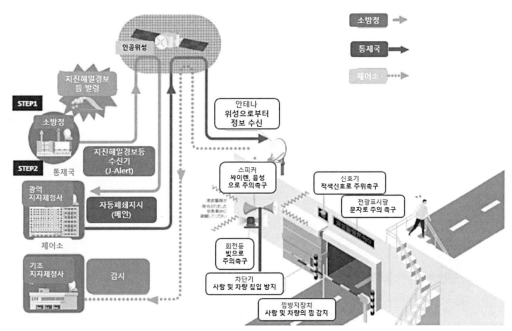

출처 : 每日新聞HP(2018), http://mainichi.jp/articles/20170124/k00/00e/040/163000c

그림 4.122 수문·육갑문 등의 자동화 시스템 개요

6) 항만의 지진해일 및 그에 따른 유출물 대책

동일본 대지진 시 지진해일방파제(완코우 방파제)는 손상됐지만 지진해일고를 저감시키고 지진해일의 도달시간을 지연시키는 등의 효과를 확인할 수 있었다. 이 때문에 발생빈도가 높은 지진해일고를 상회하는 지진해일에 대해서 구조물에 의한 재해감소(減災) 효과를 고려하면서 동시에 대피 등과 같은 비구조적 대책 수립을 종합적으로 추진해야 한다. 또한 동일본 대지진 시 액상화로 인해 화물처리지가 침하하여 하역에 차질이 발생했지만, 내진 강화안벽을 이용하여 긴급물자 등의 수송에 이용하였다. 따라서 이를 바탕으로 항만BCP (사업계속계획)의 수립하여 내진성·내지진해일성을 높일 시설계획과 재해 발생 후 행동계획을 정하고 대책을 강구하여 피해 최소화 및 물류기능의 조기복구를 도모한다(그림 4.123 참조). 아울러, 액상화에 따른 안벽 등과 같은 항만시설의 영향과 그 대책에 대한 검증을 추진한다.

또한 동일본 대지진해일 시 항만에서 취급하는 목재, 펄프, 수송 컨테이너 및 차량 등이 지진해일로 인하여 표류하여 항만으로부터 제내지로 유출되었다. 항만 유출물은 제외지뿐만 아니라 제내지에서 지진해일 대피시설에 영향을 주고 지진 대피행동에 차질을 빚게 하는 등과 같은 2차적인 피해를 일으킬 수 있다. 유출물에 대한 대책 중 단기대책은 화물배치 주의 또는 고박(固縛) 등으로 대처하며, 더욱이 구조적인 측면을 포함한 기술적 검토 및 유출될 위험성이 있는 자재와 기기, 컨테이너 등의 배치 시 검토를 포함하여 유출방지에 노력한다.

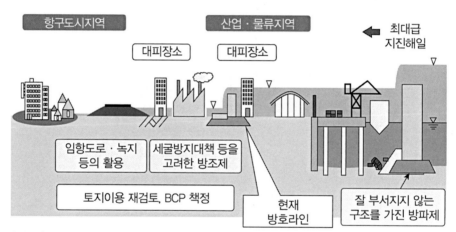

출처 : 国土交通省HP(2018), http://www.mlit.go.jp/hakusyo/mlit/h23/hakusho/h24/html/n1131000.html

그림 4.123 항만의 지진해일 대책

• 참고문헌 •

1. 日本 国土交通省(2017), http://www.mlit.go.jp

2. 相田勇(1981), 東海道沖におこった歴史津波の数値実験, 地震研究所彙報, 56, pp.367～390.

3. 日本 国土交通省(2017), http://www.mlit.go.jp

4. 藤間功司・後藤知明(1994), 圓錐形の島に捕捉された長波の特性, 土木学会論文集, No. 497, pp.101～110.

5. Shuto. N.(1972), Standing Waves in Front of a Sloping Dike, Coastal Eng. in Japan, Vol.15, pp.13～23.

6. 富樫豊由・中村武弘(1975), 津波の陸上遡上に関する実験的研究, 第22回海岸工学講演会論文集, pp.371～375.

7. Synolakis,C.E.(1987), The Runup of Solitary Wave, J. Fluid Mech., Vol.185, pp.523～545.

8. 平石哲也・柴木秀之・原崎恵太郎(1997), 想定南海地震津波における共振周期特性の重要性について, 海岸工学論文集, Vol.44, pp.286～290.

9. 日本 国土交通省港湾局(2012), 防波堤の耐津設計ガイドライン(案).

10. 地野正明・松山昌史・榊山勉・柳沢賢(2005), ソリトン分裂と砕波を伴う津波の防波堤に作用する波力評價に 関する実験的研究, 海岸工学論文集, 第52巻, pp.751～755.

11. 日本 国土交通省(2011), 津波に対し構造耐力上安全な建築物の設計法に係る追加的知見について, 平成　23年11月17日付け国住指第2570号国土交通省住宅局長通知, http://www.mlit.go.jp/report/press/house05_hh_000274.html

12. 高橋重雄, 遠藤仁彦, 室善一朗(1992), 越波時における防波堤上の人の転倒に関する研究,港湾構造物 に関する水工学的研究,港湾空港技術研究所報告, 第 31巻 第4号, pp.3～31.

13. 高橋重雄, 遠藤仁彦, 室善一朗(1992), 越波時における防波堤上の人の転倒に関する研究,港湾構造物 に関する水工学的研究,港湾空港技術研究所報告, 第 31巻 第4号, pp.3～31.

14. 高橋重雄, 遠藤仁彦, 室善一朗(1992), 越波時における防波堤上の人の転倒に関する研究,港湾構造物 に関する水工学的研究,港湾空港技術研究所報告, 第 31巻 第4号, pp.3～31.

15. 東海・東南海・南海地震津波研究会, 「よくわかる津波ハンドブック」.

16. 首藤伸夫(1976), 津波の計算における非線型と分散項の重要性, 第23回海岸工学講演会論文集, pp.432～436.

17. Goto, C. and Shuto, N(1983), Numerical simulation of tsunami propagations and run-up, Tsunamis-their Science and Engineering, Terra Pub. pp.439～451.

18. 後藤智明ほか(1988), 遠地津波の数値計算法に関する研究, その1 支配方程式と差分格子間隔, 地震, 地震, Vol.41, pp.515～526.

19. 後藤智明(1991), 遠地津波の外洋伝播計算, 港湾技術研究所報告, 運輸港湾省技術研究所, Vol.30,

No.1, pp.3~19.

20. 後藤智明・佐藤一央(1993), 三陸沿岸を対象とした津波数値計算システムの開発, 港湾技術研究所報告, 運輸港湾省技術研究所, Vol.32, No.2, pp.3~44.

21. 後藤智明・佐藤一央(1993), 三陸沿岸を対象とした津波数値計算システムの開発, 港湾技術研究所報告, 運輸港湾省技術研究所, Vol.32, No.2, pp.3~44.

22. 相田 勇(1977), 陸上に溢れる津波の数値実験－高知県須崎および宇佐の場合－地震研究所彙報, Vol.2, pp.441~460.

23. 岩崎敏夫・真野 明(1979), オイラー座標による2次元津波遡上の数値計算, 第26回海岸工学講演会論文集, pp.70~74.

24. 後藤智明(1981), 陸上大障碍物群の津波氾濫時数における抵抗, 第25回湾水理講演会論文集, pp.125~132.

25. 後藤智明・首藤伸夫(1981), 河川津波の遡上計算, 第28回海岸工学講演会論文集, pp.64~68.

26. 後藤智明(1983), 津波による木材の流出に関する計算, 第30回海岸工学講演会論文集, pp.594~597.

27. 後藤智明(1983), 津波による油の拡がりに関する数値計算, 土木学会論文集, Vol. 357, pp.217~223.

28. 柴木秀之, 青野利夫, 見上敏文, 後藤智明(1988), 沿岸域の防災に関する総合数値解析システムの開発, 土木学会論文集, No.586, pp.77~92.

29. 기상청(2017), http://www.kma.go.kr

30. 국립재난안전연구원(2016), 지진해일 재해정보 가시화 기술 개발, pp.5~6.

31. 조용식(2012), 지진해일 연구와 재난관리, p.28.

32. 한국원자력안전기술원(2015), 동해의 지진해일 유발 지진원 데이터베이스, pp.3~4.

33. 한국원자력안전기술원(2015), 동해의 지진해일 유발 지진원 데이터베이스, pp.45~46.

34. 조용식(2012), 지진해일 연구와 재난관리, p.23.

35. Cho, Y.-S.(1995), Numerical simulations of tsunami propagation and run-up, Ph.D. Thesis, Cornell University, USA.

36. 조용식(2012), 지진해일 연구와 재난관리, pp.23~24.

37. 기상청(2018), http://www.kma.go.kr/aboutkma/biz/earthquake_volcano_03.jsp

38. 기상청(2017), http://web.kma.go.kr/aboutkma/biz/earthquake_volcano_01.jsp

39. 日本 気象庁(2017), http://www.data.jma.go.jp

40. 위키피디아(2017), http://ja.m.wikipedia.org/wiki/

41. NDBC-Deep-ocean Assessment and Reparing of Tsunami description(2017), http://www.ndbc.noaa.gov/dart/dart.shtml

42. GMT(Generic Mapping Tool)(1998), Wessel,P., and W.H.F.Smith, New, improved version of Generic Mapping Tools released, EOS Trans. Amer. Geophys. U., vol.79

(47), p.579.

43. 日経コンストラクション編(2011), 東日本大地震の教訓土木編インフラ被害の全貌, pp.26～49.

44. 京都大学防災研究所(2011), 自然災害と防災の事典, pp.31～32.

45. 위키백과(2017), https://ko.m.wikipedia.org/wiki/

46. 海上保安庁(2011), 宮城県沖の海底が24メート動く, http://www1.kaiho.mlit.go.jp/KIKAU/press/2011/H230406_miyagi.pdf

47. 東北地方太平洋沖地震津波合洞グループ, http://www.coastal.jp/ttjt.

48. 日本 水産庁HP(2018), http://www.jfa.maff.go.jp/j/kikaku/wpaper/h23_h/trend/1/t1_1_1_1.html

49. 河北新報社撮影(2012), http://www.47news.jp/

50. 高橋 重雄ほか(2011), 東日本大地震による港湾・海岸・空港の地震・津波被害に関する調査速報, 港湾空港技術研究所, No.1231, pp.170～172.

51. 伊藤喜行・谷本勝利・木原力(1968), 長週期に対する防波堤の効果に関する数値計算(第4報), 1968年十勝沖地震津波に対する大船渡津波防波堤の効果, 第7巻, 第4号, pp.55～83.

52. 後藤智明・佐・藤一央(1993), 三陸海岸を対象とした津波数値計算システムの開発, 港湾空港技術研究所, Vol.32, No.2, pp.3～44.

53. 富田孝史(2002), 高潮・津波対策の今と将来, 2002年度(第38回)水工学に関する夏期研修講義集, B-8, p.20.

54. 富田孝史・廉慶善・鮎貝基和・丹羽竜也(2012), 東北地方太平洋沖地震時おける防波堤による浸水低減効果檢討, 土木学会論文集 B2(海岸工学), Vol.68, No.2.

55. 沿岸技術研究センター(2016), TSUNAMI-津波から生き延びるために, pp.54～83.

56. インド洋大津波政府調査団(2005), 2004年12月26日のインド大津波の災害-照査報告書-, 內閣府, p.174.

57. 富田孝史・本多和彦・菅野高広・有川太郎(2005), インド大津波によるスリランカ, モルディブ, インドネシアの被害現地調査報告書と数値解析, 港湾空港技術研究所資料, p.36.

58. 須山建設株式會社(2017), http://www.suyama-group.co.jp/construction/disaster/272_1.php

59. 강원도민일보(2017), http://www.kado.net/?mod=news&act=articleView&idxno=872604

60. http://add.or.jp/projects.html?url=201403_hazardmap_tsunami_otake

61. 細川真也・宮{田正史・青木伸之・鴨打浩一(2012), 津波に対して粘り強い港湾構造物の設計手法に関する研究, 国土交通省 国土技術研究, http://www.mlit.go.jp/chosahokoku/h24giken/program/kadai/pdf/shitei/shi2-02.pdf

CHAPTER 05
조석 재해

CHAPTER 05 | 조석 재해

5.1 조 석

5.1.1 조석 개념[1]

1) 만조(滿潮)·간조(干潮)

부산 앞바다의 해수면은 하루에 2차례 규칙적으로 높아졌다 낮아졌다 되풀이하는데 이렇게 해수면이 하루 단위로 규칙적인 높낮이 운동을 하는 현상을 조석(潮汐, Tide)이라 한다 (그림 5.1 참조). 조석이 일어나는 주된 원인은 달이 지구에 미치는 인력과 지구가 달과 지구의 공통 중심 주위를 회전함으로 생기는 원심력을 합친 '기조력(起潮力, Tidal Force)' 때문이다. 지구와 태양과의 사이에도 같은 이유로 달보다는 약간 작은 기조력이 발생한다. 그림 5.2와 같이 기조력이 지구를 잡아당기면 조위의 높아지는 곳과 낮아지는 곳이 발생한다. 조위가 높아진 상태를 '만조(滿潮)', 반대로 낮아진 상태를 '간조(干潮)'라고 한다.

세계에서 가장 큰 조석차(최대 15m)를 가진 캐나다 펀디만(Bay of Fundy)의 만조 시 사진

동일 지점에서의 간조 시 사진

출처 : wikipedia(2018), https://ja.wikipedia.org/wiki/%E6%BD%AE%E6%B1%90

그림 5.1 만조·간조 사진

　지구는 1일에 1회전하므로 많은 장소에서는 1일 2회의 간조와 만조를 맞게 된다. 또한 달이 지구 주위를 약1개월 주기로 공전하므로 만조와 간조 시각은 매일 약 50분가량 늦어지게 된다. 더욱이 만조 시와 간조 시 조위 및 이들의 차이도 매일 변화한다.

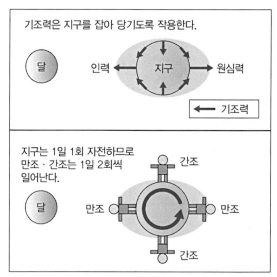

출처 : 日本 気象庁(2017), http://www.data.jma.go.jp/kaiyou/db/wave/comment/elmknwl.html

그림 5.2 기조력과 만조·간조 개념도

2) 사리(대조, 大潮)·조금(소조, 小潮)

지구에 대하여 달과 태양이 직선상으로 나란히 있을 때는 달과 태양에 의한 기조력 방향이 겹치므로 1일의 만조와 간조의 조위차가 크게 된다. 이 시기를 '사리(대조, 大潮)'라고 한다. 달과 태양이 서로 직각방향으로 벗어나 있을 때는 기조력 방향도 직각으로 벗어나 서로 힘을 상쇄하는 모양이 되므로 만조와 간조의 조위 차는 가장 작게 된다. 이 시기를 '조금(소조, 小潮)'라고 한다(그림 5.3 참조). 사리와 조금은 초승달 때부터 다음 초승달까지 사이에 거의 2회씩 나타난다. 초승달과 보름달 일 때는 사리, 상현달과 하현 달 일 때는 조금이 된다. 우리나라에서는 '백중사리'라 하여 '백중(百中)'과 '사리(대조, 大潮)'의 합친 말로 백중(음력 7월 15일)을 기준으로 전후 3~4일 동안 발생하는 사리 시 경험적으로 해수면이 가장 높아져 붙여진 이름이다. 즉, 백중사리는 태양, 지구와 달의 위치가 일직선상에 있으면서(대조) 달의 연중 최단 (最短) 근지점(Perigee, 近地點)에 있을 때이므로 연중조차가 가장 크다. 백중사리 때에 조차가 커서 높은 고조(高潮)가 발생하므로 저지대에 침수가 발생할 수 있고, 이 시기에 폭풍해일이 발생하게 되면 해수면의 높이가 최대가 될 수 있기 때문에 주의해야 한다.

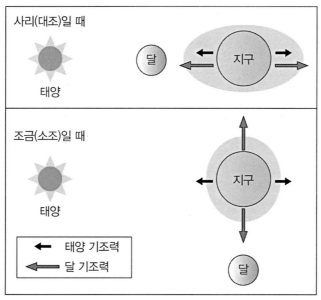

출처 : 日本 気象庁(2017), http://www.data.jma.go.jp/kaiyou/db/wave/comment/elmknwl.html

그림 5.3 사리·조금 개념도

3) 천문조위(天文潮位)

만조·간조 및 사리·조금과 같이 달과 태양의 기조력에 의해 일어나는 조위를 '천문조위'라고 부른다. 어떤 지점에서 장기간에 걸친 높은 정도의 관측 자료가 있으면 그 지점에서 높은 정도의 천문조위를 예측할 수 있다. 국립해양조사원에서는 전국 각지의 천문조위를 조위표로 공개하고 있다.

4) 우리나라 해역의 조차

조차(潮差)는 해안선의 모양, 해저지형, 수심 등의 영향을 받으므로 지역에 따라 그 크기가 다르다. 우리나라 서해(西海)는 세계적으로 조차가 매우 큰 해역이지만 동해(東海)는 조차가 작아서 조석이 없는 것처럼 보인다. 인천의 경우 수심이 낮은 서해와 옹진반도의 해안선에 의해 조석에너지가 축적되어 만조와 간조 때 높이차가 8~10m나 되지만 동해의 수심이 깊고 해안선이 단조로워 만조와 간조의 때 조위차가 0.3m 내외이다. 남해(南海)의 조차는 동해보다는 크고 서해보다는 작은데 부산의 경우 1.2m로 서쪽으로 갈수록 커져 완도에서는 3m로 나타난다. 서해의 조차는 목포에서 3m이고 북쪽으로 갈수록 높아져 인천에서 최대 9m까지 나타난다.

5) 부진동(副振動)

부진동은 만(灣)이나 해협(海峽) 등에서 발생하는 해면의 진동 현상으로 진동의 주기는 몇 분부터 수십 분으로 만(灣)이나 해협의 형상(깊이와 크기)에 의해서 다르다. 일반적으로는, 태풍과 저기압 등의 기상 교란에 기인하는 해양의 교란, 해일 등으로 발생한 해수면 변동이 만내의 고유 진동수와 공명(共鳴)하면 부진동이 된다. 부진동 자체는 전국 어디의 연안에서도 발생하고 있고 특히 드문 현상은 아니지만, 진동의 주기가 만(灣) 등의 고유주기와 가까운 경우는 공명(共鳴)을 일으키고 조위의 변화가 현저하게 커지게 된다. 진폭이 큰 부진동은 급격한 조위 변동과 거센 조류를 일으켜 부두에 계류된 소형 선박의 전복(顚覆)이나 파손, 정치망(定置網) 등 계류물의 유실 등의 피해를 가져오는 일이 있다. 또한 연안의 저지대에서 바닷물이 하수구를 역류하고 도로나 주택지로 넘치는 등의 침수피해를 가져오

는 경우도 있다. 특이한 부진동의 사례로 일본 나가사키만(長崎灣)에서 발생하는 '아비키 (あびき)'라고 불리는 부진동 현상이 있는데 그 진폭은 3m 가까이 된다(그림 5.4 참조). 이 해역에서는 바닷물의 미소한 변동이 해양 장파(수심보다 파장이 긴 파도)로 증폭되면서 연 안 지역에 전달되어 만내 등에 침입하여 진동이 일어나는 경우가 있다(그림 5.5 참조). 또 한 만이나 해협의 형상에 따라서는 파도의 반사가 반복되면서 부진동이 며칠씩 계속되는 경우도 있다. 부진동은 태풍 및 부근에 발달된 저기압이 없는 맑은 날씨 때라도 갑자기 발 생할 수 있어 예측이 어려운 현상이다.

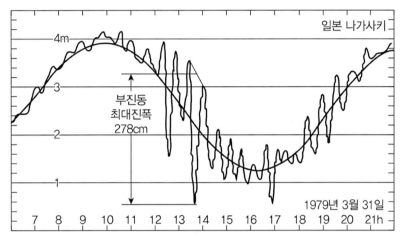

출처 : 長崎地方気象台(2018), http://www.jma-net.go.jp/nagasaki-c/kaiyo/knowledge/abiki/index.html

그림 5.4 1979년 3월 31일 일본 나가사키 검조소에서의 조위기록

출처 : 長崎地方気象台(2018), http://www.jma-net.go.jp/nagasaki-c/kaiyo/knowledge/abiki/index.html

그림 5.5 동지나해에서의 부진동 발생 개념도

5.1.2 조석관측 및 예측

1) 조석관측

조석관측은 달, 태양 등의 기조력과 기압, 바람 등에 의해서 일어나는 해수면의 주기적인 승강현상을 연속 관측하는 것을 말한다. 관측 자료는 평균 해면, 최극조위(最極潮位) 등과 같은 유용한 조석정보로 이용되며 또한 이를 근거로 수심측량의 기준면을 결정하고 항만 및 해안구조물 건설 등에 필요한 설계 자료로 제공된다. 또한 선박의 안전운항과 바다 갈라짐 현상을 예보하여 관광자원 개발과 레저 활동 자료로도 활용한다. 더욱 중요한 것은 연안재해예방을 위한 조위경보발령 자료로 이용하고 태풍 및 고파랑 시 재해예방을 위한 자료와 지진해일 및 지반의 융기나 침강 등의 연구 자료로도 활용된다.

2) 조석예측[2]

조석은 항만의 기준면, 조류와 표사의 계산 등에 사용된다. 조석을 측정하는 데에는 검조주(檢潮柱, Tide Staff), 부표식, 수압식, 초음파식 검조기(Tide Gage) 등이 사용된다. 조위곡선(Tide Curve)은 시간에 따른 조석의 높이를 나타낸 그림으로 시간적인 조위의 변화를 알 수 있다. 임의의 관측지점에서의 조석을 다수의 규칙적인 조석, 즉 분조[1]들의 합성이라 가정하고, 관측된 조석의 실측치를 분조들로 분해하여 시간적으로 변화하지 않는 조화상수(Harmonic Constant)를 구하는 것을 조화분해(Harmonic Analysis)라고 하며 조화분해를 통해 조위를 추산한다. 주요 4대 분조로는 주태음반일주조, 주태양반일주조, 일월합성주조, 주태음일주조가 있다. 주태음반일주조(M_2)는 달의 천구상의 일주운동에 의해 발생하는 조석으로, 주기는 12시간 25분이다. 주태양반일주조(S_2)는 태양의 천구상의 일주운동에 의해 발생하는 조석으로, 주기는 12시간이다. 일월합성주조(K_1)는 태양의 황도[2]상의 평균적 운행에 대한 달 및 태양의 상대위치와 관련해서 발생하는 조석으로, 주기는 23시간 56분이다. 주태음일주조(O_1)는 달의 천구상의 일주운동에 의해서 발생하는 조석으

---

1 분조(分潮, Tidal Component) : 조위변동의 주원인인 천체(天體)에 의한 조석력을 여러 가지 주기변동으로 분리한 것으로 각각을 일정주기의 정현곡선으로 나타낼 수 있다.
2 황도(黃道, Ecliptic) : 천구(天球)상의 태양 궤도를 말한다.

로, 주기는 25시간 49분이다. 조위는 어떤 기준면에서부터 상대적인 높이로 측정된다. 기본수준면(DL : Datum Level 또는 CDL : Chart Datum Level)은 평균 수면에서 4분조의 진폭의 합만큼 내려간 높이로 식(5.1)과 같고, 조석표, 해도, 각종 해안 및 항만공사 시 기준으로 채택되고 있다. 기본수준면의 설정은 각 나라마다 다르며, 우리나라의 기본수준면은 평균 저저조위(MLLW : Mean Lower Low Water)를 채택하고 있다.

$$Z_0 = \overline{Z} - (H_m + H_s + H_k + H_0) \tag{5.1}$$

여기서, Z_0은 기본수준면의 높이, $\overline{Z}$는 평균 수면의 높이 H_m, H_s, H_k 및 H_0는 주요 4분조의 진폭이다. 어느 지점에서의 조위 h_T는 각 분조의 진폭과 위상을 파악하여 식(5.2)에서 추산할 수 있다.

$$h_T = h_0 + \sum_{i=1}^{N} H_i \cos\left(\frac{2\pi}{T_i}t + k_i\right) \tag{5.2}$$

여기서, h_0는 평균수면과 기준수준면의 차이, $\sum$는 각 분조의 합, H_i는 각 분조의 진폭, T_i는 각 분조의 주기, k_i는 그리니치(Greenwich) 천문대를 기준으로 한 각 분조의 지각(遲刻, Phase Lag), t는 기원 시부터 측정한 평균 태양시에 의한 시간수이다. H_i와 k_i는 시간에 관계되지 않는 각 지점의 고유상수로 조석의 조화상수라 하고, k_i는 천체가 남중(南中, Culmination)에서 고조가 될 때까지의 지체시간을 각도로 표시한 것으로 장소에 따라 다르다.

3) 국가해양관측망

국가해양관측망은 해양에 관한 장기·연속적인 해양관측자료를 수집하기 위해 구축·운영 중인 해양관측시설물인 조위관측소, 해양관측소, 해양관측부이, 광역해수유동관측소, 해양과학기지를 말한다(그림 5.6 및 표 5.1 참조). 조위관측소는 2017년 현재 50개소가 있으며, 주요 임무는 그 지역의 해수면 높이 변화 또는 조석현상을 정밀하게 관측하기 위해 연안에 위치한 시설물을 말한다(그림 5.7 참조). 해양관측소(6개소)는 등표(燈標) 등 연안에 위치한 고정구조물에 해수면 높이, 파랑, 해상기상 등을 관측하고, 해양관측부이(25개소)는 해수특성(수온, 염분 등), 해수흐름(유향, 유속), 파랑(파고, 주기 등), 해상기상 등을 관측하기 위한 부표 및 부대시설을 말한다.

조위관측소

해양관측부이

광역해수유동관측소

해양관측소(복사초)

종합해양과학기지(이어도)

출처 : 국립해양조사원(2017), http://www.khoa.go.kr/kcom/cnt/selectContentsPage.do?cntId=25402000

그림 5.6 국가 해양관측망 종류

표 5.1 국가해양관측망의 관측시설(관리자) 및 관측항목

관측시설(관리자/관측시설 개수)	관측항목
조위관측소(국립해양조사원/전체 50개소 : 유인32, 무인18)	조위, 수온, 염분, 해양기상
해양관측소(국립해양조사원/6개소)	조위, 파랑, 해양기상
해양관측부이(국립해양조사원/25개소)	유향, 유속, 파랑, 수온, 염분, 해양기상
광역해수유동관측소(국립해양조사원/8개소)	표층의 유향, 유속
해양과학기지(국립해양조사원/1개소)	조위, 해양기상, 환경, 구조물 변화 등

출처 : 소방방재청 재난상황실(2014), 재난상황관리 정보(조석), p.14.

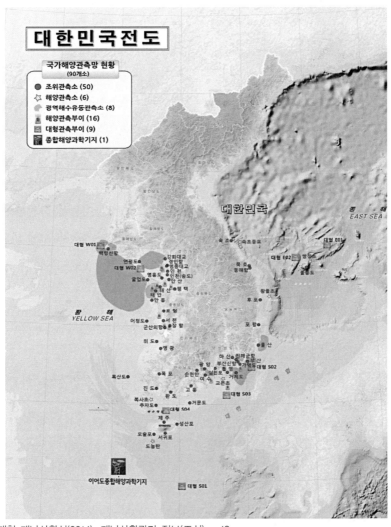

출처 : 소방방재청 재난상황실(2014), 재난상황관리 정보(조석), p.13.

그림 5.7 국가해양관측망 현황

또한 광역해수유동관측소(8개소)는 해안 또는 육상에서 고주파레이더를 이용하여 넓은 해역의 해수 표층흐름(유향, 유속)을 관측하고, 해양과학기지(1개소)는 해양에 대한 조사·연구를 목적으로 연안에서 멀리 떨어진 특정 해역에 설치한 해양구조물로 관측 장비, 부대장비(통신, 발전 등) 및 거주시설을 갖추고 관측자가 일정기간 상주할 수 있는 시설물을 말한다.

4) 관측종류와 방법

조석을 관측하는 방법 중 가장 쉬우면서 꼭 해야 하는 것은 눈금이 그려져 있는 자(표척)를 해수면 속에 수직으로 세우고 해수면의 높이를 눈으로 측정하는 표척관측(標尺觀測)이다. 이러한 표척관측은 짧은 시간 동안의 관측이나 해면의 높이 기준이 되는 기본수준점 높이를 측정할 경우와 기계식 조위계 자료의 정확성을 파악하려 할 때 사용된다. 그림 5.8은 조위관측소의 사진과 관측소의 모식도로 일반적으로 기계식 조석 관측 장비인 조위계를 이용한 장기관측을 시행하며 그 종류는 다음과 같다.

① 부표식(浮漂式) : 조위관측소 내부에 검조우물을 설치하고 도수관(導水管)을 통하여 해수를 검조우물로 유도하여 검조우물 내부 부표의 상하이동을 측정하여 조석을 관측하는 방식이다. 디지털 및 아날로그 기록지(記錄紙) 자료로 동시에 관측되며 자료 미비(未備) 시에 상호 보완 가능한 장점이 있다(그림 5.9(a) 참조).

② 수압식(水壓式) : 검조우물 내부의 수위변화에 따른 압력(수압)을 감지하여 환산하는 방식이다(그림 5.9(b) 참조).

(a) 조위관측소 사진　　　　　　　　　(b) 조위관측소 모식도

출처 : 소방방재청 재난상황실(2014), 재난상황관리 정보(조석), p.14.

그림 5.8 조위관측소

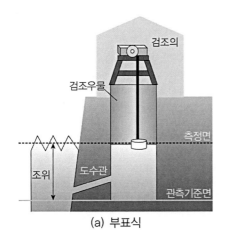

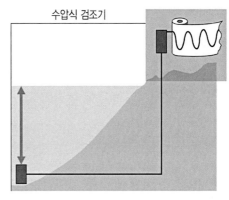

(a) 부표식   (b) 수압식

출처: 소방방재청 재난상황실(2014), 재난상황관리 정보(조석), p.14.

그림 5.9 기계식 조위관측 종류

③ 극초단파식(極超短波式) : 9.4~9.8GHz역의 극초단파가 해면에 반사되어 돌아오는 시간을 거리로 환산하여 조석 및 파랑자료를 관측하는 방식으로 검조우물 설치가 불가능한 지역에서도 관측할 수 있는 장점이 있다(그림 5.10 참조).

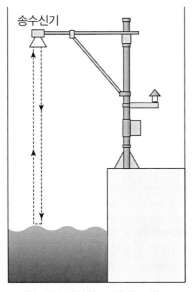

(a) 극초단파식 조위계 모식도   (b) 극초단파 조위계 사진

출처: 소방방재청 재난상황실(2014), 재난상황관리 정보(조석), p.15.

그림 5.10 극초단파 조위계

5) 조석예보

정확한 조석예보를 위해서는 장기·연속적으로 해수면의 변화를 관측·기록하는 조석관측이 선행되어야 한다. 우리나라에서는 1951년 8월에 진해항(鎭海港)에 조위관측소를 설치하여 조위를 관측한 이후로 주요항만 등 77개 지역에 대한 조석예보를 실시하고 있다(2017년 기준). 특히 국립해양조사원은 2016년 12월부터 국민들에게 조석(潮汐) 정보를 상세히 알려주는 '스마트 조석예보' 서비스를 실시하고 있는데, '스마트 조석예보'에서는 지역별 조석예보와 장기예보 정보를 제공하고, 특히 월령, 기상, 일출·일몰 등 다양한 조석관련 정보를 한눈에 볼 수 있어 사용자 편의성과 정보전달력이 높다. 또한 '스마트 조석예보'를 통해 향후 5년간의 조석예보 정보도 조회할 수 있고, 최대 4개 지역의 조석예보를 그래프 형태로 상세히 비교할 수 있다(그림 5.11 참조). '스마트 조석예보'는 부산, 인천, 목포 등 주요 항만과 연안, 도서지역 등 77개 지역에 대한 조석예보를 제공하고 있고, 향후 2020년까지 정보 제공 지역을 약 100개로 확대할 계획이다. 국립해양조사원에서는 조석경보를 발령하고 있는데, 발령기준은 약최고고조위에서 관측소별 각 단계별 조위 상승치 이상 상승하면 관심 → 주의 → 경계 → 위험 4단계로 분류한다(표 5.2 참조).

출처 : 해양수산부 공식 블로그 해랑이(2017), https://blog.naver.com/koreamof/220896924166

그림 5.11 스마트 조석예보

표 5.2 국립해양조사원 조위관측소별 고조정보(4단계)

(단위 : DL＋cm)

조위관측소		고조정보(4단계) 기준 높이								약최고 고조위	비고 (관련 지자체)
		당초				변경					
		관심	주의	경계	위험	관심	주의	경계	위험		
1	인천	915	935	967	1,000	886	906	953	1,000	927	인천/김포/시흥
2	안산	866	886	921	956	866	886	921	956	866	안산/화성
3	평택	931	951	986	1,021	931	951	986	1,021	931	평택/아산
4	대산	828	848	883	918	828	848	883	918	828	당진/서산
5	안흥	690	710	752	795	690	710	752	795	709	태안
6	보령	764	784	819	854	764	784	819	854	764	홍성/보령
7	어청도	609	629	654	679	606	626	650	675	609	어청도
8	장항	730	750	794	838	725	745	791	838	748	서천
9	군산	710	730	765	800	710	730	765	800	725	군산/김제/부안
10	위도	663	683	708	733	663	683	713	743	663	위도
11	영광	670	690	731	773	670	690	731	773	683	고창/영광/함평
12	목포	455	475	512	550	486	506	528	550	486	무안/목포/신안/영암
13	흑산도	371	391	405	420	371	391	405	420	371	흑산도/홍도
14	진도	380	400	425	450	380	400	425	450	402	진도
15	완도	401	421	445	470	401	421	445	470	401	해안/완도/강진/장흥
16	거문도	340	360	385	410	340	360	395	430	340	거문도
17	고흥발포	376	396	425	455	376	396	425	455	376	보성/고흥/순천
18	여수	362	382	411	440	362	382	411	440	362	여수/광양/하동/남해
19	통영	250	270	307	345	280	300	322	345	282	사천/고성/통영
20	거제도	221	241	265	290	221	241	265	290	201	거제
21	마산	160	180	217	255	162	182	218	255	197	창원
22	부산	150	170	207	245	150	170	207	245	130	부산
23	제주	278	298	329	360	278	298	329	360	278	제주북부
24	서귀포	303	323	354	385	303	323	354	385	303	제주남부
25	성산포	266	286	303	320	203	223	271	320	266	제주동부
26	모슬포	294	314	329	345	294	314	329	345	294	제주서부
27	추자도	336	356	369	383	336	356	367	378	336	추자도
28	울산	81	101	148	195	81	101	148	195	61	울산
29	포항	45	65	115	165	45	65	115	165	25	경주/포항
30	후포	47	67	103	140	47	67	103	140	27	영덕/울진
31	묵호	58	78	116	155	58	78	116	155	38	삼척/동해/강릉
32	속초	59	79	107	135	59	79	107	135	39	양양/속초/고성
33	울릉도	52	72	118	165	52	72	118	165	32	울릉도/독도

☐ 하향조정　■ 상향조정

출처 : 국립해양조사원(2017), http://www.khoa.go.kr/kcom/cnt/selectContentsPage.do?cntId=25402000

5.2 조석 피해 및 대책 사례

연안재해 측면에서 본 조석현상은 태풍 등에 의한 폭풍해일이 만조 시와 겹칠 경우 큰 피해를 발생시키고 특히 해수면이 만조일 경우 해당지역의 강수(돌발성 집중호우) 등으로 강수가 해수면으로 배출되지 않으면 저지대 주택과 농경지 등에 침수피해를 입힌다. 특히 백중사리 기간 중에는 만조와 간조의 차이가 크기 때문에 높은 고조(高潮)가 발생하므로 저지대의 침수가 발생할 수 있어 이 시기에 폭풍해일이 발생하게 되면 해수면의 높이가 최대가 될 수 있어 각별히 주의해야 한다. 아울러 매년 7~8월 사리(대조, 大潮) 시 태풍내습과 집중호우 영향을 받는 지역에서는 과거 피해 사례를 참고하여 해안시설물 보강·신설하고 지역주민의 생명과 재산피해를 최소화하는 데 만전을 기해야 할 것이다.

5.2.1 우리나라 조석 피해 사례

조석으로 인한 피해 사례는 표 5.3과 같다.

표 5.3 조석 피해 사례

발생연도	발생일	피해지역	피해액(천 원)
1984년	6.17, 7.30.~7.31.	전남 영암, 전남 서해안	83,364
1985년	11.16.	충남 서해안	180,900
1987년	1.2.~1.3.	전남 서해안	652,474
1992년	8.30.	경기, 전남 서해안	22,184,129
1997년	8.19.~8.21.	서해안 전역	22,184,129
2003년	9.12~9.13.	마산 지역	600,000,000
2012년	9.17.	전남 진도	63,000,000

출처: 소방방재청 재난상황실(2014), 재난상황관리 정보(조석), p.18.

1) 백중사리 시 태풍 내습으로 피해 사례

(1) 태풍 '위니'

1997년 8월 19일~8월 21일에 백중사리 시 내습한 태풍 '위니'로 말미암아 충남 태안군 등 42곳, 농경지 447ha가 해수에 침수되어 22억 9천여만 원의 재산손해를 입었고, 전남 신안군은 해수 범람으로 109개소(975ha), 영광군 8개소(94ha), 함평군 3개소(18ha) 등 수

확을 앞둔 논 1,339ha, 주택은 영광군 법성면 340여 채, 목포시 100여 채 등 440여 채의 주택이 침수피해를 입었다.

(2) 태풍 '매미'

2003년 9월 12일~9월 13일에 마산만을 내습한 태풍 '매미'는 만조 시각(滿潮時刻)과 겹쳐 18명의 인명피해와 건물 33개소의 지하층이 침수피해를 입었으며, 마산항 부두에 적재되어 있던 원목이 해수범람으로 시내로 표류하여 구호장비 등의 접근이 어려웠다. 당시 마산의 폭풍해일고는 약 1.8m로 예측하였으나, 태풍으로 인한 실제 폭풍해일고는 최대 4.39m에 달하였다(그림 5.12 참조).

(a) 마산항 부두에 적재된 원목　　　　　(b) 태풍으로 마산 시내에 표류된 원목

출처 : 소방방재청 재난상황실(2014), 재난상황관리 정보(조석), p.18.

그림 5.12 태풍 '매미' 내습 시 해수 범람으로 원목이 표류한 마산 시내

(3) 태풍 '산바'

2012년 9월 17일 오전 30분경 강한 비바람을 동반한 태풍 '산바'와 만조시각이 겹치면서 전남 진도군 진도읍 진도천이 범람해 농경지와 가옥 등 침수피해를 입었다(그림 5.13 참조).

(a) 범람된 진도천　　　　　　　　(b) 침수피해를 입은 농경지와 가옥

출처 : 소방방재청 재난상황실(2014), 재난상황관리 정보(조석), p.18.

그림 5.13 태풍 '산바' 내습 시 진도천 범람 전경

(4) 마산, 통영 저지대 침수

2014년 8월 11일 백중사리 영향으로 해수면이 갑자기 상승하여 창원시 마산 합포구 서항지구 주변과 동서동 일대 도로, 통영시 정랑동과 항남동, 서호동 등 저지대 지역이 바닷물에 잠겨 주차 중인 차량과 일부 상가가 침수피해를 입었다.

5.2.2 조석 피해 대책 사례(부산광역시 강서구 외눌 외 4개 지역)

1) 해역 특성 분석

부산광역시 강서구 외눌 외 4개 지역은 주거시설이 해안 근처까지 있는 저지대 지역으로 집중 호우 및 태풍 등 고조위(폭풍해일 또는 백중사리) 시 침수피해가 발생하는 위치이다. 대상지역은 설계파랑이 0.61m로 파랑에 의한 피해는 없으나, 태풍 시 폭풍해일고가 1.62m (50년 빈도)로 이에 따른 침수피해가 발생하고 있는 것으로 나타났다. 또한 집중호우 시 배수시설의 미비로 인한 침수피해가 발생하고 있다(그림 5.14~5.15 참조).

그림 5.14 해역 특성 분석(계속)

파랑변형 실험	침수예상도
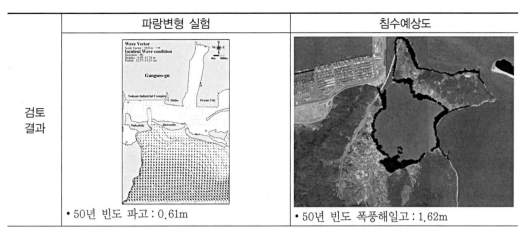	
• 50년 빈도 파고 : 0.61m	• 50년 빈도 폭풍해일고 : 1.62m

검토 결과

출처 : 부산광역시(2017), 부산연안방재대책수립 용역 종합보고서, p.387.

그림 5.14 해역 특성 분석

정거마을 저지대 향월마을 배후의 산

출처 : 부산광역시(2017), 부산연안방재대책수립 용역 종합보고서, p.388.

그림 5.15 현황 사진

2) 평면배치 계획 수립

강서구 외눌 외 4개 지역은 주거시설이 해안 근처까지 자리하고 있는 저지대로 만조위 시 범람의 우려가 있으며, 배후의 산지로 인해 집중호우 시 우수의 배수가 원활하지 못해 침수피해가 발생하여 마루높이의 증고를 통한 범람을 예방하는 보강을 수립하였다(그림 5.16 참조).

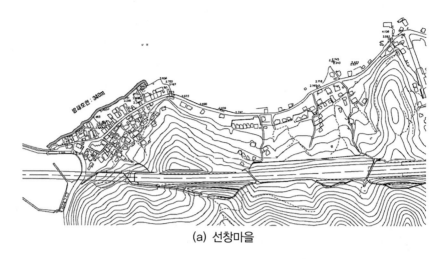

(a) 선창마을

(b) 외눌~내눌마을

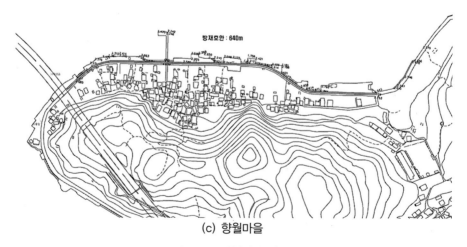

(c) 항월마을

그림 5.16 계획평면도(계속)

(d) 정거마을

출처 : 부산광역시(2017), 부산연안방재대책수립 용역 종합보고서, pp.388~389.

그림 5.16 계획평면도

3) 단면 계획 수립

방재시설 계획은 기존 시설에 대한 안정성 평가를 수행하여 보강이 필요한 사항을 검토한 후 이를 기초로 현장에 적합한 보강계획을 수립하였다. 기본적으로 안정성 평가는 태풍에 따른 피해 사례 분석결과와 구조물 설계파를 기초로 단면에 대한 마루높이, 피복재 소요중량, 제체의 안정성 등에 대해 수행하였다. 강서구 외눌 외 4개 지역 호안 마루높이는 DL(+)2.40m이며, 외측피복재는 피복석 0.5m³/EA급으로 피복되어 있다(그림 5.17 참조).

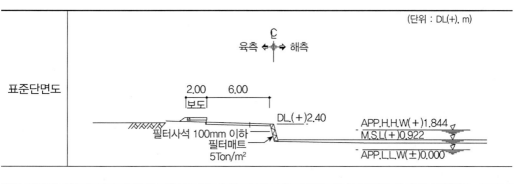

구분	단면형식	마루높이(m)	외측피복재
제원	사석피복 석축	2.40	사석

출처 : 부산광역시(2017), 부산연안방재대책수립 용역 종합보고서, p.390.

그림 5.17 기존호안 단면제원

(1) 마루높이 검토

배후에 주거시설이 예정되어 있어 마루높이 산정은 제1방법~제3방법을 비교하여 적용하였다. 월파량에 의한 마루높이가 DL(+) 4.0m로 가장 높게 나타나 이를 적용하였다(표 5.4 참조).

표 5.4 마루높이 검토

(단위 : DL(+), m)

구분	마루높이 산정			적용 마루높이	현황 마루높이	판정
	제1방법 (1.0H$_{1/3}$+ 설계조위)	제2방법 (월파량)	제3방법 (처오름높이)			
강서구 외눌 외 4개 지역	3.6	3.0	4.8	4.0	2.0	N.G

출처 : 부산광역시(2017), 부산연안방재대책수립 용역 종합보고서, p.390.

(2) 피복재 소요질량 검토

강서구 외눌 외 4개 지역의 외측 피복석은 0.1m³/EA가 필요한 것으로 산정되었으나, 공유수면 매립반영 요청서에서 해역의 특성을 고려하여 0.5m³/EA를 적용하여 이를 적용하였다(표 5.5 참조).

표 5.5 피복재 소요질량 검토

구분	쇄파 여부	외측 피복재 소요질량		
		산정	현황	판정
강서구 외눌 외 4개 지역	비쇄파대	피복석 0.50m³/EA	사석	OK

출처 : 부산광역시(2017), 부산연안방재대책수립 용역 종합보고서, p.391.

(3) 구조물 안정 검토

상치콘크리트 안정성 검토결과 강서구 외눌 외 4개 지역의 모든 구간에서 활동, 전도, 직선 활동에 대한 안정 검토결과 보강이 필요한 것으로 나타났다(표 5.6 참조).

표 5.6 구조물 안정 검토

구분	상시					
	상부공				제체공	
	활동		전도		직선활동	
	산정	판정	산정	판정	산정	판정
강서구 외눌 외 4개 지역	0.1	N.G	−0.1	N.G	0.2	N.G

출처 : 부산광역시(2017), 부산연안방재대책수립 용역 종합보고서, p.391.

(4) 단면계획 수립

강서구 외눌 외 4개 지역은 주거시설이 해안 근처까지 있어 집중호우 및 고조위시 침수 피해가 발생하여 마루높이의 증고를 통한 범람을 예방하는 보강을 하였다. 마루높이 검토 결과 DL(+)4.0m로 증고(增高)하여 안정성을 확보하였다(그림 5.18 참조). 50년 빈도 설계파에 대한 월파량은 $0.05\text{m}^3/\text{sec}/\text{m}$로 산정되어 배후의 주거시설이 밀집되어 있어 적용된 허용 월파량 $0.01\text{m}^3/\text{sec}/\text{m}$를 초과하므로 피해가 우려된다. 계획안의 월파량은 $0.001\text{m}^3/\text{sec}/\text{m}$로 허용 월파량(許容越波量) 기준보다 낮은 것으로 나타났다(표 5.7 참조).

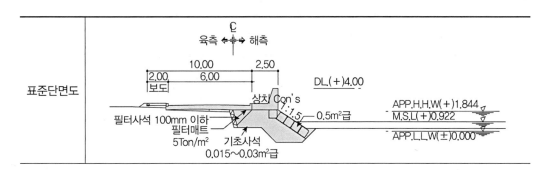

구분	단면형식	마루높이(m)	외측피복재
제원	사석피복호안	4.0	사석 $0.5\text{m}^3/\text{EA}$

출처 : 부산광역시(2017), 부산연안방재대책수립 용역 종합보고서, p.391.

그림 5.18 신규호안 단면제원

표 5.7 월파량 산정 결과

현 상태	계획안	허용월파량
0.05m^3/sec/m	0.001m^3/sec/m 미만	0.01m^3/sec/m 미만

출처 : 부산광역시(2017), 부산연안방재대책수립 용역 종합보고서, p.391.

(5) 방재시설 계획 수립(안)(그림 5.19 참조)

○ 사업대상 위치 : 강서구 외눌 외 4개 지역
○ 평면계획
    ▷ 태풍 내습 시 해일고 및 집중호수에 의한 침수피해 방지
○ 추진방향 : 자연재해위험개선지구, 연안정비사업

시설명		단위	규모	공사비
총 공사비				203억 원
방재호안	선창지구	m	340	25억 원
	외눌~내눌지구	m	1,000	74억 원
	향월마을	m	640	48억 원
	정거마을	m	740	56억 원

출처 : 부산광역시(2017), 부산연안방재대책수립 용역 종합보고서, p.392.

그림 5.19 방재시설 계획 수립

• 참고문헌 •

1.   日本 気象庁(2017), http://www.data.jma.go.jp/kaiyou/db/wave/comment/elmknwl.html
2.   사단법인 한국해양공학회(2015), 해안·항만·해양공학, pp.66~67.

CHAPTER 06
액상화 재해

액상화 재해

6.1 연안지역의 액상화

6.1.1 액상화 개념

1) 액상화의 메커니즘

　지반의 액상화(液狀化) 현상은 평상시는 견고하였던 지반이 지진에 의해 액체와 같이 되는 현상이다. 액상화의 발생 메커니즘(Mechanism)을 간단히 서술하면 다음과 같다. 물로 포화된 모래지반이 큰 흔들림을 받으면 지반을 구성하는 모래입자의 골격구조가 무너져 모래입자 사이의 간극(間隙)에 있던 모래입자가 떨어져 지반 내에 과잉간극수압(過剩間隙水壓)이 발생하여 축적(蓄積)된다. 액상화 상태는 과잉간극수압이 지진 전 지반의 유효상재압과 같은 경우에는 흙입자 간에 작용하는 유효응력은 0이 되어 모래입자가 물에 뜨는 진흙탕(泥水)과 같은 상태이다. 그림 6.1은 이와 같은 액상화 발생을 나타낸 개념도이다.

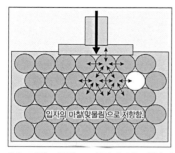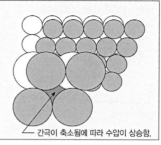

(a) 지반 내의 모래입자 간 배열의 개념도　(b) 지진 시 입자배열의 변형　(c) 액상화 상태의 개념도

출처 : 山崎浩之(2000.9.), 港湾における液状化対策技術の現状と動向, JSCE Vol.85, p.76.

그림 6.1 액상화 발생 메커니즘

　그러므로 액상화 현상이 발생하면 진흙탕과 같이 되므로 가벼운 것은 뜨고 무거운 것은 가라앉게 된다. 즉, 지반의 일부 층(層)이 액상화되면 그 층의 강도는 0이 되므로 상층(上層)의 지반이 아래쪽으로 미끄러지는 측방유동(側方流動) 현상이 일어난다. 이와 같이 액상화 현상이 일어나기 쉬운 곳은 느슨하게 퇴적된 모래지반으로 지하수위가 높은 곳이다.[1]

　항만시설은 바다와 접하는 지하수위가 높고 사질토(砂質土)로 매립된 지반이나 충적(沖積)지반에 설치되는 경우가 많다. 그리고 액상화 상태는 비가 온 뒤 땅을 밟으면 땅에서 물이 뿜어온 상태도 비슷하다. 예를 들어 지진이나 건설공사 시 항타(抗打) 등과 같이 연속한 진동을 모래지반에 가하면 액상화 현상이 발생하고 지반은 급격히 지지력을 잃는다. 건물의 기초공사 중 액상화 현상이 발생하면 자갈층 및 암반 등의 지지층에 말뚝을 박아 넣는 지지말뚝 또는 주위의 지반과 마찰력에 의해서 하중을 지지하는 마찰말뚝은 건물을 받치던 마찰력을 잃고 건물이 기울어지는 부동침하를 발생하는 경우가 있다. 중심이 높은 건물이나 중심이 편심(偏心)된 건물에서는 현저한 부등침하가 생기고, 전도 또는 붕괴에 이르는 경우가 있다(사진 6.1 참조). 하층(下層)의 지반이 사질토이고 표층(表層)은 점토로 구성된 논 등에서 액상화가 일어나 액상화를 일으킨 모래가 표층의 점토를 뚫고 물과 모래가 동시에 솟아오르는 현상을 분사(噴砂, Boring)라고 한다(사진 6.1 참조). 1964년 일본 니이가타(新潟) 지진 시 여러 지역에서 분사현상이 관측되었다.

니이가타지진(1964년) 시 액상화로 무너진 현영(縣營)
아파트(니이가타시(新潟市) 가와기시초(川岸町))

액상화에 의한 분사

출처: 国土交通省(2018), http://www.hrr.mlit.go.jp/ekijoka/toyama/pamphlet/toyama_map3.pdf#search=%27%E6%B6%B2%E7%8A%B6%E5%8C%96+Q%26A%27, p.9.

사진 6.1 액상화에 따른 피해

2) 항만시설과 액상화 현상

과거 항만시설에서의 지진에 따른 피해로 액상화가 원인인 피해를 입은 사례가 많다(사진 6.2 참조).

(a) 지반의 수몰(水沒)   (b) 함몰과 포장의 균열   (c) 액상화에 따른 분사(噴砂)

출처: 山崎浩之(2000.9.), 港湾における液状化対策技術の現状と動向, JSCE Vol.85, pp.76~77.

사진 6.2 효고현(兵庫県) 남부지진 시 항만시설의 피해상황

대부분의 항만시설은 액상화 발생이 일어나기 쉬운 곳에 건설되므로 액상화 현상을 어떤 식으로 극복하는지가 중요한 명제 중 하나이다. 그 때문에 항만시설의 기술기준에는 조기(早期)에 액상화를 예측·판정하는 방법이 명시되어 있다. 그리고 액상화가 어떤 식으로 발생하는지 예측할 뿐만 아니라 발생 시 그에 대한 대응, 즉 액상화 대책에 대해서도 이미 많은 기술개발 및 실적을 축적하여왔다.[2]

6.1.2 액상화의 피해형태와 역학적 특징[3]

1) 구조물에 따른 액상화의 피해형태

표 6.1 액상화에 의한 구조물의 피해형태(계속)

구조종류	피해형태 / 피해원인	피해패턴의 모식도	비고
항만구조물	중력식 안벽의 전면으로 활동하기 시작함 / 중력식 안벽 후면에서의 지반의 수평방향토압 증가		중력식 안벽 후면의 지반에서의 액상화가 발생한 경우
	중력식 안벽의 침하·경사 및 전면으로 활동하기 시작함 / 기초지반의 지지력 저하		중력식 안벽의 기초지반에서 액상화가 발생한 경우
	널말뚝식 안벽의 변형·파괴 및 버팀공 자체의 항복·파괴 / 버팀공 전면의 지반의 지지력 저하		널말뚝식 안벽의 버팀공 전면지반에서 액상화가 발생한 경우
	널말뚝식 안벽 본체의 항복(降伏)·파단(破斷) 및 타이로드의 항복·파단 / 널말뚝식 안벽의 배후지반에서의 수평방향 토압의 증가		널말뚝식 안벽 배후의 지반에서 액상화가 발생한 경우
	널말뚝식 안벽 본체의 변형 / 널말뚝식 안벽의 근입부에서의 지반 지지력 저하		널말뚝식 안벽의 근입부에서 지반의 액상화가 발생한 경우

표 6.1 액상화에 의한 구조물의 피해형태

구조 종류	피해형태 피해원인	피해패턴의 모식도	비고
지상 구조물	상부구조물의 파손·파괴 과대한 변위진폭의 발생		지표면에 과대한 진폭의 변위가 발생하는 경우
	상부구조물의 파손·파괴 지반에서 발생하는 수평과 수직 방향의 영구변위		액상화에 기인(起因)하는 표층지반에서의 영구변위의 불균일한 분포(수직 및 수평)가 발생하는 경우
지중 매설 구조물	지중매설물의 파손·절손 액상화층과 비액상화층의 층경계(層境界)에서 발생하는 과대한 지반 비틀림		지반 중에서 부분적으로 액상화가 발생하는 경우 및 액상화층의 변화하고 있는 경우
	지중매설물의 파손·절손 지반영구변위의 발생에 따른 과대한 외력		지반의 영구변위가 일정한 분포를 나타내지 않는 경우
	지중구조물의 솟아오름 과잉간극수압의 발생에 따른 양압력의 증가		지중매설구조물로 액상화된 주변 지반의 비중보다 겉보기 비중이 가벼운 경우

주 1. 중력식 안벽 : 콘크리트벽 및 콘크리트로 만든 블록을 쌓아 올린 벽 등과 같이 벽의 중량으로 육지 쪽 지반 및 토사를 지지하는 안벽구조 형식
   2. 널말뚝식 안벽 : 철판(鐵板) 및 강관(鋼管)말뚝을 횡(橫)방향으로 나란히 해저지반에 타입시켜 만든 벽(널말뚝 벽이라 부름)으로 육지 쪽 지반 및 토사를 지지하는 안벽구조 형식
   3. 버팀공 : 널말뚝 상부를 육지 쪽에서 인장시켜 지지하기 위해 널말뚝으로부터 충분히 떨어진 육지 쪽 장소에 타입시킨 널말뚝 및 강관말뚝(앙카(Anchor)라고 함).
   4. 타이로드(Tie-rod) : 널말뚝과 버팀공 사이를 연결시켜 널말뚝의 상부에 인장력을 전달하는 철제봉(鐵製棒)을 말한다.
출처 : 寶馨·戶田圭一·橋本学(2011), 自然災害と防災の事典, pp.104~107.

2) 액상화에 따른 피해형태의 역학적 특징[4]

① 지상에 건축된 건축물을 지지(支持)하는 지반이 액상화되면 그 지지력을 잃고 침하·경사된다(사진 6.3 ① 참조).

② 안벽(岸壁)과 같이 육지 쪽의 지반의 토압을 횡방향(橫防向)으로 지지(支持)하는 구조물은 배후(背後)의 흙이 액상화되면 그 토압은 무거운 진흙탕에 있는 같은 토압으로 변화하면서 지지력을 잃고 바다 쪽으로 이동한다(사진 6.3 ② 참조).

③ 지중(地中)에 매설된 구조물은 무거운 진흙보다도 겉보기 단위체적중량이 가벼운 구조물인 경우가 많아 이 경우 지반이 액상화하면 솟아오른다(사진 6.3 ③ 참조).

④ 성토(盛土) 및 사면(斜面)과 같이 사면 아래쪽으로 작용하는 중력에 저항하는 구조물은 사면 및 그 아래 지반이 액상화되면 그 저항력을 잃고 사면 아래쪽으로 변형 및 슬라이딩 등이 발생한다.

⑤ 지중에 매설된 구조물로 구조물 기초말뚝 및 매설 관(埋設管)과 같은 지중구조물에서는 지반이 액상화되어 지반의 변위가 크게 되면 지반을 누르거나 당기는 형태의 피해가 발생한다(사진 6.3 ④ 참조).

| (a) 건물의 침하·전도 | (b) 측방유동에 따른 호안의 변형 |

사진 6.3 액상화에 따른 구조물의 피해형태(계속)

(c) 맨홀의 솟아오름   (d) 보도부(步道部)의 지반침하

출처: 国土交通省(2018), http://www.hrr.mlit.go.jp/ekijoka/toyama/pamphlet/toyama_map3.pdf#search=%27%E6%B6
%B2%E7%8A%B6%E5%8C%96+Q%26A%27, p.11.

사진 6.3 액상화에 따른 구조물의 피해형태

이와 같이 언뜻 보기에 복잡하게 보이는 피해형태라 할지라도 지반에 구조물을 설치할 때 지반이 액상화되면 액체로서의 거동을 나타나는 진흙탕과 같은 물질 중에 구조물을 설치하는 상황을 머리에 염두에 두는 것이 포인트이다.

6.2 연안지역의 액상화 피해 사례

6.2.1 동일본 대지진 액상화 피해의 특징

1) 광범위한 지역에서 액상화 발생

그림 6.2에는 2011년 동일본 대지진에 의해 액상화가 발생된 지점을 나타내었다. 액상화가 발생한 지역은 아오모리현(青森県)에서부터 가나가와현(神奈川県)에 이르기까지 남북 약 650km의 범위에 이른다. 또한 동일본 대지진 시의 액상화는 대하천의 충적(沖積)작용으로 형성된 저지대(低地帶)는 물론 매립지가 많은 큰 간토(関東)평야의 연안(沿岸)지역뿐만 아니라 내륙지역에까지 매우 많이 발생하였다. 이에 반하여 해안근처까지 산지(山地) 및 언덕이 바짝 근접하고 있는 도호쿠(東北)지방에서는 액상화가 적었다. 즉, 지진해일이 연안지역에 내습하는 바람에 액상화의 흔적이 없어진 것도 있지만 두 지역의 지형적 특징 차이가 크게

영향을 미쳤다고 볼 수 있다.

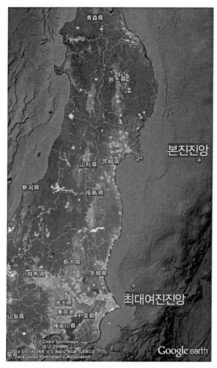

출처: 若松加寿江(2012.1), 2011年東北地方太平洋沖地震による地盤の再液状化. 日本地震工学会論文集. 第12巻,第5号, pp.69~88.

그림 6.2 동일본 대지진 시 액상화 발생지점

액상화 발생 지점 분포의 확대는 지진의 규모에 비례하고 있다. 메이지(明治)시대 이후 가장 넓은 지역에 액상화를 발생시킨 지진은 1946년의 난카이(南海)지진(규모 8.0)의 380km이다. 따라서 동일본 대지진의 규모가 9.0임을 고려하면 액상화 범위가 380km에서 650km로 확대는 놀랄 만한 일이 아니다.[5]

2) 진도 5강의 지진에 따른 고밀도 및 대규모의 액상화 발생

도쿄만(東京灣) 연안의 우라야스시(浦安市)~치바시(千葉市)에 걸쳐 있는 매립지에서는 진도(震度) 5강(强)의 큰 지진이 없었음에도 불구하고 고밀도의 액상화가 발생했다(사진 6.4 참조). 그동안 지진에 따른 액상화는 극소수의 지역을 제외하고 대부분 진도 5강 이상의 지역에서 발생하였다.

출처: 日経コンストラクション編(2011), インフラ被害の全貌, p.104.

사진 6.4 우라야스시 아케미지구 액상화 피해(가는 실트질 분사(噴砂)가 시가지를 덮었음)

이번 동일본 지진 시 액상화가 발생한 지역은 대체로 진도가 5강 이상의 지역으로 과거의 추세(趨勢)와 일치하지만 마을 전체가 액상화되었고 이전에 볼 수 없었던 고밀도인 액상화가 발생하였다(사진 6.5 참조). 이것은 지진동(地震動)의 지속(持續)시간이 길었던 점, 본진(本震) 뒤에 큰 여진(餘震)이 빈발(頻發)한 것 이외에 매립에 사용되었던 흙의 성질 등과 같은 복합적인 이유이기 때문이라고 추측된다. 액상화에 따라 지하로부터 분출(噴出)된 후 지표에 퇴적된 분사(噴砂)의 두께는 도쿄 완간(湾岸)(진도 5강) 및 도네강(利根川) 하류 연안(진도 5강~6 미만) 등에서는 최대 50~60cm이었고, 지반의 침하(沈下)는 도쿄 완간 매립지에서 최대 50cm 이상에 달했다. 이러한 침하는 지반이 액상화한 후 압축된 것에 의해서만 생긴 침하로 보기 어렵다. 즉, 막대(莫大)한 모래가 지표에 분출됨에 따라 발생한 지하공동(地下空洞)의 채워짐으로 생긴 지반 침하로 보인다. 또 도네강(利根川) 하류 연안에서는 정확한 측량에 근거한 값은 아니지만 1m 이상 침하된 장소도 있다. 이것은 액상화된 층(層)이 하천 쪽으로 유동되는 현상(측방유동)이 발생함에 따라 침하가 커졌다고 추측된다.[6]

(a) 지바현 이치카와시 타카하마지구의 액상화 피해   (b) 지바현 후나바시 히노데지구의 액상화 피해(빈
　　(보도 한 면이 분사로 덮여 있고, 보도블록 신란　　　　중유탱크가 지상에 부상됨)
　　및 전봇대도 기울어짐)

출처 : 日経コンストラクション編(2011), インフラ被害の全貌, p.106.

사진 6.5 지바현의 액상화 피해

3) 단독주택과 라이프 라인에 피해가 집중

　액상화에 따른 직접적인 피해는 도로, 제방, 항만시설 등의 사회기반시설이나 농업시설·농지 등에서 막심했지만 가장 큰 영향을 받은 것은 단독주택과 라이프 라인(Life Line)이다. 일본 국토교통성 도시국 조사에 따르면 액상화에 의한 보금자리 피해는 표 6.2와 같이 9도·현(都·県), 80시구정촌(市区町村)의 26,914동에 이르고 있다. 도현별로 보면 지바현(千葉県)이 가장 많은 18,674동, 시읍면(市町村)별로는 우라야스시(浦安市)가 8,700동으로 가장 많았다. 표 6.2 중 액상화 피해건수가 가장 많은 우라야스시는 1965년~1980년경에 총면적 30.94km² 중 약 85%를 동경만 갯벌과 바다를 매립하여 조성한 매립지이다(그림 6.3 참조).

표 6.2 액상화에 따른 가옥 피해

도·현명	피해동수	피해상위 10개 시	피해동수
지바현(千葉県)	18,674동	지바현(千葉県)우라야스시(浦安市)	8,700동
이바라키현(茨城県)	6,751동	지바현(千葉県)나라시노시(習志野市)	3,916동
후쿠시마현(福島県)	1,043동	이바라키현(茨城県)이카코시(潮来市)	2,400동
사이타마현(埼玉県)	175동	지바현(千葉県) 가토리시(香取市)	1,842동
미야기현 (宮城県)	140동	이바라키현(茨城県) 가미스시(神栖市)	1,646동
가나가와현(神奈川県)	71동	지바현(千葉県) 지바시(千葉市)	1,190동
도쿄도(東京都)	56동	후쿠시마현(福島県) 이와키시(いわき市)	1,043동
이와테현(岩手県)	3동	지바현(千葉県) 후나바시시(船橋市)	824동
군마현(群馬県)	1동	지바현(千葉県) 아사히시(旭市)	757동
합계	26,914동	지바현(千葉県) 아비코시(我孫子市)	635동

출처 : 若松加寿江(2011.3), 東北地方太平洋沖地震による液状化被害の特徴, p.1.(일본 국토교통성 도시국 조사 2011.9.27. 기준)

주요피해항목	수 치
피해자 숫자	96,473명
피해 세대수	37,023세대
액상화 면적	약1,455ha
하수도관손지구 면적	약820ha
도로 피해연장	111.8km
응급위험도 조사대상	8,878호

액상화 및 하수도시설파손
도로의 피해가 큰 지역
도로의 피해가 중간인 지역
도로의 피해가 작은 지역

응급위험도조사대상
특히 건물피해가 많은 곳
호안 피해가 큰 곳

출처: 中山高樹(2012), 3·11から1年,浦安,液状化被害との戰い, p.36.

그림 6.3 우라야스시의 액상화 피해개요

우라야스시에서는 이번 지진으로 지반 개량을 하지 않는 거의 모든 매립지에서 액상화 현상이 발생했다. 주택 등과 같은 직접기초를 갖는 소규모 건축물은 액상화로 인한 부동침하를 일으켜 약 3,700동 건축물이 반파(半破) 이상(1/100 이상의 경사)의 피해를 입었다(사진 6.6 참조). 한편 중·대규모 건물은 대부분 말뚝으로 지지(支持)되어 있어 건물 본체에는 큰 피해는 발생하지 않았지만 건축물 주변의 지반이 침하하면서 출입구 쪽에 단차(段差)가 생기거나 라이프 라인의 절단 등과 같은 피해가 발생하였다(사진 6.7 참조).

출처: 浦安市(2012), 液状化対策実現可能性技術検討委員会, http://www.city.urayasu.chiba.jp/menu12095.html

사진 6.6 우라야스시 건물의 액상화 피해(1)

출처 : 日経コンストラクション編(2011), インフラ被害の全貌, p.102.

사진 6.7 우라야스시 다카스지구 건물의 액상화 피해(철근 콘크리트 건물의 기초는 말뚝기초이므로 침하된 주변 지반과의 사이에 단차가 생김)(2)

우라야스시의 라이프 라인 중 정전(停電)은 일부 지역에서 발생하여 당일 복구되었지만, 가스, 상수도 및 하수도는 완전복구하기까지 약 1개월 안팎이 걸렸다. 라이프 라인의 피해원인으로는 액상화로 의한 관로의 손상, 맨홀의 솟아오름 외에 분사(噴砂)로 인한 배수구의 막힘, 지반침하 및 하수관의 솟아오름 현상으로 하수관의 경사가 역경사가 되어 하수를 배수할 수 없게 되는 등의 피해가 간토(關東) 지방의 여러 지역에서 일어났다. 또한 센다이항(仙台港) 다카사고(高砂)터미널과 같이 항만시설에도 액상화 피해를 입었다(사진 6.8 참조).

(a) 센다이항 다카사고 컨테이너터미널의 단차   (b) 센다이항 다카사고 컨테이너터미널 안벽의 침하
출처 : 日経コンストラクション編(2011), インフラ被害の全貌, pp.108〜109.

사진 6.8 센다이항 다카사고 컨테이너터미널의 액상화 피해

사진 6.9는 우라야스시의 내진성(耐震性) 저수맨홀의 피해 상황을 나타내고 있다. 저수조(貯水槽)의 맨홀이 약 1m 정도 솟아오르는 바람에 재해용으로 비축된 100m³(1만 명이 3일간 마실 수 있는 물)의 식수(食水)를 공급하지 못하였다.[7]

출처 : 若松加寿江(2011.3), 東北地方太平洋沖地震による液状化被害の特徴, p.4.

사진 6.9 우라야스시의 내진성 저수맨홀이 솟아오름

4) 인공적으로 변화된 지반에 피해가 집중

동경만의 매립지인 우라야스시의 액상화 상황에 대해서는 앞장에서 서술하였지만 큰 피해가 발생한 것은 연안의 매립지뿐만이 아니었다. 도네강(利根川)의 지류(支流)인 오가이천(小貝川)·기누천(鬼怒川)의 구(舊) 하도(河道)에도 막대한 액상화 피해가 발생했다. 이들 구하도는 1900년대 초에 시작하였던 하천개수 공사로 사행(蛇行) 하천을 직선화한 후 본래 유로(流路)를 마감하여 생긴 늪지대로 이후 1960년 전후에 매립되었다. 구 하도 및 옛 늪지에서는 액상화에 따른 지하수의 용출(湧出)로 말미암아 옛날의 늪이 복원된 것처럼 담수(湛水)되어 주택의 침하가 1m에 달하였다(사진 6.10 참조).[8]

출처 : 若松加寿江(2011.3), 東北地方太平洋沖地震による液状化被害の特徴, p.4.

사진 6.10 도네강 하안의 옛 늪지 피해(왼쪽 끝의 주택은 약 1m 침하)

도호쿠지방인 기타카미강(北上川), 나루세강(鳴瀬川), 에이천(江合川) 등의 구(舊) 하도에서도 액상화가 발생했지만 분사의 규모는 도네강(利根川) 연안보다 작고 또 농지가 많았으므로 주택 등에의 영향도 적었다.

도네강 하류부의 북(北) 해안에는 가스미가우라(霞ヶ浦)와 연결된 니시우라(西浦), 나이나사카우라(內浪逆浦)등의 호수가 오래 전부터 넓게 펼쳐져 있었다. 이들 호수는 태평양 전쟁 전후로 일본 농림부가 간척(干拓)한 수답(水畓)이었다. 동일본 대지진 시 나이나사카우라(內浪逆浦) 호수 바닥의 모래를 펌프 준설한 후 조성된 매립지인 이타코시(潮来市) 히노데(日の出)단지에서 극심한 액상화가 발생되어 다수의 주택과 라이프 라인이 피해를 입었다. 가옥 757동의 액상화로 피해가 보고된 지바현(千葉県) 아사히시(旭市)에서는 옛날부터 사철(砂鐵)의 채굴이 진행되고 있었는데 1960년대 일본의 고도 경제 성장기에는 깊이 5~10m의 대규모 채굴이 이루어졌었다. 이곳은 굴착 후 사철(砂鐵)을 선별한 뒤 모래로 치밀하게 되메우기를 하지 않았었다. 그런 이유로 액상화 피해가 발생한 대부분의 아사히시지구(地區)는 사철(砂鐵)채굴지를 되메우기한 지반이었다.

사철의 채굴지에 대한 피해 사례는 아오모리현(青森県) 미사와시(三沢市)의 해안지대(1968년 도카치(十勝) 외해 지진)과 오샤만베시(長万部市) 시내(1993년 홋카이도 강진)도 들 수 있다. 아사히시 도네강을 끼고 북쪽에 위치한 이바라키현(茨城県) 가미스시(神栖市)와 가시마시(鹿嶋市)에서는 자갈채굴이 한창이었다. 굴착깊이는 8~10m 정도로 굴착 후에는 질이 좋지 않은 흙으로 되메우기하였다. 그 결과 분사(噴砂)가 50cm 이상 쌓여 신축 주택이 크게 기울어진 가미스시 후카시바(深芝)지구는 이 자갈 채굴지의 되메우기한 지반을 택지화한 것이다. 이상과 같이 동일본 대지진으로 심대한 액상화 피해를 입은 곳은 해역과 갯벌 매립지, 호수의 간척지, 구 하도의 매립지, 사철(砂鐵)과 자갈 채굴 후 되메우기 지반 등 인공적으로 변화된 지반이 많았다.

5) 재액상화의 발생

과거에 한번 액상화한 지반이 다시 액상화되는 것을 '재(再)액상화'라고 부르는데, 지금까지는 일본 및 미국에서만 보고되고 있다. 액상화가 발생하였던 장소는 옛날 지진의 발생위치가 모호하다보니 완전히 같은 장소에서 '재액상화'가 확인된 사례는 그리 많지 않다. 또한 한번 액상화한 후 굳어지면 다시 액상화하기 어려워지는 것이 아니냐고 생각하는 사람도 많이 있다. 이번 지진에서는 1987년 지바현 동방(東方) 외해 지진, 1978년 미야기현 외해 지진 및 2003년 미야기현 북부의 지진 등으로 발생한 액상화로 확인된 장소와 동일한 85곳에서 '재액상화'를 볼 수 있었다.

6) 피난·구조를 막은 액상화

액상화는 지금까지 사람이 죽지 않는 재해로 알려져 왔다(그러나 실제로는 사람이 사망한 사례가 여러 건이 있다). 동일본 대지진에서는 액상화가 간접적으로 인명피해와 관련이 있었다. 미야기현 와타리정(亘理町) 아라하마(荒浜)에서는 2011년 3월 11일 15시 50분경 약 4.5m의 지진해일고의 내습 시 확성기 등으로 지진해일로부터 대피하라고 하였지만 지면의 여러 곳이 생긴 액상화로 지반이 진흙탕이 되어 차량 통행이 불가능했고, 이 때문에 주민들이 조속한 대피를 할 수 없었다.[9]

이바라키현(茨城県) 도카이촌(東海村)의 도쿄전력 히타치나카(常陸那珂) 화력 발전소에서는 높이 220m의 굴뚝에서 발판의 설치 작업 중이던 작업원 9명 중 5명이 지진의 흔들림으로 인하여 높이 160~202m 부근에 떨어졌다. 주위의 도로가 액상화되는 바람에 구조차(救助車)가 접근하지 못하였던 것이다.[10]

6.2.2 효고현 남부지진의 액상화 피해의 특징(그림 6.4 참조)

1995년 효고현 남부지진은 일본 지진사(地震史) 중 태평양 전쟁이후 두 번째로 강력했던 규모 6.9, 진도 7의 대지진으로 지진으로 인한 사망자 6,300여 명, 피해액은 1,400억 달러이었다. 효고현 남부지진으로 발생한 많은 피해 중에서 크게 부각(浮刻)된 현상 중 하나가 지반의 액상화 현상이었다. 즉, 액상화 때문에 고베시의 인공섬인 포토아일랜드(Port Island) 및 로코(六甲)아일랜드에서의 분사(噴砂) 피해, 항만시설 및 하천제방 등은 막대한 피해를 입었다. 특히 포트아일랜드는 거의 대부분 지역에서 분사의 흔적이 발견되었으나 로코아일랜드에서는 분사의 흔적이 보이지 않은 곳도 있다(사진 6.11~사진 6.13 참조).

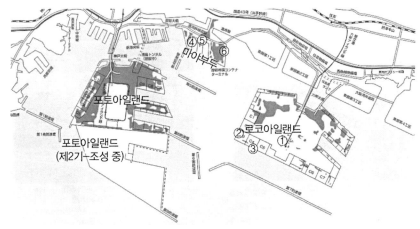

출처 : 国土交通省 四国地方整備局(1997), 液状化の被害と対策, p.12.

그림 6.4 효고현 남부지진(1995.1.7.) 시 고베항의 액상화 지도

(a) 로코아일랜드 마린파크(①)   (b) 로코아일랜드 RC3(②)   (c) 로코아일랜드 RC5(③)

출처 : 国土交通省 四国地方整備局(1997), 液状化の被害と対策, pp.7~8.

사진 6.11 고베항 로코아일랜드 액상화 피해 사진(그림 6.4의 원(圓)숫자와 연결됨)

출처 : 国土交通省 四国地方整備局(1997), 液状化の被害と対策, p.10.

사진 6.12 고베항 포토아일랜드 액상화 피해 사진

(a) 마야부두 제1 돌제 동쪽(④)   (b) 마야부두 제1~2 돌제 사이(⑤) (c) 마야부두 수심 4m 물양장(⑥)

출처 : 国土交通省 四国地方整備局(1997), 液状化の被害と対策, pp.4~5

사진 6.13 고베항 마야부두 액상화 피해 사진(그림 6.4의 원(圓)숫자와 연결됨)

효고현 남부지진의 액상화 피해 특징은 다음과 같다.

1) '대가속도'인 동시에 '충격적인 지진동'으로 유발된 액상화

그림 6.5는 포토아일랜드 제2기 매립지의 모래·자갈층(更新世)에서 관측된 간극수압으로 기록이다. 이 기록은 6시간마다 관측되어 지진직후 짧은 시간 간격의 과잉간극수압기록은 아니지만 오전 6시(지진발생 : 1995년 1월 17일 오전 5시 46분)의 시점(時點)에서 지반고 −38.5m 깊이에서의 과잉간극수압비는 대략 0.5라는 걸 나타내고 있다. 이 값은 갱신세[1] 시대의 모래·자갈층에서의 간극수압 상승이 액상화를 발생시킨다는 것을 나타낸다.[11]

---

1 갱신세(更新世, Pleistocene Epoch), 지질시대의 연대 구분 중 하나로 신생대(新生代)의 제4기를 전·후반기로 나눌 때 전반기에 해당하며 홍적세, 최신세라고도 부른다. 약 258만 년~약 1만 1,700여 년으로 빙하시기이었고 인류의 역사에서는 구석기시대에 해당된다.

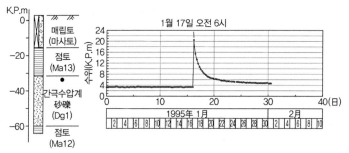

출처 : 吉田一郎·山本明夫(1997), 兵庫県南部地震にみる液状化現象とその後の工学的な取り組み,応用地質 技術年報 兵庫県南部地震特集号, p.154.

그림 6.5 포토아일랜드 제2기 매립지의 제1홍적 모래자갈층에서 관측된 간극수압의 기록

2) 사질토로 분류되는 입도배합(粒度配合)이 좋은 '굵은 모래'의 액상화

효고현 대지진 이전에 액상화가 발생하지 않았던 매립재료인 굵은 모래(마사토)가 광범위하게 액상화되었는데, 분사(噴砂) 시 섞였어 큰 '자갈'과 함께 분출되었던 것으로 확인되었다.

3) 안벽 등의 항만시설·하천제방의 피해에서 볼 수 있는 '지반의 측방유동'

고베항의 항만시설 및 요도가와(淀川)제방에서는 액상화 피해형태 중 '지반의 측방유동'에 따른 심각한 피해를 입었다.

4) 액상화에 대한 '지반개량공법의 억지(抑止)효과'

고베항 임해 매립지에서 발생된 액상화는 주목을 끌었으나 매립지의 침하대책으로 시공된 지반개량공법이 액상화 억지효과를 발휘하였다.

6.3 연안지역의 액상화 대책[12]

6.3.1 액상화 대책공법의 종류

그림 6.6과 같이 액상화 대책공법은 다짐공법, 간극수압소산(間隙水壓消散)공법, 고결(固結)공법, 지하수위저하공법, 치환공법, 전단변형억제공법 및 구조적 대책 등 7가지로 크게 나눌 수 있다. 다짐공법은 지반의 밀도를 향상시켜 액상화에 대한 저항을 증가시키는 것이다. 간극수압공법은 사질토 지반 내에 자갈 말뚝과 같은 투수성이 높은 드레인(Drain)을 설치하여 지진 시에 발생하는 과잉간극수압을 소산(消散)시켜 액상화를 방지하는 공법이다.

고결공법은 흙에 시멘트(Cement) 등과 같은 고화재(固化材)를 첨가시켜 지반을 고결시켜 액상화를 막는 것이다. 지하수위저하공법은 지반 내의 간극수를 배제시켜 액상화를 방지하는 것이다. 치환공법은 지반을 자갈 등과 같은 액상화되지 않는 재료로 바꾸어놓는 것이고 전단변형억제공법은 지중연속법 등으로 지반을 둘러싸서 지진 시의 지반전단변형을 억제하여 액상화를 막는 공법이다. 구조적 대책은 예를 들어 말뚝 등을 구조물 하부에 항타하여 지반이 액상화되더라도 말뚝과 기초로 구조물을 지지함에 따라 액상화에 따른 피해를 방지하는 것이다.

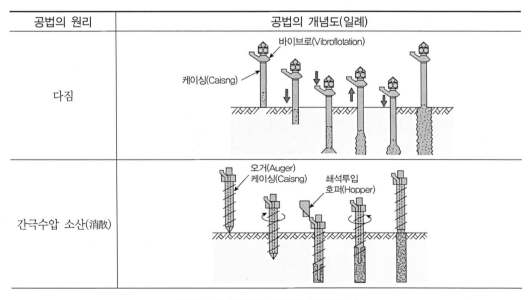

그림 6.6 액상화 대책의 종류(계속)

공법의 원리	공법의 개념도(일례)
고결(固結)	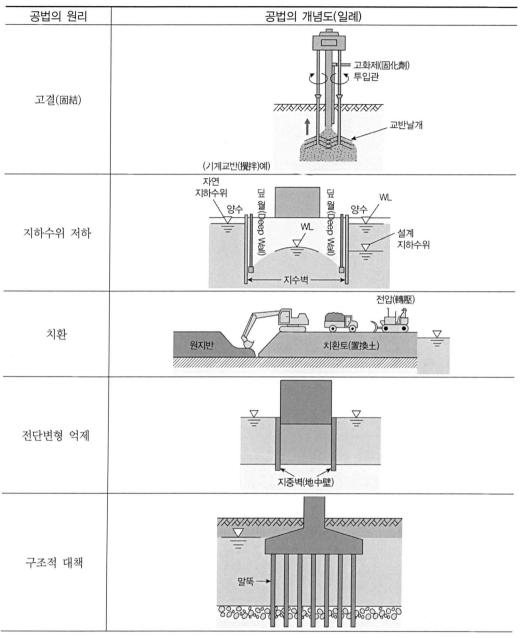
지하수위 저하	
치환	
전단변형 억제	
구조적 대책	

출처: 山﨑浩之(2000.9), 港湾における液状化対策技術の現状と動向, JSCE Vol.85, p.78.

그림 6.6 액상화 대책의 종류

6.3.2 일반적인 액상화 대책 예

항만의 대표적인 시설인 널말뚝식 안벽[2]의 배후지반을 대상으로 액상화 대책을 실시한 경우에 대하여 서술하겠다. 그림 6.7에 나타낸 바와 같이 안벽 바로 뒷면에는 뒷채움을 설치하는 것이 일반적으로 이 부분은 부순 자갈 등과 같이 액상화되지 않는 재료로 이루어진다. 뒷채움 뒤에 사질토로 되메우기를 하는데 이것이 액상화의 검토 및 대책 대상이다. 액상화의 대책공법에는 앞서 기술한 여러 공법이 있으나 일반적으로 다짐공법 또는 간극수압소산공법이 사용하는 수가 많다. 그림 6.7의 경우에는 간극수압공법과 다짐공법을 병용(倂用)한 것이다. 다짐공법에서는 상정(想定)한 등가가속도에 대하여 액상화되지 않는 등가 N 값이 되도록 다짐하는 것이다.

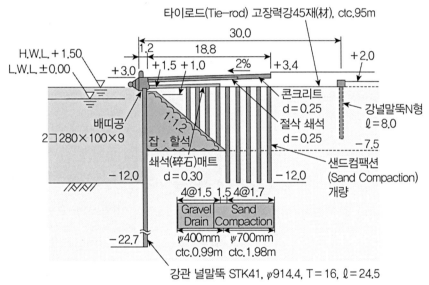

출처 : 山﨑浩之(2000.9), 港湾における液状化対策技術の現状と動向, JSCE Vol.85, p.79.

그림 6.7 액상화 대책의 예(1)

한편 간극수압소산공법에서는 사질토 지반 내에 배수성이 높은 드레인재(사질토 지반과 비교하여 보통 1,000배 이상의 투수계수를 가짐)를 설치하는 것이다. 그림 6.7에 2종류의

---

2 안벽(岸壁, Quay Wall, Wharf) : 선박을 접안계류(接岸係留)시키기 위한 항만시설로 수직의 벽으로 육지의 토압(土壓)을 지지하는 구조물을 말한다.

공법을 병용한 이유는 각각의 공법이 서로의 단점을 보완하기 때문이다. 다짐공법에서는 시공 시 지반 내에 지반 내에 큰 진동 및 수평하중이 발생하므로 이것은 널말뚝에 악영향을 끼친다. 따라서 널말뚝과 근접한 부분에서는 진동 등의 발생이 적은 공법인 간극수압소산공법을 채용한다. 즉, 간극수압소산공법은 드레인재가 없는 사질토 부분을 그만큼 도려내어 액상화를 막는 것이다. 그리고 그 뒷면에는 샌드컴팩션(Sand Compaction)과 같은 다짐공법으로 사질토 지반의 밀도를 증가시켜 액상화를 막는 것이다. 이것은 상정(想定) 이상의 지진이 발생하더라도 서로의 공법이 단점을 보완하여 안벽에 급격한 변위를 발생시키지 않고 지진을 견뎌낼 수 있다. 이와 같이 2종류 공법의 이점 및 결점을 고려하여 단독 또는 병용하여 액상화 대책을 수립하는 경우가 많다.

6.3.3 상황에 따른 액상화 대책공법의 사례

일반적으로는 다짐공법 및 간극수압소산공법을 채용하지만 상황에 따라서는 다른 공법을 채용할 수 있다. 여기에서는 효고현 남부지진으로 큰 피해를 입은 고베항의 로코아일랜드의 안벽 복구공사의 사례를 소개한다. 그림 6.8은 복구단면이지만 지진에 따른 안벽의 피해형태는 케이슨이 2m 정도 앞으로 튀어나와 전면이 기울어진 상태로 배후매립지반도 2m 정도 침하하였다. 복구에는 다음과 같은 3가지 전제조건이 있었다. 1) 케이슨(Caisson)은 기울어진 채 거치(据置)할 수밖에 없다. 2) 케이슨 배후지반에 액상화 대책을 실시해야 한다. 3) 설계진도는 증가하지만 케이슨에 작용하는 토압은 저감시켜야 한다. 이들 조건 중 3)의 토압저감이 공법결정에 가장 큰 걸림돌이었다. 다짐공법에서는 N값이 증가되면 그에 따라 전단저항각이 증가되므로 주동토압[3]이 감소하지만 그 감소치가 충분하지 못하였다. 그래서 채용한 것이 사전 혼합처리공법으로 시멘트를 첨가함에 따라 부착력으로 액상화를 방지할 뿐만 아니라 부착력 성분으로 주동토압을 크게 저감시킬 수 있는 장점이 있어 그림 6.8과 같이 적용하였다.

---

3 주동토압(主動土壓, Active Earth Pressure) : 흙과 접하는 구조물에 미치는 흙의 압력으로 주동토압은 벽체의 앞쪽으로 변위를 발생시키는 토압으로 이와 반대 방향의 변위를 발생시키는 토압을 수동토압(受動土壓)이라고 한다.

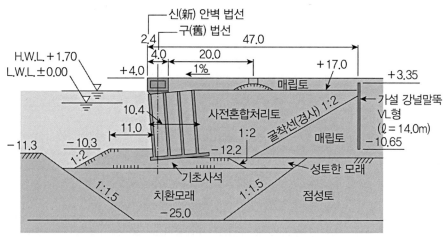

출처: 山崎浩之(2000.9), 港湾における液状化対策技術の現状と動向, JSCE Vol.85, p.79.

그림 6.8 액상화 대책의 예(2)

• 참고문헌 •

1. 山﨑浩之(2000.9), 港湾における液状化対策技術の現状と動向, JSCE Vol.85, pp.76～77.

2. 山﨑浩之(2000.9), 港湾における液状化対策技術の現状と動向, JSCE Vol.85, pp.76～77.

3. 寶馨・戸田圭一・橋本学(2011), 自然災害と防災の事典, pp.104～107.

4. 国土交通省(2018), http://www.hrr.mlit.go.jp/ekijoka/toyama/pamphlet/toyama_map3.pdf p.11.

5. 若松加寿江(2012.1.), 東北地方太平洋沖地震による液状化被害の特徴, p.1.

6. 若松加寿江(2012.1.), 東北地方太平洋沖地震による液状化被害の特徴, pp.4～5.

7. 原忠, 豊田浩史(2011.11.), 竹澤請一郎, 高田晋, 須佐見朱加：東北地方太平洋沖地震による高洲中央公園の液状化被害, 日本地震工学会大会－2011梗概集, pp.104～105.

8. 若松加寿江(2011.3.), 東北地方太平洋沖地震による液状化被害の特徴, p.4.

9. NHK(2012.3.14.), 映像記録3.11～あの日を忘れない～.

10. 朝日新聞社(2012.3.12.), 火力発電所320人孤立煙突作業の5人転落, http://www.asahi.com/special/10005/TKY201103120348.html

11. 吉田一郎・山本明夫(1997), 兵庫県南部地震にみる液状化現象とその後の工学的な取り組み, 応用地質 技術年報 兵庫県南部地震特集号, p.154.

12. 山﨑浩之(2000.9.), 港湾における液状化対策技術の現状と動向, JSCE Vol.85, pp.76～79.

CHAPTER 07

연안재해 EAP

연안재해 EAP

7.1 연안재해 EAP 개념

7.1.1 연안재해 EAP 필요성

1) EAP 정의

EAP(Emergency Action Plan)는 비상대처계획을 의미하며, 재난 발생 시 지역주민의 생명을 보호하고 재산피해를 최소화하기 위하여 신속하고 정확하게 비상대처할 수 있도록 최선의 사전계획을 수립하는 것이다. 즉, 갑작스럽게 발생하는 자연현상으로 인한 재해 또는 재난을 조사하고 해석한 후 이를 토대로 방재대책을 수립하여 인명 및 재산피해를 최소화하는 것이 핵심사항이다. 우리나라에서는 자연재해대책법 제37조(각종 시설물 등의 비상대처계획수립)에 따라 태풍, 지진, 해일 등의 자연재해에 대하여 지역의 관리주체가 피해경감을 위한 비상대처계획을 수립하도록 되어 있다. 그러나 우리나라는 댐·저수지에 대한 비상대처계획 기준은 마련되어 있으나 연안재해(폭풍해일, 지진해일 등) EAP는 아주 미흡한 실정이다.

일본의 경우 잦은 지진 및 해일(폭풍해일, 지진해일 등)의 발생으로 인하여 연안재해에 대한 EAP가 잘 준비되어 있다. 또한 일본의 각 지방자치단체마다 연안재해(지진해일, 폭풍해일 등)에 대한 재해지도의 작성을 의무화하였으며 이를 해당지역 주민들에게 배포하고 있어 재해 발생 시 효과적인 방재활동을 수행할 수 있다(그림 7.1 참조). 따라서 우리나라도 지구온난화에 따른 해수면 상승으로 슈퍼태풍 등의 발생이 예상됨에 따라 지방자치단체의 폭풍해일 및 지진해일 그리고 이상고극조위 등과 같은 연안재해 EAP 수립이 매우 시급한 실정이다.

출처 : 函館市(2018), http://www.city.hakodate.hokkaido.jp/docs/2016033000090/

그림 7.1 일본 하코다테시 지진해일 재해지도(Hazard Map)

2) 연안재해 EAP 역할 및 수립방향

연안재해 EAP로서의 역할을 충분히 수행하기 위해서는 연안재해 EAP 수립 시 방향을 명확히 할 필요가 있다. 우선 연안재해 EAP 수립의 방향은 두 가지로서, '신속한 비상대처체제의 확립'과 '원활한 비상대처의 전개'이다. 이 두 가지 방향에는 큰 의미가 숨어 있다. 1) 신속한 비상대처체제의 확립은 비상시 조직(사람)체제의 확립을 의미하며, 2) 원활한 비상대처의 전개는 비상대처계획의 원활한 실행을 의미한다.

연안재해 EAP에 포함되어야 할 사항은 자연재해대책법 시행령 제31조에 따라 ㉠ 주민, 유관기관 등에 대한 비상연락체계, ㉡ 비상시 응급행동요령, ㉢ 비상상황해석 및 해일의 전파상황, ㉣ 해일(연안재해) 피해 예상지도, ㉤ 경보체계, ㉥ 비상대피계획, ㉦ 이재민 수용계획, ㉧ 유관기관 및 단체의 공동대응체계, ㉨ 그 밖에 위험지역의 교통통제 등이다.

연안재해 EAP 수립의 기본요소는 ㉠ 경보순서도, ㉡ 비상감지·평가·분류, ㉢ 의무(책임), ㉣ 대비(준비), ㉤ 연안재해 재해예측도, ㉥ 부록이다. '경보순서도(警報順序圖)'는 연안재해 발생 시 연안재해의 상황을 전파하는 순서도로서 누가 누구에게 연안재해 상황을 전파해야 하는지를 보여주며 현 실정에서 경보순서도는 연안재해 발생 시 지방자치단체의 담당공무원이 지역주민들에게 재난 상황이나 대피령을 전파하거나 지방자치단체 관련 부서 및 유관기관에 상황전파를 하는 것이다. 이 경우 지역주민이 제일 먼저 발견해서 지방자치단체 및 유관기관에 신고하는 경우도 포함된다. 두 번째 요소인 '비상감지·평가·분류'는 연안재해 발생 시 비상상황임을 알아차리고 이 상황이 어느 정도로 심각한지 평가(판단)한 후 지역주민을 신속히 대피시켜야 하는지 또는 지방자치단체 공무원의 동원이 필요한 상황인지 분류하는 것이다. 지방자치단체 또는 시설물 관리주체인 경우 지방자치단체장 또는 시설물 관리주체의 장이 의사결정을 해야 하며, 상황에 따라서는 지역재난안전본부와 협의를 해야만 하는 경우도 포함된다. 세 번째 항목인 '의무(책임)'는 EAP 수립 시 각각의 계획에 대해서 최종적으로 누가 의사결정을 하고 누가 맡을 것인지를 말한다. 예를 들어 EAP 수립, 유지, 이행에 대한 의무는 지방자치단체 또는 시설물관리주체에게 있으며 재해지역의 경보 및 대피에 대한 의무는 지역재난안전대책본부장에게 있고, 소방서, 경찰서, 의료기관, 방송국 등 유관기관도 각각 이행해야 할 의무사항이 있다. '대비(준비)'는 연안재해라는 비상상황이 발생하기 이전에 적극적인 예방활동을 하는 것이다. 예를 들어 폭풍해일이 발생하기 전의 대비사항으로는 비상대처조직 설치, 비상동원, 정보의 수집·전달, 대피 등이 있다. 지방자치단체인 경우 비상대처조직은 방재담당공무원을 중심으로 지방자치단체 관련 부서 및 유관기관 등이고 비상동원이란 지방자치단체 및 유관기관의 비상동원을 의미하며 상황에 따라서는 연안지역의 자율방재단 조직도 포함할 수 있다. 또한 정보의 수집·전달, 대피는 지방자치단체 및 지역재난안전대책본부가 중심이 되어 지역주민에게 재해정보를 신속하게 전달해서 지역주민을 대피하도록 한다.

7.1.2 연안재해 EAP 수립절차(과정)

연안재해 EAP 수립절차(과정)은 환경 분석(지역적 환경 분석, 내부역량분석, 재해관련 동향분석) → 현황분석(재해·위기관리현행업무 프로세스 분석, 재해대응 현황분석) → 취약요인 도출(선진 재해·위기관리 사례 분석, 재해·위기관리 중장기 계획 점검·분석) → EAP 수립(재해·위기관리 시나리오 수립, 재해·위기관리 EAP 수립) 순으로 한다.

첫째 환경 분석 중 지역적 환경 분석인 경우 그 지역의 기상·해상 등 수리·수문학적 특성, 지형특성 및 해안공학적 특성 등 대상지역에 대한 환경분석을 의미한다. 내부역량분석은 사람과 관련된 조직에 대한 분석으로 지방자치단체 경우 계획을 실행하는 내부조직의 역량(동원 가능한 조직체계 및 인원 등)에 대한 분석이 필요하다. 또한 재해관련 동향분석은 지구온난화로 인한 해수면 상승에 따른 슈퍼태풍이 예상되는 등 재해 범위가 확대되어가고 있는 현 실정에서 국내·국제적인 재해동향을 파악해서 EAP를 수립해야 한다. 두 번째 순서인 현황분석은 현재까지 실행하였던 업무 프로세스와 재해대응 현황을 분석하는 것으로 지방자치단체 경우 재해규모를 파악한 후 의사결정, 필요시 주민대피령을 발령하고, 유관기관과 협조하는 등 지금까지 재해대응 현황을 상세히 분석하는 것이다. 세 번째 취약요인 도출은 미국·일본 등 선진국에 대한 재해·위기관리 사례를 분석하고, 지방자치단체 및 시설물 관리주체의 재해관리 중장기 계획을 점검·분석한 후 현재 재해대응에 대한 취약요인(문제점)을 도출한다. 마지막으로 EAP 수립은 전체적인 연안재해 발생 및 대응에 대한 흐름을 파악하기 위하여 재해 발생 등 비상상황에 대한 가상시나리오를 작성하고 재해 발생 시 신속하고 정확하게 대처하기 위한 최종 EAP를 수립하는 것이다.

1) 지역(지방자치단체) 연안재해 EAP 작성 방법

(1) 지역 연안재해 EAP 수립의 필요성

지역 연안재해 EAP는 연안지역에서 해일(폭풍해일, 지진해일, 고파랑, 기상해일, 조석재해 등)이 발생하는 비상상황일 때 지방자치단체가 지역주민의 생명과 재산 손실을 최소화하기 위해 신속하고 정확하게 비상대처를 할 수 있도록 가능한 최선의 사전계획을 수립하는 것이다. 기본적으로 연안과 접해 있는 지방자치단체는 EAP를 수립하여야 하며 특히 과거 해일 피해 사례가 있었던 연안지역은 보다 상세한 EAP 수립이 필요하다. 지방자치단체장은 관할하는 연안지역에 대해 해상·기상 및 수문학적 특성과 지형학적 특성을 감안한 비상상황을 상정하여, 효율적으로 대비하기 위한 지역특성(Locality)을 살린 EAP를 수립한다.

(2) 연안재해 발생 시나리오 작성 방법

가) 기초조사

지방자치단체는 관할 행정구역 내 연안지역을 대상으로 연안재해 발생 위험지역 및 대상 연안재해 설정을 위한 기초조사를 먼저 실시한다. 기초조사 시 현지조사를 반드시 포함하며 다음과 같은 항목을 포함한다.

① 기존 연안재해 관련 참고문헌 및 자료

기상청, 국립해양조사원, 국립재난안전연구원, 연구소 및 대학 등 연안재해 관련 참고문헌 및 관련 자료를 광범위하게 수집해야 하며 그 해당 지방자치단체에서 연안재해관련 기실시한 용역 자료도 포함시켜야 한다.

② 대상 연안지역의 기상·해상 및 지형적 특성, 수리/수문학적 특성

지리정보시스템(GIS)자료와 국립지리정보원 발행의 지형도 및 수치지도, 국립해양조사원의 전자해도 등을 활용해야 하는데, 연안재해 피해를 입었던 지방자치단체는 연안재해 발생 전후의 항공사진을 활용하면 연안재해로 인한 범람범위 및 침식·퇴적 장소를 알 수 있으므로 이를 활용하도록 한다. 또한 대상 해역의 기온, 강수량, 풍향, 풍속, 일조시간, 표고 및 위도 등의 기상자료(기상청 자료)와 파고, 파향, 조위, 조류속 등 해상자료(해양조사원 자료)를 포함한 수리·수문학적 특성을 광범위하게 조사한다.

③ 대상 연안에서의 과거 연안재해 이력

대상 연안에서의 과거 연안재해 이력을 조사하여 연안재해의 특성 및 유형을 분석한다.

④ 연안재해 관련 방재시설 현황조사

방파제, 방조제, 호안, 돌제, 수중방파제, 수문 등 연안재해관련 방재시설을 파악하여야 한다.

나) 대상 연안재해의 설정

지방자치단체는 관할 행정구역 내 연안재해 위험지역을 대상으로 연안재해 EAP의 전제 조건이 되는 외력을 대상 연안재해로 설정한다.

① 폭풍해일 설정

우리나라의 과거에 발생한 최대 폭풍해일고와 가상 태풍모델로 구한 폭풍해일고를 비교하고 큰 쪽을 대상 폭풍해일고로 사용한다. 과거 최대 폭풍해일고는 한반도에 영향을 미친 적이 있는 태풍에 대하여 수치모형실험을 통하여 구할 수 있고, 가상 태풍모델은 장래 기후변화에 따른 해양환경변화로 태풍 강도가 강화되는 경우 지역 연안의 해일특성에 미치는 영향을 검토하기 위해 가상의 태풍 경로에 태풍 강도를 결정하는 주요 인자 중 중심기압을 변화시킨 가상시나리오를 구축·적용하는 것이다. 여기에서는 부산연안지역에서의 폭풍해일 설정[1]에 대해 기술하도록 하겠다.

㉠ 과거 영향 태풍을 감안한 폭풍해일 설정

1951년 이후 한반도에 영향을 미친 총 147개 태풍 통과에 따른 수치모형실험인 폭풍해일실험을 실시하고 주요 정점별 폭풍해일고를 산출하였다. 이를 토대로 부산 연안을 통과하며 높은 수위상승을 발생시킨 상위 태풍의 폭풍해일고 분포 특성을 검토하였다. 더불어 상위 태풍의 내습각도와 내습경로를 직선화한 가상의 태풍 경로에 태풍 강도를 결정하는 주요 인자 중 중심기압을 변화시킨 가상시나리오를 구축·적용하고, 부산 연안의 미래 기후변화에 따른 폭풍해일 및 범람 영향을 검토하였다. 과거 영향 태풍에 의한 폭풍해일고 추산을 위해 1951년 이후 한반도에 영향을 미친 TS(Tropical Storm, 17~24m/s)급 이상의 147개 태풍을 선정하고 최소격 자간격 50m의 모(母) 모델에 적용하였다. 수치시뮬레이션을 통해 산정한 부산 조위 관측소 정점의 폭풍해일고 자료를 검토한 결과, 1959년 14호 태풍 SARAH(5914)가 91.85cm로 가장 높은 폭풍해일을 유발한 것으로 추산되었다. 다음으로 2003년 14호 태풍 MAEMI(0314)가 69.68cm, 1987년 12호 태풍 DINAH(8712) 60.52cm, 2004년 15호 태풍 MEGI(0415) 52.88cm 등의 순으로 나타나고 있다.

이들 상위 4개 태풍을 제외한 나머지 태풍의 추산 폭풍해일고는 50cm 미만으로 그다지 높지 않은 것으로 검토되었다. 그림 7.2는 이들 상위 태풍의 경로 및 기압분포를 제시한 것이다. 부산시는 16개 기초지방자치단체 중 강서구, 사하구,

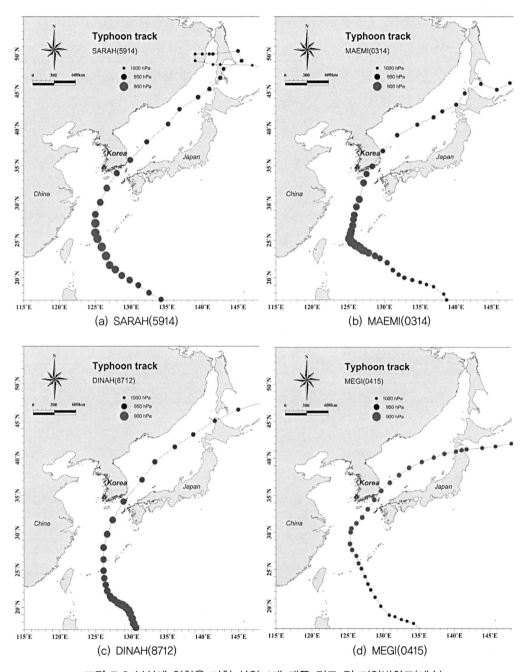

(a) SARAH(5914)

(b) MAEMI(0314)

(c) DINAH(8712)

(d) MEGI(0415)

그림 7.2 부산에 영향을 미친 상위 4개 태풍 경로 및 기압변화도(계속)

해운대구 등 10개 기초자치단체가 바다와 면해 있다. 이들 10개 기초자치단체의 연안을 따라 총 824개 정점에서 147개 과거 영향 태풍 통과 시 폭풍해일고를 추산하고, 각 기초자치단체별 최대 폭풍해일고를 유발시킨 과거 태풍을 선정한 결과(표 7.1 및 그림 7.3 참조), 부산광역시 서측에 위치하고 있는 강서구와 사하구 연안에 2003년 내습한 태풍 MAEMI(0314)의 영향이 가장 컸던 것으로 검토되었는데, 이때 강서구 연안에서 추산된 최대 폭풍헤일고는 181.86cm였으며, 사하구 연안도 164.97cm로 매우 높은 폭풍해일고를 나타낸 바 있다. 부산남항이 위치한 서구를 포함해 동해안의 기장군에 이르는 연안에서는 1959년 내습한 태풍 SARAH(5914)의 영향이 가장 컸으며, 태풍 통과 시 최대 폭풍해일고는 67.67~95.13cm 범위로 태풍 MAEMI(0314) 통과 시 강서구와 사하구 연안에서 추산된 폭풍해일고와 비교할 때 약 50%가량 낮은 결과를 나타낸다.

표 7.1 부산광역시 기초자치단체별 최대 폭풍해일고(과거 태풍)

No.	기초자치단체	태풍명	최대해일고(cm)	No.	기초자치단체	태풍명	최대해일고(cm)
1	강서구	MAEMI(0314)	181.86	6	동구	SARAH(5914)	95.13
2	사하구	MAEMI(0314)	164.97	7	남구	SARAH(5914)	92.50
3	서구	SARAH(5914)	93.58	8	수영구	SARAH(5914)	84.43
4	중구	SARAH(5914)	94.45	9	해운대구	SARAH(5914)	79.69
5	영도구	SARAH(5914)	92.23	10	기장군	SARAH(5914)	67.67

출처 : 부산광역시(2017), 부산연안방재대책수립 용역 종합보고서, pp.303~307.

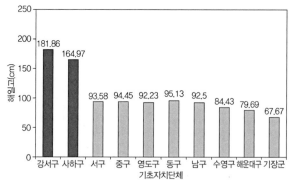

출처 : 부산광역시(2017), 부산연안방재대책수립 용역 종합보고서, pp.303~307.

그림 7.3 부산광역시 기초자치단체별 최대 폭풍해일고 분포도

ⓛ 가상태풍 시나리오 모의로 통한 폭풍해일 설정

미래 기후변화에 따른 해양환경변화로 태풍 강도가 강화되는 경우 부산 연안의 해일특성에 미치는 영향을 검토하기 위해 내습각도와 내습경로를 직선화한 가상의 태풍 경로에 태풍 강도를 결정하는 주요 인자 중 중심기압을 변화시켜 36Cases의 가상시나리오를 구축·적용하였다. 태풍 강도 변화를 고려한 가상시나리오의 수립 및 적용 절차는 그림 7.4에 제시한 것과 같이 기상자료 분석을 통해 추산된 기압강도 변화량과 태풍의 이동경로를 조합하여 가상시나리오를 수립하고 권역별로 적용하였다. 이때 권역은 총 5개로 구분하였고, 이들 권역별로 최소 격자간격 10m의 상세 모델을 구축하여 정밀한 폭풍해일고 추산이 가능하였다.

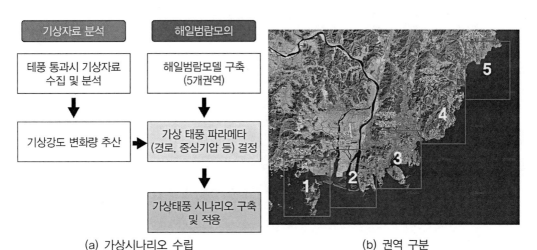

(a) 가상시나리오 수립   (b) 권역 구분

출처 : 부산광역시(2017), 부산연안방재대책수립 용역 종합보고서, pp.303~307.

그림 7.4 가상시나리오 수립 절차 및 권역 구분

가상시나리오의 중심기압 조건을 설정하기 위해 과거 태풍 통과 시 부산지방기상청에서 관측된 기상자료를 수집·분석한 결과를 표 7.2와 그림 7.5에 제시하였다. 빈도분석결과 100년 빈도 최대풍속과 중심기압은 각각 30.8m/s, 961.3hPa이며, 200년 빈도는 33.7m/s와 951.6hPa로 검토되었다.

표 7.2 태풍 통과 시 기상자료 분석결과

재현기간(년)	최대풍속(m/s)	중심기압(hPa)	비고
10	20.9	986.2	
30	25.7	975.5	
50	27.9	969.9	
100	30.8	961.3	
150	32.5	955.8	
200	33.7	951.6	
300	35.4	945.3	
500	37.6	936.7	

출처 : 부산광역시(2017), 부산연안방재대책수립 용역 종합보고서, pp.303~307.

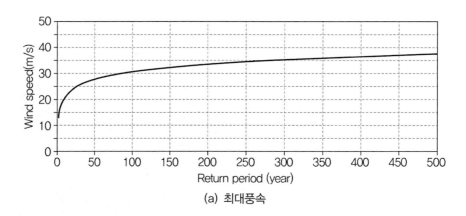

(a) 최대풍속

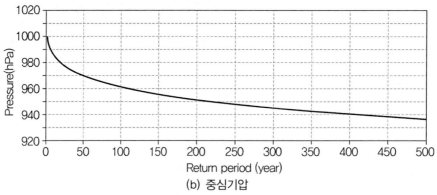

(b) 중심기압

출처 : 부산광역시(2017), 부산연안방재대책수립 용역 종합보고서, pp.303~307.

그림 7.5 최대풍속 및 중심기압 빈도곡선(부산지방기상청)

과거 부산 강서구 및 사하구 연안에 가장 높은 수위상승을 유발시킨 태풍 SARAH (5914)의 관측 최대풍속과 해면기압은 각각 34.7m/s와 951.5hPa로 빈도분석결과와 비교할 경우 약 200년 빈도 규모에 해당된다. 태풍 MAEMI(0314)의 경우, 관측 최대풍속과 해면기압은 각각 26.1m/s와 977.8hPa로 약 30년 빈도 규모에 해당되는 것으로 나타났다.

미래 기후변화로 인한 태풍 조건을 태풍 SARAH(5914) 강도인 200년 빈도를 포함하여 최대 500년 빈도 가량의 기압조건이 포함되도록 930~960hPa 범위로 설정하였다. 중심기압 변화량과 태풍 이동경로 등을 조합하여 수립된 가상시나리오 (표 7.3)는 총 36Cases로, 이를 부산 연안 5개 권역별로 적용하여 미래 기후변화로 인한 태풍 강도 강화가 해당 연안의 폭풍해일 특성에 미치는 영향을 검토하였다. 태풍의 위력은 중심기압이 낮아질수록 점차 강해지며 이로 인한 연안역의 수위 상승량, 즉 폭풍해일고도 높아진다. 특히 태풍의 진행방향을 기준으로 위험반원이 형성되는 오른쪽 연안에 위치하는 경우 강한 풍속의 영향이 더해져 폭풍해일고 상승효과가 나타나며, 가항반원이 형성되는 왼쪽 연안에서는 태풍 강도가 둔화되어 오른쪽 연안에 비해 상대적으로 낮은 폭풍해일고가 나타난다.

표 7.3 가상시나리오(36Cases) (계속)

개념도	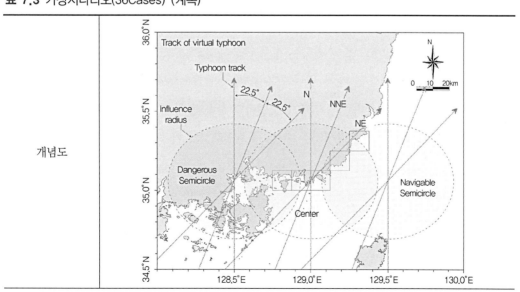

표 7.3 가상시나리오(36Cases)

태풍인자	범위	Cases
이동경로	128.5~129.5°(0.5° 간격)	3
내습각도	N, NNE, NE	3
중심기압	930~960hPa(10hPa 간격)	4
이동속도	30km/hr	1
최대바람반경	80km	1
가상시나리오 Cases		36

출처 : 부산광역시(2017), 부산연안방재대책수립 용역 종합보고서, pp.303~307.

앞서 수립된 가상시나리오를 적용하여 태풍 강도 및 이동경로 변화에 따른 부산 연안의 폭풍해일고를 검토하였다. 가상시나리오 Case별 부산 연안방재대책수립 대상지역 전면 해역에서의 최대 폭풍해일고를 산출하여 제시한 것으로, 최대 폭풍해일고는 중심기압이 930hPa, 태풍의 이동경로가 128.5°에서 북진하는 방향인 N방향으로 통과하는 시나리오에서 가장 크게 나타났다. 표 7.4에 가상시나리오에 따른 기초자치단체별 최대 폭풍해일고를 나타내었다. 특히 부산시 강서구에 위치한 3개 지역(가덕도 외눌 외 4개 지역, 강서구 신호동, 명지국가산업단지)에서 최대 폭풍해일고가 312.5~356.9cm에 이르는 것으로 나타났다. 이는 전술한 바와 같이 태풍의 중심기압이 낮아질수록 이로 인해 발생되는 폭풍해일고도 높아진다는 일반적인 현상과도 일치하는 결과이다. 가상시나리오 검토결과 중 태풍의 내습각도에 따라서는 북진하는 방향, 즉 N방향으로 통과하는 경우 폭풍해일고가 크게 발생하며, 동측으로 치우칠수록 폭풍해일고는 점차 낮아지고 있다. N방향으로 북진하는 경우 한 방향으로 지속적인 불어오는 바람의 영향으로 연안역(沿岸域)에 해수가 수 시간 동안 누적됨에 따라 수위상승이 높게 발생되는 반면, 동측으로 경로가 변경되는 NNE, NE 내습각도에서는 태풍 진행시간에 따라 풍속 및 풍향이 변화되어 N방향에 비해 상대적으로 폭풍해일고가 낮게 나타난다. 태풍의 이동경로에 따라서는 128.5°로 통과하는 경우 위험반원이 형성되는 지역 내에 부산연안의 상당 지역이 포함되므로 이로 인해 높은 폭풍해일고가 나타나는 반면, 이동경로가 동측으로 이동할수록 점차 폭풍해일고는 낮아지게 된다.

표 7.4 부산광역시 기초자치단체별 최대 폭풍해일고(가상시나리오)

No.	기초자치단체	최대해일고(cm)	No.	기초자치단체	최대해일고(cm)
1	강서구	316	6	동구	224
2	사하구	290	7	남구	234
3	서구	217	8	수영구	168
4	중구	214	9	해운대구	168
5	영도구	207	10	기장군	142

출처 : 부산광역시(2017), 부산연안방재대책수립 용역 종합보고서, pp.303~307.

② 지진해일

지진해일인 경우에는 최대급 지진해일을 설정해야 하는데, 우리나라에는 1983년 및 1993년 두 번에 걸친 지진해일 피해가 있으나 축적된 자료가 그리 많지 않아 지진해일이 빈번한 일본의 설정방법[2]에 대해서 기술하도록 하는데, 그림 7.6과 같은 순서로 한다.

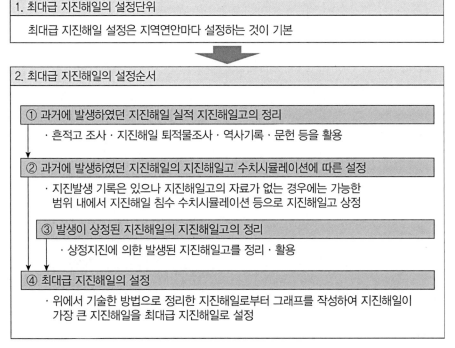

출처 : 日本 国土交通省 水管理·国土保全局海岸室(2012), 津波浸水想定の設定の手引き, p.20.

그림 7.6 최대급 지진해일 설정 순서

우선 지역연안의 구분은 만(灣)의 형상 및 산맥 등과 같은 자연조건, 문헌 및 피해이력 등 과거에 발생하였던 실적 지진해일고 및 수치시뮬레이션의 지진해일고 등과 같이 동일한 지진해일 외력 설정 시 검토할 수 있는 일련의 해안선으로 지역을 나누어야 한다. 과거에 발생하였던 실적 지진해일고로서는 대학 등의 연구기관과 학회가 실시한 흔적고(痕迹高) 조사, 지진해일의 퇴적물조사 및 역사기록과 같이 문헌에 나타나 있는 지진해일의 흔적고 기록을 이용할 수 있다. 그 다음 순서로 과거에 발생하였던 지진해일의 지진해일고 수치시뮬레이션에 의한 상정(想定)을 들 수 있는데 지진발생 기록은 있지만 과거 지진해일고 데이터가 없는 경우는 지진해일 퇴적물 조사결과로부터 침수범위를 확인한 후 가능한 범위에서 지진해일 침수 수치시뮬레이션 등으로 지진해일고를 상정할 수 있다. 그 다음으로 발생이 상정된 지진해일의 지진해일고를 정리하는데 그때 각 지역연안에 있어서 악조건(惡條件)이 되는 지진해일 단층모델 설정에 유의해야 한다. 마지막으로 앞에서 언급한 방법으로 정리된 과거 지진해일의 실적 지진해일고 및 수치시뮬레이션으로 상정된 지진해일고, 발생이 상정된 지진해일의 지진해일고를 기준으로 각 지역연안마다 가로축에 지진해일의 발생연수(상정지진인 경우에는 오른쪽 끝), 세로축에 해안선에서의 지진해일고 값을 플롯(Plot)한다. 작성된 그래프 중에서 지진해일고(津波高)가 최대가 되는 지진해일을 최대급 지진해일로서 설정한다(그림 7.7 참조). 그때 최대급 지진해일을 일으키는 지진이 한 지역 해안 내에서 여러 개인 경우가 있으므로 각 지역 해안마다 그래프를 작성하는 것에 유의한다.

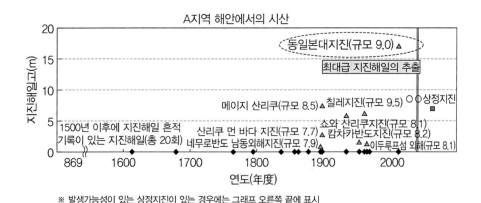

그림 7.7 최대급 지진해일을 설정하기 위한 그래프(예시) (계속)

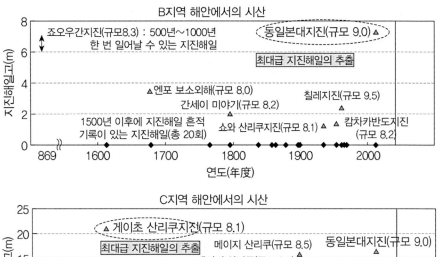

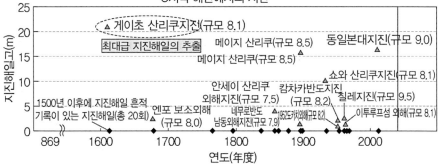

그림 7.7 최대급 지진해일을 설정하기 위한 그래프(예시)

③ 고파랑 설정

해당 연안지역에서의 고파랑 설정은 심해설계파 산정으로 할 수 있다. 우리나라에서 가장 최근 실시한 심해설계파 산정(새로운 심해설계파 산정은 2018년 12월에 나올 예정임)은 2013년에 농림수산부('국가어항 외곽시설(방파제 등) 설계파 검토 및 안정성 평가 용역')에서 실시하였는데 그 개요는 다음과 같다.

㉠ 심해설계파 산정 개요[3]

심해설계파 산정 수치시뮬레이션실험에서는 SWAN모델을 사용하였는데 SWAN 모델은 외곽시설(방파제 등) 구조물 설계에 필요한 파랑제원 산출 시 파랑의 천수효과, 쇄파, 굴절 등 천해에서의 파랑 역학적 변환과 영향을 모의할 수 있는 수치모델이다. 이제까지 심해설계파는 2005년 12월 한국해양연구원(현 한국해양과학기술원)에서 발표한 '전해역 심해설계파 추정보고서 2'의 심해설계파 결과를 보완하여 심해설계파를 추가적으로 계산하였고 이를 천해설계파 계산에 적용하였다. 천해설계파 계산 시 대상어항의 지리적 위치 특성, 즉 트인 어항과 반 차폐된 어항으로 구분하여 설계파 산출방법을 달리하였다. 트인 어항인 경우 SWAN모델의 개방경계조건으로 심해설계파 제원만을 사용하였고, 연안도서, 내만(內灣) 및 해안 곳처럼 육지 돌출부에 의해 외해로부터 일부 차폐된 연안에 위치한 어항인 경우에는 상대적으로 심해입사파의 영향을 적고 지역적인 바람의 영향이 크게 작용할 수 있기 때문에 바람 영향을 고려하였다. 또한 해파(海波)가 섬 및 육지 지형에 의해 완전히 차단되어 심해입사파의 영향이 거의 없는 어항에 대하여 태풍 바람을 이용하여 계산하였는데, 과거 61년간의 항별 최대파고를 보인 30개 태풍을 선정하여 태풍통과 시 7시간 동안의 파고를 계산하였다. 심해설계파 산정 실험은 광역과 상세역으로 구분하여 계산하였고, 광역은 60m 간격의 격자로, 상세역의 입사경계조건을 Nesting 기법으로 산정하였다. 2005년에 발표한 심해설계파는 2003년까지의 파랑을 수치모의한 결과를 사용한 것으로 특히 2003년 발생한 태풍 '매미'가 고려되어 있지 않은데 이는 태풍 '매미'가 50년 빈도 범위를 벗어나기 때문에 당시에는 이를 극치분석에서 제외시켰다. 따라서 2013년 발표한 심해설계파에는 2005년 심해설계파 계산 시 제외되었던 태풍 '매미'를 포함시켰다.

다) 연안재해 피해규모의 추정

과거의 연안재해에 의한 피해실적 및 현재 그 지역의 토지이용상황, 인구 및 산업 등 분포상황을 고려하여 연안재해로부터 발생되는 침수·범람 피해를 상정하여 대상 연안지역의 위험성을 파악할 필요가 있다. 연안재해에 의한 위험성을 파악하기 위해서는 지역주민의 원활한 대피 및 재산의 보호를 위해 지역 특성을 파악한 뒤 대상 해일에 의한 폭풍해일고, 지진해일고 및 파고 등을 추정한다. 그 결과 해안방재시설의 마루높이와의 비교 검토로부터 월파의 가능성을 평가하여 개략의 위험성을 파악할 수 있다. 침수피해를 추정하는 경우 침수계산을 이용하여 연안지역 및 그 배후지역의 침수역을 추정할 수 있고, 침수역 내에서 현재 토지이용, 인구, 시설 등의 집적, 경제활동 및 주민생활 상황 등을 고려한다.

라) 연안재해 비상대응상황의 구성방안

① 계획수립을 위한 기초조사 : 과거 연안재해 발생이력, 폭풍해일 및 지진해일 등을 조사하여 연안재해 발생 위험지역을 설정하고, 대상 연안지역에서의 연안재해 특성과 피해유형을 파악해야 한다. 또한 연안재해 발생 위험지역의 기상, 해상, 토지이용, 인구, 산업 등의 경제상황에 따른 지역 고유의 특성을 파악해야 한다.

② 연안재해 규모 설정

③ 피해규모의 추정 : 폭풍해일인 경우 태풍 경로, 태풍 강도, 태풍접근 시각 및 그때의 조위, 태풍의 풍속, 월파량 등의 정보를 활용하여 폭풍해일 발생지역의 예상피해 규모를 추정한다. 지진해일 인 경우는 지진의 강도, 진원지, 진앙깊이, 파형 등의 정보를 활용하여 지진해일 발생지역의 예상 피해규모를 추정한다. 즉, 대상 해역의 위치, 중요도 및 재해 대비성 등을 고려하여 피해의 형태, 규모 등을 추정한다.

④ 비상대처조직체계의 확립 : 지방자치단체와 그 외 유관기관과의 비상시 조직체계, 대상해역에서 해안마을의 비상대처조직체제를 확립한다.

⑤ 피해에 대비한 사전 수습대책 정비 : 피해에 대비해 구호, 구급, 탐색 및 의료 등에 필요한 기자재를 확보·정비하는 것으로 인접 지방공공단체간의 지원체제를 정비하여 의료·구급체제를 정비한다.

⑥ 비상대처활동의 내용 : 비상시 실행하는 비상대처활동의 내용을 명시한다.

⑦ 복구대책의 정비 : 지역주민의 신속한 생활안정을 돕기 위해 복귀를 위한 라이프라인 등 복구대책을 정비한다.

마) 연안재해 발생 전 대비활동 사항

① 비상대처조직의 점검 및 설치 : 지방자치단체 조직과 대상 연안지역에서 재난안전대책본부를 설치하고 정보전달방법 및 조직도를 명시한다.

② 정보의 수집·전달 : 재해에 대한 기상·해상정보의 전달, 전달체제, 재해정보의 수집·보고, 유관기관과의 연대, 긴급지원대책요청, 재해 발생 시 비상통신수단의 확보를 해야 한다.

③ 비상동원의 실시 : 재해 발생 시 지역주민을 비상동원하기 위한 동원체제, 동원의 내

용·기준 및 전달방법을 명확히 명시한다.

④ 대피소 점검, 대피소 설치 및 대피유도 : 재해 발생 시 지역주민이 대피하기 위한 대피소를 개설하고 운영과 관련된 제반 상황과 식품위생대책을 점검하여 대피소에 식수와 식료품이 충분히 확보될 수 있게 한다. 또한 대피소 시설에 대한 보건 및 위생대책을 검토하며 화장실이 없을 시 가설화장실을 설치한다. 연안지역 마을의 지역방재계획에는 재해위험구역의 감시 및 정보전달, 경계구역설정 실시책임자 선정, 대피권고·지시의 실시책임자 지정, 대피권고·지시의 방법(기준, 전달내용, 전달방법), 대피예정장소(소재지, 명칭(학교 등은 구체적으로 시설명까지 명시, 수용인원), 대피방법(대피경로 등), 대피소의 개설 및 운영체제와 대피상황 등의 보고, 대피가 필요가 없을 때 발표방법, 방재유관기관에의 연락, 대규모적인 대피가 필요한 경우 상급지방자치단체 및 인접 마을에 대한 협력요청 등을 포함한다.

⑤ 방재시설물 점검 : 방파제, 호안, 수문, 제방 등과 같은 해안구조물과 측구, 암거 등과 같은 하수구조물에 대한 시설물 사전점검을 해야 한다.

바) 연안재해 발생 후 수습활동 사항

① 비상동원 실시 : 동원체제, 동원의 내용·기준 및 전달방법을 명확히 명시한다.

② 정보의 수집·전달 : 재해에 대한 기상·해상정보의 전달, 전달체제, 재해정보의 수집·보고, 유관기관과의 연대, 긴급지원 대책요청, 재해 발생 시 비상통신수단의 확보를 해야 한다. 연안지역 마을의 지역방재계획에서는 재해정보의 수집·전달체계(주민을 포함), 비상대처 시 지시·전달체계, 방파제·호안 등 해안구조물 파손 등 긴급을 요하는 재해정보에 대한 인접지역으로의 통보체제, 상급 지방자치단체에 대한 재해정보의 보고기준·보고내용·보고체계, 상급 지방자치단체 등의 비상지원체제 등을 포함한다.

③ 방재유관기관과의 연대추진 : 방재유관기관과의 연대를 추진해야 하는데 그 내용은 방재유관기관과의 연대체제, 방재관련 지정행정기관 등에게 비상대처실시 요청, 다른 지방자치단체에 대한 응급지원요청·응급지원, 인접지방자치단체와의 상호응급지원요청·응급지원, 전국적인 광역응급지원협정 구축·응급지원요청,

읍·면·동 마을에 대한 응급지원, 업계·민간단체 등에 대한 응급지원협력 요청, 군부대에 대한 파견요청·요청경로, 경찰서·소방본부 등 유관기관과의 연대 등이 포함되어야 한다. 연안지역 마을의 지역방재계획에서는 지방자치단체 등에 대한 응급지원요청, 기타 읍·면·동 마을에 대한 응급지원요청 등을 포함하여야 한다.

④ 수방활동 실시 : 수방활동의 실시를 위해서는 수방의 책임, 수방조직, 수방태세, 수방지령·수방경계, 구조·구급 등 의료대책, 구급의료의 제공, 부상자 수용, 의료대책의 실시, 구호소 설치, 지방자치단체의 정보수집·전달, 구호반 편성·파견 기관에의 요청, 재해지역 거점병원의 활동, 의료 인력의 확보, 의료자원봉사자의 확보, 환자 등 수송체제, 의료품 공급·조달방법, 수송·공급방법, 의료기관의 라이프라인 확보가 포함되어야 한다. 연안지역 마을의 지역방재계획에서는 실시책임, 구출반 편성, 필요한 기자재의 보유·확보, 자율방재조직 등의 내용, 구호반의 위치(소재, 명칭, 수용능력 등), 의료 기자재 비축·조달 등이 포함되어야 한다.

⑤ 교통 및 수송대책 실시 : 교통 확보 대책 실시, 통행금지 조치 등 교통통제, 재해지역에로의 출입통제, 도로 등 응급복구 작업, 해상·항공교통을 확보해야 한다. 긴급수송대책 실시에 따른 실시기관·기본방침 명시, 수송대상·인원 예상, 수송로 등에 대한 상황파악, 긴급교통로 지정, 지원요원을 확보해야 한다. 또한 헬리콥터에 의한 수송이 필요한 경우는 지방자치단체 소유의 헬리콥터 적극적 활용·운반계획, 요청절차, 타 기관 소유의 헬리콥터 활용·요청방안에 대한 내용이 포함되어야 한다. 연안지역 마을의 지역방재계획에서는 긴급통행차량의 사전등록제도 구축, 항(무역항·연안항 등, 국가어항·지방어항 등) 및 도로 등의 재해정보수집, 항(무역항·연안항 등, 국가어항·지방어항 등) 및 도로 등의 응급복구 등을 포함한다.

⑥ 주택의 확보 : 응급가설주택의 건설(실시기관, 공급대상자, 설치호수, 공급방법, 주택 구조, 입주자의 확인, 관리주체, 주변생활환경 정비), 공가주택의 확보, 주택 응급수리, 주택 등에 유입한 토석류 등 장애물 제거, 주택창구의 설치를 한다. 연안지역 마을의 지역방재계획에서는 실시책임자 지정, 응급가설주택의 건설예정지 선정, 응급가설주택 기자재 조달, 필요건설장비 보유·조달, 건설업자 사전파악, 입주기준, 응급가설주택과 관련된 제반대책 등을 포함한다.

⑦ 식료 및 물자의 공급 : 식료 공급에 대해서는 실시기관 지정, 공급대상자·식료품목·식료의 제공요청, 주식·부식의 공급·수송·배분 등이 있어야 한다. 응급 급수를 실시해야만 하는 경우에는 실시기관, 급수대상자, 상수원·급수량, 급수방법·홍보, 급수 응급지원은 고려해야 한다. 물자 공급에 대한 사항은 실시기관, 공급대상자, 품목, 공급수송·배분이 검토되어야 한다. 연안지역 마을의 지역방재계획은 식료·물자 실시책임자 지정, 식료의 비축·조달, 조리장소(소재, 명칭, 용량), 식료 공급·수송·분배의 방법, 응급급수 실시책임자 지정, 상수원 확보·급수방법, 급수용 기자재 보유·조달, 수도시설의 응급복구대책, 물자공급 실시책임자 지정, 물자의 비축·조달, 물자의 공급·수송·분배의 방법 등을 포함한다.

⑧ 보건위생, 전염병 대책, 사망자·실종자처리 등의 실시 : 보건위생에 관해서는 진료체제 확보(긴급보건소 설치), 건강대책 실시(순회건강상담·영양상담), 식중독 방지, 식중독 발생 시 대응방법, 보건위생 홍보 등을 해야 한다. 전염병 대책은 전염병 대책활동, 전염병 대책본부 설치, 건강진단, 전염병 대책용 약제의 공급, 피해지역 마을에 대한 지도·지시, 환장 등에 대한 조치, 청결·소독방법 등을 포함한다. 연안지역 마을의 지역방재계획은 실시책임자 선정, 순회건강상담의 실시, 순회영양상담의 실시, 식중독 방지대책, 식중독 발생 시의 대응방법(보건소 설치 시), 식품위생에 관한 홍보 실시, 전염병 대책반 편성, 전염병 대책의 종류·방법, 전염병 대책용 약제 등의 비축·조달 등을 포함한다.

⑨ 생활지원 대책 : 라이프 라인의 응급대책, 재해관련 위로금과 재해구호자금의 지급, 실시기관·내용, 구호물자의 수송·배분, 상담창구, 재해피해자의 구호, 사회보험제도의 특례조치, 세금의 특례조치, 금융대책, 물가안정대책 등을 실시한다. 연안지역 마을의 지역방재계획에서는 실시책임자 지정, 재해증명의 수속, 구호물자의 접수·배분 방법 등을 포함한다.

⑩ 재해관련 폐기물과 쓰레기 대책 실시

7.2 연안재해 EAP 사례

7.2.1 폭풍해일 EAP

1) 미국의 허리케인 EAP(국립 허리케인 센터)[4]

미국의 허리케인(Hurricane)의 등급 구분은 표 7.5와 같다.[5]

표 7.5 허리케인 등급 구분

구분	평균풍속(m/s)	파고(m)	중심기압(hPa)	내용
1등급	33~42	1.2~1.5	980~989	• 건축 구조물에 대한 피해는 없음 • 미 고정된 이동식 주택이나 관목(灌木), 나무에 주로 피해 발생 • 해안침수나 부두에 사소한 피해 발생
2등급	43~49	1.8~2.4	965~979	• 지붕이나 문, 창문에 피해 발생 • 농작물이나 이동식 주택 등에 적지 않은 피해 발생 • 침수피해가 있고, 무방비로 정박된 소형 선박의 표류 가능
3등급	50~58	2.7~3.7	945~964	• 건물과 담장이 파손 발생 • 이동식 주택이 파괴 • 해안의 침수로 인해 작은 건물이 파괴되고, 큰 건물들이 표류하는 등 파편들로 인해 피해 발생 • 내륙에도 침수 발생
4등급	59~69	4.0~5.5	920~944	• 담장이 크게 피해를 입고, 지붕이 완전히 날아가기도 함 • 해안 지역에 큰 침식 발생 • 내륙 지역에서도 침수 발생
5등급	≥ 70	≥ 5.5	≤ 920	• 가옥 및 공장의 지붕이 완전히 날아감 • 건물이 완전히 붕괴 • 침수로 인해 해안 저지대에 심각한 피해 발생 • 거주지를 잃은 지역에서의 대피 필요

출처 : National Hurricane Center(2017), http://www.nhc.noaa.gov/prepare/ready.php#gatherinfo

(1) 정보수집

우선 허리케인 피해 지역 내에 살고 있는지 알아야 하며, 자신의 위험을 평가하고 폭풍해일, 홍수, 바람에 취약한 집의 약점을 파악해야 한다. 국립 미국기상국의 기상 예보를 경청하며, 의문이 있을 시에는 정부/지방자치단체에 문의하여야 한다. 어떤 유형의 비상상황이 발생할 것인지 또는 어떻게 대처해야 하는지 알아야 한다.

가) 연락처

비상상황 시 참조할 수 있도록 비상 연락처 목록을 작성하여 보관한다. 준비해야 할 비상 연락처 목록은 다음과 같다.

① 미국 연방재난관리청(FEMA : Federal Emergency Management Agency) 사무실
② 카운티 법 집행(경찰서)
③ 카운티 공공안전화재(소방서)
④ 주, 카운티, 연방정부
⑤ 지역 병원
⑥ 로컬 유틸리티(수도, 전기, 도시가스 등)
⑦ 현지 미국 적십자
⑧ 로컬 TV 방송국
⑨ 로컬 라디오 방송국
⑩ 재산 보험 대리점(보험회사)

나) 위험도 분석

인터넷 등과 같은 온라인 위험요소 및 취약성 평가도구를 사용하여 위험에 대한 정보를 수집할 수 있다.

① 폭풍해일 재해지도(미국 연방재난관리청 지도포털)를 통한 위험요소 확인(그림 7.8 참조)
　　㉠ 미국 연방재난관리청은 다양한 자연재해를 복합적으로 평가하는 GIS(Geographic Information Systems) 기반의 HAZUS(Hazard U.S) 소프트웨어를 개발하였는데, HAZUS는 미국에서 빈번하게 발생하는 홍수, 허리케인, 지진으로 인한 인명 및 재산피해 등 물리－사회－경제적 피해 규모를 예측하고 평가할 수 있는 표준화된 방법을 제공한다.
　　㉡ HAZUS는 건물, 지형도, 허리케인의 이동경로 및 강도, 경제 관련 데이터를 DB(Data Base)화하여, 잠재적인 재해위험을 평가 후 재해 사전대비 단계와 대응

및 복구단계 등의 정책결정에 활용되고 있다.[6]

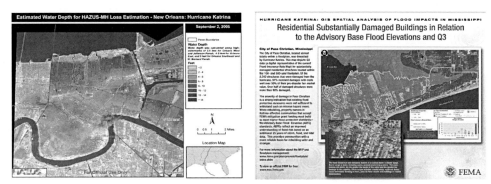

출처 : FEMA Flood Map Service Center(2018), Hazushttps://msc.fema.gov/portal/resources/hazus

그림 7.8 HAZUS를 이용한 허리케인 카트리나 침수역 및 건물 피해 평가

② 해양-기상-수문 통합범람예측모형 개발연구(CI-FLOW Project)

　　미국의 국립해양대기국(NOAA)은 해양-기상-수문(하천)을 모두 고려한 연안과 육상
역의 통합범람경보체계 구축(CI-FLOW : Coastal and Inland Flooding Observation
and Warning Project)을 위한 연구를 진행 중이다(그림 7.9 참조). 향후 수온 및
염분을 고려한 3차원의 HYCOM 모형과의 결합을 통해 강우 및 열교환등까지 가능한
총체적인 통합 시스템을 연구하고 있다.[7]

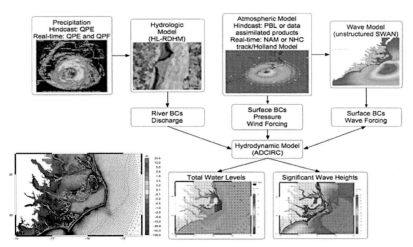

출처 : CI-FLOW(2018), https://ciflow.nssl.noaa.gov/

그림 7.9 해양-기상-수문간의 연계를 고려한 통합 폭풍해일모형

(2) 계획 및 행동 실행

허리케인으로 인한 폭풍해일로 피해가 발생하면 다음과 같이 계획 및 행동을 실행하여야 한다.

① 재해대비 키트(그림 7.10 참조)

폭풍해일을 대비한 기본적인 재해대비 키트(Kit)를 미리 준비하고 다양한 재해가 발생할 때를 대비하여 잘 보관하여 둔다.

출처 : National Hurricane Center(2018), https://www.nhc.noaa.gov/prepare/ready.php#gatherinfo.

그림 7.10 재해대비 키트

ⓐ 보관방법 : 재해대비 키트를 잘 보관하려면 밀폐된 비닐 봉투에 넣어 플라스틱 상자나 더플백이 같이 운반하기 쉬운 하나 또는 두 개의 용기에 넣어 두어야 한다.

ⓑ 키트 내에 준비하여야 할 기본용품

• 물 : 최소 3일 동안, 마시고 위생하기 위해 1인당 하루에 1갤런(3.78ℓ)의 물

• 식품 : 최소 3일간 먹을 수 있는 부패하지 않는 식품

• 배터리 구동 또는 수동 크랭크 라디오 및 NOAA(미국해양대기관리처) 기상 라디오(경고음 포함)

• 손전등

- 응급 처치 키트

- 여분의 배터리

- 도움을 요청하는 호루라기

- 대피소의 오염된 공기를 여과하는 데 필요한 먼지 마스크 및 덕트(Duct) 테이프

- 살균된 휴지, 쓰레기봉투 및 개인위생을 위한 플라스틱 끈

- 수도, 전기, 가스의 스위치를 끄는 렌치 또는 펜치

- 식료품 통조림 따개

- 거주지에 대한 지역지도

- 충전기와 예비배터리가 장착된 휴대 전화

② 비상계획

허리케인으로 인한 폭풍해일 시 월파 및 침수·범람 위험에 대한 계획을 수립하고 문서화시킨다.

㉠ 가족비상계획(Family Emergency Plan) 수립 절차

- 1단계 : 가족비상계획을 수립 전에 다음 질문에 대해 가족 간에 토론한 후 계획을 작성토록 한다.

  - 비상 알림 및 경고는 어떻게 받을 수 있습니까?

  - 대피 계획은 어떻게 되나요?

  - 대피로는 어디입니까?

  - 우리 가족/직장 간 커뮤니케이션 계획은 무엇입니까?

- 2단계 : 가정에서의 구체적인 필요사항을 고려해야만 한다. 가족비상계획은 각자 구성원의 일상적인 삶에 대한 필요와 책임에 맞추어 수립하도록 한다. 즉, 일상적인 네트워크에 있는 사람들과의 의사소통방법과 자녀·사업·애완동물의 돌봄 또는 내구성 있는 의료 기기의 작동과 같은 특정한 필요에 대해 도울 방법을 의논한 후 도움이 필요한 영역에서의 개인적인 네트워크를 만든다. 계획을 작성할 때는 다음과 같은 항목에 유의해야 한다.

  - 다양한 연령의 가족 구성원

－다른 사람을 도와야 할 책임

－자주 방문하는 장소

－식이요법의 필요성

－처방전과 의료 장비를 포함한 의료적 필요성

－장치 및 기구를 포함한 기능 장애, 접근 및 기능적 요구 사항

－구어(口語) : 미국은 여러 나라(언어가 다름)에서 온 사람으로 구성

－문화적, 종교적 고려 사항

－애완동물 또는 맹인안내견 같은 장애인 보조동물

－취학 연령 아동이 있는 가정

• 3단계 : 가족비상계획 작성

• 4단계 : 가족과 함께 계획 실천

ⓛ 반드시 집과 떨어진 곳으로 대피계획을 수립한다.

ⓒ 애완동물 주인은 반려견 등을 돌보는 계획을 세워야 하며, 질병관리본부(The Centers for Disease Control & Prevention)는 대피소에서 애완동물의 건강에 미치는 영향에 대한 정보를 제공한다.

ⓔ 만약 거주지가 연안이면 보트(Boat)를 준비하고, 해양 안전에 주의한다.

③ 보건 및 환경

다음의 가이드라인(Guide Line)에 따라 허리케인 이동 중 및 허리케인이 지나간 후에 지역 사회의 건강을 지키고 환경을 보호한다.

㉠ 허리케인 전·중·후 시(時) 질병통제센터(CDC : The Centers for Disease Control)의 건강 가이드라인

ⓛ 재해 발생 시 미국식품의약국(FDA)의 식품 및 식수 안전 지침

ⓒ 재난 대비에 있어 보건 및 환경 안전에 대한 환경보호청(EPA : The Environmental Protection Agency) 제안 지침

④ 대피(그림 7.11 참조)

FEMA 대피지침을 검토하고 집으로부터 대피하여야 할 경우에는 친구와 가족에게 충분한 시간을 두고 알려야 하며, 지방자치단체(주/카운티 등)에서 발표한 지침을 따라야 한다. 허리케인 발생 시 야기되는 다양한 종류의 재해로 인하여 대피를 해야 할 때도 있다. 어떤 경우에는 하루나 이틀 정도 시간을 두고 준비해야 할 수도 있지만, 만약 위급한 상황이면 즉각 대피하는 것이 좋다. 미리 계획을 세우는 것은 어떤 상황에서든 신속하고 안전하게 대피하기 위해 매우 필요하다.

출처 : National Hurricane Center(2018), https://www.nhc.noaa.gov/prepare/ready.php#gatherinfo

그림 7.11 허리케인 발생 시 대피 모습

㉠ 대피 전(FEMA 대피 지침)

- 지역 비상사태, 대피상황 및 각 특정 재해의 대피계획 등에 포함된 재해 유형을 파악한다.
- 어떻게 떠날지 계획하고 대피하라는 지시를 받는다면 어디로 갈 것인지를 결정하고, 다른 도시에 있는 친구의 집이나 모텔과 같은 비상시에 갈 수 있는 여러 장소를 확인한다. 비상시 선택할 수 있도록 여러 방향의 장소를 염두에 둔다.
  - 필요한 경우에는 애완동물을 수용할 수 있는 장소를 파악해야 하는데, 대부분의 공공 보호소에서는 맹인안내견과 같은 장애인 보조 동물들만 허용하고 있다.
  - 거주 지역을 벗어난 지역에 대한 대피경로 및 교통수단에 대해서도 숙지해야 한다.
  - 항상 현지 공무원의 지시를 따르고, 대피로는 재해의 종류에 따라 도보로 이

동할 수 있음을 명심해야 한다.

- 가족/가정용 연락방법을 개발하고, 연락처를 유지하면서 각자에게 최선의 조치를 취하고, 만약 헤어질 경우를 대비하여 다시 재회할 수 있는 계획을 수립한다.
- 대피할 준비가 되었다면 대피에 필요한 물품을 배낭이나 백에 넣어 도보 또는 대중교통으로 대피 시 휴대할 수 있으며, 자동차가 있는 경우 장거리로 대피할 수 있다.
- 차량이 있는 경우 : 혼잡과 지체를 줄이기 위해 비상상황 시 한 가족당 한 대의 차만 사용토록 제한하기 때문에 대피 가능성이 있는 경우에는 차량 연료탱크에 휘발유 또는 가스를 가득 채워 둔다. 예상치 못한 대피가 있을 경우를 대비해서는 연료탱크 내에 항상 반 이상의 휘발유나 가스를 채워 놓아야 한다. 주유소 또는 가스충전소는 비상시 폐쇄될 수 있으며, 정전 시 주유소에서 주유할 수 없기 때문이다. 또한 차에 휴대용 구급상자가 있는지 확인한다.
- 자가용이 없다면, 필요한 경우 어떻게 떠날지 계획하고, 가족, 친구와 약속을 잡아야 한다.

ⓛ 대피 중(FEMA 대피 지침)

- 대피 가능한 개방 대피소 목록을 확인한다.
- 배터리로 작동하는 라디오를 청취하고 현지의 대피 지침을 따른다.
- 비상 전원 키트를 챙겨간다.
- 허리케인으로 인해 이동할 수 없는 상황에 이르기 전에 가능한 한 빨리 떠난다.
- 애완동물은 데리고 다니되, 공공보호소에서는 맹인안내견 같은 장애인 보조동물만 맡길 수 있다. 비상상황 시 애완동물을 어떻게 돌볼지 계획한다.
- 시간이 허락되는 경우
- 가족 간 소통 계획에 따라 다른 주(州)로 연락하거나 안부문자를 보낸다. 당신이 어디로 가고 있는지 가족 또는 친구들에게 알린다.
- 문과 창문을 닫고 열쇠를 잠금으로써 집을 안전하게 한다.
- 라디오, TV, 소형 가전제품 등의 전기 플러그를 뽑는다. 침수 또는 범람의 위험이 있지 않는 한 냉동고와 냉장고는 플러그를 꽂은 채로 둔다. 만약 이전

의 허리케인으로 인하여 집에 손상경험이 있었다면, 대피 전에 수도, 가스 및 전기를 차단한다.

- 대피일시와 대피장소를 알려주는 메모를 남긴다.
- 긴 바지, 긴 소매 셔츠 및 모자 등과 같은 보호 기능이 있는 튼튼한 신발 및 의복을 착용한다.
- 차량 승차가 필요한 이웃이 있는지 확인한다.
- 지방자치단체에서 권고하는 대피 경로를 따른다. 만약 지름길로 가려고 한다면 불시에 통제(統制) 또는 차단될 수도 있다는 것을 명심한다.
- 침수된 도로나 교량, 전력선(電力線) 등 도로와 관련된 위험에 주의한다. 절대로 침수(浸水)된 지역으로 운전하지 않아야 한다.

ⓒ 대피 후(FEMA 대피 지침)
- 허리케인으로 인한 재해가 발생한 후 재해가 발생한 지역으로 되돌아가는 거주자는 일상적인 활동이 중단될 것이라는 것을 예상하며, 허리케인으로 인한 잔해가 제거되기 전에 귀가하는 것은 위험하다는 사실을 명심한다.
- 되돌아가기 전에 도착시기를 친구나 가족에게 알려주어야 한다.
- 전기제품을 충전하고, 정전이 계속될 경우에 대비하여 백업(Backup) 배터리를 준비한다.
- 차량의 연료탱크를 가득 채우고 귀향(歸鄕) 시 연료충전상태를 자주 확인한다.
- 차량 승차 시 식수와 식료품을 챙긴다.
- 끊어진 전기 전원 또는 라이프 라인(가스, 수도 등)을 피해야 하는데, 치명적인 전압으로 생명을 잃을 수 있다는 것을 명심한다.
- 만약 위와 같은 상황이 발생한다면 접근하지 말고 즉시 전력회사나 수도·가스회사에 알린다.
- 감전의 위험이 있는 경우 가정에서 멀리 떨어진 곳에 있는 발전기를 사용하고, 가정이나 차고 내에서 발전기를 구동(驅動)하거나 이를 가정의 전기 시스템에 연결하지 않도록 한다.

⑤ 복구(그림 7.12 참조)

허리케인 발생 후 집으로 되돌아가기 전에 연방정부 또는 주(州)정부/지방자치단체에서 그 지역이 재해로부터 안전하다고 발표할 때까지 기다려야 하며, 재해로부터의 복구는 보통 점진적인 과정으로 시간이 소요된다는 점을 기억해야 한다. 허리케인으로 입은 피해를 복구하는데 안전이 가장 중요하고, 정신적 및 육체적인 회복도 간과(看過)할 수 없다. 도움을 받을 수 있다면, 도움을 받는 방법을 아는 것이 그 회복을 더 빠르게 하고 스트레스도 덜 받게 된다.

출처 : Official website of the Department of Homeland Security HP(2018), https://www.ready.gov/recovering-disaster

그림 7.12 허리케인 재해 시 자동차 정비센터(FEMA)

㉠ 건강 및 안전지침(FEMA지침) : 재난이 발생한 후에 첫 번째 관심사는 본인 및 가족의 건강과 안전이다.

• 부상당한 사람들을 돕는다(그림 7.13 참조).

－부상이 있는지 확인한다. 중상자는 사망하거나 추가적인 부상을 당할 위험이 없는 한, 이들을 움직이면 안 된다. 의식이 없는 사람을 옮겨야 할 경우에는 먼저 목과 등을 고정시킨 다음 즉시 도움을 요청한다.

－피해자가 숨을 쉬지 않을 경우 인공호흡을 위해 환자를 조심스럽게 눕힌 후 기도(氣道)를 비운 후 인공호흡을 실시한다.

－담요로 체온을 유지하며, 환자가 과열(過熱)되지 않도록 주의한다.

－의식이 없는 사람에게 물을 공급하지 않는다.

그림 7.13 허리케인으로 인한 부상자를 치료하는 전경

• 건강

- 피로에 주의하며, 한꺼번에 많은 일을 하려고 하지 않고, 우선순위를 정하여 페이스(Pace)를 조절하고 충분히 쉬어가면서 복구 작업을 실시한다.

- 깨끗한 물을 충분히 마시며 잘 먹는다.

- 튼튼한 작업용 부츠와 장갑을 착용하고 복구 작업을 실시한다.

- 잔해 제거 작업 시 작업이 끝난 후 비누와 깨끗한 물로 손을 깨끗이 씻는다.

• 안전 문제(그림 7.14, 그림 7.15 참조) : 허리케인으로 인한 재해 발생 후 안전 문제에 주의한다.

그림 7.14 허리케인으로 침수된 차량

그림 7.15 허리케인으로 인해 파손된 건물들

－오염된 건물, 오염된 물, 가스 누출, 깨진 유리, 손상된 전기 배선 및 미끄러
운 바닥을 주의한다.

－화학오염 물질 유출, 전력선 고장, 도로 청소, 절연재 오염, 동물 사체(死體)
등을 포함한 보건 및 안전 문제에 대해 현지 관계당국에 알린다.

ⓒ 귀환 : 허리케인으로 인해 파괴된 집으로 돌아오는 것은 신체적으로나 정신적으
로 힘들 수 있다. 자신의 집과 재산을 확인하고 싶어도 그 지역의 지방자치단체에
서 그 지역이 안전하다고 발표하기 전에는 집으로 귀환하지 않는다.

그림 7.16 허리케인이 소멸된 후 집으로 귀환하는 모습

• 허리케인 피해 후 귀환(歸還)하기 전 체크할 항목(그림 7.17 참조) : 집으로 귀
환하기 전에 반드시 집을 검사해야 하는데, 집 외부를 주의 깊게 둘러보고 느
슨한 전기선, 가스 누출 및 집에 대한 구조적 손상 여부를 점검한다. 만약 건

물안전이 의심스럽다면, 집에 들어가기 전에 건축물 검사관이나 구조 엔지니어와 같은 전문가의 검사를 받아야 한다.

- 배터리로 작동하는 라디오를 항상 휴대하여 자연재해와 관련된 업데이트된 뉴스 보도를 청취하도록 한다.

- 배터리로 작동하는 플래시 라이트(Flashlight)를 사용하여 피해를 입은 자기 집을 검사한다. 참고로 집에 진입하기 전 바깥에서 플래시 라이트를 켜야 한다. 왜냐하면 집 안에서 플래시 라이트를 켤 경우 집 안에 누출 가스가 있으면 점화 시 가스폭발이 일어날 수도 있기 때문이다.

- 동물, 특히 독이 있는 뱀을 조심하고, 막대기를 사용하여 뱀이 있는지 잔해(殘骸)를 파헤치면서 집에 들어가야 한다.

- 생명을 위협하는 비상사태가 발생한 경우에만 전화를 사용한다.

- 집에 들어갈 때 집 내·외부로부터 떨어지는 낙하물을 주의하고, 끊어진 전선과 무너진 벽, 구조적으로 손상을 입은 교량, 도로 및 보도(步道)를 주의해야 한다. 다음과 같은 경우에는 집에 들어가지 말아야 한다.

1. 가스 냄새가 난다.
2. 홍수흐름이 건물 주변에 남아 있다.
3. 폭풍해일로 인한 화재로 집이 손상되어 소방서에서 안전하다고 통보하지 않았다.

출처 : Official website of the Department of Homeland Security HP(2018), https://www.ready.gov/returning-home

그림 7.17 허리케인으로 파괴된 집을 검사하는 엔지니어들

- 집에 들어갈 때(그림 7.18 참조) : 폭풍해일 후 조심스럽게 집으로 들어가 손상 여부를 우선 점검한다. 느슨한 실내 바닥과 미끄러운 바닥을 조심한다. 다음 항목은 집 내부의 확인항목이다.

  - 도시가스 : 만약 가스 냄새를 맡거나 '쉬익' 하는 소리를 들으면, 즉시 창문을 열고 집을 나가야 한다. 가능하면 바깥에서 가스 밸브를 잠근다. 그런 후 이웃집에서 도시가스회사로 전화한다. 메인 밸브에서 가스 공급을 차단한 후 다시 켜려면 도시가스회사의 서비스 직원이 필요할 것이다. 가스가 누출(漏出)되거나 기타 인화성 물질이 없는 것으로 확인될 때까지는 피해를 입은 가정 내에서는 조명을 위해 오일, 가스램프, 양초를 켜거나 담배를 피우지 말아야 한다.

  - 스파크(Spark), 끊어지거나 닳아빠진 전선 : 젖은 채로 있거나, 침수된 곳에 서 있거나, 안전에 대해 확신할 수 없을 때는 전기 시스템을 점검한다. 가능하면 메인 퓨즈 박스 또는 회로 차단기에서 전기를 끈다. 상황이 안전하지 않으면, 그 건물을 떠나서 도움을 요청한다. 사용하는데 안전하다는 확신이 들 때까지는 전기를 켜지 말아야 하며 전기배선은 전기기사에게 검사를 받는 것이 좋다.

  - 지붕, 기초 및 굴뚝에 균열이 있으면 건물이 붕괴될 것이기 때문에 즉시 건물을 떠나야 한다.

  - 가전제품 : 가전제품이 침수된 경우에는 메인 퓨즈 박스 또는 회로 차단기에서 전기를 끈 후, 가전제품의 플러그를 뽑고 그것들을 말린다. 가전제품을 재사용하기 전에 가전제품 전문가에게 확인을 받아야 한다. 또한 전원을 다시 켜기 전에 전기 기술자에게 전기 시스템을 점검받는다.

  - 식수 및 하수 시스템 : 식수 파이프가 손상된 경우에는 식수공급밸브를 잠근다. 물을 사용하기 전에 물이 오염되었는지 관련기관의 확인을 받는다. 우물물을 식수로 사용하려면 관계당국에 의해 수질검사를 받도록 한다. 하수시스템이 손상되었는지 알 때까지 변기의 물을 내리지 말아야 한다.

  - 음식물 및 기타 식료품 : 침수되었거나 오염되었을 것으로 의심되는 모든 음식물과 그 밖의 식료품은 버려야 한다.

  - 지하실 : 지하실이 침수되었을 경우 피해를 줄이기 위해 펌프(하루에 침수량

1/3 가량)를 돌려 퍼 올린다. 주변 지면이 여전히 침수되어 있는데도 지하실
의 물을 펌프로 퍼내면 지하실 벽이 무너지거나 바닥이 휘어질 수 있다는 것
을 주의한다.

– 열린 캐비닛 : 떨어질 수 있는 물체에 주의한다.

– 가정용 오염 물질 유출 청소 : 정화 처리되지 않은 하수, 박테리아 또는 화학 물
질에 의해 오염되었을 수도 있는 품목을 소독하고 깨끗한 물건들도 세척한다.

– 보험회사에 전화 : 피해 상황을 사진으로 찍어 두고, 수리 및 청소비용에 대
한 기록을 잘 보관한다.

– 야생(野生)동물과 다른 동물들 경계 : 폭풍해일로 인한 재해가 발생한 후에 집
으로 돌아올 때 야생동물을 경계한다. 재해와 생명을 위협하는 상황은 예측
할 수 없는 야생동물의 본성을 악화시킬 것이다. 자신과 가족을 보호하기 위
해서, 야생동물을 다루는 법을 배워야 한다.

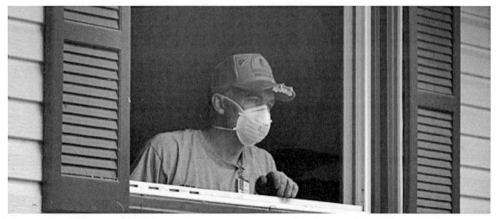

출처 : Official website of the Department of Homeland Security HP(2018), https://www.ready.gov/returning-home

그림 7.18 허리케인이 지나간 후 집 내부를 청소하는 사람

ⓒ 재해 대처능력 : 재해는 관련된 모든 사람들의 마음을 어지럽힌다. 재해로 인해
초래된 감정적인 희생은 때때로 집, 사업 혹은 개인 재산의 손해와 손실의 재정적
인 압박보다 더 파괴적일 수 있다. 특히 어린이, 노인 및 장애인, 그리고 영어가
모국어가 아닌 사람들이 위험하다. 즉, 아이들은 두려워하거나 일부 노인들은 처

음에는 혼란스러워 보일 수도 있다. 그리고 장애인들은 추가적인 도움이 필요할 수 있다(그림 7.19 참조).

출처 : Official website of the Department of Homeland Security HP(2018), https://www.ready.gov/coping-with-disaster

그림 7.19 허리케인으로 슬픔에 빠진 피해자를 위로하는 FEMA직원

• 재해에 대한 이해 : 재해의 개별적인 영향을 이해한다.

–재해를 입거나 경험한 모든 사람은 어떤 면에서 영향을 받는다.

–자신의 안전과 가족, 친한 친구의 안전에 대해 불안해하는 것은 정상적인 일이다.

–깊은 슬픔 및 분노는 비정상적인 사건에 대한 정상적인 반응이다.

–자신의 감정을 인식하는 것은 회복에 도움이 된다.

–자신의 힘과 능력에 집중하는 것이 치유(治癒)에 도움이 된다.

–지역 사회 프로그램 및 전문가의 도움을 받는 것은 건강에 좋다.

–누구나 각기 다른 요구와 대처 방식을 가지고 있다.

–큰 고통을 경험한 사람들이 반격(反擊)하고 싶어 하는 것은 흔한 일이다.

그리고 재해 후 어린이와 노인들은 특별한 관심이 필요하다. 광범위한 미디어 보도에 노출되어 재해를 경험한 개인들도 영향받을 수 있다. 상담을 받으려면 지역종교단체, 자원봉사기관 또는 전문상담사 등에게 문의한다. 또한 FEMA와 주 및 지역정부는 재해를 입은 지역에 위기 상담 지원을 제공한다.

• 재해 관련 스트레스의 징후 : 만약 개인이나 가족 구성원들이 재해와 관련된 스트레스를 겪고 있다면 상담을 받아야 한다.

- 재해와 관련된 스트레스의 징후에 대한 인식 : 다음과 같은 징후가 있는 성인은 위기 상담이나 스트레스 관리 도움이 필요하다.
  - 의사소통의 어려움
  - 불면증(不眠症)
  - 생활의 균형을 유지하는 데 어려움이 있음
  - 좌절의 낮은 한계
  - 약물·알코올 사용 증가
  - 제한된 주의(注意) 범위
  - 작업 수행 불량
  - 두통·복통
  - 터널 비전(Tunnel Vision)[1]/소리가 들리지 않음
  - 감기나 독감과 같은 증상
  - 방향 감각 상실 또는 혼란
  - 집중의 어려움
  - 집을 떠나고 싶음
  - 우울증, 슬픔
  - 절망의 감정
  - 두드러진 기분의 변화와 한바탕 울음
  - 죄책감과 자기의심
  - 군중, 낯선 사람 또는 혼자 있는 것에 대한 두려움(공황장애 등)
- 스트레스 해소 : 전문가의 상담을 받거나 재해 관련 스트레스에 대해 전문적인 도움을 구한다. 다음은 재해 관련 스트레스를 완화하는 방법이다(그림 7.20 참조).
  - 비록 어려울 수도 있지만, 누군가와 여러분의 기분(분노, 슬픔 그리고 다른 감정)에 대해 이야기한다.
  - 재해 후 스트레스에 대한 전문 상담가의 도움을 구한다.

---

1 터널비전(Tunnel Vision) : 터널성 시야로 앞이 똑바르지 않아 잘 보이지 않는 현상으로 히스테리의 특징이다.

－스스로에게 재난에 대한 책임을 지거나 구조 작업에서 직접 도움을 줄 수 없다는 생각 때문에 좌절하지 말아야 한다.

－건강한 식사, 휴식, 운동, 휴식, 명상을 통해 자신의 신체적, 정서적 치유를 증진시키기 위한 조치를 취한다.

－자신과 가족에 대한 책임을 줄이면서 정상적인 가족 및 일상생활을 유지한다.

－가족 및 친구와 시간을 보낸다.

－추도식에 참여한다.

－가족, 친구 및 종교단체 등 기존 지원그룹을 이용한다.

그림 7.20 병원에서 허리케인으로 슬픔에 빠진 피해자 위로

2) 일본의 폭풍해일 EAP(일본 아이치현 한다시)[8]

일본 한다시(半田市)는 일본 동부 아이치현(愛知県) 내에 있는 도시로서 아이치현은 1953년 태풍 13호, 1959년 이세만 태풍 및 2009년 태풍 18호 등으로 인한 폭풍해일 시 많은 피해를 입은 지역이다. 따라서 한다시는 폭풍해일로부터 시민생명을 보호하기 위한 관점에서 일본에 상륙하였던 과거 최대 태풍인 '무로토 태풍(1934년)'이 그 지역을 통과할 때 최악의 폭풍해일이 발생한다고 상정하여 2015년에 폭풍해일 EAP를 수립하였다.

(1) 한다시 지역특성

한다시의 지형은 시역(市域) 동부에 펼쳐진 연안지역에서부터 서부의 구릉(丘陵)지역까지 동서(東西)로는 완만한 오르막 경사를 이루고 있고, 남북(南北)으로는 띠 모양으로 펼쳐져 그 사이에 공업 용지, 상업 용지, 주택 용지 및 논·밭 등으로 토지이용을 하고 있다. 또한 교통 조건은 지타 반도도로, 지타 횡단도로, 메이테쓰코와선, JR 다케토요선, 키메우라 항 등 각종 교통 기반이 정비되어 있다(그림 7.21 참조).

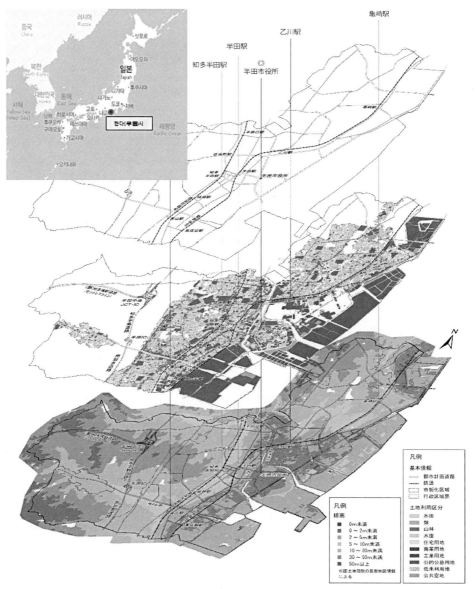

출처: 半田市(2015), 津波·高潮避難計画, https://www.city.handa.lg.jp/kotsu/bosai/documents/tsunamitakashiohinankeikaku.pdf, p.4.

그림 7.21 일본 아이치현 한다시 지역 특성

(2) 폭풍해일 EAP

① 폭풍해일 EAP 구성

폭풍해일 EAP는 폭풍해일로부터 주민의 생명을 지키기 위해 신속하고 적절한 대피
가 필요하기 때문에 대피 대상이 되는 지역, 대피장소, 정보전달수단 등에 대해서
정한다(그림 7.22 참조).

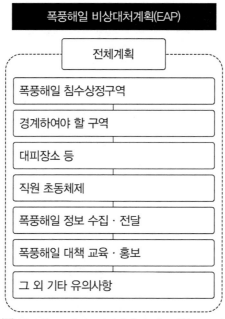

출처: 半田市(2015), 津波·高潮避難計画, https://www.city.handa.lg.jp/kotsu/bosai/documents/tsunamitakashiohinankeikaku.pdf,
p.2.

그림 7.22 폭풍해일 EAP 구성 및 수립 순서

㉠ 폭풍해일 EAP 방침 : 한다시 지역방재계획에 근거한 폭풍해일 EAP는 폭풍해일
시 재해 발생 위험성이 있는 태풍 등의 예보로부터 폭풍해일 종료 시까지 시민의
생명 및 신체의 안전을 지키고자 원활한 폭풍해일 대피를 실행하기 위한 계획이
다(그림 7.23 참조). 특히, 폭풍해일의 발생은 사전에 예측할 수 있어 조기(早期)
에 대피하는 것을 기본으로 하고 예상되는 조위에 따른 대응을 실시한다.

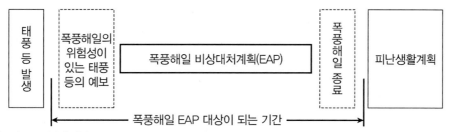

출처: 半田市(2015), 津波·高潮避難計画, https://www.city.handa.lg.jp/kotsu/bosai/documents/tsunamitakashiohinankeikaku.pdf, p.50.

그림 7.23 폭풍해일 EAP 대상이 되는 기간

ⓛ 폭풍해일 EAP의 계속적인 재검토 : 폭풍해일 EAP는 대피훈련 등에서 나타난 과제나 폭풍해일 방재대책의 실시, 주변 환경의 변화 등에 따라 적절하게 재검토한다.

ⓒ 폭풍해일의 대피 기본 : 폭풍해일로부터 대피할 때는 기상청이 발표하는 태풍 등에 대한 기상정보나 시장(市長)이 발표하는 대피정보를 입수하는 데 주의하며, 비바람의 상황, 자신 및 함께 대피할 사람의 체력, 대피시간을 고려하여 빨리 대피하는 것이 중요하다(표 7.6 참조). 다만, 폭풍해일에 의한 침수는 관측소의 조위·수위관측에 따라 어느 정도 사전에 발생을 예측할 수 있으므로 당황하지 말고 행동하며, 위험을 느꼈을 때는 이웃에게 소리를 질러 도움을 요청하는 등 여러 가지 방법으로 대피행동을 실시한다.

표 7.6 폭풍해일로부터 대피 시 기본원칙

1. 태풍이 다가오면 기상정보나 대피정보를 최대한 빨리 입수하도록 할 것
2. 비바람의 상황, 체력 및 대피시간을 고려하여 재빨리 대피할 것
3. 대피할 때에 당황하지 말고 행동하며 단독행동은 피할 것
4. 대피에 시간적 여유가 없을 때는 근처의 견고한 높은 건물 및 옥내의 높은 곳으로 대피할 것

출처: 半田市(2015), 津波·高潮避難計画, https://www.city.handa.lg.jp/kotsu/bosai/documents/tsunamitakashiohinankeikaku.pdf, p.51.

② 폭풍해일 침수상정구역

폭풍해일 침수상정구역은 상급 광역지방자치단체인 아이치현이 실시한 '아이치현 연안지역에서의 지진해일·폭풍해일 대책 검토회'에서의 주(主) 검토과제인 '생명을 지킨다'는 측면으로 봤을 때, 현(県)에서 고려할 수 있는 최대급의 폭풍해일의 수치시뮬

레이션 결과에 따라 상정한 것이다. 즉, 일본에 상륙하였던 과거 최대 태풍이 그 지역 연안부에 가장 크게 폭풍해일의 영향을 주는 경로로 통과하였을 때의 침수범위(최대 침수심)를 구한 것이다.

㉠ 폭풍해일 침수상정 시 용어의 정의 : 폭풍해일 침수상정에서 사용되는 용어의 정의는 다음과 같다(그림 7.24 참조).

용어	의미
① 폭풍해일침수 상정구역	아이치현이 '아이치현 연안지역에서의 지진해일·폭풍해일 대책 검토회'에서 검토한 '폭풍해일 침수예측 계산결과'에서의 침수구역임
② 폭풍해일편차	• 태풍 등이 따른 강풍으로 인하여 해수가 해안을 타고 올라가는 '해상풍에 의한 해수면 상승효과' 및 태풍의 접근으로 기압이 낮아짐에 따라 해면이 올라가는 '저기압에 의한 해수면 상승효과'에 따라 생기는 조위의 차를 말함 • 금회 아이치현의 상정에 있어서 한다시의 최대 예측 폭풍해일편차는 4.33m로, 더욱이 이세만 태풍 시 폭풍해일 편차는 나고야항에서 3.55m이었음
③ 태풍 시 평균 만조위	• 태풍 발생시기(7~10월)에서의 평균 만조위 • 삭망평균만조위(초승달, 보름달)의 날로부터 5일 이내에 나타나는 각 월(月)의 최대 만조위의 평균치보다 20cm 정도 낮은 조위임
④ 폭풍해일고	태풍 발생시기의 평균만조위에 폭풍해일 편차 높이를 더한 것으로 태풍 내습 시에 상정되는 해수면의 높이를 나타냄

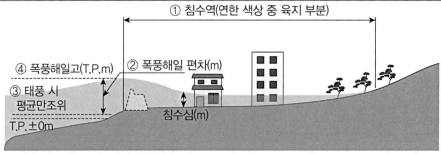

※ 표 및 그림의 원숫자는 서로 대응함

출처: 半田市(2015), 津波·高潮避難計画, https://www.city.handa.lg.jp/kotsu/bosai/documents/tsunamitakashiohinankeikaku.pdf, p.52.

그림 7.24 폭풍해일 수위(水位) 정의

㉡ 상정태풍의 설정 : '아이치현 연안지역에서의 지진해일·폭풍해일 대책 검토회'에서는 폭풍해일 발생의 원인이 되는 태풍의 조건으로 과거의 태풍 규모, 경로 및 조위를 검토한 후 상정태풍(想定颱風)을 설정하였다(그림 7.25 참조).

태풍규모의 설정	태풍규모는 과거 일본에 상륙한 과거 최대태풍으로 '무로토 태풍급'을 설정
태풍 경로의 설정	만 형상 등과 대표되는 지형특성과 태풍진로에 따른 풍향을 고려하여 폭풍해일 편차가 최대가 되는 다음 대표적인 태풍 경로를 설정하여 최대침수심을 중첩시킨 것을 산출 • 이세만 태풍(1959년 태풍 15호) • 1979년 태풍 20호 • 1971년 태풍 29호
조위의 설정	태풍 내습은 여름부터 가을까지 집중되므로 태풍 발생시기(7~10월)의 평균만조위를 사용

출처: 半田市(2015), 津波·高潮避難計画, https://www.city.handa.lg.jp/kotsu/bosai/documents/tsunamitakashiohinankeikaku.pdf, p.53.

그림 7.25 상정태풍 설정

ⓒ 폭풍해일 침수상정구역의 설정 : 상정 태풍에 근거하여 2014년 11월에 아이치현이 공표한 한다시(半田市) 폭풍해일 침수상정범위는 다음과 같다(그림 7.26 참조).

최대침수심	5~10m
침수면적	1,254ha
초기수위	T.P. =0.90m(태풍 시 평균만조위)
계산조건	• 수문은 폐쇄, 제방파괴는 없음 • 강우 영향은 없음

그림 7.26 무로토 태풍²급 시 폭풍해일 침수상정도(계속)

---

2 무로토 태풍(室戶颱風) : 1934년 9월 21일 일본 고치현(高知県) 무로토 곶 부근에 상륙하여 게이한신 지방을 중심으로 막대한 피해(약 3,000명의 사망·실종)를 입힌 태풍이다.

한다(半田)시청

최대침수심(m)
- 5~10
- 2~5
- 1~2
- 0.3~1
- 0.01~0.3
- 침수실적
  (1953년 태풍 13호,
  이세만태풍)
- 침수실적에
  그 후 지반침하를 고
  려한 범위

출처: 半田市(2015), 津波・高潮避難計画. https://www.city.handa.lg.jp/kotsu/bosai/documents/tsunamitakashiohinankeikaku.pdf, p.54.

그림 7.26 무로토(室戶) 태풍급 시 폭풍해일 침수상정도

③ 경계구역(警戒區域)

폭풍해일 경계구역은 폭풍해일 침수상정도(그림 7.27 참조)에 근거하여 폭풍해일 침수상정구역을 포함한 행정구역 경계로써 구분하였다.

자치구명	구분	자치구명	구분	자치구명	구분
아라와키1구	일부	옷카와동구	일부	나카무라구	전부
가메자키1구		옷카와1구		한다남구	일부
가메자키중구		옷카와2구		한다동구	전부
가메자키4구		옷카와3구		미즈호구	일부
가메자키5구		야나메구		한다현주구	전부
가메자키6구		스미요시구		나라와3구	일부
타카네구		한다북구	전부	나라와4구	
아라이구		한다서구	일부	교와구	
무카이야마구		한다중구	전부		

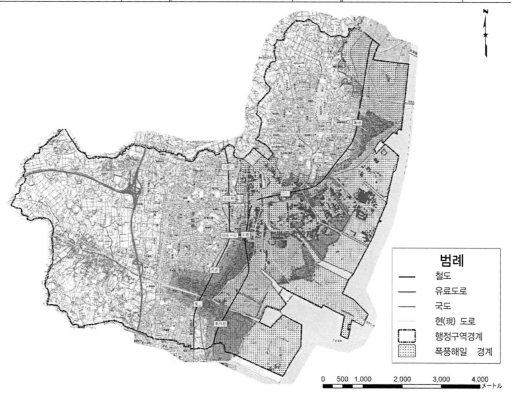

출처: 半田市(2015), 津波·高潮避難計画, https://www.city.handa.lg.jp/kotsu/bosai/documents/tsunamitakashiohinankeikaku.pdf, p.53.

그림 7.27 폭풍해일 경계구역

④ 대피장소

　㉠ 폭풍해일 대피소 설정 : 폭풍해일로부터 생명을 지키기 위해서는 조기(早期)에 폭풍해일 침수상정구역 밖으로 대피하는 것이 중요한데, 폭풍해일 침수상정구역 밖

의 폭풍해일 재해에 대응하는 대피소로써 그림 7.28과 같이 설치한다. 그러나 폭풍해일과 같은 자연현상은 예측치 못한 사태를 발생시킬 수 있으므로 사태의 진행·상황에 따라 판단한다.

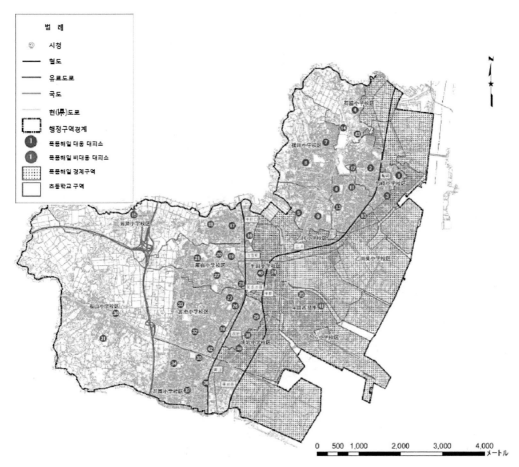

출처: 半田市(2015), 津波·高潮避難計画, https://www.city.handa.lg.jp/kotsu/bosai/documents/tsunamitakashiohinankeikaku.pdf, p.59

그림 7.28 폭풍해일 재해 대응 및 비대응 대피소 위치도

ⓛ 폭풍해일 재해 시 대응대피소 이외로의 대피 : 대규모 폭풍해일 재해가 발생한 경우 시내 및 주변지역 대피소로 많은 주민이 한꺼번에 대피하여 신속하고 적절하게 대피인원을 수용하는 데 어려움이 예상되기 때문에 폭풍해일 침수상정구역 바깥 구역에도 긴급대피소를 확보해야 한다.

- 폭풍해일 침수상정구역 바깥으로 각자 대피 : 조기(早期)에 폭풍지역 바깥 및 침수상정구역 바깥에 위치한 친구 또는 친척 집 등으로 대피시킴으로써 대피소에 대한 대피자 집중을 완화시킨다. 또한 가급적 이른 시기에 태풍의 예상 피해와 대피에 관한 정보를 발표함으로써 시민 스스로 가급적 빨리 안전한 장소로 대피하도록 유도한다.
- 폭풍해일 침수상정구역 내 대피 : 침수상정구역 바깥으로 대피가 어려운 경우나 시간적으로 여유가 없을 경우 긴급대피 장소 외에 높고 견고한 건물로의 대피나 자기 집안에서의 수직대피를 독려한다.

ⓒ 주민 대피행동

- 주민 대피행동 : 태풍의 진로예측과 조위를 관측함으로써 폭풍해일에 따른 침수발생을 사전에 예측할 수 있으므로 조기(早期) 대피를 위한 행동을 미리 취할 수 있다. 이와 같은 특징을 파악하여 침수 전후에 표 7.7과 같이 주민 대피행동을 취하도록 촉구한다.
- 주민 대피행동에 대한 대응 : 주민이 대피행동을 할 경우 시(市)는 대피자 수용, 재해정보 제공 및 대피 지원·유도에 적절하게 대응한다(표 7.8 참조).

표 7.7 폭풍해일 시 주민이 취해야 할 대피행동 요령

1. 폭풍해일에 따른 해안으로부터 유입되는 월파(越波), 하천에서 유입되는 월류(越流)의 발생이전에 기상청 등이 발표하는 기상정보 등을 파악한다.
2. 월파 및 월류가 발생하기 전에 가족·친구에게 연락 또는 비상용품 준비 등과 같은 대피준비를 한다.
3. 월파 및 월류로 침수가 발생한 경우 또는 발생할 우려가 있는 경우 신속히 개설된 대피소로 대피한다.
4. 해안·하천 부근에 자신 또는 가족, 재해약자(노약자, 장애인, 유아) 등이 살거나 있는 경우 폭풍해일 침수 시 위험성을 감안하여 조기에 대피소로 대피하거나 대피시킨다.

출처: 半田市(2015), 津波·高潮避難計画, https://www.city.handa.lg.jp/kotsu/bosai/documents/tsunamitakashiohinankeikaku.pdf, p.62.

표 7.8 폭풍해일 발생할 때 시(市)의 대응

1. 대피소를 개설한다.
2. 재해정보 및 대피소 개설상황 등을 홍보한다.
3. 주민 등에 대한 조기대피를 촉구한다(특히 재해약자).
4. 대피자를 유도한다.
5. 대피자의 대피를 지원한다(특히 재해약자 배려).
6. 주민 등의 대피상황을 파악한다.

출처: 半田市(2015), 津波·高潮避難計画, https://www.city.handa.lg.jp/kotsu/bosai/documents/tsunamitakashiohinankeikaku.pdf, p.62.

⑤ 직원동원 초동체제(初動體制)

㉠ 배치체제와 직원참여 : 폭풍해일 발생 또는 발생이 예상되는 경우는 대책본부를 신속히 설치하고, 그 활동 체제를 확립한다.

• 직원의 배치체제 : 시(市)는 폭풍해일 발생 또는 발생이 예상되는 경우는 표 7.9와 같이 직원 배치체제를 취한다.

표 7.9 폭풍해일 발생 시 직원 배치체제

구분	배치내용	배치시기	배치편성	개요
경계 배치 체제	정보 연락, 재해감시를 위해 관계부서의 필요한 최소인원 배치	한다시에 폭풍해일 주의보가 발령되었을 때	총무부·홍보부 및 복구부에서 해당재해에 대처할 필요가 있는 소요인원	재해대책본부가 설치되어 있지 않은 경우에도 평상시 조직으로서 배치함
제1 비상 배치 체제	① 정보 연락, 재해감시를 위해 관계부서에 필요한 최소 인원 배치 ② 또한 상황에 따라 고도의 배치체제를 신속하게 이행할 수 있는 체제이어야 함	① 한다시에 폭풍해일경보가 발령되어 재해 발생위험이 있거나 소규모 재해가 발생했을 때 ② 그 외 필요에 따라 본부장이 해당비상배치를 지시한 때	각부의 부장·차장 및 부부장과 함께 해당재해에 대처하기 위해 필요한 소요인원	재해대책본부가 설치되어 있지 않은 경우에도 평상시 조직으로서 배치함
제2 비상 배치 체제	관계 각부·국의 소요인원을 가지고 사태추이에 따라 신속하게 제3비상배치체제로 전환하거나 전환 전에라도 재해 발생과 함께 곧바로 비상활동을 할 수 있는 체제이어야 함	① 폭풍해일 경보가 발령되어 시에 상당규모의 재해가 발생할 위험이 있거나 재해가 발생했을 때 ② 그 외 필요에 따라 본부장이 해당비상배치를 지시한 때	제1비상배치인원에다가 각부의 반장 및 해당재해에 대처할 필요가 있는 각국의 소요인원	반드시 재해대책본부를 설치해야 함
제3 비상 배치 체제	시 직원 전원에 해당되며 재해 응급대책활동을 원활하게 수행하기 위한 체제임	① 시내 전역 또는 상당한 지역에 대규모 재해의 발생위험이 예상될 때 또는 발생했을 때 ② 그 외 필요에 따라 본부장이 해당 비상배치를 지시한 때	전 직원 배치	반드시 재해대책본부를 설치해야 함

출처 : 半田市(2015), 津波·高潮避難計画, https://www.city.handa.lg.jp/kotsu/bosai/documents/tsunamitakashiohinankeikaku.pdf, p.63.

• 근무시간외 폭풍해일에 관한 직원 연락·소집 : 근무시간 외의 폭풍해일에 관한 비상소집은 한다시 지역방재계획에서 정한 비상배치기준에 따라 각 직원을 소집하거나(자동소집), 직원 소집 시스템을 활용한다. 또한 기준에 따르기

어렵다고 판단되는 경우에는 각 부서에서 정비한 연락망을 통해 연락한다.

- 재해대책본부의 체제 : 폭풍해일에 관한 재해대책본부의 체제는 그림 7.29와 같다.

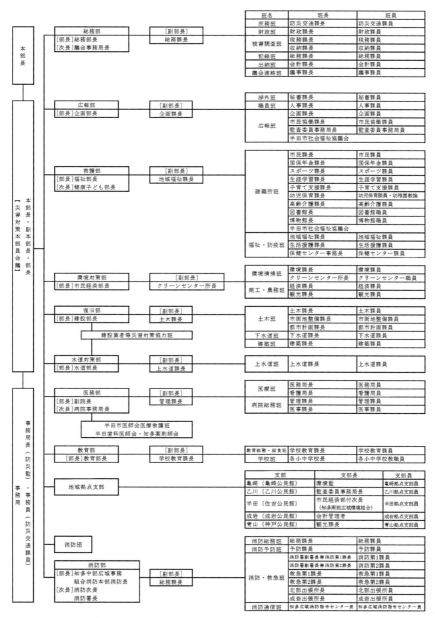

그림 7.29 한다시의 재해대책본부체제

ⓛ 대피유도원의 안전 확보 : 폭풍해일의 위험이 있는 경우, 시 직원, 경찰관, 소방관 등은 시민들을 안전하고 신속하게 대피소로 대피시키도록 한다. 다만, 활동에 있어서는 대피유도와 방재대응에 근무하는 사람의 안전이 확보되는 것을 전제로 한다(표 7.10 참조).

표 7.10 대피유도에 근무하는 사람에 대한 안전 확보

1. 대피유도 등을 하면서 스스로 목숨을 지키는 것이 가장 기본임을 대피유도원 등에게 주지시킨다.
2. 예상되는 조위변화 등과 같은 정보제공에 힘쓰고, 태풍접근시간 등을 고려한 대피규칙을 알려준다.
3. 대피자의 인원수 등을 고려한 유도원 배치나 사용물품 등 구체적으로 정하는 동시에 무전기와 같은 정보전달수단 확보에 노력한다.
4. 재해 시 방재거점이 되는 시청사, 소방서 등 공공기관의 안전대책에도 힘쓴다.

출처 : 半田市(2015), 津波・高潮避難計画, https://www.city.handa.lg.jp/kotsu/bosai/documents/tsunamitakashiohinankeikaku.pdf, p.66.

⑥ 폭풍해일에 관한 정보의 수집・전달

ⓐ 폭풍해일정보 수집 : 시(市)는 폭풍해일 특별경보, 폭풍해일 경보 및 폭풍해일 주의보 통보를 받았을 때 신속 정확한 정보의 수집을 실시한다.

- 폭풍해일에 관한 예・경보 : 기상청 및 나고야(名古屋) 지방기상대에서 발표하는 폭풍해일 특별경보, 폭풍해일 경보, 폭풍해일 주의보 등의 발표기준은 다음과 같다(표 7.11 참조).

표 7.11 폭풍해일 예・경보 발표기준(일본 기상청)

구분	발표기준
폭풍해일 특별경보	수십 년에 한 번 발생하는 태풍 강도 및 그와 같은 정도의 온대성 저기압으로 폭풍해일이 된다고 예상되는 경우이다.
폭풍해일 경보	태풍 등에 의한 해면의 이상 상승으로 중대한 재해가 일어날 위험이 있다고 예상되는 경우, 대체로 '조위가 도쿄만 평균 해면(T.P)상 2.0m를 넘을 것으로 예상되는 경우'이다.
폭풍해일 주의보	태풍 등에 의한 해면의 이상 상승으로 재해가 일어날 위험이 있다고 예상되는 경우, 대체로 '조위가 도쿄만 평균 해면(T.P)상 1.6m를 넘을 것으로 예상되는 경우'이다.

폭풍해일 주의보・경보 발표 기준
1. 발표 기준 란에 기재한 수치는 아이치현에 있어서의 과거의 재해 발생 빈도와 기상 조건과의 관계를 조사한 것으로 기상 요소에 의해 재해 발생을 예상할 때의 대체적인 기준이다.
2. 주의보, 경보는 그 종류에 관계없이 해제될 때까지 계속된다. 또는 새로운 주의보, 경보가 발표될 때에는 그때까지 계속 중인 주의보, 경보는 자동적으로 해제 또는 갱신되고 새로운 주의보, 경보로 전환된다.
3. 지면 현상 주의보 및 침수 주의보는 그 주의사항을 기상주의보에, 지면현상 경보 및 침수 경보는 그 경보사항을 기상경보에 포함하여 실시한다.
출처 : 半田市(2015), 津波・高潮避難計画, https://www.city.handa.lg.jp/kotsu/bosai/documents/tsunamitakashiohinankeikaku.pdf, p.67.

- 주민 및 관계기관에 폭풍해일 정보 전달 : 시(市)는 폭풍해일 예보 발표 등과 동시에 신속하게 유관기관에 연락하고 지역주민에게 그 내용을 전달한다(표 7.12 참조).

표 7.12 폭풍해일 정보 전달

항목	내용
전달내용	폭풍해일 특별경보·폭풍해일 경보, 폭풍해일 주의보 발표, 대피지시·권고, 태풍접근 시간, 만조시간, 폭풍해일내습의 위험, 실시해야 할 행동·대책 등
통신시설·설비	방재 행정 무선망, 긴급 속보 문자, 소방·구급용 무선, 트위터(Twitter), 홈페이지
전달방법	방재 행정 무선망에 의한 야외 방송, 언론 기관에 의뢰, 옥외 방송, 사이렌 취명(吹鳴), 휴대전화로의 문자 송신, 광고차량에 의한 홍보, 전달 조직에 의한 전달
전달흐름	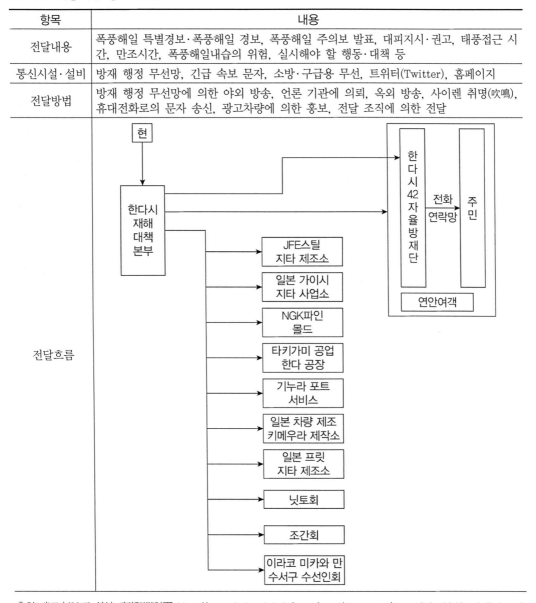

출처 : 半田市(2015), 津波·高潮避難計画, https://www.city.handa.lg.jp/kotsu/bosai/documents/tsunamitakashiohinankeikaku.pdf, p.68.

ⓛ 폭풍해일 대피에 대한 권고·지시 : 시장(市長)은 폭풍해일이 발생하거나 발생할 우려가 있어 시민의 생명 및 신체에 위험이 미친다고 판단될 때 폭풍해일 경계구역 내에 거주하는 시민들에 대하여 신속하게 대피권고·지시를 한다.

• 대피권고·지시의 발령기준 : 대피권고·지시는 표 7.13의 발령 기준 중 어느 하나에 해당하는 경우에 발령한다. 폭풍해일 경보 및 폭풍해일 특별경보는 유예(猶豫)시간(대피행동에 필요한 시간)을 포함하고 있어 발령기준에 달하기 전에 먼저 발표되므로 대피권고로도 볼 수 있다(폭풍해일 경보는 조위가 폭풍해일 경보 기준에 도달하기 약 3~6시간 전에 발표되며, 폭풍해일 특별경보는 태풍 상륙 24시간 전에 특별경보 발표의 가능성이 있다고 홍보함과 함께 태풍 상륙 12시간 전에 발표된다).

• 대피권고·지시의 내용 및 전달방법 : 폭풍해일의 대피권고·지시 내용 및 전달방법은 표 7.14와 같다.

표 7.13 폭풍해일 대피권고·지시 발령기준

구분	발령기준
대피권고	• 폭풍해일 경보 또는 폭풍해일 특별경보 발표 • 폭풍해일 주의보가 발표되고, 해당 주의보가 야간~다음날 새벽까지 경보로 전환가능성이 언급되는 경우 • 폭풍해일 주의보가 발표되어 있고 해당 주의보가 경보로 전환 가능성이 언급되는 동시에 폭풍해일 경보 또는 폭풍해일 특별경보 발표된 경우 • '이세만 태풍'급의 태풍이 접근하고, 상륙 24시간 전에 기상청으로부터 특별 경보 발표의 가능성이 있어, 부현(府県) 기상 정보나 기자 회견 등으로 시민에게 홍보하는 경우
대피지시	• 해안 제방의 붕괴 발생 • 수문, 육갑문(陸閘門) 등의 이상(수문, 육갑문 등을 닫아야만 하는 상황이지만 닫히지 않는 상황 등) • 예상치 못한 월파·월류의 발생(단, 폭풍우의 상황은 확인 필요)

1. 대피권고 등의 해제에 대해서는 해당 지역의 폭풍해일 경보가 해제된 단계를 기본으로 하여 해제한다.
2. 침수 피해가 발생한 경우에 대한 해제에 대해서는 주택지 등에서의 침수가 해소된 단계를 기본으로 하여 해제한다.
출처 : 半田市(2015), 津波·高潮避難計画, https://www.city.handa.lg.jp/kotsu/bosai/documents/tsunamitakashiohinankeikaku.pdf, p.69.

표 7.14 폭풍해일 대피권고·지시의 내용 및 전달방법

구분		발령기준
내용		• 대피권고 또는 지시의 이유 • 대피 대상 지역 • 대피소 • 기타 필요한 사항
전달방법		방재행정 무선망에 의한 야외방송, 언론기관에 의뢰, 야외방송, 사이렌 취명, 휴대전화로의 문자 송신, 광고차량에 의한 홍보, 전달 조직에 의한 전달
전달문	대피권고	〈예시〉 **긴급 방송 긴급 방송, 대피권고 발령** "여기는 한다(半田)시입니다. 폭풍해일 경보(또는 폭풍해일 특별경보)가 발표되어 침수 피해의 가능성이 높아지고 있으므로, ○○시 ○○분에 ○○지구 연안지역에 폭풍해일 재해에 관한 대피권고를 발령하였습니다. ○○지구 연안지역에 계신 분은 대피소 등으로 대피하십시오. 밖이 위험한 경우에는 실내 높은 곳으로 대피하시기 바랍니다."
	대피지시	〈예시〉 **긴급 방송 긴급 방송, 대피 지시 발령** "여기는 한다(半田)시입니다. 폭풍해일 피해가 발생할 수가 있으므로 ○○시 ○○분에 ○○지구 연안지역에 폭풍해일 재해에 관한 대피지시를 발령하였습니다. 아직 대피하지 않으신 분은, 근처의 높은 건물 등으로 즉시 대피하세요. 밖이 위험한 경우에는 실내의 높은 곳으로 대피하십시오. 현재 침수로 ○○도로는 통행할 수 없는 상황입니다. ○○ 지구를 대피 중인 분은 지금 즉시 근처 높은 건물 등으로 대피하십시오."

출처 : 半田市(2015), 津波·高潮避難計画, https://www.city.handa.lg.jp/kotsu/bosai/documents/tsunamitakashiohinankeikaku.pdf, p.70.

⑦ 폭풍해일 대책에 관한 교육·홍보

   ㉠ 폭풍해일 대피를 위한 교육·홍보 : 폭풍해일의 위험이 있는 경우에 시민이 정확한 판단에 근거한 행동할 수 있도록 평소부터 폭풍해일의 특성이나 대피행동 등에 관한 올바른 지식을 갖도록 시민들을 교육·홍보한다.

     • 교육·홍보의 내용(표 7.15 참조)

표 7.15 폭풍해일에 대한 주요한 교육·홍보 내용

1. 폭풍해일에 관한 일반지식
2. 폭풍해일 경보 및 대피권고 등에 관한 사항
3. 대피 방법 및 장소
4. 폭풍해일 침수상정구역(폭풍해일 시 재해를 경계해야 할 구역)
5. 상정 침수심
6. 평상시 및 폭풍해일 재해 시 대처방안

《폭풍해일에 대한 주의사항》
1. 태풍이 다가오면 기상정보 및 대피정보를 신속히 입수토록 한다.
2. 비바람의 상황, 체력 및 대피시간을 고려하여 재빨리 대피한다.
3. 당황하지 않게 행동하며 단독행동은 피한다.
4. 대피에 시간적 여유가 없을 때는 근처 견고한 높은 건물 등으로 대피 및 실내 높은 곳으로 피신한다.

출처 : 半田市(2015), 津波·高潮避難計画, https://www.city.handa.lg.jp/kotsu/bosai/documents/tsunamitakashiohinankeikaku.pdf, p.71.

• 교육·홍보 관련 대처상황 : 폭풍해일의 위험성이 높은 지역에 사는 주민들에게 폭풍해일 재해에 관한 지식을 습득시키기 위하여 이세만 태풍에서 배운 교훈을 되살려 다음과 같은 대책을 실시한다(표 7.16 참조).

표 7.16 폭풍해일 교육·홍보 관련 대처사항

대처사항	내용
재해지도·팸플릿 작성	나고야 기상대 및 아이치현 등 관계유관기관과 연계하여 폭풍해일 시 가정에서 준비할 물품과 폭풍해일 시 대응사항에 대해서 알기 쉽게 해설 및 기재한 재해지도와 팸플릿 등을 작성 후 배포함 출전 : 나고야 기상대
지역 설명회 개최	나고야 기상대 및 항만 관리자 등의 협력을 얻어 폭풍해일을 경계해야 할 구역 내에 거주하는 주민, 학교 등을 대상으로 설명회를 실시함
학교에서 방재교육 실시	초등·중학교 수업에서 이세만 태풍으로 인한 폭풍해일 피해 기록, 위령 기념비, 침수 지역·침수위 등을 활용하여 방재 교육을 실시함 출전 : 이세만 태풍과 한다시

출처 : 半田市(2015), 津波·高潮避難計画, https://www.city.handa.lg.jp/kotsu/bosai/documents/tsunamitakashiohinankeikaku.pdf, p.72.

ⓛ 폭풍해일 대피훈련의 실시 : 시 및 유관기관은 폭풍해일이 발생할 경우 그 피해를 최소한으로 방지하고 신속 정확한 재해응급 대응을 실시하기 위하여 지역주민의 협력을 얻어 지역실정에 맞는 주민주체 대피훈련을 실시한다.

• 훈련 내용 : 훈련 내용은 태풍이 접근하여 폭풍해일 발생 또는 발생 우려가 있

는 상황을 상정(想定)하며, 태풍 등의 예보로부터 종료까지에 대한 훈련 내용을 설정한다. 그때 최대급 폭풍해일 및 그 발생 시간을 고려한 구체적이며 실천적인 훈련이 되도록 한다. 주요 훈련 내용은 표 7.17과 같다.

- 훈련에 대한 검증(檢證) : 시(市)는 훈련 후에 훈련성과 정리 및 문제점을 분석하여 필요에 따라 개선 조치를 강구하는 동시에 다음 번 훈련에 반영한다.

표 7.17 폭풍해일의 훈련내용

항목	훈련내용
정보수집·전달훈련	초동 체제 및 정보 수집·전달 경로의 확인, 조작 방법의 습득 등을 검증하는 훈련
폭풍해일 대피훈련	대피 장소에 실제로 대피함으로써 대피 경로 및 대피 표지 확인, 대피 때 위험성, 대피에 소요되는 시간, 대피 유도 방법 등을 파악하는 훈련(비상 소지품을 넣은 배낭을 짊어지는 등, 실제상황을 상정한 훈련을 실시함)
폭풍해일 방재시설 조작훈련	실제로 폭풍해일 재해가 발생하였을 경우를 상정하여 방재시설을 관리·운영하는 사람이 태풍 시 적절한 순서로 수문·육갑문(陸閘門) 등의 시설 조작을 실시할 수 있는지 등을 검증하는 훈련

출처 : 半田市(2015), 津波·高潮避難計画, https://www.city.handa.lg.jp/kotsu/bosai/documents/tsunamitakashiohinankeikaku.pdf, p.73.

⑧ 그 외 주의사항

㉠ 연안지역 방문자 및 항만·해안 이용자에 대한 폭풍해일 교육 : 시(市)는 연안지역 방문자 및 항만·해안 이용자의 폭풍해일 교육에 대해서는 다음과 같이 추진한다.

- 정보 전달·대피 유도를 위한 매뉴얼 작성 : 시(市)는 역(驛) 및 백화점 기타의 불특정 다수가 이용하는 시설의 관리자로 하여금 이용자를 위한 정보 전달 방법 및 대피 유도 방법 등을 명시한 매뉴얼을 작성토록 촉구한다.

- 유도표지나 해발표시 간판의 설치 : 시외로부터 찾아오는 방문자 및 항만·해안 이용자 등과 같이 그 지역 지리를 알지 못하고 폭풍해일에 대해 잘 알지 못하는 사람을 위한 해발(海拔)표시나 대피방향과 대피소를 담은 안내간판을 설치한다.

- 폭풍해일에 관한 홍보 실시 : 폭풍해일에 대한 대처방안이나 지역의 폭풍해일 위험성, 폭풍해일 재해 시 대피가능한 대피소 장소를 게재한 팸플릿을 백화

점, 시장 및 숙박시설과 같은 집객시설(集客施設)에 배포하여 홍보한다.

- 연안지역 내에 공장이 있는 기업과 연계한 홍보 실시 : 사업자와 제휴하여 종업원 및 방문자를 위한 홍보활동을 실시한다.

ⓒ 제외지에서의 폭풍해일 대피 대책 : 루라(衣浦) 항만 내에 입지하고 있는 기업의 대부분은 제외지(堤外地)에 위치하여 폭풍해일 시 침수의 상정여부에만 한정되지 않고 폭풍해일을 경계해야 할 구역 내에 포함되어 있어 근로자 등의 안전 확보가 중요하다. 그러므로 제외지에서는 아이치현이 수립한 루라항 항만 BCP[3]에 따라 폭풍해일 시 신속한 대피를 실시한다.

- 태풍의 진로·세력에 따른 회피 행동 : 태풍의 진로와 세력은 사전에 예측할 수 있어 예상 폭풍해일고에 따른 회피(回避) 행동이 가능하다. 폭풍해일이 근무시간 내에 발생한 경우 조업을 중단하고 근로자들을 귀가토록 한다. 근무가 끝나고 난 뒤 폭풍해일이 발생한 경우 안전이 확보될 때까지 출근하지 말고 자택에 대기하라고 지시를 내리는 등의 대응조치를 취한다.

- 폭풍해일 정보 및 대피권고의 전달 내용·수단 : 폭풍해일 경보 및 대피권고의 정보가 항만 지역에 신속 정확하게 전달되도록 국가·광역지방자치단체 등 관계기관 및 기업과의 조율하고 연락체제를 정비하는 외에 휴대폰을 활용한 긴급속보 문자 보내기 등 정보 취득 수단을 통한 홍보에 노력한다.

- 도보에 따른 대피 행동 : 태풍 시는 강풍과 함께 호우(豪雨)를 동반하기 때문에 걸어서 대피하는 경우에는 호우에 따른 재해에 주의하고 보행이 곤란한 풍속인 15m/s에 이르기 전에 대피행동을 완료시킨다.

- 방조문(防潮門)의 조작 및 방조문이 폐쇄된 경우의 대피로 확보 : 폭풍해일은 폐쇄된 방조문을 월류하여 넘어올 수 있으므로 대피를 위한 계단 등의 설치를 검토한다.

---

3 사업연속성계획(BCP : Business Continuity Plan) : 사업연속성계획(사업계속계획)은 재해 등 긴급사태가 발생했을 경우 기업의 손해를 최소화하고 사업의 계속 및 복구를 위한 계획을 말한다.

ⓒ 재해약자의 대피 대책 : 폭풍해일 재해 발생 시 재해약자에 대한 특별한 배려와 지원이 중요하여 '(가칭) 재해약자지원 매뉴얼'을 바탕으로 폭풍해일로부터 재해약자를 보호하기 위한 지원 체제 정비를 도모한다.

- 지역지원 체제의 구축 : 재해약자의 안전과 입소시설 확보를 위해 의료기관, 사회복지시설, 자치구와 자원봉사(Volunteer) 조직, 민생위원, 아동위원, 적십자 봉사단 등과의 지원 체제를 확립한다.
- 재해약자의 사전 파악 : 재해 시에 원활하고 신속한 대피지원 및 안부 확인 등을 실시하고 재해약자명단을 작성한다.
- 가족 및 지역단위로 대피행동 지원 : 재해약자는 가족이나 지역지원에 의존하는 상황이므로 경우에 따라서는 자동차 사용도 검토할 필요가 있다. 또 장애 정도나 가족의 지원 여부, 집에서 대피소까지 대피거리를 고려하여 대피행동을 취할 수 없는 경우에는 집 근처 침수가 되지 않는 비교적 견고한 건물로 대피하거나 자택 내의 수직대피를 검토할 필요가 있다.

7.2.2 지진해일 EAP

1) 우리나라 EAP

(1) 지진해일 대비 주민대피계획 수립 지침[9]

우리나라는 현재까지 지진해일에 대한 연구 성과는 많으나 광역 및 기초 지방자치단체에서 실제로 활용할 수 있는 지진해일 EAP는 아직까지 없는 실정이다. 그러나 행정안전부에서는 「지진·화산재해대책법」 제10조의2 제4항 및 같은 법 시행령 제9조의2 제1항에 따라 훈령(訓令)인 지진해일 대비 주민대피계획 수립에 필요한 지침을 2017년 7월 26일부터 시행하고 있다. 그러므로 그 주요사항에 대해서 서술하겠다.

(2) 주민대피지구의 지정 범위 및 대상지

지진해일 주민대피지구는 지진해일 발생으로 인명피해가 우려되는 지역을 말하며 실제 관측치와 최대조위 보정치를 제외한 예측치에 20% 안전율을 적용하여 산출한 파고가

2.0m 이상인 지역은 반드시 주민대피지구를 지정하여야 한다. 또한 지역대책본부장이 지진해일 대피지구로 지정하기로 판단한 경우에는 바로 앞에서 기술한 파고가 3.0m 이하일지라도 지구 지정의 현실성을 감안하여 기준파고는 3.0m 이상으로 설정한다. 지역대책본부장은 지정한 주민대피지구 중 지진해일 특보현황 및 현지 여건에 따라 침수예상구역을 따로 정할 수 있다. 동해 및 남해안 주요지역의 기준파고는 표 7.18에 따른다.

표 7.18 동해 및 남해안 주요지역 지진해일 기준파고

(단위 : m)

지역별		① 관측치[1]	② =①×1.2	③ 예측치	④ 최대조위[2]	⑤ =③×1.2+④	②와 ⑤ 중 최대치	기준파고[3]
동해안지역	고성	1.55	1.86	–	0.77	–	1.86	3.0
	속초	1.98	2.38	2.0	0.77	3.17	3.17	3.5
	양양	1.70	2.04	–	0.76	–	2.04	3.0
	강릉	1.85	2.22	2.6	0.76	3.88	3.88	4.0
	동해	3.90	4.68	1.7	0.76	2.80	4.68	5.0
	삼척	4.00	4.80	4.3	0.76	5.92	5.92	6.0
	울릉	5.00	6.00	0.7	0.57	1.41	6.00	6.0
	울진	4.00	4.80	3.9	0.57	5.25	5.25	5.5
	영덕	1.00	1.20	1.6	0.57	2.49	2.49	3.0
	포항	–	–	0.8	0.93	1.89	1.89	3.0
	울산	0.39	0.47	0.5	0.91	1.51	1.51	3.0
남해안지역	부산	0.32	0.38	0.1	1.46	1.58	1.58	3.0
	제주 (고산)	–	–	0.8	1.66	2.62	2.62	3.0
	제주 (서귀포)	–	–	0.6	1.95	2.67	1.67	3.0
	제주 (성산)	–	–	0.4	1.57	2.05	2.05	3.0

주 1. 관측치에는 관측당시 조위를 포함
　 2. 최대조위는 1965~2011년까지 관측된 최대조위값임
　 3. 기준파고는 0.5m 단위로 계산
출처 : 행정안전부(2017), 지진해일 대비 주민대피계획 수립 지침.

(3) 긴급대피장소의 지정

긴급대피장소는 긴급(임시)피난을 목적으로 지진해일 발생 시 지진해일 대피지구 내의 주민 등이 10분 이내에 대피가 가능한 안전한 장소를 말하며 다음 사항을 포함하여 지정한다.

① 해안선으로부터의 접근성을 고려하여 기준파고보다 최소 2m 이상 여유고를 가지는 해발고도 지역으로 지정하되, 가급적 해발고도 10m 이상의 언덕, 야산 등 고지대의 공터를 지정

② ①호에 따른 공터 등의 지역이 없는 경우에는 공공용 건축물로서 옥상이 있는 3층 이상(해발고도 10m 이상) 내진성능을 가진 철근콘크리트조 또는 철골·철근콘크리트조 건물로 해안으로부터 2열 이후 내륙에 위치한 건물을 지정

③ 긴급대피장소는 해안가에서 600m 이내 지역에 지정하는 것을 원칙으로 하되, 농경지·분지 등으로 선정기준 이내에 시설물 및 해발고도가 부족한 경우에는 600m 초과한 해발고도 지점에 지정

④ 해수욕장, 관광지 등 지역특성을 반영하여 지정

또한 ①~④에 따라 지정된 긴급대피장소가 부족한 경우 인근지역을 추가 지정하되, 사용이 불가능한 경우에는 빠른 시일 내에 다른 시설로 대체 지정하고 긴급대피장소로 지정된 건물은 24시간 접근이 가능한 건물을 지정한다.

(4) 대피로의 지정

대피로는 해일 진행방향 및 위험요소를 배제하는 등 다음 사항을 포함하여 지정한다.

① 불가피한 경우를 제외하고는 해안선과 직각방향(해일 진행방향)으로 지정하되, 하천이나 대로를 횡단하지 않도록 대피로 지정

② 긴급대피장소까지 최단 이동경로를 이용하여 대피 가능하도록 지정

③ 관광지, 해수욕장 등 대피자 수를 고려한 충분한 도로폭이 확보된 도로를 지정

또한 ①~③에 따라 지정하는 대피로는 교량 또는 주변 건물 붕괴 등에 의한 위험성 여부 등을 확인하여 지정하여야 한다.

(5) 표지판의 제작 및 설치

지진해일 대피에 필요한 표지판은 대피안내 표지판(표 7.19 참조), 긴급대피장소 표지판(표 7.20 참조), 대피로 표지판(표 7.21 참조)으로 구분하며 다음 사항을 포함하여 제작한다.

① 표지판은 반사지를 이용하여 눈에 잘 띄도록 제작
② 대피안내 표지판에 표시하여야 할 사항
   ㉠ 안내지도는 그 지역의 특성 및 도로망을 확인할 수 있는 인공위성 촬영지도 등 활용
   ㉡ 안내지도는 설치된 장소에서 바라보는 방향과 일치하게 제작
   ㉢ 현재위치, 침수구역, 주요 대피경로, 긴급대피장소 위치 및 해발고도, 대피안내 표지판에서 긴급대피장소까지 거리, 국민행동요령 등 표시
   ㉣ 관광지 등 지역의 특성을 고려하여 주변경관과 어울리게 디자인하여 제작
③ 대피로 표지판에 표시하여야 할 사항 : 대피경로(방향), 최종목적지(긴급대피장소), 남은 거리 등 표시

또한 대피안내 표지판은 1) 정보습득이 용이하도록 주요 출입구 및 관광객 등이 쉽게 인식할 수 있는 곳에 설치, 2) 해안선 1km마다 설치, 3) 다수의 마을로 구분되어 있는 곳은 마을마다 설치하며, 긴급대피장소 표지판은 1) 지역주민 및 관광객 등이 쉽게 인식할 수 있는 곳에 설치, 2) 건물의 경우에는 주민 등이 잘 보이는 벽면 출입구에 부착하고, 공터인 경우에는 해발고도 초과 지점에 설치한다. 대피로 표지판 1) 주민 및 관광객 등이 쉽게 볼 수 있는 주요 교차로 설치, 2) 200m 간격으로 설치, 3) 훼손 등을 방지할 수 있는 전주 등에 설치한다.

표 7.19 지진해일 대피 안내 표지판

[지진해일 대피안내표지판]

○○지구 지진해일 대피안내판

□ 지진해일 대비 긴급대피장소 현황

긴급대피장소	인원	거리	시간	고도

□ 지진해일 발생 시 국민행동요령
• 지진해일 발생 징후
• 지진해일 시 행동요령
• 재난·재해 사전 숙지사항

지진해일 발생시 ○○시·군 재난안전대책본부 [(000) 000-000] 또는 119로 연락 바랍니다.

○ 색상 : 안내판 바탕색(어두운 노랑), 글씨(검정), 지도(칼라)
　　※ 야간에도 눈에 잘 띄도록 반사지 사용
○ 규격
　－안내판 : 가로 5,000mm, 세로 3,000mm 이상 (철 또는 알루미늄 판)
　　※단, 주요 대피 대상이 주민인 경우에는 3,000mm×1,800mm 이상
　－기둥 : 강풍 등에 넘어지지 않도록 튼튼하게 설치
　－높이 : 바닥에서 안내판 하단까지 2m 이상
　－지도가 너무 작지 않도록 설치(지도 면적은 상·하단 글씨, 테두리 등을 제외한 면적의 약 50% 정도)
　　하고, 설치장소에서 바라보는 방향과 일치
○ 유의사항
　－관광지 등 지역의 특성을 고려하여 주변 경관과 어울리게 제작하는 경우에는 디자인과 규격을 달리
　　정할 수 있음
　－관광안내판 등 다른 안내판과 통합하는 경우에는 주 제목을 반드시 지진해일대피 안내판임을 병기

출처 : 행정안전부(2017), 지진해일 대비 주민대피계획 수립 지침.

표 7.20 지진해일 긴급대피장소 표지판

[기둥형]

[벽면 부착형]

○ 색상 : 안내판(어두운 노랑), 글씨(검정)
　　※ 야간에도 눈에 잘 띄도록 반사지 사용
○ 규격
　－안내판 : 1,500×600mm 이상(철 또는 알루미늄 판)
　－부착형 : 300×250mm(철 또는 알루미늄 판, 황동판)
　－그림 : 250×250mm 이상(부착형은 100×100mm 이상)
　－기둥 : 강풍 등에 넘어지지 않도록 튼튼하게 설치
　－높이 : 바닥에서 안내판 하단까지 2m 이상

표 7.21 지진해일 대피로 표지판

○ 색상 : 안내판(어두운 노랑), 글씨(검정, 파랑)
　※ 야간에도 눈에 잘 띄도록 반사지 사용
○ 규격
　－기둥설치형 : 300×600mm 이상(철 또는 알미늄판)
　　※ 전주, 벽면에 부착 가능(시트제품－훼손방지)
　　※ 강풍 등에 넘어지지 않도록 튼튼하게 설치
　－그림 : 250×250mm 이상(부착형은 100×100mm 이상)

출처 : 행정안전부(2017), 지진해일 대비 주민대피계획 수립 지침.

2) 미국의 지진해일 EAP(미국 하와이주)[10]

(1) 하와이의 지진해일 역사

　미국의 하와이는 오래 전부터 지진해일 피해를 겪어왔다. 하와이의 지진해일 기록은 하와이 근처 또는 멀리 떨어진 곳에서 발생한 지진이 원인인 지진해일을 포함하고 있다. 1868년과 1975년에 대규모 지진해일이 국지적으로 발생되었지만, 하와이에서의 파괴적인 대부분 지진해일은 멀리 떨어진 곳에서 일어난 지진으로부터 발생하였다. 주목할 만한 지진해일로서는 칠레(1837년, 1877년, 1960년), 러시아(1923년, 1952년), 알라스카(1946년, 1957년)(그림 7.30 참조), 및 일본(2011년)에서 발생한 지진으로 인한 지진해일이었다. 또한 하와이는 해저산사태로 인한 지진해일의 위협을 받았고, 1919년 발생한 화산활동으로 지진해일이 발생한 적도 있었다. 1812년 최초로 하와이에서 지진해일이 보고된 후 2017년까지 134번의 지진해일이 발생하였고, 1m 이상 지진해일의 처오름(Run-up)이 발생한 것은 30번이었다. 지진해일로 인한 피해액은 그동안 6억 2천 2백만 달러(2016년 기준)이고 사망자는 293명으로 미국에서 가장 많은 지진해일 희생자가 발생하였다.

출처 : NOAA(2018), https://tsunami.coast.noaa.gov/#/

그림 7.30 1946년 알라스카 알류산 지진으로 인한 하와이 지진해일 피해사진(Sunset Beach-O'Hau철도 & Land(왼쪽), Kahuu 공항(중앙, 오른쪽), NOAA)

(2) 하와이의 지진해일 EAP[11]

가) 지진해일 경보

지진해일의 자연적인 경고 신호를 감각을 이용하여 감지한다.

① 촉각 : 땅이 심하게 흔들리는 것을 느끼면, 지금보다 더 높은 곳으로 도망간다. 강력한 국지(局地)적인 지진은 지진해일을 야기할 수 있다.

② 시각 : 바닷물이 이상하게 갑자기 해안으로부터 쭉 빠지는 것을 보았는지, 아니면 멀리서 다가오는 지진해일 파도의 벽을 보았는지 확인한다. 만약 바닷물이 해안에서 사라지거나, 멀리서 지진해일 파도의 벽(壁)을 보았다면, 즉시 저지대를 떠나서 내륙의 높은 곳으로 대피한다. 지진해일이 해안선에 접근하면 때때로 해수면이 후퇴하여 바다속 해저, 암초 및 어류가 노출된다.

③ 청각 : 혹시 포효(咆哮)하는 소리가 들렸는지 확인하여 보는데, 해안에 접근하는 지진해일은 움직이는 기차나 제트기의 소리와 비슷한 큰 '굉음'을 낼 수 있다.

④ 감시·경보발령기관 및 경보기준 : 국립해양대기청(NOAA)의 지진해일 경보센터(PTWC)는 하와이와 미국 태평양 제도에 필요한 감시 및 경보를 발령한다.

ㄱ) 지진해일 메시지 정의

• 지진해일 경보 : 위험에 따른 조치를 취한다. 광범위한 범람 및 침수를 유발할 수 있는 지진해일이 예상되거나 발생할 수 있다. 지진해일은 강력한 흐름을 갖고 있어 해안지역에 위험한 범람·침수를 발생시키며 최초 내습 후 몇 시간이나 며칠 동안 지속될 수 있으니, 지역의 방재 관련 공무원의 지시를 따라

대피해야 하며, 고지대나 내륙으로(해안에서 멀리) 이동한다.

- 지진해일 주의보 : 해안의 바다 속이나 그 근처에 있는 사람들은 강력한 흐름 또는 파랑을 가진 지진해일의 피해를 입을 수 있으므로 대피 등과 같은 조치를 취하여야 한다. 또한, 해안과 항구지역은 범람할 수 있으므로, 바다나 수로(水路)에 가까이 가지 말고 해변에 들어가지 말아야 한다. 그리고 지역의 방재 관련 공무원의 지시를 따라야 한다.

- 지진해일 감시 : 먼 곳에서 지진이 발생하면 지진해일이 내습할 것을 예상하고 행동한다. 라디오 또는 TV 등으로부터 계속해서 더 많은 정보를 확인하며, 필요한 경우 조치를 취할 준비를 한다. 지진해일 감시가 발령되면 지역 방재관련 공무원들은 수립된 EAP에 따라 대응 및 대피 계획을 실행할 준비를 하며, 주민들은 현재 대피지역 내에 있는지 확인하고 가족 등에게 연락을 취하는 등 준비를 시작한다.

- 지진해일 정보 전달 : 지진이 발생했지만 지진해일 경보, 주의보 또는 감시발령이 하와이가 아닌 태평양의 다른 지역에 발령되어 하와이에 지진해일이 내습하지 않는 경우 안심하라는 정보가 전달된다. 대부분의 정보자료는 지진해일의 위협이 없다는 것을 알려준다.

- 비상정보 : 지진해일이 지역에 내습하는 위험을 알리는 데 일반적으로 EAS (Emergency Alert System)로 불리는 비상경고 시스템을 사용한다. EAS는 실외 사이렌 경보 시스템, 무선 비상 알림 및 지역 비상 알림 시스템과 같은 경고(警告) 방법과 함께 사용된다. 특히 실외 사이렌 경보는 지역 비상대책 본부나 주(州) 민방위 본부에서 주민에게 잠재적인 위험을 알리기 위해 작동한다. 위의 방법 중 하나를 통해 지진해일 위험에 대해 경고를 받은 경우 라디오나 TV를 켜고 비상정보 및 지침을 청취한다.

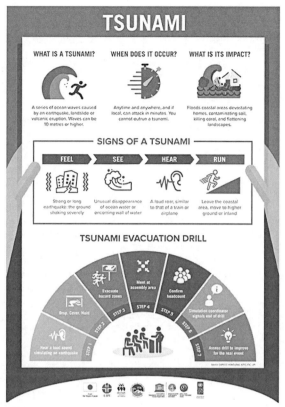

출처 : UNDP HP(2018), http://www.asia-pacific.undp.org/content/dam/rbap/img/Tsunami-microsite/x90drill-poster1.
JPG.pagespeed.ic.yAP2aPoOkH.jpg

그림 7.31 UNDP[4]의 학교 지진해일 대비 및 대피 훈련포스터

나) 지진해일로부터 대피

만약 해안 근처 저지대 혹은 지진해일 대피구역 내에 있고 지진으로 인해 넘어지거나 서 있는데 어려움을 느낀다면, 즉시 더 높은 곳으로 가야 한다. 왜냐하면 국지적으로 발생한 지진해일이 몇 분 안에 해안에 도달할 수 있기 때문이다.

① 대피 요령

지역에 있는 지진해일 대피소에 대한 최신 정보를 얻기 위해 지역 텔레비전이나 라디오 방송국에 채널을 맞추어야 한다. 또한 지진해일로 인한 파랑 및 범람 때문에 바다에 연결된 내륙의 수로나 마리나(Marina)로부터 적어도 30m 이상 떨어져 있어야

---

4 UNDP(United Nations Development Program) : 유엔홍보계획으로 유엔 전체의 개발원조계획을 조정하기 위한 기관이다.

한다. 대부분의 지진해일 경보인 경우 적색 지역(그림 7.34, 그림 7.35 참조) 바깥으로 대피하며, 극한 지진해일 경보인 경우에는 적색과 황색 지역 바깥으로 대피한다. 또한, 선박은 항구 입구에서 최소 수심 90m 이상 및 2해리(3.7km) 이상 떨어진 곳으로 선박을 이동시켜야 한다. 해안선 근처 6층 이상의 보강용 철골 또는 철근 콘크리트 건물이 있다면 4층 이상의 방재기능을 강화하여 지역주민을 위한 수직 대피에 활용해야 한다(그림 7.32 참조).

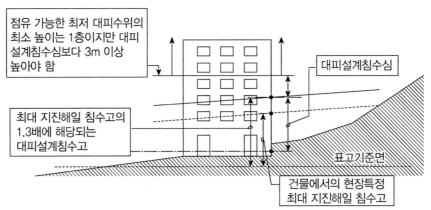

출처 : American Society of Civil Engineers, ASCE/SEI7 Standard, Minium Design Loads for Building and Other Structure, 2016(in development).

그림 7.32 지진해일 대피소 최소 안전 수칙(ASCE[5]7−2016 지진해일 대비책)

② 실외 경보 사이렌이 울렸을 때

우선 지역방재 행정기관이 발표한 지시에 따른다. 만약 대피구역 내에 있다면 내륙으로 이동할 준비를 하며, 지진해일 대피구역 바깥에 있는 경우 대피구역 내로의 이동을 제한한다. 강력한 지진해일이 발생할 경우 6층 이상의 철근 콘크리트 건물의 근처에 있다면 4층 이상으로 올라간다. 원지(遠地) 지진해일이 발생한 경우에는 준비 및 대응할 시간에 여유가 있다. 지진해일 경보는 예상 도착 시간 3시간 이전에 발령되며, 사이렌이 울릴 때 대피구역 내에 있다면 내륙으로 이동할 준비를 한다. 그리고 다음 사항을 유의해야 한다.

---

5 ASCE(American Society of Civil Engineers) : 미국토목학회.

ⓐ 교통 정체를 피한다. 이 때문에 지진해일 대피구역 내에 있으면 걸어서 나오는 것이 더 안전하고 효율적일 수 있다.

ⓑ 지역의 방재관련 공무원이 귀가(歸家)할 수 있다고 말할 때까지 대피구역 밖에 있어야 한다.

ⓒ 지진해일로 인한 통화폭주 때문에 긴급상황을 제외하고 전화를 사용하거나 휴대폰으로 통화하지 말아야 한다(문자 메시지 및 데이터 사용은 문제가 없음).

ⓓ 스스로를 구한다는 생각을 가져야 한다.

ⓔ 지진해일 대피구역 내에 있는 모든 학교는 지진해일 경보가 발생할 경우를 대비하여 EAP(비상대피계획)를 가지고 있다는 것을 명심한다.

③ 하와이주 지진해일 대피 지도[12]

2010년부터 하와이의 과학자들은 알류션 해구(Aleutian Trench)를 따라 예상되는 최악의 지진해일 범람 수치모델링 시나리오를 연구하여왔다. 왜냐하면 이 지역에서 지진해일이 발생하면 하와이 주민들이 대피할 시간적 여유가 약 4~5시간 밖에 되지 못하는 까닭에 알류션 해구에서 발생한 지진해일을 대비하는 것이 가장 중요하기 때문이다.

과학자들은 동부 알류션 지역에서 규모 9.2의 지진이 발생(그림 7.33의 별)할 경우 하와이의 지진해일 범람율(氾濫率)이 과거 발생하였던 어떤 지진해일의 범람보다 훨씬 넘어설 것이라고 보고 있다. 하와이 카우아이(Kauai)와 알래스카의 독립적인 지질학적 증거에 따르면 그러한 지진해일은 지난 500년 이전에 발생했다고 한다. 이러한 예측에 대응하여 호놀룰루 시당국과 시 의회는 연방, 주(州) 및 지역 이해 관계자들과 협력하여 새로이 오아후(O'ahu)의 극한 지진해일 대피지도, 대피구역 및 대피로를 작성하였다(그림 7.34 참조). 극한 지진해일 대피지도는 1000년 빈도인 최악의 경우를 가정한 대피지도이며, 과거 지진해일에 근거한 기존의 표준 지진해일 대피지도를 대체(代替)하지 않는다. 오히려 극한 지진해일 대피지도는 최악의 경우인 1,000년 빈도의 확률을 가진 지진해일에 대한 부가적인 대피구역을 추가했다(그림 7.34, 그림 7.35 참조).

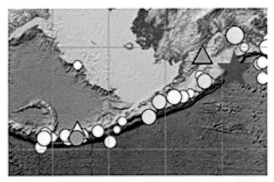

출처 : International Tsunami Information Center HP(2018), http://itic.ioc-unesco.org/index.php?option=com_content&
view=article&id=1670&Itemid=2694

그림 7.33 알류션 해구 지진(규모 9.2, 별 표시)

출처 : Big Island Video NewsHP(2018), http://www.bigislandvideonews.com/wp-content/uploads/2015/07/2015-07-
27tsiunamiOahu.jpg

그림 7.34 하와이 오아후(O'ahu) 지진해일 대피구역 및 극한 지진해일 대피지도

1. 지진해일 경보 : 지진해일 시 발생한 파괴적인 파랑이 모든 해안선을
   침수시킨다 → 적색 지역으로부터 대피하시오.
2. 극한 지진해일 경보 : 일어날 것 같지 않은 극한 지진해일 및 파랑이
   내륙으로 현저하게 내습하여 온다 → 적색 및 황색 지역으로부터
   대피하시오.

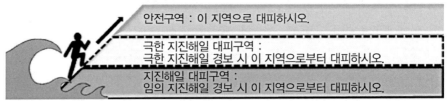

출처 : City and County of HONOLULU HP(2018), http://www.honolulu.gov/demhazards/tsunamimaps.html

그림 7.35 지진해일 대피지도의 구역 기준

다) 지진해일 대비

지진해일은 예방할 수는 없지만 대비할 수는 있다. 지금 취하는 행동이 자신의 생명과 사랑하는 가족들의 목숨을 구할 수 있다.

① 가족비상계획수립

재해에 대비하여 자신과 가족들을 위해 가족 비상 계획을 수립한다. 재해가 발생했을 때 가족들과 함께 있지 않을 수도 있기 때문에 미리 계획을 세우는 것이 중요하다. 가족 비상 계획을 작성하고 하와이의 비상관리기관 웹사이트를 방문하여 더 많은 준비 상태 정보를 확인한다. 또한, 애완동물을 잊지 말아야 한다. 지진해일 대피명령을 받을 경우를 대비해서 애완동물을 돌볼 준비를 한다.

② 재해대비 키트 준비(7.2.1 폭풍해일 EAP 참조)

재해가 발생하는 동안 자신과 가족이 생존하기 위해 필요한 필수품들을 미리 넣은 재해대비 키트를 준비한다. 비상구조요원들이 구조하러 오는 기간인 대략 3일 이상 견딜 수 있는 물품을 준비한다.

③ 사전 계획 수립

잠재적인 대피로에 익숙해져야 하며 대피계획을 수립한 후 문제가 발생하면 계획을 갱신(更新)한다. 지진해일이 발생할 때 행동할 준비가 되어 있도록 최소한 일 년에 두 번은 가족과 함께 대피계획을 실천한다. 왜냐하면 지금 거주하는 지역 내에 사는 수백 세대(世帶)가 같은 걱정을 하고 있고, 실제 지진해일 발생 시 생필품 부족과 생필품의 사재기 경쟁으로 슈퍼마켓 및 마트 등 생필품을 공급하는 곳의 접근이 어려울 수도 있기 때문이다.

2) 일본의 지진해일 EAP(일본 아이치현 한다시)[13]

앞서 일본 한다시의 폭풍해일 EAP를 기술하였고 EAP 작성의 일관성을 위하여 한다시의 지진해일 EAP에 대해서도 알아보기로 한다. 일본은 2011년 3월 11일에 발생한 동일본 대지진으로 인한 지진해일로 많은 피해를 입었다. 따라서 한다시는 아이치현에서 공표한 지진에 관한 2가지 모델 중 발생위험이 있는 '과거 지진 최대급 모델'에 대한 대책을 주로 세웠지만, 동일본 대지진해일 이후 교훈을 되살려 지진해일로부터 시민생명을 보호하기 위한 관점인 '이론상 최대 모델'에 대한 대책을 수립하였다.

(1) 지진해일 EAP

가) 지진해일 EAP 구성

지진해일 EAP는 지진해일로부터 주민의 생명을 지키기 위해 신속하고 적절한 대피가 필요하기 때문에 대피대상지역, 대피장소, 정보 전달 수단 등에 대해서 정한다. 더구나 지진해일 EAP는 전체계획과 지역주민의 의견을 반영한 지구별 계획으로 구성된다(표 7.22 참조).

표 7.22 지진해일 EAP 구성 및 수립 순서

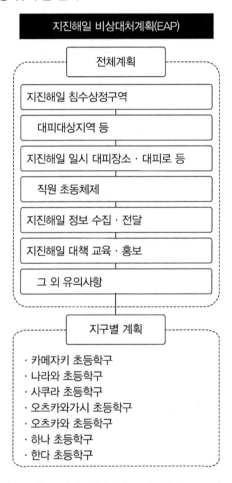

출처: 半田市(2015), 津波·高潮避難計画, https://www.city.handa.lg.jp/kotsu/bosai/documents/tsunamitakashiohinankeikaku.pdf, p.2.

① 지진해일 EAP 기본적인 방침

한다시 지역방재계획에 근거한 지진해일 EAP는 지진해일로부터 생명을 보호하기 위하여 신속·적절하게 대피함을 주목적으로 한다. 지진해일 EAP는 지진해일 발생 직후부터 종료까지 대략 십 수 시간(난카이 트러프[6] 지진 시 발생이 예상되는 지진해일 중 큰 지진해일로 6시간 반복적으로 내습한다고 상정)동안 주민의 생명 및 신체의 안전을 확보하며 지진해일로부터 원활하게 대피하기 위해 수립하는 계획이다(그림 7.36 참조).

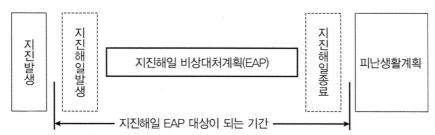

출처: 半田市(2015), 津波·高潮避難計画, https://www.city.handa.lg.jp/kotsu/bosai/documents/tsunamitakashiohinankeikaku.pdf, p.5.

그림 7.36 지진해일 EAP 대상이 되는 기간

② 지진해일 EAP의 계속적인 재검토

지진해일 EAP는 대피훈련에서 나타난 문제점과 방재대책의 실시, 주변 환경의 변화 등에 따라 발생된 과제를 적절하게 재검토한다.

③ 지진해일 용어의 정의

지진해일 EAP에서 사용되는 용어의 정의는 표 7.23과 같다.

---

6   난카이(南海) 트러프(Trough) : 일본 시코쿠의 남쪽 해저에 있는 수심 4,000m급의 깊은 골짜기로서 지각활동이 매우 활발하고 대규모 지진 발생 지대이다.

표 7.23 지진해일 EAP에 사용되는 용어의 정의

용어	의미
지진해일 침수상정구역	2014년 5월 아이치현이 공표한 "아이치현 도카이 지진·동남해 지진·난카이 지진 등 피해 예측 조사 결과"에서의 "이론상 최대 상정 모델"의 침수 구역
대피대상지역	• 지진해일이 발생한 경우 대피가 필요한 지역은 지진해일 침수예상구역에 근거하여 주민 등이 워크숍에서 설정한 후 시(市)가 지정 • 안전성 확보, 원활한 대피 등을 고려하여 지진해일 침수예상구역보다 넓은 범위에서 지정
대피곤란지역	지진해일의 도달 시간까지 대피대상지역 바깥(대피가 필요가 없는 안전한 지역) 또는 긴급 대피 장소 등에 대피하기 어려운 지역
지진해일 대피로	• 대피할 경우의 도로 • 주민 등이 워크숍에서 설정한 후 시(市)가 지정
대피경로	• 대피할 경우의 경로 • 주민 등이 워크숍에서 설정
대피목표지점	• 지진해일의 위험이 있는 대피대상지역으로부터 대피대상지역 밖으로 대피할 때 목표가 되는 지점 • 주민 등이 워크숍에서 설정
긴급대피장소	고지대까지 대피할 시간적 여유가 없어 대피가 어려운 경우에 긴급하게 일시적으로 대피 하는 시설(시(市) 지정)
지진해일 일시대피장소	한다(半田)시 지역 방재 계획에서 정한 광역·응급 대피 장소 중 지진해일에 대응하는 일시 대피장소(시(市) 지정)

출처: 半田市(2015), 津波·高潮避難計画, https://www.city.handa.lg.jp/kotsu/bosai/documents/tsunamitakashiohinankeikaku.pdf, p.6.

④ 지진해일로부터 대피의 기본(그림 7.37 참조)

지진해일로부터 대피의 기본은 시간과 여력(餘力)이 있는 한 안전한 곳으로 대피하는 것을 목표로 한다(표 7.24 참조). 즉, 무엇보다 대피대상지역 밖의 가장 안전하고 빨리 대피할 수 있는 최단(最短)코스로 목표지점(대피목표지점)까지 대피하는 것이 중요하다. 대피목표지점은 대피대상지역의 바깥 쪽 가장자리, 대피로 및 대피경로의 접점이다.

대피목표지점에 도달 후에도 주변상황을 파악하고, 여력이 있는 경우는 지진해일 일시대피장소(광역·응급 대피장소)와 같이 지진해일이 끝날 때까지 안전이 확보되는 곳으로 대피하는 것도 고려할 필요가 있다.

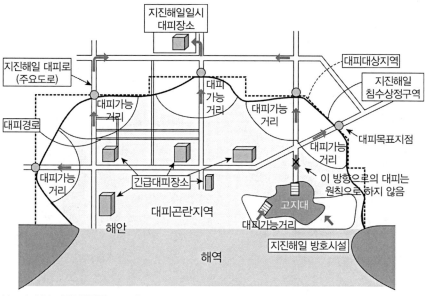

지진해일 EAP개념도

출처: 半田市(2015), 津波·高潮避難計画, https://www.city.handa.lg.jp/kotsu/bosai/documents/tsunamitakashiohinankeikaku.pdf, p.6.

그림 7.37 지진해일 EAP 개념도

표 7.24 지진해일로부터 대피의 기본원칙

1. 스스로 최대한 신속하게 높고 안전한 곳으로 대피한다.
2. 대피대상지역 밖으로 가장 안전하고 빨리 대피하며, 최단코스를 거쳐 목표지점 (대피목표지점)으로 대피한다.
3. 대피대상지역 밖으로 대피한 후, 여력이 있는 경우 일시대피장소를 향하여 대피한다.
4. 지진해일로 인하여 침수되는 방향으로 가지 않는다.
5. 하천을 따라서 대피하지 않는다.
6. 원칙적으로 걸어서 대피한다.

출처: 半田市(2015), 津波·高潮避難計画, https://www.city.handa.lg.jp/kotsu/bosai/documents/tsunamitakashiohinankeikaku.pdf, p.7.

나) 지진해일 침수상정구역

지진해일 침수상정구역은 '아이치현(愛知県) 도카이(東海) 지진·동남해 지진·난카이(南海) 지진 등 피해예측 조사결과(2014년 5월 아이치현에서 공표)'에서 '생명을 지킨다'는 관점에서 난카이 트러프(Trough)로부터 발생할 위험이 있는 지진·지진해일 중 모든 가능성을 고려하여 상정한 최대급 모델로부터 구한 것이다. 조사 결과 한다시의 지진해일 침수상정구역, 지진해일 도달시간 등은 다음과 같다(그림 7.38 참조).

· 지진해일 단층모델 케이스 ①"스루가 만~기이 반도 외해"에 " 대활동 지역+ 초대형 활동 지역"을 설정한 경우

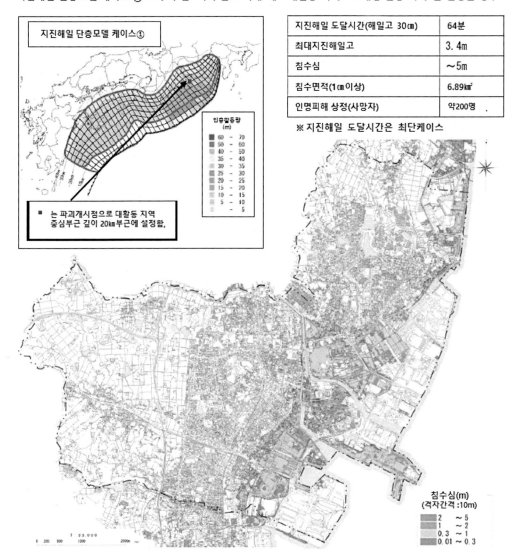

지진해일 도달시간(해일고 30㎝)	64분
최대지진해일고	3. 4m
침수심	~5m
침수면적(1㎝이상)	6.89㎢
인명피해 상정(사망자)	약200명

※ 지진해일 도달시간은 최단케이스

출처: 半田市(2015), 津波·高潮避難計画, https://www.city.handa.lg.jp/kotsu/bosai/documents/tsunamitakashiohinankeikaku.pdf, p.8.

그림 7.38 이론상 최대모델에 의한 상정지진해일 침수심(초기조위(T.P.[7]) 1.0m)

---

7   T.P.(東京灣平均海面, Tokyo Peil) : 동경만 평균 해면으로 일본의 표고(標高)의 기준이 되는 해수면(海水面)의 높이이다.

다) 대피대상지역

① 대피대상지역의 설정

대피대상지역은 지진해일 침수상정구역을 바탕으로 그림 7.39와 같이 설정한다. 즉, 대피대상지역은 안전성의 확보 및 원활한 대피를 고려하여 지진해일 침수상정구역보다 넓은 범위로 설정하며 지진해일 침수상정구역 내 주민 및 지구 내 방재 관계자를 대상으로 한 워크숍(Workshop)의 결과를 바탕으로 설정한다.

자치구명	구분	자치구명	구분	자치구명	구분
가메자키1구	일부	옷카와동구	일부	한다남구	일부
가메자키중구		옷카와1구		한다동구	전부
가메자키4구		옷카와2구		미즈호구	
가메자키5구		옷카와5구		한다현주구	
가메자키6구		한다북구		나라와3구	일부
아라이구		한다중구		나라와4구	
무카이야마구		나카무라구		교와구	

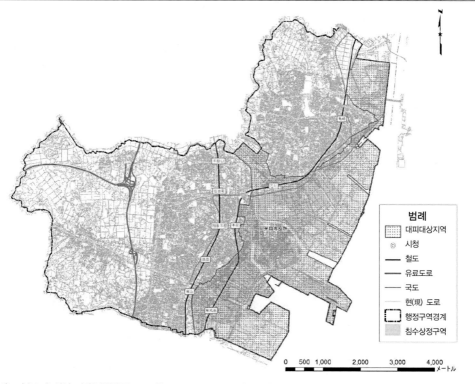

출처: 半田市(2015), 津波·高潮避難計画, https://www.city.handa.lg.jp/kotsu/bosai/documents/tsunamitakashiohinankeikaku.pdf, p.9.

그림 7.39 지진해일 발생 시 대피대상지역

② 대피곤란지역의 검토

지진해일 예상 도달시간까지 대피대상지역의 바깥 또는 긴급대피장소로 대피가 어려울 것으로 상정되는 지역에 대해서 검토를 실시한다.

㉠ 대피가능범위 설정 : 대피가능범위는 지진해일 도달시간, 대피목표지점, 대피가능 거리의 조건을 고려하여 다음과 같이 설정한다.

• 지진해일 도달시간 : 지진해일 도달시간은 아이치현에서 공표한 '이론상 최대 상정 모델'로 도출된 지진해일 도달시간(침수가 30cm에 도달할 때까지의 시간)인 약 64분으로 한다(그림 7.40 참조).

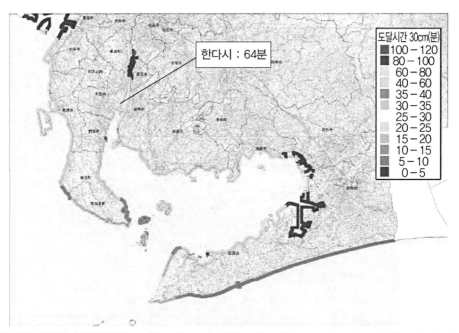

출처: 半田市(2015), 津波·高潮避難計画, https://www.city.handa.lg.jp/kotsu/bosai/documents/tsunamitakashiohinankeikaku.pdf, p.11.

그림 7.40 지진해일 도달시간

• 대피목표지점 : 대피목표지점은 대피곤란지역 밖으로 대피할 때의 목표지점으로 대피 대상지역 바깥쪽에 설정하는 것을 원칙으로 하며 주민·지구 방재 관계자를 대상으로 한 워크숍의 결과를 바탕으로 설정한 지점이다.

• 대피가능거리 : 대피가능거리는 도보(徒步)를 전제로 대피개시부터 지진해일

도달시간까지 대피목표지점 또는 긴급대피장소(지진해일의 위험으로부터 긴급하게 대피하기 위한 시설)로 대피할 수 있는 거리이다. 지진해일 도달시간과 보행속도를 감안하여 대피가능거리를 산출하면 약 1,200m가 된다. 그러나 아이치현 시·정·촌 지진해일 대피계획 책정지침의 대피시뮬레이션 결과 대피자가 대피할 수 있는 한계거리는 1,000m 정도를 표준으로 하는 만큼 대피가능거리에 주의할 필요가 있다. 따라서 이를 바탕으로 대피곤란지역 검토 시 피난가능거리를 1,000m로 설정한다.

계산식에 사용된 설정치는 다음과 같다(표 7.25, 표 7.26 참조).

표 7.25 대피가능거리 산정식

대피가능거리(m)= 보행속도 P1(m/분)×(지진해일도달시간 T(분)−지진해일 준비시간 t1(분))×보행속도 저감률
= 44.1×(64−9)×(0.8×0.65)
= 1,261m＞1,000m(대피한계거리)
※ 대피가능거리 산정 시 심야 및 액상화에 대한 저감을 실시한다.

출처: 半田市(2015), 津波·高潮避難計画, https://www.city.handa.lg.jp/kotsu/bosai/documents/tsunamitakashiohinankeikaku.pdf, p.12.

표 7.26 대피가능거리 산정식에 사용된 설정치

항목		설정치	개요
보행속도		44.1m/분	아이치현 시·정·촌(市·町·村) 지진해일 대피계획 책정 지침 −보행속도 : 2.65km/h
지진해일 도달시간		64분	아이치현 도카이 지진·동남해 지진·남해 지진 등 피해예측 조사 결과 −지진해일 최단 도달시간(지진해일고 30cm의 도달시간) : 한다시(半田市) 약 64분
대피준비시간		9분	지진해일 대피를 상정한 대피로 및 대피시설의 배치 및 대피유도에 대한 보고서(제3판)(일본 국토교통성) −동일본 대지진의 지진해일 피난실태 조사에 있어서 처음부터 대피를 갔었던 사람의 50%의 대피개시시간 : 9분 후
보행속도 저감률	심야	0.8	아이치현 시·정·촌(市·町·村) 지진해일 피난계획 책정지침 −심야속도는 주간속도의 80%
	액상화	0.65	아이치현 시·정·촌(市·町·村) 지진해일 피난계획 책정지침 −액상화 위험도가 높은 지역의 속도 감소율 : 0.65
대피한계거리		1,000m	아이치현 시·정·촌(市·町·村) 지진해일 피난계획 책정지침 −1km 정도가 표준

출처: 半田市(2015), 津波·高潮避難計画, https://www.city.handa.lg.jp/kotsu/bosai/documents/tsunamitakashiohinankeikaku.pdf, p.12.

ⓛ 대피곤란지역 검토

대피목표지점 및 긴급대피장소로부터 대피가능거리인 1,000m를 대피 가능범위
로 잡고 검토한 결과, 한다시에는 대피곤란지역이 없는 것으로 나타났다(그림
7.41 참조).

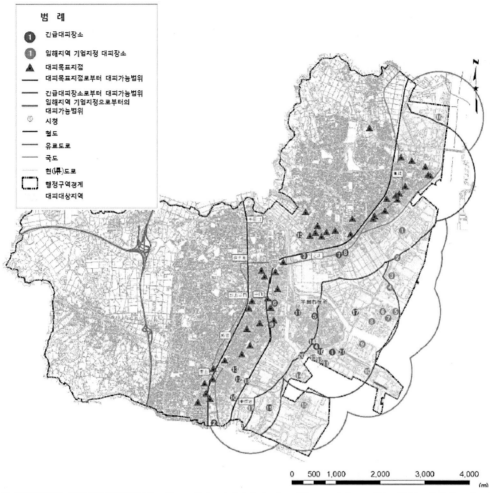

출처: 半田市(2015), 津波·高潮避難計画, https://www.city.handa.lg.jp/kotsu/bosai/documents/tsunamitakashiohinankeikaku.pdf, p.13.

그림 7.41 대피곤란지역 확인도

실제 대피할 때 보행속도는 재해 상황에 따라 다르지만 일본 소방청의 '지진해
일 대피대책 추진 매뉴얼 검토회 보고서(2014년 3월)'에 따르면 고령자의 자유

보행속도, 군중보행속도 및 지리를 모르는 사람의 보행속도는 60m/분이다. 이 값을 사용하여 지역 워크숍에서는 대피목표지점을 정한 후 대피 경로의 검토 등을 실시하였다. 그러나 이에 대한 검토는 어디까지나 책상 위의 예상이므로 대피훈련 시 개인 각자가 지구별 지진해일 대피계획을 기초로 대피 가능한 복수의 경로에 대해서 현장에서 검증(훈련)을 하는 것이 중요하다.

라) 지진해일 일시대피장소 및 지진해일 대피로

① 지진해일 일시대피장소

지진해일 일시대피장소는 지진해일로부터 긴급피난소로 사용할 수 있도록 지진해일에 대한 안전성 및 기능성을 고려하여 아래와 같은 조건에 따라 설정한다(표 7.27 참조).

표 7.27 지진해일 일시대피장소의 설정조건

• 안전성
−지진해일 대피대상지역을 벗어난 곳
−상정된 최대 지진해일고를 상회(上廻)하는 지반고일 것(표고 5m 이상)
−원칙적으로 오픈공간일 것
• 기능성
−광역대피장소 또는 응급대피장소로 지정된 곳

출처: 半田市(2015), 津波・高潮避難計画, https://www.city.handa.lg.jp/kotsu/bosai/documents/tsunamitakashiohinankeikaku.pdf, p.15.

② 긴급대피장소

㉠ 긴급대피장소 지정 : 긴급대피장소는 대피대상지역 밖으로 대피 할 시간적 여유가 없어 대피가 어려운 경우에 대피자가 긴급하게 일시적으로 대피할 장소이므로 그 지정에 힘써야 한다. 또한 지정기준은 다음과 같다(표 7.28 참조).

표 7.28 지진해일 긴급대피장소의 지정조건

• 안전성
−3층 이상 또는 그 높이를 확보할 수 있는 건물
−RC(철근 콘크리트 구조), SRC(철골・철근 콘크리트 구조) 또는 S(철골조(鐵骨組)) 등의 튼튼한 건물
−신내진설계기준(1981년 시행)에 적합한 건물
• 기능성
−24시간 출입을 자유롭게 할 수 있는 건물

출처: 半田市(2015), 津波・高潮避難計画, https://www.city.handa.lg.jp/kotsu/bosai/documents/tsunamitakashiohinankeikaku.pdf, p.17.

ⓒ 긴급대피장소의 필요기능 확보 : 시(市)는 긴급대피장소를 지정한 후에도 기능의
유지 및 향상에 노력한다(그림 7.42 참조).

긴급대피장소가 갖추어야 할 기능

• 지진해일에 대응한 대피장소의 표시 및 입구 등에 대한 명확화
(참고) : 긴급대피장소 픽토그램(Pictogram)

픽토그램 목적
재해약자 및 대피가 곤란한 고령·장애인 등이 긴급 및 일시적으로 지진해일
로부터 대피하기 위한 긴급대피장소를 나타내는 것

출처: 半田市(2015), 津波·高潮避難計画, https://www.city.handa.lg.jp/kotsu/bosai/documents/tsunamitakashiohinankeikaku.pdf, p.18.

그림 7.42 지진해일 긴급대피장소 픽토그램

③ 지진해일 대피로

㉠ 지진해일 대피로의 설정 : 지진해일 대피로는 대피대상 지역 내 주민이 대피대상
지역 바깥 또는 지진해일 일시피난장소로 재빨리 안전하게 대피행동을 취할 수
있도록 표 7.29와 같은 기본원칙에 근거하여 설정한다.

㉡ 지진해일 피난로에 대한 필요기능 확보 : 시(市)는 지정된 지진해일 대피로가 갖
춰야 할 기능의 유지·향상을 위해 노력한다(표 7.30 참조).

표 7.29 지진해일 대피로 설정의 기본원칙

• 지진해일 소상(遡上) 우려가 있는 하천을 피한다.
• 지진 발생으로 토사재해 등의 위험성이 높아진 곳을 피한다.
• 내진설계를 하지 않은 하천교량을 피한다.

출처: 半田市(2015), 津波·高潮避難計画, https://www.city.handa.lg.jp/kotsu/bosai/documents/tsunamitakashiohinankeikaku.pdf, p.19.

표 7.30 지진해일 대피로가 갖추어야 할 기능

• 지진해일 대피로로서 기능을 발휘할 수 있도록 일반적으로 8m 이상[1]의 폭원(幅員)을 가질 것
• 지진해일 대피로를 따라 들어선 건축물의 내진화 촉구
• 원활한 대피에 대응되는 대피유도 표지판 설치
• 야간대피를 고려한 가로등과 같은 야간조명 설치

주 1. 한신·아와지 대지진 시 폭 8m를 넘는 도로에 대해서는 자동차의 통행까지 거의 가능했으므로 8m를 기준값으로
설정함
출처: 半田市(2015), 津波·高潮避難計画, https://www.city.handa.lg.jp/kotsu/bosai/documents/tsunamitakashiohinankeikaku.pdf, p.19.

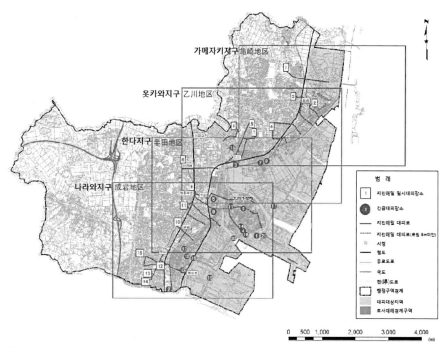

출처: 半田市(2015), 津波·高潮避難計画. https://www.city.handa.lg.jp/kotsu/bosai/documents/tsunamitakashiohinankeikaku.pdf, p.19.

그림 7.43 지진해일 대피로 위치도

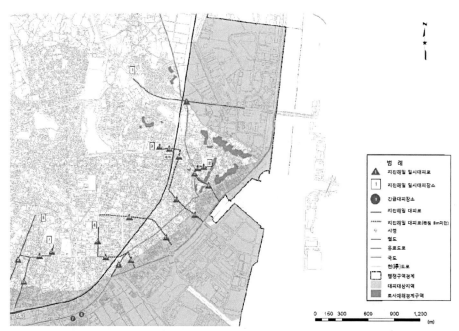

출처: 半田市(2015), 津波·高潮避難計画. https://www.city.handa.lg.jp/kotsu/bosai/documents/tsunamitakashiohinankeikaku.pdf, p.20.

그림 7.44 지진해일 대피로도(가메자키지구)

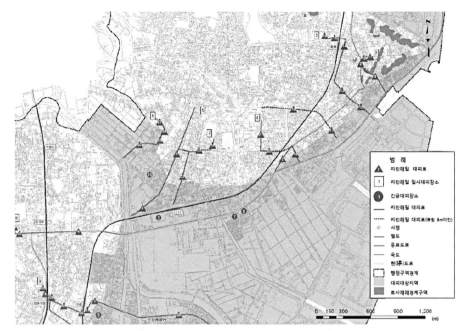

출처: 半田市(2015), 津波·高潮避難計画 https://www.city.handa.lg.jp/kotsu/bosai/documents/tsunamitakashiohinankeikaku.pdf, p.20.

그림 7.45 지진해일 대피로도(옷카와지구)

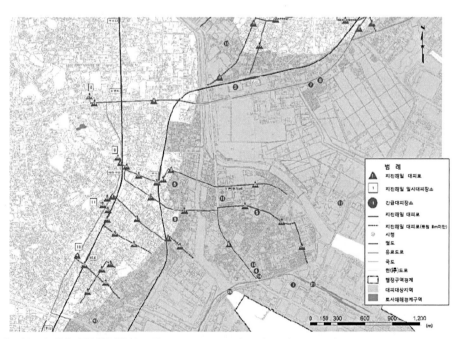

출처: 半田市(2015), 津波·高潮避難計画 https://www.city.handa.lg.jp/kotsu/bosai/documents/tsunamitakashiohinankeikaku.pdf, p.21.

그림 7.46 지진해일 대피로도(한다지구)

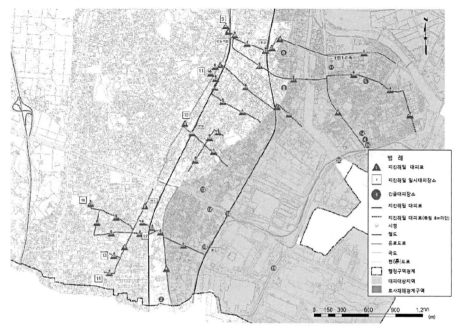

출처: 半田市(2015), 津波・高潮避難計画, https://www.city.handa.lg.jp/kotsu/bosai/documents/tsunamitakashiohinankeikaku.pdf, p.21.

그림 7.47 지진해일 대피로도(나라와지구)

     ⓒ 주요 대피경로 : 주요 대피경로는 대피대상 지역 내 주민이 대피목표지점 및 지진

       해일 일시대피장소로 대피하기 위해 표 7.31과 같은 원칙을 기본으로 삼아 주민과

       의 워크숍 결과에 따라 설정한다.

     ⓔ 대피방법 : 대피방법은 표 7.32와 같은 이유로 도보대피를 원칙으로 한다.

표 7.31 지진해일 대피경로 설정의 기본원칙

• 안전성
－복수의 우회로(迂廻路)를 확보할 수 있어야 함
－원칙적으로 해안・하천에 인접한 도로가 아닐 것
－무너진 절벽, 건물붕괴・전도・낙하물(落下物) 등의 위험이 적은 도로일 것
• 기능성
－최단시간에 지진해일 대피로 또는 대피목표지점에 도달할 수 있을 것

출처: 半田市(2015), 津波・高潮避難計画, https://www.city.handa.lg.jp/kotsu/bosai/documents/tsunamitakashiohinankeikaku.pdf, p.24.

표 7.32 지진해일 시 도보대피의 이유

- 지진으로 도로 등의 파손, 액상화에 따른 도로시설피해, 신호의 점멸, 건널목 차단기의 정지, 도로변 건물 및 전신주 파괴 등에 의한 교통장애가 발생할 수 있기 때문임
- 교통장애가 발생하지 않더라도 정체가 발생하여 침수·지진해일 도달까지 대피가 완료되지 않아 자동차 등이 지진해일에 휩쓸릴 가능성이 있기 때문임
- 차의 엇갈림, 교통량이 많은 간선도로, 교차 및 대피차량의 주차로 말미암아 장애가 발생하기 때문임
- 차로 밖으로 대피하지 못하는 재해약자의 대피에 지장을 끼칠 가능성이 있기 때문임
- 도보에 따른 원활하고 안전한 대피에 방해가 될 우려가 있기 때문임

출처: 半田市(2015), 津波·高潮避難計画, https://www.city.handa.lg.jp/kotsu/bosai/documents/tsunamitakashiohinankeikaku.pdf, p.24.

마) 직원동원 초동체제

① 배치체제와 직원 참여

지진해일 발생 시 또는 발생 우려가 있는 경우는 대책 본부를 신속히 설치하고 그 활동 체제를 확립한다.

㉠ 직원의 배치체제 : 시(市)는 지진해일 발생 시 또는 발생 우려가 있을 경우 다음과 같이 방재계획에서 정한 직원의 배치체제를 취한다(표 7.33 참조).

표 7.33 지진해일 발생 시 직원배치 체제

구분	배치내용	배치시기	배치편성	개요
제1 비상 배치 체제	• 정보 연락, 재해 감시를 위해 관계 부서의 필요한 최소 인원 배치 • 또한 상황에 따라 고도의 배치체제를 신속하게 이행할 수 있는 체제이어야 함	• 시 전역에 진도 4 이상의 지진이 발생했을 때 • 그 외 필요에 따라 본부장이 해당 비상 배치를 지시한 때	각 부의 부장·차장 및 부부장과 함께 해당재해에 대처하기 위해 필요한 소요인원	재해대책본부가 설치되어 있지 않은 경우에도 평상시 조직으로서 배치함
제2 비상 배치 체제	관계 각부·국의 소요인원을 가지고 사태 추이에 따라 신속하게 제3 비상 배치 체제로 전환하거나 전환하기 전에라도 재해 발생과 함께 곧바로 비상 활동을 할 수 있는 체제이어야 함	• 이세·미카와만 구역에 지진해일 경보 또는 대지진해일 경보가 발령되어 시에 상당 규모의 재해가 예상될 때 • 시 전역에 진도 5약(弱) 이상의 지진이 발생했을 때 • 그 외 필요에 따라 본부장이 해당비상 배치를 지시한 때	제1비상배치인원에다가 각부의 반장 및 해당 재해에 대처할 필요가 있는 각국의 소요인원	반드시 재해대책본부를 설치해야 함
제3 비상 배치 체제	시 직원 전원에 해당되며 재해응급대책활동이 원활하게 수행하기 위한 체제임	• 시 전역에 진도 5강(强) 이상의 지진이 발생했을 때 • 시 전역 또는 상당 지역에 대규모 재해가 발생할 것이 예상될 때 또는 발생했을 때 • 그 외 필요에 따라 본부장이 해당비상 배치를 지시한 때	전 직원 배치	반드시 재해대책본부를 설치해야 함

출처: 半田市(2015), 津波·高潮避難計画, https://www.city.handa.lg.jp/kotsu/bosai/documents/tsunamitakashiohinankeikaku.pdf, p.25.

ⓛ 근무시간외 지진·지진해일에 관한 직원 연락·소집 : 근무 시간 외의 지진·지진해일에 관한 소집은 한다시 지역방재계획에서 정한 비상배치기준에 따라 직원을 비상소집하거나(자동소집), 직원 소집 시스템을 활용한다. 또한 기준에 따르기 어렵다고 판단되는 경우에는 각 부서에서 정비한 연락망을 통해 연락한다.

ⓒ 재해대책본부의 체제 : 지진해일에 관한 재해대책본부의 체제는 그림 7.48과 같다.

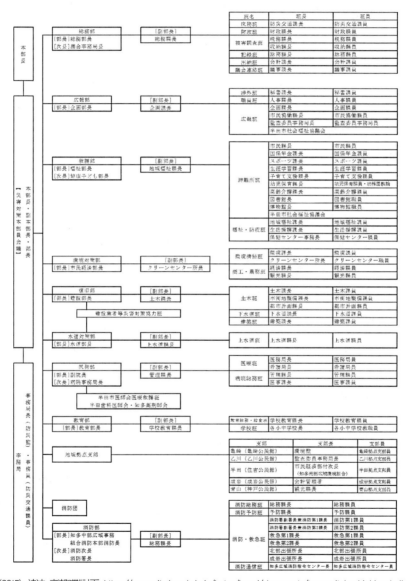

출처: 半田市(2015), 津波·高潮避難計画, https://www.city.handa.lg.jp/kotsu/bosai/documents/tsunamitakashiohinankeikaku.pdf, p.27.

그림 7.48 한다시의 재해대책본부체제

② 대피유도원의 안전 확보

지진해일 발생 후 시(市) 직원, 경찰관 및 소방관 등은 시민들을 안전하게 대피소로 신속히 대피시키도록 노력한다. 다만, 활동에 있어서는 대피 유도와 방재대응에 근무하는 사람의 안전이 확보되는 것을 전제로 한다(표 7.34 참조).

표 7.34 대피유도에 근무하는 사람에 대한 안전 확보

1. 대피유도 등을 하면서 스스로 목숨을 지키는 것이 가장 기본임을 대피유도원 등에게 주지시킨다.
2. 지진해일 도달시간 및 활동지역에서 상정되는 침수심 등을 주지(周知)시키는 동시에 대피규칙을 알려준다.
3. 대피자의 인원 수 등을 고려한 유도원 배치나 사용하는 기자재 등을 구체적으로 정하는 동시에 무전기 등과 같은 정보전달수단 확보에 노력한다.
4. 재해 시 방재거점이 되는 시청사, 소방서 등 공공기관의 안전대책에도 힘쓴다.

출처: 半田市(2015), 津波·高潮避難計画, https://www.city.handa.lg.jp/kotsu/bosai/documents/tsunamitakashiohinankeikaku.pdf, p.28.

바) 지진해일에 관한 정보의 수집·전달

① 지진해일정보 수집

시(市)는 기상청 및 나고야 기상대에서 발표한 지진해일 경보 등을 전달 받았을 때 또는 전달체계와 무관(無關)하게 알았을 때에도 방재행정무선 및 긴급속보 문자로 대피권고 또는 지시를 실시한다.

㉠ 지진해일에 관한 예·경보 : 지진해일 경보·주의보는 기상청 또는 나고야 지방 기상대가 지진이 발생한 지 약 3분 이내 발령을 목표로 발표한다(표 7.35 참조).

표 7.35 지진해일 예·경보 발표기준(일본 기상청) (계속)

종류	발표기준	발표된 지진해일고		상정되는 피해	취해야 할 행동
		수치로서 발표 (예상 지진해일고로 구분)	거대 지진인 경우 발표		
대지진 해일 경보 (특별 경보)	예상지진해일고가 높은 곳에서 3m 를 초과하는 경우	10m 초과 (10m<예상높이)	거대	목조 가옥이 전 파·유실되면서 사람이 지진해 일에 따른 흐름 에 휩쓸려 감	연안지역 또는 하천 변에 있는 사람은 즉 시 고지대 및 지진 **해일대피 빌딩 등의** 안전한 장소로 대피 할 것
		10m (5m<예상높이≤10m)			
		5m (3m<예상높이≤5m)			

표 7.35 지진해일 예·경보 발표기준(일본 기상청)

종류	발표기준	발표된 지진해일고		상정되는 피해	취해야 할 행동
		수치로서 발표 (예상 지진해일고로 구분)	거대 지진인 경우 발표		
지진 해일 경보	예상 지진해일고가 높은 곳에서 1m를 초과, 3m 이하인 경우	3m (1m<예상높이≤3m)	높음	표고가 낮은 곳 에 지진해일이 내습하여 침수 피해를 발생시킴	연안지역 또는 하천 변에 있는 사람은 즉 시 고지대 및 지진 해일대피 빌딩 등의 안전한 장소로 대피 할 것
지진 해일 주의보	높은 곳에서 0.2m 이상, 1m 이하인 경 우로 지진해일로 인 한 재해위험이 있는 경우	1m (0.2m≤예상높이≤1m)	미표기	소형선박이 전 복됨	즉시 해안에서 대피 하여야 함

지진해일 주의보·경보 발표 기준
1. 한다시 지역의 지진해일 예보구역은 '이세·미카와만(伊勢·三河湾)'으로 지진해일 예보구역은 아이치현 및 미에현의 구역이다.
2. 지진해일의 재해 우려가 없는 경우에는 '해일의 우려는 없다'는 사실 또는 '약간의 해면 이동이 있을지 모르지만 피해 걱정은 없다'는 취지에 대해서 지진 정보에 포함하여 발표한다.
3. 지진해일의 재해 우려가 없어졌다고 인정될 경우 '지진해일 경보 해제' 또는 '지진해일 주의보 해제'라고 신속히 통보한다.
4. '지진해일고'는 지진해일에 의해서 조위가 높아진 시점에서의 그 조위와 그 시점에 지진해일이 없다고 했을 경우의 조위와의 차이로써, 지진해일에 의해서 조위가 상승한 높이를 말한다.

출처: 半田市(2015), 津波·高潮避難計画, https://www.city.handa.lg.jp/kotsu/bosai/documents/tsunamitakashiohinankeikaku.pdf, p.29.

　　　ⓒ 주민 및 관계기관에 지진해일 정보전달 : 시(市)는 지진해일 경보 등의 긴급 정보의 경우 전국 순간경보 시스템(J얼라트(Alert)의 방재행정무선망의 자동발령을 통하여 지역주민에게 긴급정보를 전달한다(표 7.36 참조).

표 7.36 지진해일 정보 전달(계속)

항목	내용
전달내용	대지진해일 경보·지진해일 경보, 지진해일 주의보 발표, 대피지시·권고, 지진해일 도달시간, 만조시간, 지진해일내습의 위험, 실시해야 할 행동·대책 등
통신시설· 설비	방재 행정 무선망, 긴급 속보 문자, 소방·구급용 무선, 트위터(Twitter), 홈페이지
전달방법	방재 행정 무선망에 의한 야외 방송, 언론 기관에 의뢰, 옥외 방송, 사이렌 취명(吹鳴), 휴대 전화로의 문자 송신, 광고차량에 의한 홍보, 전달조직을 통한 전달

표 7.36 지진해일 정보 전달

항목	내용
전달흐름	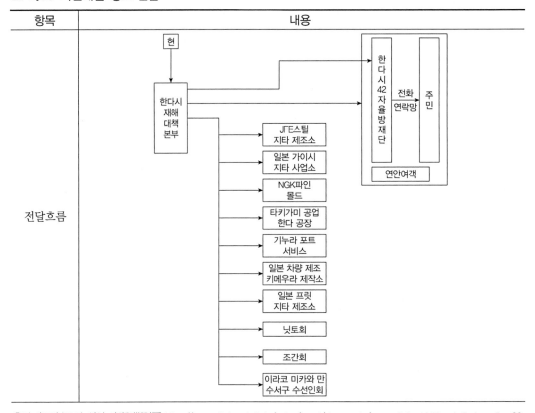

출처: 半田市(2015), 津波·高潮避難計画, https://www.city.handa.lg.jp/kotsu/bosai/documents/tsunamitakashiohinankeikaku.pdf, p.30.

② 지진해일 대피지시 및 대피준비정보

시장은 지진해일 등이 발생하거나 발생할 수 있어 시민의 생명 및 신체에 위험을 미친다고 인정할 때는 대피대상지역 내 시민에게 신속하게 대피지시를 시행한다.

㉠ 대피지시 및 대피준비정보의 발령기준 : 대피지시 등은 다음의 발령 기준 중 어느 하나에 해당하는 경우에 발령한다(표 7.37 참조).

㉡ 대피지시 등의 내용 및 전달방법 : 지진해일의 대피지시 등의 내용 및 전달 방법은 다음과 같다(표 7.38 참조).

표 7.37 지진해일 대피준비정보·지시 발령기준

구분	발령기준	대상지역
대피지시	대지진해일 경보	대피대상지역
	지진해일 경보	
	• 강한 진동을 감지한 경우 • 진동은 약하더라도 1분 정도 이상의 긴 진동을 감지한 경우	
대피준비정보	지진해일 주의보	

주 1. 대피지시의 해제에 대해서는 해당 지역의 대지진해일 경보, 지진해일 경보, 지진해일주의보를 모두 해제할 시 대피지시를 해제하는 것으로 한다.
   2. 침수 피해가 발생한 경우에 대한 해제에 대해서는 지진해일경보 등이 모두 해제된 동시에 주택지 등에서의 침수가 해소된 단계에서 대피지시를 해제한다.

출처: 半田市(2015), 津波·高潮避難計画, https://www.city.handa.lg.jp/kotsu/bosai/documents/tsunamitakashiohinankeikaku.pdf, p.31.

표 7.38 지진해일 대피지시의 내용 및 전달방법

구분		발령기준
내용		• 대피지시의 이유 • 대피대상 지역 • 대피소 • 기타 필요한 사항
전달방법		방재행정 무선망에 의한 야외방송, 언론기관에 의뢰, 야외방송, 사이렌 취명, 휴대전화로의 문자 송신, 광고차량에 의한 홍보, 전달조직에 의한 전달
전달문	대지진해일경보 지진해일 경보	〈예시〉 **긴급 방송 긴급 방송, 대피지시 발령** "여기는 한다(半田)시입니다. 대지진해일 경보(또는 지진해일 경보)가 발표되어 ○시 ○분에 연안지역 전역에 지진해일 재해에 대한 대피 지시를 발령하였습니다. 즉시 해안 및 하천으로부터 멀리 떨어져, 되도록 높은 장소로 대피하시기 바랍니다."
	강한 진동 등으로 대피의 필요성이 인정되는 경우	〈예시〉 **긴급 방송 긴급 방송, 대피지시 발령** "여기는 한다(半田)시입니다. 강한 진동의 지진이 발생하였습니다. 지진해일이 예상되므로 ○시 ○분에 연안지역 전역에 지진해일 재해에 대한 대피지시를 발령하였습니다. 즉시 해안 및 하천으로부터 멀리 떨어져, 되도록 높은 장소로 대피하시기 바랍니다."
	지진해일 주의보	〈예시〉 **긴급방송 긴급방송, 대피준비정보 발령** 여기는 한다(半田)시입니다. 지진해일 주의보가 발표되었으므로 ○시 ○분에 연안지역 전역에 지진해일 재해에 대한 대피준비정보를 발령하였습니다. 기상정보를 주시하고 대피준비를 하시기 바랍니다."

출처: 半田市(2015), 津波·高潮避難計画, https://www.city.handa.lg.jp/kotsu/bosai/documents/tsunamitakashiohinankeikaku.pdf, p.32.

사) 지진해일 대책에 관한 교육·홍보

① 지진해일 대피를 위한 교육·홍보

지진해일 발생 시 시민이 정확한 판단에 근거한 행동할 수 있도록 평소부터 지진해일의 특성이나 대피행동 등에 관하여 교육시킨다.

㉠ 교육·홍보의 내용(표 7.39 참조)

표 7.39 지진해일에 대한 주요한 교육·홍보 내용

- 지진해일에 관한 일반지식
- 지진해일 경보 및 대피지시 등에 관한 지식
- 대피방법 및 장소
- 지진해일 침수상정구역(지진해일 대피대상 지역)
- 상정(想定)된 침수심(浸水深)
- 평상시 및 지진해일 재해 시 대처방안

《지진해일에 대한 주의사항》
- 강진(진도 4이상)의 진동 또는 약한 지진에서도 천천히 오랫동안 진동을 느낄 때는 즉시 해안에서 떨어져 급히 안전한 곳(높은 곳 등)으로 대피한다.
- 지진을 감지하지 못하더라도 대지진해일경보·지진해일 경보 발표 시에는 즉시 해안에서 떨어져 급히 안전한 곳으로 대피한다.
- 올바른 정보를 라디오 또는 텔레비전 등을 통해서 입수한다.
- 지진해일주의보에서도 해안에서의 작업이나 바다낚시는 위험하므로 하지 않아야 한다.
- 지진해일은 반복적으로 내습하므로 대지진해일경보·지진해일 경보 및 지진해일 주의보가 해제될 때 까지 긴장을 늦추지 말아야 한다.

출처 : 半田市(2015), 津波·高潮避難計画, https://www.city.handa.lg.jp/kotsu/bosai/documents/tsunamitakashiohinankeikaku.pdf, p.33.

㉡ 교육·홍보의 대처사항 : 지구별 지진해일 피난계획 및 지진해일 방재에 관한 교육 팸플릿을 대피 대상지역 내 주민 모두에게 배포하는 동시에 이제까지 작성한 재해지도(Hazard Map) 또는 방재 앱(App)을 활용하여 동네강좌 및 각종 방재행사를 통한 교육에 힘쓴다(그림 7.49, 그림 7.50, 그림 7.51, 그림 7.52 참조).

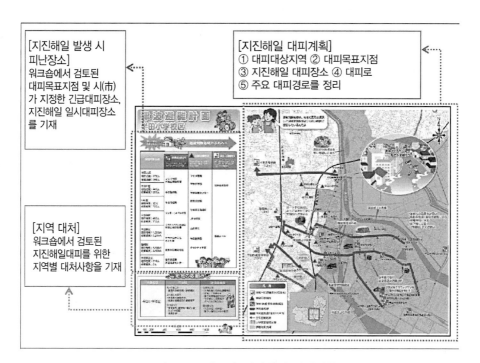

그림 7.49 지구별 지진해일 대피계획

출처: 半田市(2015), 津波·高潮避難計画, https://www.city.handa.lg.jp/kotsu/bosai/documents/tsunamitakashiohinankeikaku.pdf, p.34.

그림 7.50 지진해일방재에 대한 교육 팸플릿

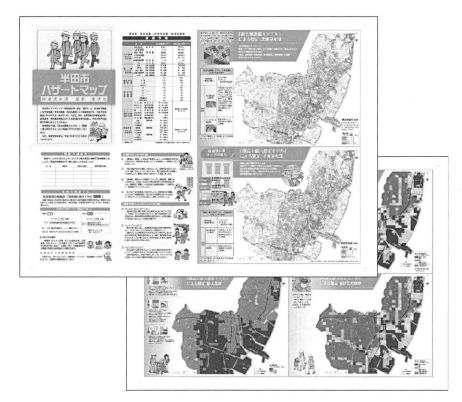

그림 7.51 한다시 재해지도(Hazard Map, 지진해일 침수심·진도·액상화)

출처: 半田市(2015), 津波·高潮避難計画 https://www.city.handa.lg.jp/kotsu/bosai/documents/tsunamitakashiohinankeikaku.pdf, p.35.

그림 7.52 한다시(半田市) 방재지도(표고·피난소)

② 지진해일 대피훈련의 실시

시(市) 및 유관기관은 지진해일이 발생한 경우 그 피해를 최소한으로 방지하고 신속 정확한 재해응급 대응을 실시하기 위해 지역주민의 협력을 얻어 지역 실정에 맞는 주민 주체의 대피훈련을 실시한다.

㉠ 훈련내용 : 훈련 내용은 지진해일 피해가 발생할 수 있는 지진으로 진원, 지진해 일고(津波高), 지진해일 도달시간 및 지진해일 지속시간 등을 상정하고 상정한 지 진해일 발생으로부터 종료 때까지의 시간경과에 따른 훈련 내용을 설정한다. 그 때 최대급 지진해일 및 그 도달 시간을 고려한 구체적이고 실천적인 훈련이 되도 록 한다. 주요 훈련내용은 다음과 같다(표 7.40 참조).

표 7.40 지진해일 훈련내용

항목	훈련내용
정보수집·전달훈련	초동 체제 및 정보 수집·전달 경로의 확인, 조작 방법의 습득 등을 검증하는 훈련
지진해일 대피훈련	대피계획에서 설정한 지진해일 대피로 또는 대피경로를 실제로 대피함으로써 경로나 대피표지 확인, 대피 때의 위험성, 대피에 소요되는 시간, 대피 유도방법 등을 파악하는 훈련(비상소지품을 넣은 배낭을 갖고 도보로 이동하는 등 실제상황을 가정한 훈련을 실시)
지진해일 방재시설 조작훈련	실제로 지진해일 재해가 발생하였을 경우를 상정하여 평소 방재시설을 운영하는 관리자가 지진해일 도달하기 전에 올바른 순서로 수문·육갑문(陸閘門) 등의 시설 조작을 실시할 수 있는지 또는 지진동(地震動) 등으로 일반적인 조작이 불능인 경우에 어떻게 대응하는가를 검증하는 훈련

출처: 半田市(2015), 津波·高潮避難計画, https://www.city.handa.lg.jp/kotsu/bosai/documents/tsunamitakashiohinankeikaku.pdf, p.36.

㉡ 훈련에 대한 검정 : 시(市)는 훈련을 마친 후 훈련 성과를 정리하여 문제점 등을 분석한 후 필요에 따라 개선조치를 강구하는 동시에 다음 번 훈련에 반영하도록 한다.

자) 그 외 유의사항

① 연안지역 방문자 및 항만·해안이용자에 대한 지진해일 교육

시(市)는 연안지역 방문자 및 항만·해안 이용자의 대피유도체제 강화를 도모하는 동시에 다음 사항을 추진한다.

㉠ 정보 전달·대피 유도를 위한 매뉴얼 작성 : 시(市)는 역, 백화점 등 기타의 불특정 다수가 이용하는 시설의 관리자가 이용자에 대한 정보 전달 방법 및 대피 유도 방법 등을 정한 매뉴얼을 작성하도록 촉구한다.

㉡ 유도(誘導) 표지나 표고(標高) 간판 등의 설치 : 시외로부터 찾아오는 방문자 및 항만·해안이용자 중에서 지리를 알지 못하고 지진해일에 대해 잘 모르는 사람을 위한 표고표시나 대피방향과 대피소의 위치 등을 명시한 안내간판 등을 설치한다.

㉢ 지진해일 홍보 실시 : 지진해일에 대한 대처방안이나 지역의 지진해일 위험성, 지진해일 재해 시 대피소 등을 게재한 팸플릿을 백화점 및 숙박시설 등과 같은 집객시설에 배포하여 홍보한다.

㉣ 연안지역에 공장이 있는 기업 등과 연계한 홍보 실시 : 사업자와 제휴하여 종업원 및 방문자를 대상으로 한 홍보활동을 실시한다.

② 제외지에서의 폭풍해일 대피 대책

루라(衣浦) 항만 내에 입지하는 기업의 대부분은 제외지에 위치하여 지진해일에 의한 침수의 상정(想定) 여부에 한하지 않고 대피대상지역 내에 포함되어 있으므로 기업에서 근무하는 근로자 등의 안전 확보가 중요하다. 그래서 제외지에서는 아이치현이 수립한 루라항 항만 BCP(Business Continuity Plan)에 근거하여 지진해일 시 신속하고 적절한 대피를 실시한다.

㉠ 침수가 예상되지 않은 제외지에서의 대피행동 : 침수가 예상되지 않은 제외지라도 지진해일로 침수될 수 있으므로 제외지 안에서의 '수직대피'를 포함한 대피를 검토한다.

㉡ 방조문[8] 조작 및 폐쇄된 경우의 대피로 확보 : 지진해일은 폐쇄된 방조문을 월류하여 넘어올 수 있으므로 대피를 위하여 계단 등의 설치를 검토한다.

㉢ 지진해일 경보 등에 대한 정보의 전달내용 및 수단 : 항만지역에 있어서 지진해일 경보나 대피지시의 정보가 신속 정확하게 전달되도록 국가·광역지방자치단체 등

---

8 방조문(防潮門) : 강이나 작은 하천의 바다로 향하는 입구를 막아 강물 또는 바닷물이 상류로 유입되지 않도록 막은 문을 말한다.

과 같은 행정기관 및 기업과 협조토록 한다. 그리고 연락체제를 정비하고 긴급 속보 문자의 활용 등의 정보수단을 이용하여 여러 사람에게 알리도록 노력한다.

㉣ 자동차를 이용한 대피 : 도보에 따른 대피가 어려운 경우에 지구별 특성에 따라 자동차로 대피하는 것도 검토한다.

③ 재해약자의 대피 대책

지진해일 재해 발생 시 재해약자에 대한 특별한 배려와 지원이 중요하므로 "(가칭) 재해약자 지원 매뉴얼"을 바탕으로 지진해일로부터 재해약자를 지키기 위한 지원 체제 정비를 도모한다.

㉠ 지역 지원 체제의 구축 : 재해약자의 안전과 복지시설 확보를 위해 의료기관, 사회복지시설, 자치구와 자원봉사(Volunteer) 조직, 민생위원, 아동위원, 적십자 봉사단 등과의 지원 체제의 확립에 노력한다.

㉡ 재해약자의 사전 파악 : 재해 시에 원활하고 신속한 대피지원 및 안부확인을 실시하고, 재해약자명단을 작성한다.

㉢ 가족 및 지역 단위로 대피행동 지원 : 재해약자는 가족이나 지역복지에 의존하는 상황이므로 경우에 따라서는 자동차 사용을 검토할 필요가 있다. 또 장애정도나 가족의 지원 여부, 집에서 대피소까지 대피거리를 고려하여 대피행동을 취할 수 없는 경우에는 집 근처 침수가 되지 않는 비교적 견고한 건물로 대피하거나 자택 내의 수직대피를 검토한다.

아) 지구별 지진해일 대피계획

지구별 대피계획은 지진해일 침수상정구역을 포함한 7개 초등학교 학군 내에 거주하는 주민을 대상으로 한 워크숍을 통하여 작성하였다.

① 주민 워크숍 실시

실시 개요

일시	제1회 : 2014년 9·10월, 제2회 : 2015년 1·2월
장소	카메자키 공민관, 하타무카이야마 공민관, 옷카와 공민관, 한다시청, 미즈호 기념관, 나라와 공민관, 고베 공민관
대상지구	카메자키 초등학교 학군, 옷츠카와히가시 초등학교 학군, 옷카와 초등학교 학군, 하다 초등학교 학군, 사쿠라 초등학교 학군, 나라와 초등학교 학군, 하나조노 초등학교 학군구
참가자	지진해일 침수상정구역에 거주하는 주민, 신체장애인, 노인 클럽, 지구 대표자, 학교 관계자, 연안부의 기업, 한다 상공회의소, 한다 소방서, 소방단, 사회 복지 협의회(합계 375명)
검토항목	• 대피대상지역 설정 • 대피목표지점 설정 • 지진해일 일시대피장소 확인 • 지진해일 대피로·대피경로 설정 • 대피 때 주의해야 할 곳, 유의할 점 등 검토 • 대피가능시간, 대피 거리 확인 • 지진해일 피난에 대한 지역의 대처사항 검토
지진해일 침수상정 구역	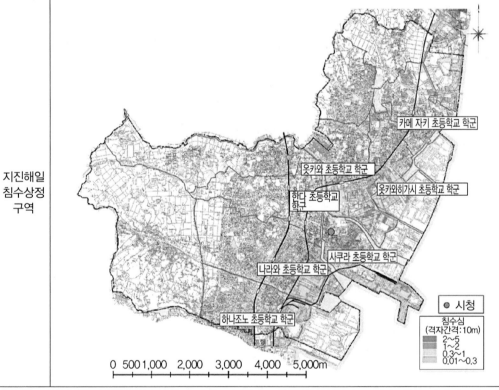

출처: 半田市(2015), 津波·高潮避難計画 https://www.city.handa.lg.jp/kotsu/bosai/documents/tsunamitakashiohinankeikaku.pdf, p.40.

그림 7.53 지진해일 워크숍 실시개요

제1회 워크숍

일시	2014년 9~10월
장소	카메자키 공민관, 하타무카이야마 공민관, 옷카와 공민관, 한다시청, 미즈호 기념관, 나라와 공민관, 고베 공민관,
참가자	7개 초등학교 학군 합계 220명
제목	지진해일로부터 어떻게 대피할지 생각해봅시다!
진행순서	① 워크숍의 취지 설명 : 지진해일 EAP(대피계획)를 작성하는 취지를 설명 ② 지진해일의 위험성에 대한 설명  ③ 지진해일 EAP(대피계획) 작성 : 지진해일로부터 어떻게 피난할 것인가 대한 검토  ④ 지역주민의 발표 : 언제부터(대피개시시간), 어디에(처음에 목표로 하는 장소, 최종 목표로 하는 장소), 어떻게(대피 경로), 유의할 것(대피 시 주의사항)에 대한 발표 

출처: 半田市(2015), 津波·高潮避難計画, https://www.city.handa.lg.jp/kotsu/bosai/documents/tsunamitakashiohinankeikaku.pdf, p.41.

그림 7.54 지진해일 워크숍 실시 예(1)

제2회 워크숍

일시	2015년 1~2월
장소	카메자키 공민관, 하타무카이야마 공민관, 옷카와 공민관, 한다시청, 미즈호 기념관, 나라와 공민관, 고베 공민관,
참가자	7개 초등학교 학군 합계 155명
제목	지역의 지진해일 EAP(대피계획)를 마련합시다!
진행순서	① 지진해일 EAP(대피계획)의 개요설명 : 지진해일 EAP(대피계획) 배포자료에 대한 설명  ② 지역의 지진해일 EAP(대피계획)에 대한 검토 : 1회 워크숍 검토 결과를 바탕으로 지역 지진해일 EAP(대피계획) 재검토   ③ 지역주민의 발표 －지진해일 대피계획도의 변경제안에 대해서 발표 －지역의 대처사항에 대한 제안 발표 

출처 : 半田市(2015), 津波·高潮避難計画 https://www.city.handa.lg.jp/kotsu/bosai/documents/tsunamitakashiohinankeikaku.pdf, p.42.

그림 7.55 지진해일 워크숍 실시 예(2)

② 지역별 대피계획(예시)

출처: 半田市(2015), 津波·高潮避難計画 https://www.city.handa.lg.jp/kotsu/bosai/documents/tsunamitakashiohinankeikaku.pdf, p.43.

그림 7.56 지진해일 지역별 대피계획 예(카메자키(亀崎) 초등학교 학군)

7.3 시설물 관리주체의 연안재해 EAP 작성 방법[14]

7.3.1 시설물 관리주체 연안재해 EAP 수립의 개념

1) 시설물 및 관리 주체의 정의

시설물은 연안지역에서의 재해 발생 시 피해를 입을 수 있는 항만, 도로, 철도, 교량, 터널, 저수지, 방조제, 원자력 발전소 등 각종 공익과 관련된 구조물·부대시설 및 전력, 가스, 상하수도, 통신 등 제반 라이프라인 시설·다중이용시설을 말하며 시설물 관리주체란 이러한 시설물 관리를 담당하는 민간기업이 아닌 공공의 실무기관으로서 국가·지방자치단체, '공공기관의 운영에 관한 법률 제4조'의 규정에 의한 국가·지방자치단체가 아닌 법인·단체 또는 기관 및 지방공기업법에 의한 지방공기업, 기타 대통령령으로 정해진 자를 의미한다.

2) 시설물 관리 주체

연안지역에서의 연안재해 발생 시 시설물 관리 주체를 정리하면 표 7.41~표 7.43과 같다.

표 7.41 공공시설물 시설물관리주체

구분	시설물	관리주체	유관기관
항(항만·어항 등)	항만, 어항, 항만 터미널	지방해양수산청, 지역항만공사	해양수산부
도로	고속도로	한국도로공사	국토교통부
	일반국도	지방국토관리청	
	지방도	지방자치단체도로사업소	
	교량, 터널	한국시설안전공단	
	버스터미널	교통안전공단	
공항	공항 시설, 공항 터미널	항공안전본부, 지방항공청, 한국공항공사	
철도	열차·고속철도, 역사	한국철도공사	
	도시지하철·전철, 역사	도시철도공사	

표 7.42 라이프라인시설 시설물관리주체

구분	시설물	관리주체	유관기관
전력	전력설비	한국전력공사, 한국전기안전공사	산업통상자원부
가스	가스설비	한국가스공사, 한국가스안전공사, 한국가스기술공사	
정유	유류	한국석유공사	
상하수도	상수도시설	한국수자원공사, 지방자치단체	국토교통부
	하수도시설	지방자치단체	
통신	통신시설	KT 등 통신사업자	산업통상자원부
	전파시설	중앙전파 관리소	
	우정시설	우정사업본부	

표 7.43 유관기관 시설물관리주체(계속)

구분	시설물	관리주체	유관기관
방재활동	학교시설	지방교육청, 대학	교육과학기술부
	의료시설	응급의료정보센터, 각급의료기관, 보건소, 이송단체	보건복지부
	경찰시설	경찰청	경찰청
	소방시설	행정안전부	행정안전부
	군사시설	군부대	국방부
위험시설	댐, 원자력발전소	한국수력원자력(주)	산업통상자원부
	농업용 댐, 농업용 저수지, 방조제 등	한국농촌공사	국토교통부
에너지	석탄	대한석탄공사	산업통상자원부
	집단 에너지시설	에너지관리공단, 한국지역난방공사	
주거	주거시설	LH한국토지주택공사	국토교통부
	승강기관리	한국승강기안전공단	산업통상자원부

3) 시설물별 연안재해 EAP의 구성체계

연안재해에 대비한 시설물 관리주체의 EAP에 포함할 주요내용은 다음과 같다. 경보순서도, 비상감지·평가·분류, 책임, 대비, 비상대처조직·비상대처활동, 해일범람도 및 대피경로도이고 이외에도 연안재해 발생 시 각 시설물 피해시나리오 및 대응시나리오를 포함하여 검토한다. 즉, 피해시나리오는 비상상황 등급분류, 취약성 평가(Vulnerability Assessment), 문제점 분석·보완, 피해규모 예측을 포함하고, 대응시나리오는 상황전파(비상연락체계 및 정보전달체계), 초기비상조직과 임무, 중앙정부, 지방자치단체 및 유관기관(시설물관리주체)의 조직과 임무, 피해당사자 활동(국민행동요령), 대피 및 구조·구호·의료 시스템, 주민·근로자, 방재담당자 훈련방안을 포함시켜야 한다.

(1) 연안재해 발생 시나리오 검토사항

연안지역에서의 재해(지진해일, 폭풍해일, 고파랑 등)발생으로 인한 시설물 피해를 경감시키기 위해 시설물 관리주체가 EAP를 수립할 때 우선적으로 해당 연안에서의 연안재해 발생 시나리오를 검토해야 하며 검토사항은 다음과 같다.

① 기초조사

시설물 관리주체는 대상지역의 지역특성에 맞추어 현지조사를 포함한 기초조사를 실시해야 하는데, 1) 기존의 연안재해 관련 참고문헌 및 자료(지방자치단체의 EAP자료), 2) 대상 연안지역의 기상·해상, 지형적 특성 및 수리·수문학적 특성, 3) 대상 연안지역에서의 과거 연안재해(지진해일, 폭풍해일, 고파랑 등) 이력, 4) 해당시설물의 시설현황 및 특기사항이 포함되어야 한다.

② 연안재해의 설정

설치된 시설물이 있는 해당 연안지역에서의 목표가 되어야 할 연안재해를 적정하게 설정하는 것이 무엇보다 중요하다. 시설물 관리주체는 연안재해 전문가의 컨설팅이나 용역을 거쳐 자체적으로 대상 연안재해를 설정할 수 있으며 이것이 여의치 않을 때는 시설물이 소재한 지방자치단체가 수립한 대상 연안재해를 준용할 수도 있다.

③ 시설물 피해규모의 추정

대상 연안재해를 설정하면 그 연안재해로 인한 해당 시설물의 피해규모를 추정한다. 해당지역의 과거 연안재해로 인한 피해실태와 현재의 지역적인 특성 등을 고려하여 대상 연안재해 및 이로 인한 침수 등 시설물 피해규모를 산정하며 이에 따른 EAP를 수립하는데 있어서의 근거자료로 활용한다. 특히 해당 연안지역의 연안재해지도 (Hazard Map)를 참조하거나 시설물 자체의 연안 재해지도를 작성하여 적정한 피해규모를 추정하는 것이 중요하다.

(2) 연안재해 비상대응상황의 구성방안

시설물 관리주체가 연안재해 발생에 대비하여 EAP를 수립하는 데 있어서 가장 중요한 사항은 연안재해 발생에 따른 시설물 피해를 경감시키는 일이다. 즉, 연안재해 발생 시 원활한 비상대응상황을 실시해야 하는데, 그 구성요소로서는 비상사태 정보전달체계·과정, 각 주체별 업무 사항, 긴급상황 파악·평가·분류, 상황발생지역으로의 접근방안, 상황발생 후 지휘체계 확보 전까지의 행동요령, 상황발생 후 지휘체계 구축·대응방안, 정보통신 대체수단 확보방안, 비상물품·자원 제공방안, 교육훈련방안, 계획의 사후평가 체계, 계획의 주기적 점검·개선방안을 포함한다.

(3) 연안재해 발생 전 대비활동 사항

① 비상대처조직의 점검·설치

연안재해에 대비한 시설물 관리주체의 비상대처조직의 점검·설치는 연안재해 발생 시 신속하고 원활한 대처활동을 위하여 무엇보다 필요한 사항으로 정보전달방법 및 조직도를 분명하게 작성한다.

② 정보의 수집·전달

방재기상정보와 기상예보 등의 전달, 전달체계, 재해정보의 수집·보고, 유관기관과의 협조, 긴급지원 대책요청, 재해 시 비상통신수단의 확보 등이 필요하다.

③ 비상소집 실시

시설물 관리 주체는 시설물 피해경감을 위하여 비상소집을 실시해야 할 것 같으면 소집체제, 소집의 내용·기준·전달방법을 명확히 명시한다.

④ 해당 시설물 점검

연안재해 발생 전에 해당 시설물의 전체적인 시설·설비를 사전에 점검하는 것이 매우 중요하다. 특히 2차 피해를 줄이는 것이 관건으로 해당시설물 특성에 적합한 연안재해 대비 체크리스트를 준비하여 실시하는 것이 필요하다.

⑤ 방재훈련 및 교육

연안재해 발생 전 대비활동 사항으로서 중요한 항목 중의 하나가 전 직원을 대상으로 한 방재훈련 및 교육이다. 시설물 관리 주체인 계층별(신입사원, 근무 직원, 관리자 등)로 방재훈련 및 교육을 실시하여 비상대처계획의 숙지 및 비상시 신속하고 원활한 대처활동이 이루어지도록 한다.

(4) 연안재해 발생 시 대처활동 사항

연안재해 발생 시 시설물 관리주체의 대처활동은 신속하고 원활하게 이루어져야 한다. 연안재해 발생상황을 가능하면 빠른 시간 내에 전달해야 하며, 시설물 내의 인명을 보호하기 위하여 안전한 대피소로 대피 유도 및 피해 발생 시 발 빠른 대응을 실행해야 한다.

① 초기 비상 대응

연안재해 발생 시 행동요령을 참고하여 우선순위가 높은 것부터 실시한다. 예를 들면 시설물 관리주체는 다음의 활동사항에 대해 검토한다.

㉠ 시설물 내 관련 피해자의 구호 : 시설물 내 관련 피해자의 구호를 위해서는 인적 피해상황의 파악(안부확인), 인명구호, 구호소의 설치·운영, 응급조치(사망자 및 중상자의 취급), 부상자 이송, 구조대의 편성 및 수색, 위생관리, 사체의 처리가 포함되어야 한다.

㉡ 시설물 관련 직원의 대응 : 시설물 관련 직원의 대응에 포함되어야 할 사항은 시설물 내에 있는 직원의 안전 확보, 대피유도, 직원의 귀가 또는 잔류 지시, 연안재해 정보의 수집·전달, 직원·이용자 등에 통보, 지방자치단체·유관기관 및 지역재난안전대책본부에 긴급통보, 직원·그 가족의 안부 확인 등이다.

㉢ 2차 재해의 방지 : 2차 재해의 방지를 위해서는 화재방지, 화재발생 시 초기진압, 침수로 인한 2차 피해방지, 직원의 귀가 또는 잔류 지시, 시설물의 긴급정지 실행 또는 안전조치를 포함한다.

㉣ 시설의 안전·복구를 위한 활동 : 시설물 안전·복구를 위한 활동을 위해서는 시설물·부대설비 등의 피해확인, 인근지역의 피해상황 확인, 긴급통신수단의 확보, 지역재난안전대책본부·유관기관과의 연락, 시설물 긴급점검·긴급수리, 시설물에 대한 중요 기록 보전, 시설물 이용자 피해상황조사·대응, 경비·방범활동(안전확인 후 정비가 필요하여 시설물 관리직원 대피 후 시설출입제한과 시설경비 대

책 강구), 시설물 내 위험물·유독물 관리, 시설물 안전·복구를 위한 인원 확보가 필요하다.

② 대피 및 구호활동

　㉠ 대피 : 대피는 연안재해로 인하여 시설물 파괴, 범람 및 침수의 위험이 있는 경우 실시하는 시설물 안전 확보 수단으로 대피 판단, 대피장소 선정, 대피확인, 구조대 편성 등에 대한 항목을 검토한다.

　㉡ 응급가설주택 및 구호물자 확보 : 연안재해 발생 시 피해자 및 구호지원인력 등을 위해 긴급히 응급가설주택 또는 숙박시설을 확보한다. 사전에 응급가설주택 건축업자 또는 숙박시설 리스트를 작성하여두며 구원물자의 배분방법, 식료품, 식료음료의 배급방법에 대해서도 함께 검토한다.

③ 피해복구체제의 정비

시설물 관리주체에 따라 크게 다르지만 일반적으로 검토해야 할 사항은 시설물·설비의 긴급점검, 시설물 피해상황조사·안전확인, 피해 발생 후 정리, 복구대책반(대책본부)설치, 피해복구 요원 확보, 복구자재·복구업자확보, 라이프 라인확보, 수송·교통수단 운반경로 검토·확보, 복구진행상황의 조사, 지역재난안전대책본부·유관기관과의 연대 등이다.

(5) 연안재해 발생 후 수습활동 사항

연안재해 발생 후 수습활동 사항에는 재해 상황·피해상황 신속한 수집, 응급구조·의료구호 실시, 긴급수송로·수송수단 확보, 식수·식료품 확보 후 대피소 운영실시, 가스·전기·위험물 시설로부터 발생하는 2차 피해 방지, 우선 복구할 시설물에 대한 긴급 보수 활동, 쓰레기 처리가 있다.

7.4 시설물 관리주체 연안재해 EAP 사례(항만의 지진해일 EAP)

우리나라는 현재까지 시설물에 대한 연안재해 EAP에 대한 개념이 아직 정립되지 않아 시설물에 대한 연안재해 EAP가 거의 없는 실정이다. 따라서 지진해일이 빈번한 일본의 항만에 대한 지진해일 EAP 수립 가이드라인(Guide Line)에 대해서 소개함으로서 장차 우리나라 항만의 EAP 수립에 참고가 되었으면 한다.

7.4.1 항만의 지진해일 EAP[15]

1) 항만의 지진해일 EAP 기본방침

항만의 지진해일 EAP 목표는 1) 발생빈도가 높은 지진해일에 대해서는 가급적 구조물로서 인명과 재산을 지키는 '방재(防災)', 2) 발생 빈도는 극히 낮지만 영향이 큰 최대급 지진해일에 대해서는 인명피해가 최소가 되도록 한다는 목표 아래에 피해를 최대한 줄이는 '감재(減災)'이다.

2) 지진해일 EAP가 필요한 항만

지진해일 EAP를 수립할 필요가 있는 항만은 지진해일 시 침수가 예상되는 항만으로써 이미 지진해일 EAP가 수립되어 있을 경우에는 항만의 특수성을 고려하였는지 확인하고 없다면 특수성을 반영하도록 한다(그림 7.57 참조).

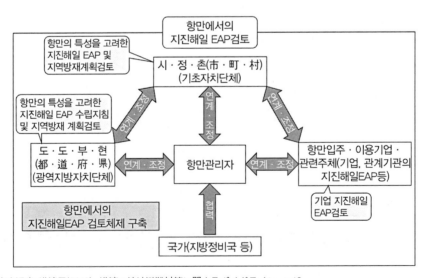

출처: 国土交通省 港湾局(2013), 港湾の津波避難対策に関するガイドライン, p.16.

그림 7.57 시설물(항만) 지진해일 EAP 수립 검토 체제

3) 항만의 지진해일 EAP 대상 범위

(1) 대상자

항만 지진해일 EAP의 검토대상자는 항만지역에 체류하는 모든 사람이 대상이다. 항만에서는 입주·이용 기업 취업자 및 관계자, 선박 관계자, 항만이용자·거주자, 어업 관계자, 도항(渡航)이나 낚시꾼, 레저 등의 일시적인 방문자, 외국인 이용자 등 다양한 목적을 가진 이용자가 존재하므로, 그 특성을 파악하고 지진해일 피난대책을 검토한다(표 7.44 참조).

표 7.44 항만에서의 다양한 이용자의 예(계속)

이용자 구분	업종·종류별	체류장소	이용시간대	
			주간 8~20시	야간 20~8시
입주·이용기업, 선박관계자, 어업관계자	항만운송사업자	안벽, 화물처리지, 창고 등 항만물류기능 관련시설, 상옥, 사업소, 선박, 거룻배,[9] 뗏목	○	○
	창고사업자	창고, 사업소	○	△
	해운사업자	화물처리장소, 선박, 선원관련시설, 사업소	○	○
	육상운송사업자	화물처리장소, 임항도로, 창고 등 항만물류기능관련시설, 사업소	○	○
	에너지산업	에너지 관련시설, 사업소	○	○
	제조업	제조사업소·공장	○	○
	선박대리점	출입국 수속관련시설 등	○	△
	도선사	사업소, 선박	○	△
	여객선사업자	여객선터미널, 선박, 사업소	○	△
	항만공사 등 관계자	항만시설, 선박, 항만지역, 항만공사사무소	○	△
입주·이용기업, 선박관계자, 어업관계자	어업관계자	어항, 선박, 수산관련시설	○	△
	마리나 운영자, 상업, 레저산업, 호텔업, 음식업, 문화시설, 운영, 의료	마리나 시설, 상업시설, 레저관련시설, 호텔, 레스토랑·음식점, 박물관, 문화시설, 체육시설, 병원	○	△
	소매업, 그 외 취업자	점포, 소규모음식점, 배달, 주유소	○	△

---

[9] 거룻배(Lighter, Barge) : 항만 내 하역 또는 항만공사용 자재 나 작업자의 운반 등 다목적으로 사용되는 50톤 정도 또는 그 이하크기의 소형선으로 보통 바지라고 부른다.

표 7.44 항만에서의 다양한 이용자의 예(계속)

이용자 구분	업종·종류별	체류장소	이용시간대	
			주간 8~20시	야간 20~8시
방문자 (외국인 방문자 포함)	여객	여객선터미널, 여행선박, 교통, 숙박시설 등	○	○
	마리나이용, 시설이용, 레저, 스포츠	마리나 시설, 상업시설, 레저관련시설, 호텔, 레스토랑·음식점, 박물관, 문화시설, 체육시설, 병원	○	△
	낚시객, 산책	제방, 안벽, 호안, 공원·녹지 등	○	△
거주자	거주자	민가, 아파트, 맨션	○	○
행정관계자	항만관리자	항만사무소	○	△
	해상보안청	합동청사, 관련 사업소, 보유선박 계선(繫船)·정박	○	△
	세관·검역소, 출입국관리소	합동청사, 관련 사무소	○	△

○ 청취 등을 통하여 대상인수를 파악할 수 있는 이용자 등
△ 대상 인원이 적지만 항만이용이 있으면 청취 등을 통하여 대상 인원을 파악할 수 있는 이용자 등
출처 : 国土交通省 港湾局(2013), 港湾の津波避難対策に関するガイドライン, p.19.

① 입주·이용 기업, 선박 관계자, 어업 관계자

항만 내 업무에 종사하고 있으며 항만 내의 지리에 밝은 사람들이다. 업무 중 소재(所在)에 대해서는 업종에 따라 어느 정도 고정하고 있는 경우와 고정하지 않은 경우가 있으며, 고정하지 않은 경우에 대해서는 정보제공 수단을 검토하여 취업자에게 지진해일 대피정보를 제공할 필요가 있다. 또한, 여객선 사업자와 마리나 시설, 상업 시설, 위락시설, 호텔 등과 같은 시설에 근무하는 취업자는 여객 및 이용자에 대한 정보제공이나 대피유도를 담당하는 입장에 있다.

② 방문자(외국인 포함)

방문자는 그 항만에 처음으로 방문 또는 몇 차례만 방문한 경우가 많아 지역 내 지리에 밝지 못하여 지진해일 대피소도 모르고 지진해일 대피에 관한 정보가 거의 없다. 또한 마리나 이용자이나 낚시꾼은 항만지역에 방문의 빈도가 높고 어느 정도 그 지역 지리는 밝아도 지진해일 내습 시 대피방법을 모르는 사람도 있다. 시설관리자는 시설을 이용 중인 사람의 대피유도를 실시할 수 있지만 시설을 이용 중이 아닌 자에 대해서는 지진해일 대피에 관한 정보를 전달하기 힘들다. 이 때문에 지진해일 대피시설과

대피경로에 관한 안내판 등 방문자에 대한 정보전달수단을 어떻게 하면 잘 전달할 수 있는가에 대한 검토가 필요하다. 또 방문자 가운데는 외국인도 포함되어 있으므로 정보제공 시 외국어 안내에 대해서도 검토한다.

③ 거주자

거주자는 항만지역 내에 거주하고 있으며 특정조직에 소속되지 않지만 그 지역의 지리에는 밝고 소재가 고정되어 있으므로 지진해일에 관한 정보 전달이 비교적 쉽다. 항만관리자는 지진해일 방재에 관한 교육이나 대피훈련에 참가토록 독려하는 등 지진해일 EAP를 홍보하는 것이 필요하다.

④ 행정 관계자

행정관계자는 항만관리자처럼 항만 내 지진해일의 정보제공 및 대피유도에 대한 주된 책임을 맡아 각 행정기관과 연락을 취한 후 해당 항만내 사업자에게 적절한 정보를 제공하는 경우로 세관·검역소 등과 같이 항만관리자가 아닌 기관도 있다.

(2) 대상지역

지진해일 EAP의 대상지역은 항만지역이다. 항만지역은 항만의 제외지(방재선(防災線)의 바다 쪽) 및 항만과 관계있는 제내지(방재선의 육지 쪽)로 구분할 수 있다. 해안보전시설과 방파제 등은 제외지(방재선 바다 쪽)에 입지하고 있고 그 안쪽에는 지역의 산업기반이나 에너지 기반 및 유통기반 시설이 집적하고 있다. 또한, 여객터미널과 상업시설 등 연안운송이나 관광을 목적으로 한 방문자와 같은 다양한 이용자가 존재한다. 제내지(방재선 육지 쪽)에서도 창고와 자재창고, 가공공장, 레저시설 등 항만활동과 관련한 시설이나 집객시설이 입지하고 있고 이 시설을 이용하는 방문자가 존재한다. 지진해일 대피 대책을 위한 검토대상자로서 항만을 이용하는 모든 사람을 대상으로 하고 본 대책의 대상지역은 제외지 및 항만과 관련된 제내지로 한다. 더구나 대책수립 시 제내지에 대해서는 항만의 일련기능이 포함되도록 설정하는 것이 필요한데, 예를 들어 항만 지진해일 대피대책의 대상지역 범위로서는 임항지구를 참고로 설정하는 것도 바람직하다. 또한 항만에 내습한 지진해일로부터 대피 시 제내지로의 대피가 필수적이므로 항만배후 지방자치단체의 지진해일 EAP 및 지역방재계획과의 연계시킬 필요가 있다.

(3) EAP 대상 지진해일(그림 7.58 참조)

EAP 대상 지진해일은 우선 항만지역의 최대급 지진해일을 선택하는데 그밖에도 필요하다면 해당 항만지역의 시설 정비 상황과 지역특성을 바탕으로 한 지진해일도 선택 할 수 있다. '항만에서의 지진·지진해일 대책 방침'에서는 발생빈도가 높은 지진해일에 대해서 가급적 구조물로써 인명과 재산을 지키는 '방재', 발생빈도는 극히 낮지만 영향이 큰 최대급의 해일에 대해서는 인명피해를 최소로 하고 피해를 최대한 줄이는 '재해감소(減災)'를 목표로 하고 있다. 또한 항만은 그 입지조건 상 발생빈도가 높은 지진해일에서도 침수될 수 있고 다른 지역보다 지진해일이 빠르게 도달할 수 있으므로 대피권고나 대피지시의 발령을 기다리지 않고 대피행동을 취하기도 한다. 그러므로 지진해일 EAP의 대상이 되는 지진해일은 항만지역에서의 최대급 지진해일을 목표로 한다. 또한 현 시점의 해당 항만지역 시설 정비 상황과 지역 특성을 근거로 하여 발생빈도가 높은 지진해일과 지진해일 경보나 지진해일 주의보 발령 기준에 따른 지진해일(일본 기상청 참고로 지진해일 경보 : 1~3m, 지진해일 주의보 : 0.2~1m)에 대해서도 검토한다. 본 가이드라인에서는 '최대급의 지진해일'에 대한 대응을 목표로서 기재하고 있지만 지역에 따라서 도달이 가장 빠른 지진해일로 인해 대피가 곤란한 경우도 있다는 것을 명심해야 한다.

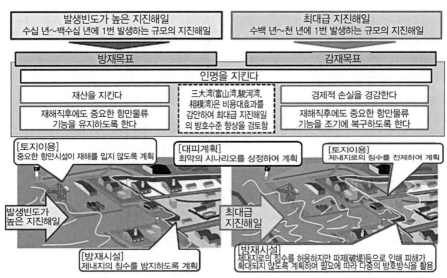

출처 : 日本埋立浚渫協会 HP(2018), http://www.umeshunkyo.or.jp/210/278/02.jpg.

그림 7.58 항만 EAP 대상 지진해일

(4) 지진발생 후 지진해일 대피대상으로 하는 기간

본 가이드라인의 지진해일 EAP 대상으로 하는 기간은 지진·지진해일 발생 직후부터 지진해일이 종료되기까지 대략 몇 시간부터 수십 시간 동안으로 항만 취업자와 항만사용자의 생명 및 신체의 안전을 확보해야 하는 기간이다. 또한 지진해일 종료 이후의 대피는 지역방재계획과 같은 지방자치단체의 EAP에 근거해 대피계획을 세운다(그림 7.59 참조).

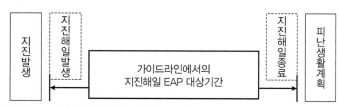

출처 : 国土交通省 港湾局(2013), 港湾の津波避難対策に関するガイドライン, p.24.

그림 7.59 지진해일 EAP 대상기간

4) 항만의 지진해일 EAP 수립방법

(1) 항만의 지진해일 EAP 수립 시 필요사항

항만의 지진해일 EAP는 해당 항만의 특징을 정리·파악하고 다음에 제시하는 사항(표 7.45 참조)에 따라 수립할 필요가 있다.

표 7.45 항만의 지진해일 EAP 필요사항(계속)

1. 항만 특징 정리	항만의 입지·지세 조건, 산업 및 물류, 위험물 취급, 항만 이용자 등의 특징을 정리하고 과제를 추출함
2. 항만에서의 지진해일 침수상정 설정	1) 발생할 수 있는 최대급 지진해일 2) 발생빈도가 높은 지진해일 3) 지진해일 경보 수준의 지진해일 4) 지진해일 주의보 수준의 지진해일 여기에서 최대급 지진해일에 대해서는 상당수 지방자치단체가 지진해일 침수상정을 하고 있고, 항만에서의 검토에서는 아래 ①~⑤ 사항을 파악하여 정리한다. ① 최대급 지진해일 ② 계산 조건(단층 모델 설정 등) ③ 지진해일 침수 수치시뮬레이션의 결과 ④ 지진해일 침수상정(침수구역 및 침수심) ⑤ 지진해일 도달예상시간 제외지에서의 대피행동을 고려하여 보다 상세한 지진해일 예측이 요구되는 경우 계산 격자 간격이나 건물 배치 고려 및 상세한 장소별 지진해일 도달시간을 정리하는 등 항만의 특성에 따른 피해상정을 검토하는 것으로 함

표 7.45 항만의 지진해일 EAP 필요사항

3. 대피대상지역의 검토 및 설정	지진해일 침수상정구역에 근거한 항만에서의 대피대상 지역설정 및 대피 대상 인원 파악
4. 대피곤란지역의 검토 및 추출	항만에서 예상되는 지진해일 도달시간까지 대피가 어려운 지역의 추출 및 대피 곤란지역에서의 대피 대상인원 파악
5. 긴급대피장소 등 지진해일 대피시설, 대피경로 등 검토 및 설정	항만 관리자는 항만의 긴급 대피 장소, 지진해일 대피 시설, 대피로·대피경로에 대해서 검토하고 설정한다. 이때 항만 관리자는 항만의 특수성을 토대로 '항만의 지진해일 대피시설의 설계 가이드라인'을 참고하여 지진해일 대피시설의 설정·설치 등을 검토한다. 더구나 검토할 때에는 대피상의 요건, 구조상의 요건 및 관리상의 요건을 정리하고 SOLAS펜스,[10] 액상화에 따른 대피 장애, 위험물의 존재가 있거나 밤낮, 평일, 휴일에 따른 대피 대상자의 변동이 있는 경우는 그것들을 고려한다. 지진해일 대피시설은 최대급의 지진해일에 대응할 수 있는 시설로 하는 것이 원칙으로 한다. 한편 기존시설을 활용한 지진해일 대피시설의 설정 등에 대해서는 최대급 지진해일에 대응할 수 있는 것이 바람직하지만, 그것으로 충분하지 않을 경우는 차선책으로서 잠정적으로 발생 빈도가 높은 지진해일 이상의 지진해일에 대응할 수 있는 시설에 대해서도 검토
6. 지진해일 발생 시 다른 작업에 종사하는 필수 인력에 대한 안전 확보	지진해일 발생 시 다른 작업에 종사하는 필수 인력을 대상으로 한 대피규범의 확립 및 정보 전달 수단의 정비 등에 대해서 제외지나 지진해일 도달시간이 빠른 항만의 특성을 고려한 안전 확보에 대한 검토
7. 지진해일정보 등 전달수단 확보	항만지역 내 대지진해일 경보·지진해일 경보, 지진해일 주의보, 지진해일정보, 대피지시·권고 등의 정보전달에 부족함 없이 신속하게 전달할 수 있는 수단을 확보
8. 항만지역에서의 대피판단기준 등	지방자치단체의 대피지시, 대피권고의 발령 기준을 파악하고 항만 지역의 입지 조건을 고려한 대피의 판단 기준 등에 대해서도 검토
9. 지진해일 EAP 홍보 및 교육	지진해일 EAP 홍보, 지진해일 지식에 대한 교육의 방법과 수단 등에 대해서 입주·이용 기업의 취업자 및 선박 관계자 등과 같은 일상적인 이용자를 고려한 지진해일 EAP 교육의 검토 및 방문자 교육 등의 검토
10. 대피훈련	입주·이용 기업 취업자나 선박 관계자 등의 일상적인 이용자 및 일상적으로는 이용하지 않는 일시적인 방문자 등의 대피 훈련의 실시체제 등 검토
11. 그 외 유의점	일시적인 방문자, 외국인 이용자 등의 대피대책, SOLAS제한 구역, 항만하역 (방재 조치), 화물처리시설, 위험물을 취급하는 구역, 유통 기능의 확보, 초동 체제에서의 유의점 검토

출처 : 国土交通省 港湾局(2013), 港湾の津波避難対策に関するガイドライン, p.27.

그림 7.60~그림 7.61은 지진해일 EAP를 검토하기 위한 흐름도이며, 지진해일 EAP 개념도는 그림 7.62에 나타내었다. 또한 수립된 지진해일 EAP에서는 대책의 목적이나 대상 범위 등 기본적인 사항에 관하여 앞장을 참고로 서술한다.

---

10 SOLAS펜스 : 2001년 9월 미국 테러 사건 이후 국제법 해상인명안전(SOLAS : Safety Of Life At Sea Convention) 조약으로 인한 항만의 선박 보안 대책 강화로 전국의 주요 항구에서 단단한 담장과 센서, 감시시설, 카메라가 설치되었다.

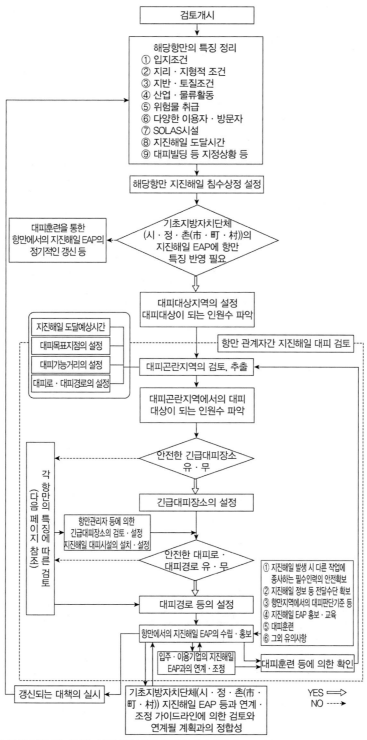

출처 : 国土交通省 港湾局(2013), 港湾の津波避難対策に関するガイドライン, p.28.

그림 7.60 항만의 지진해일 EAP 수립 흐름도

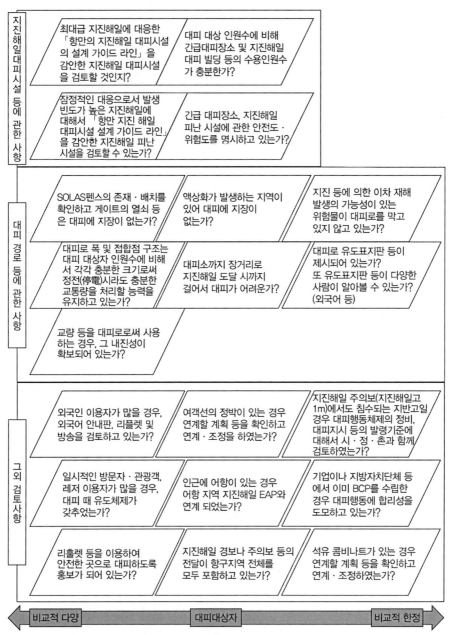

출처 : 国土交通省 港湾局(2013), 港湾の津波避難対策に関するガイドライン, p.29.

그림 7.61 각 항만 특징에 따른 검토사항

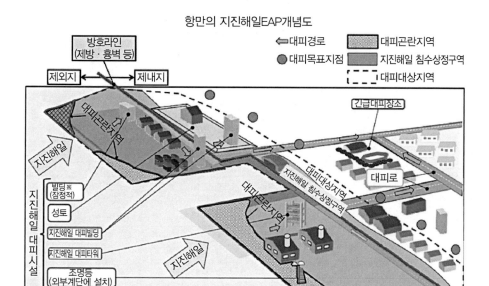

항만의 지진해일EAP개념도

⇐ 대피경로　　　　대피곤란지역
● 대피목표지점　　　지진해일 침수상정구역
- - - 대피대상지역

※ 발생빈도가 높은 지진해일에는 대응하지만 최대급 지진해일에는 대응하는지 확인되지 않는 시설

출처 : 国土交通省 港湾局(2013), 港湾の津波避難対策に関するガイドライン, p.30.

그림 7.62 항만 지진해일 EAP 개념도

(2) 항만특징 정리

항만의 입지·지세, 산업 및 물류, 위험물 취급 항만 이용자 및 지리적·사회적 특징에 대한 정리와 그에 따른 지진해일 대피에 대한 과제를 추출한다. 또한 구조적 대책과 비구조적 대책의 양측면에서 지진해일 대피대책 방법을 검토한 후 종합적인 지진해일 대피대책을 수립한다(표 7.46 참조).

표 7.46 항만 지진해일 EAP의 주요과제 및 검토방침(계속)

항만특수성	지진해일 대피에 대한 주요과제	검토방침의 예
① 입지조건	항만제외지(방재 라인 바깥쪽)에서 많은 기능이 집적되어 있으므로 많은 취업자·이용자가 존재함	비교적 소규모의 지진해일에서도 침수될 수 있다는 점에서 제외지의 특징을 근거로 대응하고, 또 대피에 대해서는 제외지와 제내지를 연계하여 검토함
② 지세(地勢)조건	평탄하여 대피할 수 있는 고지대가 먼 곳밖에 없고, 지형에 따라 지진해일고가 높아지기 쉬움	지세의 특징을 파악하면서 지진해일 도달까지 대피가 어려운 지역(대피곤란지역)을 추출함
③ 지반·토질조건	매립지 등 연약 지반에 위치하는 경우는 액상화나 지진동 증폭의 위험성이 있음	액상화에 따른 대피행동에 지장이 생길 우려가 있는 곳을 미리 파악

표 7.46 항만 지진해일 EAP의 주요과제 및 검토방침

항만특수성	지진해일 대피에 대한 주요과제	검토방침의 예
④ 산업·물류활동	지진해일로 인한 붕괴 및 유출 위험이 있는 시설이 입지하고 있음	지진해일에 의한 건물 붕괴 및 유출물의 발생으로 대피 행동에 차질이 빚어질 곳을 미리 파악함
⑤ 위험물 취급	콤비나트[11] 지역에서 인화성 높은 위험물을 취급하는 시설과 운반 화물이 있음	위험물을 취급하는 시설과 운반 화물을 미리 파악하고 다른 재난 대책과 연계시킴
⑥ 다양한 이용자·방문자	여러 목적에 따른 다양한 이용자·방문자가 존재함	많은 방문자나 일시적인 항만 이용자, 외국인 방문자가 있는 곳을 미리 파악함
⑦ SOLAS시설	국제부두는 보안 대책용 펜스·게이트로 둘러싸여 있어 대피로가 되는 출입구가 한정되어 있음	• SOLAS담장 등 대피에 차질이 예상되는 부분을 미리 파악함 • 비상시 운영을 미리 검토함
⑧ 지진해일 도달 시간	• 진원지에 가까운 항만에서는 지진발생 이후 단시간에 침수가 발생함 • 제외지에서는 지진해일 도달로부터 침수 발생까지의 시간이 짧음	• 지진 발생 후 지진해일로 인한 침수가 발생할 때까지의 시간을 파악함 • 강한 지진의 진동을 느낀 경우는 지진해일 경보 등이 발령되기 전이라도 대피함
⑨ 대피빌딩 등의 지정상황	항만은 지진해일 대피를 위한 대피 빌딩이나 대피 장소가 적음	제외지 및 제내지에서의 지진해일 대피시설 파악과 새로운 설치 및 설정을 검토함

출처 : 国土交通省 港湾局(2013), 港湾の津波避難対策に関するガイドライン, p.32.

(3) 항만의 지진해일 침수상정 설정

항만의 지진해일 침수상정은 처음에는 최대급 지진해일 침수상정(구역 및 수심)을 파악한다. 또한 지형조건에 따라 지진해일고가 낮은 경우에도 침수할 수 있는 항만도 있어 최대급 지진해일 이외의 지진해일에 대해서도 침수상정을 파악할 필요가 있다.

가) 항만의 지진해일 침수상정 파악

'항만에서의 지진해일 대책 방침'에서는 기본적으로 다음 2가지 레벨의 지진해일에 대해서 방어목표를 설정하고 있다.

1. '발생 빈도가 높은 지진해일'에 대해서는 가급적 구조물로서 인명과 재산을 지키는 '방재'를 목표로 한다.

2. 발생 빈도는 극히 낮지만 영향이 큰 '최대급 지진해일'에 대해서는 인명피해가

---

[11] 콤비나트(Kombinat) : 기술적 연관이 있는 생산 여러 부문을 함께 입지시킴으로서 형성시킨 기업의 지역적 결합체를 의미하며, 원래는 구소련에서 철강·석탄을 중심으로 결합시킨 기업집단을 말한다.

최소가 되도록 하는 '감재(減災)'를 목표로 한다.

나) 지진해일 침수상정구역 설정

먼저 광역지방자치단체에서 최대급 지진해일을 제시하고 있는 경우에는 그것을 파악한다. 또한 지형조건에 따라 지진해일고가 낮은 경우에도 침수하는 항만이 있어 최대급 지진해일 이외의 다른 지진해일에 대해서도 침수상정을 파악할 필요가 있다. 구체적으로 최대급 지진해일에 대한 대피대책을 강구하는 것이 어려운 경우에는 과도적 조치 및 차선책으로써 발생빈도가 높은 지진해일로부터 대피할 수 있는 방안을 검토한 후 침수상정구역을 설정할 필요가 있다. 이 점에서 다음과 같이 지진해일 침수상정구역을 설정한다.

- 최대급 지진해일
- 발생빈도가 높은 지진해일

대피가 필요한 지진해일을 검토하는 관점에서 특히 제외지에서 침수가능성을 확인할 필요가 있으므로, 다음과 같이 지진해일 침수상정구역을 설정한다.

- 지진해일경보 수준의 해일
- 지진해일주의보 수준의 해일

① 최대급 지진해일에 대해서는 일본의 상당수 지방자치단체가 해일 침수상정을 했으므로 항만에 대해서 검토를 할 때에는 아래 ⊙~⑩ 사항을 파악한 후 정리한다.
  ⊙ 최대급 지진해일
  ⓒ 계산 조건(단층 모델 설정 등)
  ⓒ 지진해일 침수시뮬레이션 결과
  ⓒ 지진해일 침수상정(침수 구역 및 수심)
  ⑩ 지진해일 도달예상 시간

② 상기 사항을 정리 및 파악함에 있어 보다 상세한 지진해일 침수상정이 필요한 경우는 별도로 건물 배치를 고려한 상세한 시뮬레이션을 실시한 후 지진해일을 예측한다. 다음에 시뮬레이션의 실례를 나타낸다.

　㉠ 침수구역 내 건물에 대한 고려 : 지형이 평탄한 항만지역에서는 침수로 인한 경과(經過)는 거의 동일하지만 항만지역의 건물 위치를 고려하고 지진해일로 인한 침수 전까지 대피에 필요한 시간을 분석하는 등 보다 구체적인 대피경로를 검토한다.

　㉡ 계산 격자간격 : 계산 격자간격은 지진해일 침수예측 시 최소 10~12.5m 정도로 하는 경우가 많지만 건물을 고려하는 경우는 10m 미만(2.5m, 5m 등)으로 하는 것이 바람직하다.

(4) 대피대상지역의 설정

대피대상지역은 (3)의 지진해일 침수상정구역을 바탕으로 검토한 후 설정한다. 또한 대피대상인원도 파악한다.

가) 대피대상지역의 검토 및 설정

① 범위 설정

대피대상지역은 지진해일이 발생한 경우 피해가 예상되기 때문에 대피가 필요한 지역이다. 또한 항만의 대피대상지역 검토는 지진해일 침수상정구역을 바탕으로 검토하지만 일반적인 항만은 전면이 바다이므로 구역의 전부 또는 광범위한 지구를 대피대상지역으로 설정할 수 있다. 이 지진해일 침수상정구역은 과거 지진해일 피해기록과 지진해일 침수시뮬레이션의 결과로부터 추정 또는 예측에는 한계가 있으므로 안전측면을 고려하여 넓게 지정하는 것이 바람직하다. 또한 원활한 대피행동을 위해서는 대피대상자 스스로 피신하는 것은 물론이고 항만 내 입주·이용기업의 대책도 필수적이다. 그러므로 대피대상지역을 설정할 때 입주·이용기업의 지진해일 대피대책과 일체적인 구역이 될 수 있도록 설정하는 것이 중요하다. 또한 지방자치단체의 지진해일 EAP에서 대피대상지역으로 지정을 받는 경우는 구역 조정을 할 필요가 있다.

② 대피대상인원 수 파악

설정한 대피대상지역 내에 소재하는 인원(대피대상지역 내에서의 대피대상인원)을
파악한다. 이때 항만 내 시간대별로 변화하는 인구동태나 대피소 수용가능 인원수를
고려한다. 특히 항만에서 일상적인 입주·이용 기업의 취업자 수 및 레저시설 이용자
등과 같은 일시적으로 방문하는 이용자 수를 평일·휴일이나 주간·야간으로 구분해
서 파악하고 적절한 대피대책을 수립하는 것이 바람직하다. 또, 일시적으로 많은 방
문자가 방문하는 크루즈선 입항 때나 행사시라도 신속한 대피 유도가 가능한 대책을
세워야 한다.

나) 대피곤란지역의 검토 및 추출

대피곤란지역은 대피대상지역에 있어서 지진해일의 도달시간까지 대피목표지점으로 대
피하기 어려운 지역으로 해당지역의 대피대상인원도 파악한다. 대피곤란지역의 추출에 대
해서는 다음 절차에 따라 검토한다.

① 지진해일 도달예상시간 설정

지진해일 도달예상시간을 해일침수시뮬레이션 결과에 따라 설정한다.

② 대피목표지점 설정(그림 7.62 참조)

대피자가 대피대상지역 밖으로 탈출할 때의 목표지점은 대피대상지역 바깥에 설정한
다. 대피목표지점은 대피대상지역의 경계 및 대피로·대피경로의 접점이다. 대피목
표지점에 도달 후 지정된 긴급대피장소를 찾아가면서 대피하는 방법도 있다. 이 대피
목표지점의 설정 시 막다른 골목 또는 배후에 계단이 없는 대피로나 대피경로가 없는
급경사지나 절벽 부근은 피한다.

③ 대피가능거리(범위) 설정

지진해일 도달예상 시간과 대피 시 보행속도에 근거하여 대피개시부터 지진해일 도
달예상시간까지의 대피가능거리(범위)를 설정한다. 대피가능 거리(범위)의 설정은
'해일 피난대책 추진 매뉴얼 검토 보고서'(일본 소방청, 2014년 3월)를 참고로 하는데
예를 들어 항만 내 기업의 취업자(대부분 건강한 성인)가 대피대상자인 경우는 보행

속도를 상향 조정하며 여객선 터미널에서는 대피대상자에 고령자를 포함된 경우에는 속도를 하향 조정하는 등 항만의 특징에 따라서 적절하게 조정한다.

【참고】 대피가능거리(범위)의 설정('지진해일 대피대책 추진 매뉴얼 검토 보고서'(2014년 3월 일본 소방청)

(1) 보행 속도
보행 속도는 1.0m/초(노인 자유 보행 속도, 군중 보행 속도, 지리에 서투른 사람의 보행 속도 등)를 기준으로 하되 재해약자인 보행곤란자, 지체 장애자, 영유아, 중환자 등에 대해서는 보행 속도가 더욱 저하(0.5m/초)되는 것을 유의한다. 동일본 대지진 당시 지진해일 대피 실태 조사 결과에 따르면 평균 대피 속도는 0.62m/초에 있었던 점 등을 고려해야 한다.

(2) 대피 거리
대피할 수 있는 한계의 거리는 최장 500m정도를 기준으로 한다(보다 장거리를 기준으로 할 수도 있지만 재해약자 등이 대피할 수 있는 거리, 긴급 대피 장소 등까지의 거리, 대피 수단 등을 고려하면 각 지역에 따라 설정할 필요가 있다).

(3) 대피에 소요되는 시간
지역 실정에 맞추어, 지진 발생 후 2~5분 후에 대피를 시작하는 것으로 상정한다.

(4) 야간이나 적설 한랭기 시 유의점
야간의 경우는 대피 개시는 낮보다도 준비에 시간이 더 걸리는 동시에 대피 속도도 떨어지는 것도 고려해야 한다. 또 적설 한랭기 시 대피 속도 등의 저하에도 고려할 필요가 있다.

(5) 훈련에 의한 검증
보행 속도나 대피 가능 거리, 대피시간 등은 대피 훈련으로 확인·검증하고 재검토하는 것이 중요하다.

[대피가능거리]
대피가능거리는 다음과 같이 계산한다.
대피가능거리＝(보행 속도)×(지진해일 도달 시간－대피개시시간)
만약 지진해일 도달 예상 시간을 10분, 보행 속도를 1.0m/초, 대피개시시간을 2분 및 5분이라고 할 경우, 각각 대피가능거리는 다음과 같다.
－약 500m : (60m/분×(10－2)분)＝480m
－약 300m : (60m/분×(10－5)분)＝300m

---

④ 대피경로 검토·설정

대피목표지점까지 가장 짧은 시간 내에 안전하게 도달할 수 있는 루트(Route)를 대피경로로 설정한다. 즉, 대피로 및 대피경로는 제외지에서 제내지까지의 가장 최단거리인 동시에 안전한 루트로 검토 후 설정한다. 최종적으로는 지방자치단체의 EAP에 항만 내 지정한 대피경로가 반영될 수 있도록 유관기관과의 협의하는 것이 바람직하다. 항만에서의 안전한 경로설정을 위해서는 지진해일 대피 시 장해물(障害物)이 될 수 있는 아래와 같은 존재물 확인도 필요하다.

• SOLAS 펜스(그림 7.63 참조)

- 위험물 존재
- 액상화에 따른 장해

동일본 대지진 시 장시간의 지진동(地震動)에 따른 액상화로 많은 피해가 발생하였으므로 매립지(항만은 대부분은 매립지가 많음) 내 액상화가 발생하기 쉬운 곳을 가급적 피하여 대피경로를 검토하는 등 대책에 반영할 필요가 있다.

출처 : 横浜市 港湾局HP(2018), http://www.city.yokohama.lg.jp/kowan/basicinfo/kikikanri/hoansochi.html

그림 7.63 SOLAS 게이트와 펜스

⑤ 대피곤란지역 추출

①~④까지 검토를 바탕으로 지진해일 도달시간까지 설정한 대피로 및 대피경로를 거쳐서 대피목표지점에 도달 가능한 범위(대피가능거리(범위))를 설정하고 이 범위를 벗어난 지역을 대피곤란지역으로 추출한다. 이상의 검토과정은 대피가능거리에 기초하여 간편하게 대피곤란지역을 추출하는 방법이지만 실제 검토에서는 대피대상 인원수에 따라 대피에 소요되는 시간이 변화하므로 대피조건을 고려하여 대피곤란지역을 설정하는 것이 바람직하다. 또한 대피곤란지역의 추출은 지도상에서 상정할 뿐 아니라 대피훈련을 실시한 후 지진해일 도달예상 시간 내로 대피할 수 있는지 여부를 실제로 확인한 후 설정 및 재검토를 하는 것이 바람직하다.

⑥ 대피곤란지역에서의 대피대상인원 파악

추출한 대피곤란지역 내에 소재하는 인원 수(대피곤란지역 내에서의 대피대상 인원)를 파악한다. 이때 항만의 시간대별로 변화하는 인구 동태나 대피소의 수용가능인원 수를 고려한다. 특히 항만에서 일상적인 입주·이용 기업취업자 수 및 레저시설과 같이 일시적으로 방문하는 이용자수를 평일·휴일이나 주간·야간으로 구분해서 파악하고 적절한 대피대책을 수립하는 것이 바람직하다. 또한 크루즈선 입항 때나 행사 시와 같은 일시적으로 많은 방문자가 집중하더라도 신속한 대피유도를 가능하게 하는 대책을 검토한다.

(5) 긴급대피장소, 지진해일 대피시설 및 대피경로의 검토·설정

가) 긴급대피장소, 지진해일 대피시설 및 대피경로의 검토·설정

① 긴급대피장소 검토·설정

㉠ 긴급대피장소 검토·설정 : 항만관리자는 긴급대피장소로서 갖춰야 할 안전성이나 기능성이 확보되는 장소를 검토 후 설정한다. 또한 '해일 피난대책 추진 매뉴얼 검토보고서'(일본 소방청, 2014년 3월)에서는 다음과 같이 정리되어 있어 이를 바탕으로 항만의 특수성을 고려하여 검토한다.

긴급대피장소의 안전성 확보	• 원칙적으로 대피대상지역을 벗어난 곳 • 원칙적으로 오픈 공간 또는 내진성이 확보되는 건물을 지정함(1980년 신내진설계기준에 따라 건축된 건물, 내진보강 실시된 건물을 지정하는 것이 바람직함) • 주변에 산과 절벽이 무너진 것 또는 위험물 저장소 등과 같은 위험한 장소가 없음 • 예상되는 지진해일보다 큰 해일이 발생하는 경우가 있더라도 안전하게 대피할 수 있는 장소가 바람직함 • 원칙적으로 긴급 대피소 표시가 있고 입구가 명확히 보일 것
긴급대피장소의 기능성 확보	• 대피자당 충분한 공간을 확보함(최소한 1명당 $1m^2$ 이상을 확보하는 것이 바람직함) • 야간 조명 및 정보 설비(전달·수집)등을 갖추고 있는 것이 바람직함 • 하룻밤 정도 잘 수 있는 설비(담요 등) 및 식음료 등을 비축하고 있어야 함

긴급대피장소 지정에 있어서는 무엇보다도 안전성이 확보되는 것이 중요하다. 기능성은 단계적으로 확보하는 것을 염두에 두고 적극적으로 긴급대피장소를 지정·설정해야 한다. 안전성에 대해서는 최대급 지진해일 대응을 원칙으로 하지만 그것이 어려운 경우에는 최소한 '비교적 발생 빈도가 높은 지진해일'에 대해서 대응하며, '최대급 지진해일'에 대비하여 시간과 여력이 있는 한층 더 '안전한 대피장소'를 목표로 한 대피행동을 추진한다. 이 때문에 긴급대피장소의 위험도·안전도를 명확하게 한다.

(주) 지진해일 재해지도와 건물의 상정 침수고 표시, 지역의 지반고과 대피소의 해발 표시, 해안에서 거리 표시 등을 홍보한다.

또한 긴급대피장소의 지정에 즈음해서는 대피경로 등의 용량을 바탕으로 지진해일 도달까지 대피할 수 있는 거리나 긴급대피장소의 수용가능 인원을 고려한 후, 대피 가능한 구역의 범위를 검토하는 것이 바람직하다. 그리고 기능성의 확보에 있어서는 대피자 숫자에 따른 충분한 공간을 확보하는 동시에 정보기기(호별 수신기, 라디오 등)를 우선적으로 정비하고, 대피자에게 지진해일 관측 정보나 피해 상황, 지진해일 경보 등으로의 전환과 해제 등에 대한 정보를 적시하고 정확하게 전달하는 것이 중요하다.

더구나 항만지역 밖에 긴급대피장소를 설정하는 경우 항만지역 주변의 주민을 위한 긴급대피장소와의 충분한 조정이 필요하다. 위와 같은 검토에 있어서는 대피 시뮬레이션을 실시하여 그 결과를 활용할 수도 있다.

ⓒ 대피목표지점 설정 : 다음으로 항만관리자 및 입주·이용기업은 안전성이 높은 대피목표 지점을 검토 후 설정한다. 여기서 '지진해일 대피대책 추진 매뉴얼 검토 보고서'(일본 소방청, 2014년 3월)에서는 다음과 같이 정리하고 있다.

대피목표지점의 안전성 확보	• 대피대상지역을 벗어난 곳 • 골목길이 되지 않고 배후에 계단 등의 대피로 등이 없고 급경사지나 절벽 부근은 피할 것 • 대피목표지점에 도달 후 지정된 긴급대피 장소로 갈 수 있는 대피 가능한 대피경로 등이 확보될 수 있는 곳

대피목표지점은 대피대상지역 밖으로 대피할 때 일단 지진해일의 위험으로부터 생명을 지키기 위한 대피를 목표로 하는 지점이므로 야간조명, 정보기기(전달·수집) 및 먹는 음식 등을 구비할 필요는 없다. 따라서 대피자는 대피할 때에는 휴대한 라디오를 청취하면서 필요한 정보 등을 얻는 등 지방자치단체가 지정한 긴급대피장소 또는 침수상정구역 밖의 안전한 대피소로 대피할 필요가 있다.

(이때 지진해일 경보 등이 해제될 때까지는 지진해일 침수상정구역 내를 경유하여 대피하여서는 안 된다.)

또한 지방자치단체에서는 대피목표지점 주변지역에서 무선(無線)의 정비 등을 추진하여, 대피자에게 필요한 정보를 전달할 수 있는 조치를 강구(講究)할 필요가 있다.

② 지진해일 대피시설의 검토 및 설치

지진해일의 대피 시 긴급대피장소로 대피하는 것이 기본이나 항만 내 설정이 곤란한 경우 및 매우 적은 부분 밖에 설정할 수 없는 경우에는 지진해일 대피시설을 확보·지정하거나 설치를 한다. 그러므로 항만 내 대피곤란지역에서 취업자·이용자 및 대피가 지연될 수 있는 대피자가 일시적이며 긴급으로 대피할 수 있는 목적지를 지진해일 대피시설로 지정함으로써 대피곤란지역 내로부터 대피하지 못하는 사람이 없도록 한다. 특히 항만에서는 지진해일에 의한 광범위한 침수가 우려되므로 지진해일 도달 시간까지 긴급대피장소로 대피하기 곤란한 경우도 상정한 대피곤란지역 내 지진해일 대피시설의 확보가 중요한 대피대책이 된다.

㉠ 지진해일 대피시설이 되는 대상시설(그림 7.64 참조) : 최대급 지진해일에 대응할 수 있는 시설로서 지진해일 대피시설은 필요에 따라 긴급대피장소로 사용되며 지방자치단체가 지정권한이 있으므로 협의 후 지정한다. 다음 시설 이외에 조명 등과 같은 안벽(岸壁) 조명시설, 크레인 등 하역시설, 창고 등과 같은 건축물에 대해서는 계단이나 공간을 추가함으로써 지진해일 대피시설로 활용할 수도 있다.

- 지진해일 대피빌딩 : 대피대상지역 내 입지한 견고한 구조물을 지진해일의 대피장소로 정하는 것으로 지방자치단체가 지정함

- 지진해일 대피타워 : 대피대상지역 내에 설치되는 구조물로서 지진해일이나 그것을 발생시키는 지진에 버틸 수 있는 간단한 구조물

- 고지대 : 언덕 등의 흙더미 또는 항만 주변의 표고가 높은 지점

(a) 지진해일 대피빌딩   (b) 지진해일 대피타워   (c) 고지대(高台)

출처 : (주)技建HP(2018), http://www.gikenpc.co.jp/works/429 みやぎ観光復興支援センター スタッフブログHP(2018), http://miyagikanko2011.blog.fc2.com/blog-entry-678.html
高知新聞 HP(2018), https://www.kochinews.co.jp/article/135693/

그림 7.64 지진해일 대피시설 예

㉡ 지진해일 대피시설 능력 : 지진해일 대피시설은 최대급 지진해일에 대응할 수 있는 시설로 하는 것을 원칙으로 한다. 한편 최대급 지진해일을 상정한 경우 단기적으로는 지진해일 대피시설의 설정이 어려운 경우도 있다. 항만에서는 제외지를 중심으로 비교적 발생빈도가 높은 지진해일에도 침수될 수도 있어 최대급 지진해일에 대응할 수 있도록 대피대책을 추진하는 것을 목표로 잡고 차선책으로 잠정

적으로 발생빈도가 높은 지진해일의 침수상정 이상의 높이 또는 지진해일에 견디는 기존시설을 활용하는 등의 대응을 검토한다. 이때 기존시설은 최대급 지진해일에 대응하지 못하는 시설이 많으므로 본래는 대피에 적합하지 않다. 이런 사실 때문에 기존시설을 '지진해일 긴급대피용 시설'임을 명시(明示)하여 최대급 지진해일에 대응할 수 없는 시설이지만 부득이 일시적 및 긴급적으로 대피하는 시설임을 홍보하고 이해를 구한다. 이 때문에 원칙적으로 평상시 이런 사실을 알지 못하는 방문자가 이들 시설에 대피할 것을 미리 검토하는 것은 적절치 않다. 또 구명튜브 등 수해 대책용품이나 구명조끼와 같은 구명도구를 준비하는 등의 간이적인 대피대책도 병행한다. 아울러 최대급 지진해일에 대응할 수 없는 경우에도 최대한 최대급 지진해일에 대응할 수 있도록 배려한다. 더욱이 대피로 용량을 감안하여 지진해일 도달 시까지 대피할 수 있는 거리, 지진해일 대피시설 수용가능 인원 수 및 지진해일 대피시설의 안전한 높이까지 이동시간 등을 고려한 후 지진해일의 대피 가능한 구역의 범위를 검토하여야 한다.

ⓒ 지진해일 대피시설의 검토, 설치 및 설정 : 항만관리자는 대피대상지역 내 공공시설이나 민간시설을 지진해일 대피시설로 검토한 후 설정한다. 또한 항만 내 입주·이용기업도 그 취업자나 방문자가 지진해일로부터 안전·신속 및 확실하게 대피할 수 있도록 지진해일 대피시설의 검토·설치에 힘써야 한다. 그러나 기업은 업체종류나 규모에 따라서 독자적으로 취할 수 있는 대책은 시설의 공간·경비·관리·운용상 한계가 있다. 따라서 불특정 다수가 이용하는 시설 및 민간기업이 공공부두를 임대사용할 때는 필요에 따라 항만관리자와 협의하고 지진해일 대피시설 설치를 위한 준비를 진행한다. 또한 항만관리자는 이런 협의를 바탕으로 대책을 검토하고 공공성을 감안하는 동시에 지진해일 대피시설을 설치·설정하며 재해 시 대피자가 항만용지를 일시통행 및 일시 사용할 수 있도록 항만 내 입주·이용기업과 협의한다. 이에 덧붙여 항만관리자는 입주·이용기업이 본래 설정하여야만 하는 지진해일 대피시설을 설정하지 않은 경우에 대피시설을 갖추는 동시에 기업 취업자 및 방문자의 지진해일 대책이 수립·추진되도록 촉구한다.

• 기존시설에 대한 지진해일 대피시설의 검토, 설정 : 지진해일 대피시설로 활용할 수 있는 시설을 검토한 후 지진해일 대피시설로 설정한다. 항만의 기존시설로는 고층 항만관리시설을 비롯한 여객시설과 터미널 빌딩, 입주·이용 기업 소유하고 있는 공장, 사일로,[12] 상옥,[13] 창고 등을 들 수 있다. 검토 시 시설소유자 또는 시설관리자의 이해가 필요하다. 항만관리자가 지진해일 EAP를 수립할 때 시설소유자에게 항만안전에 대한 담당 역할을 부여하여 지진해일 대피시설을 설정하는 것이 중요하다. 그중 지진해일 대피빌딩은 지방자치단체장이 지정하므로 항만의 지진해일 대피대책 검토결과를 바탕으로 필요에 따라 대피시설이 지진해일 대피빌딩으로 지정되도록 노력하여야 한다. '지진해일 대피대책 추진 매뉴얼 검토 보고서'(2014년 3월 일본 소방청)에 따르면 다음과 같다.

지진해일 대피빌딩의 안전성 확보	• 철근 콘크리트 또는 철골구조로 원칙적으로 지진해일 상정침수심(想定浸水深)보다 한층 위 이상(예: 상정 침수심 2m인 경우는 3층이상, 3m의 경우는 4층 이상) 또는 기준 수위[1)] 주) 위 사항은 지진해일 침수상정이 설정되어 있는 경우에 해당됨 • 해안과 직접 접하지 않은 것 • 내진성을 가지고 있는 것(1980년 신내진설계 기준에 따라 건축된 건물 또는 내진보강 실시된 건물을 지정하는 것이 바람직함) • 대피경로에 바로 인접한 것이 바람직함 • 진입구(進入口)로의 원활한 유도가 가능함 • 외부로부터 대피 가능한 계단이 있는 것
지진해일 대피빌딩의 기능성 확보	• 대피자 수용공간으로 1인당 $1m^2$ 이상 유효면적을 확보함 • 야간조명과 정보기기를 갖춤

주 1. 기준수위 : 지진해일 상정침수심을 갖는 수위에 지진해일이 건축물과 충돌 시 수위 상승치를 더하여 정한 수위를 말함

• 지진해일 대피시설에 관한 신설 및 기존시설 활용(그림 7.65 참조) : 지진해일 침수상정구역 내 높은 빌딩이 존재하지 않는 경우에는 침수상정구역 내 지진해일 대피타워 또는 인공적인 고지대(高台) 설치를 검토할 필요가 있다. 지진

---

12 사일로(Silo) : 곡물, 시멘트, 자갈, 광석 등 주로 분체물(粉體物)을 포장하지 않은 채 다량으로 저장하는 세로형 구조물을 말한다.
13 상옥(上屋, Shed) : 선박과 창고 사이의 수송화물의 임시보관 또는 선별 등 중계 작업하기 위한 건물을 말한다.

해일 대피타워 등과 같은 지진해일 대피시설 설치에 대해서는 항만의 특수성을 고려하여 '항만의 지진해일 대피시설 설계 가이드라인(일본 국토교통성, 2013년)'을 참고하여 검토한다. 또한 지진해일 대피시설에 대해서는 재해 시뿐만 아니라 평상시 활용이 가능한 것이 바람직하므로 이에 대해서도 검토한다. 예를 들어 민간소유의 창고를 신설할 때에 대피시설을 같이 짓거나 기존 시설 일부에 대피를 위한 계단이나 공간을 정비하고 대피시설로 활용한다. 더구나 '항만의 지진해일 대피시설 설계 가이드라인'에서는 지진해일 대피시설은 원칙적으로 최대급 지진해일에 대응할 수 있는 시설(지진해일 대피시설(A종))로 하며, 최대급 지진해일에 대응할 수 없지만 발생빈도가 높은 지진해일에 대응할 수 있는 시설(지진해일 대피시설(B종))로 원래 지진해일 대피를 목적으로 하지 않는 시설에 해당된다. 더욱이 지진해일 대피시설(B종)에 대해서는 'ⓛ 지진해일 대피시설 능력'에서 말한 것처럼 '지진해일 긴급대피용 시설'임을 명시하고 최대급 지진해일에는 대응할 수 없음을 분명히 공지한다.

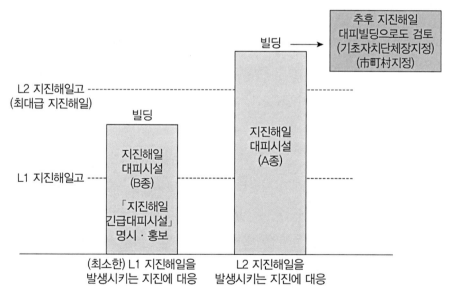

1. L(Level) 2 지진해일 : 발생빈도가 극히 낮더라도 발생하면 막대한 피해를 입히는 최대급 지진해일
2. L(Level) 1 지진해일 : 최대급 지진해일보다 발생빈도가 높고 지진해일고가 낮더라도 큰 피해를 입히는 지진해일

출처 : 国土交通省 港湾局(2013), 港湾の津波避難対策に関するガイドライン, p.47.

그림 7.65 지진해일 대피시설 검토방법(예시 : 빌딩)

- 대피경로 검토 및 설정 : 항만관리자는 항만 내의 안전성 및 기능성이 확보할 수 있는 도로를 대피경로로 검토 및 설정하고 필요 시 지방자치단체장이 지정하는 대피경로로 지정될 수 있도록 협의한다. 또한 항만관리자 및 입주·이용기업은 대피경로 설정 시 안전하고 단시간에 대피할 수 있는 루트를 검토한 후 대피경로로 설정한다. 더구나 입주·이용기업의 대피경로 설정은 기업의 지진해일 대피대책 중 일부로 책정되어야 하기 때문에 항만관리자는 기업에게 설정 및 그 검토방법에 대한 정보를 제공하는 등 기업이 적절한 대피경로를 설정할 수 있도록 협조한다. 즉, 긴급대피장소의 위험도·안전도를 알리기 위해 지진해일 재해지도와 건물의 상정침수고 표시, 지역의 지반고(地盤高) 표시를 알리도록 노력한다. 대피경로에 대해서는 일시적인 방문자를 고려하여 긴급대피장소 위치를 알 수 있도록 안내·유도표시판의 정비·충실화 또는 적색회전등 설치와 같은 목표물 정비로 긴급 대피장소를 알리는 것도 중요하다. 항만지역에서의 대피경로는 그 특수성을 충분히 고려한다. 예를 들면,
- SOLAS 담장과 같은 장애물의 존재·배치를 확인하고 게이트 잠금장치 등의 관리도 검토하는 것이 바람직하다.
- 지진에 의한 화재 등과 같은 2차 재해 발생 가능성이 있는 위험물은 대피경로와 접하지 않는 것이 바람직하다.
- 액상화가 발생할 수 있는 장소는 되도록 대피경로로 선정하지 않는 것이 바람직하다.

이러한 검토를 위해 대피 시뮬레이션을 실시하여 그 결과를 활용하고, 이들 검토에 대해서는 항만관리자 등 관계자와도 충분한 협의를 한다. '해일 피난대책 추진 매뉴얼 검토 보고서'(일본소방청, 2014년 3월)에서는 다음과 같이 정리하였으며 이를 바탕으로 항만의 특수성을 고려하여 검토한다.

대피경로 안전성 확보	• 산과 절벽이 무너진 것, 건물 붕괴 및 전도·낙하물 등에 의한 위험이 적고 대피자 수를 고려하면서 폭은 넓고, 특히 관광객 등 많은 대피자가 예상되는 지역에 있어서는 충분한 폭이 확보되어야 함 • 교량 등이 설치된 도로를 지정하는 경우는 그 내진성이 확실히 유지되어야함 • 방조제와 흉벽 등 대피장애물을 회피하는 대책(예를 들어 계단 설치)을 세움 • 해안 및 하천에 접한 도로는 원칙적으로 대피경로로 설정하지 않음 • 대피경로는 원칙적으로 지진해일의 진행방향과 같은 방향으로 대피하도록 지정함(해안방향에 있는 긴급 대피장소로 향하는 대피경로의 지정은 원칙적으로 실시하지 않음) • 대피경로 중간에 지진해일 내습 대응을 위해서 대피경로와 접한 지진해일 대피빌딩 지정은 바람직함 • 지진에 의한 도로변 건축물의 붕괴, 낙교, 토사재해, 액상화 등의 영향으로 대피경로가 절단되지 않도록 내진화 대책을 실시하고, 안전성 확보를 도모함 • 가옥 붕괴, 화재 발생, 교량의 낙교 등의 사태에도 대응할 수 있도록 인근에 우회로를 확보할 수 있는 도로를 지정하도록 함
대피경로 기능성 확보	• 원활한 대피가 될 수 있도록 대피유도 표지나 무선랜망(WRAN : Wireless Regional Area Network)을 설치할 것 • 야간대피를 고려하여 야간 조명을 설치할 것 • 계단 및 급한 언덕길에는 난간을 설치할 것

나) 대피방법

항만지역 내 대피 시 원칙적으로 걸어서 대피하여야 한다. 자동차 등을 이용하는 것은 다음과 같은 위험이 있다.

① 건물의 붕괴, 하역기계의 전도, 유출물, 낙하물, 액상화로 인한 노면요철 등으로 자동차 주행(走行)이 곤란하고 사고로 이어질 수 있다.

② 많은 대피자가 한꺼번에 자동차를 이용할 경우 항만지역 내 도로는 한정되어 있어 항만지역에서 일반도로로의 유입으로 인한 정체(停滯)와 교통사고 위험이 높다.

③ 자동차의 이용은 도보로 이동하는 대피자의 원활한 대피를 방해하는 결과를 초래한다. 그러나 장소에 따라 긴급 대피장소 및 대피목표지점까지 피난하려면 상당한 거리에 달하는 경우도 있다. 자동차를 이용한 경우라도 야드(Yard)[14] 내나 공장부지 내 이동 시 또는 정체와 교통사고에 대한 위험이 낮거나 걸어가는 대피자에 대한 방해정도가 낮은 경우에는 자동차로 대피하는 방법도 미리 검토할 수 있다. 이 경우 액상화로 인한 통행불능이 생기지 않도록 주의가 필요하다. 그리고 자동차를 버려야 할 시

---

14 야드(Yard) : 선사(船社)가 화물을 집적, 보관 및 장치하는 곳으로 항만과 인접한 지역에 있는 야적장을 말한다.

기 및 장소를 명확하게 해둔다. 또한 자전거로 대피하는 경우에는 정체 우려는 없지만 액상화로 인한 노면 불균형을 주의한다.

(6) 지진해일 발생 시 다른 작업에 종사하는 사람에 대한 안전 확보(그림 7.66 참조)

지진해일 발생 시 작업종사자와 관련된 안전규칙, 역할분담, 지휘계통 및 정보전달수단에 대한 체제정비를 실시하고 필요한 안전 확보사항을 정한다. 특히 항만에서는 시설이용자의 대피유도, 수문·육갑문(陸閘門) 폐쇄, 선박 출항, 공장시설의 조업정지 등과 같은 개인의 안전 확보 및 2차 재해방지를 위한 작업도 많아 그것을 고려하여 검토한다. 또한 구명조끼, 구명보트 등의 준비와 훈련실시를 통해서 평상시부터 안전 확보에 대한 준비를 하고, 이때 다음사항을 고려하여야 한다.

① 스스로 목숨을 지키는 것이 가장 기본전제조건이다.
② 제외지에서는 지진해일 도달시간이 빨라지므로 이에 따른 항만의 특성을 고려하여 작업종사자의 안전 확보를 검토한다.
③ 재해약자(災害弱者)에 대한 대피지원과 대피유도에 종사하는 사람의 안전 확보는 리얼타임(Real Time)이 제한된 지진해일 재해 시 큰 문제이므로 재해약자인 당사자는 스스로 대피대책을 숙고하고 지역이나 행정과 일체가 되어 지원할 수 있도록 충분히 논의한다.

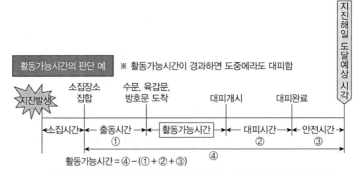

※1 소집장소가 지진해일 침수상정구역 내에 있을 경우는 집합장소에 대한 검토 필요함
※2 관리대상이 주변에 있어 소집장소로 모이지 않고 수문으로 직행하는 경우도 있음
※3 침수상정구역 내에서는 진원에 따라 지진해일 도달까지 시간이 없는 경우도 상정하여 수문폐쇄를 포기하고 스스로 대피와 주민에 대한 대피유도를 우선함

출처 : 国土交通省 港湾局(2013), 港湾の津波避難対策に関するガイドライン, p.50.

그림 7.66 활동가능시간의 판단 예(수문·육갑문(陸閘門)관리자)

【참고】 대재해경보와 재해활동의 검토 예는 다음과 같다(일본 국토교통성 수관리·국토보전국 제공)

(1) 기본적인 생각

일본에서 발생한 지진해일은 지진의 발생지점으로부터 연안까지 거리에 따라 '근지(近地) 지진해일'과 '원지(遠地) 지진해일'로 나뉘며 각각 연안까지 지진해일의 도달시간은 다르다(그림 7.67 참조). 이 때문에 재해경보 발령에 관해서는 해당지역에서의 지진해일 도달시간을 염두에 두고 재해근무자의 안전을 고려한 재해경보 내용이나 발령 기준을 정한다.

(2) '활동가능시간' 정의

'활동가능시간'이란 항만 내 시설물관리자가 수방활동(水防活動)을 하는데 필요한 실가능 시간이다(활동가능시간='현장도착시간~기상청이 발표하는 지진해일 도달예상시각의 시간'−대피필요시간)(그림 7.68 참조). 따라서, '활동가능시간'에는 지진 후 안부확인시간을 포함한다. '활동가능시간' 내에 계획적이고 효율적인 수방활동을 하려면 방재훈련(대피경로, 대피필요시간 및 정보입수와 같은 실제훈련), 재해위험장소 순찰 및 수방기자재의 비축확인 등과 같이 평상시부터 철저한 대비가 필요하다.

출처 : 国土交通省 港湾局(2013), 港湾の津波避難対策に関するガイドライン, p.51.

그림 7.67 지진해일 구분(일본)

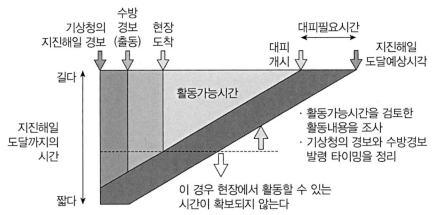

출처 : 国土交通省 港湾局(2013), 港湾の津波避難対策に関するガイドライン, p.51.

그림 7.68 활동가능시간 개념도

(7) 지진해일 정보의 전달수단 확보

대지진해일 경보·지진해일 경보, 지진해일 주의보, 지진해일 정보 및 대피지시·권고 등과 같은 정보가 항만지역에 신속 정확하게 전달되도록 지방자치단체와 협조하여 필요한 준비사항을 협력하여 추진한다.

(8) 항만지역의 대피판단기준(표 7.47 참조)

지방자치단체의 대피지시 등과 같은 발령기준을 파악하고 특히 제외지에서의 지진해일 경보나 지진해일 주의보 발령 시 침수가능성을 확인한다. 또한 이 정보를 입주·이용 기업과 공유함으로써 입주·이용 기업이 스스로 신속하게 대피행동을 취할 수 있는 판단기준에 되도록 한다. 또한 대피를 촉구하기 위해서는 대피지시 등의 발령기준에 대해서는 지방자치단체와의 조정을 실시한다. 항만의 대피판단기준은 우선 지방자치단체의 대피지시 등 발령기준을 우선 파악한다. 한편, 항만의 입지 조건에 따라 지진해일 도달시간이 빨라질 위험이 있으므로 신속한 지진해일의 대피가 요구되는 경우가 있다. 특히 제외지에서는 지진해일 주의보나 지진해일 경보수준의 지진해일에서도 침수피해가 발생할 경우도 있다. 이 때문에 항만의 지진해일 EAP 검토에 있어서는 안벽 및 방조제 등과 같은 구조물 상황을 근거로 침수상정을 확인한다. 구체적인 검토 방법으로는 항만 내 지구마다 구역으로 나누어 후 제내지·제외지의 차이나, 지진해일 침수심, 도달시간, 지구별 방재시설 유무 및 그

표 7.47 일본기상청의 지진해일 경보·주의보 발표 기준을 감안한 항만별의 대피지시·대피권고의 검토 사례

종류	발표기준	발표된 지진해일고(津波高)		상정되는 피해	취해야 할 행동	제내지/제외지 지반고(m)	○○지구 재내지 5.0	△△지구 제외지 4.0	××지구 제외지 2.0	□□지구 제외지 0.5
		수치로서 발표 지진해일고 (지진해일고 예상으로 구분)	거대 지진인 경우 발표			지반고(m)				
대지진해일 정보 (특별 정보)	예상되는 지진해일고(津波高)가 높은 곳에서 3m를 파하는 경우	10m 초과 (10m<예상높이)	거대	목조 가옥이 전파·유실 피면서 사람은 지진해일에 따른 흐름에 휩쓸려 더 감	연안지역 또는 하천변에 있는 사람은 즉시 고지대 및 지진해일대피 빌딩 등의 안전한 장소로 대피 할 것	대지진해일 정보	침수가 발생 → 확실한 대피가 필요			
		10m (5m<예상높이≤10m)					지진 발생 동시 스스로 대피 ↑ 해당항만에 적합한 대피 지시·권고를 검토			
		5m (3m<예상높이≤5m)								
지진해일 경보	예상되는 지진해일고가 높은 곳에서 1m를 초과, 3m 이하인 경우	3m (1m<예상높이≤3m)	높음	표고가 낮은 곳에서는 지진해일이 내습하여 침수 피해를 발생시킴	연안지역 또는 하천변에 있는 사람은 즉시 고지대 및 지진해일대피 빌딩 등의 안전한 장소로 대피 할 것	지진해일 경보 (지진해일고 약 3m)	침수가 발생하기 않음			
지진해일 주의보	높은 곳에서 0.2m 이상, 1m 이하인 경우로 지진 해일로 인한 재해위험이 있는 경우	1m (0.2m≤예상높이≤1m)	미표기	소형선박이 전복됨	즉시 해안에서 대피하여야 함	지진해일 주의보 (지진해일고 약 1m)				

출처 : 国土交通省 港湾局(2013), 港湾の津波避難対策に関するガイドライン, p.54.

효과 등을 고려하고 지진해일 경보, 지진해일 주의보에 대한 지진해일 대피의 필요성을 검토한다. 또한 이들 정보는 항만 내의 입주·이용 기업과 공유하고 지진해일 대피 판단기준을 검토할 때 참고한다. 지진해일 대피목표는 지진해일로부터 '생명을 지키는 것'이 가장 중요하므로 개개인이 스스로 신속하게 대피한다. 예를 들면 '강진(리히터 규모 4 정도 이상)의 진동 또는 약한 지진이라도 오랫동안 천천히 진동을 느꼈을 때는 곧바로 해변에서 도망쳐 황급히 안전한 장소로 대피한다.'는 것이 기본임을 명심한다. 또 항만 내 입주·이용기업은 스스로 신속한 대피가 가능하도록 준비한다. 더욱이 이러한 검토 결과를 대피지시 등에 반영하여 적절하게 지진해일 대피에 관해서 판단할 수 있다. 이 때문에 항만지역 내 지방자치단체 대피지시 등 발령의 판단기준에 대해서 지방자치단체와 협의하는 것이 필요하다. 더구나 GPS 파랑계를 활용한 지진해일 정보제공과 이를 근거하여 판단 기준을 정하는 것도 효과적이다.

【참고】 GPS파랑계를 활용한 지진해일 정보의 신속한 수집·제공(그림 7.69 참조)

GPS파랑계는 해안에서부터 10~20km 외해에 띄운 부표(浮標)의 상하 변동(파랑과 조석의 해면변동)을 GPS위성에서 발사한 전파를 이용해 직접 관측하는 해상관측기기로 그 데이터의 수집·해석은 일본 항만공항기술연구소에서 담당하고 있다. GPS파랑계는 항만정비에 필요한 외해의 파랑정보를 얻기 위해서 설치하지만 지진발생 시에는 지진해일에 따른 해수면의 상하변동 관측도 가능하기 때문에 관측 데이터를 기상청에 실시간으로 제공하고 있다. 2011년 3월 11일 동일본 대지진해일 시 동북연안에 설치된 3기의 GPS파랑계가 높이 6m 정도에 달하는 지진해일을 재빨리 감지(感知)했다. 더구나 지진발생 후 30분 정도 후 도호쿠(東北)지방의 통신장애 등으로 도호쿠 연안 GPS파랑계로부터 항만공항기술연구소로의 데이터 전송이 중단되었지만 지상국(地上局)에 있는 기록 장치에는 데이터가 남아 있어 회수한 후 데이터를 해석하였다. 데이터를 자세히 해석해보니 데이터 전송중단 후에도 지진해일이 끊어짐 없이 관측되었다는 것이 판명되었는데, 지진해일 첫 파봉은 6m 정도의 최대파였고 그 파봉이 매우 가파르게 날카로운 모양을 하고 있었다. 또한 2010년 발생한 칠레 지진해일은 장시간에 걸쳐 높게 계속된 것으로 나타났다. 현재 GPS파랑계의 설치개수가 한정되어 있으나 향후 추가로 설치함으로써 정확도가 높은 신속한 관측 데이터의 활용이 기대된다. 또한 도호쿠 지방정비국에서는 GPS파랑계로부터 얻은 지진해일 관측데이터를 항만관리자에게 발신하는 시스템을 구축하여 지진해일 내습 시 대피 행동을 취하기 위한 참고자료 될 수 있도록 빠른 정보를 제공하는 체제를 갖추고 있다.

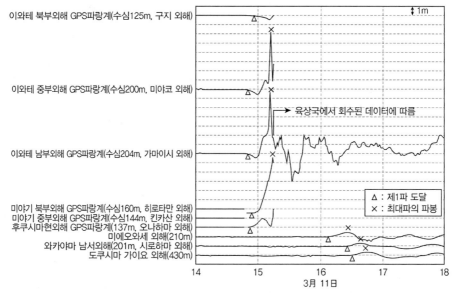

이와테 북부외해 GPS파랑계(수심125m, 구지 외해)

이와테 중부외해 GPS파랑계(수심200m, 미야코 외해)

→ 육상국에서 회수된 데이터에 따름

이와테 남부외해 GPS파랑계(수심204m, 가마이시 외해)

△ : 제1파 도달
× : 최대파의 파봉

미야기 북부외해 GPS파랑계(수심160m, 히로타만 외해)
미야기 중부외해 GPS파랑계(수심144m, 킨카산 외해)
후쿠시마현외해 GPS파랑계(수심137m, 오나하마 외해)
미에오와세 외해(210m)
와카야마 남서외해(201m, 시로하마 외해)
도쿠시마 가이요 외해(430m)

3月 11日

출처 : 国土交通省 港湾局(2013), 港湾の津波避難対策に関するガイドライン, p.55.

그림 7.69 도호쿠(東北)～시코쿠(四国) 연안의 GPS파랑계에 포착된 지진해일파형

(9) 지진해일 EAP 홍보 및 교육

항만관리자는 지진해일 발생 시 원활한 대피를 실시하기 위해서는 입주·이용 기업 및 항만 내 시설관리자들에게 항만 내 지진해일 위험성 및 지진해일 대피대책 등을 지역실정에 맞게 지속적이고 계획적으로 주지(周知)시키고 기업 내 취업자나 시설이용자에게 홍보 및 교육이 이루어지도록 노력한다. 이때 해일 방재에 관한 홍보 및 교육 시 일시적인 방문자와 거주자 존재도 감안하여 실시하는 것이 바람직하다.

가) 지진해일 방재에 관한 홍보·교육의 수단 및 방법

① 매스 미디어(Mass Media)의 활용 : 텔레비전, 라디오, 신문 등

② 인쇄물, DVD : 팸플릿, 홍보지, DVD 등

③ 휴대폰·인터넷 : 휴대폰 앱(App), 홈페이지, SNS, 트위터(Twitter) 등

④ 지진해일 교육시설 : 지진해일 방재 센터, 지진해일 자료관 등

⑤ 기념물 : 지진해일 기념비, 해발·예상되는 지진해일 내습시간과 높이, 지진해일 침수상정구역 표시 등

⑥ 학습·체험 : 워크숍 개최, 방재타운 견학, 재해지도 만들기 등

나) 지진해일 방재에 관한 교육 내용

① 과거 지진해일 피해기록 : 고문서(古文書), 전승(傳承), 지진해일 피해자의 체험담 등

② 지진해일 발생 메커니즘 : 지진해일의 속도, 높이, 지속시간 등에 대한 기초 지식

③ 재해지도 : 지진해일 침수예상 지역, 긴급대피장소 등을 나타내는 지도의 내용 및 독도법(讀圖法)

④ 지진해일 대피 계획 내용 : 대지진해일 경보·지진해일 경보, 지진해일 주의보, 지진해일 정보 전달, 대피지시·권고, 대피로 등

⑤ 평소 대비 중요성 : 지진해일 대피훈련 참가, 소재지(가정/학교 근무처 등)별 긴급대피 장소확인, 가족 간 안부 확인 방법 공유, 건물 내진화(耐震化), 집안 가구의 내진고정(耐震固定) 등

⑥ 대지진해일 경보·지진해일 경보, 지진해일 주의보 : 대지진해일 경보·지진해일 경보, 지진해일 주의보, 지진해일 정보 내용과 대응조치, 유의사항

다) 지진해일 방재에 관한 교육 활동 장소

항만관리자와 지방자치단체가 주체가 되어 입주·이용 기업이나 시설 관리자를 대상으로 교육장소를 마련함과 동시에 항만 내 입주·이용기업의 자회사(子會社)도 종업원이나 방문자에게도 홍보·교육을 실시한다. 자회사에서 해일 방재에 관한 교육을 실시하기 위해서는 원활하게 대피할 수 있는 지진해일에 대한 지식 및 대피계획에 관한 연수·워크숍과 함께 정기적으로 대피훈련을 개최하는 것이 바람직하다. 방문자나 항만지역 내 거주자에 대해서는 항만 내 입간판(立看板)을 설치하여 관심을 촉구하고 리플렛을 만들어 배포한다. 이때, 외국인 방문자를 위해 다언어(多言語)로 홍보할 수 있는 방법도 검토한다.

(10) 대피훈련

항만에서의 지진해일 대피훈련은 항만 내 입주·이용의 기업취업자, 선박관계자 등과 같은 일상적으로 근무하는 자의 대피훈련과 일시적인 방문자 등처럼 거주하지 않고 잠시 다녀가는 사람에 대한 대피유도의 훈련으로 구분하여 검토한다. 항만관리자는 지진해일 대피훈련의 실시함에 있어서 지방자치단체와 협의하여 지역실정에 맞는 훈련체제 및 훈련내용이 되도록 한다. 또한 입주·이용기업이 실시하는 대피훈련에 대한 지원도 담당한다. 대피훈련 시 지진해일 침수상정구역과 대피로·대피경로, 대피에 소요되는 시간 확인, 수문과 육갑문(陸閘門) 점검 등을 실시하여 실제 지진해일 발생 때 원활한 대피를 할 수 있을 뿐만 아니라 방재의식의 함양도 할 수 있으므로 적어도 매년 1회 이상은 지진해일 대피훈련을 실시하는 것이 바람직하다. 또한 훈련을 마친 후 성과 및 문제점에 대한 개선사항을 지진해일 EAP에 반영시키는 것도 중요하다. 지진해일 대피훈련 실시는 다음과 같은 사항을 유의하면서 실시할 필요가 있다.

가) 대피훈련 실시체제 및 참가자
① 실시체제

주민자치조직, 사회복지시설, 학교, 의료시설, 소방본부, 소방서, 자율방재단과 어업관계자, 항만관계자, 해안부근의 관광시설 및 숙박시설 관리자, 자원봉사단체 등과 같이 참여가 가능한 그 지역의 모든 유관기관 및 자생단체를 포함하는 실시체제를 확립한다.

② 참가자

주민뿐만 아니라 관광객, 낚시꾼, 해수욕장 이용객, 어업·항만관계자, 해안·항만 공사관계자 등의 폭넓은 참여를 촉구하는 동시에 재해약자 및 관광객에 대한 대피유도와 같이 실제적인 훈련이 가능하도록 참가자를 선정한다.

나) 훈련내용

지진해일 피해를 발생시킨 지진 중 진앙(震央), 지진해일의 높이, 지진해일 도달예상시간, 지진해일 지속시간 등을 상정하고 상정된 지진해일 발생부터 종료까지 시간경과에 따른 훈련내용을 설정한다. 그때 최대급 지진해일 내습 및 그 도달시간을 고려한 구체적이며 실천적인 훈련이 되도록 한다. 또한 실시시기에 대해서도 야간 또는 타 계절을 설정하고 각각의 상황에 따라서 원활한 대피가 가능한 대피체제를 확립한다. 훈련의 첫째목표는 실제로 대피경로를 확인하거나 정보장비나 지진해일 방재시설의 조작 방법을 익히는 자리이지만, 상정한 대로 EAP를 실현할 수 있는지 여부를 검증하는 자리이기도 하다. 따라서 훈련결과를 검증하고 과제의 추출, 정리 및 해결을 도모하며 향후 훈련과 연계하는 동시에 그 개선사항을 지진해일 EAP에 반영하는 것이 중요하다. 또한 참가자가 참가하기 쉬운 날짜를 정하여 여러 세대(世帶)가 참가할 수 있도록 학교 및 지역과 연계된 훈련을 계획하고 준비단계에서 주민을 참여시키는 등 주민의 적극적인 훈련참가를 촉구하기 위한 방안도 필요하다. 훈련내용은 다음과 같다.

① 대지진해일 경보·지진해일 경보, 지진해일 주의보, 지진해일 정보 수집·전달, 초동체제나 정보 수집·전달 경로의 확인, 조작방법의 숙련 외에 무전기 가청범위의 확인, 주민홍보 문안(文案)이 단순하고 알기 쉬운 표현을 사용하는지를 검증한다.

② 지진해일 대피훈련

EAP에서 설정된 대피경로를 실제로 대피해봄으로써 경로나 대피표지 확인, 대피 시 위험성, 대피에 소요되는 시간 및 대피 유도방법 등을 파악한다. 보행이 곤란한 자에게는 최단거리 노선이라도 최단시간 노선이 될 수 없다. 경우에 따라서는 사유지로 대피할 필요가 있으므로 토지 소유주의 동의를 구한다. 또한 야간훈련을 실시함에 있어서는 가로등(街路燈)과 같은 조명시설의 확인도 필요하다. 실제 긴급대피 장소에서 훈련하는 것이 바람직하지만 사정에 따라 실제와는 다른 곳으로 대피훈련을 할 경우가 있으므로 본래 긴급대피 장소에 대한 충분한 홍보를 한다. 그리고 (지진해일 이외의 재해를 상정) 해안근처에 있는 대피소는 지진해일로 인해 피해를 입을 수가 있으므로 보다 안전한 긴급대피장소를 목표로 할 필요가 있는 것에 대해서도 홍보한다('긴급대피장소'와 '대피소' 구분 필요).

③ 지진해일 방재시설 조작 훈련

㉠ 누가, 언제, 어떤 순서로 방재시설의 폐쇄조작을 실시하는 것인가? ㉡ 지진해일

예상도달시간 내에 조작 완료가 가능한가? ⓒ 지진동에 의한 조작불능 상태가 된 경우에 어떻게 대응할 것인지? 등과 같이 현실에 일어날 수 있는 모든 가능성을 염두에 두고 훈련을 실시한다. 그 경우 지진해일 도달시간이 예상보다 빠른 경우에는 조작자의 안전 확보를 위해 우선적으로 대피하도록 주의한다.

④ 지진해일 감시관측 훈련

감시용 카메라, 조석 관측기(潮汐 觀測器) 등과 같은 지진해일 관측 장비를 이용한 지진해일 감시방법의 숙련, 안전지역인 고지대(高地帶) 등에서 육안관측 및 감시관측한 결과를 재해응급대책에 활용토록 하는 훈련을 실시한다. 동일본 대지진 시 지진해일은 40m 정도까지 올라갔으므로 육안(肉眼) 관측 시 위험성을 충분히 고려한다.

(11) 그 외 주의사항

가) 일시적인 방문자 및 외국인 이용자의 대피대책 수립 시 유의해야 할 사항

항만이용자·해양관광 레저시설이용자와 같은 일시적인 방문자 및 외국인 이용자의 대피대책은 일반적으로 대피대상자의 파악이나 홍보·교육·훈련의 실시가 어려운 경우가 있다는 것을 고려해야 한다. 또, 크루즈선 입항 때나 행사 시 일시적으로 많은 방문자가 집중될 때라도 대피경로 공지와 신속한 대피유도가 가능하도록 검토한다. 그러므로 다음 사항을 유의하면서 계획을 수립한다.

① 정보전달·대피유도

입주·이용 기업, 마리나의 시설관리자 및 행사 주최자는 대피대상이 되는 대체적인 인원을 파악하고 무전기 지급·사용으로 전달수단을 확보하는 동시에 이용객에 대한 정보전달 매뉴얼(몇 시, 누가, 무엇을(문안 작성), 어떻게(방송 등 전달 수단) 전달할지)을 정한다. 더불어 시설관리자는 대피유도 매뉴얼을 작성하여 이용자의 안전 확보를 도모한다. 더욱이 야외에 활동하는 사람에게 전달수단이 부족한 경우가 많기 때문에 항만지역 내 확성기, 사이렌, 깃발, 전광판 등과 같은 정보전달장비의 배치에도 유의해야 한다. 또한 다언어(多言語)로 팸플릿을 작성·홍보하는 등 외국인 이용자를 배려한 정보 전달·피난 유도 방법 등을 고려하는 것이 바람직하다.

② 시설관리자의 대피대책

　　입주·이용기업이나 해양레저시설 등의 방문자는 원칙적으로 긴급대피장소로 대피하도록 한다. 그러나 만약 지진해일 시 대피할 시간이 없는 경우 건물이 지진해일을 견딜 수 있는 철근 콘크리트구조라고 하면 지진해일상정 침수심 상당의 높이보다 한 층 이상(가령, 상정되는 침수심 2m의 경우는 3층 이상, 3m의 경우는 4층 이상) 또는 기준수위 이상(지진해일 침수상정이 설정되어 있는 경우) 높이의 실내로 대피를 유도하는 것이 안전한 경우도 있다. 그러므로 이러한 시설의 시설관리자는 지방자치단체의 지진해일 EAP 등과의 정합성(整合性)을 모색하면서 지진해일 EAP를 수립한다. 항만관리자는 이러한 지진해일 EAP에 대해서 시설관리자에게 조언하는 등 적극적으로 수립될 수 있도록 협조한다.

③ 자신의 목숨을 지키기 위한 준비

　　항만관리자는 항만에 대한 대지진해일 경보·지진해일 경보, 지진해일 주의보나 지진해일에 관한 정보입수에 신경을 써야 한다. 또한 지진해일로부터 생명을 지키는 위해서는 지진해일 대피시설의 소재를 확인하는 것도 중요하다.

④ 긴급 대피소의 확보 및 간판·유도표시판 설치(그림 7.70 참조)

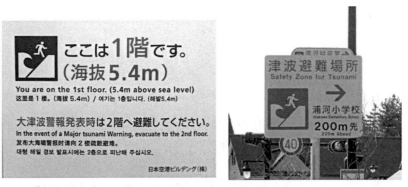

출처 : 防災システム研究所HP(2018), http://www.bo-sai.co.jp/tunamihyoujiban.html

그림 7.70 지진해일 대피 간판 및 유도표시판

　　항만이용자·해양레저시설 이용자 등과 같은 일시적인 방문자 및 외국인 이용자 등과 같이 그 지역의 지리를 잘 모르는 사람이나 지진해일 위험성에 대해서 충분한 인식이

없는 자에 대해서는 해발·지진해일 침수상정구역·구체적인 지진해일 내습시간과 높이의 표시, 대피방향(유도)이나 긴급대피소, 지진해일 대피시설 등을 나타내는 안내간판 설치가 필요하므로, 항만관리자는 이에 대한 대응에 착수한다. 더구나 긴급대피장소 등에 대해서는 가능한 범위에서 JIS(Japanese Industrial Standards, 일본공업규격), ISO(International Organization for Standardization, 국제표준기구)화된 지진해일에 관한 통일표시의 그림기호(Pictogram)를 이용하도록 유의한다.

⑤ 지진해일 교육 및 대피훈련의 실시

항만관리자는 지진해일에 대한 대처방안과 해당지역의 지진해일 위험성, 긴급대피장소를 게재한 교육용 전단지를 입주·이용기업이나 레저시설 등의 시설관리자에게 배포함과 동시에 시설관리자는 지진해일 발생 시 방문자를 신속하게 대피시킬 수 있도록 홈페이지 홍보나 스마트폰 앱(App)을 활용한 홍보를 추진한다. 또한 대피훈련에 있어서는 시설관리자의 유도방법을 확인·보강한다는 측면에서 방문자 참가형 대피훈련을 실시함이 바람직하다.

나) SOLAS 제한구역의 지진해일 대피 시 유의해야 할 사항

개정 SOLAS조약(해상인명 안전조약)의 출입제한구역은 담장으로 둘러 싸여 있어 지진해일 시 대피에 지장을 줄 수 있다. 또한 외국인 이용도 많기 때문에 다언어에 의한 정보전달 방법이나 대피유도 방법 등을 주의한다. 또한 제한구역 내에 대피목표지점이 존재하지 않는 경우에는 이용자의 신속한 대피가 가능한 유도방법과 함께 항만이용자의 대피상황 확인방법, 전원 대피 후 게이트 등의 관리방법에 대해서 검토가 필요하다. 이때 비상시 대응매뉴얼의 작성도 효과적이다.

다) 항만하역(방재조치) 시 지진해일 대피에 대해서 유의해야 할 사항

항만에 정박 중인 선박의 항외대피에 대해서는 항만관리청장이 지시할 수 있지만 최종판단은 선장에게 맡긴다. 선박의 이안(離岸) 때는 항만 노무자에 의한 밧줄 풀기 등과 같은 작업이 필요하므로 선박대피와 항만노무자 대피에 대해서는 같이 검토하는 것이 중요하다.

라) 하역시설의 지진해일 대피 시 유의해야 할 사항

항만에는 목재, 컨테이너 및 차량 등이 저장·장치되어 있어 지진해일 내습 시 표류물이 되어 주변으로 유출될 수 있다. 항만관리자는 지진해일로 인하여 표류물이 유출될 가능성이 있는 지구의 시설 및 차량 위치 등을 미리 파악하는 동시에 유출을 막을 수 있는 대책을 수립하고 지진해일 대피시설과의 관계를 조정하는 등 지진해일 대피에 지장이 없도록 표류물의 발생·유출에 대해서 주의한다.

마) 위험물 취급구역에서의 지진해일 대피에 관한 유의해야 할 사항

위험물 취급구역 내 급유탱크 등 위험물 취급시설의 설치장소를 파악한 후 대피로·대피을 확인해 지진해일 대피 시 지장을 주지 않도록 유의한다. 또한 위험물 취급구역 내에서 검토된 지진해일 방대대책과 조정·연계를 도모한다.

바) 유통기능 확보를 위해 유의사항

항만은 재해 시 긴급물자 수송 및 산업물류에 관련된 해상수송에 중요한 역할을 맡고 있어 최대한 신속히 기능을 회복시켜야 한다. 이 때문에 지진해일 대피 후 신속하게 관계기관과 기능회복을 위한 협조가 이루어질 수 있도록 긴급 시 연락체계 등을 정비한다. 또한 항만정비사업 계획 등이 수립된 항만에서는 지진해일 대피 대책이 항만계획과 정합성을 이룰 수 있도록 연계한다.

사) 항만관리자·지방정비국에 의한 초동 체제

항만이 있는 지역은 도시에서 떨어진 지역도 있어 항만관리자·지방정비국이 초동체제에서 중요한 역할을 담당한다. 초동체제 검토에 있어 항만관리자·지방정비국은 지방자치단체와 충분한 협의 후 자신의 역할을 고려한 체제를 확보한다. 항만지역에서는 지진해일 도달시간이 짧은 지역도 있어 GPS파랑계 등에 의한 지진해일 관측결과에 대한 정보수집·전달방법을 검토하는 등 신속한 대피유도가 가능하도록 체제 강화에 힘쓴다. 또한 항만관리자나 지방정비국이 발주하는 항만공사에서는 지진 및 지진해일 발생 시 항만공사관계자와의 긴급연락체제 구축, 대피소 및 대피경로 파악, 안부확인 방법 등 충분한 안전 대책을 수립하는 것이 중요하다.

7.5 연안재해지도

7.5.1 연안재해지도의 목적

연안재해지도의 목적은 연안재해 시 해일(폭풍해일·지진해일) 등 월류·범람에 의한 침수상황과 대피방법 등의 대책에 관한 정보를 지역주민이 이해하기 쉬운 형태로 제공하는 것이다. 우리나라는 1983년 지진해일 피해를 입은 강원도 임원항 등에 대한 연구·학술차원에서의 지진해일 재해지도를 작성하였지만 행정적으로 활용 가능한 연안재해 재해지도는 없었다. 그러나 2017년 12월에 나온 부산광역시 기장군청의 '지진·해일(지진해일포함) 대비 안전 행동 매뉴얼 작성'(2017, 부산대학교 산학협력단)보고서 내 재해지도는 체계적인 연안재해 재해지도라고 할 수 있다.

7.5.2 연안재해지도의 정의

연안재해지도는 해일에 따른 월파·범람에 의한 연안재해 시 피해를 최소화할 목적으로 침수정보 및 대피정보 등의 각종 정보를 지역주민이 알기 쉬운 형태로 도면에 표시한 것이다.

7.5.3 연안재해지도의 종류

연안재해지도에는 월파·범람 요인별로 천문고조 재해지도, 폭풍해일 재해지도, 지진해일 재해지도의 3가지로 분류할 수 있으며 활용 목적별로는 주민이 활용하는 지도와 행정적으로 활용하는 지도로 구별된다. 주민이 활용하는 지도는 세부적으로 대피 시 필요로 하는 대피활용형 지도, 월파·범람에 관한 지식을 습득할 수 있는 재해학습형 지도로 분류된다. 행정적으로 활용하는 지도는 지역주민의 대피유도, 수방활동과 구조 활동 등에 필요한 지도이다.

7.5.4 우리나라 연안재해지도(Hazard Map)[16]

1) 해안침수예상도 제작 근거

우리나라에서는 각종 재해의 피해실태 파악, 취약지역, 예방대책 수립 등의 목적을 위해 1990년대 후반부터 각종 재해지도를 작성하고 있다. 2017년 행정안전부에서는 '재해지도 작성 등에 관한 지침'(행정안전부 고시 제2017-1호) 고시를 통해 재해지도의 작성자, 작성 범위, 작성 방법 등을 규정하고 국가에서 의무적으로 해안침수 예상도를 제작하도록 하였다. 재해지도는 크게 침수흔적도와 침수예상도로 나눌 수 있고, 침수흔적도는 지방자치단체에서 침수피해 발생 시마다 조사하여 개정 및 보완하는 것이며 침수예상도는 '홍수범람위험도'와 '해안침수예상도'로 구분되며, 내륙하천에 대한 홍수범람도는 해당하천에 대한 하천관리청(특별시장, 광역시장, 도지사)에서 작성하고, 해안침수예상도는 해양수산부에서 작성하도록 규정되어 있다(그림 7.71 참조).

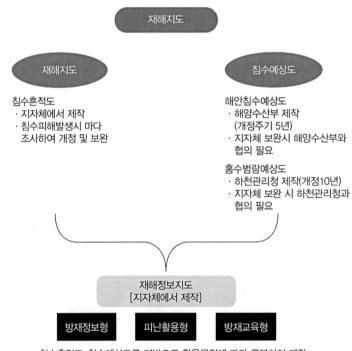

출처 : 국립해양조사원(2016), 폭풍해일에 의한 해안지역의 치수상황을 예상한 지도 해안침수예상도 제작 및 보급 팸플릿, pp.3~7.

그림 7.71 재해지도 개념도 및 종류

2) 해안침수예상도 제작 배경

지구온난화로 인한 해수면 상승으로 폭풍해일 또는 고파랑 등의 빈번한 발생 때문에 우리나라의 연안저지대 및 매립지의 침수피해 가능성이 매우 높아진 상태이다. 우리나라의 평균해수면은 1969년 이후 매년 2.68(1.06~3.35)mm/yr 상승하는 것으로 분석되었다.[17] (그림 7.72 참조) 특히 폭풍해일 내습으로 재해 발생이 예상되는 지역의 예상침수범위, 침수심, 해일고 및 대피경로 등에 대한 정보는 지역주민의 생명과 재산보호에 필수적이다. 이에 따라 폭풍해일로 발생되는 연안재해에 대처하기 위하여 국립해양조사원은 2009년에 해안침수예상도 제작종합기본계획은 수립하였으며 2016년 기준으로 39개 지방자치단체, 침수위험지역 147개소에 대한 해안침수 예상도를 제작하였다.

출처: 해양수산부 공식 블로그(2016), 우리나라 평균해수면 상승속도, 전년보다 다소 빨라져

그림 7.72 우리나라 연안 해수면 상승률 분포도(지역별 해수면 상승 현황)

3) 해안침수예상도 제작과정 및 활용

해안침수예상도 제작을 위한 침수 범람 시뮬레이션은 고도의 수치시뮬레이션 기술을 필요로 하는 작업으로 수치시뮬레이션 기술과 함께 폭풍해일고 추출, 시나리오, 조석, 기압, 파랑 등의 다양한 해양의 동수역학적 특성을 고려한 시뮬레이션을 기반으로 제작된다는 측

면에서 과학적인 근거를 가진 재해지도라고 할 수 있다. 해안침수 예상도는 시나리오 모의 결과를 중첩하여 대상지역별로 50년, 100년, 150년, 200년 빈도 및 최대범람케이스에 대한 지형도 기반의 축척 1/25,000 및 1/5,000 해안침수예상도가 제작되며, 각각 적용된 시나리오별 해안침수 예상도를 별도로 제작하게 된다. 제작된 해안침수 예상도는 폭풍해일로 인하여 해안지역에서 발생할 수 있는 재해가능성을 예측하여, 침수예상지역, 침수(피해)범위, 예상 침수심 등을 표시한 지도로 지방자치단체에서 제작하는 재해정보지도(피난활용형, 방재정보형, 방재교육형) 제작을 위한 기초자료로 활용된다(그림 7.73 참조).

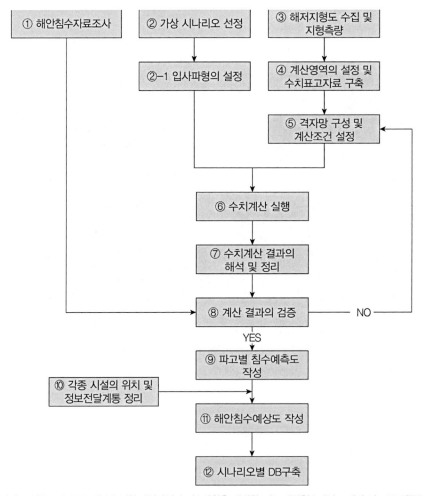

출처: 국립해양조사원(2016): 폭풍해일에 의한 해안지역의 치수상황을 예상한 지도 해안침수예상도 제작 및 보급 팸플릿, pp.3~7.

그림 7.73 해안침수예상도 제작과정 및 활용

4) 해안침수예상도 예시(부산광역시 해운대해수욕장 주변)

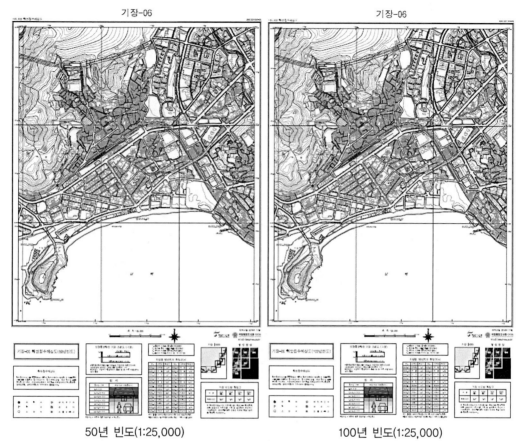

50년 빈도(1:25,000)   100년 빈도(1:25,000)

출처 : 국립해양조사원(2016), 폭풍해일에 의한 해안지역의 치수상황을 예상한 지도 해안침수예상도 제작 및 보급 팸플릿, pp.3~7.

그림 7.74 해안침수예상도 예시(해운대 해수욕장)

5) 기초지방자치단체의 재해지도(부산광역시 기장군)

부산광역시 기장군은 2017년 지진·해일(지진해일 포함)대비 안전 행동매뉴얼 작성을 위하여 기장군 해안지역의 파랑, 해일 등에 의한 피해를 조사하고, 기상, 해상, 지형 및 지질 자료를 수집 분석하고, 항공사진과 기존 수심 측량자료, 기존 검조소 및 파랑관측 자료를 분석하였으며, 국내외 지진 및 지진해일 피해 사례 및 대책관련문헌을 조사 및 분석하였다. 이들 자료를 바탕으로 지진 및 해일 피해방지기본 계획을 수립하고, 지진 옥외대피소 및 실내구호소의 위성지도를 작성하였다. 또한 지진해일 도달시간 및 내습 범위를 고려한 주민대피, 그리고 주민 행동 요령과 주민 대피경로 및 대피소의 세부파악을 하였으며, 기장군 해안지역을 10개 구역으로 구분하여 지진해일 발생 시 각 지역의 대피경로 및 대피소 지도를 작성, 제시하였다(그림 7.75 참조).[18]

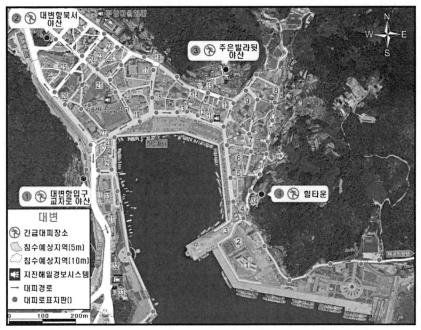

출처 : 부산대학교 산학협력단(2017), 지진·해일(지진해일 포함) 대비 안전 행동매뉴얼 작성, p.222.

그림 7.75 부산광역시 대변항 침수예상도와 긴급대피소 및 대피경로

7.6 연안재해지도(지진해일·폭풍해일) 작성 매뉴얼[19]

연안재해지도는 해일피해가 예상되는 지역과 그 피해정도를 지도에 나타내고, 대피장소·대피경로 등과 같은 방재관련정보를 추가하여 지역주민의 대피와 시설의 필요성 검토 등에 매우 효과적이다. 따라서 여기에서는 우리나라 보다 연안재해가 자주 내습하고 큰 피해가 발생하고 있는 일본의 '지진해일·폭풍해일 재해지도 매뉴얼'(일본 국토교통성, 2004)을 소개함으로써 우리나라 지방자치단체의 연안재해지도 작성·활용에 조그마한 도움이 되었으면 하는 바람이다.

7.6.1 연안재해지도의 필요성과 위치

1) 연안재해지도 역할

해일방재대책으로 연안재해지도는 주민의 대피대책 등과 같은 비구조적 역할과 방재수준향상을 위한 시설정비지원 등의 구조적 역할을 모두 담당한다. 구조적 및 비구조적 대책을 모두 포함하는 해일방재대책인 연안재해지도의 대표적인 역할을 다음과 같이 나타낸다 (표 7.48 참조).

표 7.48 지진해일·폭풍해일 방재대책으로서 연안재해지도 역할

구분	대상	시책내용	재해지도 역할
비구조적 방재대책	주민	교육	주민에게 재해정보의 제공
		대피정보제공	
		방재훈련	
	행정(방재) 담당자	방재예방대책	행정(방재)담당자에게 재해정보를 제공
		방재행동계획	
		대피준비	
		대피계획·구호계획	
		지진해일·폭풍해일시스템 정비	
		지진해일·폭풍해일경보에 관한 정보	
	주민 및 행정 (방재)담당자	주민과 행정과의 리스크 커뮤니케이션 (Risk Communication)[15]	주민과 행정(방재)담당자와의 리스크 커뮤니케이션 도구
구조적 방재대책	행정(방재) 담당자	해안보전시설 등에 대한 정보 제공으로 방재수준향상을 위한 구조적 정비	구조적 정비를 위한 해안보전 시설정보의 제공
		방재거점 등 정비계획	대피장소 정비 및 해안보전시설 감시시스템 등 재해 발생 시 대응을 위한 구조적 정비검토 지원
		응급대책이 필요한 장소 정보제공	
		시설(수문 등) 가동시스템·가동 상황 체크 시스템 정비	
		피해상황의 실시간 파악으로 복구계획	재해 발생 후 복구검토지원

출처 : 日本 国土交通省(2004), 津波·高潮ハザードマップマニュアル.p.22.

---

15 리스크 커뮤니케이션(Risk Communication) : 어떤 리스크에 대해서 직접 간접으로 관계하는 사람들이 의견을 교환하는 것으로, 주로 재해나 환경 문제, 원자력 시설에 대한 주민 이해 구축 등과 같이 어느 정도의 위험이 따르고 관계자 간의 의식 공유가 필요로 하는 문제의 안전 대책에 대한 인식 및 협력 관계의 공유를 도모하는 것을 말한다.

(1) 비구조적면 대책에 대한 역할

① 주민에게 재해정보 제공

② 행정(방재)담당자에게 재해정보 제공

③ 주민과 행정(방재)담당자와의 리스크 커뮤니케이션 도구

(2) 구조적면 대책에 대한 역할

① 방재수준향상을 위한 구조적 정비 검토 지원

② 대피소 정비, 해안보전시설 감시시스템 등 재해 발생 시 대응 시설 정비검토 지원

③ 재해 발생 후의 복구 검토 지원

해일위험성이 높은 구역에 거주하는 사람은 고령자나 1인 가구일수도 있다. 그래서 그 지역에 거주하는 사람에게 어떻게 비구조적 측면의 방재대책의식을 교육시킬 것인가가 과제이다. 또한, 재해정보 취득자가 거주자, 종사자, 재학생 및 방문자 등 다양한 형태일 수가 있고 대상에 따라 필요로 하는 정보가 다른 점에도 주의가 필요하다.

7.6.2 연안재해지도의 개요

1) 연안재해지도의 작성목적

주민이 활용하는 재해지도의 작성목적은 거주지에서 적절한 대피를 위해 해일의 위험도, 대피장소·대피로 및 대피의 판단에 도움이 되는 정보를 주민에게 제공하는 동시에 리스크 커뮤니케이션의 도구로서 대상 재해위험정도나 대책에 대해서 주민들에게 정보를 제공하는 것이다. 또한 행정적으로 활용하는 재해지도 작성목적은 행정체계 안에서 각 담당자가 자신의 업무에 예방 대책 및 응급 대책으로 활용하는 것이다.

2) 연안재해지도의 작성범위 및 대상재해

(1) 작성범위

연안재해지도의 작성범위는 최소 행정구역인 기초자치단체의 행정구역을 기본단위로 한다. 단, 지형상 일체로 검토해야 할 지구(예를 들어 큰 하천으로 둘러싸인 지구)에 대해서는 행정구역에 구애 받지 않고 침수예측구역을 설정하는 것이 바람직하다. 또한 인접하는 마을과의 외력설정 정합성에 대해서도 검토한다. 대피검토 측면에서 인접하는 행정구역을 포함한 넓은 범위를 검토하는 것이 좋은 경우가 있다. 그리고 해안보전시설 전면에 대해서 이용자 및 작업자가 존재할 가능성이 있는 경우에는 대피소·대피경로 등을 재해지도 상에 나타내어야 한다. 그러므로 지역에 따라서는 해안보전시설 전면의 입지하고 있는 연안 매립지, 부두용지, 마리나 등 소형 선유장, 해수욕장, 해변녹지 등을 작성범위에 포함시켜 검토한다.

(2) 대상재해

지진해일과 폭풍해일은 둘 다 해안을 침수시키는 재해지만 그 원인 및 침수형태, 대피방법 등에서 본질적으로 다른 현상이다. 따라서 지진해일 재해지도와 폭풍해일 재해지도는 구별해서 작성한다. 그러나 주민이 활용하기 위해서는 최종적으로 지진해일, 폭풍해일, 홍수, 토사재해 등을 포함한 통합적 재해지도가 바람직하다. 그러나 1) 현 단계에서는 '지진해일' 및 '폭풍해일'의 재해지도 작성이 급선무이고, 2) 통합적인 재해지도를 위해서는 개별 재해지도가 필요하므로 본 매뉴얼에서는 통합재해지도 구축의 전 단계로서의 '지진해일 재해지도' 및 '폭풍해일 재해지도' 작성을 대상으로 한다.

3) 연안재해지도의 작성주체와 역할분담

(1) 작성주체

주민이 활용하는 재해지도는 재해 발생 시 대피에 도움이 되는 것이 최대 목적이기 때문에 지역 상황을 파악하고 대피에 관한 책임을 가진 기초지방자치단체가 작성한다. 행정적으로 활용하는 재해지도는 작성목적에 따라 담당부서에서 작성한다.

(2) 연안재해지도 작성에 따른 역할분담(표 7.49 참조)

대상범위에 따라서는 기초가 되는 침수예측구역도를 통일적으로 작성하는 것이 좋은 경우가 있는데 중복계산 방지, 인접 기초자치단체와의 외력·피해 상정의 정합성확보 등의 이유 때문이다. 이 경우 광역지방자치단체 또는 국가는 필요한 데이터 및 예측조건의 제공 및 인접 기초자치단체와의 연관된 조정을 위한 지원을 담당하고 기초자치단체는 그 지원을 받아 연안재해지도 작성을 완료한다. 또한 전국적인 해안보전시설의 데이터베이스를 정비·사용함에 따라 효율적인 연안재해지도 작성이 가능하다. 또한 기초자치단체는 워크숍 등을 통해서 주민이 주체적으로 연안재해지도 작성에 참여토록하고 학습시킬 태세를 갖추도록 한다. 따라서 본 매뉴얼에서는 침수예측 실시주체는 대상범위에 따라 다르지만 기초자치단체의 예산상황 및 기술력을 고려하여 광역자치단체 또는 국가가 필요한 역할을 할 수도 있다.

표 7.49 연안재해지도 작성에 따른 역할분담

주체	역할
기초자치단체	• 연안재해지도 작성 − 지역에 따른 작성 조건의 설정 − 재해지도 작성 및 독립된 영역의 침수예측 및 피해 상정 • 주민참여 등에 따른 지역 창의력 활용 및 자위의식 향상·홍보 철저
광역자치단체	재해가 복수의 기초자치단체에 걸친 경우나 기초자치단체에서 단독으로 실시하기 어려운 경우의 검토 실시와 재해지도 작성 지원 • 외력·침수예측지역 설정 및 피해상정 등
국가	• 재해가 복수의 광역자치단체에 걸친 경우나 광역자치단체이라도 단독으로 실시하기 어려운 경우 재해지도 검토의 실시와 광역·기초자치단체에 대한 기술 지원 • 행정적인 과제 해결·강화 − 재해지도 작성 시 과제의 해결 − 작성 지원시스템 구축 • 노하우나 정보의 제공 및 공유화 − 연안재해지도 작성 매뉴얼의 작성 − 정부·지방자치단체 및 주민의 위기인식 공유화나 자발적인 대응행동 촉진 − 재해지도 작성촉진을 위한 작성주체와의 적극적인 협력 • 해안관련 기초적인 정보의 데이터베이스 정비 − 데이터베이스 정비에 수반하는 재해지도 작성의 효율화 • 재해지도와 연계된 실시간 정보제공과 재해지도를 이용한 방재대책 추진지원

출처 : 日本 国土交通省(2004), 津波·高潮ハザードマップマニュアル, p.27.

(3) 방재관계기관·연안관리자 역할(그림 7.76 참조)

연안관리자는 연안재해지도의 작성주체를 적극 지원하고 지진해일·폭풍해일로 인한 침수예측 시 필요한 각종정보를 제공한다. 제공하는 정보는 해안보전시설의 재해 메커니즘 지진해일·폭풍해일 침수예측 시 수심과 표고 데이터, 과거 재해 시 침수범위 등이 있다. 항만 관리자·어항 관리자도 방재 정보 등을 제공한다. 이를 통해서 방재관계기관과 연안 관리자도 위기관리수준이나 방재의식 향상, 방재정보 공유화를 도모할 것으로 기대된다.

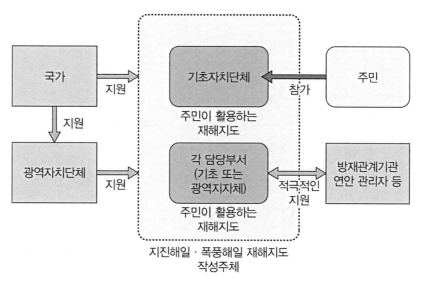

지진해일 · 폭풍해일 재해지도
작성주체

출처 : 日本 国土交通省(2004), 津波·高潮ハザードマップマニュアル, p.28.

그림 7.76 연안재해지도 작성주체

(4) 해안 데이터베이스(Data Base) 구축에 의한 연안재해지도 작성 지원

해안보전방식이 '보호'에서 '보호·환경·이용의 조화'로 전환되면서 해안보전은 구조적 대책과 비구조적 대책의 적절한 조합으로 피해를 경감시키는 것이 중요하다. 이러한 배경 하에서 현재 해안관련 각종자료를 저장할 수 있는 해안 데이터베이스 구축이 별도로 추진 되고 있는데, 이것은 해안재해위험도를 평가하기 위한 기초적 정보의 수집·분석·공개 실 현이 목적이다(표 7.50 참조). 장래 이 데이터베이스를 활용함으로써 연안재해지도 작성에 필요한 데이터 수집·분석에 따른 어려움을 경감시켜 효율적으로 연안재해지도를 작성할 수 있다. 또한 해안 데이터베이스 활용 방안으로 '연안재해지도 작성 지원'을 들 수 있다.

표 7.50 연안재해지도 작성을 위해 해안 데이터베이스에서 제공하는 데이터

데이터 분류	데이터 이름
재해지도 작성에 필요한 수치시뮬레이션의 입력데이터	• 시설의 마루높이 데이터 • 호안 형식 • 지반고 데이터 등
연안재해지도에 기재하는 데이터	• 침수예측 데이터(지진해일·폭풍해일) • 인구 데이터 • 토시이용 데이터 • 재해 이력 등

출처 : 日本 国土交通省(2004), 津波·高潮ハザードマップマニュアル. p.28.

(5) 연안재해지도 작성 시 스케줄

해일대책은 긴급하고 계획적으로 추진해야 하므로 관계기관의 지원·협력 아래 각 지역의 재해대책과 연안재해지도를 신속히 작성한다.

4) 연안재해지도의 작성순서

연안재해지도의 작성순서는 1) 침수예측구역 설정, 2) 지진해일·폭풍해일 방재정보의 표시이다. 더욱이 침수예측구역설정은 외력조건 설정이나 시설조건 설정 등의 조건설정과 침수예측이나 시설위험도 평가 등과 같은 각종 수치시뮬레이션으로 구성된다. 또한 지진해일·폭풍해일 방재 정보의 표시는 기재사항 설정이나 표현방법 설정을 나타낸다. 즉, 표시해야 할 방재정보 내용설정과 필요사항 기재, 필요정보의 도면화 같은 구체적인 지진해일·폭풍해일 표시정보의 작성을 시행하며 워크숍 등으로 지역자체 정보를 포함시켜 지역에 대한 세부적인 검토를 실시한다.

연안재해지도의 작성·활용의 흐름은 그림 7.77, 작성순서는 그림 7.78에 나타내었다. 그림 7.77과 같이 주민이 활용하는 재해지도는 침수예측구역에 대피기본정보(대피에 필요불가결한 최소한 정보)나 대피부가정보(최대예측침수심 등급과 예측도달시간 등 대피 때 필요한 부가적인 정보)를 덧붙임으로 작성한다. 마찬가지로 행정적으로 활용하는 재해지도는 기초정보(침수예측구역, 방재시설 등 공유정보)와 작성목적에 따른 목적별 정보(방재거점이나 경찰·소방 등 목적별 정보)로부터 작성한다.

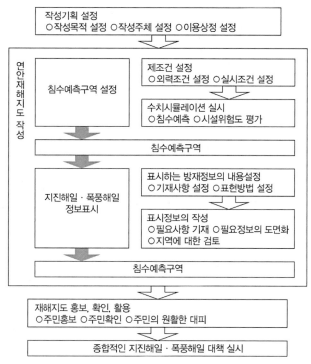

출처: 日本 国土交通省(2004), 津波·高潮ハザードマップマニュアル, p.31.

그림 7.77 연안재해지도의 작성·활용 흐름

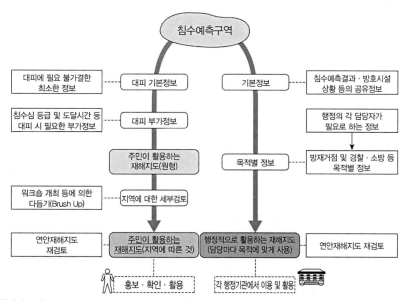

출처: 日本 国土交通省(2004), 津波·高潮ハザードマップマニュアル, p.32.

그림 7.78 주민이 활용하는 및 행정적으로 활용하는 연안재해지도 작성 흐름도

(1) 지진해일·폭풍해일 특성을 고려한 침수예측구역 설정

세심한 대피활동 등을 위한 비구조적 대책이나 침수특성에 맞는 구조적 대책을 실시하기 위해서는 침수심, 유속 및 침수개시시간 등과 같은 침수상정정보를 포함하고 지진해일·폭풍해일 특성을 고려한 정밀한 침수예측이 필요하다. 연안재해지도 작성담당자는 침수예측구역 설정 시 어떤 종류의 침수, 어느 정도의 정보가 필요한지를 충분히 검토한다. 침수예측은 연안재해지도의 가장 중요한 부분으로 보다 정확한 예측을 위해서는 외력·시설조건 등 자세한 설정을 반영한 후 유속 등의 정보를 얻을 수 있는 수치모형 시뮬레이션을 실시하는 것이 바람직하다. 만약 수치모형 시뮬레이션이 어려운 경우는 제1단계로 작성시점에서 입수 가능한 데이터만으로 연안재해지도를 작성하고 침수예측구역 등의 정밀도를 향상시켜 갱신하는 등 단계적 정비를 실시할 수도 있다. 예를 들면, 과거 침수실적이 존재할 경우 이를 침수예측계산 대신에 이용하거나, 간편한 방법으로 상정한 침수예측구역과 대피소 자료 등과 같은 과거 데이터를 사용하여 작성할 수 있다. 그러나 이 경우 과거 침수실적을 넘는 침수피해가 발생할 가능성이 있음을 명시(明示)하고 이후에 단계적으로 침수예측구역을 재검토하여 기재정보(記載情報)를 변경하는 것이 바람직하다. 그리고 수치모형 시뮬레이션에 의한 침수예측은 불확실성을 가진다는 것에 주의해야 한다.

(2) 연안재해지도의 대피 시 활용

지역주민은 재해지도를 활용하여 대피소, 대피경로 등의 정보를 파악한 후 대피행동에 옮긴다. 그러나 재해지도를 보지 못한 사람에 대한 대응과 재해지도에서 상정하지 않은 재해도 발생할 수 있기 때문에 주민이 활용하는 재해지도와 연계한 대피표시, 게시판 설치와 실시간 정보제공도 중요하다(표 7.51 참조).

표 7.51 재해 발생 전 연안재해지도와 대피행동과의 관계

연안재해지도와 대피행동과의 관계	연안재해지도의 활용
지진해일·폭풍해일에 대한 위험도, 대피장소·대피로, 대피판단에 도움이 되는 정보의 파악(지역 주민)	주민이 활용하는 재해지도
대피소와 대피로 정비, 재해대책본부의 적지 선정, 하천·해안·항만시설 등 방재시설의 정비, 방재교육, 토지이용계획, 지역계획 수립 시 활용(행정)	행정적으로 활용하는 재해지도

출처 : 日本 国土交通省(2004), 津波·高潮ハザードマップマニュアル. p.34.

7.6.3 침수예측구역의 검토방법

1) 지진해일·폭풍해일 특징

지진해일·폭풍해일은 각각 원인 및 형태가 다르므로 각각의 특징을 인식하고 침수예측구역의 검토를 실시하는 것이 중요하다(표 7.52 참조).

표 7.52 지진해일·폭풍해일 특성

항목	특징
지진해일 특성	• 지진으로 발생되는 지진해일은 진원이 육지에 가까운 경우에 지진 직후 지진해일이 내습하여 침수시키는 등 폭풍해일과 비교하여 대피에 필요한 시간적 여유가 적음 • 지진해일은 폭풍해일과 비교하여 유속이 크므로 특히 인파(引波) 때 구조물 피해도 발생시키며, 지진동과 압파(押波) 때 지진해일이 방조제·선박 등과 충돌로 인한 방재시설의 피해를 일으켜 침수가 발생할 가능성도 있음 • 파력 영향으로 인한 월파 및 지진해일 파력을 고려하며, 하천의 영향에 대해서는 필요에 따라 검토함
폭풍해일 특성	대부분 경우 대규모 태풍 시 발생하기 때문에 어느 정도 예측이 가능하지만, 한번 해안구조물이 파괴되면 그 피해는 상당히 광범위하게 영향을 미침

출처: 日本 国土交通省(2004), 津波·高潮ハザードマップマニュアル. p.35.

(1) 지진해일 특징

지진해일은 대부분 경우 그 원인이 되는 지진이나 산사태·화산 폭발 등의 발생을 예측하기는 어렵고 지진해일 전파속도는 매우 빨라 지진해일의 파원역(波源域)이 연안에 가까운 경우에 시간적 여유를 가지고 지진해일을 예보(豫報)하는 것은 매우 어렵다. 더욱이 지형이 복잡하면 지진해일이 예상외의 방향으로 내습하기 때문에 긴급하고 신속한 대피가 중요하다.

그림 7.79는 지진해일의 도달 시간에 관한 자료를 나타낸다. 일반적인 해안호안·제방의 마루높이(天端高)는 지진해일고(津波高)보다 낮을 수 있으므로 호안·제방이 설치된 해안에서도 피해가 발생할 수 있다. 더구나 내습한 지진해일이 바다로 되돌아갈 때 발생하는 인파(引波) 시 대규모 피해가 발생할 수 있다는 것도 상정할 필요가 있다. 침수지역의 면적은 주로 지진해일고에 의존하지만 지진해일고는 지진규모나 진원위치 및 해저지형 등에 따라서도 다르다.

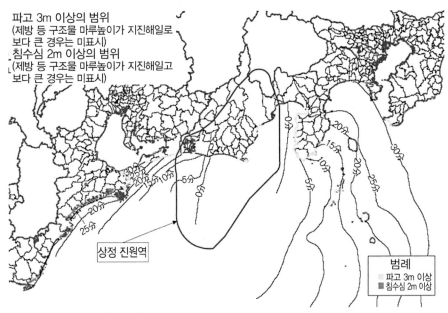

파고 3m 이상의 범위
(제방 등 구조물 마루높이가 지진해일로
보다 큰 경우는 미표시)
침수심 2m 이상의 범위
(제방 등 구조물 마루높이가 지진해일고
보다 큰 경우는 미표시)

상정 진원역

범례
☐ 파고 3m 이상
■ 침수심 2m 이상

출처 : 日本 国土交通省(2004), 津波·高潮ハザードマップマニュアル, p.36.

그림 7.79 지진해일 도달시간

(2) 폭풍해일 특징

대부분의 폭풍해일은 대규모 태풍 때문에 발생하므로 어느 정도 예측이 가능하다. 현저한 폭풍해일로 인한 침수가 일어나는 경우는 그림 7.80과 같이 천문조의 만조(滿潮)와 폭풍해일 편차의 최대치가 겹치는 경우에 많이 발생하고 있었으나, 세력이 강한 태풍에서는 태풍 내습 시 만조 등과 겹치지 않아도 침수피해를 볼 수 있다(그림 7.80 참조). 만약 호안·제방이 파제(破堤)되면 제외지(堤外地) 전체의 수위가 높아져 그 피해는 상당히 광범위한 범위까지 미치게 된다. 그러므로 폭풍해일로 인한 침수피해의 정도는 호안·제방 등과 같은 파제에 크게 좌우된다. 또한 대규모 태풍 시 강한 바람 때문에 깨어진 유리창이나 날아다니는 간판 등으로 대피 시 어려움을 겪는 경우가 많다.

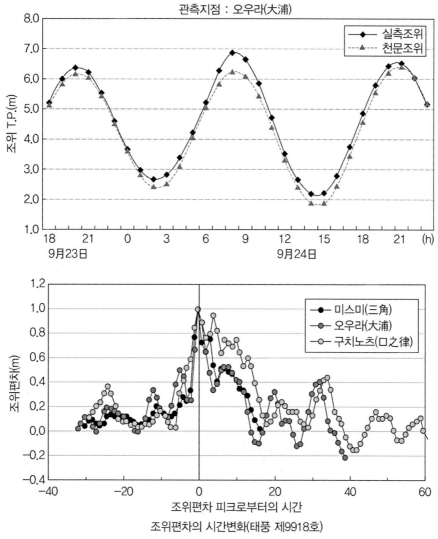

출처 : 日本 国土交通省(2004), 津波·高潮ハザードマップマニュアル, p.37.

그림 7.80 과거 폭풍해일 조위와 폭풍해일 편차의 시간변화(태풍 9918호, 일본 아리아케해(有明海)지역)

2) 침수예측구역 설정 시 조건설정 방법

(1) 조건설정 항목

연안재해지도 작성 시 재해대책을 검토하기 위한 대상외력(외력 조건)와 재해 시 시설파괴·기능상황(시설 조건)을 적절하게 설정한다. 또한 현재 기술수준에서 고려할 수 없는 조건에 대해서도 향후 기술발전에 따라서는 장래에 고려할 수 있다. 더구나 설정조건 이외의 상황에서 재해 발생 가능성도 있음에 유의한다. 다수 지역에 걸친 재해를 대상으로 하는 경우에는 인접 기초자치단체의 행정구역 조건설정과 정합성에 주의한다.

가) 설정 항목

연안재해지도에서 제공되는 침수예측구역을 설정할 때 현재 기술 수준으로는 일반적으로 표 7.53에 나타낸 항목의 조건설정이 필요하다. 또한 표 7.53의 기재항목 이외에 폭풍해일에서는 태풍의 이동속도도 파랑·침수에 큰 영향을 줄 수 있으며 지진해일은 지진이외에도 화산폭발이나 대규모 산사태 등으로 인해 발생할 수 있다. 조건설정의 항목은 작성목적 및 평가대상으로부터 필요에 따라 선정될 수 있지만 현재 기술수준 측면에서도 고려하지 못한 조건에 대해서는 향후 기술발전에 따라서 장래에 고려해야 한다. 또한 설정한 조건이외의 상황에서도 재해가 발생할 가능성이 있음에 주의한다. 더구나 설정 이외의 조건을 지도에 포함하는 것은 종이매체인 재해지도의 한계를 넘지만 최악의 경우에 대비할 수 있도록 완충영역(버퍼 존, Buffer Zone) 설정 및 상정을 초과하는 재해 발생 위험성을 지도상에 기재하여 대처를 할 수 있다.

표 7.53 연안재해(지진해일·폭풍해일)지도 작성 시 조건 설정이 필요한 항목

구 분	지진해일 재해지도	폭풍해일 재해지도
외력조건	1. 지진규모 2. 진원위치 3. 지반변동 4. 조위 5. 하천조건	1. 태풍규모 2. 태풍진로 3. 조위편차 4. 하천조건
시설조건	1. 파괴 메커니즘 2. 시설기능 상황	

출처 : 日本 国土交通省(2004), 津波·高潮ハザードマップマニュアル. p.38.

나) 조건설정 시 주의사항

① 인접 기초자치단체와의 조건설정 및 정합성

다수지역에 걸친 재해를 대상으로 하는 경우나 광역적인 검토를 실시할 필요가 있는 경우에는 인접 기초자치단체의 조건설정과 정합성에도 유의한다.

② 기타 조건설정

지하철과 지하상가에 침수에 대해서는 필요에 따라 별도로 검토한다.

(2) 외력조건의 설정

침수예측구역설정에 있어서의 외력조건은 최악의 조건설정을 기본으로 하고 작성목적 및 작성대상지구의 특성에 따라 합리적인 외력 수준을 검토·설정한다.

가) 외력수준

해일침수예측의 외력으로는 기본적으로는 표 7.54 및 표 7.56에 나타낸 3가지 외력 수준이 있다. 연안재해지도 작성 시 외력조건은 최악의 조건설정(표 7.54, 표 7.55, 표 7.56의 외력레벨 3)을 기본으로 하고, 작성 목적 및 작성대상, 지구 특성에 따른 합리적인 외력수준을 검토·설정한다. 한편 시설정비가 미비한 지역에서는 외력수준 2(시설설계 상 외력)를 사용하는 곳도 있다. 또한 여러 지역에 걸친 재해를 대상으로 할 경우는 인접 기초자치단체와의 조건설정 및 정합성에 주의한다.

표 7.54 검토목적과 외력조건

외력 종류	정의	검토목적	비고
외력레벨 1	현실적으로 실감할 수 있는 발생 빈도의 외력	• 시공 중 등의 단계에서 재해가 발생한 경우의 대응 검토 • 해수욕장 등 방어선보다 바다 쪽의 재해에 대한 대응 검토	
외력레벨 2	방재 목표에 맞는 설계상 외력	시설설계상 정비목표	현시점에서 구조적으로 대응할 수 없는 부분은 비구조적으로 대응, 시대에 따라 변화 (레벨 3에 근접)
외력레벨 3	최악의 침수상황을 초래하는 외력	최악의 침수상황을 초래하는 외력	구조적 대응 불가, 최대한 비구조적 대응

출처 : 日本 国土交通省(2004), 津波·高潮ハザードマップマニュアル, p.40.

표 7.55 지진해일·폭풍해일과 그 대응

외력 종류	지진해일	폭풍해일
외력레벨 1	양식(養殖)시설 등에 영향을 미치는 지진해일 (육지에는 영향을 미치지 않음)	발생빈도가 높은 폭풍해일
외력레벨 2	설계외력(기왕의 최대지진해일)	설계외력(과거 최대 또는 상정 최대(과거 최대 규모·최악진로))
외력레벨 3	상정 최대지진해일(상정지진규모, 최악진원위치)	상정 최대폭풍해일(과거 최대 규모·최악진로)

출처: 日本 国土交通省(2004), 津波·高潮ハザードマップマニュアル, p.40.

표 7.56 외력레벨 설정의 비교

외력 종류	기존 기준서		지진해일·폭풍해일 해저드 맵 연구회 침수계산 시 외력조건	
	지진동 수준 (일본 항만기준 p.258)	성능설계에서의 설계고조위 (일본 항만공항기술연구소)	지진해일 레벨	폭풍해일 레벨
외력레벨 1	재현빈도(再現頻度) 75년의 기대(期待) 지진동(地震動)(모든 시설)	30~100년 (비교적 발생빈도가 높은 등급의 태풍으로 인한 조위편차와 태풍 시의 평균 만조위)	현실적인 실감을 할 수 있는 발생빈도의 외력	
			없음	발생빈도가 높은 폭풍해일
외력레벨 2	재현빈도 수백 년인 기대 지진동, 플레이트(Plate) 지진동 또는 플레이트 경계 지진동(내진강화시설)	100~1,000년 (과거최대급의 태풍으로 인한 조위편차와 연간 삭망평균만조위)	방재목표에 맞는 설계상 외력	
			설계외력 (기왕최대)	설계외력 (기왕최대 또는 상정최대)
외력레벨 3	없음	500~10,000년 (고려 가능한 극한 태풍으로 인한 조위편차와 태풍 시의 삭망평균만조위[16])	최악의 침수상황을 초래하는 외력	
			상정최대	상정최대 (최대 규모·최악 진로)

출처: 日本 国土交通省(2004), 津波·高潮ハザードマップマニュアル, p.41.

나) 외력조건 설정 시 유의점

지진해일 재해지도 작성 시 외력 조건의 일반적인 설정항목은 지진규모, 진원 위치, 지반변동, 조위 및 하천조건이다. 또한 폭풍해일 재해지도 작성 시 외력 조건의 일반적인 설정항목은 태풍규모, 태풍진로, 조위편차 및 하천 조건이다. 이들 설정항목은 작성목적 및 평가대상·지역특성상 필요에 따라 항목을 선정하고 위험 등 전제조건에 따라 결정하지만 현재 기술수준에서는 고려할 수 없는 조건에 대해서는 향후 기술발전에 따라 장래에

---

16 삭망평균만조위(朔望平均滿潮位) : 그믐과 보름 시의 조위(潮位)를 말하며, 이때 태양과 지구, 달이 일직선상에 놓여 기조력(起潮力)이 가장 크게 작용한다.

고려해야만 한다. 설정 조건 이외의 상황에서도 재해 발생의 가능성도 있음을 유의한다.

(3) 설계조건 설정의 검토방법

침수예측구역 설정 시 구조물 조건은 재해특성, 작성목적 및 작성대상지구의 특성에 맞게 설정한다. 재해지도 작성 시 구조물 조건의 일반적인 설정 항목은 파괴메커니즘 및 구조물 기능 설정상황이다. 지진해일 재해지도 작성 시 지진동에 의한 구조물의 전도(轉倒), 활동(滑動) 및 액상화(液狀化) 등에 의한 파괴메커니즘을 검토한다. 그 때문에 지진에 대한 구조물 내진성(耐震性)을 조사할 필요가 있다. 또한 경우에 따라서는 선박 등과의 충돌에 대해서도 고려할 필요가 있다. 폭풍해일 재해지도 작성 시 폭풍해일로 인한 월파·월류에 의한 구조물 파괴를 고려한다. 파제(破堤)되어 침수되는 경우에 파제장소 등에 대한 분명한 정의가 필요하다. 한편 구조물 기능 설정상황에 대해서는 가급적 현실을 감안한 데이터를 이용하여 수문·육갑문 등의 방재구조물 기능상황(폐쇄·개방)도 검토한다. 이들의 설정항목 및 구조물 파괴 검토방법은 작성목적 및 평가대상 측면에서 필요에 따라서 선정되는 것으로 현재 기술수준에서는 고려하지 못할 조건일지라도 향후 기술 발전에 따라서 장래에는 고려해야만 한다. 또한 설정한 조건 이외 상황에서 재해 발생 가능성도 있음에 주의한다.

3) 침수예측방법의 검토

침수예측은 외력조건이나 구조물 조건을 적절히 반영하고 작성 목적·평가 대상에 따라 정밀성(계산오차, 격자간격 등)을 갖는 방법으로 실시한다. 기본적으로는 시계열(時系列)을 고려한 수치계산으로 시뮬레이션을 실시하는 것이 바람직하다. 예측에 이용된 데이터 및 침수예측결과는 재해지도의 가공 및 재검토 측면을 고려하여 지리정보시스템(GIS)에서 취급 가능한 형식으로 작성하여 공유할 수 있도록 하는 것이 바람직하다. 이때 침수예측결과는 불확실성을 가진다는 것을 명심한다.

(1) 침수예측방법

침수예측방법은 기본적으로는 수치시뮬레이션으로 하는 것이 바람직하나, 시뮬레이션을 실시하기 어려운 경우는 간편한 방법으로 침수예측을 할 수 있는데 표 7.57~표 7.58에 대표적인 침수예측방법을 나타내었다.

표 7.57 대표적인 침수예측방법(1)

방법	침수 설정방법	장·단점	예측 결과(지진해일의 예시) 《침수역·침수심》《시간적 경과》
시계열을 고려한 수치계산 시뮬레이션에 의한 설정	지진해일·폭풍해일 시뮬레이션 방법	• 장점: 재해지도 작성에 필요한 데이터(침수 시 시간 경과와 침수 데이터, 지점마다 침수심 데이터)를 상세하게 구할 수 있음 • 단점: 기술력·비용 소요됨	**시간적 경과 (위):** 방파제, 반조제 육갑, 수문 등 효과를 평가할 수 있음 / 침수의 시간적 경과에 대한 데이터를 구현함 / 30分, 35分, 40分 **침수역·침수심 (아래):** 방파제, 반조제 육갑, 수문 등 효과를 평가할 수 있음 / 지점마다 수위를 계산하여 침수심 데이터를 구현함 / 1m, 2m, 3m
레벨(Level) 담수법(湛水法)에 의한 설정	• 상정의 외력수준 시 산출된 파랑 및 조위에서 단위 m 및 단위시간당 월류·월파·월파연장과 지속시간을 곱해서 월류·월파량을 구함 • 낮은 지반고에서 월파량에 상당하는 부피까지 자체로 침수예측도 침수역 및 예측침수심을 설정함	• 장점: 특별한 기술력 불필요 • 단점: - 물의 흐름을 무시하므로 지형형상에 따라서는 침수예측구역이 현실과 동떨어지는 등 비현실적인 결과를 얻을 수 있음 - 최종적으로 침수역 밖에 예측할 수 없으므로 침수 개시 시각과 시간에 따른 침수역 및 유속 등의 데이터를 구할 수 없음	**위:** 방파제, 반조제 육갑, 수문 등에 의한 효과를 평가할 수 없음 / 최종적인 침수역 밖에 알 수 없음 / 월파, 월류량과 담수량이 같아지는 (시간경과 불문명) 침수역으로 설정 / 청색파선: 수치계산시뮬레이션 결과에 따른 침수역 **아래:** 반조제 육갑, 수문 등은 수위와 마루높이의 크고 작음으로 평가하기 / 방파제에 의한 저감효과를 반영하지 못함 / 전 지점이 동일 수위라고 가정 (레벨 담수) / 물의 세기에 따른 침수역의 변화에 반영하지 못함 / 건물 등에 따른 저감효과를 반영하지 못함 / 월파, 월류과 담수량이 같아지는 등고선까지 침수역으로 설정 / 청색파선: 수치계산시뮬레이션 결과에 따른 침수역

출처: 日本 国土交通省(2004), 津波·高潮ハザードマップマニュアル, p.43.

표 7.58 대표적인 침수예측방법(2)

방법	침수 설정방법	장·단점	예측 결과(지진해일의 예시)	
			《침수역·침수심》	《시간적 경과》
기왕침수 실적에 의한 설정	• 과거의 지진해일·폭풍해일에 의한 침수역, 침수심 및 침수개시시간을 침수예측구역, 예측수심 및 침수 개시각으로 함	• 장점 : 간편하고 저렴하게 실시할 수 있음 • 단점 – 과거 침수실적이 없는 지역에서는 적용할 수 없음 – 외력수준이 반드시 최대 조건이 되라는 법이 없고, 침수예측구역, 예측수심 및 침수 개시시간이 과소가 될 경향이 있음 – 과거실적인 침수실적 이후 시설정비에 따른 침수 방재효과를 미반영함 – 침수 등 침수 당시 측정하지 않은 데이터를 얻을 수 없음	[지도] 임시 1층 지붕까지 침수 / 기왕의 지진해일의 최대의 침수역·침수심 (외력 레벨3) 이남. / 침수심은 과거 기록이 있는 장소만 필요함 / ○○지진해일 이후에 정비된 방파제, 육지 등에 수문 등의 효과는 미반영. / 현재 지형형상 미반영 / ○○지진해일 (××××)년의 추정침수역 / 청색파선: 수치계산시뮬레이션 결과에 따른 침수구역	[지도] 임시 지진 후 30분내 침수 / 기왕의 지진해일의 최대의 침수개시시간 (외력 레벨3) 이남. / 침수역 당시 기록 등 불분명 / ○○지진해일 당시 기록이 있는 장소만 필요함 / ○○지진해일 이후에 정비된 방파제, 방조제 육지 등에 수문 등의 효과는 미반영. / ○○지진해일 (××××)년의 추정침수역 / 청색파선: 수치계산시뮬레이션 결과에 따른 침수구역
지반고에 따른 설정	• 상정 외력레벨 시 예상되는 지진해일고 및 폭풍해일고와 동일한 조위와 동일한 지반고보다 낮은 구역을 침수 예측구역으로 설정함 • 예측침수심은 (지)진해일고, 폭풍해일고와 지반고의 차(이)–(지반고)로 구함 • 지진해일고나 폭풍해일고는 일본 중앙방재회의 발표에 따른 예측결과, 폭풍해일고는 유의파고 등에서 설정함	• 장점 : 간편하고 저렴하게 실시할 수 있음 • 단점 – 소상(遡上)을 무시하고 있어 침수예측구역이 과소가 될 경향이 있음 – 지진해일고, 폭풍해일조위와 지반고만으로 침수구역을 설정하기 때문에 구조물에 의한 침수방재효과를 미반영함 – 최종침수구역밖에 예측할 수 없어 침수 개시시간과 시간경과에 따른 침수역, 유속 등의 데이터를 얻을 수 없음	[지도] 표고 4m / 물의 세기에 따른 지점침수될 미반영됨 / 상정된 지진해일고와 같은 표고까지 침수하는 것으로 설정 / 전 지점이 동일고라고 가정 / 방파제, 방조제, 육지 등에 의한 지점 침수를 평가할 수 없음. / 청색파선: 수치계산시뮬레이션 결과에 따른 침수구역	[지도] 표고 4m / 건물 등에 따른 지점침수를 미반영함. / 상정된 지진해일고와 같은 표고까지 침수하는 것으로 설정 / 최종적인 침수역 밖에 알 수 없음 (시간경과 불분명) / 방파제, 방조제, 육지 등에 의한 지점 수문 수위를 평가할 수 없음. / 청색파선: 수치계산시뮬레이션 결과에 따른 침수구역

출처 : 日本 国土交通省(2004), 津波·高潮ハザードマップマニュアル, p.32.

(2) 시계열을 고려한 수치계산 시뮬레이션

참고로 시계열을 고려한 수치계산 시뮬레이션에 대해서 표 7.59에 나타내었다. 시계열을 고려한 수치계산 시뮬레이션을 실시함으로써 정밀한 연안재해지도를 작성 할 수 있어 신속한 대피를 위한 비구조적 대책 및 침수특성에 맞는 구조적 대책 검토를 할 수 있다. 또한 지진해일·폭풍해일 특성을 고려한 정밀한 침수심이나 유속, 침수개시시간 등과 같은 침수상정정보를 얻을 수 있다.

표 7.59 시계열을 고려한 수치계산 시뮬레이션

구분	내용
지진해일 시뮬레이션	• 지진해일의 수치계산은 심해역(深海域)에서는 선형장파이론에 따르는 것을 기본으로 함 • 육상소상(陸上遡上)을 포함한 천해역(淺海域)에서는 해저마찰 및 이류(移流)를 고려한 비선형 장파 이론식(천수이론식)을 따르는 것을 기본으로 함 • 원지(遠地) 지진해일의 외해전파 계산에는 선형 분산파(線形分散波) 이론에 따르는 것을 기본으로 함 • 계산상 불확실성 항목인 반사율, 배수유동(背水流動), 파의 선단조건, 쇄파발생에 의한 웨이브·셋업(Wave Setup, 평균 수위상승) 및 계산정밀도에 대해서는 작성목적·평가대상과 작성 시 기술수준으로 판단함 • 지진해일은 제1파 만에 최대수위 상승량과 최대수위 감소량이 발생하는 것은 아니기 때문에 최대수위 상승량을 파악할 수 있도록 충분한 계산 시간이 필요함
폭풍해일 시뮬레이션	• 폭풍해일의 수치계산은 심해역에서는 선형장파이론에 따르는 것을 기본으로 함 • 육상소상을 포함한 천해역에서는 해저마찰 및 이류를 고려한 비선형장파 이론식(천수이론식)에 따르는 것을 기본으로 함 • 외력상 불확실성 항목인 태풍속도, 계산상 불확실성 항목인 쇄파발생에 의한 웨이브·셋업, 월파유량의 불규칙성, 육상지역 조도 및 계산 정도는 작성목적 및 평가대상에서 판단함 • 계산은 폭풍해일이 빠질 때까지 실시할 필요가 있음

출처 : 日本 国土交通省(2004), 津波·高潮ハザードマップマニュアル, p.54.

가) 지진단층모델과 초기수위【지진해일】

방재계획 등 지역방재를 검토하려면 대상지역에서 고려할 수 있는 최대 규모의 지진해일을 대상으로 한다. 지진발생 시 지반고 변위(융기(隆起) 또는 침강(沈降))가 생기기 때문에 최대 지진해일고를 발생시키는 지진과 최대 침수심을 발생케 하는 지진이 다른 경우가 있다. 그러므로 지진해일 재해지도 작성 시 대상으로 하는 지진단층모델은 지진해일고만을 고려할 것이 아니라 침수심(지진해일고−변위 후 지반고)에 따라서도 평가할 필요가 있다. 즉, 지진단층모델 설정 시 다음 조건으로부터 구한 지반고로부터 침수심을 산정하고 기왕 또는 상정 최대 규모 침수심의 원인이 되는 지진단층모델을 기본으로 선정한다.

① 지반이 침강한다고 예측한 경우에는 침강 후 지반고

② 지반이 융기한다고 예측한 경우에는 융기를 무시한 당초 지반고

또한 지진해일 재해지도를 위한 지진해일계산에 사용하는 '초기수위'는 지진해일 재현계산의 실시 후 그 타당성이 검증된 단층모델로부터 설정하는 것을 기본으로 한다.

나) 태풍 규모 및 태풍 경로【폭풍해일】

폭풍해일 재해지도 작성 시 외력은 상정한 최대 규모 태풍에 의해 일어나는 조위편차를 잡고 재해지도 작성주체가 상황에 따라 검토·설정한다. 상정한 태풍은 해당지역의 기왕최대급 및 이세만 태풍 규모이다. 또한 침수계산 시의 태풍 경로는 과거 관측된 진로를 참고하여 해당지역에서의 피해가 가장 클 때의 경로를 사용한다.

다) 조위와 파고에 대해서【지진해일·폭풍해일】

지진해일·폭풍해일 계산 시 사용하는 조위는 삭망평균만조위(H.W.L)를 기본으로 한다. 또한 폭풍해일 계산 시 조위편차는 상정한 태풍에 따라 계산된 것을 사용하고, 파고는 상정한 태풍을 사용하여 시뮬레이션한 값을 기본으로 한다. 더구나 관측된 기왕최대 조위편차를 상정외력으로 설정하는 경우에는 기왕의 데이터 등을 참고하여 적절한 계산파고를 설정한다.

라) 격자간격에 대해서【지진해일·폭풍해일】

지진해일·폭풍해일 계산 시의 평가지점 주변 해역 및 소상지역(육상지역)에서의 격자간격은 다음과 같이 적절하게 설정한다.

① 지형형상(소하천 등)의 모델화를 통하여 침수예측 정확도를 확보한다.

② 구조물 등 평가대상을 지형모델화로서 적절하게 표현할 수 있는가에 대해 검토한다.

마) 표고데이터에 대해서 【지진해일·폭풍해일】

표고데이터는 침수심 평가를 위해 1m인 상세한 정도를 필요로 한다. 위와 같은 정도의 데이터가 존재하지 않는 지역에서는 지형도로부터 측점 수정과 현지조사 및 해안 전문가와 같이 확인하는 등의 방법으로 정확도를 확보한다.

바) 하천의 취급방법에 대해서 【지진해일·폭풍해일】

지진해일 계산 시 하천의 지형조건(하천형상·하상고)을 계산한 후 메쉬(Mesh)와 표고 (수심) 데이터로 나타내는 동시에 하천제방의 마루높이 등으로 구조물 조건을 설정한다. 폭풍해일로 인한 하천으로부터 침수를 상정하는 경우는 폭풍해일의 하천소상에 대한 계산을 실시한다. 그때 하천유량은 하천특성 및 과거 데이터 등으로부터 적절하게 설정한다.

사) 구조물 취급방법에 대해서 【지진해일·폭풍해일】 (표 7.60 참조)

지진해일 침수예측을 실시할 때는 선정된 지진단층모델에 의한 지진동을 외력으로 하여 구조물 피해를 산정하고 그 피해상황을 고려한 침수예측을 실시한다. 주민이 활용하는 재해지도 작성을 위해 지진해일 침수예측을 실시할 때는 지진해일의 전파과정 시 해수면보다 높은 구조물(제방, 호안, 방파제, 흉벽, 도로성토(道路盛土) 등)을 검토한다. 또한 수문·육갑문(陸閘門) 등과 같은 방재시설은 기본적으로 지진해일 도달시간이 빨라 폐쇄가 곤란하거나 지진동으로 발생된 변형 등으로 인하여 충분하게 기능하지 못할 우려가 있으므로 개방(開放)상태로 취급한다. 단 다음 시설에 대해서는 폐쇄상태로 취급한다.

① 내진성(耐震性)을 가진 자동화 시설
② 항상 폐쇄된 시설
③ 내진성을 가지고 있어 지진해일 도달시간보다 빨리 폐쇄 가능한 시설

해안보전시설 등과 같은 구조물의 취급방법에 대해서는 현재 구조물 상황을 고려하여 폭풍해일의 월파·월류에 의한 시설의 파괴를 고려하는 것으로 한다. 주민이 활용하는 재해지도 작성을 위한 폭풍해일 침수예측 시 수문·육갑문 등과 같이 명확한 기능을 하지 않는

시설은 제외하고 모든 구조물은 폐쇄된 것으로 보고 계산을 실행한다. 또한 필요에 따라 일부 개방한 경우에 대해서도 검토를 실시한다. 행정적으로 활용하는 재해지도 작성에 있어 침수예측 시 시설 상황은 검토 목적에 따라 설정한다.

표 7.60 침수예측 시 시설조건의 설정 예

구분	지진해일 침수예측	폭풍해일 침수예측
제방, 호안, 방파제 등	지진동에 따른 피해를 고려하여 설정	소요기능을 발휘하는 것으로 설정
수문·육갑문	• 개방상태로서 설정(단시간에 내습, 피해 가능성이 있음) • 다음 경우는 폐쇄상태로서 설정 - 내진성을 가진 자동화 시설 - 항상 폐쇄된 시설 - 내진성을 가져 지진해일 도달 시간보다 빨리 폐쇄 가능한 시설	• 폐쇄상태로서 설정 • 명확하게 기능하지 않는 것(노후화 등으로 고장 난 것 등)은 개방 상태로서 설정
비고	방재정보용 경우는 검토목적에 따라 설정 예) 최악인 경우로서의 전체 개방과 시설 최대기능 경우로서 전체 폐쇄인 2가지 경우로 설정	

출처 : 日本 国土交通省(2004), 津波·高潮ハザードマップマニュアル, p.47.

아) 예측에 사용되는 데이터 및 출력 데이터에 대해서 【지진해일·폭풍해일】

또한 침수예측결과는 불확실성을 가진다는 것에 주의한다. 지진해일·폭풍해일 재해지도는 침수예측으로부터 구한 침수지역에 관해 가공된 재해정보(지진해일·폭풍해일 위험도)를 중첩하여 작성한다. 그 때문에 침수예측결과는 재해지도의 가공을 고려하여 지리정보시스템(GIS)으로 다룰 수 있는 형식으로 작성하는 것이 효율적이다. 또한 예측에 사용된 데이터에 대해서도 재해지도의 가공 및 수정을 고려하여 지리정보시스템(GIS)으로 처리할 수 있는 형식으로 작성하는 것이 바람직하다. 이들 데이터에 대해서는 재해지도의 효율적인 정비 및 수정을 위해 공유하는 것이 좋은데, 그런 경우에는 보다 일반적인 데이터 형식을 사용토록 한다.

(3) 상정 외 재해의 발생 가능성

또한 설정된 외력 이외의 상황에서 재해 발생 가능성이 있다는 것에 주의한다. 더구나 여러 지역에 걸친 재해를 대상으로 하는 경우는 인접 기초자치단체에서의 조건설정과 정합성에도 유의한다. 또한 현재 기술수준에서는 고려할 수 없는 조건에 대해서는 금후 기술 발전에 따라 장래에 고려해야만 한다. 그 구체적인 예는 표 7.61에 나타내었다.

표 7.61 현재 기술수준에서는 확립되지 않은 사항의 구체적인 예

분류	현재 기술수준에서 확립되지 않은 사항의 구체적인 예
지진해일	• 지반변위 검토방법에 대한 통일적 견해 • 단층 파라메타, 해안마찰계수의 최적치 • 빌딩, 수문, 육갑문, 방조림, 제방 등과 같은 구조물의 격자 내 고려방법 • 하천 내 파상단파(波狀段波) 형성의 재현 • 솔리톤(Soliton) 분열 및 파상단파의 재현 등
폭풍해일	• 폭풍해일의 하천소상(河川遡上)과 홍수 유하를 모두 고려한 거동 • 제방의 파제(破堤) 메카니즘 • 제방 폭 설정 • 파제의 개시시간 설정 등

출처 : 日本 国土交通省(2004), 津波·高潮ハザードマップマニュアル, p.48.

7.6.4 침수예측결과로부터 연안재해지도 작성 방법

1) 목적별 재해지도 방식

(1) 목적에 따른 기재(記載)와 표현

연안 재해지도의 기재내용 및 표현은 목적에 따라 채용할 필요가 있다. 주민 활용 및 행정적으로 활용하는 2가지 목적에 대응한 연안재해지도의 기재내용 및 표현으로서는 표 7.62에 재해의 각 단계에서의 연안재해지도의 이용주체와 이용방법, 표 7.63에는 목적별 재해지도 방식을 나타내었다. 주민이 활용하는 재해지도와 행정적으로 활용하는 재해지도 이외에도 침수위험도가 높은 공장 등에 대한 기업용 재해지도 및 해역(어업종사자 등)에 대한 재해지도 등과 같이 지역과제 따른 재해지도가 필요하다면 그 작성목적에 따라 기재 내용과 표현을 채용하면 된다.

표 7.62 재해의 각 단계에서의 연안재해지도의 이용주체와 이용방법

재해의 단계	이용주체	이용방법
재해 발생 전	주민	대피활용정보·재해학습정보·지역정보(토지이용 등) 제공
	행정	예방대책(대피장소의 정비, 방재시설의 정비 등), 리스크 커뮤니케이션
재해 발생 직후	주민	재해정보제공(지진해일·폭풍해일의 높이, 대피장소)
	행정	응급대책(대피계획, 구조계획 등)
재해 발생 후	주민	대피후의 정보제공(지방자치단체의 지시 등)
	행정	응급대책(대피계획, 구조계획 등)

출처 : 日本 国土交通省(2004), 津波·高潮ハザードマップマニュアル, p.49.

표 7.63 목적별 재해지도 방식(方式)

Who(누가)	When(언제), Where(어디서)	What(무엇을)	Why(무엇 때문에), How(어떻게 사용하는가)
주민	재해 발생 전, 가정 등 생활 터전에서	주민대피용 재해지도	거주지에서의 지진해일·폭풍해일에 대한 위험도, 대피장소·대피로 파악을 위함
주민	재해 발생 전, 대피 판단을 하는 장소에서	주민대피용 재해지도	기상상황이나 주변상황에 따른 적절한 대응조치를 취하기 위한 적절한 판단을 위함
주민	재해 발생 후, 대피장소에서	주민대피용 재해지도	대피 후 지방자치단체 등의 기본적인 정보를 파악하기 위함
행정	재해 발생 전, 재해 발생 후, 각 담당업무에서의 대응 시	방재정보용 재해지도	재해 상황에 대응한 적절한 대피계획 정비 계획, 시설운용계획, 구호계획을 입안하기 위함(예 : 해안관리자가 지진해일·폭풍해일 재해에 대한 방재시설 성능의 정확한 파악)
주민과 행정	재해 발생 전, 정책 결정을 위한 소통의 장소에서	주민대피용 재해지도, 방재정보용 재해지도	지역주민과 행정당국이 위험정도, 비용 등에 대한 대화를 함으로써 재해위험 정보를 공유하고, 언제 올지 모르는 재해에 공동으로 대응하기 위함

출처 : 日本 国土交通省(2004), 津波·高潮ハザードマップマニュアル, p.50.

(2) 목적에 따른 외력설정(표 7.64 참조)

연안재해지도 작성 시 이용되는 침수예측구역은 재해지도 작성목적 및 작성대상 지구의 특성에 맞게 적절히 설정한다. 제3장에서 서술한 것처럼 침수예측을 위한 외력으로는 여러 조건에 대한 정밀 조사 후 복수 패턴을 작성하여 비교 검토하지만, 기준은 표 7.54 및 표 7.55에 나타내었듯이 3가지 외력이 있다. 주민이 활용하는 재해지도는 확실한 주민대피를 위해 외력 중 가장 강력하고 힘든 상황을 초래하는 외력을 표시할 필요가 있다. 또 행정적으로 활용하는 재해지도에서는 예를 들면 시설정비 중인 상습적인 재해 시 상황을 포함하여 검토목적에 맞게 적절한 조건 설정을 한다.

표 7.64 연안재해지도 목적별 표시해야 할 재해정보와 외력

이용주체	이용목적	이용단계	표시하여야 할 재해지도 정보	외력
주민	원활한 대피	재해 발생 전 위험도 파악	시설정비로 대응해야 하는 침수상황	외력레벨2
			최악의 침수상황	외력레벨3
		재해 발생 직전 안전 지역(대피소)의 파악	시설정비로 대응해야 하는 침수상황	외력레벨2
			최악의 침수상황	외력레벨3
방재 담당자	원활한 대피	재해 발생 전 대피계획 입안	시공단계 등에서 발생이 예상되는 침수상황	외력레벨1
			시설정비로 대응해야 하는 침수상황	외력레벨2
			최악의 침수상황	외력레벨3
		재해 발생 직전, 재해 발생 후 대피령 발령	시공단계 등에서 발생이 예상되는 침수상황	외력레벨1
			시설정비로 대응해야 하는 침수상황	외력레벨2
			최악의 침수상황	외력레벨3
시설정비 담당자	적절한 정비	재해 발생 전(정비계획 입안 시) 정비 필요성 파악	시공단계 등에서 발생이 예상되는 침수상황	외력레벨1
			시설정비로 대응해야 하는 침수상황	외력레벨2
			최악의 침수상황	외력레벨3

출처 : 日本 国土交通省(2004), 津波·高潮ハザードマップマニュアル. p.51.

(3) 연안재해지도 작성 시 기본적인 검토사항

가) 알기 쉬운 연안재해지도

연안재해지도는 보기 쉽고 알기 쉬워야 한다. 주민이 활용하는 재해지도는 말할 필요도 없이 재해 발생 시 대피에 활용하는 것이다. 만일 주민이 재해지도에서 제시된 정보를 정확하게 이해하지 못하고 대피 때 그릇된 판단을 하면 목숨을 잃을 위험성도 있다. 이 때문에 주민이 활용하는 재해지도는 누구나가 이해할 수 있어야 하며 보기 쉽고 알기 쉬워야 한다.

나) 재해 이미지의 고착화(固着化) 우려에 대한 대응

연안재해지도는 재해 이미지의 고착화를 막기 위해서 '재해정보는 어디까지나 예측이며 조건에 따라 변동이 있을 수 있음'을 분명히 명기해야 한다. 연안재해지도에 나타낸 침수예측구역 등과 같은 재해정보는 어디까지나 일정조건하에서의 피해상황을 예측한 결과이다. 그러나 일단 재해정보가 도면화(圖面化)되어 공표되면 마치 지진해일·폭풍해일의 발생 시 반드시 표시된 재해가 발생될 것이라는 이미지를 주민에게 심어줄 위험성이 있다. 즉, 재해 이미지의 고착화는 주민들에게 잘못된 위기감·안심감을 초래하여 원활한 대피에 장해(障害)가 될 수 있다. 그래서 연안재해지도가 종이매체인 경우는 수단에 한계는 있지만 재

해 이미지의 고착화를 막는 방법이 필요하다. 예를 들어 '침수예측구역 이외에서도 침수될 가능성이 있다', '피해를 입지 않는다고 보증하지 않는다' 또는 '예측 최대 침수심보다도 깊어질 가능성이 있다'와 같이 글씨를 굵게 또는 크게 쓰는 등과 같은 조치가 필요하다. 또한 다른 조건의 침수예측결과와 같은 부가정보를 게재한 소책자의 배포, 연안재해지도를 사용하는 주민과의 리스크 커뮤니케이션 및 연안재해지도 작성 시 주민 참여 등도 중요하다.

다) 연안재해지도 작성 관련 주민참여

연안재해지도 작성 시 그 지역주민이 참여하면 지도에 지역특성 반영이나 홍보·확인·이용·활용을 촉진할 수 있다. 즉, 주민이 활용하는 재해지도 작성 시 지역 주민이 직접 참여하여 작성하는 것은 홍보 및 활용촉진에 매우 중요하다. 왜냐하면 행정기관이 완성한 지도를 단순히 주민에게 제공하기보다는 예를 들어 대피경로 작성 시 주민들이 스스로 지역특성이나 상황을 상정하여 작성하는 것은 대피 때 매우 유용하며 효과적인 방재정보이기 때문이다. 이처럼 연안재해지도 작성단계에서 주민과 행정기관 사이의 리스크 커뮤니케이션 등을 통해 주민들에게 '자신이 주체적으로 연안재해지도 작성에 참가하자'라는 의식을 가지게 하는 것이 연안재해지도 활용촉진에 매우 필요하다. 또한 연안재해지도에 대한 지역정보의 반영을 위해서도 재해지도 작성에 관한 워크숍을 개최하는 것은 효율적인 주민참여라고 볼 수 있다.

(4) 지진해일·폭풍해일 재해의 특징과 연안재해지도 작성 시 주의할 점

지진해일·폭풍해일 재해가 가진 특징 및 주민이 활용하는 연안재해지도 작성 시 주의할 점은 표 7.65와 같다.

표 7.65 지진해일·폭풍해일 재해의 특징과 연안재해지도 작성 시 주의할 점(계속)

구분	주민이 활용하는 재해지도 작성 시 대표적인 주의사항
지진해일재해	• 지진직후 지진해일이 내습하는 지역이 있음 　→ 진동을 느낀 단계에서 즉각 대피할 필요가 있음 • 지진에 의한 건물 붕괴가 발생함 　→ 도로폐쇄에 따라 대피하기 곤란한 가능성 있음 • 지진해일의 독특한 피해가 있음 　→ 인파(引波) 및 유속 등에도 주의가 필요

표 7.65 지진해일·폭풍해일 재해의 특징과 연안재해지도 작성 시 주의할 점

구분	주민이 활용하는 재해지도 작성 시 대표적인 주의사항
폭풍해일재해	• 태풍 접근을 사전에 파악할 수 있음 →주민의 대피판단 시간이 비교적 있음 • 태풍 최접근(最接近) 시에는 폭풍우 중에 있음 →침수발생 시 대피 곤란함
공통	• 재해 이미지의 고착화는 피함 →잘못된 인식을 갖지 않음(이미지 고착으로 이어지는 시뮬레이션의 상세한 결과 등은 재해학습정보로서 별책으로 만듦)

출처 : 日本 国土交通省(2004), 津波·高潮ハザードマップマニュアル, p.54.

(5) 주민이 활용하는 재해지도 명칭

지진해일·폭풍해일 침수예측결과와 방재정보 등 각종정보를 덧붙인 지도를 총칭해서 '재해지도'이라고 부르고 있다. 특히 주민이 활용하는 재해지도에 관해서는 배포 시 명칭을 '방재지도', '지진해일 대피지도', '폭풍해일 위험지도' 등 부르기 쉬운 것이 바람직한데(그림 7.81 참조), 그 이유는 다음과 같다.

1. 상정된 지도는 재해정보(지진해일·폭풍해일 침수위험도) 외에 대피장소 등의 방재정보도 추가할 것
2. 지도 이용자인 주민(특히 노인 등)을 위해 알기 쉬운 명칭이 바람직

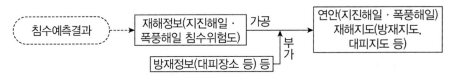

출처 : 日本 国土交通省(2004), 津波·高潮ハザードマップマニュアル. p.55.

그림 7.81 재해정보와 연안재해지도(방재지도, 대피지도 등)

2) 주민이 활용하는 재해지도의 기재 내용

(1) '대피활용정보'와 '재해학습정보'

주민의 원활한 대피를 위한 필요정보로써 '대피활용정보' 및 '재해학습정보'를 들 수 있다. '대피활용정보'는 개개인에 대한 대피소·대피경로 파악 등과 같이 대피 시 필요한 정보

이다. 또한 '재해학습정보'는 지역주민들에게 '지진해일이란 무엇인가?' 및 '폭풍해일이란 어떤 것인가?'를 이해시키는 것과 같은 방재의식의 향상을 위한 정보이다. 더구나 지역에 따른 과제, 재해특성에 대응한 중요한 정보, 지진해일의 경우는 지진과 관련한 정보에 대해서도 기재한다(표 7.66 참조).

(2) 주민이 활용하는 재해지도의 기본적인 기재사항

주민이 활용하는 재해지도의 기본이미지는 '대피에 필요 불가결한 최소한의 정보를 누구나 이해하며 알기 쉽고 간단하게'라는 콘셉트(Concept)이다. 이 콘셉트하에서 '대피활용정보' 중 대피에 필요 불가결한 최소한의 정보인 '대피 기본정보'와 대피에 즈음한 부가적인 정보로써 '대피 부가정보'를 기재한다(표 7.67 참조).

표 7.66 원활한 주민 대피에 필요한 정보의 목적별 정리(계속)

구분	기재목적	기재사항	비고
대피 활용 정보	대피 시 필요한 정보	• 침수예측(침수예측구역, 예측침수심 등급, 예측도달시간 등) • 대피장소(지진해일·폭풍해일 발생 시 적절한 대피소, 공공시설, 학교, 병원, 대피빌딩 등) • 대피경로 및 위험한 장소(대피경로, 토사재해의 우려가 있는 등 위험한 장소) • 지진재해와 관련된 정보(토사재해 위험, 화학공장이 있는 위험한 장소 등)	• 단순하고 쉽게 표시할 필요가 있음 • 주된 도면에 표시해야 할 정보
	평소 대피검토 시 필요한 정보	(상기 이외) • 재해 특성에 따른 위험정보(지진해일 인파, 유속 등) • 침수실적(최대침수구역, 최대침수심) • 방재시설 정비상황(제방·호안 현재 마루높이/계획마루높이-노후화 등) • 대피가 필요한 지역(위험도 등급, 요양 시설, 지하철·지하상가 위치) • 대피기준(대피명령 등 발령기준, 구체적인 외력규모, 스스로 대피 중요성 등) • 대피 시 대처방안, 가족방재 메모 등 • 정보전달 수단(주민에 대한 정보전달 경로·수단, 정보입수 방법) • 강한 지진동이 예측될 경우 지진동 분포	• 대피 시 필요한 정보와는 별도로 표시해야 할 정보 • 주된 도면과는 별책으로써 표시해야 할 정보 • 알기 쉬운 표현 등으로 기술할 필요가 있음

표 7.66 원활한 주민 대피에 필요한 정보의 목적별 정리

구분	기재목적	기재사항	비고
재해 학습 정보	평소 재해방재에 대해 학습하는 데 필요한 정보	• 지진해일·폭풍해일 발생 메커니즘(기상요인, 　지진, 지형적 특징) • 지진해일·폭풍해일 위험성(범람형태, 피해내 　용, 복합범람, 복합재해) • 기상·지진에 관한 기초지식(기상용어, 강우 　특성, 진도 등) • 과거 지진해일·폭풍해일 정보(기상·수문, 진 　원·진도, 침수피해, 대피상황) • 방재시설 정비의 역사, 방재시설 효과 • 지역의 역사(지형 형성사, 시가지 형성사, 재 　해사)등	• 대피 시 필요한 정보와는 　별도로 표시해야 할 정보 • 주된 도면과는 별책으로 　써 표시해야 할 정보 • 알기 쉬운 표현 등으로 　기술할 필요가 있음
	재해지도 해설 및 기타	• 재해지도 보는 방법·사용법 • 방재정보의 전달 경로 • 평상시 지진해일·폭풍해일에 대한 소양 • 재해 시 연락처(라이프 라인, 경찰, 소방) • 대피 후에 대해서 • 작성주체(명칭·작성 년 월 등)	

출처: 日本 国土交通省(2004), 津波·高潮ハザードマップマニュアル, p.58.

표 7.67 주민이 활용하는 재해지도의 기본이미지·기재 사항(계속)

항목	기본 이미지 【• : 기본적 기재 사항, 주) : 주의 사항】			
콘셉트 (Concept)	대피에 필요 불가결한 최소한의 정보를 누구나 이해하고 알기 쉽고 간단하게			
스케일 (Scale)	주민이 대피를 검토할 수 있는 스케일(필요에 따라서 집 1채까지 확인할 수 있는 스케일)			
지도 기재 사항	기본적으로 기재 할 사항 (대피기본정보)	외력정보	상정할 1개 외력	• 최악의 침수상황을 초래하는 외력 　(레벨 3)(방재목표에 맞는 설계상 　외력(레벨 2)도 가능) 　주) 공개된 피해상정 등과 정합(整合)
		재해정보	침수예측구역	• 재해 이미지의 고착화 주의
			피난필요구역 (완충구역 : Buffer Zone)	• 완충구역을 아래 항목부터 지역 특 　성에 맞게 설정 −표고에 따른 설정 −마을가로(街路)에 따른 설정 −주요도로에 의한 설정
			대피장소	• 지정대피장소·대피빌딩 　주) 고지대, 높은 건물 등에 대해서 　　도 검토 필요
			대피경로	

표 7.67 주민이 활용하는 재해지도의 기본이미지·기재 사항

항목	기본 이미지 【●:기본적 기재 사항, 주):주의 사항】		
지역에 따라 부가되는 필요한 최소한 기재 사항 (대피부가정보)	외력정보	대피기본정보에서 상정하고 있는 외력 이외의 외력	● 주민이 발생외력 차이를 판단할 수 있는 경우에는 태풍정보 등
	재해정보	최대 예측 침수심 등급, 예측도달시간, 위험 개소	● 주지시키는 것이 중요한 경우에는 최대예측침수심, 예측도달시간 등 주) 문자에 의한 표기도 있음
	방재정보	침수실적, 방재시설 현황, 지반고, 구호 시설, 대피지하 공간, 대피기준, 소양, 방재 메모 등	주) 지역 필요에 따라 최소한으로 함
크기 및 형태	－가정에서 눈에 띄는 곳에 항상 게시할 수 있는 크기, 형태(A3사이즈 정도, 냉장고에 첨부, 행정수첩과 연계) －비상시 반출 가능한 형태(형광화, 방수화 등에 대한 연구)		

주) 상기 표는 호별 배포를 위해 주민이 활용하는 재해지도로써 워크숍용, 교육전시용 재해지도의 기재사항 등은 이와 다름
출처 : 日本 国土交通省(2004), 津波·高潮ハザードマップマニュアル, p.60.

(3) 행정적으로 활용하는 재해지도의 기재사항

행정적으로 활용하는 재해지도에는 '예방대책용 정보' 및 '응급대책용 정보'를 기재한다. 기재내용은 공통정보인 침수예측구역 표시 등의 '기본 정보' 이외에 각 업무에 필요한 '목적별 정보'를 포함시켜 표시한다(표 7.68~표 7.70 참조).

표 7.68 행정적으로 활용하는 재해지도 활용방법의 예

용도	활용방법
예방대책용	● 대피소와 대피로 정비 ● 재해대책본부의 적지(適地) 선정 ● 직원 등에 대한 방재교육 ● 토지이용계획, 지역계획 ● 시설정비의 검토
응급대책용	● 대피계획, 구호계획 ● 시설운용계획

출처 : 日本 国土交通省(2004), 津波·高潮ハザードマップマニュアル, p.61.

표 7.69 행정적으로 활용하는 재해지도의 기본적인 기재사항

구분	기본정보	목적별 정보
외력정보	상정한 1개 외력	그 이외의 외력을 포함
재해정보	• 침수예측구역 • 최대예측 침수심 등급 • 예측침수개시시간, 침수개시부분 • 대피필요구역(완충구역)	과거 재해
방재정보	• 방재라인 • 인구분포 • 토지이용 • 긴급수송로 • 내진(耐震) 버스(Berth) • 대피시설	• 방재서점 • 경찰·소방 등 • 공공 공익시설 • 구호시설 • 전력시설 • 해안보전시설 등

출처: 日本 国土交通省(2004), 津波·高潮ハザードマップマニュアル, p.62.

표 7.70 행정적으로 활용하는 재해지도의 기재사항(예)

구분	필요정보(레이어(Layer) : 정보의 중첩)	비고
기본정보	상세침수계산결과(침수구역, 침수심, 침수개시시각, 속도, 침수 개시 부분 등)	지진해일·폭풍해일 재해에 대한 모든 검토의 기본 이되는 정보
	지형정보	
	방재시설	
	지역개요(인구분포, 토지이용 등)	
	긴급 수송로, 내진(耐震) 버스(Berth), 대피시설	
목적별 정보	과거의 지진해일·폭풍해일 재해(침수역, 재해피해 장소)	검토단계('예방대책', '응급대책'), 재난단계('재해직전', '재해직후', '응급대응단계', '복구단계'), 담당업무 내용에 따라 필요한 레이어(Layer)를 베이스(Base) 정보에 중첩시킴
	방재거점(국가, 광역지방자치단체, 기초지방자치단체) [경찰서, 파출소, 소방본부, 소방서, 기상대, 측후소, 방재센터, 통신·홍보시설, 방재행정 무선망, 방조제, 방조수문(防潮水門), 수방창고, 정수사업소, 차량기지 등]	
	대피시설(1차 집결장소, 대피장소(수용시설), 대피로, 헬기장, 대피항(待避港) 등), 대피시설 용량·지진재해 내구성 등	
	공공·공익시설(교통수송시설(도로, 철도, 항만, 공항 등), 지하철·지하상가 등의 제원(위치, 입구높이) [전력시설(발전소, 변전소, 송전선), 가스공급시설, 상수도 거점 시설, 하수도 거점시설, 전신·전화시설(전신 전화국, 주요 전송로), 학교, 주민자치센터, 병원, 보건소, 양로원, 유치원·보육원, 사회 복지시설 등]	
	방재보전 등 법령규제구역(해안보전구역, 항만구역, 어항구역, 국립공원구역, 교통규제사항 등)	
	해안보전시설 등(시설위치와 구조형식, 재해예상시설 열람도, 안정계산 결과, 액상화 검토 결과)	

출처: 日本 国土交通省(2004), 津波·高潮ハザードマップマニュアル, p.62.

(4) 재해정보(지진해일·폭풍해일 침수위험도)의 표현 방법

가) 침수예측구역과 재해정보(지진해일·폭풍해일 침수위험도)

재해정보(지진해일·폭풍해일 침수위험도)는 침수예측구역을 재해지도 작성 목적에 따라 가공하여 작성한다. 더구나 예측된 침수지역은 불확실성을 가지고 있으므로 주의가 필요하다. 침수예측구역은 재해정보(지진해일·폭풍해일 침수위험도: 침수심, 침수개시시각 등)로 나타낸다. 다만 침수계산은 어떤 가정하에 예측된 결과로 불확실성을 가지고 있다. 그림 7.82는 외력조건에서부터 재해지도 작성까지의 흐름도를 나타낸다.

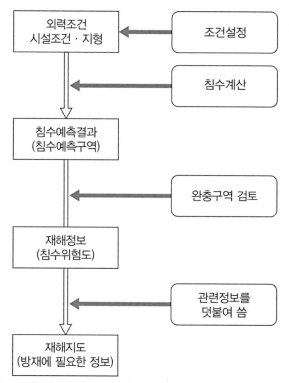

출처: 日本 国土交通省(2004), 津波·高潮ハザードマップマニュアル. p.63.

그림 7.82 외력조건에서부터 재해지도 작성까지의 흐름도

나) 침수예측구역에 대한 표시검토

침수예측구역은 현실지형을 최대한 적절하게 평가할 수 있도록 가능한 상세한 지형 정보 및 메시 크기(Mesh Size)로 표시한다. 침수예측 구역은 모든 검토의 기본이 되는 것으로

가능한 정확하게 표시한다. 즉, 연안재해지도는 올바른 대피판단 및 안전한 대피경로의 선택을 위하여 상세한 침수심·침수구역을 파악할 수 있게 각각의 건물, 대피소 및 대피경로상 침수상황을 알 수 있도록 가능한 상세한 지형 데이터 및 메시 크기로 나타내는 것이 바람직하다. 특히 평가대상(대피경로상 위험(측구(側溝)나 가옥과 다리의 붕괴 등), 구조물(수문, 육갑문) 특성, 지형특성, 하천특성 등)을 올바르게 평가할 수 있도록 정밀하게 표시한다. 또한 보다 상세한 지형정보(지반고 데이터)를 활용하여 그림 7.83에 나타낸 것과 같이 침수심에 대한 표시데이터를 상세하게 작성할 수 있다. 단, 침수심 정도는 예측 정도에 의존하는 것에 주의한다.

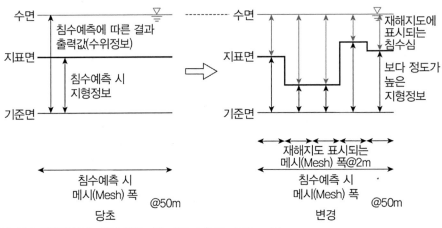

출처 : 日本 国土交通省(2004), 津波·高潮ハザードマップマニュアル. p.64.

그림 7.83 보다 상세한 침수심 표시 데이터의 작성 방법

다) 대피검토에 필요한 재해정보(지진해일·폭풍해일 침수위험도)의 표현방법 검토

대피를 검토하기 위한 재해정보(지진해일·폭풍해일 침수위험도)로는 침수역, 침수심, 침수개시시각 및 유속 등을 들 수 있다. 또한 확실한 대피를 위한 재해특성, 지형·거주상황 등을 고려하고 침수예측구역 외에 완충구역(버퍼 존 : Buffer Zone)을 설치하는 등과 같은 위험영역을 검토한다.

① 대피를 검토하기 위한 재해정보(지진해일·폭풍해일 침수위험도)

침수역, 침수심, 침수개시시각 및 유속 등을 들 수 있다.

② 대피를 검토하기 위한 침수역 표현방법

　　주로 육상에서 사용되는 연안재해지도의 침수심에 대해서는 표고(標高)로 나타낸다. 또한 예측한 침수역은 불확실하므로 상정(想定)외 외력에 대해서는 반드시 주의하라고 표시하는 등 확실한 대피를 위한 재해정보(침수위험도)의 표현방법에 대해서 고민하여야 한다. 예를 들어 외력으로 해당지구의 과거 최대 폭풍해일을 예측한 결과를 나타냄과 동시에 기왕최대 레벨의 외력(이세만(伊勢灣) 대풍규모)에 따른 침수예측을 나타내는 등 복수(複數) 외력에 대한 표시도 고려한다. 여기에서는 복수예측의 부하(負荷) 등을 고려하여 1개의 침수예측으로부터 비교적 간편하게 위험영역을 설정하는 방법으로써 그림 7.84에 나타낸 바와 같이 침수예측구역 바깥쪽에 완충구역(버퍼존 : Buffer Zone)을 표시하는 개념도를 나타내었다. 더구나 대부분의 경우 착색(着色)지역 경계로 인한 명확한 위험의 차이는 없으므로 오해가 생기지 않도록 그러데이션(Gradation)으로 표시하는 것도 검토한다. 또한 설정방법에 따라 전혀 다른 영역이 되는 경우도 있으므로 지역특성에 따라 판단한다. 완충구역의 설정방법으로서는 표 7.71과 같은 나타낸 방법을 들 수 있다. 그러나 이들 방법에 한정하지 않고 지역의 차이에 따른 여러 가지 설정방법, 예를 들어 완충구역을 표고로 표시하거나 대피의 지시영역을 마을 가로(街路)마다 나누는 방법도 있다. 또한 여력이 있어 침수역 내 완충구역을 설정하면 침수역을 과대평가를 하게 되어 현실성이 없는 경우가 있으므로 복수 외력 및 시설조건에 따라 어느 정도 폭이 있는 침수예측을 검토할 수 있다.

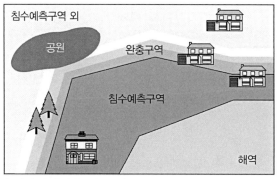

출처 : 日本 国土交通省(2004), 津波·高潮ハザードマップマニュアル. p.66.

그림 7.84 완충구역 개념도

표 7.71 완충구역 설정방법의 예

구분		설정 방법
지형(地形)에서 설정하는 방법	표고에 따른 설정	해발 ○m(최대침수심 예측 결과를 보고[예를 들면 최대수위 △할 증 등]설정) 이하의 영역을 완충구역으로 설정
행정측면에서 본 대피지시영역 구분으로 설정하는 방법	간선도로 등에 따른 설정	침수예측구역 바깥에 위치하는 간선도로 등으로 둘러싸인 영역을 완충구역으로 설정
	마을 가로(街路)경계에 따른 설정	침수예측구역에 근접하는 마을 가로(街路)영역을 완충구역으로 설정

출처: 日本 国土交通省(2004), 津波·高潮ハザードマップマニュアル, p.66.

라) 재해정보의 표시·착색(着色)방법 시 고려사항

① 지진해일 재해지도 침수심(浸水深) 표시

재해의 특성에 따른 위험정보(지진해일의 인파, 유속 등)인 침수심 표시구분은 수몰(水沒) 여부(1층까지 수몰, 2층까지 수몰, 3층까지 수몰 등)에 따라 설정한다. 또한 활용 가능한 수몰되지 않는 건물은 긴급대피장소로 파악하여 색깔을 칠한다.

② 지진해일 재해지도에서 침수개시시각 표시

대피판단 및 적절한 대피방향을 선택하기 위한 침수개시시각의 표시구분은 지진발생 후 5분 간격으로 나타내는 것을 기준으로 한다. 상황에 따라서는 침수개시시각을 표시하지 않는 것이 좋은 경우도 있다. 또한 만약 침수심 표시와 겹치면 화살표로 침수방향을 표현하거나, 침수개시시각을 등시선(Contour) 및 해칭(Hatching)으로써 나타내어 오판독(誤判讀)을 방지하는 방안이 필요하다.

③ 폭풍해일 재해지도의 침수심 표시

대피판단을 위한 침수심 표시구분은 신체부위 높이(발목 15cm, 무릎 50cm, 허리 80cm, 가슴 1.2m, 그 이상)를 기준으로 표시한다.

④ 폭풍해일 재해지도에서 침수개시시각 표시

대피판단을 위한 침수개시시각에 대한 표시구분은 침수 시작될 때부터 30분 간격으로 나타내는 것을 기준으로 한다. 또한 침수심 표시와 겹치면 침수개시시각을 등시선 및 해칭으로 표현하여 오판독을 방지해야 한다.

마) 도화에 필요한 정보의 중첩표현

침수정보와 배경정보 등 필요한 데이터를 사용하여 작성하고 이들을 작성목적에 따라 중첩시켜 도면화(圖面化)시킴으로써 연안재해지도를 작성한다.

① 침수정보와 배경정보 등 도화에 필요한 데이터

침수정보와 배경정보 등의 도화(圖畵)를 위해서는 다음과 같은 데이터가 필요하다.

㉠ 침수심 데이터 : 침수개시시각이나 최대침수심으로 구성된 침수예측구역의 정보를 평면적으로 표현하기 위해서 이용한다.

㉡ 지반고 데이터 : 수몰상황을 표현하기 위해서 이용한다.

㉢ 건물·대피장소 데이터 : 주거 및 대피소가 되는 시설 등을 표현하기 위해서 이용한다.

㉣ 기타 배경자료 : 대피경로 상의 정보 등을 표현하기 위해서 이용한다.

② 기본 데이터의 개요

㉠ 침수심 데이터 : 침수심 데이터는 침수예측결과로부터 얻을 수 있다. 데이터로써는 위치, 침수 개시시각 및 최대침수심 등이 필요하다. 다른 배경 데이터와 중첩시켜 검토하기 위해서는 GIS(Geographic Information System) 데이터로 변환하는 것이 바람직하다. 또한 예측결과를 보다 상세한 침수심을 표현하는 경우에는 상세 지반고 데이터를 사용하여 상세 침수심 데이터를 작성한다.

㉡ 지반고 데이터 : 일본의 전국적으로 정비된 지반고 데이터로서는 일본 국토지리원의 '수치지도(50m 간격)'가 있다. 값싸지만 격자 간격이 50m로 비교적 넓고 이론적으로 해발은 10m 정도 오차를 가지고 있다는 것에 주의한다. 최근에는 항공 레이더 측량을 사용하여 작성한 상세한 지반고 데이터 취득이 가능하다. 이 데이터는 2m 정도 간격으로 침수지역의 표현도 가능하지만 그것을 취득하기에는 상당한 비용을 요한다.

㉢ 건물·대피장소 데이터 : 지방자치단체 등에서 축척 1 : 2,500의 전자화된 도시계획도를 활용할 수 있다. 다만 건물 등에 명칭 등이 부여되지 않은 경우가 많아

대피소로 활용하려면 속성 데이터를 부여한다.

7.6.5 연안재해지도의 홍보, 주민이해, 활용방법

1) 지진해일·폭풍해일 홍보

(1) 지진해일·폭풍해일 홍보의 중요성

주민에게 재해정보를 전달하는 것만으로는 부족하고, 주민에게 재해위험성을 함께 이해시키는 것도 중요하다. 그 때문에 재해정보에 대한 홍보수단의 검토가 필요하다. 또한 재해지도에 의한 '재해 이미지의 고착화(침수 예측구역 이외의 지역은 위험성이 없다고 하는 재해에 관한 경직(硬直)적인 사고)'로 인하여 대피해야 할 때 하지 않는 폐해(弊害)가 생길 수 있다. 그래서 재해지도 홍보 및 배포를 실시하는 경우 이미지 고착이 일어나지 않도록 배려가 필요하다. 또한 시뮬레이션 설정조건은 주민이 알기 쉬운 표기로 하는 것이 바람직하다.

(2) 홍보방법

연안재해지도는 기본적으로 재해 발생 전에 주민에게 배포·게시 및 홍보한다. 홍보매체는 인쇄물 배부, 방재 게시판에 게시, 홈페이지(인터넷, 케이블 TV) 게재, 휴대폰 앱(App) 등을 꼽을 수 있다. 또한 신체장애자, 고령자 및 외국인 등 과 같은 재해약자, 관광객, 운전자 등 주민 이외의 사람에게 홍보할 수 있는 방법(현지표지판, 휴대폰·인터넷 등 활용)에 대해서도 검토할 필요가 있다.

2) 주민이해 촉진방안

(1) 주민참가 필요성

지역에서의 지진해일·폭풍해일에 대한 대피계획을 검토함에 있어서 지역정보에 정통한 지역주민의 의견수렴 및 지역실정에 맞는 계획을 수립하는 것이 중요하다. 또한 계획수립 시 지역주민도 함께 참가시키는 것은 홍보 및 활용촉진에 있어서 매우 중요하다. 이 때문에 재해지도 작성 시 개최하는 워크숍 및 리스크 커뮤니케이션에서 주민들에게 '자신들이 주체적으로 재해지도 작성에 참가한다'는 의식을 가지도록 하는 것이 재해지도 활용촉진에 필수적이다. 더구나 주민참여에 있어서는 지방자치단체만이 아니라 지역상공회 및 자생단체 등 다양한 관계자가 참가하는 것이 바람직하다. 그 외 주민이해를 위하여 다음과 같은 촉진방안들이 있다.

- 지역학습회 개최
- 인터넷 등을 활용한 쌍방향형 전자판 재해지도 작성·공개
- 방재홍보 도구(Tool) 작성(예: 비디오 작성·상영)

(2) 워크숍 개최

가) 워크숍 개최

지역 내에는 지역주민들 밖에 모르는 위험이 있으므로 지역주민의 의견을 들어보지 않고 수동적(受動的)으로 작성된 재해지도는 재해 발생 시 지역주민이 활용하지 않을 수 있다. 따라서 그에 대한 대책으로 지역주민이 보다 주체적으로 지역방재에 관여하도록 지역 각층의 주민이 참여하여 재해지도를 작성하는 워크숍을 개최하는 것이 바람직하다. 워크숍 핵심멤버의 구성은 표 7.72와 같이 할 수 있다. 이들 핵심멤버들과 일반참가자들은 각자의 입장에서 재해지도에 기재되어야 할 사항에 대해서 의견을 교환하고 수렴한다. 워크숍 심의내용은 취지 설명, 재해지도 개요 이해, 기초지방자치단체가 작성한 재해지도 설명, 그 배포·활용방법의 제시, 의견청취를 들 수 있다. 주민의견 등을 재해지도에 정확히 반영하기 위해서 워크숍은 여러 번 개최하는 것이 바람직하다. 또한 실제로 현지 그 지역의 위험상황, 대피소요 시간 등에 대해서 직접 확인하는 것도 중요하다. 이때 재해 이미지의 고착화(固着化)를 초래하지 않도록 지도는 어디까지나 모델케이스인 점을 설명하는 배려가 필요하다.

표 7.72 워크숍 핵심 구성원의 예

구분	구성원	입장·역할
위원장	교수, 지방자치단체 관리자, 용역회사 중역	워크숍 진행, 의견집약 등
위원	주민자치회장	주민자치회의 관점
	초·중·고 학교장	수업 시 대응, 학생 안전의 관점
	고령자대표	고령자의 관점
	지역기업종업원 대표	통근, 직장생활, 지역과 연계성 관점
	소방서장	지역방재 관점
	자율방재단 대표	지역방재 관점
	복지시설관계자 대표	장애자·고령자 등 배려의 관점
	해안공학 등 전문가	기술적인 관점
간사	기초지방자치단체 직원(방재담당자)	장소 선정, 자료작성, 자료설명 등

출처: 日本 国土交通省(2004), 津波·高潮ハザードマップマニュアル. p.74.

나) 워크숍의 운영 사례

1차 워크숍 개최에 있어서는 한 지역당 약 30명을 기준으로, 반상회 및 자율방재단 등 기존조직을 통해서 직접 주민이 참여할 것을 요청한다. 워크숍에서는 구체적인 지진해일 대피계획을 수립하는 작업에 참여하기 때문에 미리 1개 지역을 4~5개 반으로 나누어 주민의 참여를 호소하는 것이 바람직하다. 개최시간 및 횟수 등도 지역의 실정에 맞게 결정한다. 워크숍 장소는 많은 참가자가 참석하여도 어느 정도 여유를 갖고 운영할 수 있는 넓이를 확보하고 OHP(Overhead Projector)와 액정 프로젝터, 화이트보드, 모조지 등 필요한 것을 준비한다. 책상은 각 반마다 지도를 둘 수 있는 정도의 크기의 것을 준비한다. 표 7.73은 준비하는 자료나 도구의 예이다.

표 7.73 워크숍 준비물의 예

구분	준비물
연안재해지도	침수예측지도【연안재해지도】(시뮬레이션 결과 및 과거 침수역 등)
방재자료	기초지방자치단체가 지정한 대피대상지역, 대피장소, 대피로 등의 자료
그 외 준비물	필기도구, 유성 컬러펜, 투명비닐시트, 투명테이프

출처: 日本 国土交通省(2004), 津波·高潮ハザードマップマニュアル, p.75.

워크숍의 운영자는 큰 소리로 얘기하는 동시에 참석한 주민이 이해하기 쉽게 진행하도록 노력한다. 주민들에게는 가능한 한 많은 질문을 해서 주민자신이 자신이 사는 지역에 대해서 많이 생각하게끔 하는 것이 중요하다. 또 주민들은 자신이 경험한 적이 없는 규모의 재해는 비현실적인 것으로 이해하는 경향이 있으므로 지도의 기재내용, 표현방법 등을 연구해서 재해정보를 올바르게 전달할 수 있도록 주의한다. 기초지방자치단체의 방재담당 직원만으로 워크숍 개최가 어려운 경우는 국가, 광역지방자치단체의 방재담당 직원 및 연안재해 방재전문가 등에 참가를 의뢰하고 운영하는 것이 바람직하다.

다) 재해학습 등을 통한 연안재해지도의 주민이해 촉진

① 자율방재단의 학습

연안재해지도에 대한 주민이해의 촉진을 위해서는 재해학습의 중요한 도구로써 각 지역에서 결성된 자율방재단 조직에서 연안재해지도를 이용하는 것이 효과적이다. 특히 소(小) 지역별 자율방재단 조직 내에서 각 지역 실정에 따른 상세한 지역의 위험도나 대피경로 검토를 실시하는 것이 바람직하다고 할 수 있다. 그때 워크숍에서 미처 검토하지 못하고 빠트렸던 세세한 내용에 대해서도 재검토하여 보다 상세한 지역의 위험과 대피로를 기재한 연안재해지도를 만들 수 있다. 또한 평소 재해에 대해서 자율방재단 간에 의견교환 및 의사소통을 실시하여 재해 시 대책을 미리 서로 조율하는 것도 중요하다.

② 학교에서의 학습

학교 등에서 재해학습용 교재로 연안재해지도를 이용할 수 있다. 어린 시절부터 연안재해에 대한 인식을 높이기 위해 재해학습을 매년 계속적으로 실시함으로써 장래에도 지속가능한 연안재해지도의 이해촉진 및 보급·정착이 가능하다. 초등학교 등에서 재해 지도를 갖고서 학습하는 것은 각 가정 내에서 가족끼리 재해에 대해서 논의하는 계기도 되고 각 가구 및 각 지역별 재해학습과도 연계될 수 있다. 그러므로 재해지도를 초동학생용 교재로 사용할 경우 초등학생이 쉽게 알 수 있도록 표현 및 기술(記述)하거나 지도하는 교사에 대한 교육방법 등을 충분한 검토할 필요가 있다.

③ IT(Information Technology)를 활용한 주민이해 촉진

주민이 연안재해지도를 이용하기 위해서는 지진해일·폭풍해일 재해에 대해서 주민

자신의 것으로써 파악하고 이해할 필요가 있다. 그러나 전 지역을 1장 혹은 몇 장의 인쇄물로 나타낸 연안재해지도만으로는 아무래도 주민 자신의 것으로 파악하기 어려운 점이 있다.

그러므로 IT기술을 이용한 쌍방향 재해지도는 지도를 선택한 사람의 상황에 따른 재해위험도나 대피소·대피경로를 나타나거나 동영상에 표시된 쌍방향 재해지도 열람시스템의 구축함으로써 주민들 이해를 증진시킬 수 있다(그림 7.85 참조). 그리고 일본에서는 이미 그림 7.86과 같은 지진해일 재해종합 시나리오 시뮬레이터개발이 이루어지고 있다. 이 시스템에서는 재해정보 전달, 대피의사 결정 및 대피행동 및 지진해일(외력)에 대해서 각각 모델화하였으며 주민이 설정한 시나리오(대피행동 개시시간 등)을 입력하면 대피가 가능한 여부를 시각적으로 이해할 수 있도록 만든 것이다. 이러한 IT를 활용한 시스템에 의한 지진해일·대피 시뮬레이션 체험을 통해서 주민들 이해를 촉진할 수도 있다.

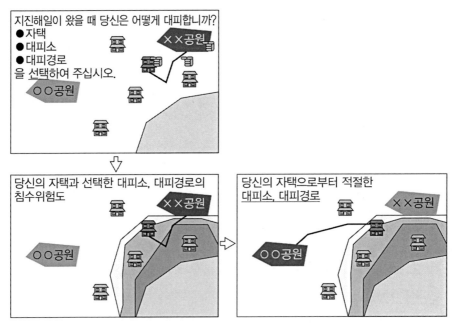

출처: 日本 国土交通省(2004), 津波·高潮ハザードマップマニュアル. p.77.

그림 7.85 쌍방향 재해지도 열람시스템 이미지

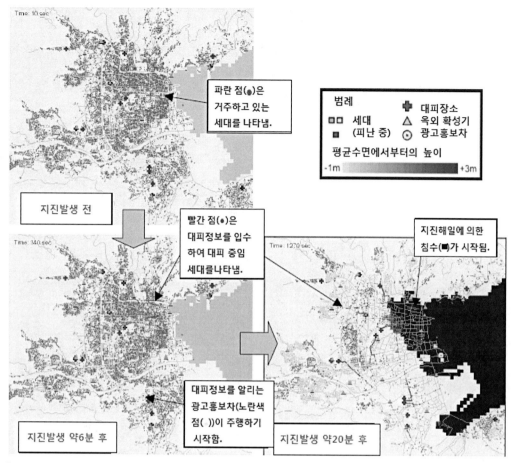

범례

□□ 세대
■ (피난 중)
✚ 대피장소
△ 옥외 확성기
⊙ 광고홍보차

평균수면에서부터의 높이
-1m ▦▦▦▦ +3m

파란 점(●)은 거주하고 있는 세대를 나타냄.

지진발생 전

빨간 점(●)은 대피정보를 입수하여 대피 중임 세대를 나타냄.

지진발생 약6분 후

대피정보를 알리는 광고홍보차(노란색 점( ))이 주행하기 시작함.

지진해일에 의한 침수(■)가 시작됨.

지진발생 약20분 후

출처 : 日本 国土交通省(2004), 津波·高潮ハザードマップマニュアル, p.78.

그림 7.86 지진해일 종합시나리오 시뮬레이터 개발 사례

④ 연안재해 어드바이저(Advisor)의 육성

일부 하천에서는 리버 카운슬러(River Counselor)라 불리는 지역에 관한 전문가를 두고 있다. 지진해일·폭풍해일의 양상은 지역과 밀접한 관계를 가지므로 리버 카운슬러와 같이 지역에 계속 관심을 가질 수 있는 전문가인 '연안재해 어드바이저'를 두는 것도 고려할 수 있다. 연안재해 어드바이저는 아이들에게 연안재해에 대해서 가르치거나 초·중·고 교사들을 지도하는 등 연안재해 전문가로서 활동을 하며 이때 연안재해지도는 중요한 도구가 된다. 즉, 이들 전문가들은 연안재해지도를 알기 쉽게 주민들을 이해를 촉진시키기 위한 많은 활동을 전개할 수 있다.

3) 지진해일·폭풍해일 대책을 위한 연안재해지도 활용

연안재해지도는 구조적·비구조적 측면에서의 종합적인 방재대책에 대한 활용이 가능하다. 평상시 또는 재해 발생 시(재해 발생 직전 또는 발생 직후) 각 단계에서의 활용 예를 그림 7.87 및 표 7.74에 나타내었다.

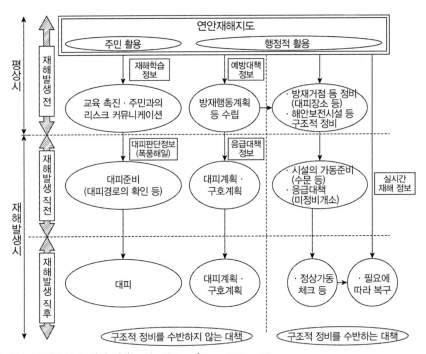

출처: 日本 国土交通省(2004), 津波·高潮ハザードマップマニュアル, p.79.

그림 7.87 재해 각 단계에서의 연안재해지도 활용

표 7.74 주민 및 행정기관의 연안재해지도 활용

이용주체		주민	행정
이용방법	비구조적 측면	자생력(自生力) 향상	• 주민 자생력 지원 • 지진해일·폭풍해일 등과 같은 재해경감을 위한 대피시설, 대피경로 등을 규정한 대피 계획 수립(자생력의 지원)
	구조적 측면		• 평상시 −노후시설의 유지·보수 • 재난 발생 시 −재해시설의 응급처치·복구 −2차 재해 발생 위험개소 보강·보수

출처: 日本 国土交通省(2004), 津波·高潮ハザードマップマニュアル, p.80.

가) 주민이 활용하는 재해지도

연안재해 대책을 위한 주민이 활용하는 재해지도의 활용목적과 수단은 표 7.75와 같이 나타낼 수 있다.

표 7.75 주민이 활용하는 재해지도의 이용목적과 수단

	목적	수단
원활한 대피를 위한 활용	지진해일·폭풍해일위험도 홍보	연안재해지도 홍보
	주민의 지진해일·폭풍해일 위험도 확인	주민이해 촉진을 위한 활동 실시
	대피 후 정보제공	연안재해지도 홍보
리스크 커뮤니케이션을 위한 활용	금후 재해방지의 대처방안에 대한 주민과의 대화	리스크 커뮤니케이션 실시

출처 : 日本 国土交通省(2004), 津波·高潮ハザードマップマニュアル. p.80.

나) 행정적으로 활용하는 재해지도 이용

행정적으로 활용하는 재해지도 이용은 표 7.76과 같이 나타낼 수 있다.

표 7.76 행정적으로 활용하는 재해지도 활용과 재해지도 유무에 따른 효과 비교 예

작성목적과 대책 예		재해지도 유무에 따른 효과의 비교 예	
작성목적	대책 예	재해지도 있음	재해지도 없음
재해 발생의 예방대책	대피장소 정비	침수예측구역과 대피 후보지, 도로 등의 위치관계 파악이 가능하여 적절하게 대피소와 대피안내판 등의 시설 설치가 가능함	대피후보지 및 도로 침수위험성을 파악할 수 없어 대피장소나 방재시설의 설치가 곤란함
	방재시설정비 (안내입간판 설치 등)		
재해 발생 직전·직후의 응급대책	대피계획	각 대피소 수용가능 인원과 예상대피자수 등이 파악 가능하여 적절한 대피유도계획과 효율적인 구호 물자수송 계획수립이 가능함	침수구역을 파악할 수 없고 각 대피소의 예상대피자수를 파악할 수 없으므로 적절한 대피유도 계획 및 부족함 없는 구호물자수송계획의 수립이 곤란함
	구호계획		

출처 : 日本 国土交通省(2004), 津波·高潮ハザードマップマニュアル. p.80.

다) 재난 단계별 활용

연안재해지도는 재해 발생 전, 발생 직전 및 발생 후 등 단계별로 이용방법이 있다. 표

7.77에 이용주체 및 이용방법의 예를 나타내었다.

표 7.77 재해 각 단계에서의 재해지도 이용주체와 이용방법

재해단계	이용주체	이용방법
재해 발생 전	주민	대피활용정보·재해학습정보·지역정보(인구분포, 토지이용 등) 제공, 위험 커뮤니케이션
	행정	예방대책(대피장소 정비, 방재시설 정비 등), 리스크 커뮤니케이션
재해 발생 직후	주민	대피 판단정보 제공(폭풍해일인 경우 침수심·대피장소)
	행정	응급대책(대피계획, 구호계획 등)
재해 발생 후	주민	대피 후 정보제공(지방자치단체 지시에 따름)
	행정	응급대책(대피계획, 구호계획 등)

출처: 日本 国土交通省(2004), 津波·高潮ハザードマップマニュアル. p.81.

라) 현지안내 입간판 등과의 연계

특히 지진해일 시 대피는 일각(一刻)을 다투는 수도 있다. 만약 그때 현지에서 길을 잃고 헤매는 것은 생명과 관련되기 때문에 연안재해지도와 연계된 대피유도를 위한 안내판 등의 사전설치는 필수적이라고 할 수 있다.

• 참고문헌 •

1. 부산광역시(2017), 부산연안방재대책수립 용역 종합보고서, pp.303~307.

2. 日本 国土交通省 水管理·国土保全局海岸室(2012), 津波浸水想定の設定の手引き, pp.20~22.

3. 농림수산부(2013), 국가어항 외곽시설(방파제 등) 설계파 검토 및 안정성 평가 용역, 한국해양기술원.

4. National Hurricane Center(2018), https://www.nhc.noaa.gov/prepare/ready.php

5. National Hurricane Center(2017), http://www.nhc.noaa.gov/prepare/ready.php#gatherinfo.

6. National Hurricane Center(2017), http://www.nhc.noaa.gov/prepare/ready.php#gatherinfo.

7. CI-FLOW(2018), https://ciflow.nssl.noaa.gov/.

8. 半田市(2015), 半田市(2015), 津波·高潮避難計画, https://www.city.handa.lg.jp/kotsu/bosai/documents/tsunamitakashiohinankeikaku.pdf

9. 행정안전부(2017), 지진해일 대비 주민대피계획 수립 지침.

10. National Hurricane Center(2017), http://www.nhc.noaa.gov/prepare/ready.php#gatherinfo

11. International Tsunami Information Center(2018), http://itic.ioc-unesco.org/

12. Hawaii Tsunami Evacuation Zone Maps(2018), http://itic.ioc-unesco.org/index.php?option=com_content&view=article&id=1670&Itemid=2694

13. 半田市 홈페이지(2018), https://www.city.handa.lg.jp/kotsu/bosai/tsunamitakasiho.html

14. 방재협회(2017), 풍수해 비상대체계획수립, pp.292~301.

15. 国土交通省 港湾局(2013), 港湾の津波避難対策に関するガイドライン

16. 국립해양조사원(2016), 폭풍해일에 의한 해안지역의 치수상황을 예상한 지도 해안침수예상도 제작 및 보급 팸플릿, pp.3~7.

17. 해양수산부 공식 블로그(2016), 우리나라 평균해수면 상승속도, 전년보다 다소 빨라져.

18. 부산대학교 산학협력단(2017), 지진·해일(지진해일 포함) 대비 안전 행동매뉴얼 작성, p.222.

19. 日本 国土交通省(2004), 津波·高潮ハザードマップマニュアル.

CHAPTER 08
연안재해의 예방을 위한 제언

CHAPTER 08 | 연안재해의 예방을 위한 제언

8.1 현재의 연안방재대책 수립 체계

8.1.1 기본방향

지구온난화에 따른 해수면 상승 등 이상기후 발생으로 해일(폭풍해일, 지진해일) 및 고파랑 내습 등과 같은 연안재해 발생의 증가가 예상되는 가운데 이를 막기 위한 연안방재대책 수립을 위한 사업의 예산확보를 위해서는 기본적으로 국가에서 수행하는 기본계획에 반영하는 것이 합리적이다. 국가에서 수행 중인 연안관련 기본계획은 무역항/연안항 기본계획, 마리나 항만 기본계획, 연안정비 기본계획, 어촌어항발전 기본계획이 있으며, 매년 자연재해방지를 위한 자연재해위험개선지구(해일위험지구) 정비사업이 있다(그림 8.1 참조). 해양수산부 관련 기본계획은 현재 2020년 고시를 예정 중에 있으므로 계획의 특성을 분석하여 기본계획의 취지에 맞게 진행하여야 한다.[1]

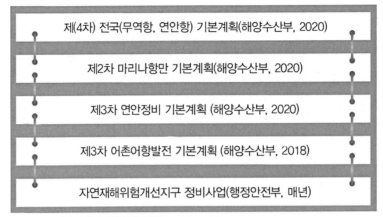

출처 : 부산광역시(2017), 부산연안방재대책수립 종합보고서, p.393.

그림 8.1 연안역 국가수행 기본계획

8.1.2 관련 계획 검토

연안방재대책 수립을 위한 사업의 원활한 추진을 위해 현행 관련법 및 기본계획 검토·분석이 필요하다. 연안방재대책수립 추진을 위한 기본계획은 항만법에 의한 전국(무역항, 연안항) 기본계획, 마리나 항만의 조성 및 관리 등에 관한 법률에 의한 마리나 항만 기본계획, 연안관리법에 의한 연안정비 기본계획, 어촌 어항법에 의한 어촌어항발전 기본계획, 자연재해대책법에 의한 자연재해위험개선지구 정비사업이 있다(그림 8.2 참조). 항만개발사업은 해양수산부에서 진행하며 외곽시설에 대해 국비 100%를 지원하고 있다. 이를 위해서는 항만구역 내에 위치해 있어야 하며, 이외 지역에 대해 추진을 위해서는 항계선(港界線)을 변경하여야 한다. 연안정비사업은 연안보호, 연안복원을 위한 사업으로 기본적으로 공공의 이익을 위한 시설에 대해서만 가능하다. 예를 들어, 고파랑에 의한 월파피해가 발생 시 피해지역이 해수욕장, 문화재지역 등과 같은 공공시설에 대해서만 추진이 가능하다. 기본적으로 연안보전사업은 국비 70%, 친수연안사업은 국비 50%를 지원받을 수 있으나, 국비가 200억이 넘는 사업에 대해서는 국비 100%로 사업을 추진할 수 있다. 일반적으로 연안정비사업은 해수욕장 복원 및 보존 사업, 연안친수관광 시설 등이 있다. 자연재해 위험개선지구 정비사업은 해일, 산사태, 침수 등에 따른 자연재해 방지를 위한 사업으로 국비지원은 50%이다. 기본적으로 자연재해로부터 개인의 사유재산을 보호하기 위한 목적으로 이와 같은 특징은 연안정비사업과 구별된다. 태풍 내습 시 고파랑 내습으로 인해 배후지역의 피해가 발생할 때 배후지역이 공공시설이라면 연안보전사업, 주거 및 상가시설과 같은 사유시설이라면 자연재해위험개선지구 정비 사업으로 추진해야 한다. 어항정비 및 개발사업은 국가어항, 지방어항, 어항개발사업 등과 같이 어항구역 및 배후지의 개발을 목적으로 수행된다. 최근 어항 및 어촌에 대한 종합적인 발전방향을 제시하고 있어 미래지향적인 아이디어를 제시하여 기본계획에 반영한다면 국가지원이 원활할 것으로 판단된다.[2]

출처 : 부산광역시(2017), 부산연안방재대책수립 종합보고서, p.394.

그림 8.2 연안방재사업 비교검토

8.1.3 관련계획 사업 사례

위에서 기술한 관련계획에 따른 사업은 다음과 같다.

1) 항만개발사업(해운대 거점 마리나 항만 거점 조성, 그림 8.3 참조)

(1) 사업배경

○ 마리나 관련 산업 육성 및 국제 마리나 네트워크 구축으로 동북아 해양도시 구현

○ 해운대 운촌항 주변 해일피해 재해예방 및 동백섬 노후 시설 개·보수 해양친수공간 조성

○ 해양관광 활성화와 관광인프라 구축으로 지역경제 활성 및 신규 일자리 창출

(2) 사업개요

○ 위치 : 해운대구 우1동 721번지 일원(동백섬 앞)

○ 사업규모 : A=170천m²(육상56천m², 해상114천m²), 계류시설 250척, 클럽하우스 등

  ▷ 외곽 방파제 L=370m, 직립호안 L=390m, 준설 등

○ 총사업비 : 836억 원(민간자본 550, 국비 286)

○ 사업기간 : 2016~2021년

○ 시행자 : (주) 켈리 더 마리나

(3) 특징

본 사업은 '마리나 항만의 조성 및 관리 등에 관한 법률'에 근거한 해양수산부에 주관하는 '거점형 마리나 항만 조성사업 공모'사업으로 방파제(L=370m) 건설에 소요되는 286억 원은 전액 국비로 지원되는 사업이다.

출처 : 부산시 자료(2017).

그림 8.3 해운대 거점 마리나 항만 조감도

2) 연안정비사업(부산 영도 동삼지구 연안정비사업, 그림 8.4~그림 8.5 참조)

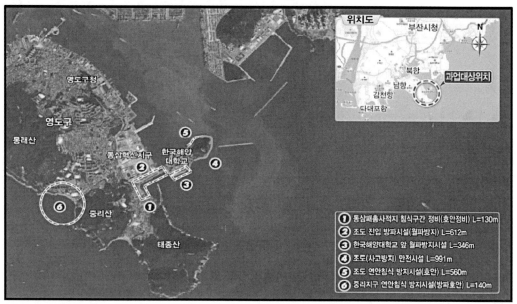

출처 : 부산시 자료(2017).

그림 8.4 영도 동삼지구 연안정비사업 위치도

출처 : 부산시 자료(2017).

그림 8.5 영도 동삼지구 연안정비사업 계획평면 조감도

(1) 사업배경

부산항의 관문인 영도 일원에 노후시설 등으로 해안접근성이 떨어지고, 경관이 불량한 연안을 해안산책로 및 해양생태 체험장 등 친환경적 종합 해양문화 친수공간으로 정비

(2) 사업개요

○ 위치 : 영도구 동삼동 중리 동삼지구 및 조도일원

○ 사업기간 : 2013.8. ~2019.12.

○ 총사업비 : 329억 원(국비 329)

○ 사업내용

▷ 동삼패총사적지 침식구간 정비(호안정비) L=130m

▷ 중리지구 연안침식 방지시설(방파호안) L=140m

▷ 조도 월파방지 L=612m, 연안침식 방지시설(호안) L=560m

▷ 조도 안전시설 L=991m, 한국해양대학교 앞 월파방지시설 L=346m

(3) 특징

본 사업은 '연안관리법'에 근거한 연안정비사업으로 총사업비 200억을 넘어 전액 국비로 시행하는 사업이다.

3) 자연재해위험개선지구 정비사업(수영만 위험개선지구 정비사업, 그림 8.6~그림 8.7 참조)

(1) 사업배경

○ 지구온난화에 따른 해수면 상승 등 이상기후 발생으로 태풍·해일내습 등 재해 발생빈도가 높아져 반복적 피해가 급증하는 추세로, 대규모 주거·상업시설이 밀집하고 외해에 노출되어 있는 해운대 마린시티 일원은 폭풍해일피해 위험이 매우 높아 항구적인 방재대책이 필요

○ 해일피해 방재시설을 통하여 태풍·해일내습 등 각종 자연재난으로부터 안전한 연안을 조성하고, 주민과 관광객들이 공유할 수 있는 친수공간을 마련 필요

(2) 사업개요

○ 위치 : 해운대 우3동 수영만(마린시티 앞) 일원 전면 해상

○ 사업규모 : 해일 방재시설(해일방파제 650m, 호안정비 780m)

○ 사업목적 : 태풍 해일 월파 피해로 인한 인근 주거·상업시설 침수피해 예방

○ 사업기간 : 2017~2020

○ 총사업비 : 790억 원(국비 395, 지방비 395)

(3) 특징

본 사업은 「자연재해대책법」에 근거한 자연재해위험개선지구 정비 사업으로 국비지원은 50%이고 전국 처음으로 폭풍해일을 방지하는 해일 방파제 등을 건설할 예정이다.

구분	태풍발생일자	최저기압	최대풍속	태풍규모	비고
매미	2003.09.06	950hPa	60m/s	중형	공공시설물, 상가 및 건물 등 침수·파손으로 총 263억원 피해 발생
덴무	2010.08.08	980hPa	31m/s	소형	호안난간 및 차량 50여대 파손
볼라벤	2012.08.28	960hPa	40m/s	중형	호안도로(보도블록) 파손
산바	2012.09.11	900hPa	56m/s	대형	호안도로(보도블록) 파손
차바	2016.10.05	970hPa	35m/s	중형	상가 및 도로 침수·파손, 호안 TTP 유실로 총 23억원 피해발생

출처 : 부산시 자료(2017).

그림 8.6 부산 수영만(마린시티 앞) 피해이력

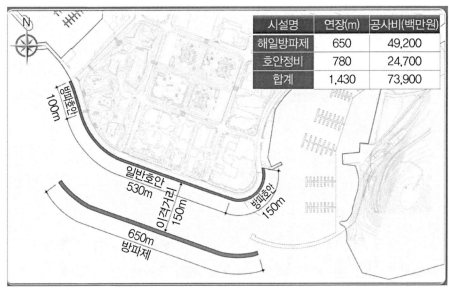

시설명	연장(m)	공사비(백만원)
해일방파제	650	49,200
호안정비	780	24,700
합계	1,430	73,900

출처 : 부산시 자료(2017).

그림 8.7 수영만 자연재해 위험개선지구 정비사업 평면도(안)

4) 어항정비 및 개발(국가어항 천성항 건설, 그림 8.8~8.9 참조)

(1) 사업배경

○ 서부산권 수산업 중심기능 역할을 수행할 수 있는 국가어항을 개발하여 어선의 안전 정박 및 어민 소득증대에 기여하고, 해양관광복합어항개발로 친수문화 공간 조성 및 지역관광 활성화를 위해 집중 지원 필요

(2) 사업개요

○ 위치 : 강서구 가덕도 천성항 일원

○ 규모 : 어항기본시설, 수협시설, 편의시설 및 친수관광시설

○ 사업내용

▷ 방파제 360m, 수중방파제 30m, 물양장 320m, 선양장 30m, 호안 1,115m

▷ 수협시설(위판장, 수산물가공시설, 냉동시설, 업무시설. 보급시설) 10,200m²

▷ 친수관광기능시설(공원 및 녹지, 관광레저시설 등) 20,200m²

○ 총사업비 : 502억 원(국비 420, 민자 82)

(3) 특징

본 사업은 '어촌어항법'에 근거한 해양관광복합 어항사업으로 국비지원 100%인 사업이다.

출처 : 부산시 자료(2017).

그림 8.8 국가어항 천성항 사업 위치도

출처 : 부산시 자료(2017).

그림 8.9 부산 강서구 천성항(국가어항) 조감도

8.2 연안방재대책을 위한 제언

우리나라의 해안선 길이는 14,962km이고 연안은 91,000km²로 전국 전체 226개 기초지방자치단체 중 1/3에 해당하는 74개가 연안에 입지해 있다. 또한 연안지역은 대규모 산업기반시설(공장, 항만, 원자력·화력 발전소 등) 및 생활기반시설(학교, 병원, 공원, 어항 등)이 밀집해 있어 우리나라의 국민소득향상 및 경제·산업발전에 중추적인 역할을 담당하여왔다.

그러나 지구온난화에 따른 한반도 주변해역의 해수면 상승으로 인한 해일·고파랑 내습 및 해안·항만 구조물 설치 등에 따른 연안침식이 심화되어 국민의 안전과 삶의 터전을 위협하고 연안재해로 인한 피해도 날로 증가하고 있는 실정이다. 이에 남해안에는 슈퍼태풍 등으로 인한 폭풍해일 피해, 서해안에는 큰 조석차로 인한 조석재해가 예상된다. 또한 1983년 및 1993년 이미 지진해일의 피해를 경험한 바 있는 동해안 지역은 2016년 경주지진과 2017년 포항지진으로 말미암아 지진 및 지진해일에 안전한 지역이 아니다. 이와 같이 우리나라의 연안지역은 현재는 물론 장래 연안재해 위험성이 심각함에도 연안방재대책을 위한 체계적인 시스템이 없는 실정이다. 이를 해소하기 위한 연안방재대책을 위한 제언을 하면 다음과 같다.

1) 연안재해를 총괄하는 컨트롤 타워(Control Tower) 부재

우리나라의 연안을 끼고 있는 광역지방자치단체에서는 연안재해를 총괄하는 컨트롤 타워가 필요하다. 예를 들어 부산광역시에서는 항계선(港界線)외 연안방재 및 마리나 항만의 방재는 해양레저과, 연안항인 남항(南港)의 연안방재는 해운항만과, 자연재해위험개선지구 정비사업은 재난대응과, 어항의 방재는 수산유통가공과에서 담당하고 있으며 항계선 내 무역항의 방재는 부산지방해양수산청 등 부산 연안(L=380km)을 여러 기관(부서)에서 관리하고 있는 실정이다(그림 8.10 참조). 연안피해 발생 시 담당부서가 명확할 경우 피해복구가 원활히 이루어지지만, 복합적인 연안의 특성상 다수의 부서가 함께 처리해야 한다. 따라서 피해원인 분석 및 피해복구, 향후 방재대책 수립을 위해서는 이를 총괄하여 처리할 수 있는 책임부서 및 담당자가 필요하다.

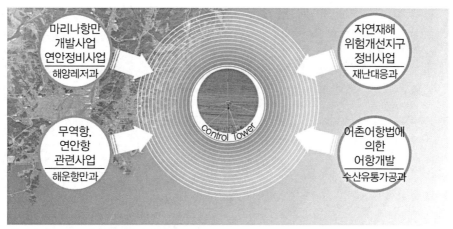

그림 8.10 부산연안방재 컨트롤 타워 필요성

2) 지역성에 적합한 방재대책 수립 필요

지역연안에 적합한 합리적인 방재계획을 수립해야 한다. 우리나라는 동해, 서해 및 남해는 장소에 따라 연안재해 원인 및 피해특성이 다르다. 즉, 동해의 주요 연안재해 인자는 동계계절풍에 따른 너울성 고파랑 또는 지진해일, 서해는 조석에 따른 조위증폭 또는 기상해일 등 남해는 태풍에 따른 폭풍해일 또는 이안류 등을 들 수 있다. 이에 따라 지역에 발생하는 연안재해의 원인 및 피해 등을 면밀히 분석하여 지역성을 감안한 방재대책을 수립하여야 한다. 예를 들어 부산광역시의 경우 연안은 단순히 고파랑이 내습하는 위험지역이 아니라, 낙동강/수영강 등 크고 작은 하천에 의해 집중호우 시 배후 침수피해가 발생하고 있으며, 이러한 집중호우는 일반적으로 태풍 내습 시 고파랑과 동시에 발생한다(그림 8.11 참조). 따라서 부산연안은 태풍 내습 시 발생하는 고파랑에 의한 구조물 파손 및 월파에 의한 침수, 폭풍해일로 인한 해수면 상승에 따른 침수, 집중호우로 인해 내수면과 해수면 상승에 따른 침수 등을 동시에 고려하여 방재대책을 수립해야 한다. 또한 향후 부산연안에서 계획되는 사업에 대해서는 하천의 영향, 파랑에 의한 영향, 폭풍해일에 의한 영향 등을 충분히 고려해야 한다.

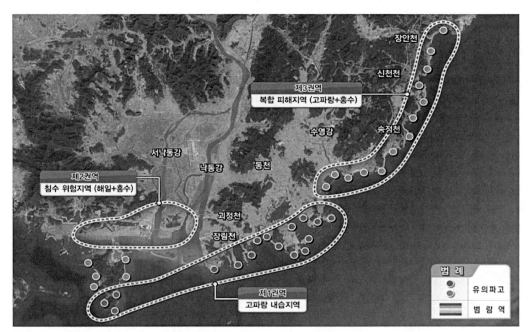

출처 : 부산광역시(2017), 부산연안방재대책수립 종합보고서, p.401.

그림 8.11 부산광역시 권역별 연안재해 특성

3) 친수사업 또는 연안정비사업 시 방재개념 도입 필요

연안정비사업 또는 친수사업 추진 시 방재개념의 도입이 필요하다. 우리나라의 연안을 관리하고 있는 광역·기초자치단체들은 지역경제 활성화를 위해 연안개발 시 주로 관광객을 유인하기 위해 친수시설을 많이 설치하고 있는 실정이다. 따라서 단순히 연안개발 시 친수만을 적용한다면 태풍 내습 시 배후의 피해뿐만 아니라 인명피해도 예상된다. 그러므로 기본적으로 연안개발 시 배후지역과 해양레저 공간 사이의 완충지역의 설치가 반드시 필요하다(그림 8.12 참조). 이러한 완충 공간은 평소에 주민과 관광객들의 휴식공간으로 활용되나, 고파랑 내습 시에는 파랑을 저감하는 역할을 수행한다. 예를 들어 부산지역의 이러한 대표적인 공간으로 민락 수변공원이 있다(그림 8.13 참조). 민락 수변공원은 고파랑 내습 시 저수심(低水深) 구간에서 먼저 파랑을 저감하며, 월파된 파랑에 대해서는 차수벽(遮水壁)을 통해 배후의 침수피해를 방지한다. 매립 및 개발을 위해서는 많은 시간이 소요되는 반면에 완충지대 등과 같은 저감시설 설치는 빠르고 용이하게 이루어질 수 있다. 또한 연안방재 대책 수립 시 연안의 피해를 방지하기 위한 구조적인 대책뿐만 아니라 비구조적인 대책이

동시에 이루어져야 한다. 원활한 구조적인 대책 수립을 위해서는 개발 단계부터 바다 측 뿐만 아니라 육상 측에도 완충지대를 설치하여 예상치 못한 연안재해에 대비해야 한다.

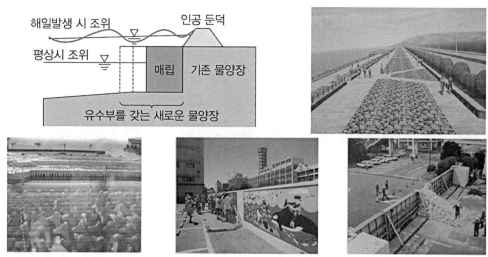

출처 : 부산광역시(2017), 부산연안방재대책수립 종합보고서, p.401.

그림 8.12 친수사업 시 방재개념 도입

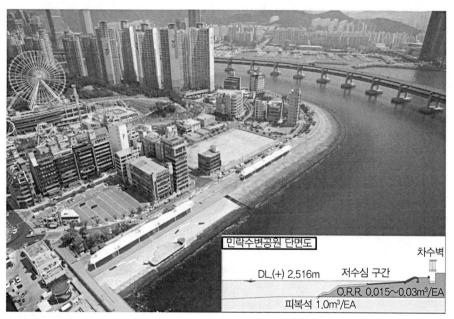

출처 : 부산시 자료(2017).

그림 8.13 민락수변공원(부산광역시)

4) 초과외력에 대한 상정 필요

지금까지 우리나라의 설계에서 상정(想定)하는 파랑·조위는 절대로 초과하지 않는 최악의 조건이 아니라 경제성을 최우선 순위에 둔 채 공학적인 설계기준을 둔 최저한 방호 레벨(Level)이었다. 따라서 지구온난화의 입구에 들어선 우리나라는 현재에도 상정 이상의 외력과 마주할 가능성이 많다고 볼 수 있다. 지구온난화의 가속에 따라 지금까지 경험하여 온 레벨의 재해가 빈번할 뿐만 아니라 미증유(未曾有)의 재해도 일어날지 모른다. 그러므로 장래 지구온난화에 대비하는 것은 물론 현재 상정외의 외력에도 준비해야 한다. 즉, 지구온난화의 영향이 있든지 없든지 간에 항만·해안구조물에 상정외의 외력이 작용하면 구조물은 예상외로 크게 파괴될 수가 있으므로 현재의 설계외력보다 한 단계 높은 외력에 대하여 구조물이 어떤 식으로 파괴되는 가를 미리 조사해둘 필요가 있다. 예를 들어 사진 8.1은 태풍 9918호[1]가 일본 큐슈를 내습했을 때, 천문조가 폭풍해일로 인해 삭망평균만조위를 초

출처 : 河合 弘泰(2010), 高潮数値計算技術の高精度化と氣候変動に備える防災への適用, 港湾技術研究所報告, 港湾技術研究究所, No.1210, p.88.

사진 8.1 상정 외의 외력(태풍 9918호 폭풍해일)에 의한 호안 파괴

---

1   태풍 9918호 : 1999년 9월 24일 일본 구마모토현 북부에 상륙하면서 강풍·폭풍해일에 의한 큰 피해(사망자 31명, 부상자 1,211명 등)를 끼친 태풍으로 특히 구마모토현 우키시에서 폭풍해일에 의한 막대한 피해를 발생시켰다.

과하여 고파랑이 반파공(返波工, Parapet)을 직격하여 반파공이 파괴된 사진이다. 사진에서 볼 수 있듯이 반파공 기초에 있던 지반은 월파로 흡출(吸出)되어 유실(流失)되었다. 반파공의 기능은 비말(飛沫) 및 월파(越波)를 억제하는 것이었지만 파랑의 내습을 막을 수 없었다. 그림 8.14는 이를 계기로 제안된 새로운 파압분포로 가까운 장래에 평균해수면이 상승하고 폭풍해일이 현저하다면 이와 같은 재해는 증가할 것이다. 따라서 해안구조물에 상정외의 외력이 작용할 지라도 일시에 산산조각으로 파괴되지 않고 시간적으로 천천히 경미하게 파괴가 일어나며, 될 수 있다면 그 다음에 오는 태풍 때까지 간단하게 보수할 수 있는 '견고하면서 잘 부서지지 않는 해안구조물'이 요구되고 있다.

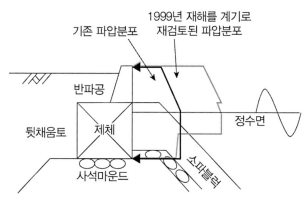

출처 : 河合 弘泰(2010), 高潮数値計算技術の高精度化と氣候変動に備える防災への適用, 港湾技術研究所報告, 港湾技術研究所, No.1210, p.88.

그림 8.14 파압분포의 재검토

5) 금후 지구온난화에 따른 평균해수면 상승을 고려한 설계개념 도입 필요

IPCC 제5차 평가 보고서(2014)의 세계 평균해수면 수위변화의 장래예측(그림 1.3 참조)에 따르면 RCP2.6(저위 안정화) 시나리오 및 RCP8.5(고위 참조) 시나리오에 의한 2100년도 해수면 상승은 각 0.45m 및 0.75m이다. 삼면이 바다로 둘러싸인 우리나라도 지구온난화에 따른 해수면 상승 및 태풍의 강력화로 항만, 어항의 항만구조물 및 연안지역을 방호하는 해안보전시설 및 주변 환경에 심각한 영향을 끼쳐 그 대책에 막대한 예산과 기간이 소요될 것으로 예상된다. 가령 이웃 일본의 11개 주요 항만(지바항(千葉港), 나고야항(名古屋港), 고베항(神戸港) 등)에서 해수면 상승에 따른 항만의 성토공사 및 방조벽 건설에 소요되는 사업비가 최대 2조 5천억 엔(25조 원), 우리나라의 광양항은 3조 8천 원이 소요되는 것으로 나타났다.[3]

지구온난화에 따른 평균해수면 상승과 태풍 강대화(파고·폭풍해일편차 증대)가 항만·해안구조물에 미치는 영향을 모식적(模式的)으로 나타낸 것이 그림 8.15이다. 평균해수면이 상승하면 아침부터 저녁까지 매일 매일의 조위도 높게 된다. 예를 들어 현재 대조(大潮) 시 만조위(滿潮位)가 안벽의 마루높이에 아슬아슬 미친다면 그 안벽은 장래에 대조(大潮)가 아닌 평상시 만조(滿潮)에서도 월류되어 침수될 수 있다.

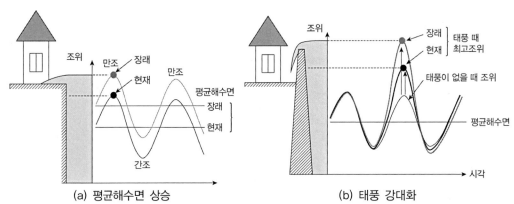

출처 : 河合 弘泰(2010), 高潮数値計算技術の高精度化と氣候変動に備える防災への適用, 港湾技術研究所報告, 港湾技術研究所, No. 1210, p.87.

그림 8.15 지구온난화로 인한 평균해수면 상승과 태풍강대화에 따른 개념도

그리고 평균해수면이 상승으로 파의 처오름이 높아져 월파량이 커짐에 따라 해안제방·호안의 마루높이도 높아져야 한다(그림 8.16(a), (b) 참조). 방파제인 경우 해수면 상승으로 말미암아 수심이 증대되면 부력이 커져 마찰저항력이 감소하고, 파압분포가 변화하는데 특히 방파제가 쇄파대(碎波帶) 내에 설치되어 있는 경우 제체 앞의 파고가 증대함에 따라 방파제의 활동안정성 등이 저하된다(그림 8.16(c) 참조). 또한 사빈의 영향도 심각한 영향을 받는데 해수면 상승에 따라 모래의 총량은 일정하므로 평형지형이 되기 위해 해안 쪽 모래가 침식하여 바다 쪽에 퇴적하기 때문에 결국 정선위치가 점 A에서 점 B를 거쳐 점 C까지 대폭적으로 후퇴하면서 사빈은 소실되고 만다(그림 8.16(d) 참조). 그러나 IPCC 제5차 평가 보고서(2014년)의 세계 평균해수면 수위변화를 검토한 결과 장래 예측된 해수면

상승은 매우 완만한 속도로 진행하므로 항만·해안구조물 설계 시에 안정성 및 마루높이 등에 여유고를 주는 것은 배후의 영향 및 제체의 안정에 대한 영향이 나타날 때까지 대폭적으로 연기될 가능성이 있다고 볼 수 있다. 하지만 금후로 항만·해안구조물 설계 시 해수면 상승을 고려할 필요가 있으며 더욱이 설계 시에 여유고를 결정함에 있어서 불확실한 현상인 해수면 상승의 시나리오를 보다 정확하게 모니터링(Monitoring)하는 것이 중요하다.

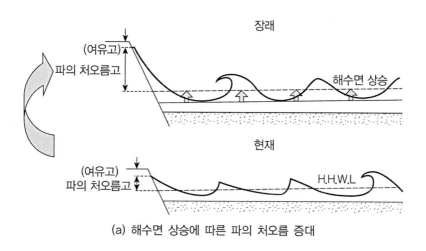

(a) 해수면 상승에 따른 파의 처오름 증대

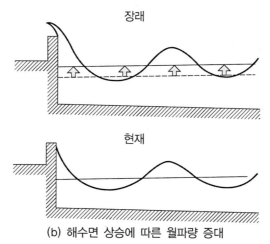

(b) 해수면 상승에 따른 월파량 증대

그림 8.16 해수면 상승에 따라 해안구조물 영향(계속)

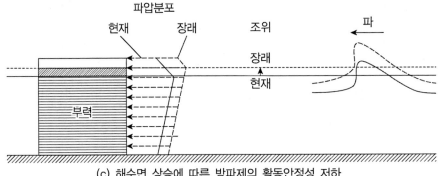

(c) 해수면 상승에 따른 방파제의 활동안정성 저하

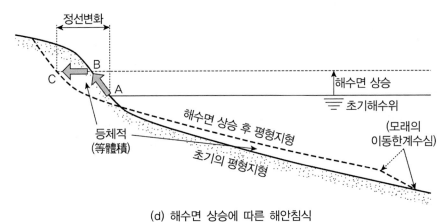

(d) 해수면 상승에 따른 해안침식

출처 : 磯部雅彦(2016), 気象の極端化に伴う自然災害の極甚化と適応策, CDIT, pp.13~14.

그림 8.16 해수면 상승에 따라 해안구조물 영향

• 참고문헌 •

1. 부산광역시(2017), 부산연안방재대책수립 종합보고서, p.393.
2. 부산광역시(2017), 부산연안방재대책수립 종합보고서, p.394.
3. 每日新聞 HP(2018), 溫暖化で海面上昇, 最大計2.5兆円の対策費必要と試算, https://mainichi.jp/articles/20180322/k00/00e/040/233000c

찾아보기

연안재해

초판발행 2018년 12월 17일
초판 2쇄 2019년 11월 25일

저　　자 윤덕영, 김성국
펴 낸 이 김성배
펴 낸 곳 도서출판 씨아이알

책임편집 박영지, 최장미
디 자 인 윤지환, 윤미경
제작책임 김문갑

등록번호 제2-3285호
등 록 일 2001년 3월 19일
주　　소 (04626) 서울특별시 중구 필동로8길 43(예장동 1-151)
전화번호 02-2275-8603(대표)
팩스번호 02-2265-9394
홈페이지 www.circom.co.kr

I S B N 979-11-5610-702-6 93530
정　　가 35,000원